普通高等学校机械工程基础创新系列教材
丛书主编:吴鹿鸣　王大康

机械设计

主　编　吴宗泽　吴鹿鸣
副主编　李　威　李德才　罗大兵　马咏梅　林光春
主　审　王大康

中国铁道出版社有限公司
CHINA RAILWAY PUBLISHING HOUSE CO., LTD.

内 容 简 介

“普通高等学校机械工程基础创新系列教材”是清华大学、重庆大学、北京科技大学、西南交通大学等多所高校国家教学名师、名教授主编的,以国家教学成果奖、国家精品课程、国家精品资源共享课程、国家“十二五”规划教材遴选精神、卓越工程师培养理念为编写思想和内容支撑,强调工程背景和工程应用的高校机类、近机类平台课教材,力求反映当今最新专业技术成果和教研成果,适应当前教学实际,特色鲜明,作为现有经典教材的补充。本书是其中的一分册。

本书是根据2011年教育部高等学校机械基础课程教学指导分委员会编制的《机械设计课程教学基本要求》的精神编写。

本书编写精选基本内容,内容精炼,由机械零件入手学习和掌握机械设计,注重实践能力培养,并配有相应习题。本书内容主要包括绪论,机械设计概论,机械设计的强度问题,摩擦、磨损和润滑,螺纹连接,轴毂连接,带传动,链传动,齿轮传动,蜗杆传动,螺旋传动,轴,滑动轴承,滚动轴承,联轴器和离合器,弹簧等。

本书适合作为普通高等学校机械类专业的教材,也可供相关工程技术人员学习参考。

图书在版编目(CIP)数据

机械设计/吴宗泽,吴鹿鸣主编. —北京:中国铁道出版社,2016.1(2023.1重印)
普通高等学校机械工程基础创新系列教材
ISBN 978-7-113-20684-0

Ⅰ.①机… Ⅱ.①吴… ②吴… Ⅲ.①机械设计-高等学校-教材 Ⅳ.①TH122

中国版本图书馆CIP数据核字(2015)第153379号

书　　名:机械设计
作　　者:吴宗泽　吴鹿鸣

策　　划:李小军　曾露平　　　　编辑部电话:(010)63551926
责任编辑:李小军
编辑助理:曾露平
封面设计:一克米工作室
封面制作:白　雪
责任校对:王　杰
责任印制:樊启鹏

出版发行:中国铁道出版社有限公司(100054,北京市西城区右安门西街8号)
网　　址:http://www.tdpress.com/51eds/
印　　刷:北京铭成印刷有限公司
版　　次:2016年1月第1版　　2023年1月第4次印刷
开　　本:787 mm×1 092 mm　1/16　印张:25.5　字数:612千
书　　号:ISBN 978-7-113-20684-0
定　　价:56.00元

普通高等学校机械工程基础创新系列教材

编委会

序

随着机械学科的不断发展和教育教学改革的不断深入，以及当今大学生基础程度和培养目标的差异，需要在既有的经典教材基础上，出版各具特色，不同风格的教材是十分必要的。因此中国铁道出版社组织编写了一套力求反映当今最新专业技术成果和教研成果、适应当前教学实际、特点鲜明的机类、近机类专业平台课教材，作为现有经典教材的补充。编写的“普通高等学校机械创新系列规划教材”（以下简称“创新系列教材”）充分考虑了当今工程类大学生培养目标和现有学生基础，与传统教材相比，更强调工程背景和工程应用，具有以下特色：

1. 理念先进，特色鲜明

“创新系列教材”以国家教学成果奖、国家精品课程、国家精品资源共享课程、国家“十二五”规划教材等成果为该系列教材的编写思想和内容支撑，从而保证了该系列教材内容的先进性。为贯彻落实教育部组织的“卓越工程师教育培养计划”，在制订该系列教材编写原则时，编委会特别强调要将卓越工程师培养理念、国家“十二五”规划教材遴选精神融入该系列教材。为此，与传统教材相比，该系列教材强化了工程能力和创新能力，重视理论与实践结合，突出机械专业的实操性，并结合“绿色环保”思想，从根本上培养学生的设计理念，为改革人才培养模式提供了基本的知识保障。

2. 将理论力学、材料力学、工程力学纳入该系列教材

力学，作为“机械设计制造及其自动化”等专业的主干学科，在架构完整的知识体系和培养具有机械工程学科的应用能力方面起着尤为重要的作用。然而，机械专业对力学课程的要求不同于力学专业，也不同于土木建筑等专业，也就对其教材提出了新的要求，所以本系列教材将其纳入，形成一套完整的、科学的机械专业基础课教材体系，克服了传统教材各自为政的弊端。

3. 采用最新国家标准

国家标准是一个动态的信息，近年来随着机械行业与国际接轨步伐加快，我国不断推出了一系列新的国家标准，为加快新标准的推行，该系列教材作为载体吸收了机械行业最新的国家标准，“创新系列教材”融入了很多名师的心血和教育教学改革成果，希望能引起各校的关注与帮助，在实际使用中提出宝贵的意见和建议，以便今后进行修订完善，为我国机械设计制造及其自动化专业建设和高等学校教材建设作出积极的贡献。

中国工程院院士，浙江大学教授
谭建荣
2015 年 1 月

前　　言

应中国铁道出版社和西南交通大学吴鹿鸣教授的盛情邀请,我参加了《机械设计》教材的编写工作。我想借这次机会把多年来教授本课程的一些方法和经验,力求在本书中有所反映。

大学的学习主要是掌握思想方法和学习方法,提高解决问题的能力。钱伟长先生在教我们《工程力学》课程时,多次提醒"会读书的人书越读越薄,不会读书的人书越读越厚"。实际上就是要求我们注意学习基本理论和方法,提炼出课程的核心内容,提高运用基本理论解决实际问题的能力。现代科学的发展越来越快,近年来我遇到的机械设计技术,很多在我上大学时都没有出现,如计算机技术、有限元计算、优化设计方法、可靠性设计、激光技术等,如果不能在工作中继续提高,做到"与时俱进",那现在早已落后,不能胜任工作了。因此,通过大学的学习提高学习能力,掌握学习方法,是对大学生的基本要求,是学习质量的关键指标。不同的教学方法和学习方法,决定学生的学习质量和今后的发展潜力。希望读者通过本书的学习,有助于改进和提高学习方法,提高对学习的兴趣,养成终生不断学习提高的习惯。

我的导师郑林庆先生,非常注意提高解决实际问题的能力,指导我们深入实际,向实际学习,掌握工程实际知识,提高设计能力,强调机械设计师必须掌握制造技术和结构设计的知识,重视习题作业和课程设计,他说"有些习题看一看就有启发,有助于提高解决实际问题的能力"。他的话使我终身受益。

本书力求体现以下特点:

(1)精选基本内容,内容精炼,适用于高校教学。

(2)各章配有关于学习方法的提示和用于复习的思考和习题,引导学生举一反三,通过典型零件设计的学习,掌握一般的设计方法。

(3)增加一些习题和例题,以加强引导、巩固、提高。

(4)指导阅读参考书或有关资料,在书后列出相关参考文献供学习参考。

由学习机械零件设计入手学习和掌握机械设计是一种简单、有效的学习方法,我亲身尝试过,深有体会,并终生得益于这一方法。希望读者通过本书的学习,有助于改进和提高学习方法,加强对学习的兴趣,养成终生不断学习提高的习惯。

本书由清华大学吴宗泽、西南交通大学吴鹿鸣担任主编,北京科技大学李威、清华大学李德才、西南交通大学罗大兵、四川大学马咏梅、四川大学林光春担任副主编。本书编写人员分工如下:第0、1、5、14章由吴宗泽编写,第2、11章由林光春编写,第3、12章由李德才编写,第4、10、15章由罗大兵编写,第6、7章由吴鹿鸣编写,第8、9章由李威编写,第13章由马咏梅编写。

北京工业大学王大康教授担任主审。王教授仔细审阅全书,提出了许多宝贵意见,对提高本书质量起了很大的作用,在此表示衷心感谢!

由于编者能力所限,本书中难免有一些疏漏欠妥之处,敬请读者不吝指正。

清华大学　吴宗泽

2015年10月

目　　录

第 2 篇 连接件设计

第 3 篇 机械传动件设计

第0章　绪　　论

【学习提示】

从现在起，读者就要把自己当作一个机械设计师，学习本课程时，用"一个机械设计师"的标准来要求自己和思考问题。由此出发，理解和掌握本课程的内容和方法。按照本课程的特点学习它。

0.1　机械设计的重要意义

我国已经迅速发展成为居于世界前列的制造业大国，制造业大国必须用高效率的、先进的机械设备生产出大量具有高水平的产品。因此我国的工程师必须开发出在国内外市场上具有竞争能力的物美价廉的产品，还必须制造出生产这些产品所需的生产设备。

要做世界一流的制造强国，必须有世界一流的机械设计师，不断根据世界生产的需要，开发出新产品，有些专用的特殊生产设备也必须专门设计，才能高效率、高质量地生产出所需的产品。据统计，产品设计的成本只占产品生产总成本的百分之几，而产品成本的70%~80%在设计阶段就已经确定了。产品的使用、维修以及报废后的处理，节能减排，环境保护等很多问题，都要在设计阶段充分考虑。设计对于产品生产的成败，具有巨大的作用。所以，培养出大量优秀的机械设计师是我国当前的重要任务。

0.2　本课程的性质和任务

"机械设计"是培养机械设计人才的重要课程。本课程适合以机械学为主干学科的各专业学生对机械设计的基本知识、基本理论和基本方法的培养和训练。本课程的主要任务是通过理论教学和课程设计培养学生：

(1)掌握通用机械零部件的设计原理、方法和机械设计的一般知识。

(2)树立创新意识，培养机械设计的创新能力。

(3)具有运用设计资料、标准、手册、图册的能力，提高计算机应用能力。

(4)初步建立正确的设计思想。

(5)了解实验对于设计的重要性，学习一些机械设计的实验方法。

(6)初步了解机械设计的新发展。

0.3　本课程的内容和要求

本书有以下两大部分：

(1)基本知识(第1篇)

第1篇机械设计总论(第1~3章):机械设计概论,机械设计的强度问题,摩擦、磨损和润滑的基本知识;

(2)典型零部件设计(第2~5篇)

第2篇连接件设计(第4、5章):螺纹连接,轴毂连接(键、花键、过盈连接);

第3篇机械传动件设计(第6~10章):带传动,链传动,齿轮传动,蜗杆传动,螺旋传动;

第4篇轴系零部件设计(第11~14章):轴,滑动轴承,滚动轴承,联轴器和离合器;

第5篇其他零部件设计(第15章):弹簧。

除此以外,"机械设计"课程还包括机械设计课程设计,与本书密切相关,另有专门的教材。

本课程重点研究在普通工作条件下通用机械部零件的设计问题,如齿轮、滚动轴承、联轴器、螺栓连接、键和花键等。在某些机械设备中专用的机械零件,如起重机吊钩、钢丝绳、船舶的螺旋桨、气轮机叶片、内燃机曲轴等属于专用机械零件,在本书中不讨论。在特殊条件下工作的一般零件,如高速滚动轴承、高精度轴系等也不属于本课程的范围。

0.4 本课程的特点

本课程具有以下特点:

(1)系统性。本课程为工程技术课程,与科学理论性课程(如物理、理论力学)的系统不同。

工程技术课程:从满足社会的某种需要出发,经过研究和分析求得解决方案,利用物理、化学或生物学原理设计出满足需要的新型机械,最后得到适合社会要求的产品。

科学理论性课程:从某种自然现象出发,提出一种理论或假说,用实验研究或理论分析的方法,证明该理论的正确性,从而确定该理论或自然规律,最后把该理论用于解决实际问题。

如"机械设计"课程就是以"如何设计××零件"为题,组织各章的内容的。初学本课程的学生,不理解这一点,总想按力学或物理学的思考方法理解本课程,就感到它"太零碎""没有系统",影响了对本课程的学习。

(2)综合性。在解决零部件设计问题时会遇到各种问题,因此需要具有广泛的知识基础,如力学、摩擦学、材料学、机械原理、机械制图、机械制造工艺、互换性与技术测量,甚至物理、化学、生物学等。有时还要根据工作需要进行学习,扩展知识。

(3)工程性。解决工程问题常常必须进行必要的简化,这些方法是简单有效的,但是初学工程设计课程时对此常有一些不习惯。实际上进行必要的简化,建立合理可用的物理模型和数学模型是解决设计问题的一个重要的方法。这些处理工程设计问题的方法是有典型意义的。计算方法与生产发展密切联系,一个零件可能有多种计算方法。例如,齿轮强度计算,最初齿轮用铸铁等材料制造,按轮齿的弯曲强度计算;采用软齿面钢材时,齿面接触疲劳强度成为主要的计算方法;以后大量采用硬齿面,胶合强度成为计算必须考虑的条件;随着齿轮强度的提高,减速器的尺寸减小,发热成为重要问题,热功率计算方法已经用于齿轮设计。又如轴常用的强度计算方法有3种,本书都有介绍,它们适用于不同的载荷情况,轴的计算精度要求和重要性,可用于轴的不同设计阶段。这些情况反映了工程计算的特点。此外,作为一个好的设计师,必须对产品的原材料供应、加工、装配、安装调整、销售、使用、修理维护、安全、环境保护、节能减排等都要考虑。

(4)典型性。由于学时有限,难以全部仔细讲授和安排练习作业,本书只介绍了为数不多的机械零件。但是,读者应该注意其典型性和启发性,善于学习,从中体会机械零部件设计的特点和工作方法,希望经过课程设计以后,读者能够得到机械设计的基本训练。以后通过手册和参考文献的帮助能够触类旁通,解决一些其他的机械设计问题。

(5)创新性。自主创新已经成为我国的一项战略任务,而设计就是创新,因为当前没有的产品才需要设计。设计师必须站在创新行列的前面,正确体会和实践我国创新和发展的各项政策和要求。

0.5　本课程的学习要求和学习方法

要达到本课程的学习要求,建议注意以下几点:

(1)领会机械设计的重要意义,建立学好本课程的决心和信心。

(2)体会本课程的特点,掌握机械设计的思想方法和工作方法,按照本课程的特点进行学习。

(3)精读本教材,可以选择性地深入一两个章节,看一些参考资料。

(4)认真完成"思考题、讨论题和习题",机械设计是一种技术,没有练习就不能掌握和体会其特点和要诀。认真完成习题,它会告诉你,机械设计要解决什么问题,如何解决。

(5)注意阅读教材中的图,掌握机械零部件的结构是掌握机械设计的基础。

(6)注意结合设计使用设计手册和资料,这是设计师的重要能力。

思考题、讨论题和习题

0-1　小学生的校车是一种有特殊要求的车辆,你认为它要满足哪些要求?其结构应该有什么特点?

0-2　节能减排是当前制造业应该考虑的重要问题,请说明机械设计如何考虑节能减排?以汽车设计为例。

0-3　你是否遇到过机械设备发生事故?其原因是什么?应该如何避免?

0-4　机械产品报废以后,应该按循环经济的原则正确处理,你认为汽车报废以后可以怎样处理?在设计时应该如何考虑,使它便于处理?

注:循环经济的4R原则为减轻化(Reduce)、再利用(Reuse)、再循环(Recycle)、再制造(Remanufacture)。

0-5　举出一两种你看到的设计成功的新产品,分析说明其成功的原因,由此体会设计的原则(也可以举出一两种设计失败的新产品,分析说明失败的原因)。

第1篇　机械设计总论

第1章　机械设计概论

【学习提示】

这一章是本课程的基础,介绍了本课程的特点和一些基本知识。学习它时应该注意:

①本课程的工程性、实用性,与过去所学理论课程有很大不同。

②介绍了机械设计的一些基本知识,如机械设计的典型过程、失效、工艺性、标准化等概念。

③注意学习插图,本书有许多机械零部件结构图,它们是机械工程经常遇到的典型结构,读者要仔细阅读,认真学习。

④结合本课程的学习,复习已经学过的知识,如关于材料和热处理、力学、制图、公差等课程。

⑤阅读手册和参考书。有些机械设计题目必须查阅手册才能完成,必须注意培养这方面的能力。

本课程与过去的课程有许多不同,可是它更接近实际,请读者按照本课程的特点进行学习。

1.1　概　述

1.1.1　机械设计的任务

机械装置生产的目的是为了满足社会的需要,而生产的第一个步骤就是进行机械设计。所以机械设计的任务就是设计出满足社会需要的机械产品,另外,机械产品作为一种商品,必须具有市场竞争能力,并且满足节能环保等一系列要求。设计常常是生产、销售和使用成败的一个决定性环节。

高水平的设计师能够敏感地领会到社会的需求,研制出适用的、有市场竞争力的机械产品,并在适当的时机推出。只有不断开发出新产品,才能保持优势,使企业有持续发展的生命力。

1.1.2　机械设计的一般程序

典型的机械设计可以分为以下几个阶段:

1. 制订工作计划

在调查研究的基础上,根据社会需要和技术的发展,确定所设计机械装置的基本要求和性能、经济指标,明确机械的技术关键,研究解决这些问题的可能性,制订设计任务书。

2. 方案设计

根据设计任务书的要求,拟定机械系统的工作原理、组成和总体布置,选择原动机和传动装置的形式,应该在多种可行的方案之间进行比较、计算和分析,选择最优方案。

3. 技术设计

对已经选定的方案进行运动学和动力学分析,确定机械装置的主要尺寸,必要时进行模拟试验、现场测试,计算并绘制设计总图。

4. 施工设计

绘制全部部件图和零件图,考虑零件的工艺性,确定各零件的材料、热处理、配合和公差、表面粗糙度,进行必要的强度、刚度和耐磨性校核计算。编制使用说明书等技术文件。

5. 产品定型

按设计试制少量样机(一般为一两台),进行试验,如果能够达到预定的功能,满足预先提出的要求,其可靠性、经济性等经过验证,则可以进行技术鉴定,确定可以投产或需要改进设计。改进设计以后,可以进行小批量生产,由用户在实际条件下使用。根据用户意见作进一步的改进,成为定型产品,组织正式生产。

【案例分析 1-1】　由于制订工作计划的失误,对用户要求调研不足,方案有明显不足,导致设计失败。

图 1-1 所示为一个冲床的改进方案,设计者考虑一般的冲床机架为 C 型[见图 1-1(a)],受很大的弯曲应力,认为结构不合理,提出了一种框架式结构[见图 1-1(b)],避免了弯曲应力。但是,由于框架的限制只能加工很窄的条料,使用范围有限,市场上用户很少,设计失败。

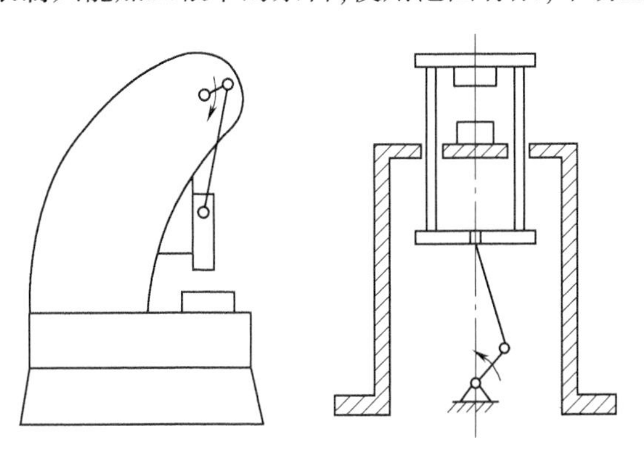

(a) 一般的冲床结构　　　(b) 改进结构(失败的设计)

图 1-1　制订工作计划的失误导致设计失败

【案例分析 1-2】　通过样机试验,改进了四轮车的驱动方法。

某工程师设计了一台四轮小车供残疾人使用,最初设计用一根前轴与两个前轮固定连接作为驱动轴,前面的两个车轮为驱动轮。样机试验时,发现该车转弯不灵活,改为一个前轮驱动,使用效果良好,按此方案定型生产。(原因请读者思考)

1.1.3 机械创新设计

机械设计师必须具有创新能力,要有坚实的基础理论和广泛的实际知识。其中创新能力是机械设计高级人才的重要素质。一个国家知识创新和技术创新成果的多少,是决定其在国际上地位的重要指标。为了加强创新能力的培养,要努力提高以下几个方面的能力:

1. 对环境事务的敏感性

设计者能够发现潜在的社会要求。为了满足这些要求提出新产品,进行设计,并获得成功。这种需求往往是不明显的,只有对环境事物敏感的设计师才能够抓住机会。

2. 善于联想,有预见

一种新事物的出现,会连带提出许多要求。如高层建筑的修建对供水压力,电梯的速度,电梯的保养、维修、安全,高层建筑的消防设备,停车库等都提出了新的要求,要开发许多新机械产品。我国汽车制造业发展很快,围绕汽车运行的需要,开发了许多新产品。设计师要随时观察周围的发展情况,提出新产品的开发计划。

3. 掌握技术信息

一种新技术的出现,会带动一批工业产品出现,设计师要注意利用新技术,开发多种新产品。例如:把物理、化学、生物学的新成就用于新机械产品的开发,有许多成功的实例,如电子表、电动自行车、激光测量仪器、计算机等都是利用新技术开发的新产品。这些产品解决了许多用以前的技术不能解决的问题,生产的新产品有很强的市场竞争能力,设计师必须注意利用新技术开发新产品。

4. 有较强的机械设计能力

创新设计常具有较高的难度,参考资料较少,对设计师的机械设计能力要求较高。

5. 有坚强的毅力、广泛的兴趣和广阔的知识面

创新设计遇到的困难较多,遇到的问题涉及面广泛,遭遇失败的机会较大。因此,要求设计师具有百折不挠的精神,克服困难,有广泛的知识,能全面考虑问题,能够与时俱进,不断丰富自己的知识,提高能力,努力争取较大的成功机会。

1.2 机械零件的失效形式和计算准则

机器都是由零部件组成的,所以机械零部件设计是机械设计的基础。而由学习零部件设计入手学习机械设计是最佳的学习途径。

失效分析是机械零件设计的重要步骤。失效并不单纯意味着破坏。常见的失效形式有整体断裂、过大的弹性变形或塑性变形、表面破坏、连接的松弛、剧烈振动、带传动打滑等。

同一种零件可能有多种失效形式。例如:轴的失效可能是疲劳断裂,也可能由于过大的弹性变形(即刚度不足)致使轴颈在轴承中倾斜,影响正常工作,或可能是发生了共振。在各种失效形式中,其主要的失效形式将由零件的材料、具体结构和工作条件等决定。

为了避免失效,要采用各种措施防止它的发生,其中包括计算、试验等,计算所依据的条件称为**计算准则**。

零件不发生失效时的安全工作限度称为**工作能力**。对载荷而言的工作能力称为**承载能力**。工作能力有时是对变形、速度、温度、压力等的限度而言。同一种零件对于各种失效形式具有不同的工作能力。如轴的工作能力可能取决于轴的疲劳强度,也可能取决于轴的刚度。显然,起决定作用的将是工作能力中的较小值。

机械零件虽然有多种可能的失效形式,但归纳起来,主要是由强度、刚度、耐磨性、温度等影响因素以及振动稳定性、可靠性等方面的问题引起的。对于各种不同的失效形式,相应地有各种不同的工作能力判定条件。这种为防止失效而制定的判定条件称为计算准则。常用的计算准则有以下几种:

(1)强度准则:要求机械零件的工作应力不超过许用应力。

(2)刚度准则:要求机械零件在载荷作用下的弹性变形量不超过许用值。

(3)寿命准则:腐蚀、磨损和疲劳都是影响机械零件寿命的主要因素,但它们各自发展过程的规律不同。迄今为止,还没有提出实用有效的腐蚀寿命计算方法,而磨损产生的机理也尚未完全研究清楚,只能利用一些经验数据计算。疲劳寿命的计算方法已较为成熟,这将在本章后面节次中介绍。

(4)振动稳定性准则:在设计时,使受激振作用零件的固有频率f_p与激振源的频率f错开,避免发生共振。当$f < f_p$时,要求满足条件$1.15f < f_p$;当$f > f_p$时,要求满足条件$0.85f > f_p$。

(5)耐热性准则:机械零件过度发热会引起硬度降低、热变形、润滑失效等问题。因此,发热较大的零件必须限制工作温度,必要时可采取强制降温措施。

(6)可靠性准则:对于重要的机械零件要求计算其可靠度。假设一批零件有N个,在一定的工作条件下进行试验。如在时间t后仍有N_s个正常工作,则这批零件在该工作条件下,达到工作时间t的可靠度R为

$$R = \frac{N_s}{N} = \frac{N - N_f}{N} = 1 - \frac{N_f}{N}$$

式中　N_f——在时间t内失效的零件数,$N = N_s + N_f$。

1.3　机械零件材料和热处理的选择

材料和热处理的选择对于零件的性能、加工方法、经济性、可靠性等有很大的影响。设计者应根据使用要求、生产条件、手册资料、实际经验并参照类似零件选材情况等,选择材料。下面介绍一般性原则和知识。

1.3.1　机械零件的常用材料

1. 钢

钢是广泛使用的材料。最常用的是轧制钢材(有冷轧和热轧钢材)、锻钢件和铸钢件。可按机械零件的性能要求和形状进行选择。钢具有较高的强度、刚度、韧性、耐磨性和耐热性,可以进行机械加工、焊接、锻造、冲压、铸造、热处理和表面处理。对于合金钢常进行热处理以充分发挥其性能。铸钢用于制造强度要求较高的大型复杂零件。钢结构一般用型钢焊接而成。

2. 铸铁

灰铸铁的铸造性能好,价格低,有较高的抗压强度、耐磨性和减振性能,广泛用于制造机床导轨、床身、机架、箱体等大型复杂的铸件。但是,其抗拉强度低、性脆,不适用于制造受冲击载荷的零件。对于强度要求较高的零件可以采用球墨铸铁。

3. 有色金属

在机械制造中常用的有铝合金、铜合金、镁合金、钛合金、轴承合金等。其价格很贵,来源有一定限制,除非必要,如有耐磨性、减磨性、减轻质量等要求时,一般应尽量避免使用。

4. 非金属材料

常用的非金属材料有塑料、橡胶、玻璃等。工程塑料按是否能够加热融化重新成形,分为热塑性塑料和热固性塑料两大类。一般应尽量选择热塑性塑料,以便于回收。

一些大型的机械设计手册和专用的材料选择手册可供选择材料时参考。

1.3.2 选择材料的原则

选择材料时,应该注意满足以下几方面的要求。这些要求不仅可以用于指导选择材料,在选择结构方案和零件类型时也可以作为参考。

(1)使用要求:有足够的强度、刚度、耐磨性、耐腐蚀能力,质量小、耐冲击等。

(2)工艺性要求:机械零件的毛坯制造(铸造、锻压、焊接、冷冲压等)、热处理、机械加工和修理方便,便于回收利用。选择材料时要考虑零件的复杂程度、尺寸、加工批量等。还要考虑加工条件、协作的可能性、运输条件以及使用者的技术条件等。

(3)经济性要求:不但要考虑材料的价格,还要考虑加工成本、废品率以及材料是否容易得到等。

此外,还要考虑对环境是否有污染,一般铸造、热处理和表面处理对环境影响较大。此外,原材料的生产过程中,要注意节约材料。对于运动的机器,如汽车,减轻自身质量可以节约燃油,试验表明,汽车质量减轻 10%,耗油量下降 6%~10%,排放减少 4%。近十年来,国外汽车大量使用铝合金等轻金属材料,质量已经减小了 20%~26%。

1.4 机械零件的标准化

在机械工业中实行标准化可以提高产品质量,加快发展新产品,便于修理。在规划产品系列时,应该制订系列化的产品规格,如货运汽车、起重机等,按工作能力或尺寸规定产品的系列,便于生产和选用。另外,有一些部件可以通用化,如电动机、减速器、泵、阀门、制动器等。对于这些部件可以组织专业化生产。机械零件如螺栓、螺母、螺钉、垫圈、滚动轴承销钉、铆钉等,都是标准件,设计者应该按标准选择。此外,有些机械参数如轴直径、机器轴高、公差配合、表面粗糙度、机械制图、材料、零件计算方法等,都有国家标准。机械设计应该利用这些国家标准提高设计质量。机械设计常用的国家标准可以由机械设计手册查得。

1.5 机械结构设计

结构设计是机械设计的重要环节,它包括总体结构和零部件结构设计。

1.5.1　结构设计的重要性

机械结构设计是机械设计的重要组成部分,它的重要性体现在以下几个方面:

(1)结构是实现机械功能的载体,没有结构就没有机械。用户使用机械是使用它的功能,而机械的功能是通过它的结构实现的。设计师的任务就是设计出具有预期功能的机械结构。

(2)机械制造的对象是机械结构。设计阶段对机械结构的性能和成本有决定性的作用。

(3)机械结构是设计计算的基础和计算结果的体现。进行机械设计要作大量的分析、计算和试验,其目的是把结构设计得更好。设计计算和结构设计常要反复、交叉进行。如设计机械传动装置,首先根据电动机转速和工作机转速,计算传动装置的传动比。然后选择传动装置的类型(如齿轮、蜗杆传动、带传动等),选定以后,计算传动装置的主要参数,画出传动装置草图后,根据齿轮、轴承、轴的尺寸,计算轴承、轴的尺寸,画出传动装置的装配图和零件图。

由此可以看出,结构设计在机械设计中占有重要地位。

1.5.2　机械结构设计的准则

机械结构设计的主要目标是实现产品的规定功能、延长寿命、制造方便、降低成本。结构设计必须遵守明确、简单和安全可靠的基本原则。为了实现这三个原则,设计结构要考虑使用者、制造者、经济性和节能减排等各方面的要求。

为了使初学机械设计者迅速掌握机械结构设计的思路和方法,把这些知识总结成《机械结构设计准则与实例》,以便于学习和掌握。下面对此作一些扼要的介绍,并举出一些实例。

1. 考虑满足使用要求的设计准则

确定设计任务必须经过仔细全面的调查研究和分析(参见案例分析 1-1),慎重确定机器的主要参数,简化机器的动作要求,避免原理性错误,正确选择原动机,注意使用条件、生产条件和国家的有关规定等准则。

在研究使用要求时,不但要注意要求什么,还要注意不要求什么,仔细分析设计要求,寻找解决问题的途径。例如,一个电子器件制造用的工作台,要求在平面内 x、y 轴两个方向能够移动和在水平面内转动。按一般经验,如机床,要求做成三层的工作台,满足三个运动要求。但是,仔细研究设计对象的使用要求以后发现,在 x、y 轴方向的移动只要求各移动±3 mm,在平面中的转动只要求±3°,而且受力很小。根据这些要求的特点,设计者设计了一个单层工作台,如图 1-2 所示。转动螺旋 3 实现 x 轴方向移动,同步转动螺旋 4、5 实现 y 轴方向移动,以不同速度转动螺旋 4、5 可以实现工作台转动。

这一设计根据使用要求的特点,创造性地设计了一种新的结构。

2. 考虑机械装置承载能力、寿命、精度的设计准则

(1)提高强度和刚度的设计准则。包括减小机械零件受力,减小机械零件的应力,提高零件的强度,减小变形,正确选择材料等准则。如图 1-3 所示,压力容器的密封盖用螺栓固定,图 1-3(a)所示的结构螺栓受力很大;图 1-3(b)所示的结构,容器内压力有助于密封盖压紧,螺栓受力很小。

(2)提高精度的设计准则。包括误差合理配置,消除空回,误差均化,误差传递,误差补偿,符合阿贝原理等准则。例如:图 1-4 所示为精密螺旋加工机床的校正尺补偿机构。对于精

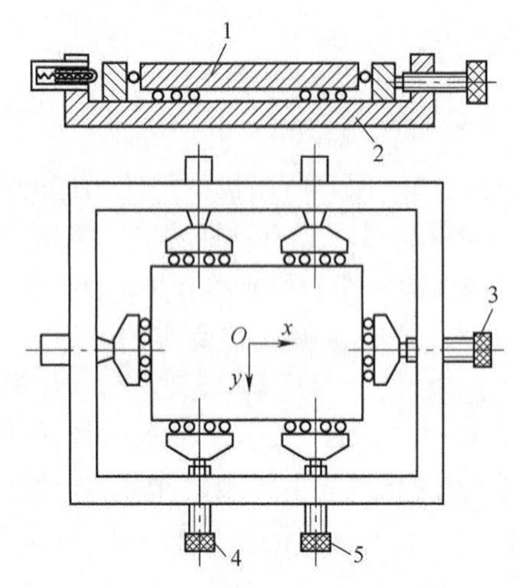

图 1-2 单层多自由度工作台

1—工作台;2—底座;3、4、5—手动调节螺旋

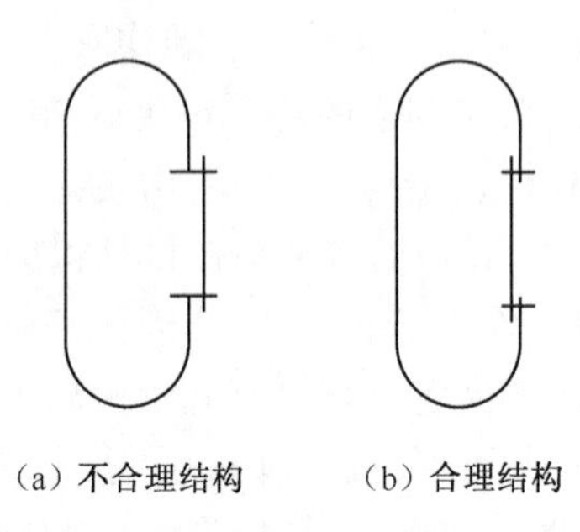

图 1-3 减小零件受力

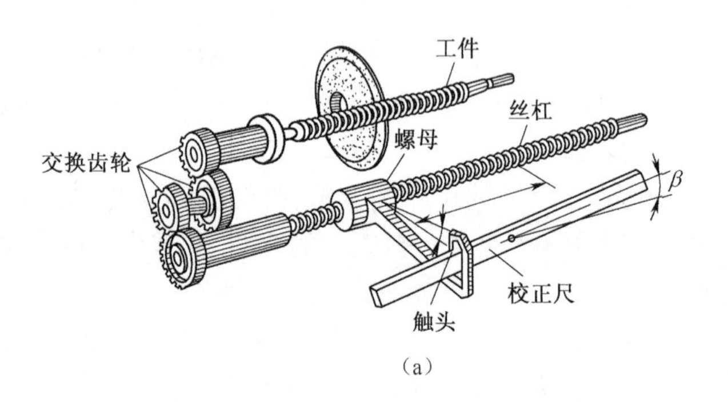

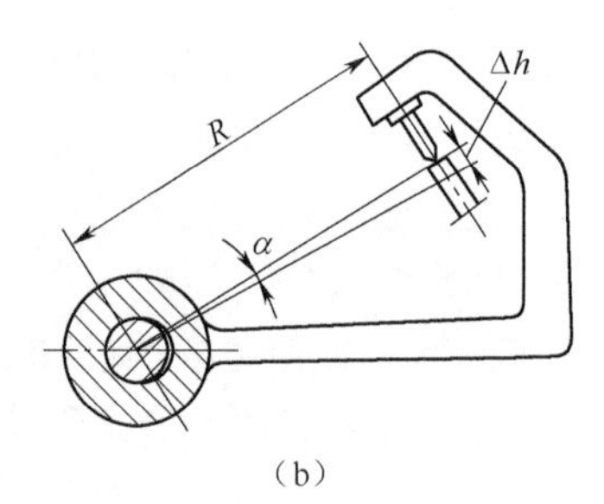

图 1-4 螺旋机构校正尺示意图

密螺纹磨床,由于进给丝杠的误差,会引起被加工螺旋的螺距误差。这一误差可以用补偿的方法消除。做法是利用精密测量装置,测得螺旋机构的误差以后,制造一个图 1-4 所示的校正尺。在加工时,丝杠转动带动螺母左右移动,导杆的触头沿校正尺的边缘滑动,其上缘的曲线使导杆转动一个很小的角度,螺母也随之转动。由于这一附加的转动,使螺母多走一点,或少走一点,如果校正尺的曲线设计合理,则可以完全补偿丝杠螺距误差引起的加工误差,从而提高了机床的加工精度。

(3)提高耐磨性的设计准则。包括采用耐磨性高的材料组合,避免有害物质进入摩擦表面之间,加大摩擦面尺寸,正确选择润滑剂并保证有足够的润滑剂在摩擦表面,减少摩擦面之间的相对运动和压力,设置容易更换的易损件,减少磨损的不利影响等准则。如图 1-5 所示,两个图中由于磨损产生的凸轮与触点接触处的误差同为 δ_1、δ_2,图 1-5(a)中滑块的运动误差为 $\Delta_1=\delta_1+\delta_2$,而图 1-5(b)中滑块的运动误差为 $\Delta_2=\delta_1-\delta_2$,因此该结构比较合理。

(4)提高耐腐蚀性的设计准则。常见的有避免产生腐蚀的结构,设置容易更换的易腐蚀件等。如图 1-6(a)所示,未排放干净的液体会引起腐蚀,应该采用图 1-6(b)所示的结构。

3. 考虑提高工艺性的设计准则

设计机械零部件的结构,必须考虑结构的工艺性。要求设计者在保证使用功能的前提下,

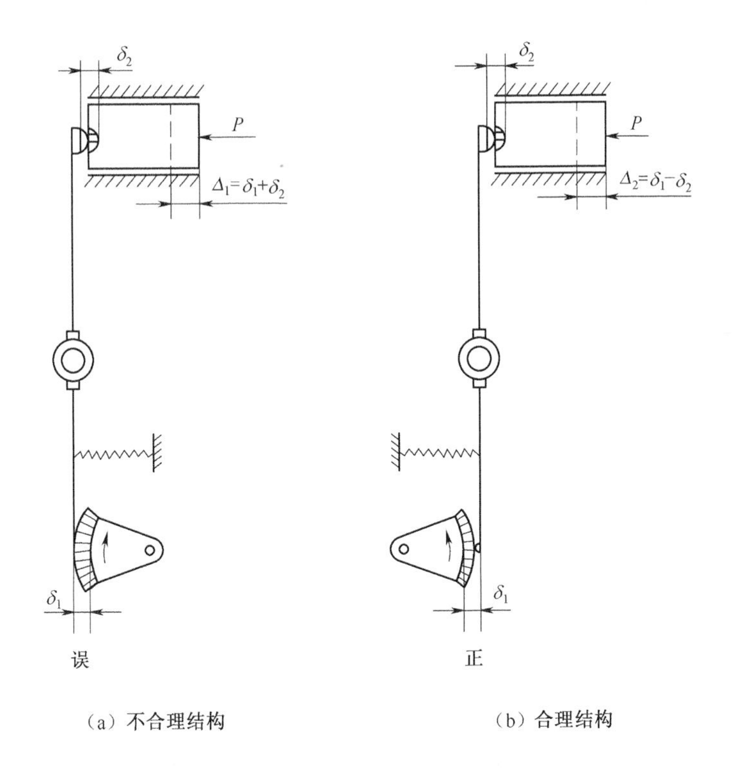

图 1-5　避免磨损产生的误差相互叠加

力求所设计的零部件在制造过程中生产率高、材料消耗少、生产成本低、节约能源减少排放。下面举出几个铸造、焊接、热处理、机械加工、装配等工艺性的设计准则。

(1) 对于铸件常常遇到的工艺性设计准则:

①铸造方法与零件性能要求、形状、尺寸和生产批量相适应准则。铸造方法常用的有砂型铸造、金属型铸造、压力铸造、熔模铸造、壳型铸造、离心铸造等,按零件的要求和特点选择适用的铸造方法。

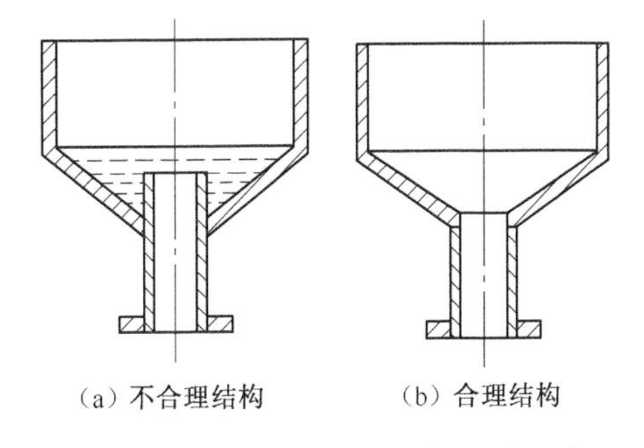

图 1-6　容器内液体必须能够排放干净

②按规定选择铸件的壁厚、圆角、凸台等尺寸。

③便于制造木模准则。对于砂型铸造,应该使铸件形状对称,表面凹凸尽量减少,避免用活块,内外部形状尽量用平面等,如图 1-7 所示。

④浇铸和冷却过程中能保证铸件质量准则。铸造零件应该避免水平的大平面[见图 1-8(a)],因为在浇铸时由于金属漫流会产生浇铸不足、冷隔等缺陷。在平面上面增加一些肋[见图 1-8(b)],使金属流动的通道增加,而且加大了刚度可以减小变形。如果铸造时把大平面放在下面,而且处于倾斜位置浇铸[见图 1-8(c)],也可以得到较好效果。

(2)对于焊接零件,应该注意焊接件不可简单模仿铸件,应尽量简化焊接件结构,减少焊

图 1-7　肋的合理形状

接件应力集中,减少焊缝受力,避免焊缝集中,避免焊缝汇集等,如图 1-9、图 1-10、图 1-11 所示。

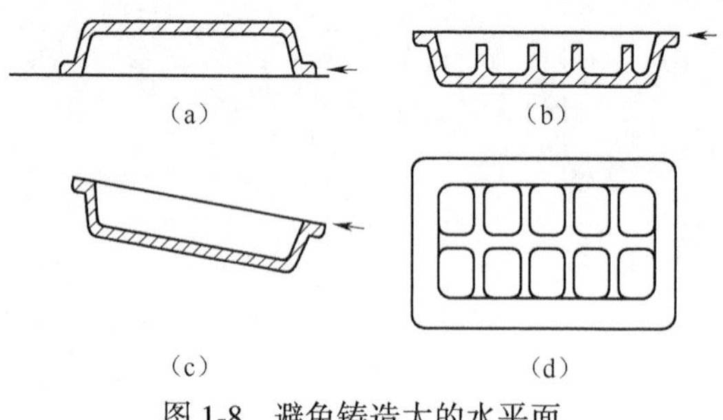

图 1-8　避免铸造大的水平面

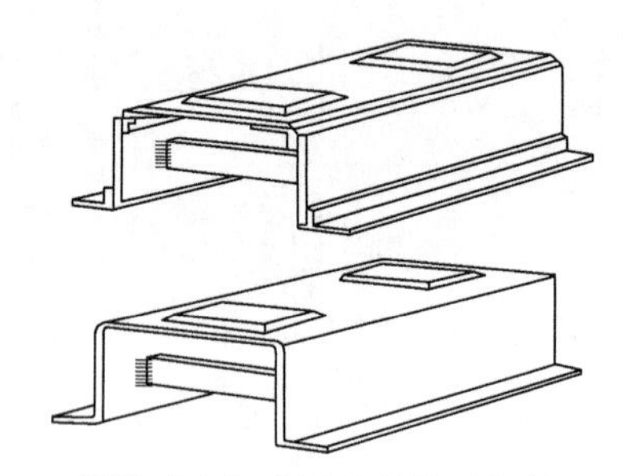

图 1-9　尽量减少组成焊接件的零件数和焊缝数
零件数由 9 件减少到 5 件

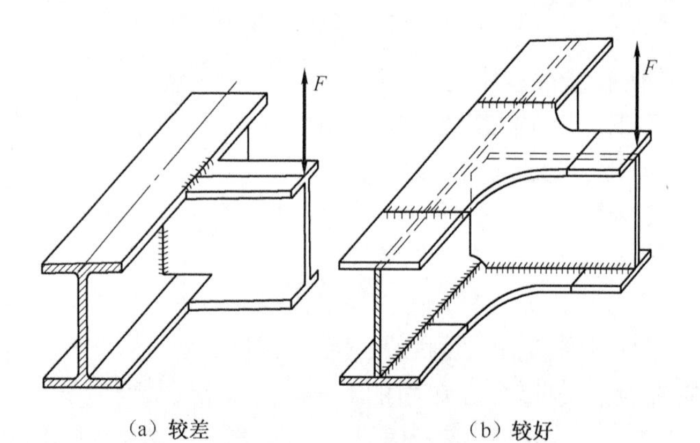

图 1-10　注意提高焊接悬臂梁根部的强度

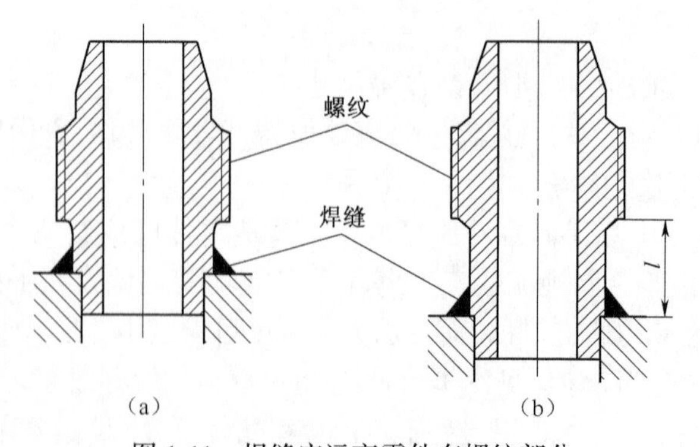

图 1-11　焊缝应远离零件有螺纹部分

(3)对于热处理件,应该注意合理选择热处理方法,考虑材料的淬透深度,避免热处理引起变形和裂纹等,如图 1-12 所示。

(4)对于机械加工件,应该考虑以下设计准则:减少机械加工工作量,减少手工加工或补充加工,简化被加工面的形状,便于夹持和测量,避免刀具处于不利的工作条件等结构设计准则,如图 1-13~图 1-17 所示。

(5)图 1-17(a)中零件 1、2 靠零件 3 的凸起圆柱形对中,但两个对中面不能在一次切削中完成,对中较差。图 1-17(b)中,零件 3 的孔在一次加工中作出,零件 1、2 的圆柱形配合面对中较好。

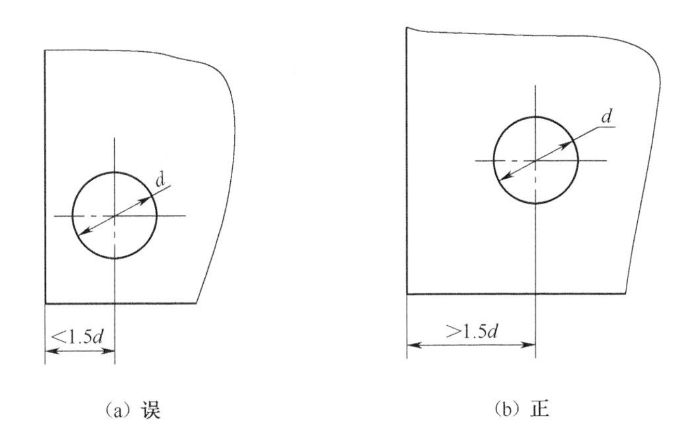

图 1-12　为了避免变形,孔不可距离零件边缘太近

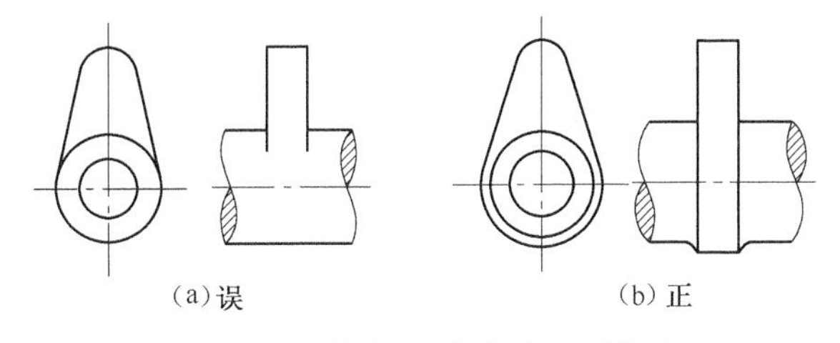

图 1-13　不同加工精度表面要分开

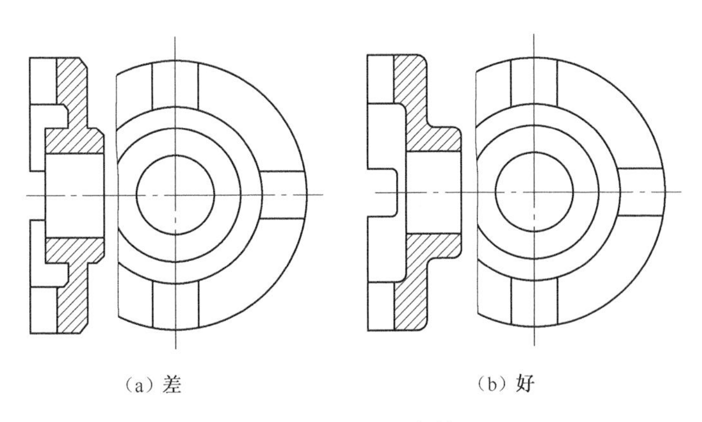

图 1-14　减少退刀次数

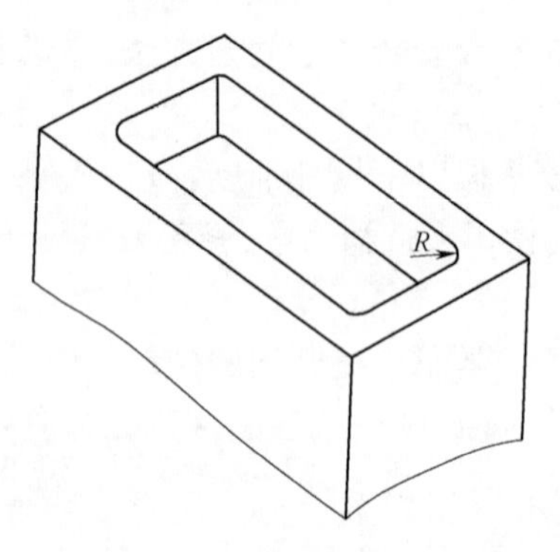

图 1-15　凹槽圆角半径 R 不可太小以提高切削加工效率

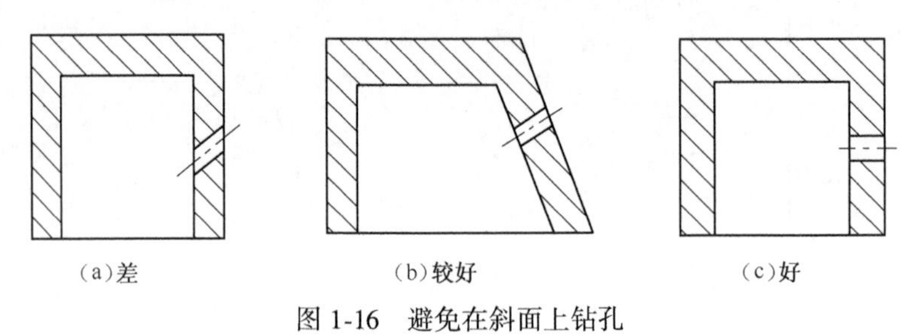

图 1-16　避免在斜面上钻孔

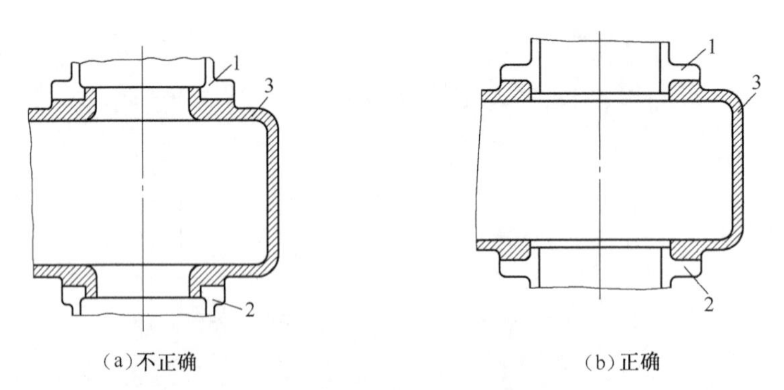

图 1-17　以一次加工得到的孔作为对中基面

(6)对于装配,应该考虑以下设计准则:为避免安装错误,不影响正常工作,应减少安装时的手工操作,自动安装时应使零件容易夹持和运输,避免试车时出现事故,如图 1-18～图 1-20 所示。

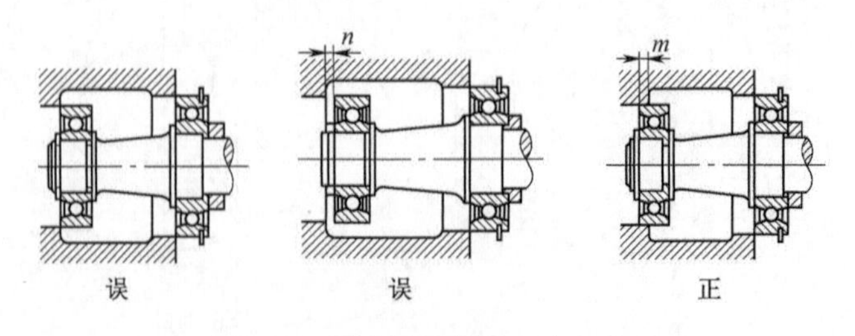

图 1-18　避免同时装入两个配合面

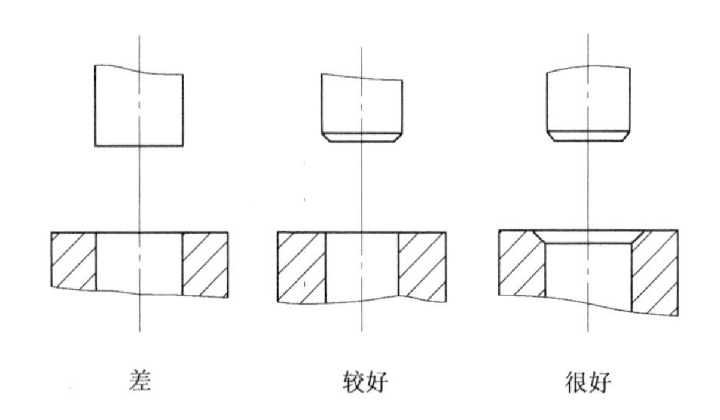

图 1-19　零件安装部位应该有必要的倒角

(7)考虑维修、回用的结构设计准则:尽量用标准件,合理划分部件,易损件应容易拆卸,避免零件在使用中损坏,注意用户的维修水平和条件,考虑维修时修复可能,如图 1-21~图 1-23 所示。

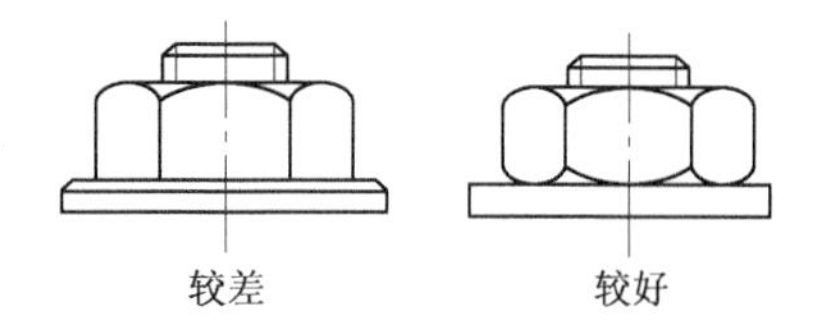

图 1-20　采用对称结构简化装配工艺

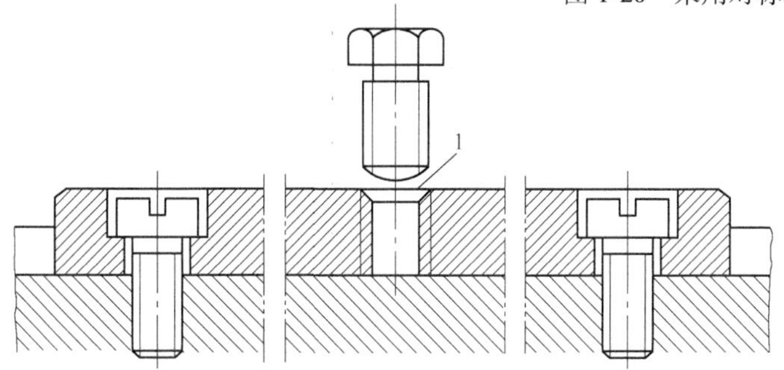

图 1-21　中间的螺纹孔 1 中可以拧入螺钉,拆卸键方便

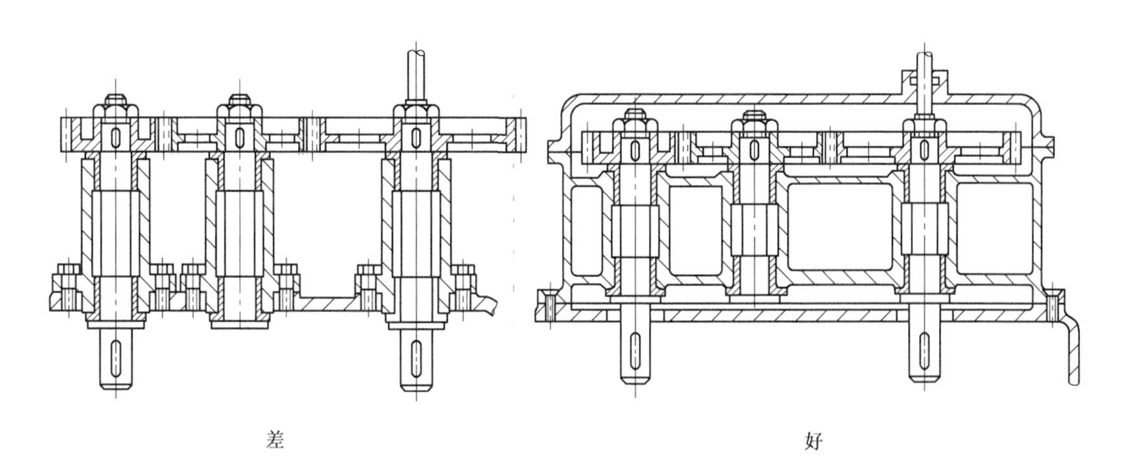

图 1-22　齿轮传动装置的各轴承座不应分离,应为整体

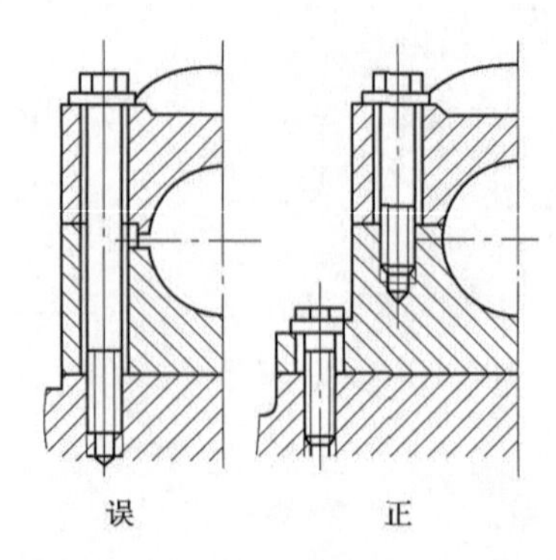

图 1-23　拆下轴承盖时不必拆下底座

1.6　机械设计技术的新发展

机械设计理论与方法一直在不断的发展着，近几十年来得到了较快的发展。最新的科学研究成果很快地被机械设计人员使用，机械新产品迅速出现。新理论、新材料、新工艺、自动控制技术、计算机技术、激光技术、纳米技术在机械产品中得到迅速的使用。主要的新机械设计技术在一些资料中有比较详细的介绍，在此只作很简单的概述。

(1)系统工程理论用于机械设计。机械设计是一门综合处理各种矛盾的学科，运用系统工程理论解决机械设计问题称为**设计方法学**，它有助于提高设计人员的水平。

(2)可靠性设计。可靠性理论首先用于电子工业，近年来在机械产品中得到广泛的运用和重视。

(3)机械学理论用于机械设计。机械学包括机构学、机械振动学、机械结构强度学、摩擦学、传动机械学、机器人机械学等，机械学的研究成果对于解决机械设计中的一些关键问题有很大的指导作用，而重大的机械设计技术关键问题研究，又推动了机械学的发展。

(4)计算机在机械设计中的应用。计算机的强大计算能力使许多过去无法解决的问题，在此迎刃而解，现在可以用有限元方法、优化计算方法求得更合理的设计方案。计算机使设计时间显著缩短，并把设计与制造、管理紧密联系起来，计算机已经成为机械设计不可缺少的工具。

(5)人机工程的发展。在机械设计中应考虑人的因素，包括机器操作方便、安全、美观、舒适等方面。

(6)运用价格工程理论。在机械设计中把功能与成本结合起来考虑，可以得到更合理的设计方案。

(7)绿色设计。为了得到可持续发展，发展了绿色设计、再制造设计等，节能减排已经成为机械设计必须考虑的一个重要的因素。

(8)实验技术的发展。机械设计的重要数据，不应只从手册中查得，而应该进行实验，取得直接的数据。新产品、新技术、新机构、新机械的实践必须有实验基础。计算机技术、遥测技术的发展，使实验技术有了很大的提高。计算机模拟、计算机仿真更使实验技术有了新的手段。但是应该注意，不是任何实验都能够用计算机仿真代替，如高温、潮湿、宇宙空间的摩擦因数,需要直接测定。

由此可知,学习机械设计和从事机械设计工作,必须努力学习和掌握新技术,不断提高,与时俱进,跟上机械设计科学的发展。

思考题、讨论题和习题

1-1　请查手册,取得以下材料的力学性能数据(抗拉强度、屈服强度、伸长率、硬度、弹性模量):HT250、QT600-3、45 钢、40Cr、ZAlSi12,写出材料名称,每种举出一种适用场合。

1-2　有一试验装置要求用液压千斤顶,加载 3 t,该千斤顶底面 120 mm×120 mm,而楼板承载能力只有 1 t/m^2,请考虑如何改进此装置,不致使千斤顶压坏楼板(试验装置如图 1-24 所示)。画出改进方案简图。

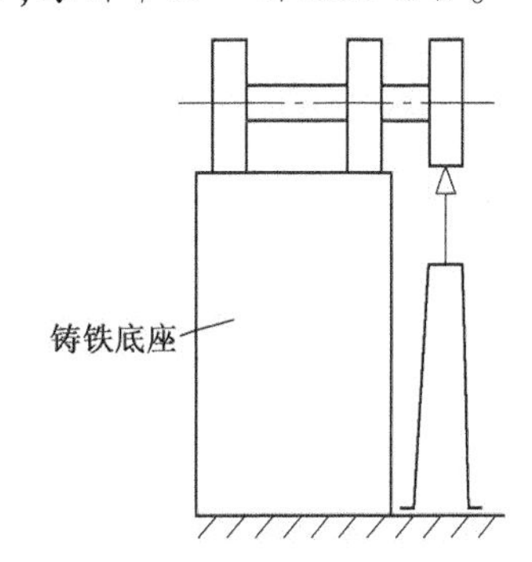

图 1-24　题 1-2 图

1-3　图 1-25 所示为运送散装物质的螺旋输送机,物料由进料口进入,由出料口排出,图 1-25(a)中螺旋受压力,图 1-25(b)中螺旋受拉力,问哪个方案比较合理?

1-4　图 1-26 所示为长行程气动机构,采用原设计工作时活塞偏斜,迅速磨损卡住,阀杆弯曲,改为新方案以后工作正常。请说明得到改善的原因。

1-5　图 1-27 所示为铸铁机架,哪个结构比较合理?请说明原因。

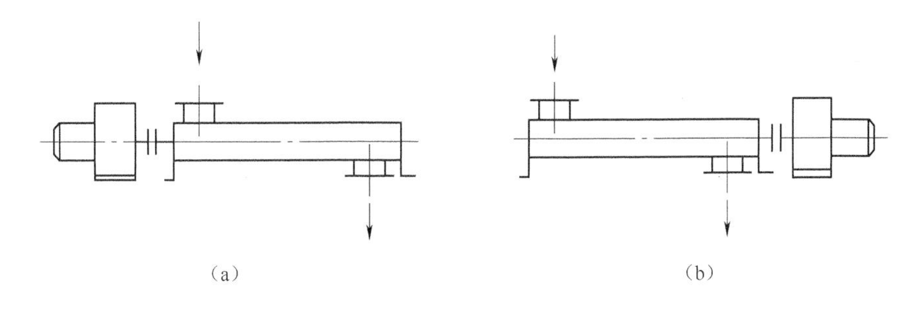

(a)　　(b)

图 1-25　题 1-3 图

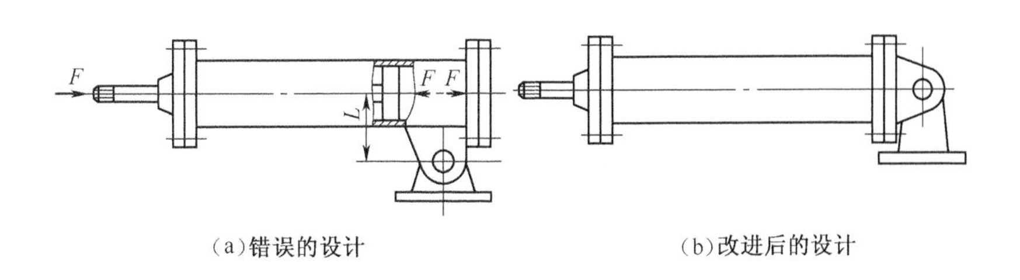

(a)错误的设计　　(b)改进后的设计

图 1-26　题 1-4 图

1-6　图 1-28 所示为螺栓连接,结构哪个合理,请说明原因。

1-7　图 1-29 所示为两种零件的结构图,问哪个结构比较合理?请说明理由。

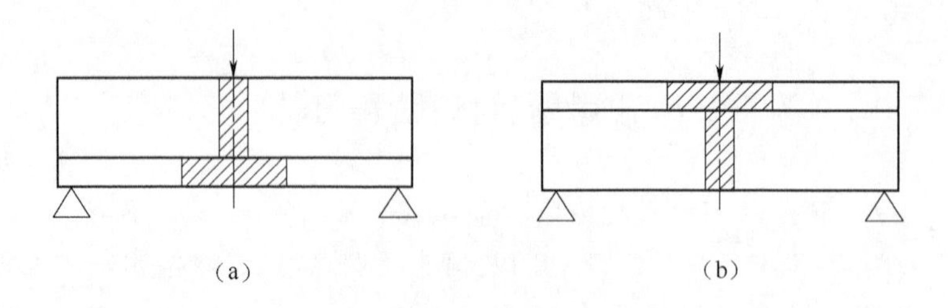

图 1-27　题 1-5 图

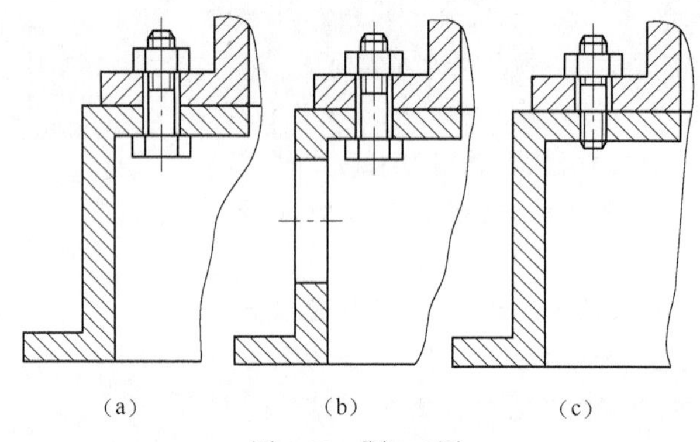

图 1-28　题 1-6 图

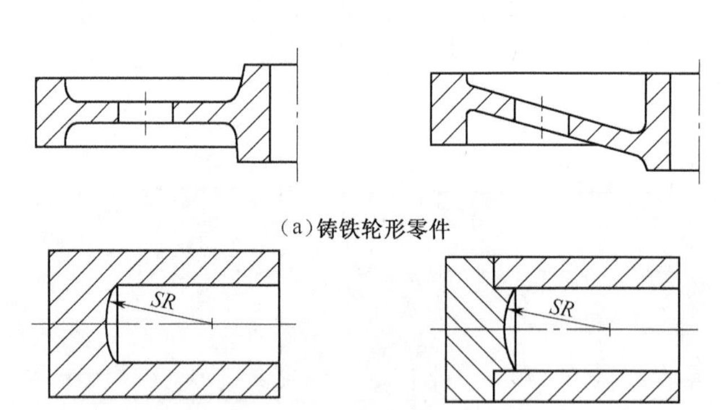

(a)铸铁轮形零件

(b)钢零件

图 1-29　题 1-7 图

第 2 章　机械设计的强度问题

【学习提示】

①学习本章首先要深刻体会疲劳强度和静强度的不同。

②本章重点是稳定循环变应力的强度计算，要掌握表示循环变应力的 5 个参数和 3 种典型情况（见图 2-1、表 2-1）。

③要掌握材料的典型疲劳曲线（见图 2-5）和疲劳极限应力图（见图 2-7）。

④在此基础上要理解和会使用稳定变应力时机械零件的疲劳强度计算。重点是 r 等于常数时的安全系数计算方法，要理解图 2-9、图 2-11 和式（2-22）、式（2-28）的相互关系。能够取得公式中每一个参数的数值，并能判断计算结果。当公式不能满足时，能够改进设计，使其满足疲劳强度要求。

⑤对于图 2-10 和表 2-2 的两种情况，能够说明其原理并给出实例，会运用公式。

⑥对规律性非稳定变应力，能够理解式（2-32）和图 2-12，会运用此公式。

⑦对于机械零件的表面强度能够说明并使用式（2-37）～式（2-41）。能够说明接触应力和挤压应力的不同。

2.1　概　　述

机械设计的强度问题可分为静应力强度和变应力强度两个范畴。静应力强度问题在材料力学中已有介绍，故不再详细讨论。本章重点讨论机械零件在变应力下的疲劳强度，并简要介绍机械零件的表面强度问题。

当机械零件按强度条件进行判定时，可以采用许用应力法或安全系数法。实际应用中到底应选择哪种方法进行计算，通常由可利用的数据和计算惯例来决定。

1. 许用应力法

许用应力法是比较危险截面处的计算应力（σ,τ）是否小于或等于零件材料的许用应力（$[\sigma],[\tau]$）。这时，强度条件可以写成

$$\left.\begin{aligned} \sigma \leqslant [\sigma], \quad [\sigma] = \frac{\sigma_{\lim}}{[S_\sigma]} \\ \tau \leqslant [\tau], \quad [\tau] = \frac{\tau_{\lim}}{[S_\tau]} \end{aligned}\right\} \tag{2-1}$$

式中　$[S_\sigma]$、$[S_\tau]$——分别为正应力和切应力时的许用安全系数；

$\sigma_{\lim}$、$\tau_{\lim}$——分别为极限正应力和极限切应力，对受静应力的脆性材料取其强度极限，塑性材料取屈服极限，受变应力时取疲劳极限。

2. 安全系数法

安全系数法是比较危险截面处的实际安全系数(S_σ, S_τ)是否大于或等于许用安全系数。这时,强度条件可以写成

$$\left.\begin{aligned} S_\sigma &= \frac{\sigma_{\lim}}{\sigma} \geqslant [S_\sigma] \\ S_\tau &= \frac{\tau_{\lim}}{\tau} \geqslant [S_\tau] \end{aligned}\right\} \tag{2-2}$$

材料的极限应力一般是在简单应力状态下用实验方法测出的。对于在简单应力状态下工作的零件,可直接根据式(2-1)或式(2-2)进行计算;对于在复杂应力状态下工作的零件,则应根据第三或第四强度理论确定其强度条件。许用应力取决于应力的种类、零件材料的极限应力和安全系数等。

2.2 疲劳强度的基本理论

在变应力作用下,零件的应力即使低于材料的屈服极限,也可能会在经受一定应力循环周期后突然断裂,且断裂时没有明显的宏观塑性变形,这种破坏形式称为**疲劳失效**。在变应力下工作的零件,疲劳断裂是主要的失效形式之一,据统计,疲劳断裂占零件断裂的80%以上。疲劳失效的机理与静应力作用下的强度失效有本质上的差别,计算方法也明显不同。

2.2.1 变应力的类型

变应力可能由变载荷或静载荷产生,其类型可分为稳定循环变应力和非稳定循环变应力两大类。

1. 稳定循环变应力

稳定循环变应力可分为非对称循环变应力、脉动循环变应力和对称循环变应力等3种基本类型,如图2-1所示。

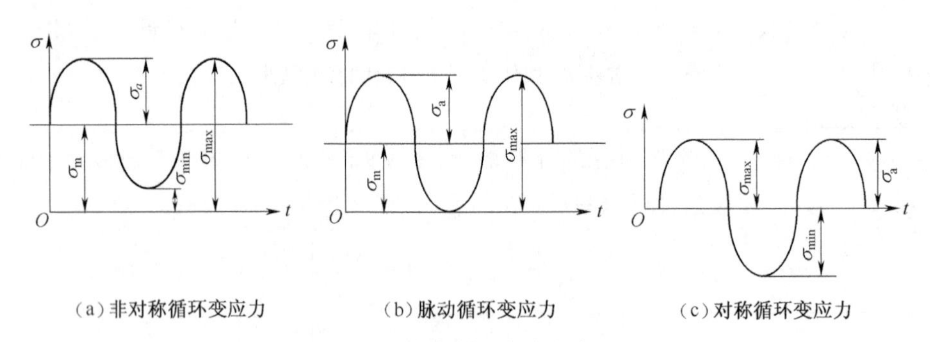

(a)非对称循环变应力　　(b)脉动循环变应力　　(c)对称循环变应力

图2-1　稳定循环变应力类型

当变应力的最大应力为σ_{max},最小应力为σ_{min}时,其平均应力σ_m和应力幅σ_a分别为

$$\sigma_m = \frac{\sigma_{max} + \sigma_{min}}{2}, \quad \sigma_a = \frac{\sigma_{max} - \sigma_{min}}{2} \tag{2-3}$$

最小应力与最大应力之比称为变应力的**循环特性** r,即

$$r = \frac{\sigma_{\min}}{\sigma_{\max}} \tag{2-4}$$

变应力特性可用 $\sigma_{\max}$、$\sigma_{\min}$、σ_{m}、σ_{a}、r 等 5 个参数中的任意两个来描述。几种典型稳定循环变应力的循环特性和应力特点如表 2-1 所示。

表 2-1　几种典型稳定循环变应力的循环特性和应力特点

应力名称	循环特性	应力特点
非对称循环	$-1<r<1$	$\sigma_m = \frac{\sigma_{\max}+\sigma_{\min}}{2}, \sigma_a = \frac{\sigma_{\max}-\sigma_{\min}}{2}$
脉动循环	$r=0$	$\sigma_a = \sigma_m = \frac{\sigma_{\max}}{2}, \sigma_{\min}=0$
对称循环	$r=-1$	$\sigma_a = \sigma_{\max} = -\sigma_{\min}, \sigma_m = 0$
静应力	$r=1$	$\sigma_a = 0, \sigma_m = \sigma_{\max} = \sigma_{\min}$

2. 非稳定循环变应力

非稳定循环变应力可分为规律性非稳定循环变应力和随机性非稳定循环变应力两种,如图 2-2 所示。

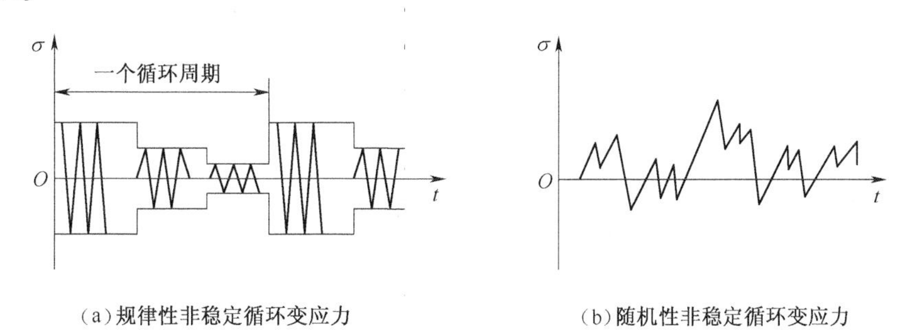

(a)规律性非稳定循环变应力　　(b)随机性非稳定循环变应力

图 2-2　非稳定循环变应力

2.2.2　疲劳失效的特点

大量实践结果表明,疲劳失效具有以下特点:

(1)疲劳失效时,零件内部的工作应力值远低于材料的抗拉强度 σ_B,甚至远低于材料的屈服强度 σ_S。

(2)疲劳的失效过程一般要经历裂纹萌生、裂纹扩展和断裂三个阶段,如图 2-3 所示。

表面无缺陷的金属材料,在变应力作用下零件表面应力较大处的材料会发生剪切滑移,从而产生初始裂纹,形成裂纹源。随着应力循环次数的增加,裂纹沿尖端逐渐扩展,零件的截面面积逐渐减小。当截面面积小到某一临界值时造成零件静应力强度不足,就会突然发生脆性断裂。

零件表面的加工痕迹、划伤、腐蚀小坑以及材料中的夹渣、微孔、晶界等都有可能产生初始裂纹。零件的圆角、凹槽、缺口等造成的应力集中也会促使表面裂纹的产生和发展。

(3)疲劳断裂截面由光滑的疲劳发展区和粗糙的脆性断裂区组成。图 2-4 为旋转弯曲

条件下的疲劳断裂截面示意图。由于变应力的作用。裂纹在扩展过程中,周期性压紧和分开,使裂纹两表面受到不断摩擦和挤压作用,形成了断口表面的光滑区。粗糙的脆性断裂区是由于剩余的截面静应力强度不足造成的,剩余截面的大小与所受载荷有关,载荷大,粗糙表面也大。

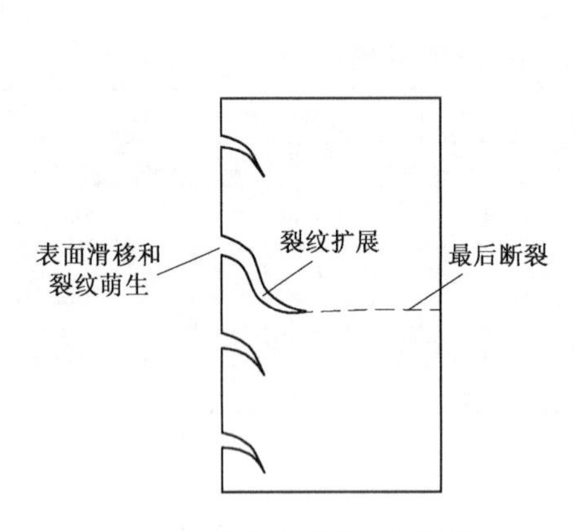

图 2-3　疲劳失效的三个阶段

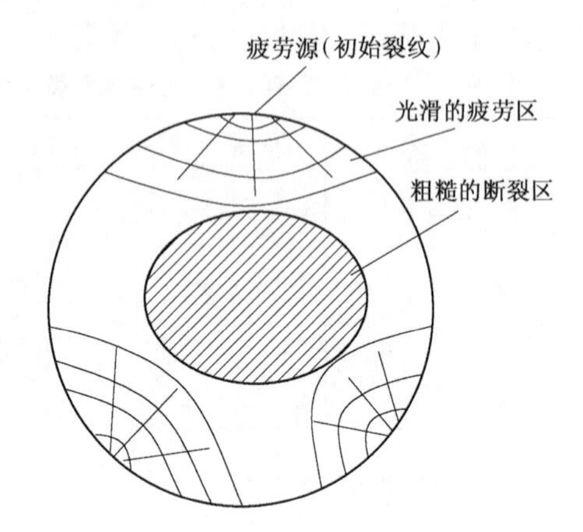

图 2-4　旋转弯曲的疲劳断裂截面

2.2.3　疲劳曲线

疲劳曲线是用一批标准试件进行疲劳实验得到的。以规定的循环特性 r 的变应力施加于标准试件,经过 N 次循环后不发生疲劳破坏时的最大应力称为**疲劳极限应力** σ_{rN}或 τ_{rN}。表示循环次数 N 与疲劳极限应力 σ_{rN}或 τ_{rN}之间的关系曲线,称为**疲劳曲线**($\sigma-N$ 或 $\tau-N$ 曲线)。典型的疲劳曲线如图 2-5 所示,图 2-5(a)是以普通坐标表示的疲劳曲线,图 2-5(b)是以双对数坐标表示的疲劳曲线。由图 2-5(b)可见,疲劳曲线可分成两个区域:$N<N_0$为有限寿命区;$N\geqslant N_0$为无限寿命区,N_0为循环基数。若按循环次数的高低可分为低周循环区和高周循环区,即 $N<10^3(10^4)$次时为低周循环区,$N\geqslant 10^3(10^4)$次时为高周循环区。

1. 有限寿命区

在低周循环区内,疲劳极限较高,接近屈服极限,且疲劳极限几乎与循环次数的变化无关,称为**低周循环疲劳**。例如飞机起落架、炮筒和压力容器等的疲劳属于低周循环疲劳。但对绝大多数通用零件来说,当其承受变应力作用时的应力循环次数一般都大于 10^4,所以本章不讨论低周循环疲劳问题。

在高周循环区内,当 $10^3(10^4)\leqslant N<N_0$时,疲劳极限随循环次数的增加而降低,这是有限寿命疲劳强度设计中应用最多的区段。

2. 无限寿命区

当 $N\geqslant N_0$时,疲劳曲线为水平线,对应 N_0点的极限应力 σ_r称为**持久疲劳极限**,对称循环时用 σ_{-1}表示,脉动循环时用 σ_0表示。

所谓**“无限”寿命**,是指零件承受的变应力水平低于或等于材料的持久疲劳极限 σ_r,工作应力总循环次数可大于循环基数 N_0,并不是永远不会产生破坏。

大多数钢的疲劳曲线类似图 2-5(b),但有色金属和高强度合金钢的疲劳曲线没有明显的

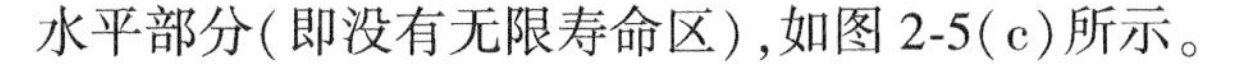
水平部分(即没有无限寿命区),如图 2-5(c)所示。

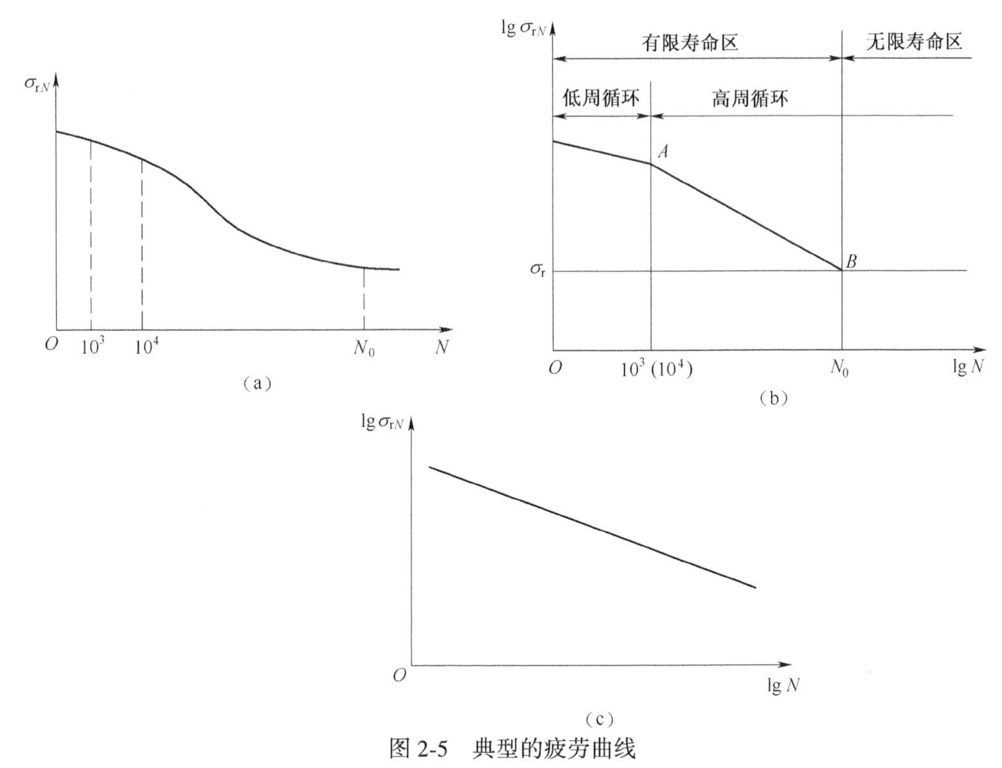

图 2-5　典型的疲劳曲线

3. 疲劳曲线方程

一般情况下,疲劳强度的设计问题,主要根据图 2-5(b)中 AB 段曲线进行。AB 段的曲线方程为

$$\sigma_{rN}^{m}N=\sigma_{r}^{m}N_0=C \tag{2-5}$$

式中　m——随材料和应力状态而定的指数,如钢材弯曲疲劳时 $m=9$,钢材线接触疲劳时 $m=6$;

　　C——试验常数。

若已知循环基数 N_0和持久疲劳极限 σ_r,则 N 次循环的疲劳极限为

$$\sigma_{rN}=\sqrt[m]{\frac{N_0}{N}}\sigma_r=k_N\sigma_r \tag{2-6}$$

$$k_N=\sqrt[m]{\frac{N_0}{N}} \tag{2-7}$$

式中　k_N——寿命系数。

应当注意,材料的持久疲劳极限 σ_r是在 $N=N_0$时求得的,当 $N>N_0$时应取 $N=N_0$计算。各种金属材料的 N_0大致为 $10^6\sim25\times10^7$,但通常材料的疲劳极限是在 10^7(也有定为 10^6或 5×10^6)循环次数下试验得来的,所以计算 k_N时取 $N_0=10^7$。对于硬度低于 350HBW 的钢,若 $N>10^7$,取 $N=N_0=10^7$,$k_N=1$;硬度高于 350HBW 的钢,若 $N>25\times10^7$,取 $N=25\times10^7$。对于有色金属也规定当 $N>25\times10^7$时,取 $N=25\times10^7$。

2.2.4 疲劳极限应力图

即使是相同的循环次数,若循环特性 r 不同,材料的疲劳极限也不相同。循环特性 r 对疲劳极限的影响可用以 σ_a-σ_m 为坐标系的疲劳极限应力图来表示。根据实验数据,塑性材料的疲劳极限应力图近似呈抛物线分布,低塑性和脆性材料的疲劳极限应力图呈直线状,如图 2-6 所示。图 2-6 中横坐标 σ_m 为平均应力,纵坐标 σ_a 为应力幅,$A(0,\sigma_{-1})$ 为对称循环点,$B(\sigma_0/2,\sigma_0/2)$ 为脉动循环点,$C(\sigma_B,0)$ 为静强度极限点。

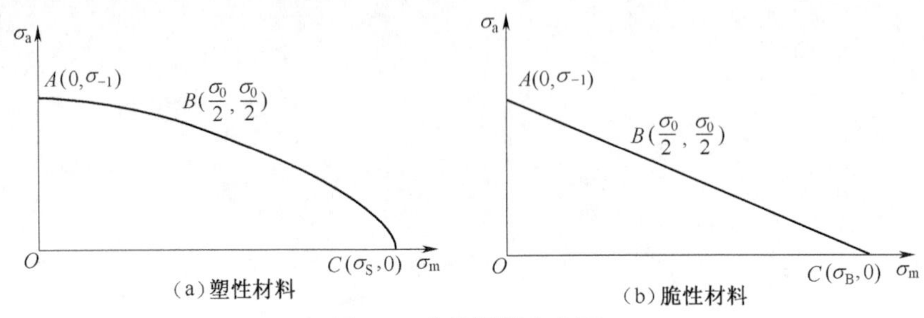

图 2-6 疲劳极限应力图

实际应用中,为便于计算,常对塑性材料疲劳极限应力图进行简化。常用的一种简化疲劳极限应力图如图 2-7 所示。在横坐标 σ_m 上取 $S(\sigma_S,0)$ 点,由 S 作 135°斜线与 AB 连线的延长线交于 E,得折线 $ABES$。在 AE 线段上任一点 $D(\sigma_{rm},\sigma_{ra})$ 的极限应力为

$$\sigma_r = \sigma_{rm} + \sigma_{ra} \tag{2-8}$$

式中 σ_r——循环特性 r 时的疲劳极限;

σ_{rm}、σ_{ra}——分别为循环特性 r 时的极限平均应力和极限应力幅。

因 ES 为屈服极限曲线,若 D 在 ES 线段上,则其极限应力均为

$$\sigma_r = \sigma_{rm} + \sigma_{ra} = \sigma_S \tag{2-9}$$

零件的工作应力点(σ_m,σ_a)处于折线 $ABES$ 以内时,其最大应力既不超过疲劳极限,也不超过屈服极限,$ABEO$ 区域称为**疲劳安全区**,ESO 区域称为**塑性安全区**,而在折线以外为疲劳和塑性失效区。

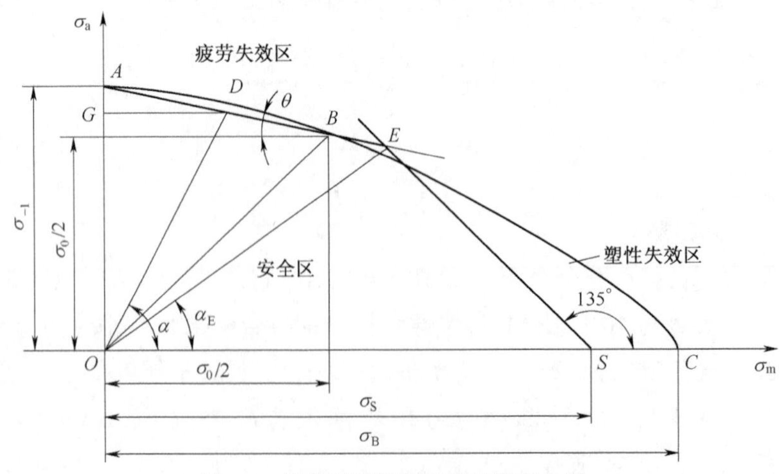

图 2-7 塑性材料简化疲劳极限应力图

由图 2-7 中的 $A(0,\sigma_{-1})$ 和 $B(\sigma_0/2,\sigma_0/2)$ 两点可求得 AE 疲劳极限方程为

$$\left.\begin{aligned}\sigma_{-1}&=\sigma_{ra}+\frac{2\sigma_{-1}-\sigma_0}{\sigma_0}\sigma_{rm}=\sigma_{ra}+\psi_\sigma\sigma_{rm}\\\psi_\sigma&=\frac{2\sigma_{-1}-\sigma_0}{\sigma_0}\end{aligned}\right\}\tag{2-10}$$

由图 2-7 可知 ψ_σ 的几何意义为 $\psi_\sigma=\tan\theta$。可以理解为利用 ψ_σ 将平均应力(静应力)化为当量的对称循环应力。

$$\sigma_{-1}=OA=OG+GA=OG+DG\tan(\angle ADG)=\sigma_{ra}+\psi_\sigma\sigma_{rm}$$

同理,可得到切应力的疲劳极限方程为

$$\left.\begin{aligned}\tau_{-1}&=\tau_{ra}+\frac{2\tau_{-1}-\tau_0}{\tau_0}\tau_{rm}=\tau_{ra}+\psi_\tau\tau_{rm}\\\psi_\tau&=\frac{2\tau_{-1}-\tau_0}{\tau_0}\end{aligned}\right\}\tag{2-11}$$

其中 ψ_σ、ψ_τ 是将平均应力折合为应力幅的等效系数,其大小表示材料对循环不对称性的敏感程度。试验结果表明,ψ_σ、ψ_τ 的近似取值范围为:对于碳钢,$\psi_\sigma=0.1\sim0.2$,$\psi_\tau=0.05\sim0.1$;对于合金钢,$\psi_\sigma=0.2\sim0.3$,$\psi_\tau=0.1\sim0.15$。

设图 2-7 中 OE 连线与横坐标夹角为 α_E(α_E 取决于材料的性质),如果在折线 $ABES$ 上任意一点 D 对应有 α 角,则当 $\alpha\geqslant\alpha_E$ 时,极限应力为疲劳极限,容易发生疲劳断裂;当 $\alpha\leqslant\alpha_E$ 时,极限应力为屈服极限,容易发生塑性变形。

低塑性和脆性材料的疲劳极限应力图如图 2-6(b)所示,采用上述类似方法可求得其疲劳极限方程为

$$\left.\begin{aligned}\sigma_{-1}&=\sigma_{ra}+\frac{\sigma_{-1}}{\sigma_B}\sigma_{rm}\\\tau_{-1}&=\tau_{ra}+\frac{\tau_{-1}}{\tau_B}\tau_{rm}\end{aligned}\right\}\tag{2-12}$$

2.3 影响疲劳强度的主要因素

在上一节中介绍的疲劳曲线和疲劳极限是标准试件的疲劳性能,而实际零件与标准试件有很大差别。影响机械零件疲劳强度的因素很多,如应力集中、尺寸效应、表面状态、环境介质、加载顺序和频率等,尤其以前 3 种最为重要。

2.3.1 应力集中的影响

机械零件受载时,在几何形状突然变化处(如圆角、孔、凹槽、缺口等)将产生应力集中,这些位置的微裂纹萌生和扩展更为容易、迅速,因此会明显降低材料的疲劳极限。

在应力集中处(见图 2-8),最大的局部应力 σ_{max} 与名义应力 σ 的比值称为**理论应力集中系数**。对应力集中的敏感还与零件材料有关,常用有效应力集中系数 k_σ、k_τ 来考虑应力集中对

疲劳强度的影响。

$$\left.\begin{aligned} k_\sigma &= 1 + q(\alpha_\sigma - 1) \\ k_\tau &= 1 + q(\alpha_\tau - 1) \end{aligned}\right\} \tag{2-13}$$

式中　α_σ、α_τ——理论应力集中系数；

q——考虑材料对应力集中感应程度的敏感系数。

α_σ、α_τ和 q 等数据均可从有关资料中查到。

强度极限越高的钢敏感系数 q 值越大，说明对应力集中越敏感。而铸铁零件由于内部组织不均匀，对应力集中的敏感性接近于零，计算时可取 $q=0$。

若在同一截面上同时有几个应力集中源时，应采用其中最大有效应力集中系数进行计算。

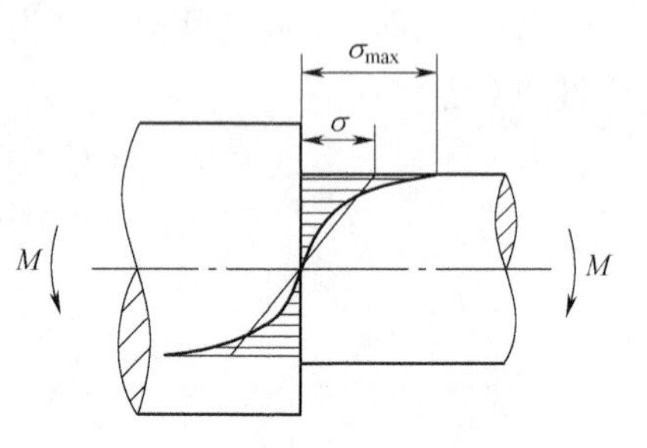

图 2-8　受弯曲轴的应力集中

2.3.2　尺寸效应

零件尺寸越大，则其疲劳强度越低，这种现象称为**尺寸效应**。原因是尺寸大时，材料晶粒粗，出现缺陷的概率大，加工后表面冷作硬化层相对较薄，容易形成疲劳裂纹。

零件的尺寸效应对疲劳强度的影响可用尺寸系数 ε_σ 和 ε_τ 来表示，尺寸系数越小表示疲劳强度降低越大。

2.3.3　表面状态的影响

零件的表面状态包括表面粗糙度和表面处理的情况。表面状态对疲劳强度的影响可用表面状态系数 β_σ 和 β_τ 来表示。一般钢的强度极限越高，表面越粗糙，表面状态系数越低，疲劳强度也越低。

铸铁对加工后的表面状态不敏感，故可取 $\beta_\sigma=\beta_\tau=1$。

此外，还可以采取下列措施改善表面状态，提高零件的疲劳强度，如淬火、渗氮、渗碳等热处理工艺，抛光、喷丸、滚压等冷作工艺。这些措施都有利于提高表面强度和产生残余压应力，而残余压应力有降低平均拉应力和减少初始裂纹产生和扩展的作用。改善后的表面状态系数可能大于 1，一般计算时仍取 1。

冷拉加工产生的残余拉应力，会降低疲劳强度。受到腐蚀的金属表面会产生腐蚀坑，从而形成应力集中源，故腐蚀也会降低疲劳强度。

2.3.4　综合影响系数

试验证明：应力集中、尺寸效应和表面状态只对应力幅有影响，对平均应力没有明显影响。通常将这三个系数合并为一个系数，即综合影响系数，并用 $(k_\sigma)_\mathrm{D}$ 或 $(k_\tau)_\mathrm{D}$ 来表示。

$$\left.\begin{aligned} (k_\sigma)_\mathrm{D} &= \frac{k_\sigma}{\varepsilon_\sigma\beta_\sigma} \\ (k_\tau)_\mathrm{D} &= \frac{k_\tau}{\varepsilon_\tau\beta_\tau} \end{aligned}\right\} \tag{2-14}$$

在进行疲劳强度计算时,零件的工作应力幅要乘以综合影响系数,或者是材料的极限应力幅除以综合影响系数。

2.4　稳定变应力时机械零件的疲劳强度计算

机械零件的疲劳强度可采用许用应力法或安全系数法进行计算。由于是在零件的尺寸、结构和材料初步确定之后进行,所以是一种校核计算。

3.4.1　许用应力法

采用许用应力法计算机械零件在变应力作用下的疲劳强度比较简单实用,其方法与静强度计算相似,即要求零件危险点处的最大工作应力 σ_{max} 应小于或等于零件的许用应力[σ]。σ_{max} 仍按静载荷时的应力公式计算,[σ]取零件的疲劳极限 σ_{rN} 除以规定的安全系数 S_σ。例如零件在对称循环变应力作用下的疲劳强度条件为

$$\sigma_{max} \leqslant [\sigma_{-1}] = \frac{\sigma_{-1N}}{S_\sigma} \tag{2-15}$$

式中　[σ_{-1}]——零件在对称循环变应力作用下的许用应力。

对某些受不对称循环变应力作用的零件,其疲劳强度条件可取为

$$\sigma_a \leqslant [\sigma_a] \tag{2-16}$$

式中　σ_a、[σ_a]——分别为零件所受的最大工作应力幅和许用应力幅。

为了考虑应力集中、尺寸效应和表面状态等因素的影响,式(2-15)、式(2-16)中应采用降低了的许用应力值。

3.4.2　安全系数法

采用安全系数法判断零件危险截面处的安全程度是疲劳强度计算中应用广泛的一种方法,其强度条件是危险截面处的安全系数 S 应大于或等于许用的安全系数[S],即

$$S \geqslant [S] \tag{2-17}$$

1. 单向应力状态时的安全系数

在进行疲劳强度计算时,应求出零件危险截面上的平均应力 σ_m 和应力幅 σ_a,然后在简化疲劳极限应力图上标出其相应的工作点 n(或 m),如图 2-9 所示。

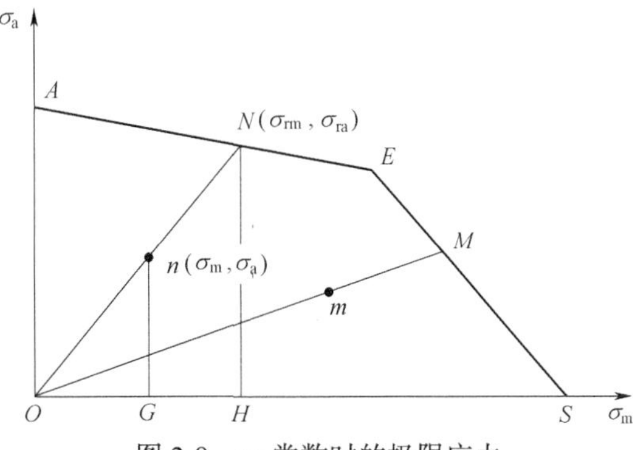

图 2-9　r=常数时的极限应力

在计算 n 点的安全系数时,所采用的疲劳极限应力为疲劳曲线 AES 上某一点所代表的应力,该点的位置取决于零件工作应力增长达到 AES 曲线时的变化规律。常见的工作应力增长规律有下述三种(见图 2-10):

(1)r=常数,如转轴的弯曲应力;

(2)σ_m=常数,如车辆减振弹簧,由于车的质量先在弹簧上产生预加平均应力,车辆运行中的振动又在弹簧上产生对称循环应力;

(3)σ_{min}=常数,如气缸盖的螺栓连接,在安装拧紧时螺栓杆上先产生预加拉应力(最小拉应力),气缸工作时的压力又在螺栓杆上产生循环拉应力。通常将第一种称为**简单加载**,后两种称为**复杂加载**。

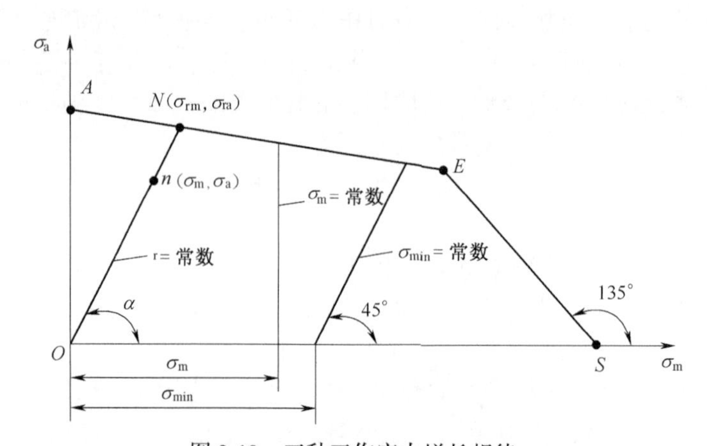

图 2-10　三种工作应力增长规律

当工作应力增长过程符合 r=常数的规律,则

$$r=\frac{\sigma_{min}}{\sigma_{max}}=\frac{\sigma_m-\sigma_a}{\sigma_m+\sigma_a}=\frac{1-\dfrac{\sigma_a}{\sigma_m}}{1+\dfrac{\sigma_a}{\sigma_m}}=\text{常数} \tag{2-18}$$

由式(2-18)可见,要使 r=常数,$\dfrac{\sigma_a}{\sigma_m}$必须保持不变。这时 σ_a和 σ_m应按同一比例增长。在图2-9中由原点 O 作射线通过工作点 n(或 m)交疲劳极限曲线于 N(或 M)。因为

$$\frac{\sigma_{ra}}{\sigma_{rm}}=\frac{\sigma_a}{\sigma_m}=\text{常数} \tag{2-19}$$

所以工作应力沿射线 On(或 Om)增长时,r=常数,N(或 M)代表极限应力。由于 N 点的坐标(σ_{rm},σ_{ra})必须满足式(2-10)和式(2-19),且 $\sigma_{rmax}=\sigma_{ra}+\sigma_{rm}$ 和 $\sigma_{max}=\sigma_a+\sigma_m$,联合求解可得最大工作应力时的安全系数为

$$S_\sigma=\frac{\sigma_{rmax}}{\sigma_{max}}=\frac{\sigma_{-1}}{\sigma_a+\psi_\sigma\sigma_m} \tag{2-20}$$

应力幅安全系数和平均应力安全系数分别为

$$S_{\sigma a}=\frac{\sigma_{ra}}{\sigma_a},\ S_{\sigma m}=\frac{\sigma_{rm}}{\sigma_m} \tag{2-21}$$

由图 2-9 可知，$\triangle OnG$ 与 $\triangle ONH$ 为相似三角形，因此，当 r = 常数时，按最大应力、平均应力或应力幅所求出的安全系数是相等的，即 $S_\sigma=S_{\sigma a}=S_{\sigma m}$。

如前所述，应力集中、尺寸效应和表面状态只对应力幅有影响，计入这三个影响因素以及寿命系数 k_N 后，则式(2-20)成为

$$\left.\begin{aligned} S_\sigma&=\frac{k_N\sigma_{-1}}{(k_\sigma)_D\sigma_a+\psi_\sigma\sigma_m}\geqslant[S]\\ S_\tau&=\frac{k_N\tau_{-1}}{(k_\tau)_D\tau_a+\psi_\tau\tau_m}\geqslant[S]\end{aligned}\right\} \tag{2-22}$$

对于塑性材料，工作点位于塑性安全区时（如图 2-9 中的 m 点），则应验算屈服强度安全系数

$$\left.\begin{aligned} S_\sigma&=\frac{\sigma_S}{\sigma_a+\sigma_m}\geqslant[S]\\ S_\tau&=\frac{\tau_S}{\tau_a+\tau_m}\geqslant[S]\end{aligned}\right\} \tag{2-23}$$

对于低塑性和脆性材料，疲劳极限应力图为一直线，式(2-23)仍然适用，但不必验算屈服强度安全系数。

当工作应力增长规律为 σ_m、τ_m = 常数或 σ_{min}、τ_{min} = 常数时，采用上述类似的方法便可导出其疲劳强度安全系数的计算公式，见表 2-2。由于 S_σ 和 $S_{\sigma a}$ 不相等，故应同时验算这两种安全系数。对于塑性材料，仍按式(2-23)进行屈服强度安全系数的计算。

表 2-2 σ_m、τ_m = 常数和 σ_{min}、τ_{min} = 常数时的疲劳强度安全系数计算公式

σ_m = 常数，τ_m = 常数	σ_{min} = 常数，τ_{min} = 常数
$\left.\begin{aligned} S_{\sigma a}&=\frac{k_N\sigma_{-1}-\psi_\sigma\sigma_m}{(k_\sigma)_D\sigma_a}\\ S_{\tau a}&=\frac{k_N\tau_{-1}-\psi_\tau\tau_m}{(k_\tau)_D\tau_a}\end{aligned}\right\}$	$\left.\begin{aligned} S_{\sigma a}&=\frac{k_N\sigma_{-1}-\psi_\sigma\sigma_{min}}{[(k_\sigma)_D+\psi_\sigma]\sigma_a}\\ S_{\tau a}&=\frac{k_N\tau_{-1}-\psi_\tau\tau_{min}}{[(k_\tau)_D+\psi_\tau]\tau_a}\end{aligned}\right\}$
$\left.\begin{aligned} S_\sigma&=\frac{k_N\sigma_{-1}+[(k_\sigma)_D-\psi_\sigma]\sigma_m}{(k_\sigma)_D(\sigma_a+\sigma_m)}\\ S_\tau&=\frac{k_N\tau_{-1}+[(k_\tau)_D-\psi_\tau]\tau_m}{(k_\tau)_D(\tau_a+\tau_m)}\end{aligned}\right\}$	$\left.\begin{aligned} S_\sigma&=\frac{2k_N\sigma_{-1}+[(k_\sigma)_D-\psi_\sigma]\sigma_{min}}{[(k_\sigma)_D+\psi_\sigma](2\sigma_a+\sigma_{min})}\\ S_\tau&=\frac{2k_N\tau_{-1}+[(k_\tau)_D-\psi_\tau]\tau_{min}}{[(k_\tau)_D+\psi_\tau](2\tau_a+\tau_{min})}\end{aligned}\right\}$

2. 复合应力状态时的安全系数

试验表明：塑性材料在对称循环的弯扭复合应力作用下疲劳极限应力图在 σ_a-τ_a 坐标系中大致为一条椭圆曲线，如图 2-11 所示。疲劳极限应力方程式为

$$\left(\frac{\sigma_{ra}}{\sigma_{-1}}\right)^2+\left(\frac{\tau_{ra}}{\tau_{-1}}\right)^2=1 \tag{2-24}$$

式中 σ_{ra}、τ_{ra}——分别代表在对称循环时，标准光滑试件的弯曲正应力幅和扭转切应力幅的疲劳极限；

σ_{-1}、τ_{-1}——分别为材料在弯曲和扭转作用下的疲劳极限。

若工作点 $n(\sigma_a, \tau_a)$ 的应力落在椭圆区内，表示将不发生疲劳破坏。由原点 O 作射线通过 n 交疲劳极限曲线于 N 点，显然由 n 点至 N 点，应力幅保持恒定的比例增长，N 点为发生疲劳破坏时的应力极限。所以，安全系数可表示为 $S = \frac{ON}{On} = \frac{OB}{OA} = \frac{OD}{OC}$，即

$$S = \frac{\sigma_{ra}}{\sigma_a} = \frac{\tau_{ra}}{\tau_a} \tag{2-25}$$

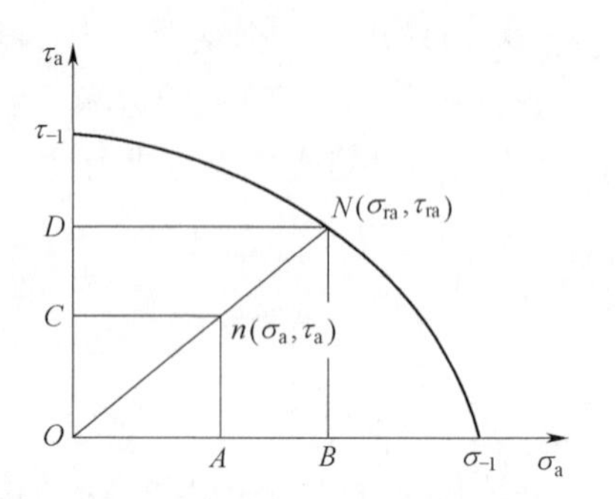

图 2-11 复合应力作用下的极限应力图

计入实际零件的应力集中、尺寸效应和表面状态及寿命系数 k_N 的影响后，则式(2-25)成为

$$S = \frac{k_N \sigma_{ra}}{(k_\sigma)_D \sigma_a} = \frac{k_N \tau_{ra}}{(k_\tau)_D \tau_a} \tag{2-26}$$

对称循环单向应力时，由于 $\sigma_m = 0$，$\tau_m = 0$，根据式(2-22)可得

$$\left.\begin{aligned} S_\sigma &= \frac{k_N \sigma_{-1}}{(k_\sigma)_D \sigma_a} \\ S_\tau &= \frac{k_N \tau_{-1}}{(k_\tau)_D \tau_a} \end{aligned}\right\} \tag{2-27}$$

将式(2-26)、式(2-27)代入式(2-24)并化简得

$$S = \frac{S_\sigma S_\tau}{\sqrt{S_\sigma^2 + S_\tau^2}} \geqslant [S] \tag{2-28}$$

式中 S——弯扭复合应力时的疲劳强度安全系数；

S_σ、S_τ——单向应力状态时的疲劳强度安全系数，按式(2-27)计算。

当零件在非对称弯扭复合应力下工作时，疲劳强度安全系数 S 仍按式(2-28)计算，而 S_σ、S_τ 应按非对称循环时的公式(2-22)计算。

为防止塑性材料零件在复合应力下发生塑性变形，还需要根据第三或第四强度理论验算复合应力屈服强度安全系数，计算公式为

$$\left.\begin{aligned} S &= \frac{\sigma_S}{\sqrt{\sigma_{max}^2 + 4\tau_{max}^2}} \\ S &= \frac{\sigma_S}{\sqrt{\sigma_{max}^2 + 3\tau_{max}^2}} \end{aligned}\right\} \tag{2-29}$$

其中，$\sigma_{max} = \sigma_m + \sigma_a$，$\tau_{max} = \tau_m + \tau_a$。

低塑性和脆性材料时，建议用下式计算弯扭复合应力疲劳强度安全系数

$$S = \frac{S_\sigma S_\tau}{S_\sigma + S_\tau} \geqslant [S] \tag{2-30}$$

3. 许用安全系数的选择

在变应力下,以疲劳极限作为极限应力时的许用安全系数[S]的荐用值,可按表 2-3 选取。

表 2-3　许用安全系数[S]荐用值

材质均匀性	工艺质量	载荷计算	[S]
好	好	精确	1.3~1.4
中等	中等	不够精确	1.4~1.7
差	差	精确性差	1.7~3

2.5　规律性非稳定变应力时机械零件的疲劳强度计算

2.5.1　疲劳损伤累积理论

疲劳损伤累积理论认为:在裂纹萌生和扩展的过程中,在每一次应力作用下,零件寿命就要受到微量的疲劳损伤,当疲劳损伤逐渐累积到一定程度并达到疲劳寿命极限时便发生疲劳断裂。根据此理论,当零件受不稳定变应力时,疲劳损伤的作用相互叠加,由此来估计零件的疲劳寿命。在实际应用中常采用线性疲劳损伤累积假说(迈纳 Miner 法则)进行计算。

设图 2-12 为一零件的规律性非稳定变应力示意图。其中 σ_1、σ_2、…、σ_n是当循环特征为 r 时各循环作用的最大应力,n_1、n_2、…、n_n为与各应力相对应的循环次数,N_1、N_2、…、N_n为与各应力相对应的材料发生疲劳破坏时的循环次数。

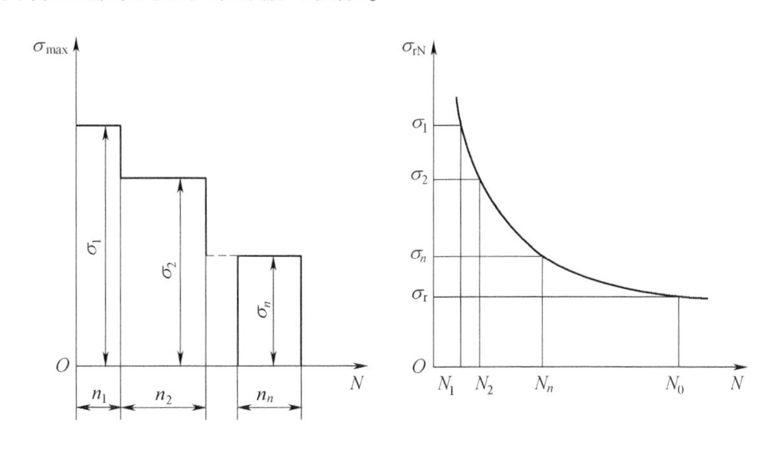

图 2-12　规律性非稳定变应力示意图

线性疲劳损伤累积假说提出:大于疲劳极限应力 σ_r的各个应力,每循环一次造成零件一次寿命损伤,经 n_1、n_2、…、n_n次循环后,其寿命损伤率分别为 $\frac{n_1}{N_1}$、$\frac{n_2}{N_2}$、…、$\frac{n_n}{N_n}$,零件达到疲劳寿命极限时,则

$$\frac{n_1}{N_1}+\frac{n_2}{N_2}+\cdots+\frac{n_n}{N_n}=1 \tag{2-31}$$

或

$$\sum_{i=1}^{n}\frac{n_i}{N_i}=1$$

试验结果表明,实际上总寿命损伤率 $\sum_{i=1}^{n}\frac{n_i}{N_i}=0.7\sim2.2$。为了计算方便,通常取1。上式即是迈纳法则在计算时的表达式。

应当指出,在进行疲劳寿命计算时,可以认为:小于疲劳极限应力 σ_r 的应力对疲劳寿命无影响。因此,对于考虑了综合影响系数和安全系数后仍小于疲劳极限的应力,计算时可不计入。

2.5.2 非稳定变应力时疲劳强度计算

非稳定变应力疲劳强度计算是利用疲劳损伤累积等效的概念,先将已知的非稳定变应力(σ_i, n_i)转化成与其寿命损伤率相等的一等效稳定变应力(σ_v, n_v),然后按该稳定变应力进行疲劳强度计算。

通常取转化后的等效应力 σ_v 等于非稳定变应力中的最大应力或作用时间最长的应力,例如:图2-13中取 $\sigma_v=\sigma_1$,相应地 $N_v=N_1$。而对应 σ_v 的等效循环次数 n_v 可根据总寿命损伤率以相等的条件求得。

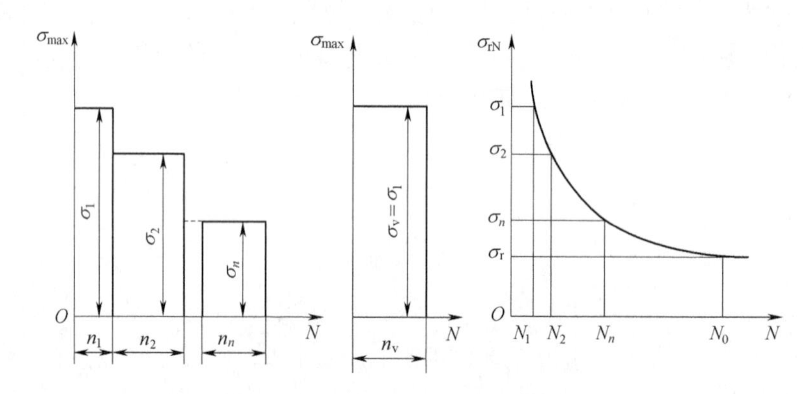

图2-13 等效稳定变应力的示意图

为使等效前后的寿命损伤率相等,则

$$\frac{n_1}{N_1}+\frac{n_2}{N_2}+\cdots+\frac{n_n}{N_n}=\frac{n_v}{N_v} \tag{2-32}$$

另由疲劳曲线方程式(2-5))可得

$$\sigma_i^m N_i=C \tag{2-33}$$

联立求解式(2-32)、式(2-33)得

$$\sigma_1^m n_1+\sigma_2^m n_2+\cdots\sigma_n^m n_n=\sigma_v^m n_v$$

$$n_v=\sum_{i=1}^{n}\left(\frac{\sigma_i}{\sigma_v}\right)^m n_i \tag{2-34}$$

设等效循环次数为 N_v 时的疲劳极限为 σ_{rv}，循环基数为 N_0 时的疲劳极限为 σ_r，则由式(2-5)可得

$$\sigma_{rv}^m n_v = \sigma_r^m N_0$$

$$\sigma_{rv} = \sqrt[m]{\frac{N_0}{n_v}}\sigma_r = k_N\sigma_r\ ,\ k_N = \sqrt[m]{\frac{N_0}{n_v}} \tag{2-35}$$

式中　k_N——等效循环次数时的寿命系数。

非稳定变应力疲劳强度安全系数计算公式为

$$S_{\sigma v} = \frac{k_N\sigma_{-1}}{(k_\sigma)_D\sigma_{av} + \psi_\sigma\sigma_{mv}} \geqslant [S] \tag{2-36}$$

式中　σ_{av}、σ_{mv}——分别为等效应力 σ_v 的应力幅和平均应力。

对于受非稳定切应力的零件，计算时只需将上述公式中的正应力 σ 换成切应力 τ 即可。

例题 2-1　一转轴受非稳定对称循环变应力，如图 2-14 所示，$\sigma_1 = 120$ MPa。转轴工作时间 $t_h = 300$ h，转速 $n = 100$ r/min，疲劳极限 $\sigma_{-1} = 280$ MPa，综合影响系数 $(k_\sigma)_D = 2$，$N_0 = 10^7$，$m = 9$。若许用安全系数 $[S] = 1.5$，试求等效循环次数时的寿命系数和疲劳极限，并校核该轴的疲劳强度是否足够？

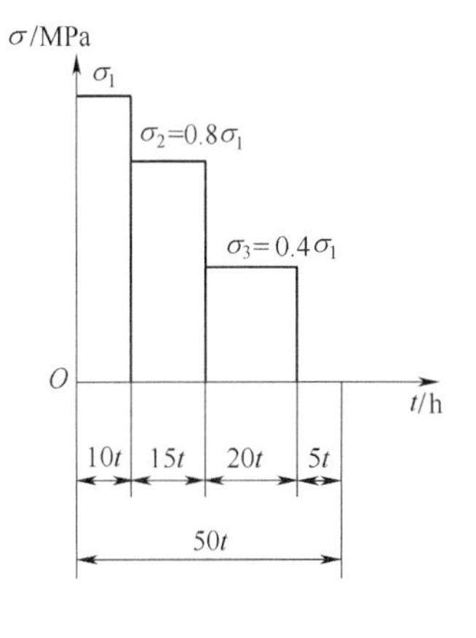

图 2-14　例题 2-1 图

解：(1) 求寿命系数。选定等效应力 $\sigma_v = \sigma_1 = 120$ MPa。求各变应力循环次数

$$n_1 = 60nt_{h1} = 60n\frac{t_1}{t}t_h = 60 \times 100 \times \frac{10}{50} \times 300 = 3.6 \times 10^5$$

$$n_2 = 60nt_{h2} = 60n\frac{t_2}{t}t_h = 60 \times 100 \times \frac{15}{50} \times 300 = 5.4 \times 10^5$$

$$n_3 = 60nt_{h3} = 60n\frac{t_3}{t}t_h = 60 \times 100 \times \frac{20}{50} \times 300 = 7.2 \times 10^5$$

根据式(2-36)求等效循环次数

$$n_v = \sum_{i=1}^{3}\left(\frac{\sigma_i}{\sigma_v}\right)^m n_i = \left(\frac{120}{120}\right)^9 \times 3.6 \times 10^5 + \left(\frac{0.8 \times 120}{120}\right)^9 \times 5.4 \times 10^5 + \left(\frac{0.4 \times 120}{120}\right)^9 \times 7.2 \times 10^5$$

$$= 3.6 \times 10^5 + 0.724\ 8 \times 10^5 + 0.001\ 9 \times 10^5 = 4.326\ 7 \times 10^5 < 10^7$$

根据式(2-36)求寿命系数

$$k_N = \sqrt[m]{\frac{N_0}{n_v}} = \sqrt[9]{\frac{10^7}{4.326\ 7 \times 10^5}} = 1.42$$

(2) 求疲劳极限。本题中的 $r = -1$，故

$$\sigma_{-1v} = k_N\sigma_{-1} = 1.42 \times 280 = 397.6\ \text{MPa}$$

(3) 根据式(2-36)求安全寿命系数。由于 $\sigma_{av} = 120$ MPa，$\sigma_{mv} = 0$，故

$$S_{\sigma v}=\frac{k_N\sigma_{-1}}{(k_\sigma)_D\sigma_{av}+\psi_\sigma\sigma_{mv}}=\frac{1.42\times 280}{2\times 120+0}=1.66\geqslant [S]=1.5$$

所以轴的疲劳强度安全。

2.6 机械零件的表面强度

一些依靠表面接触工作的零件,如齿轮传动中的齿轮、滚动轴承中的滚动体和套圈等,它们的工作能力很可能取决于接触表面的强度。根据接触状态和工作条件不同,接触强度可分为表面接触强度和表面挤压强度。

3.6.1 表面接触强度

两个以点或线接触的物体相互作用受力后,由于材料的弹性变形,实际上为很小的面接触,其接触应力具有明显的局部性,在接触区中部变形最大处的应力最大。两个圆柱体接触,接触面为矩形,最大接触应力 σ_H 位于接触面宽度中线上;两个球体接触,接触面为圆形,最大接触应力 σ_H 位于圆的中心。两圆柱体和两球体接触时的接触面尺寸和接触应力可按赫兹(Hertz)公式计算。

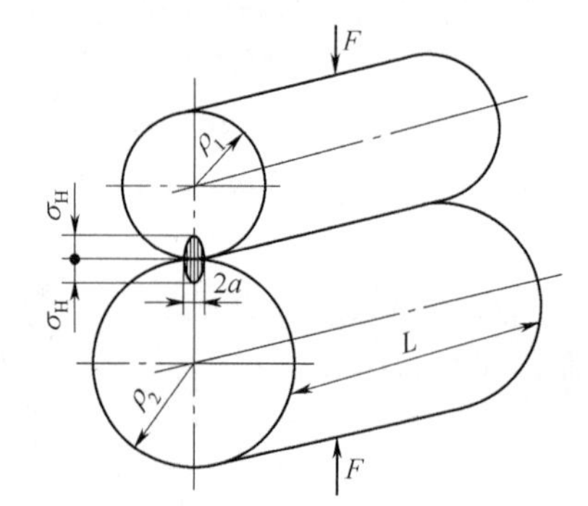

图 2-15 两圆柱体接触

图 2-15 所示为两个半径为 ρ_1、ρ_2 的圆柱体相接触,在压力 F 作用下,接触处变为宽度为 $2a$ 的一个狭长矩形,其最大接触应力 σ_H 等于平均接触应力的 $4/\pi$ 倍。根据赫兹公式

$$a=\sqrt{\frac{4F}{\pi L}\cdot\frac{\dfrac{1-\mu_1^2}{E_1}+\dfrac{1-\mu_2^2}{E_2}}{\dfrac{1}{\rho_1}\pm\dfrac{1}{\rho_2}}} \tag{2-37}$$

$$\sigma_H=\frac{4}{\pi}\cdot\frac{F}{2aL}=\sqrt{\frac{F}{\pi L}\cdot\frac{\dfrac{1}{\rho_1}\pm\dfrac{1}{\rho_2}}{\dfrac{1-\mu_1^2}{E_1}+\dfrac{1-\mu_2^2}{E_2}}} \tag{2-38}$$

式中 E_1、E_2——两圆柱体材料的弹性模量;

μ_1、μ_2——两圆柱体材料的泊松比;

L——接触面长度。

通常令 $\dfrac{1}{\rho_\Sigma}=\dfrac{1}{\rho_1}\pm\dfrac{1}{\rho_2}$,称为**综合曲率**,而 $\rho_\Sigma=\dfrac{\rho_1\rho_2}{\rho_1\pm\rho_2}$ 称为**综合曲率半径**,其中正号用于外

接触,负号用于内接触。

一圆柱体和一平面接触时,取平面曲率半径 $\rho_2=\infty$,则 $\dfrac{1}{\rho_\Sigma}=\dfrac{1}{\rho_1}$ 。

图 2-16 所示为两个半径为 ρ_1、ρ_2的球体相接触,在压力 F 作用下,接触处变为半径为 c 的圆形,其最大接触应力 σ_H等于平均接触应力的 3/2 倍。由赫兹公式得

$$c=\sqrt[3]{\frac{3F}{4}\cdot\frac{\dfrac{1-\mu_1^2}{E_1}+\dfrac{1-\mu_2^2}{E_2}}{\dfrac{1}{\rho_1}\pm\dfrac{1}{\rho_2}}} \tag{2-39}$$

$$\sigma_H=\frac{3}{2}\cdot\frac{F}{\pi c^2}=\frac{1}{\pi}\sqrt[3]{6F\cdot\left(\frac{\dfrac{1}{\rho_1}\pm\dfrac{1}{\rho_2}}{\dfrac{1-\mu_1^2}{E_1}+\dfrac{1-\mu_2^2}{E_2}}\right)^2} \tag{2-40}$$

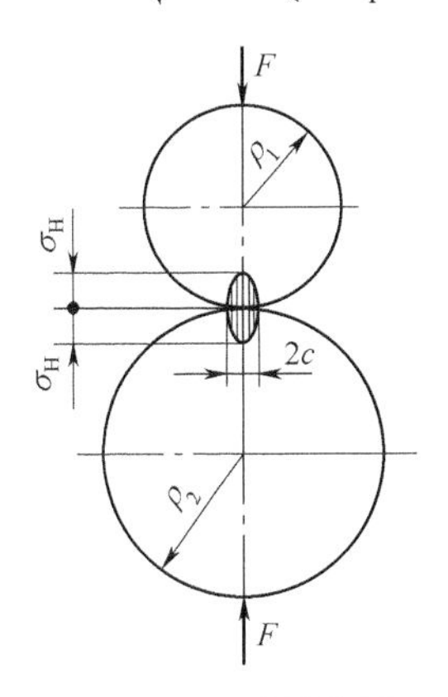

图 2-16　两球体接触

在静载荷作用下,接触表面的失效形式有脆性材料的表面压碎和塑性材料的表面塑性变形,表面接触强度的计算条件是 $\sigma_H\leqslant[\sigma_H]$。但在实际的机械零件中,属于接触静强度的情况较少,大多数零件的接触应力是随时间变化的,最常见的失效形式是接触疲劳失效,又称为**表面疲劳磨损**、**点蚀或鳞剥**。接触疲劳的规律与拉压及弯曲疲劳类似,在此不再赘述。

2.6.2　表面挤压强度

通过局部配合面间的接触来传递载荷的零件,在接触面上的压应力称为**挤压应力**。如图 2-17所示的销轴连接,在横向载荷 F 的作用下,销和孔的接触面之间便产生挤压破坏。当挤压应力过大时,塑性材料将产生表面塑性变形,脆性材料将产生表面破碎。挤压应力的分布较复杂(见图 2-17 中虚线),通常将其简化成在接触面上呈均匀分布(见图 2-17),然后进行条件性计算。

挤压强度的计算公式为

$$\sigma_p = \frac{F}{A} \leqslant [\sigma_p] \tag{2-41}$$

式中　σ_p,$[\sigma_p]$——挤压应力和许用挤压应力；

A——接触面积或曲面接触时的投影面积。

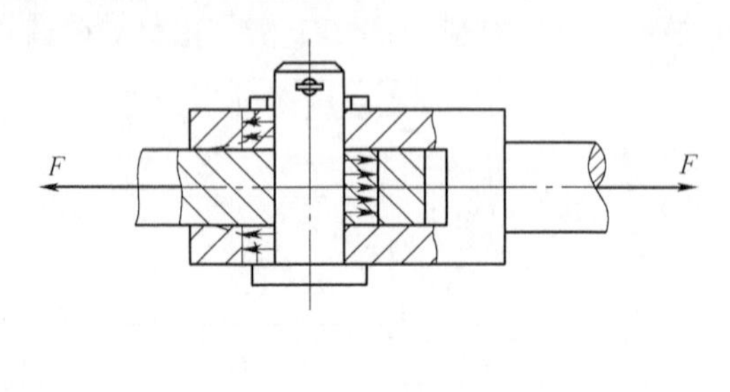

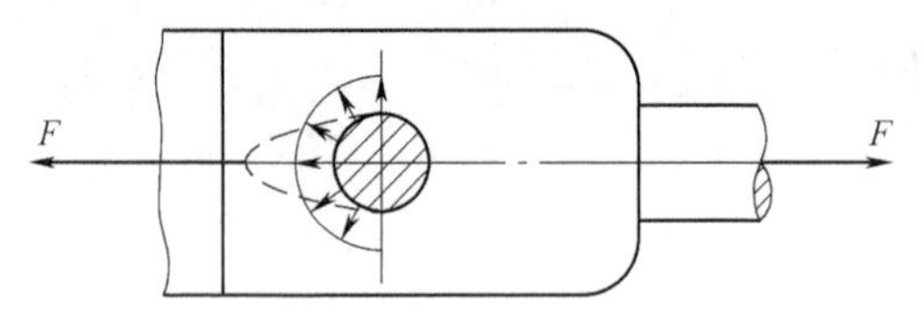

图 2-17　销轴连接

当各零件的材料和接触面积不相同时,应分别计算其挤压强度。

2.7　延迟断裂(长期静应力破坏)

延迟断裂(delayed frature)又称**滞后断裂**,是在静应力作用下的材料,经过一定时间后突然脆性断裂的现象。延迟断裂没有弹性变形,发生时应力低于屈服强度。20 世纪 40 年代以后,随着航空工业镀镉高强度螺栓的广泛使用,发现有延迟断裂现象而受到注意。

我国年产紧固件 300~320 万 t。占世界总产量 1/4 左右。其中 8.8 级(屈服强度不低于 640 MPa)及其以上的高强度紧固件约占 40%。目前,汽车、航空、航天、机械制造、能源、交通、桥梁、建筑、化工等需要的 10.9 级(屈服强度不低于 900 MPa)以上高等级、高强度螺栓和材料,生产仍有困难,不能满足需要,仍需大量进口。高强度螺栓有很高的缺口敏感性,容易在杆头部的过渡处或螺纹根部产生延迟断裂。由于高强度螺栓延迟断裂的事故频繁发生,有些国家一度不使用,但是由于高强度螺栓的许多优点,我国和世界很多国家都在研究高强度螺栓。

延迟断裂是材料-环境-应力相互作用而发生的一种环境延迟断裂脆化,是氢致材质恶化(氢损伤或氢脆)的一种形态。**氢致延迟断裂**是指恒载荷条件下,原子氢通过应力诱导扩散富集到临界值需要一段时间,氢致裂纹形成核并扩展,如将原子氢去除后,就不会发生延迟断裂,所以它是可逆的。对于高强度钢($R_m \geqslant 980$ MPa)称为**延迟断裂**,对于中等强度钢(980 MPa$>R_m \geqslant 490$ MPa)称为**硫化物裂纹或硫化物应力腐蚀裂纹**,对于低强度钢($R_m<490$ MPa)称为**氢致裂纹**、**氢诱导裂纹**等。

实际应用的钢制零件在自然环境下发生延迟断裂的,主要是回火马氏体钢。一般具有以下特征:抗拉强度大于 1 200 MPa,硬度高于 38 HRC,延迟断裂的敏感性显著增大,从室温到 100 ℃,随着温度的升高,延迟断裂的敏感性增大。此外,在高强度螺栓表面磷化处理、表面螺纹牙的应力集中、机械加工的痕迹等都影响其抗延迟断裂的性能。提高高强度钢抗延迟断裂性能的常用措施：使晶粒超细化；加入微合金元素 V、Ti、Nb；降低磷、硫含量；强化晶界等。

思考题、讨论题和习题

2-1　如果有一根轴断了，如何判断它是静载荷破坏还是疲劳破坏？

2-2　什么是高周疲劳、低周疲劳？各举出两例。

2-3　举出三种提高疲劳强度的措施。

2-4　某材料的对称循环疲劳极限 $\sigma_{-1}=280$ MPa，循环基数 $N_0=10^7$，$m=9$。试求循环次数分别为 10^4、5×10^4、10^5 次时的疲劳极限。

2-5　45 钢的对称循环疲劳极限 $\sigma_{-1}=250$ MPa，循环基数 $N_0=5\times10^6$，$m=9$。如以此材料作试件进行试验，分别以对称循环变应力 $\sigma_1=400$ MPa，$\sigma_2=300$ MPa，$\sigma_3=200$ MPa 作用，试求在上述各应力作用下相应的循环次数。

2-6　某材料试件的 $\sigma_{-1}=300$ MPa，循环基数 $N_0=10^7$，$m=9$。试绘制此材料的 σ–N 疲劳曲线。

2-7　某调质钢制成的零件，工作应力为 $\sigma_{max}=280$ MPa，$\sigma_{min}=-80$ MPa；影响系数为 $k_\sigma=1.2$，$\varepsilon_\sigma=0.85$，$\beta_\sigma=1$；材料力学性能为 $\sigma_B=900$ MPa，$\sigma_s=800$ MPa，$\sigma_{-1}=400$ MPa，$\sigma_0=680$ MPa。设寿命系数 $k_N=1.2$。

(1) 绘制 σ_m–σ_a 许用疲劳极限应力图。

(2) 求极限值 σ_{ra}，σ_{rm}，σ_{rmax}，σ_{rmin}。

(3) 若取许用安全系数 $[S_\sigma]=1.4$，试校核该零件是否安全？

(4) 若材料在承受 $r=0.5$ 的变应力时，能承受的最大应力是多少？

2-8　某转轴工作时承受规律性非稳定对称循环变应力，$\sigma_1=500$ MPa，$\sigma_2=450$ MPa，$\sigma_3=400$ MPa，在每一工作周期内各应力均作用一次，已工作 90 000 个周期，转轴材料的对称循环疲劳极限 $\sigma_{-1}=300$ MPa，循环基数 $N_0=10^7$，$m=9$。求：

(1) 零件的总寿命损伤率。

(2) 零件剩余寿命还能工作多少个周期。

2-9　某转轴在对称循环弯曲应力下工作，载荷变化规律如图 2-18 所示。要求使用寿命为 10 年，每年工作 250 天，每天 6 h。已知轴的转速 $n=20$ r/min，$\sigma_1=100$ MPa。轴的材料为碳钢，$\sigma_s=380$ MPa，$\sigma_{-1}=250$ MPa，$k_\sigma=1.6$，$\varepsilon_\sigma=0.8$，$\beta_\sigma=0.9$，$N_0=10^7$，$m=9$。试确定轴的寿命系数，疲劳极限和安全系数。

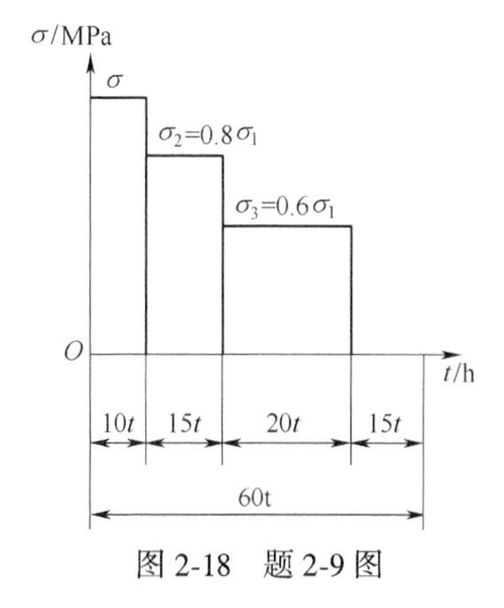

图 2-18　题 2-9 图

2-10　有一轴的材料屈服强度 $\sigma_S=450$ MPa，$\sigma_{-1}=220$ MPa，$\sigma_0=400$ MPa，$\psi=0.1$，受变应力 $\sigma_a=\sigma_S=450$ MPa，$\sigma_a=50$ MPa，$\sigma_m=40$ MPa，应力集中系数 $\dfrac{K_\sigma}{\varepsilon\beta}=2.1$。

按 r=常数，σ_{min}=常数，σ_m=常数，三种情况计算其安全系数，各用图解法和计算法两种方法求解，并互相比较。

第3章　摩擦、磨损和润滑

【学习提示】

①机械零件的失效原因最常见的是磨损和疲劳。与疲劳强度计算有关知识有材料力学等,而摩擦学过去接触较少,因此,应该予以较大的关注。

②摩擦分类是处理摩擦问题的基本理论和知识,它阐明了产生摩擦、磨损的原因,对此应该有基本的了解。

③学习本章的目的在于了解怎样减小摩擦和磨损。减轻摩擦、磨损的途径有:结构设计,参数选择,材料选择,润滑剂选择和供油方法设计,磨损的监测和磨损后磨损件的处理。

当在正压力作用下相互接触的两个物体受切向外力的影响而发生相对滑动,或有相对滑动的趋势时,在接触表面上就会产生抵抗滑动的阻力,这一自然现象叫做**摩擦**,这时所受的阻力叫**摩擦力**。摩擦是一种不可逆过程,其结果必然有能量损耗和摩擦表面物质的迁移,即**磨损**。

摩擦是不可避免的自然现象。摩擦的结果造成机器能量损耗、效率降低、温度升高、出现振动和噪声、表面磨损、配合间隙增大、性能下降以及寿命缩短。据估计,目前世界上的能源有1/3~1/2消耗在各种形式的摩擦上。磨损是摩擦的必然结果,一般机械中约有80%的零件因磨损而报废。润滑则是改善摩擦、减缓磨损的有效方法。

摩擦、磨损和润滑三者有着极其密切的相互关系,几乎涉及到现代工业生产领域的各个方面,因此必须对其由单学科到多学科、由定性到定量、由宏观到微观进行综合研究。20世纪60年代中期,人们将摩擦、磨损和润滑的科学技术问题加以归并,建立起一门新学科,定名为摩擦学。它是以力学、流变学、表面物理和表面化学为主要理论基础,综合材料科学、工程热物理等学科,以数值计算和表面技术为主要手段的边缘学科。研究摩擦、磨损和润滑,弄清其现象、机理和影响因素,在设计阶段就采取有效措施加以控制和利用,已成为机械设计的基本任务之一。本章将概略介绍机械设计中有关摩擦学的一些基本知识。

3.1　摩　　擦

3.1.1　摩擦分类

摩擦的分类方法很多(见表3-1),根据摩擦的性质可分为内摩擦和外摩擦。**内摩擦**是指发生在物质内部,阻碍分子间相对运动的摩擦;外摩擦是指相互接触的两个物体发生相对滑动或有相对滑动的趋势时,在接触表面上产生的阻碍相对滑动的摩擦。按照运动形式可分为滑动摩擦和滚动摩擦。按照润滑的状态可分为干摩擦、流体摩擦、边界摩擦和混合摩擦(见图3-1)。

表 3-1　摩擦的分类

分类方式	类型及特点
摩擦的性质	内摩擦
	外摩擦
运动形式	滑动摩擦
	滚动摩擦
润滑状态	干摩擦
	流体摩擦
	边界摩擦
	混合摩擦

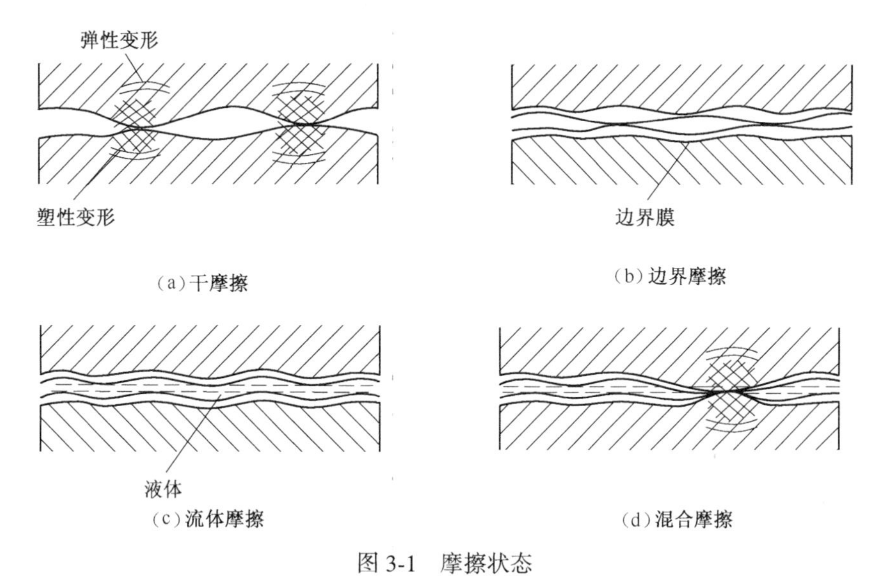

(a)干摩擦　(b)边界摩擦　(c)流体摩擦　(d)混合摩擦

图 3-1　摩擦状态

3.1.2　常见摩擦类型的特点

1. 干摩擦

(1)定义:固体表面间无任何润滑剂或保护膜时而直接接触的摩擦。

实际中,并不存在真正的干摩擦。因为任何零件的表面不仅会因氧化形成氧化膜,而且多多少少也会被含润滑剂分子的气体湿润,但人们通常将无意加入润滑,而不会出现明显润滑现象的摩擦,当作干摩擦。

(2)机理:固体表面之间的摩擦,虽然早就有人进行了系统的研究,并在 18 世纪就提出了至今仍然沿用的、关于摩擦力的数学表达式:$F_f=\mu \cdot F_n$(式中 F_f 为摩擦力,μ 为摩擦因数,F_n 为接触面间的法向载荷)。但是有关摩擦的机理,直到 20 世纪中叶才比较清楚的揭示出来,现逐一作简单介绍。

干摩擦理论主要有以下几种:

①机械理论:1785 年,法国的库仑用机械啮合概念解释干摩擦,提出摩擦理论即机械理

论,该理论认为摩擦力是两表面凸峰的机械啮合力的总和,因而可解释为什么表面越粗糙,摩擦力越大。

②分子理论:产生摩擦的原因是表面材料分子间的吸力作用。

③分子-机械理论:该理论认为摩擦力是由表面凸峰间的机械啮合力 F_1 和表面分子相互吸引力 F_2 两部分组成,因而这一理论可解释为什么当接触表面光滑时,摩擦力也会很大。但上述两种理论不能解释能量是如何被消耗的。

④黏附理论:1935 年,英国的鲍登等人开始用材料黏附概念研究干摩擦,1945 年由鲍登等人提出简单黏附理论,1964 年,鲍登提出了修正黏附理论。

对于金属材料特别是钢,目前较多采用修正后的黏附理论。下面就简单介绍一下黏附理论。

简单黏附理论于 1945 年由鲍登(F. P. Bowden)等人提出,他们认为两个金属表面在法向载荷作用下的接触面积,并非两个金属表面互相覆盖的公称接触面积(或叫表观接触面积)A_0,而是由一些表面轮廓峰相接触所形成的接触斑点的微面积的总和,叫真实接触面积 A_r(见图 3-2)。由于真实接触面积很小,因此可以认为轮廓峰接触区所受的压力很高。当接触区受到高压而产生塑性变形后,这些微小接触面便发生黏附现象,形成冷焊结点。当接触面相对滑动时,这些冷焊结点就被切开。在于摩擦条件下,可将较硬表面坚硬的轮廓峰在较软表面上犁出"犁沟"所需克服的阻力忽略不计,则摩擦力 $F_f \approx A_r\tau_B$(其中 τ_B 是结点材料的剪切强度极限)。

$$A_0 = ab, A_r = \sum_{i=1}^{n} A_{ri}$$

对于理想的弹塑性材料,当法向载荷增大时,真实接触面积 A_r 也随之增大,应力并不升高,而停留在材料的压缩屈服强度 σ_{Sy}。

例如:图 3-3(a)所示为单个轮廓峰接触区在高压作用下产生塑性流动,导致接触面积增大到恰好能支承法向载荷为止的模型。故真实接触面积 A_r 为 $A_r = \dfrac{F_n}{\sigma_{xy}}$,故得:$F_f \approx A_r\tau_B = \dfrac{F_n}{\sigma_{xy}}\tau_B$。

金属的摩擦因数:$\mu = \dfrac{F_f}{F_n} = \dfrac{\tau_B}{\sigma_{Sy}}$。

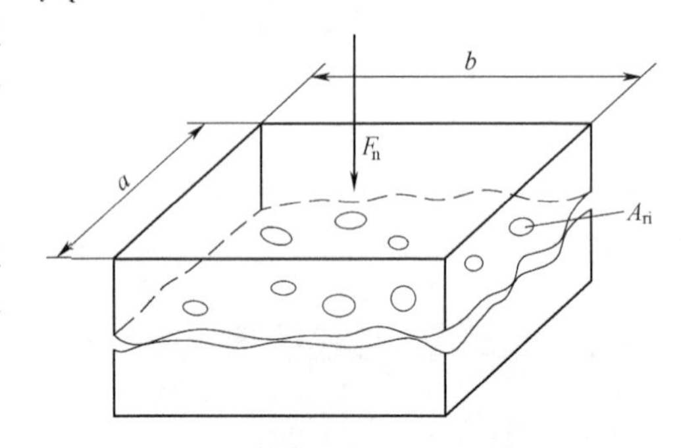

图 3-2 摩擦副接触面积示意图

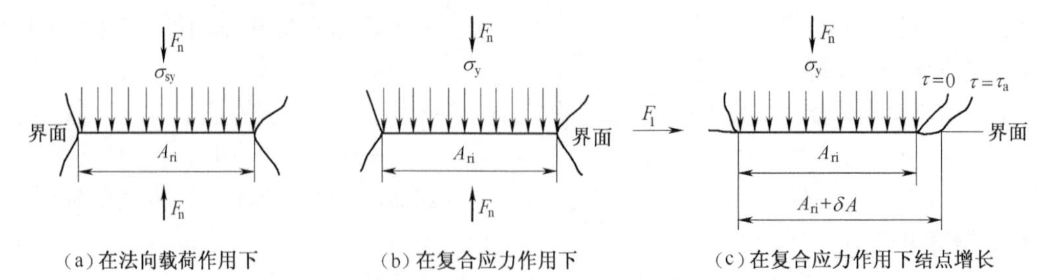

(a)在法向载荷作用下　(b)在复合应力作用下　(c)在复合应力作用下结点增长

图 3-3 不同载荷下接触情况

τ_B，σ_{Sy} 是指相接触的两种金属中较软者的剪切强度极限与压缩屈服强度。由于大多数金属的 $\frac{\tau_B}{\sigma_{Sy}}$ 的比值均较接近，所以其摩擦因数相差甚小。

但是，这个结论不完全符合实际。例如，处于真空中的洁净金属发生摩擦时，其摩擦因数要比常规环境里的摩擦因数大得多。这一事实说明真实接触面积一定比简单粘附理论所指出的大得多。在简单粘附理论中，认为真实接触面积决定于软金属的压缩屈服极限和法向载荷。

对于静态接触，这在大体上是正确的。为此，鲍登等人于 1964 年又提出了一种更切合实际的修正粘附理论。

这种理论认为，在摩擦情况下，轮廓峰接触区除作用有法向力外，还作用有切向力，所以接触区同时有压应力和切应力存在。这时金属材料的塑性变形取决于压应力和切应力所组成的复合应力作用，而不仅仅取决于金属材料的压缩屈服极限 σ_{Sy} 。

单个轮廓峰接触为压应力 σ_y 及切应力 τ 联合作用下，单个轮廓峰的接触模型，并且假定材料的塑性变形产生于最大切应力达到某一极限值的情况。若将作用在轮廓峰接触区的切向力逐渐增大到 F_f 值，结点将进一步发生塑性流动，这种流动导致接触面积增大。

也就是说，在复合应力作用下，接触区出现了结点增长的现象。结点增长模型（单个轮廓峰接触模型）如图 3-3（c）所示，其中 τ_B 为较软金属的剪切强度极限。

在真空中，洁净的金属表面发生摩擦时结点可能大幅度地增长，因此摩擦因数较高，在空气中，由于界面上覆盖有一层氧化膜或污染膜，这种表面膜通常抗剪能力很弱，因而摩擦因数较低。修正后的粘附理论认为

$$\mu = \frac{F_f}{F_n} = \frac{\tau_{Bj}}{\sigma_{Sy}} = \frac{\text{界面剪切强度极限}}{\text{软硬基本材料的压缩屈服极限}}$$

当两金属界面被表面膜分隔开时，τ_{Bj} 为表面膜的剪切强度极限；当剪断发生在较软金属基体内时，τ_{Bj} 为较软金属基体的剪切强度极限 τ_B ；若表面膜局部破裂并出现金属黏附结点时，τ_{Bj} 将介于较软金属的剪切强度极限和表面膜的剪切强度极限之间。

这个理论与实际情况比较接近，可以在相当大的范围内解释摩擦现象。在工程中，常用金属材料副的摩擦因数是指在常规的压力与速度条件下，通过实验测定的，并可认为是一个常数，其值可参考有关资料。

2. 边界摩擦

润滑油中的脂肪酸是一种极性化合物，它的极性分子能牢固的吸附在金属表面上。单分子膜吸附在金属表面上的符号如图 3-4 所示。图 3-4 中小圈为极性原子团。这些单分子膜整齐地呈横向排列，很像一把刷子。边界摩擦类似两把刷子之间的摩擦。吸附在金属表面上的多层分子边界膜的摩擦模型如图 3-5 所示。分子层距金属表面越远，吸附能力越弱，剪切强度越低，远到若干层后，就不再受约束。因此，摩擦因数将随着层数的增加而下降，三层时要比一层时降低约一半。比较牢固地吸附在金属表面上的分子膜，称为边界膜。边界膜极薄，润滑油中的一个分子长度平均约为 0.002 μm，如果边界膜有 10 层分子，其厚度也仅为 0.02 μm。两摩擦表面的粗糙度之和一般都超过边界膜的厚度（当膜厚比 $\lambda \leq 1$ 时），所以边界摩擦时，不能完全避免金属的直接接触，这时仍有微小的摩擦力产生，其摩擦因数通常在 0.1 左右。

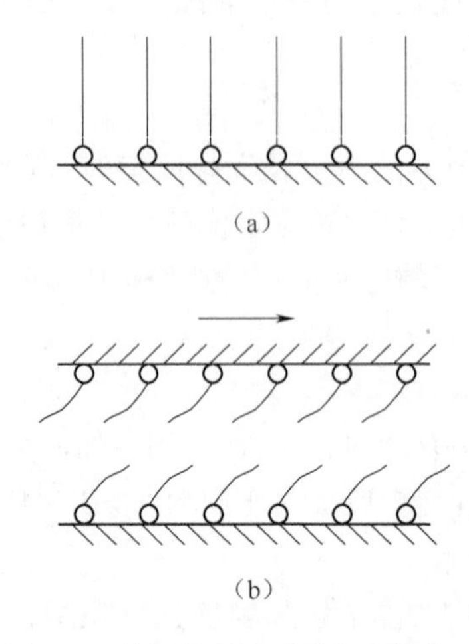

图 3-4 单层分子边界膜的摩擦模型

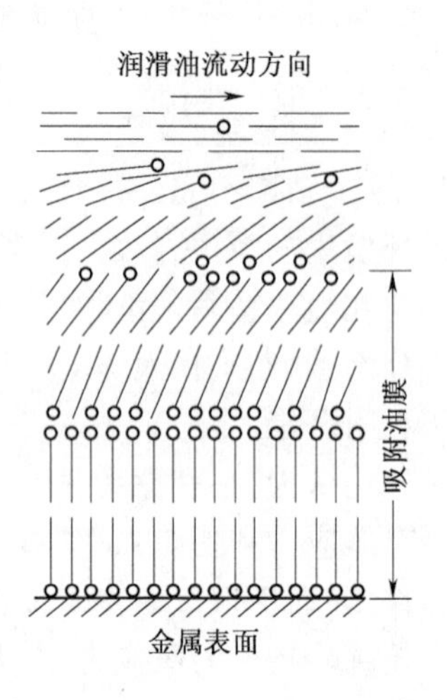

图 3-5 多层分子边界膜的摩擦模型

按照边界膜形成的机理,边界膜可分为物理吸附膜、化学吸附膜和反应膜。润滑剂中的极性分子与金属表面相互吸引,牢固地吸附在金属表面上形成物理吸附膜。润滑油靠物理吸附形成边界膜的能力,称为**油性**。润滑剂中的分子靠化学键力作用而吸附在金属表面上形成的吸附膜,称为**化学吸附膜**。化学吸附膜的吸附强度随温度升高而下降,达到一定温度后,吸附膜发生软化、失向和脱吸想象,从而使润滑作用降低,磨损率和摩擦因数都将迅速增加。在润滑剂中添加入硫、磷、氯等元素,它们与表面金属发生化学反应生成的边界膜,称为**反应膜**。反应膜具有低的剪切强度和高熔点,它比前两种吸附膜都更稳定。

合理选择摩擦副材料和润滑剂,降低表面粗糙度,在润滑剂中加入适量的油性添加剂和极压添加剂,都能提高边界膜强度。

3. 混合摩擦(混合润滑)

混合摩擦是指摩擦表面间处于边界摩擦和流体摩擦的混合状态。混合摩擦能有效降低摩擦阻力,其摩擦因数比边界摩擦时要小得多。边界摩擦和混合摩擦在工程实际中很难区分,常统称为不完全液体摩擦。

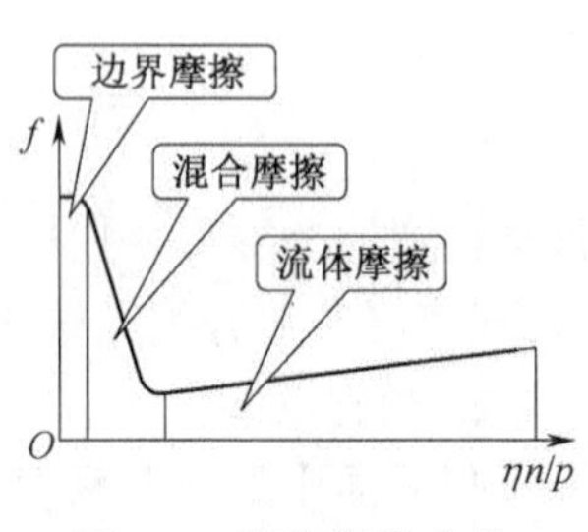

图 3-6 摩擦磨损曲线

4. 流体摩擦(流体润滑)

流体摩擦是指摩擦表面被流体膜隔开,摩擦性质取决于流体内部分子间黏性阻力的摩擦。流体摩擦时的摩擦因数最小,且不会有磨损产生,是理想的摩擦状态。

3.2 磨 损

3.2.1 磨损对零件的影响

摩擦副表面间的摩擦造成表面材料逐渐损失的现象称为磨损。零件表面磨损后不但会影响其正常工作,如齿轮和滚动轴承的工作噪声增大,承载能力降低,同时还会影响机器的工作性能,如工作精度、效率和可靠性降低,噪声与能耗增大,甚至造成机器报废。通常,零件的磨损是很难避免的。但是,只要在设计时注意考虑避免或减轻磨损,在制造时注意保证加工质量,而在使用时注意操作与维护,就可以在规定的年限内,使零件的磨损量控制在允许的范围内,就属于正常磨损。另一方面,工程上也有不少利用磨损的场合,如研磨、跑合过程就是有用的磨损。

3. 2. 2　磨损的过程

工程实践表明,机械零件的正常磨损过程大致分为三个阶段:初期磨损阶段(磨合磨损阶段)、稳定磨损阶段和剧烈磨损阶段,如图 3-7 所示。

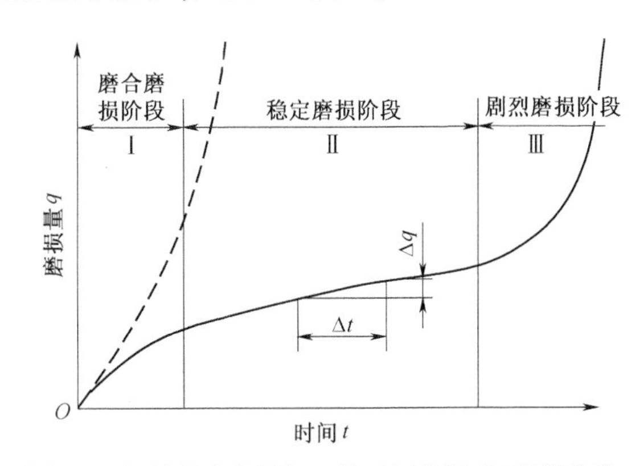

图 3-7　机件的磨损量与工作时间的关系(磨损曲线)

1. 初期磨损阶段

如图 3-7 所示,机械零件在初期磨损阶段的特点是在较短的工作时间内,表面发生了较大的磨损量。这是由于零件刚开始工作时,表面微凸出部分的曲率半径小,实际接触面积小,造成较大的接触压强,同时曲率半径小也不利于润滑油膜的形成与稳定。所以,在开始工作的较短时间内磨损量较大。

2. 稳定磨损阶段

经过初期磨损阶段后,零件表面磨损得很缓慢。这是由于经过初期磨损阶段后,表面微凸出部分的曲率半径增大,高度降低,接触面积增大,使得接触压强减小,同时还有利于润滑油膜的形成与稳定。稳定磨损阶段决定了零件的工作寿命。因此,延长稳定磨损阶段对零件工作是十分有利的。工程实践表明,利用初期磨损阶段可以改善零件表面性能,提高零件的工作寿命。

3. 剧烈磨损阶段

零件在经过长时间的工作之后,即稳定磨损阶段之后,由于各种因素的影响,磨损速度急剧加快,磨损量明显增大。此时,零件的表面温度迅速升高,工作噪声与振动增大,导致零件不能正常工作而失效。在实际中,这三个磨损阶段并没有明显的界限。

在机械工程中,零件磨损是一个普遍的现象。尽管,人类已对磨损开展了广泛的科学研究,但是从工程设计的角度看,关于零件的耐磨性或磨损强度的理论仍然不十分成熟。因此,本书仅从磨损机理的角度对磨损的分类作介绍。

3.2.3 磨损的分类

根据磨损的机理，零件的磨损可以分为黏附磨损（胶合）、磨粒磨损、疲劳磨损（点蚀）、流体磨粒磨损、流体侵蚀磨损（冲蚀磨损）、机械化学磨损（腐蚀磨损）和微动磨损（微动损伤）。

1. 黏附磨损（胶合）

当摩擦表面的不平度凸峰在相互作用的各点产生结点后再相对滑移时，材料从运动副的一个表面转移到另一个表面，便形成了黏附磨损。例如：滑动轴承中的"抱轴"和高速重载齿轮的"胶合"现象。在黏附磨损中同类摩擦副材料比异类材料容易黏附；脆性材料比塑性材料抗黏附能力高，在一定范围的表面粗糙度越高抗黏附能力越强，此外黏附磨损还与润滑剂、摩擦表面温度及压强有关。

2. 磨粒磨损

落入摩擦副表面间的硬质颗粒或表面上的硬质凸起物对接触表面的刮擦和切削作用造成的材料脱落现象，称为磨料磨损。磨粒磨损造成表面呈现凹痕或凹坑。硬质颗粒可能来自冷作硬化后脱落的金属屑或由外界进入的磨粒。加强防护与密封，做好润滑油的过滤，提高表面硬度可以增加零件耐磨粒磨损的能力。

3. 疲劳磨损（点蚀）

受变应力的摩擦副，在其表面上形成疲劳点蚀，使小块金属剥落，这种现象称为疲劳磨损。常发生在滚动轴承、齿轮、凸轮等零件上。影响疲劳磨损的因素主要有摩擦副材料组合、表面光洁程度、润滑油黏度以及表面硬度等。

4. 流体磨粒磨损和流体侵蚀磨损（冲蚀磨损）

流体磨粒磨损是流动的液体或气体中所夹带的硬质物体或硬质颗粒冲击零件表面所引起的机械磨损。利用高压空气输送型砂或高压水输送碎石时，管道内壁所产生的机械磨损是实例之一。

流体侵蚀磨损是指由液流或气流的冲蚀作用引起的机械磨损。近年来，由于燃气涡轮机的叶片、火箭发动机的尾喷管这样一些部位的破坏，才引起人们对这种磨损形式的特别注意。

5. 机械化学磨损（腐蚀磨损）

在机器工作时，摩擦副表面会与周围介质接触，如有腐蚀性的液体、气体、润滑剂中的某种成分，发生化学反应或电化学反应形成腐蚀物造成的磨损，称为腐蚀磨损。腐蚀磨损过程十分复杂，它与介质、材料和温度等因素有关。

6. 微动磨损（微动损伤）

微动磨损是指摩擦副在微幅运动时，由上述各磨损机理共同形成的复合磨损。微幅运动可理解为不足以使磨粒脱离摩擦副的相对运动。微动作用不仅要损坏配合表面的品质，而且要导致疲劳裂纹的萌生，从而使零件的疲劳强度急剧降低。

3.2.4 减少磨损的主要方法

为了减少磨损带来的危害，可以参考以下方法：

（1）选用合适的润滑剂和润滑方法，用液体摩擦取代边界摩擦。

(2)按零部件的主要磨损类型合理选择材料。易产生黏附磨损时，不要选择互溶性强的材料作摩擦副的材料；易产生磨料磨损时，一般应选择硬度较高的材料。

(3)合理选择热处理和表面处理方法，如表面淬火和表面化学处理(渗碳，渗氮等)及喷涂、镀层、变形强化等。

(4)适当降低零件表面粗糙度值。

(5)用滚动摩擦代替滑动摩擦。

(6)正确进行结构设计，使压力均匀分布，有利于表面膜的形成和防止外界杂物(如磨粒、灰尘)进入摩擦面等。

(7)正确维护、使用，加强科学管理，采用先进的监控和测试技术。

3.3　润滑剂、添加剂和润滑方法

3.3.1　润滑剂

在摩擦表面间加入润滑剂不仅可以降低摩擦，减轻磨损，保护零件不遭锈蚀，而且在采用循环润滑时还能起到散热降温的作用。由于液体的不可压缩性，润滑油膜还具有缓冲、吸振的能力。使用膏状的润滑脂，既可以防止内部的润滑剂外泄，又可阻止外部杂质侵入，避免加剧零件的磨损，起到密封作用。

常用的润滑剂有液体润滑剂(如水、油)、半固体润滑剂(如润滑脂)、固体润滑剂(如石墨、二硫化钼，聚四氟乙烯)和气体润滑剂(如空气及其他气态介质)。其中，固体和气体润滑剂多在高温、高速及要求防止污染等特殊场合使用。对于橡胶、塑料制成的零件，宜用水润滑。绝大多数场合则采用润滑油或润滑脂。

1. 润滑油

润滑油分为三大类：有机油、矿物油和化学合成油。矿物油因来源充足，成本较低，适用范围广而且稳定性好，故应用最广。动植物油中因含有较多的硬脂酸，在边界润滑时有很好的润滑性能，但因其稳定性差而且来源有限，所以使用不多。合成油多是针对某种特定需要而研制的，不但适用面窄，而且费用极高。

润滑油的主要性能指标：

(1)黏度：流体的黏度即流体抵抗变形的能力，它表征流体内摩擦阻力的大小。

常用的黏度有动力黏度、运动黏度和条件黏度。

动力黏度：如图3-8所示，根据牛顿提出的黏性定律，有

$$\tau = -\eta \frac{\partial v}{\partial y},$$

式中　τ——流体的切应力；

η——比例常数，即流体的动力黏度；

$\frac{\partial v}{\partial y}$——流体沿垂直于运动方向的速度梯度。

“-”号表示 v 随 y 的增大而减小。

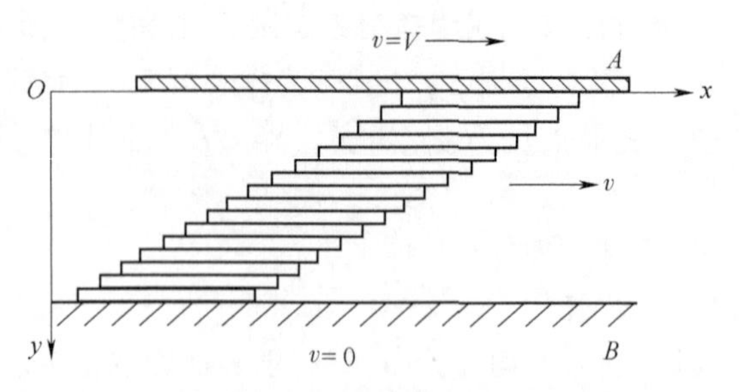

图 3-8　牛顿黏性定律

摩擦学中把凡是服从这个黏性定律的流体都叫做**牛顿液体**。

国际单位制(SI)下的动力黏度单位为 1Pa · s(帕 · 秒)。在绝对单位制(C. G. S. 制)中，动力黏度的单位定为 $1\text{dyn}\cdot\text{s/cm}^2$,叫 1 P(泊)。百分之一 P 成为 cP(厘泊),即 1 P = 100 cP。P 和 cP 与 Pa · s 的换算关系可取为 1 P = 0. 1 Pa · s, 1cP = 0. 001 Pa · s。

运动黏度:它等于动力黏度 η 与同温下该流体的密度 ρ 的比值: $\nu=\dfrac{\eta}{\rho}$,在 C. G. S. 制中运动黏度单位是 St(斯),$1\text{St}=1\ \text{cm}^2/\text{s}$,但 St 的单位太大,实际上常以其百分之一即 cSt(厘斯)作单位。

GB/T 3141—1994 规定采用润滑油在 40 ℃时运动黏度中心值作为润滑油的牌号。润滑油实际运动黏度在相应中心黏度值的 ± 10%偏差以内。常用工业润滑油的黏度分类及相应的运动黏度值见表 3-1。例如黏度牌号为 15 的润滑油在 40 ℃时的运动黏度中心值为 15 cSt,实际运动黏度范围为 13. 5 ~ 16. 5 cSt。

表 3-2　工业用润滑油黏度牌号分类　　单位: mm^2/s

黏 度 牌 号	运动黏度中心值(40 ℃)	运动黏度范围(40 ℃)
2	2. 2	1. 98 ~ 2. 42
3	3. 2	2. 88 ~ 3. 52
5	4. 6	4. 14 ~ 5. 06
7	6. 8	6. 12 ~ 7. 48
10	10	9. 00 ~ 11. 0
15	15	13. 5 ~ 16. 5
22	22	19. 8 ~ 24. 2
32	32	28. 8 ~ 35. 2
46	46	41. 4 ~ 50. 6
68	68	61. 2 ~ 74. 8
100	100	90. 0 ~ 110
150	150	135 ~ 165
220	220	198 ~ 242
320	320	288 ~ 352

续表

黏 度 牌 号	运动黏度中心值(40 ℃)	运动黏度范围(40 ℃)
460	460	414～506
680	680	612～748
1 000	1 000	900～1 100
1 500	1 500	1 350～1 650

条件黏度:在一定条件下利用某种规格黏度计,通过测定润滑油穿过规定孔道的时间来进行计量的黏度。我国常用恩氏度($°E$)作为条件黏度的单位。

运动黏度 ν_t(ν_t 指平均温度为 t 时的运动黏度,单位为 cSt) 与条件黏度 η_E(单位为 °E) 可按照下列关系进行换算

$$当\ 1.35<\eta_E\leqslant 3.2\ 时,\ \nu_t = 8.0°\eta_E - \frac{8.64}{\eta_E}$$

$$当\ \eta_E>3.2\ 时,\ \nu_t = 7.6\eta_E - \frac{4.0}{\eta_E}$$

$$当\ \eta_E>16.2\ 时,\ \nu_t = 7.14\eta_E$$

影响润滑油黏度的因素有压力和温度,黏度随着温度的升高而降低,随着压力的升高而增大。但压力不太高时(如小于 20 MPa),变化极微,可略而不计,但是在高副接触零件的润滑中,这种影响就变得十分重要。但温度对黏度的影响很大,在表明润滑油黏度时,一定要注明温度,否则没有意义。图 3-9 所示为几种常用润滑油的黏度-温度曲线。润滑油黏度受温度影响的程度可用黏度指数表示。黏度指数值越大,表明黏度随温度的变化越小,即黏-温性能越好。

(2)油性:指润滑油中的极性分子对金属表面的吸附能力。

(3)极压性:指在边界摩擦状态下,处于高温、高压下的摩擦表面与润滑油中的某些成分发生化学反应,生成一种低熔点、低剪切强度的反应膜,使表面变得平滑,而且具有防止黏着和擦伤的性能。

(4)闪点:当润滑油在标准仪器中加热后所蒸发出的油气与火焰接近时有闪光发生,则此时的油温称为润滑油的**闪点**。如果闪光时间长达 5 s 以上,则称为**燃点**。闪点是衡量润滑油易燃性的一种指标。高温下工作的机械,必须使工作温度比润滑油的闪点低 30～40℃以保证安全。

(5)凝固点:在规定条件下,使润滑油失去流动性时的最高温度称为**凝固点**,它表征了润滑油的低温工作性能。低温下工作的机械,必须选用凝固点低的润滑油。

(6)氧化稳定性:从化学上讲,矿物油是很不活泼的,但当它们在高温气体中时,也会发生氧化,并生成硫、磷、氯的酸性化合物。这是一些胶状沉积物,不但腐蚀金属,而且加剧零件的磨损。

2. 润滑脂

这是除了润滑油外应用最多的一类润滑剂。它是润滑油与稠化剂(如钙、锂、钠的金属皂)的膏状混合物。根据调制润滑脂所用皂基的不同,润滑脂主要分为钙基润滑脂、钠基润滑

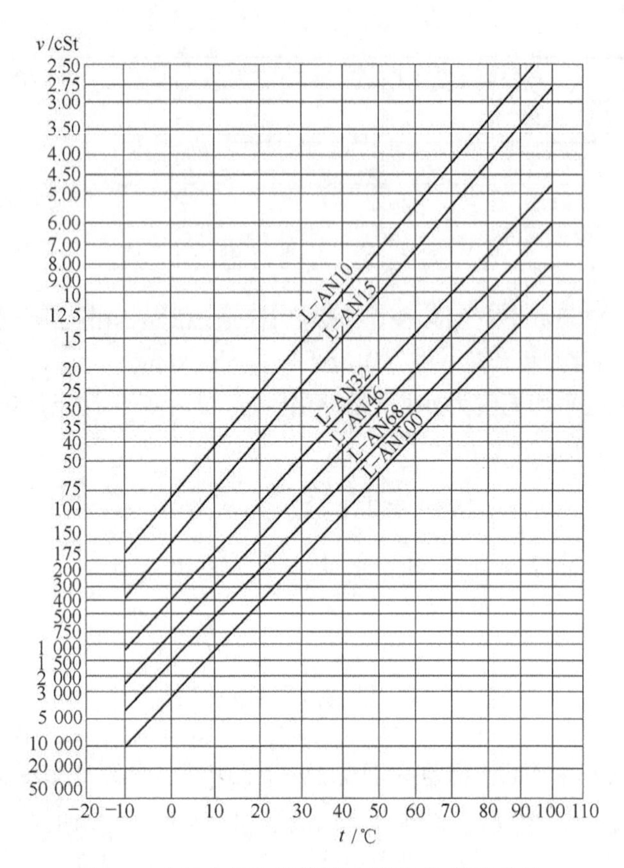

图 3-9　几种全损耗系统用油的黏度-温度曲线

脂、锂基润滑脂和铝基润滑脂等几类。

润滑脂的主要质量指标：

(1)锥入度：用一个重 1.5 N 的标准锥体，在 25 ℃恒温下，从润滑脂表面自由下沉，经过 5 s 后所到达的深度即为锥入度(以 0.1 mm 计)。它是表征润滑脂稀稠程度的指标，锥入度越大，润滑脂就越稀。

(2)滴点：在规定的加热条件下，润滑脂从标准量杯的孔口滴下第一滴时的温度。它表征润滑脂耐高温的能力。润滑脂的工作温度至少应低于滴点温度 20 ℃。

润滑脂对载荷和速度的变化有较大的适应范围，受温度的影响不大，但摩擦损耗较大，机械效率较低，故不宜用于高速。

3.3.2　添加剂

为了改善润滑剂在某些方面的性能，满足高速、重载、高温、低温、真空等特殊工况条件的使用要求，在润滑剂中加入的各种具有独特性能的化学合成物作添加剂，其作用如图 3-10 所示。添加剂的种类目前已达数百种，按其所起的作用可分为：

(1)影响润滑剂物理性质的添加剂，如降凝剂、增黏剂、抗泡剂等。

(2)影响润滑剂其化学作用的添加剂，如清净分散剂、抗氧抗腐剂、极压抗磨添加剂等。

工业上润滑剂中所用的大部分添加剂有极性物质高分子聚合物和硫、磷、氯等活性元素的化合物。

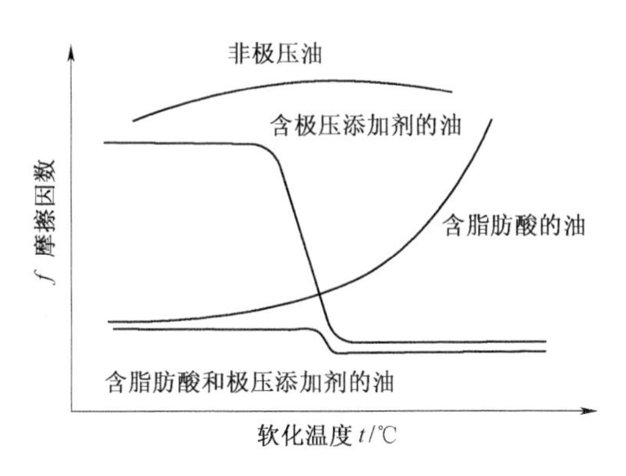

图 3-10　添加剂的作用

3.3.3　润滑方法

润滑油或润滑脂的供应方法在机械设计中是很重要的。尤其是油润滑时的供应方法与零件在工作时所处的润滑状态有着密切的关系。

1. 润滑油

向摩擦表面施加润滑油的方法可分为间歇式和连续式两种。手工用油壶或油枪向注油杯内注油，只能做到间歇润滑。图 3-11 所示为压配式注油杯，图 3-12 所示为旋套式注油杯。这些只能用于小型、低速或间歇运动的轴承。对于重要的轴承，必须采用连续供油的方法。

(1)滴油润滑。图 3-13 所示的针阀油杯和图 3-14 所示的油芯油杯都可以做到连续滴油润滑。针阀油杯可通过调节滴油速度来改变供油量，并且停车时可扳动油杯上端的手柄以关闭针阀而停止供油。油芯油杯在停车时则仍继续滴油，引起无用的消耗。

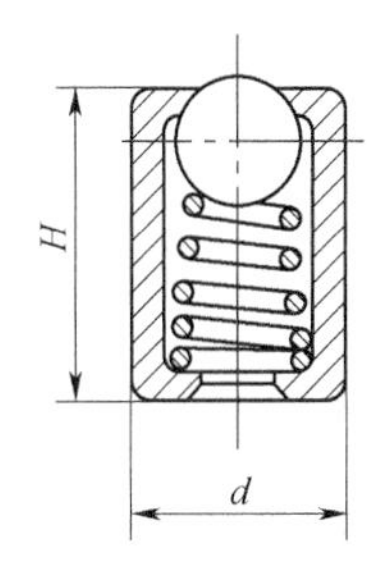

图 3-11　压配式注油杯

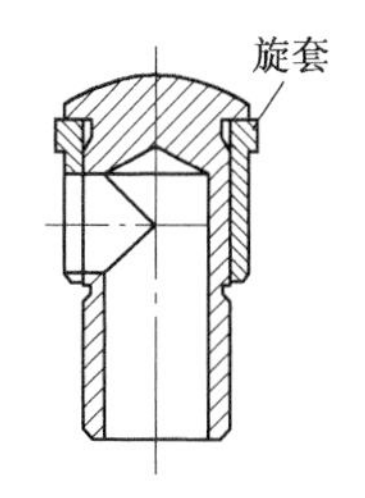

图 3-12　旋套式注油杯

(2)油环润滑。图 3-15 为油环润滑的结构示意图。油环套在轴颈上，下部浸在油中。当轴颈转动时带动油杯转动，将油带到轴颈表面进行润滑。轴颈速度过高或过低，油杯带的油量都会不足，通常用于转速不低于 50~60 r/min 的场合。油环润滑的轴承，其轴线应水平布置。

(3)飞溅润滑。利用转动件(如齿轮)或曲轴的曲柄等将润滑油溅成油星以润滑轴承的润滑方式称为飞溅润滑。

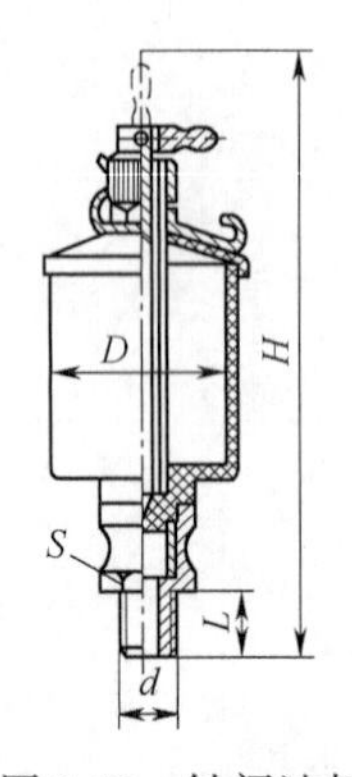

图 3-13　针阀油杯

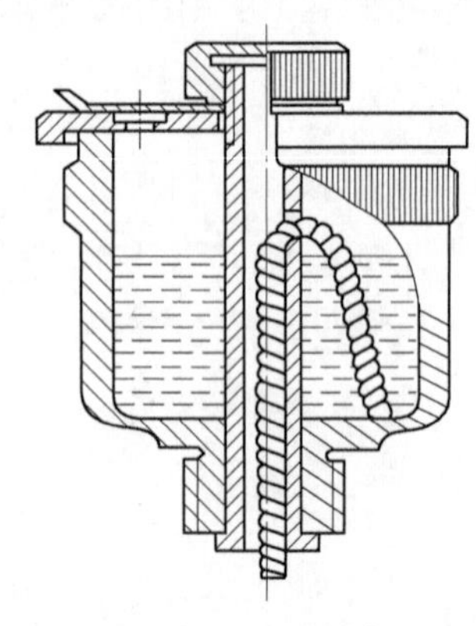
图 3-14　油芯油杯

(4)压力循环润滑。用油泵进行压力供油润滑,可保证供油充分,能带走摩擦热以冷却轴承。这种润滑方法多用于高速、重载轴承或齿轮传动上。

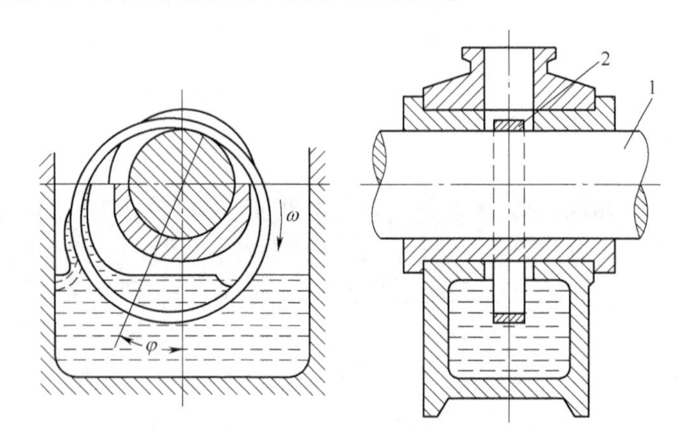

图 3-15　油环润滑

2. 润滑脂

油脂杯只能间歇供应润滑脂。旋盖式油脂杯(见图 3-16)是应用得最广的脂润滑装置。杯中装满润滑脂后,旋动上盖即可将润滑脂挤入轴承中。有的也使用油枪向轴承补充润滑脂。

3.3.4　润滑剂的选用方法

在生产设备事故中,由于润滑不当而引起的事故占很大的比重,因润滑不良造成的设备精度降低也较严重。因此润滑剂的选用就显得特别重要。

在具体使用中可参考以下润滑剂的选用原则:

(1)类型选择:润滑油的润滑及散热效果好,应用最广。润滑脂保持在润滑部位,润滑系统简单,密封性好。固体润滑剂的摩擦因数较高,散热性差,但是用寿命长,能在极高或极低温度、腐蚀、真空、辐射等特殊条件下工作。

(2)工作条件:高温、重载、低速条件下选黏度高的润滑油或基础油黏度高的润滑脂,以利于形成油膜。当承受重载、间断或冲击载荷时,润滑油或润滑脂要加入油性剂或极压添加剂,以提高边界膜或极压膜的承载能力。一般润滑油的工作温度最好不超过 60 ℃，而润滑脂的工作温度应低于其滴点20～30 ℃。

(3)结构特点及环境条件：当被润滑物体为垂直润滑面的开式齿轮、链条等，应采用高黏度油、润滑脂或固体润滑剂以保持较好的附着性。多尘、潮湿环境下，宜采用抗水的钙基、锂基或铝基润滑脂。在酸碱化学介质环境及真空、辐射条件下，常选用固体润滑剂。

(4)一台设备中用油种类应尽量少，且应首先满足主要条件的需要。如精密机床主轴箱中需要润滑的部件有齿轮、滚动轴承、电磁离合器等，应统一选用全损耗系统用油润滑，且首先应满足主轴轴承的要求，选用 L-AN22 油。

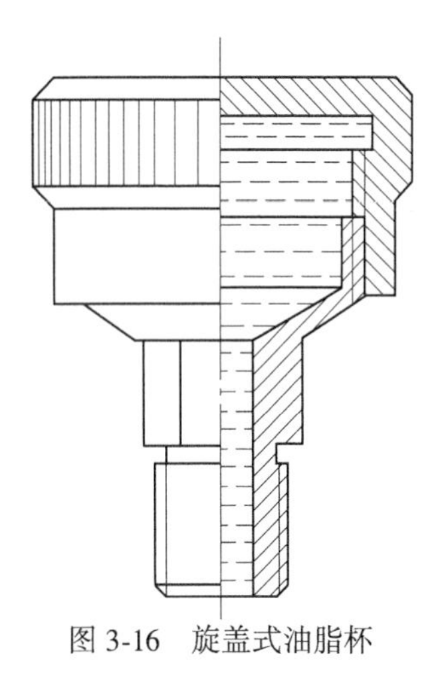

图 3-16　旋盖式油脂杯

3.4　流体润滑原理简介

根据摩擦面间油膜形成的原理，可把流体润滑分为流体动力润滑(利用摩擦面间的相对运动而自动形成承载油膜的润滑)及流体静力润滑(从外部将加压的油送入摩擦面间，强迫形成承载油膜的润滑)。当两个曲面体做相对滚动或滚-滑运动时(如滚动轴承中的滚动体与套圈接触，一对齿轮的两个轮齿啮合等)，若条件合适，也能在接触处形成承载油膜。这时不但接触处的弹性变形和油膜厚度都同样不容忽视，而且它们还彼此影响，互为因果。因而把这种润滑称为弹性流体动力润滑。

3.4.1　流体动力润滑

两个做相对运动物体的摩擦表面，用借助于相对速度而产生的黏性流体膜将两摩擦表面完全隔开，由流体膜产生的压力来平衡外载荷，称为**流体动力润滑**。所用的黏性流体可以是液体(如润滑油)，也可以是气体(如空气等)，相应地称为**液体动力润滑**和**气体动力润滑**。流体动力润滑的主要优点是摩擦力小，磨损小，并可以缓和振动与冲击。

下面简要介绍流体动力润滑中的楔效应承载机理。

图 3-17(a)所示 A、B 两板平行，板间充满有一定黏度的润滑油，若板 B 静止不动，板 A 以速度 v 沿 x 方向运动。由于润滑油的黏性及它与平板间的吸附作用，与板 A 紧贴的流层的流速 v 等于板速 v，其他各流层的流速则按直线规律分布。这种流动是由于油层受到剪切作用而产生的，所以称为剪切流。这时通过两平行平板间的任何垂直截面处的流量皆相等，润滑油虽能维持连续流动，但油膜对外载荷并无承载能力(这里忽略了流体受到挤压作用而产生压力的效应)。当两平板相互倾斜使其间形成楔形收敛间隙，且移动件的运动方向是从间隙较大的一方移向间隙较小的一方时，若各油层的分布规律如图 3-17(b)所示，那么进入间隙的油量必然大于流出间隙的油量。设液体是不可压缩的，则进入此楔形间隙的过剩油量，必将由进口 a 及出口 c 两处截面被挤出，即产生一种因压力而引起的流动称为压力流。这时，楔形收敛间隙中油层流动速度将由剪切流和压力流二者叠加，因而进口油的速度曲线呈内凹形，出口处呈

外凸形。间隙流体产生的动压力是能够稳定存在的。这种具有一定黏性的流体流入楔形收敛间隙而产生的压力的效应叫流体动力润滑的楔效应。

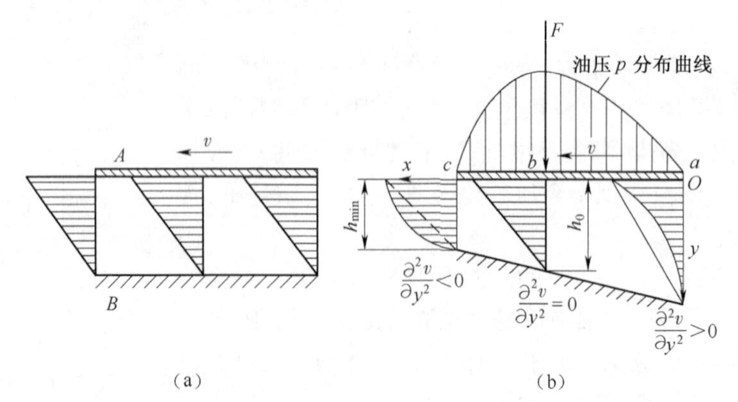

图 3-17　两相对运动平板间油层中的速度分布和压力分布

3.4.2　弹性流体动力润滑

流体动力润滑通常研究的是低副接触受润零件之间的润滑问题,把零件摩擦表面视作刚体,并认为润滑剂的黏度不随压力而改变。可是在齿轮传动、滚动轴承、凸轮机构等高副接触中,两摩擦表面之间接触压力很大,摩擦表面会出现不能忽略的局部弹性变形。同时在较高压力下,润滑剂的黏度也将随压力发生变化。

弹性流体动力润滑理论是研究在相互滚动或伴有滚动的滑动条件下,两弹性物体间的流体动力润滑膜的力学性质。把计算在油膜压力下摩擦表面的变形的弹性方程、表述润滑剂黏度与压力间关系的黏压方程与流体动力润滑的主要方程结合起来,以求解油膜压力分布、润滑膜厚度分布等问题。

图 3-18 所示就是两个平行圆柱体在弹性流体动力润滑条件下,接触面的弹性变形、油膜厚度及油膜压力分布的示意图。依靠润滑剂与摩擦表面的黏附作用,两圆柱体相互滚动时将润滑剂带入间隙。由于接触压力较高使接触面发生局部弹性变形,接触面积扩大,在接触面间形成了一个平行的缝隙,在出油口处的接触面边缘出现了使间隙变小的突起部分(一种缩颈现象),并形成最小油膜厚度,出现了一个第二峰值压力。

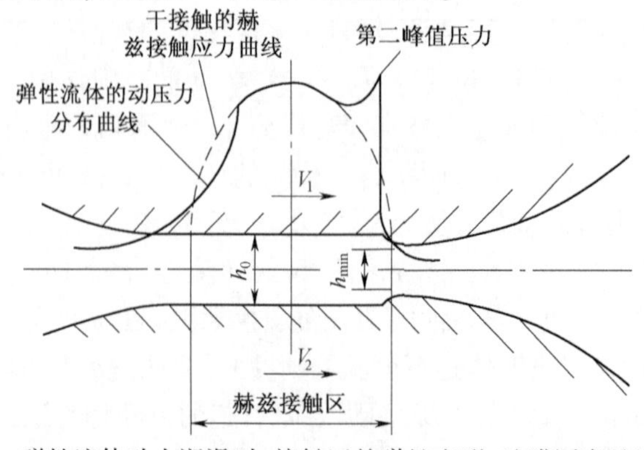

图 3-18　弹性流体动力润滑时,接触区的弹性变形、油膜厚度及压力变化

任何零件表面都有一定的粗糙度,所以要实现完全弹性流体动力润滑,其膜厚比 λ 必须大于 5。当膜厚比 λ 小于 5 时总有少数轮廓峰直接接触的可能性,这种状态亦称**部分弹性流体动力润滑状态**。

3.4.3　流体静力润滑

流体静力润滑是靠液压泵(或其他压力流体源)将加压后的流体送入两摩擦表面之间,利用流体静压力来平衡外载荷。如图 3-19 所示为典型流体静力润滑系统示意图,由液压泵将润滑剂加压,通过补偿元件送入摩擦件的油腔,润滑剂再通过油腔周围的封油面与另一摩擦面构成的间隙流出,并降至环境压力。油腔一般开在承导件上。

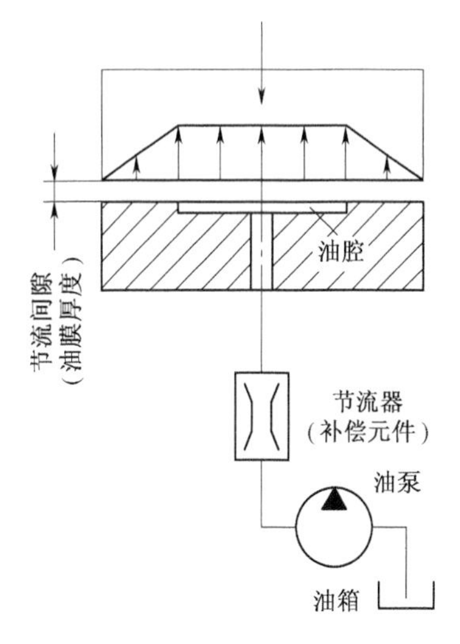

图 3-19　流体静力润滑系统示意图

环境压力包围的封油面和油腔总称为**油垫**,一个油垫可以有一个或几个油腔。一个单油腔油垫不能承受倾覆力矩。

两个静止的、平行的摩擦表面间能采用流体静力润滑形成流体膜。它的承载能力不依赖于流体黏度,故能用黏度极低的润滑剂,使摩擦副承载能力高,且摩擦力矩低。

思考题、讨论题和习题

3-1　试举例说明摩擦现象对零件的影响。

3-2　摩擦可以分为哪几类?

3-3　零件的磨损可以分为哪几个阶段,各有什么特点?

3-4　列举几种常见的零件磨损形式,并简要说明各个磨损形式的影响因素是什么。

3-5　常用的润滑剂有哪些? 其质量指标分别是什么?

3-6　简述弹性流体动力润滑的原理。

3-7　查手册求得 L-AN100 全损耗系统润滑油的黏度及其主要用途。

3-8　查手册求得钠基润滑脂 L-XAMGA2 的锥入度及其主要用途。

3-9　请调查汽车使用的润滑油及其保养要求(取任一汽车为例,要求记下该汽车的牌号)。

3-10　电梯的钢丝绳为什么需要润滑? 如何添加和更换润滑剂。(要求作调查)

第2篇　连接零件设计

第4章　螺 纹 连 接

【学习提示】

①掌握螺纹连接的工作原理、类型及其选择。

②掌握螺纹及螺纹连接的基本知识,包括类型、主要参数、标准及其选择,连接螺纹与传动螺纹的区别。

③掌握螺栓组连接设计的基本方法。

④本章主要重点:螺纹的基本参数,常用螺纹类型的特点及应用,螺纹连接的类型及结构特点,螺栓组连接的设计及受力分析和强度计算。

任何机器都是由若干零(部)件组合而成,这些零(部)件通过连接组成机器。机械连接有两大类:一类为动连接,即工作时被连接的零(部)件之间存在相对运动的连接,也就是机械原理课程中学习的运动副;另一类为静连接,工作时被连接的零(部)件之间不允许有相对运动,本课程中提到的连接一般指静连接。螺纹连接结构简单、装拆方便,是机器中应用最为广泛的静连接。

4.1　螺　　纹

4.1.1　螺纹的主要参数

如图4-1所示,螺纹的主要几何参数(GB/T 196—2003)包括如下几项:

(1)大径 d:外螺纹的最大直径,即与外螺纹牙顶相切的假想圆柱面的直径,也是标准中规定的公称直径。

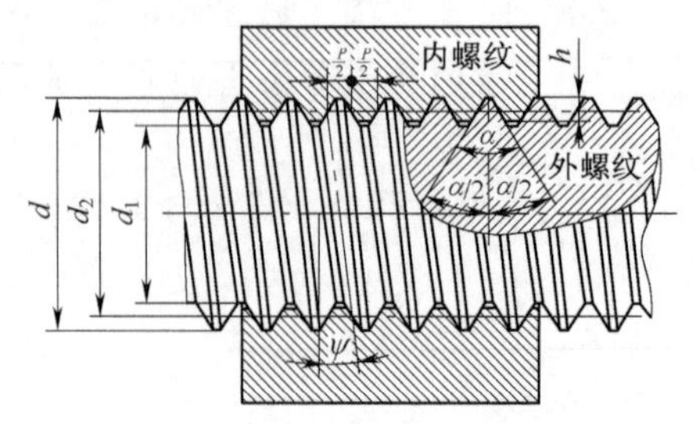

图4-1　螺纹主要几何参数

(2)小径 d_1:外螺纹的最小直径,即与螺纹牙根相切的假想圆柱面的直径,在强度计算中常用作螺纹危险截面的计算直径。

(3)中径 d_2:轴向截面内,螺纹的牙厚与牙间宽相等处的假想圆柱面的直径,近似等于螺纹的平均直径,$d_2 \approx \frac{1}{2}(d+d_1)$。中径是确定螺纹几何参数和配合性质的直径。

(4)线数 n:形成螺纹的螺旋线数目。为便于制造,一般螺纹的线数 $n \leqslant 4$。

(5)螺距 P:相邻两螺纹牙在中径上对应点间的轴向距离。

(6)导程 S:螺纹上任一点沿同一条螺旋线转一周所移动的轴向距离,$S=nP$。

(7)螺纹升角 ψ:中径圆柱上螺旋线的切线与垂直于螺纹轴线的平面的夹角,$\psi = \arctan \dfrac{nP}{\pi d_2}$。

(8)牙型角 α:螺纹轴向截面内,螺纹牙型两侧边的夹角。

(9)接触高度 h:内外螺纹旋合后,螺纹接触面的径向高度。

4.1.2 螺纹的类型和特点

螺纹连接是利用螺纹零件构成的可拆连接,零件的螺纹可以在圆柱表面(外螺纹)和内孔表面(内螺纹),内螺纹和外螺纹一起工作就构成了螺纹连接或螺旋副。用于连接的螺纹称为**连接螺纹**;起传动作用的螺纹称为**传动螺纹**。连接螺纹要求自锁性好,而传动螺纹则通常要求效率高。

按螺纹母线与轴线的相对位置,可将螺纹分成圆柱螺纹和圆锥螺纹。圆锥螺纹用于管螺纹,圆柱螺纹用于连接、传动、测量和调整。

根据螺纹的螺旋线方向,螺纹可分为左旋螺纹和右旋螺纹,机械中使用的连接螺纹通常为右旋螺纹,因此螺纹连接一般为顺时针方向拧紧。

按螺纹的线数可将螺纹分为单线螺纹[见图4-2(a)]和多线螺纹[见图4-2(b)、图4-2(c)]。单线螺纹传动效率低,自锁性好,常用作连接螺纹;多线螺纹的传动效率高,故用作传动螺纹。

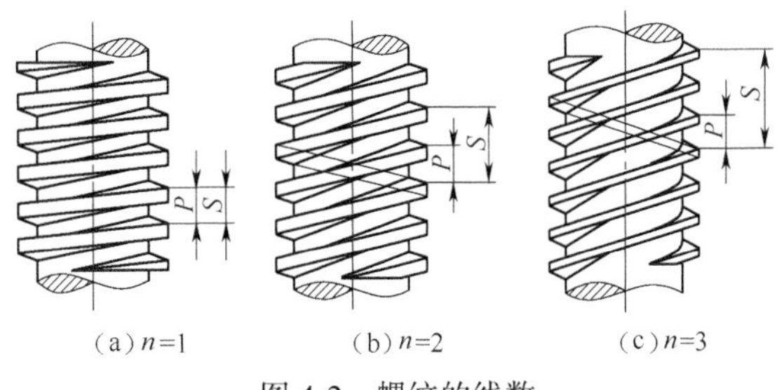

(a) n=1　(b) n=2　(c) n=3

图4-2　螺纹的线数

根据螺纹的单位,可分为米制螺纹和英制螺纹,我国除部分管螺纹外,均采用米制螺纹。

按照螺纹牙型的不同,常见螺纹可分为普通螺纹、矩形螺纹、梯形螺纹和锯齿形螺纹(见表4-1)。

表4-1　常用螺纹类型、特点和应用

类　型	牙　型　图	特点和应用
普通螺纹	内螺纹　60°　外螺纹　d　d_2　d_1　P	牙型为等边三角形,牙型角 $\alpha = 60°$,外螺纹牙根允许有较大圆角,以减小应力集中。同一公称直径的普通螺纹可以有不同的螺距,其中螺距最大的为粗牙螺纹,其余都称为细牙螺纹。细牙螺纹牙型与粗牙相似,但螺距小,升角小,螺杆强度高,自锁性能较好,因牙细而不耐磨,容易滑扣。一般连接多用粗牙螺纹,细牙常用于细小零件、薄壁管件或受动载荷的连接
矩形螺纹	内螺纹　外螺纹　d　d_2　d_1　P	牙型为矩形,牙型角 $\alpha = 0°$。传动效率较其他螺纹高,但对中性差,牙根强度差,螺旋副磨损后,间隙难以补偿,传动精度低,目前逐步被梯形螺纹所代替

续表

类　型	牙　型　图	特点和应用
梯形螺纹	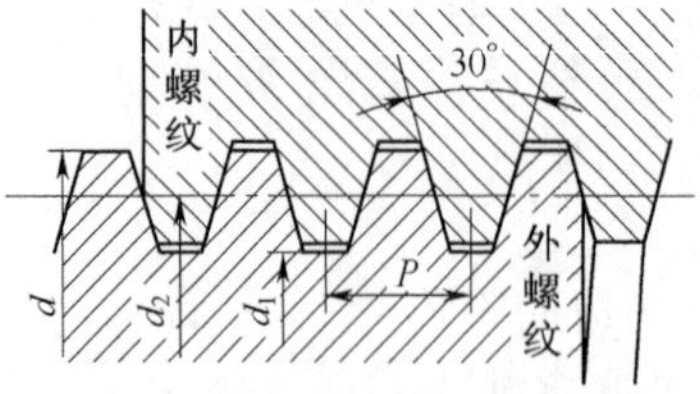	牙型为等腰梯形，牙型角 $\alpha = 30°$。传动效率较矩形螺纹低，但牙根强度高，加工工艺性好，对中性好。如用剖分螺母，还可以调整间隙。梯形螺纹是最常用的传动螺纹
锯齿形螺纹	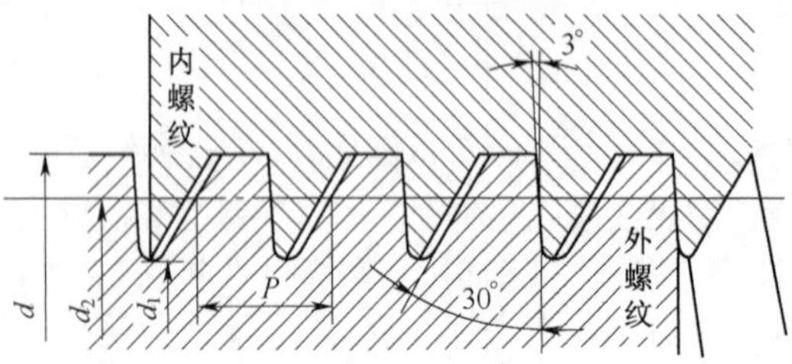	牙型为不等腰梯形，牙型角 $\alpha = 33°$（承载面斜角 3°，非承载面斜角 30°）。传动效率高，牙根强度高，用于单向受力的螺旋传动

除上述常见螺纹外，还有用于管道连接的管螺纹、米制锥螺纹以及一些特殊用途的螺纹，以适应各行业的特殊工作要求，需用时可查阅相关标准。

综上所述，机械中使用的连接螺纹一般为单线、右旋、米制的粗牙圆柱普通螺纹。

4.2　螺纹连接的类型和标准螺纹连接件

4.2.1　螺纹连接的主要类型

1. 普通螺栓连接

普通螺栓连接结构如图 4-3(a)所示，由螺栓、螺母和多个被连接件构成。使用普通螺栓连接在被连接件上开有通孔，而不需要加工螺纹孔，插入螺栓后在螺栓的另一端拧上螺母。螺栓轴线与被连接件边缘及被连接件台阶之间的距离(e 和 e_1)应满足螺纹拧紧操作的方便性。为使螺栓受力合理，被连接件与螺栓头及螺母接触的两表面应平行。普通螺栓可用于连接同时承受轴向载荷和横向载荷的被连接件，而工作时螺栓本身只受拉力，因此普通螺栓又称为**受拉螺栓**。普通螺栓连接的特点是被连接件的通孔和螺栓杆之间留有间隙，无配合关系，通孔的加工精度要求低，结构简单，装拆方便，成本低，应用极为广泛。主要用于各被连接件均不太厚的场合。

2. 加强杆螺栓连接

六角头加强杆螺栓(GB/T 27—2013)连接结构如图 4-3(b)所示，被连接件上的孔与螺栓杆之间没有间隙，通常采用基孔制过渡配合(H7/m6 或 H7/n6)，故孔的加工精度要求较高，常用铰刀精加工，以前称为**铰制孔螺栓**。加强杆螺栓连接靠螺栓杆的剪切和与被连接件间的挤压传递载荷，因此又称为**受剪螺栓**。

加强杆螺栓连接同时具有定位和连接作用，且有很强的承受横向载荷的能力。常用于需要利用螺栓杆承受横向载荷或精确定位被连接件相对位置的场合。

3. 双头螺柱连接

双头螺柱连接结构如图 4-4(a)所示,适用于其中一个被连接件较厚,不允许打通孔,且需要经常装拆的场合。

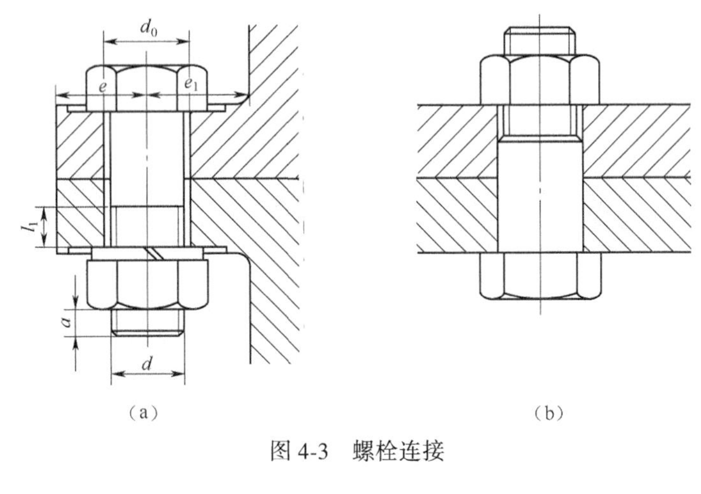

(a) (b)

图 4-3 螺栓连接

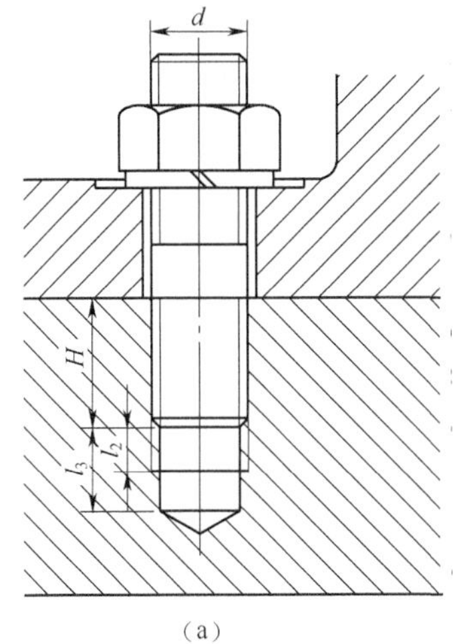

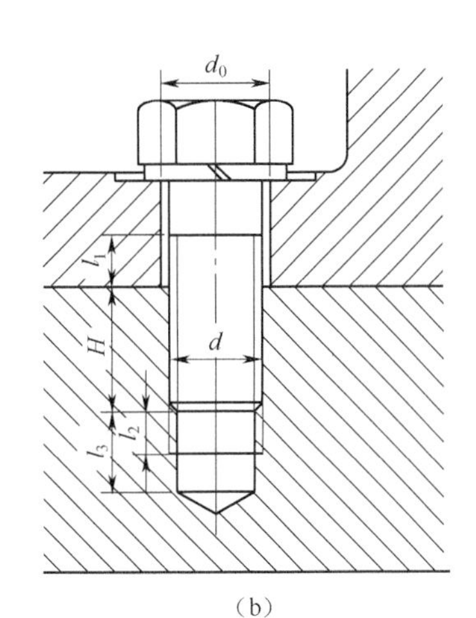

(a) (b)

图 4-4 双头螺柱连接和螺钉连接

双头螺柱两端都有螺纹,装配时将螺柱一端拧紧于被连接件的螺纹孔中,另一端则穿过其他被连接件的通孔后用螺母拧紧。拆卸时,只需拧下螺母,即可将被连接件移除,不需要将螺柱从被连接件的螺纹孔中拧出,避免被连接件上的螺纹孔在多次装拆中被损坏。

4. 螺钉连接

螺钉连接的结构如图 4-4(b)所示,将螺钉直接拧入被连接件的螺纹孔中,不需要使用螺母,故结构比双头螺柱连接更简单、紧凑。其用途与双头螺柱连接相似,但拆卸时需将螺钉从被连接件的螺纹孔中拧出,若经常拆卸,易使螺纹孔磨损,导致被连接件报废,故多用于受力不大,或不需要经常装拆的场合。

5. 紧定螺钉连接

紧定螺钉连接是利用拧入螺纹孔中的螺钉末端顶住另一个零件的表面[见图 4-5(a)]或

顶入相应的凹坑中[见图 4-5(b)],以固定两个零件的相对位置,并可传递不大的力或转矩。

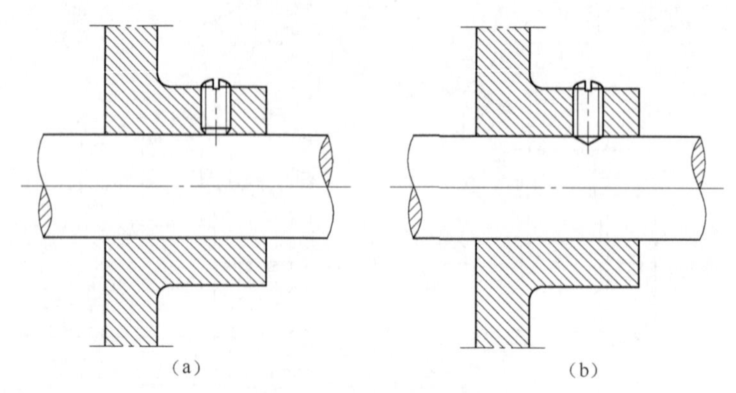

(a)　　　　(b)

图 4-5　紧定螺钉连接

6. 其他螺纹连接类型

除上述基本螺纹连接类型外,还有一些特殊结构的连接。图 4-6 所示为吊环螺钉,装在机器或大型零部件的顶盖或外壳上便于吊装。图 4-7 所示为地脚螺栓连接,专门用于将机器或机座固定在地基上。当所受载荷没有大的振动时,可采用图 4-8 所示的膨胀螺栓连接代替地脚螺栓连接,其优点是安装十分方便。图 4-9 所示为 T 形槽螺栓连接,常用于机械加工中工件与机床工作台的固定。

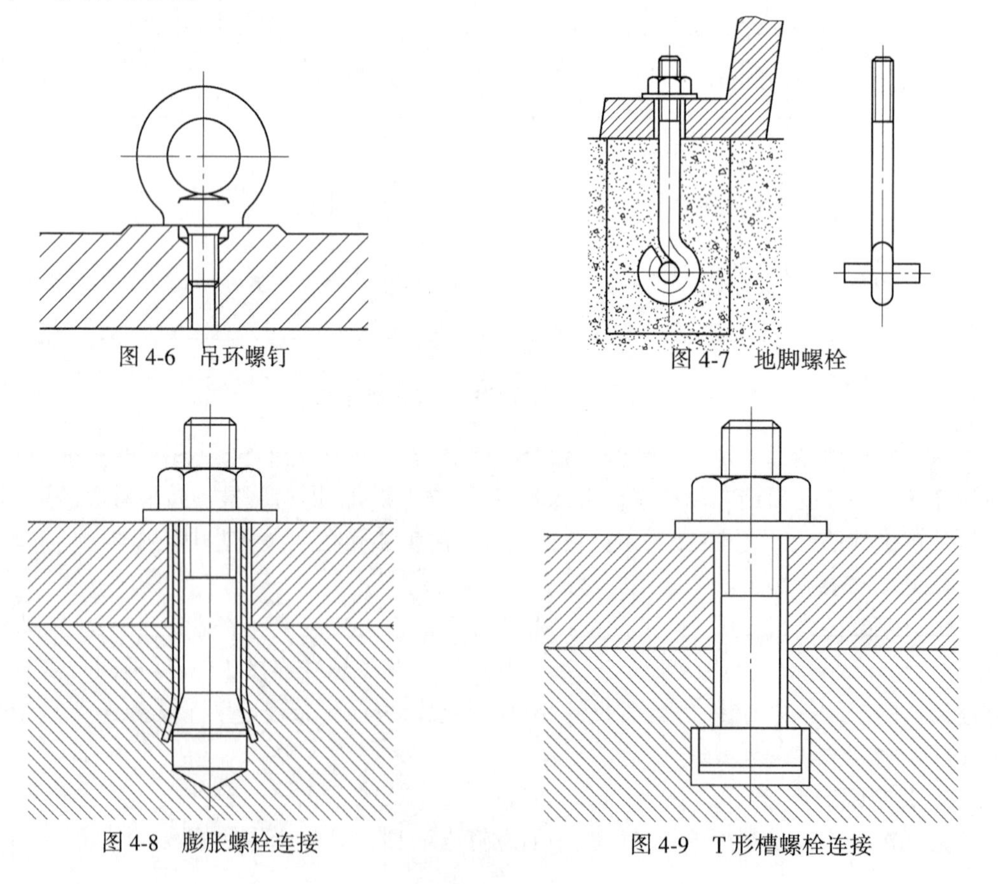

图 4-6　吊环螺钉

图 4-7　地脚螺栓

图 4-8　膨胀螺栓连接

图 4-9　T 形槽螺栓连接

4.2.2 标准螺纹连接件

标准螺纹连接件的类型很多,常用的有螺栓、螺钉、双头螺柱、螺母、垫圈等,其结构特点如表4-2所示,设计时可根据相关标准选用。

表4-2 常用标准螺纹连接件

类 型	图 例	特点与应用
螺栓	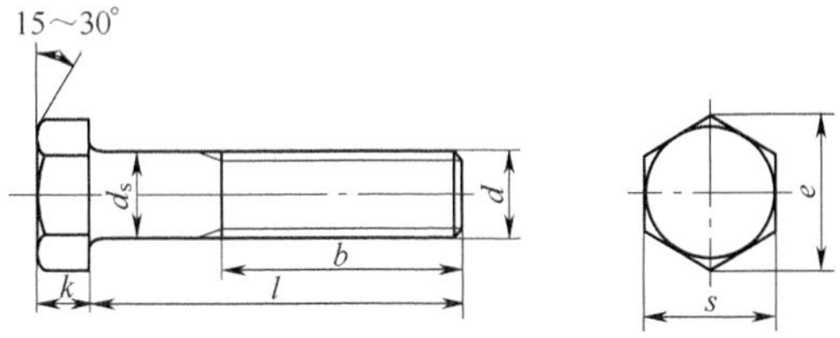 六角头螺栓(GB/T 5780—2000) 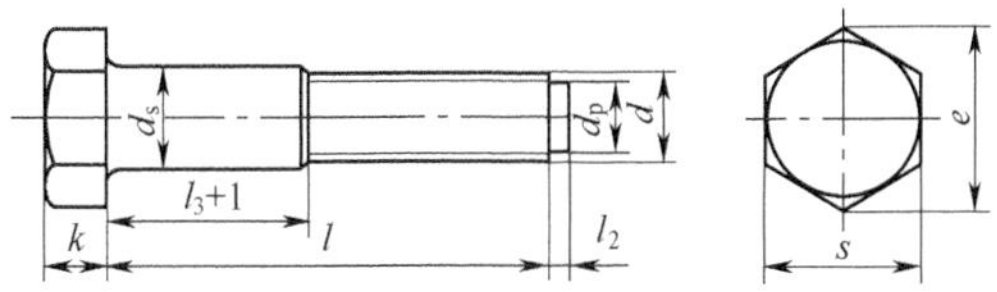 六角头加强杆螺栓(GB/T 27—2013)	螺栓主要有六角头螺栓和六角头加强杆螺栓两类。螺栓杆部可以制出一段螺纹或全螺纹,螺纹可用粗牙或细牙
双头螺柱	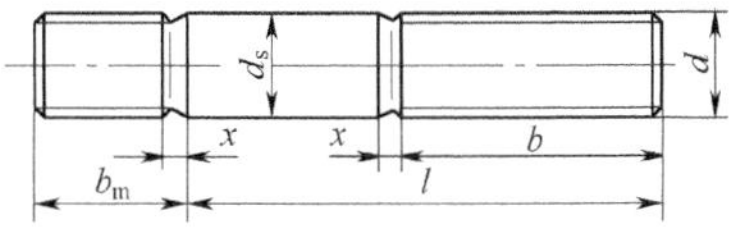 双头螺柱(GB 899—1988)A型 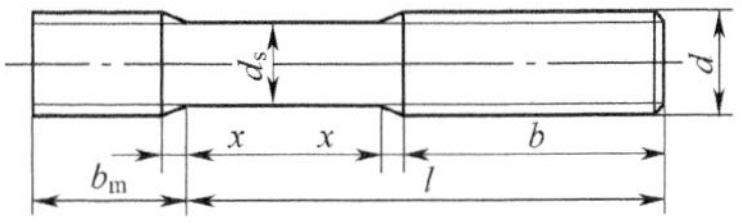 双头螺柱(GB 899—1988)B型	双头螺柱两端都制有螺纹,两端螺纹的螺距可以相同,也可不同。螺柱中间可带退刀槽,或制成细杆
螺钉	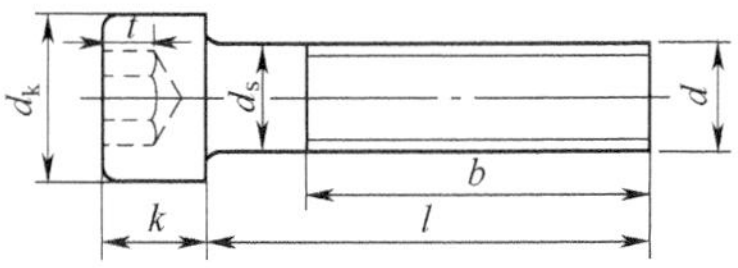 内六角圆柱头螺钉(GB/T 70.1—2008) 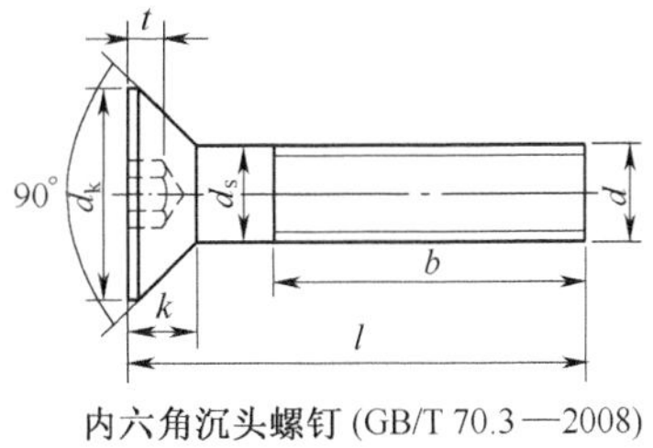 内六角沉头螺钉(GB/T 70.3—2008) 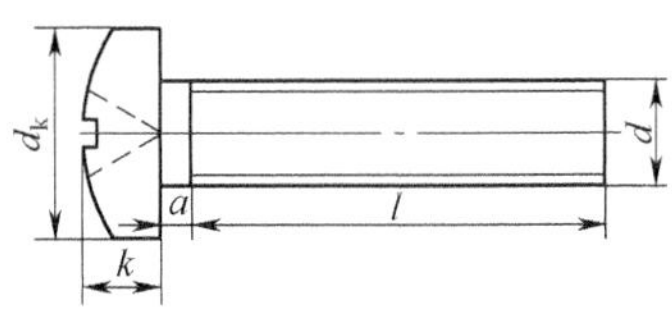 十字槽盘头螺钉(GB/T 818—2008) 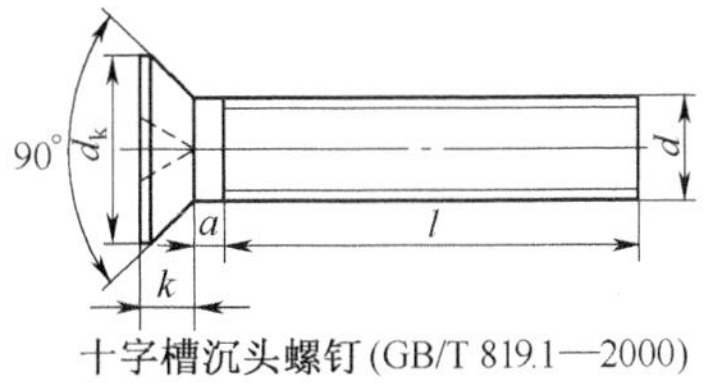 十字槽沉头螺钉(GB/T 819.1—2000) 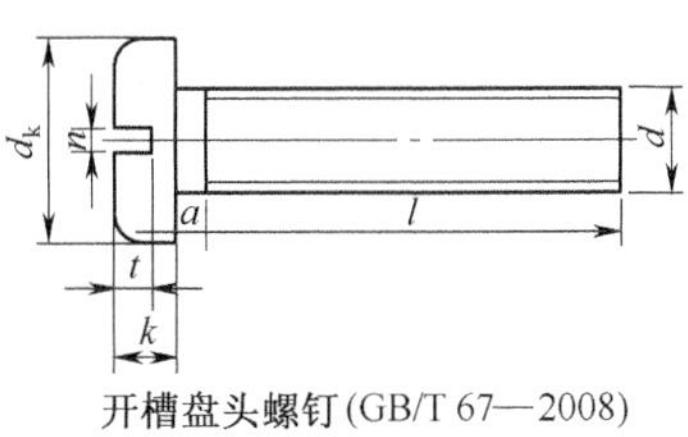 开槽盘头螺钉(GB/T 67—2008) 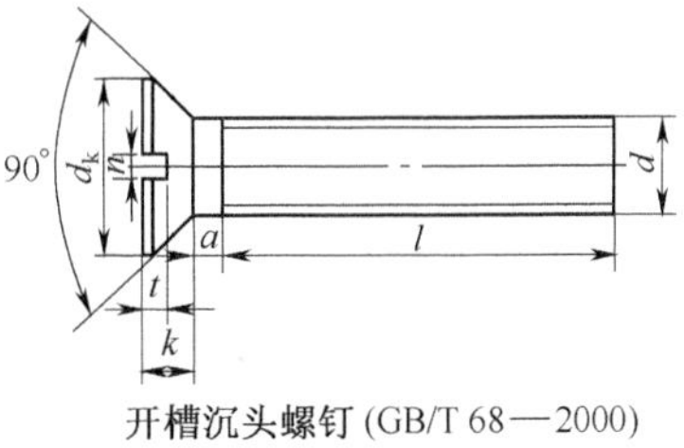 开槽沉头螺钉(GB/T 68—2000)	螺钉头部形状种类很多,有圆柱头、沉头、盘头等,其中头部槽形有一字槽、十字槽和内六角。内六角螺钉拧紧力矩大,可代替六角头螺栓,用于要求结构紧凑的场合。十字槽螺钉头部强度高,对中性好,便于自动装配

续表

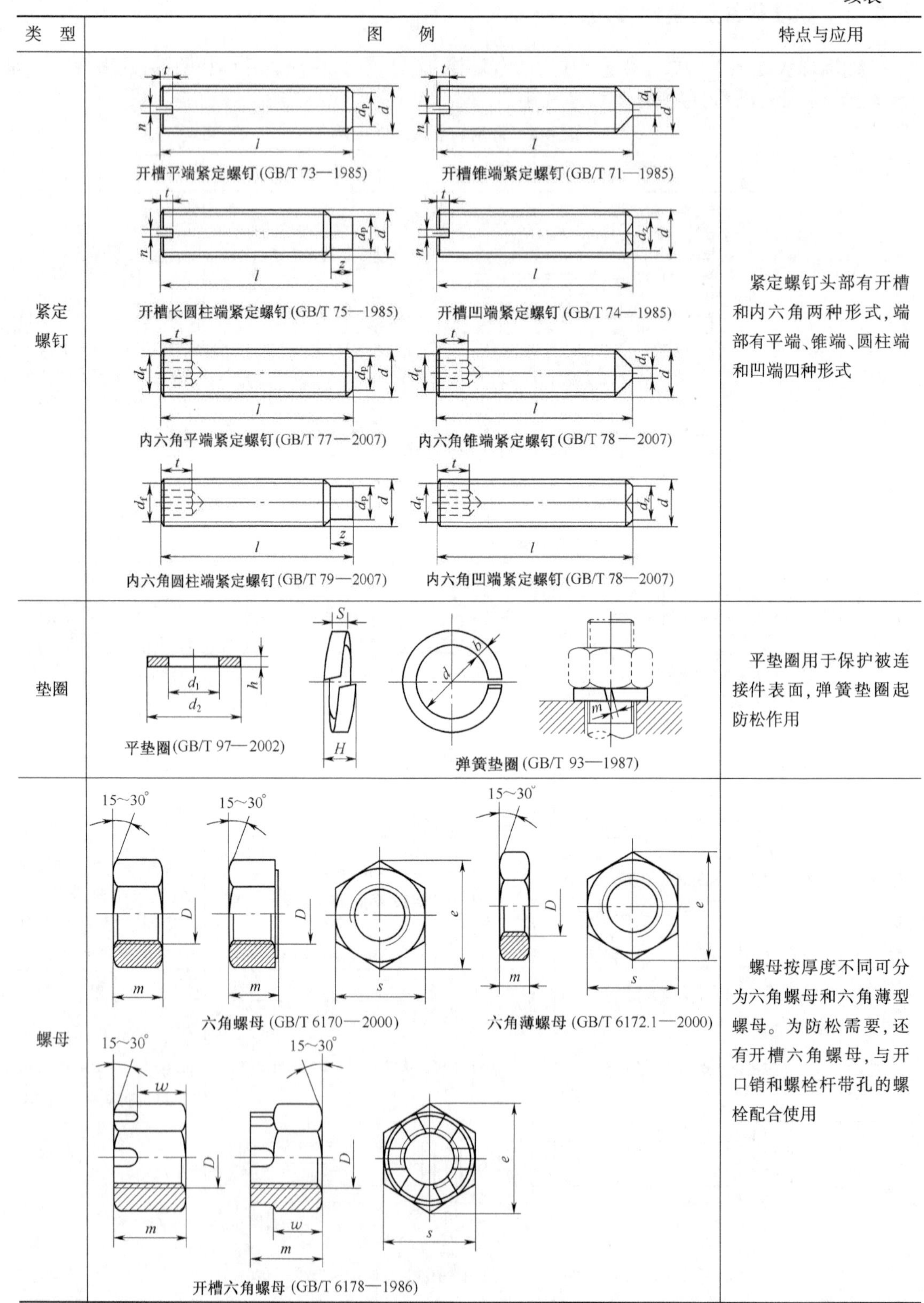

类　型	图　　例	特点与应用
紧定螺钉	开槽平端紧定螺钉 (GB/T 73—1985) 开槽锥端紧定螺钉 (GB/T 71—1985) 开槽长圆柱端紧定螺钉 (GB/T 75—1985) 开槽凹端紧定螺钉 (GB/T 74—1985) 内六角平端紧定螺钉 (GB/T 77—2007) 内六角锥端紧定螺钉 (GB/T 78—2007) 内六角圆柱端紧定螺钉 (GB/T 79—2007) 内六角凹端紧定螺钉 (GB/T 78—2007)	紧定螺钉头部有开槽和内六角两种形式，端部有平端、锥端、圆柱端和凹端四种形式
垫圈	平垫圈 (GB/T 97—2002) 弹簧垫圈 (GB/T 93—1987)	平垫圈用于保护被连接件表面，弹簧垫圈起防松作用
螺母	六角螺母 (GB/T 6170—2000) 六角薄螺母 (GB/T 6172.1—2000) 开槽六角螺母 (GB/T 6178—1986)	螺母按厚度不同可分为六角螺母和六角薄型螺母。为防松需要，还有开槽六角螺母，与开口销和螺栓杆带孔的螺栓配合使用

4.2.3 螺纹连接件的材料及许用应力

1. 螺纹连接件的材料

标准螺纹连接件采用大批量化生产,要求材料具有足够的强度和韧性,对应力集中不敏感,并具有良好的工艺性能。适合制造螺纹连接的材料品种很多,常用材料有低碳钢(Q215、10 钢)和中碳钢(Q235、35 钢、45 钢)。对于承受冲击、振动和变载荷的重要螺纹连接件,可采用 15Cr、20Cr、40Cr、15MnVB、30CrMnSi 等具有良好力学性能的合金钢材料。标准规定 8.8 及以上级别的碳钢及合金钢螺纹连接件都必须经淬火并回火处理,对于特殊用途的螺纹连接件,可采用特种钢或铜合金、铝合金,并经表面处理。普通垫圈的材料,推荐采用 Q235、15 钢、35 钢,弹簧垫圈用 65Mn 制造,并经热处理和表面处理。

根据材料力学性能,国家标准 GB/T 3098.1—2010 和 GB/T 3098.2—2000 中将螺栓、螺钉、螺柱和螺母分成若干等级,如表 4-3 所示。螺栓、螺钉和螺柱的性能等级由一组带点的数字组成,从 3.6 到 12.9 共 10 个等级。点前面的数字乘以 100 等于材料的抗拉强度 σ_B,抗拉强度乘以点后的数字再除以 10 等于材料的屈服强度 σ_S。例如:性能等级 6.8,6 表示材料的抗拉强度极限为 $\sigma_B=6\times100=600$ MPa,8 表示材料的屈服极限为 $\sigma_S=600\times8/10=480$ MPa。螺母的性能等级分为 7 级,从 4 到 12,性能等级乘以 100 等于材料的抗拉强度 σ_B。

表 4-3 螺纹连接件的力学性能

类型			性能等级										
			3.6	4.6	4.8	5.6	5.8	6.8	8.8	8.8	9.8	10.9	12.9
螺栓、螺钉、螺柱	抗拉强度 σ_B/MPa	公称值	300	400		500		600	800		900	1 000	1 200
		最小值	300	400	420	500	520	600	800	830	900	1 040	1 220
	屈服强度 σ_S/MPa	公称值	180	240	320	300	400	480	640	640	720	900	1 080
		最小值	190	240	340	300	420	480	640	620	720	940	1 100
	布氏硬度 HBW	最小值	90	114	124	147	152	181	238	242	276	304	366
	推荐材料		10 Q215	15 Q235	15 Q215	25 35	15 Q235	45	35	35	35 45	40Cr 15MnVB	30CrMnSi 15MnVB
相配合螺母	性能等级		4 或 5			5		6	8 或 9		9	10	12
	推荐材料		10 Q215					10 Q215	35			40Cr 15MnVB	30CrMnSi 15MnVB

注:①9.8 级仅适用于螺纹大径 $d\leqslant16$ mm 的螺栓、螺钉和螺柱。

②8.8 级及更高性能级别屈服强度为 $\sigma_{0.2}$。

我国根据大量的实验研究,设计了 ADF 系列新型耐延迟断裂(参见 2.7 节)高强度钢。用它制造的高强度螺栓性能等级为 12.9 级、13.9 级和 14.9 级。

高强度螺栓用冷作强化非调质钢,是在碳素结构钢或合金结构钢中加入微量的 V、Ti、Nb、N 等元素。用它制造的零件,锻造以后,控制冷却,即可直接使用,不必再热处理。国外 30%以上的汽车零件已经采用非调质钢。国内汽车也采用了大量的非调质钢。按国家标准 GB/T 15712—2008 的规定,非调质钢按使用加工方法分为两类:直接切削加工非调质机械结构钢 UC 和热压力加工用非调质机械结构钢 UHP。我国汽车工业已经成功地用非调质钢生产出高强度螺栓,并制订了国家标准 GB/T 3098.22—2009。

2. 螺纹连接件的许用应力

螺纹连接件的许用应力与载荷性质(静载、变载)、装配情况(松连接或紧连接)以及螺纹连接件的材料、结构尺寸等因素有关。螺纹连接件的许用应力按下列各式确定

许用拉应力
$$[\sigma] = \frac{\sigma_S}{S} \tag{4-1}$$

许用切应力
$$[\tau] = \frac{\sigma_S}{S_\tau} \tag{4-2}$$

钢的许用挤压应力
$$[\sigma_P] = \frac{\sigma_S}{S_P} \tag{4-3}$$

铸铁的许用挤压应力
$$[\sigma_P] = \frac{\sigma_B}{S_P} \tag{4-4}$$

式中　σ_S、σ_B——分别为螺纹连接件材料的屈服强度和抗拉强度,如表 4-3 所示,常用铸铁被连接件的 σ_B 可取 200~250 MPa;

S、S_τ、S_P——安全系数,如表 4-4 所示。

表 4-4　螺纹连接的许用应力

<table>
<tr><th rowspan="2">螺栓类型</th><th rowspan="2" colspan="2">受载情况</th><th rowspan="2">许用应力</th><th colspan="5">安全系数</th></tr>
<tr><th colspan="4">不控制预紧力</th><th>控制预紧力</th></tr>
<tr><td rowspan="7">普通螺栓连接</td><td rowspan="6">紧连接</td><td rowspan="3">静载</td><td rowspan="3">$[\sigma] = \frac{\sigma_S}{S}$</td><td>直径 / 材料</td><td>M10~M16</td><td>M16~M30</td><td>M30~M60</td><td>不分直径</td></tr>
<tr><td>碳钢</td><td>5~4</td><td>4~2.5</td><td>2.5~2</td><td rowspan="2">1.2~1.5</td></tr>
<tr><td>合金钢</td><td>5.7~5</td><td>5~3.4</td><td>3.4~3</td></tr>
<tr><td rowspan="3">变载</td><td rowspan="2">按最大应力
$[\sigma] = \frac{\sigma_S}{S}$</td><td>碳钢</td><td>12.5~8.5</td><td>8.5</td><td>8.5~12.5</td><td rowspan="2"></td></tr>
<tr><td>合金钢</td><td>10~6.8</td><td>6.8</td><td>6.8~10</td></tr>
<tr><td>按循环应力幅
$[\sigma_a] = \frac{\varepsilon\sigma_{-1}}{S_a k_\sigma}$</td><td colspan="4">$S_a$=2.5~5</td><td>$S_a$=1.25~2.5</td></tr>
<tr><td colspan="2">松连接</td><td>$[\sigma] = \frac{\sigma_S}{S}$</td><td colspan="5">1.2~1.7</td></tr>
<tr><td rowspan="6">加强杆螺栓连接</td><td rowspan="3">静载</td><td rowspan="2">钢</td><td>$[\tau] = \frac{\sigma_S}{S_\tau}$</td><td colspan="5">2.5</td></tr>
<tr><td>$[\sigma_P] = \frac{\sigma_S}{S_P}$</td><td colspan="5">1.25</td></tr>
<tr><td>铸铁</td><td>$[\sigma_P] = \frac{\sigma_B}{S_P}$</td><td colspan="5">2~2.5</td></tr>
<tr><td rowspan="3">变载</td><td rowspan="2">钢</td><td>$[\tau] = \frac{\sigma_S}{S_\tau}$</td><td colspan="5">3.5~5</td></tr>
<tr><td>$[\sigma_P]$</td><td colspan="5" rowspan="2">许用应力比静载荷降低 20%~30%</td></tr>
<tr><td>铸铁</td><td>$[\sigma_P]$</td></tr>
</table>

注:σ_{-1} 为材料的对称循环疲劳极限,MPa;ε 为尺寸系数;k_σ 为有效应力集中系数。

4.3 螺纹连接的预紧和防松

4.3.1 螺纹连接的预紧

大多数螺纹连接在装配时都需要拧紧,即预紧。预紧可以提高连接的紧密性和可靠性,防止介质泄漏,如气缸盖、管路凸缘等;可以防止被连接件在轴向载荷作用下出现缝隙和在横向载荷作用下产生相对滑移;还有助于防止螺纹连接的松动。经过预紧的螺栓连接称为紧螺栓连接,通过预紧施加在螺栓和被连接件上的力称为预紧力 F' 。预紧力过大可能造成螺纹连接件被拉断。为保证螺纹连接具有适当的预紧力又不致过载拉断,对于重要的螺纹连接,在装配时需要控制预紧力。

控制预紧力有两类方法:

(1)通过直接测量预紧力引起的螺栓上的应力、应变和拉伸变形量的方法来精确控制预紧力。该方法操作复杂,通常只用于大型螺栓连接或需要精确控制预紧力的重要场合。

(2)通过测量拧紧螺纹连接件施加的拧紧力矩的方法来控制预紧力的大小。预紧力的大小是通过拧紧力矩来控制的,二者之间有着直接的对应关系。

拧紧螺母时,需要克服内、外螺纹之间的螺纹力矩 T_1 和螺母与被连接件之间的承压面摩擦力矩 T_2,因此拧紧力矩 $T=T_1+T_2$[见图4-10(a)]。螺栓所受的螺纹力矩 T_1 与螺栓头部承压面摩擦力矩 T_3 和夹持力矩 T_4 相平衡,即 $T_1=T_3+T_4$[见图4-10(b)],其力矩图如图4-10(c)所示。在螺纹力矩 T_1 的作用下,螺栓受到预紧拉力 F' ,而被连接件则受到预紧压力 F'[见图4-10(d)]。

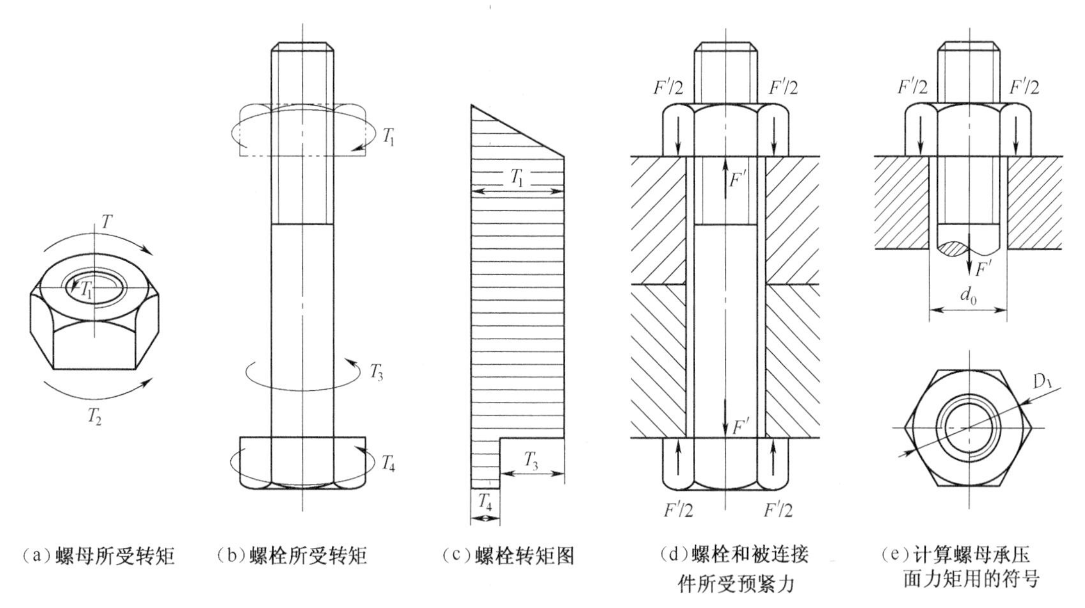

(a)螺母所受转矩 (b)螺栓所受转矩 (c)螺栓转矩图 (d)螺栓和被连接件所受预紧力 (e)计算螺母承压面力矩用的符号

图4-10 拧紧螺栓连接时各零件的受力

$$T = T_1 + T_2 = F'\tan(\psi + \rho_v)\frac{d_2}{2} + \mu F' \cdot \frac{1}{3}\frac{D_1^3 - d_0^3}{D_1^2 - d_0^2} = k_t F'd \tag{4-5}$$

式中 d_2——螺纹中径；

ψ——螺纹升角；

ρ_v——螺纹当量摩擦角；

μ——螺母与被连接件承压面的摩擦因数；

D_1、d_0——承压面的内、外直径[见图 4-10(e)]；

F'——预紧力；

k_t——拧紧力矩系数，其值与螺纹和承压面尺寸及摩擦因数有关。

对 M10~M64 普通粗牙螺栓，将 d、d_2、ψ、d_0、D_1 代入式(4-5)，并取 $\rho_v = \arctan 0.15$，可得

$$T \approx 0.2F'd \tag{4-6}$$

标准扳手长度 $L \approx 15d$，若拧紧力为 F，则 $T = FL$。由式(4-6)可得：$F' \approx 75F$。假定 F = 200 N，则预紧力 $F' \approx 15\ 000$ N。如此大的预紧力若作用在直径较小的螺栓(公称直径小于 M12)上会产生较大的应力，容易使螺栓在拧紧时被拉断或滑扣。因此，对于重要的螺栓连接不宜采用公称直径过小(小于 M12)的螺栓，必须使用时应严格控制预紧力矩。

控制拧紧力矩可采用测力矩扳手(见图 4-11)或定力矩扳手(见图 4-12)。测力矩扳手是根据拧紧力作用下扳手柄 1 所产生的弹性变形来指示拧紧力矩的大小。为便于计量，可将指示刻度 2 直接以力矩值标出。

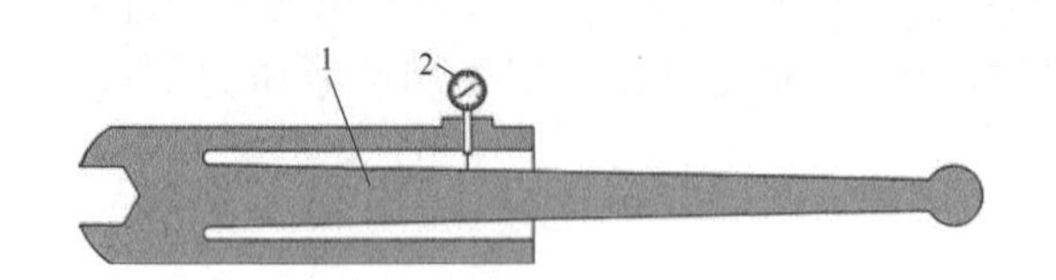

图 4-11 测力矩扳手

1—扳手柄；2—刻度盘

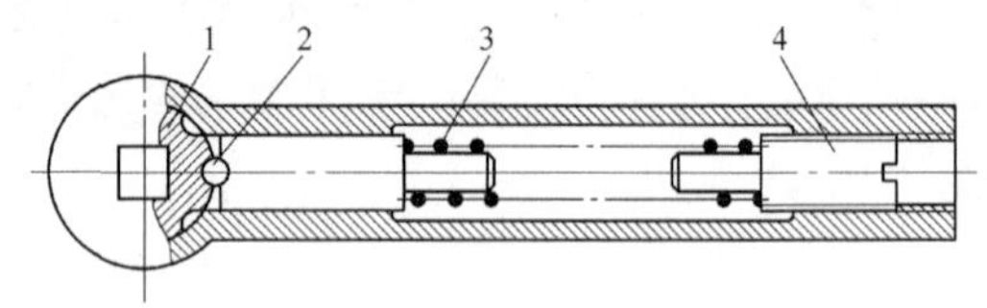

图 4-12 定力矩扳手

1—卡盘；2—圆柱销；3—弹簧；4—螺钉

在机械装配线上，工人每天可能需要重复拧紧大量的螺纹连接，若采用测力矩扳手来控制预紧力，不仅效率低，而且反复读取扳手刻度容易使人疲劳。这种情况下，最好采用定力矩扳手。定力矩扳手可通过尾部的螺钉 4 调整弹簧 3 的压缩量，从而调整扳手可施加的拧紧力矩。当扳手受到的拧紧力矩超过设定值时，圆柱销 2 与卡盘 1 之间打滑，卡盘不再转动。常见的定力矩扳手是图 4-13 所示的气动冲击扳手。

图 4-13 气动冲击扳手

4.3.2 螺纹连接的防松

标准螺纹连接件上的螺纹升角 ψ 都小于当量摩擦角 ρ_v，因此螺纹连接都能满足自锁条件($\psi \leqslant \rho_v$)。拧紧后，内、外螺纹间的摩擦力及螺母、螺栓头部与支承面间的摩擦力可以保证在静载荷及工作温度变化不大时，螺纹连接不会自行松脱。但在冲击、振动或变载荷作用下，螺纹之间的摩擦力可能减小或瞬时消失，破坏自锁条件。这种效果的反复作用下，可能出现螺纹

连接的松脱。在高温或工作温度变化较大时,螺纹连接件和被连接件的材料发生蠕变和应力松弛,也可能引起螺纹连接的松脱。

螺纹连接的松脱虽然没有零件的损坏和变形,但却是螺纹连接常见的一种失效形式。因为螺纹连接一旦松动就达不到设计的预紧要求,破坏连接的紧密性和可靠性,影响机械装置的正常运行,甚至引起重大事故。例如,2007 年 8 月 20 日,台湾“华航”的一架客机在日本冲绳那霸机场降落后,突然起火,并发生爆炸(见图 4-14)。事故原因调查表明,机翼内部一颗螺钉松动脱落,刺穿了机翼内的油箱,燃料从破裂处大量流出,随后被引擎的高温引燃导致爆炸。

图 4-14 螺纹连接松脱引起的飞机失事

为防止螺纹连接松脱,保证连接安全可靠,螺纹连接结构设计时应采取有效的防松措施。螺纹连接防松的根本问题是防止内、外螺纹之间的相对转动。螺纹连接防松方法按工作原理主要分为摩擦防松、机械防松和破坏螺纹副关系防松三种。具体的防松方法如表 4-5 所示。

表 4-5 螺纹连接的防松方法

防松方法		结构图	特点和应用
摩擦防松	对顶螺母	$F'+F$ F F'	两螺母对顶拧紧后,使旋合螺纹间始终受到附加的压力和摩擦力作用,防止螺纹连接松脱。上面螺母受力较大,下面螺母受力较小。 结构简单,适用于低速、重载的场合
	弹簧垫圈		靠弹簧垫圈压紧后产生的弹性力使内外螺纹间保持接触。同时垫圈斜口的尖端抵住螺母与被连接件的支承面也有防松作用。 结构简单,使用方便,但弹性力分布不均,在冲击、振动条件下防松不可靠

续表

防松方法		结构图	特点和应用
摩擦防松	自锁螺母	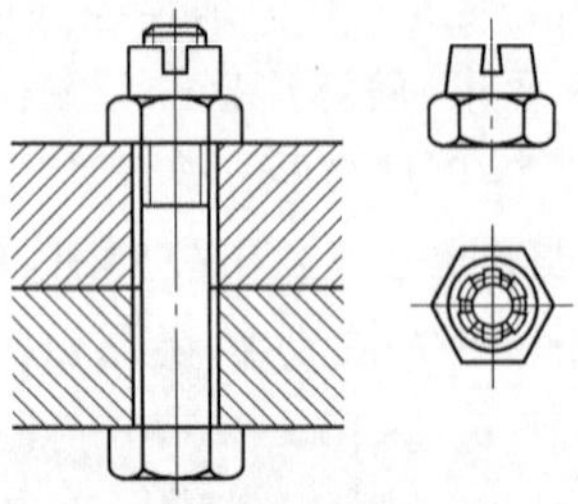	螺母一端开缝并收口，当螺母拧紧后，收口胀开，利用收口的弹力使旋合螺纹间压紧。 结构简单，防松可靠，可多次装拆不会降低防松效果
机械防松	开口销与开槽螺母	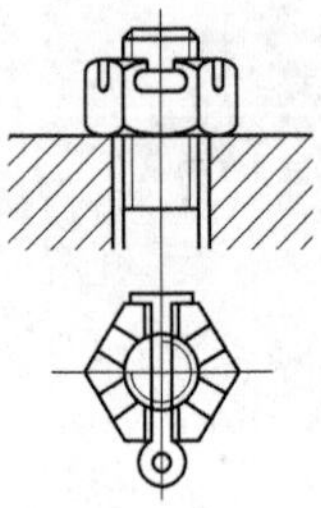	六方开槽螺母拧紧后将开口销插入螺栓尾部小孔和螺母槽中，将开口销尾部掰开紧贴螺母侧面。开口销限制了内、外螺纹之间的转动。 在较大冲击、振动载荷下防松可靠
	止动垫片	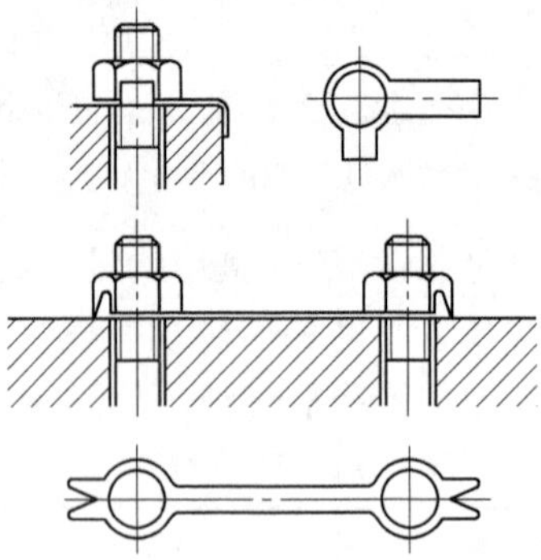	螺母拧紧后，将垫片两耳分别向螺母和被连接件侧面折弯贴紧，限制螺母转动。当两个螺栓距离较近时，可将双联止动垫圈套入两螺栓，使两螺母互相止动。 结构简单，使用方便，防松可靠
	串联钢丝	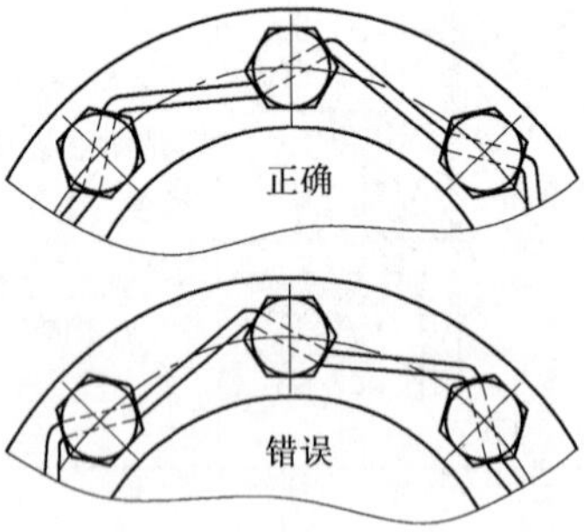 正确 错误	拧紧螺钉后，将低碳钢丝穿入螺钉头部的孔中，使各螺钉串联起来，互相止动。使用时必须注意钢丝穿入的方向。 适用螺钉组连接，防松可靠，但装拆不便
破坏螺纹副关系防松	焊住	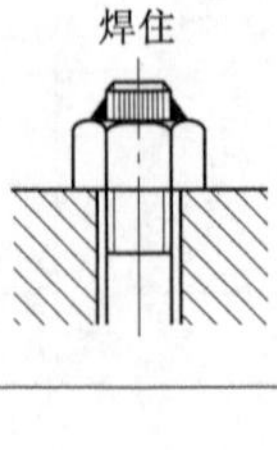 焊住	螺母拧紧后，将螺栓杆末端外露部分与螺母焊住，使螺纹无法旋转。 连接变为不可拆连接

续表

防松方法		结构图	特点和应用
破坏螺纹副关系防松	铆粗	铆粗	螺母拧紧后,将螺栓杆末端外露部分铆粗。连接变为不可拆连接
	冲点	冲点	用冲头在螺栓杆末端与螺母的旋合缝处打冲,利用冲点防松。 防松可靠,但拆卸后连接件不能再使用
	胶接	胶接	在旋合螺纹间涂以液体胶粘剂,拧紧螺母后,胶粘剂硬化、固着,防止螺纹副的相对运动

4.4 螺栓组连接的设计

大多数机器的螺纹连接都成组使用,下面以螺栓组连接为例进行分析,其结论也适用于双头螺柱组和螺钉组连接。

设计螺栓组连接,首先根据被连接件结合面的形状,进行螺栓组连接的结构设计,确定螺栓的数目和布置形式;然后根据螺栓组所受载荷情况进行螺栓组连接的受力分析和计算,以确定螺栓的尺寸。如果各个螺栓受力不同,则需要找出受力最大的螺栓,并据此进行强度校核以确定螺栓尺寸。

对于不重要的螺栓组连接,可参考现有机械装置,用类比法确定螺栓组结构尺寸,不需进行强度校核。

4.4.1 螺栓组连接的受力分析

螺栓组连接的作用是完全限制被连接件之间的6个相对运动自由度,使得在载荷的作用下保持被连接件之间的相对位置关系不变。作用在被连接件之间的载荷可分解为沿 x、y、z 这三个坐标轴方向的作用力 F_x、F_y、F_z 和绕 x、y、z 三个坐标轴的转矩 M_x、M_y、T_z,如图4-15所示。在螺栓组连接的受力分析中,将使被连接件沿接触面切线方向移动的载荷 F_x、F_y 称为**横向载荷**,将使被连接件沿接触面的法线方向移动的载荷 F_z 称为**轴向载荷**,将使被连接件绕接触面上的对称轴转动的转矩 M_x、M_y 称为**翻转力矩**,将使被连接件绕接触面法线转动的转矩 T_z 称为**旋转力矩**。下面按这四种基本载荷形式进行螺栓组连接的受力分析。

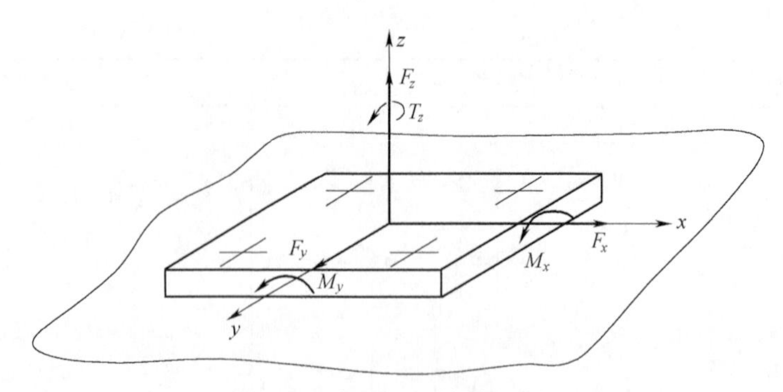

图 4-15　螺栓组连接受力分析

对螺栓组进行分析时,通常做以下假设:同一组螺栓的材料、尺寸和预紧力相同;螺栓组的形心与被连接件结合面的形心重合;被连接件为刚体;螺栓的应变在弹性范围。

1. 受轴向载荷的螺栓组连接

图 4-16 所示为受轴向载荷 F_Σ 的气缸盖螺栓组连接。其中螺栓组所受载荷与螺栓轴线平行,并通过螺栓组对称中心。计算时,认为每个螺栓受到相等的工作载荷 F。

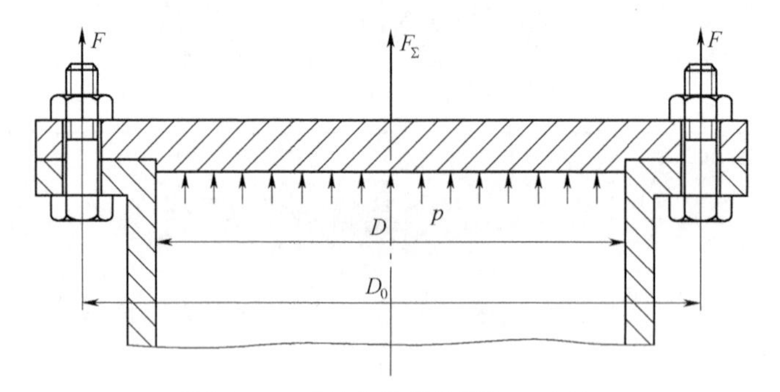

图 4-16　受轴向载荷的螺栓组连接

$$F = \frac{F_\Sigma}{z} \tag{4-7}$$

式中　F_Σ——螺栓组所受轴向载荷, $F_\Sigma = \frac{\pi}{4}D^2 p$;

z——螺栓个数;

D——气缸内径,mm;

p——气缸压力,MPa。

受轴向载荷的螺栓组连接在承受工作载荷之前要拧紧,因此螺栓组中的单个螺栓同时受预紧力 F' 和工作载荷 F 作用。

2. 受横向载荷的螺栓组连接

当被连接件之间受到横向载荷时,既可以采用普通螺栓连接[见图 4-17(a)],也可采用加强杆螺栓连接[见图 4-17(b)]来承受横向载荷。

(1)普通螺栓。当采用普通螺栓连接时,螺栓与被连接件孔壁间留有间隙,靠连接预紧后在结合面间产生的摩擦力来承受横向载荷。

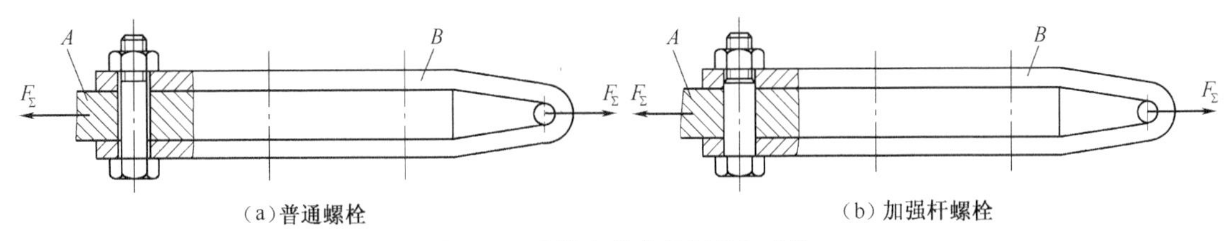

(a)普通螺栓　　(b)加强杆螺栓

图 4-17　受横向载荷的螺栓组连接

为保证在横向载荷作用下被连接件之间不产生相对滑移,结合面上的最大静摩擦力必须大于横向载荷 F_Σ,即平衡条件为

$$\mu F'zm \geqslant K_f F_\Sigma \quad 或 \quad F' \geqslant \frac{K_f F_\Sigma}{\mu zm} \tag{4-8}$$

式中　μ——结合面间摩擦因数,与被连接件材料及表面状态有关,如表 4-6 所示;

F'——螺栓预紧力,N;

z——螺栓个数;

m——结合面数目(图 4-17 中,被连接件 A 与 B 之间通过两个表面接触,$m=2$);

K_f——考虑摩擦因数不准确、不稳定引入的可靠系数,通常 $K_f=1.1\sim1.5$。

受横向载荷的普通螺栓组连接中,单个螺栓只受到预紧力 F' 的作用。

表 4-6　被连接件之间的摩擦因数

被连接件材料	表面状态	摩擦因数 μ
钢或铸铁零件	干燥的加工表面	0.10~0.16
	有油的加工表面	0.06~0.10
钢结构件	喷砂处理	0.45~0.55
	涂富锌漆	0.35~0.40
	轧制表面,清理浮锈	0.30~0.35
铸铁与木材、砖或混凝土	干燥表面	0.40~0.50

(2)加强杆螺栓。加强杆螺栓与孔为配合关系,预紧时拧紧力矩不大,设计计算中忽略连接中的摩擦力作用,靠螺栓杆受剪切和挤压来承受横向载荷。每个螺栓连接承受的工作剪力为

$$F = \frac{F_\Sigma}{z} \tag{4-9}$$

式中　z——螺栓个数。

3. 受旋转力矩的螺栓组连接

受旋转力矩 T[见图 4-18(a)]时,两个被连接件之间具有绕形心 O 点转动的趋势。为防止被连接件之间的相对转动,既可采用普通螺栓连接[见图 4-18(b)],也可采用加强杆螺栓连接[见图 4-18(c)]。

(1)普通螺栓。普通螺栓组连接依靠被连接件之间的摩擦力矩平衡旋转力矩,为防止被连接件之间发生相对转动,所有螺栓连接预紧力所产生的最大静摩擦力矩之和应大于旋转力

矩 T。假设各螺栓的预紧程度相同,即预紧力均为 F' ,则各螺栓连接处产生的摩擦力均相等,并假设摩擦力集中作用于螺栓中心处。为阻止结合面发生相对转动,各摩擦力应与该螺栓的轴线到螺栓组对称中心 O 的连线(即力臂 r_i)相垂直[见图 4-18(b)]。根据力矩平衡条件有

$$\mu F'r_1 + \mu F'r_2 + \cdots + \mu F'r_z \geqslant K_f T$$

每个螺栓预紧力为

$$F' \geqslant \frac{K_f T}{\mu(r_1 + r_2 + \cdots + r_z)} = \frac{K_f T}{\mu \sum_{i=1}^{z} r_i} \tag{4-10}$$

式中 μ——结合面间摩擦因数,如表 4-6 所示;

r_i——第 i 个螺栓中心与螺栓组形心的距离,mm;

T——旋转力矩,N · mm;

K_f——考虑摩擦因数不准确、不稳定引入的可靠系数,通常 $K_f = 1.1 \sim 1.5$。

受旋转力矩的普通螺栓组连接中,单个螺栓也仅受预紧力 F' 作用。

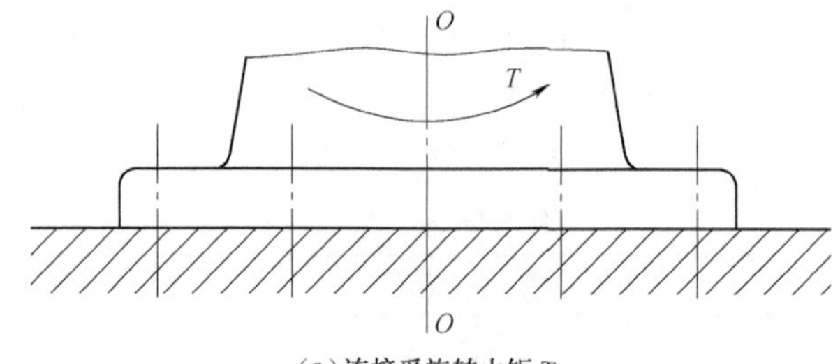

(a)连接受旋转力矩 T

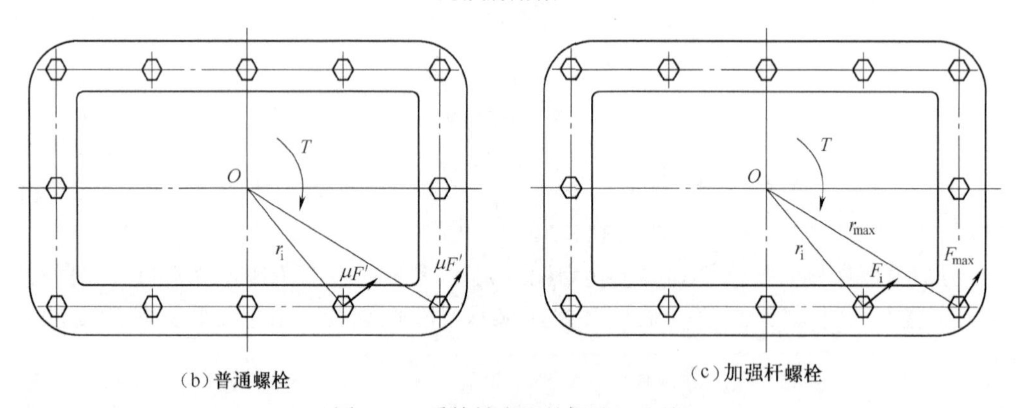

(b)普通螺栓　　(c)加强杆螺栓

图 4-18　受旋转力矩的螺栓组连接

(2)加强杆螺栓。采用加强杆螺栓时,在旋转力矩 T 作用下,各螺栓受到剪切和挤压作用,各螺栓所受的横向工作剪力 F_i 和该螺栓轴线到螺栓组对称中心 O 的连线(即力臂 r_i)相垂直[见图 4-18(c)]。忽略连接中预紧力和摩擦力,被连接件的力矩平衡条件为

$$F_1 r_1 + F_2 r_2 + \cdots + F_z r_z = T$$

根据假设,被连接件为刚体,螺栓处于弹性变形范围。若被连接件之间有微小的相对转动,每个螺栓的剪切弹性变形量与螺栓中心和螺栓组形心之间的距离 r_i 成正比。由于各螺栓的刚度相同,所以各螺栓的剪力 F_i 也与这个距离 r_i 成正比,于是

$$\frac{F_1}{r_1}=\frac{F_2}{r_2}=\cdots=\frac{F_z}{r_z}=\frac{F_{max}}{r_{max}}$$

$$F_i=F_{max}\frac{r_i}{r_{max}}$$

受力最大的螺栓所受的工作剪力为

$$F_{max}=\frac{Tr_{max}}{\sum_{i=1}^{z}r_i^2} \tag{4-11}$$

4. 受翻转力矩的螺栓组连接

图 4-19(a)所示为承受翻转力矩的螺栓组连接,该连接只能采用普通螺栓。被连接件被螺栓组固定在机架上,承受工作载荷前螺栓组被拧紧,所有螺栓在相同的预紧力 F' 作用下受拉伸长,被连接件在各螺栓的 F' 作用下,均匀地压缩[见图 4-19(b)]。

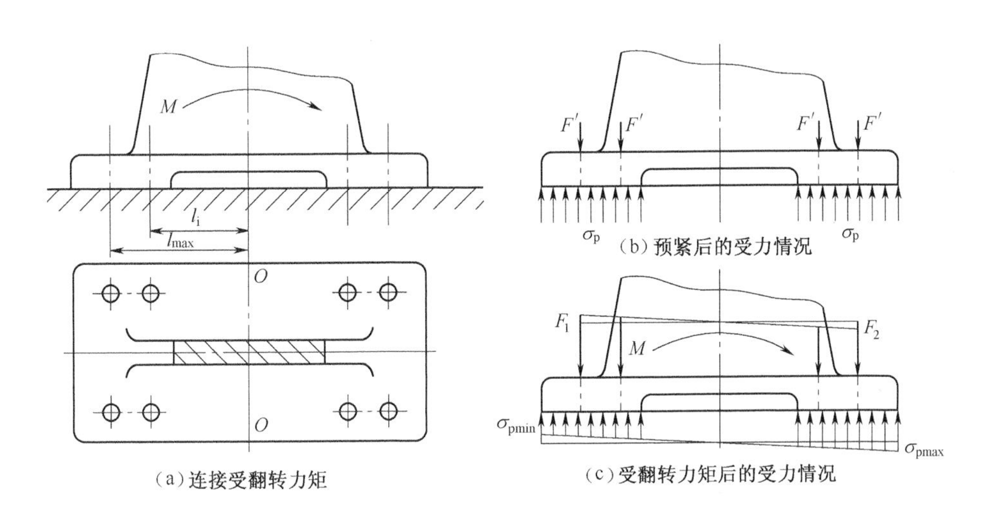

图 4-19 受翻转力矩的螺栓组连接

受翻转力矩后,被连接件绕结合面对称轴 $O-O$ 翻转了一个微小角度,假设被连接件表面仍为平面。旋转轴线左侧的螺栓被进一步拉伸,机架被放松,旋转轴线右侧的机架被进一步压缩[见图 4-19(c)]。就被连接件而言,则左侧螺栓的紧固力增大,而右侧机架的反抗压力以同样大小增大。被连接件的静力平衡条件为

$$F_1l_1+F_2l_2+\cdots+F_zl_z=M$$

在翻转力矩下螺栓的变形量与螺栓中心到旋转轴线的距离成正比,由于各个螺栓的刚度相同,各个螺栓的受力与螺栓中心到旋转轴线的距离成正比,即

$$\frac{F_1}{l_1}=\frac{F_2}{l_2}=\cdots=\frac{F_z}{l_z}=\frac{F_{max}}{l_{max}}$$

$$F_i=F_{max}\frac{l_i}{l_{max}}$$

受力最大的螺栓所受的工作拉力为

$$F_{\max} = \frac{Ml_{\max}}{\sum_{i=1}^{z} l_i^2} \tag{4-12}$$

式中 $F_{\max}$——受力最大的螺栓所受工作拉力；

$l_{\max}$——受力最大的螺栓中心线距翻转轴线的距离；

l_i——各螺栓中心线距翻转轴线的距离；

z——螺栓组中螺栓的数量。

受翻转力矩作用的螺栓组连接中的单个螺栓属于受预紧力和工作拉力的紧螺栓连接。

为防止被连接件结合面上受压力最大处不被压碎，应保证

$$\sigma_{\text{pmax}} = \frac{zF'}{A} + \frac{M}{W} \leqslant [\sigma_{\text{p}}] \tag{4-13}$$

为使被连接件结合面上受压力最小处不分离，应保证

$$\sigma_{\text{pmin}} = \frac{zF'}{A} - \frac{M}{W} > 0 \tag{4-14}$$

式中 A——被连接结合面的接触面积；

W——被连接件结合面的抗弯截面系数；

$[\sigma_{\text{p}}]$——结合面材料的许用挤压应力，如表 4-7 所示。

表 4-7 结合面材料的许用挤压应力$[\sigma_{\text{p}}]$

结合面材料	砖(白灰砂浆)	砖(水泥砂浆)	混凝土	木材	铸铁	钢
$[\sigma_{\text{p}}]$/MPa	0.8~1.2	1.5~2	2~3	2~4	$(0.4\sim0.5)\sigma_{\text{B}}$	$0.8\sigma_{\text{s}}$

注：① σ_{B}为材料的抗拉强度，σ_{s}为材料的屈服极限。

②结合面的材料不同时，按强度较弱者选取。

③连接承受静载荷时选较大值，连接承受动载荷时选较小值。

在实际应用中，螺栓组连接通常承受以上四种基本形式载荷的复合作用。但无论受力状态如何复杂，都可利用静力分析方法将复杂的受力状态简化成上述四种基本形式载荷。图 4-20(a)所示的结构受到的横向载荷 F 不通过螺栓组形心，将载荷向螺栓组形心简化，得到一个横向力 F 和一个旋转力矩 FL。图 4-20(b)所示结构受到载荷 F 作用，将载荷向被连接件结合面上的螺栓组形心简化，得到横向力 $F_x = F\cos\theta$，轴向力 $F_y = F\sin\theta$，翻转力矩 $M = hF\cos\theta - lF\sin\theta$。

将受复合载荷螺栓组连接的载荷向形心简化后，得到各种基本载荷。求出各基本载荷单独作用引起的单个螺栓连接的工作载荷，将工作载荷叠加，得到每个螺栓连接的工作载荷。对于加强杆螺栓连接，根据横向载荷和旋转力矩确定单个螺栓连接的工作剪力，对受最大工作剪力的螺栓进行强度计算。对普通螺栓组连接，根据轴向载荷的翻转力矩确定单个螺栓连接的工作拉力，根据横向载荷和旋转力矩确定单个螺栓连接的摩擦力，根据摩擦力确定预紧力，进一步求得受力最大的螺栓的总拉力，对其进行强度计算。

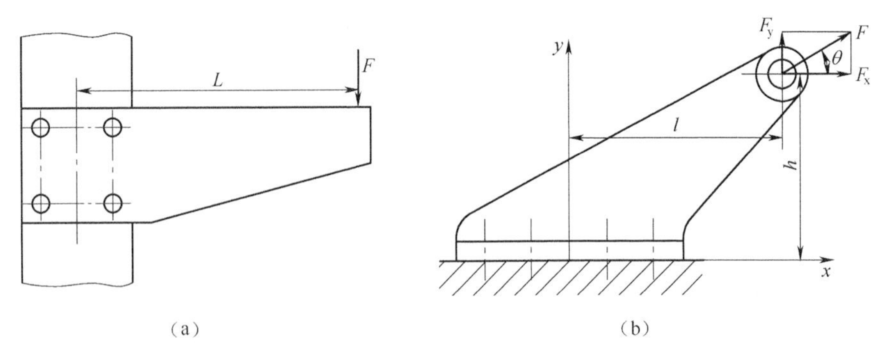

(a) (b)

图 4-20 受复合载荷的螺栓组连接

4.4.2 螺栓组连接的结构设计

进行螺栓组结构设计的目的在于使螺栓和被连接件受力合理,并便于加工和装配。设计时应遵循以下原则:

(1)被连接件结合面形状力求简单、对称,尽可能选择简单几何形状,如圆形、矩形、三角形等。同一圆周上的螺栓数量应尽量选用4、6、8、12等偶数,以便于加工时分度定位。螺栓组形心与被连接件结合面形心重合,使结合面上受力均匀。

(2)考虑螺栓组受力情况合理布置螺栓。根据式(4-10)和式(4-12),受旋转力矩和翻转力矩的螺栓组连接应使螺栓远离螺栓组形心,以提高螺栓组连接的承载能力或减小螺栓结构尺寸。受横向载荷的加强杆螺栓组连接,沿载荷方向布置的螺栓数目不宜过多(一般不超过6个),以减轻各螺栓之间载荷分布不均现象。

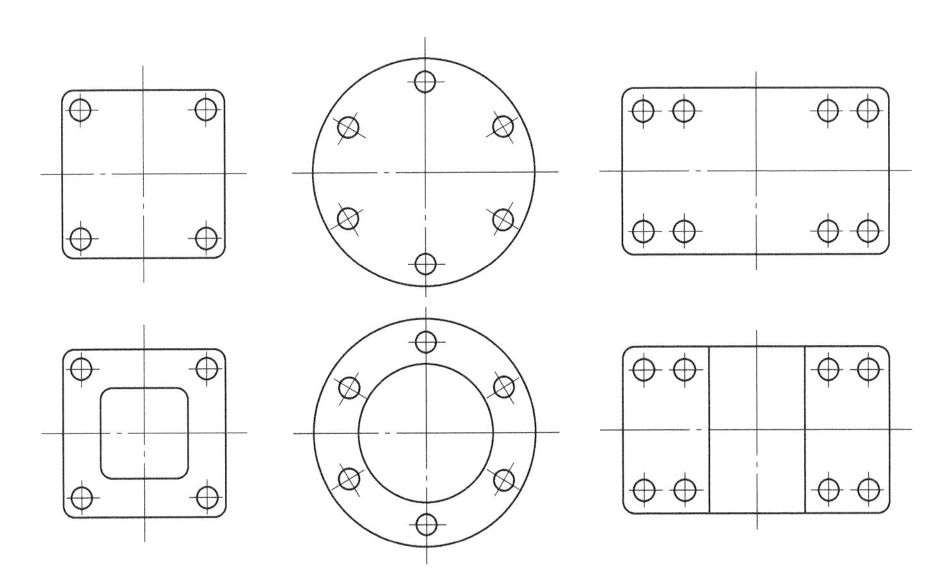

图 4-21 螺栓组结合面形状

(3)同一组螺栓连接中螺纹连接件的种类、材料、尺寸应尽量一致,便于加工和装配。

(4)螺栓连接的排列应有合理的间距、边距。各螺栓轴线之间以及螺栓轴线与机体壁之间应留有必要的间距,以方便拧紧操作(见图 4-22)。

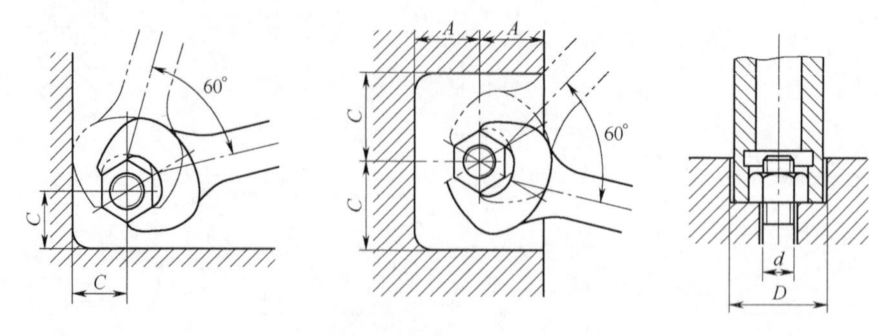

图 4-22　扳手空间

(5)对于压力容器等有较高紧密性要求的重要连接,螺栓间距不得大于表 4-8 所推荐的数值。

表 4-8　螺栓间距

工作压强/MPa	$t<$
≤1.6	$7d$
>1.6~4	$4.5d$
>4~10	$4.5d$
>10~16	$4d$
>16~20	$3.5d$
>20~30	$3d$

(6)当同时承受轴向载荷和较大的横向载荷时,可采用销、键、套筒等抗剪零件来承受横向载荷,以减小螺栓的预紧力及其结构尺寸(图 4-23)。

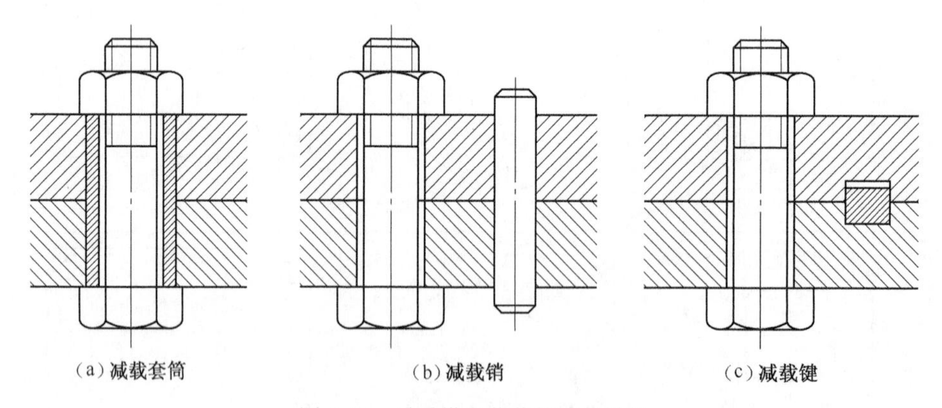

(a)减载套筒　(b)减载销　(c)减载键

图 4-23　承受横向载荷的减载零件

4.5　单个螺栓连接强度计算

螺纹连接包括螺栓连接、螺钉连接和双头螺柱连接,以下分析中以螺栓连接为例讨论螺纹连接的设计方法。如前节所述,螺栓连接通常成组使用,强度计算时需首先对螺栓组进行受力分析,得到螺栓组中受载最大的单个螺栓的受力情况。通过对单个螺栓连接的受力分析和失效分析,得到螺栓连接的强度条件。

4.5.1　普通螺栓连接的强度计算

1. 失效分析

普通螺栓连接的主要失效形式是在轴向载荷下螺栓杆和螺纹部分发生塑性变形或断裂。大多数螺纹连接的破坏为长期工作下的疲劳断裂,其中最容易被拉断的位置是连接的第一圈螺纹处。螺纹连接件对整个机器来说是很小的零件,但一旦发生失效可能导致大的灾难。例如:2011 年 7 月 5 日,北京地铁 4 号线动物园站上行电扶梯突然发生倒转,造成电梯上的乘客摔倒、挤压,致 1 名男孩死亡、3 人重伤、27 人轻伤。经调查,事故的直接原因是由于扶梯驱动主机的四个固定螺栓中的两个分别发生断裂和脱落,导致驱动主机偏移,驱动链条脱落,造成扶梯逆行下滑(见图 4-24)。又如:2011 年 2 月 10 日,韩国釜山出发开往首尔的高铁在首尔近郊发生了脱轨事故,三节车厢脱离轨道,事故起因也是源于一颗小螺钉的失效。

图 4-24　螺栓失效引发的扶梯事故

螺栓连接的强度计算,首先是根据连接的类型、预紧情况、载荷状态等条件,确定螺栓的受力;然后按相应的强度条件计算螺栓危险截面的直径(螺纹小径 d_1),再根据国家标准确定螺纹公称直径,选择螺纹连接件。

2. 松螺栓连接

图 4-25 所示的定滑轮螺栓连接,工作前螺栓不需预紧,故为松螺栓连接。工作中螺栓仅承受作用于滑轮上的轴向载荷 F,螺纹危险截面强度条件为

$$\sigma = \frac{F}{\frac{\pi}{4}d_1^2} \leqslant [\sigma] \tag{4-15}$$

式中　F——工作载荷,N;

d_1——螺纹小径,mm;

σ——计算应力,MPa;

$[\sigma]$——松连接许用应力,MPa,如表 4-4 所示。

当设计该螺栓连接时,可用设计公式

$$d_1 \geqslant \sqrt{\frac{F}{\frac{\pi}{4}[\sigma]}} \tag{4-16}$$

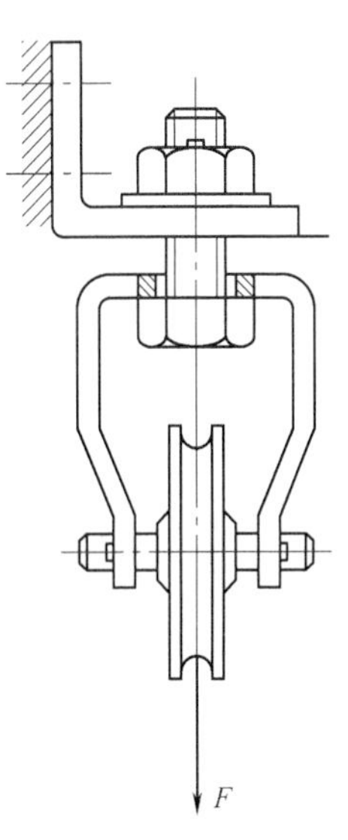

图 4-25　定滑轮松螺栓连接

求出 d_1后，根据国家标准选择螺纹公称直径 d。

3. 仅受预紧力的紧螺栓连接

图 4-17(a)和图 4-18(a)所示的紧螺栓连接结构，其螺母需拧紧，在拧紧力矩下螺栓除受到预紧力的拉伸而产生拉应力外，还受到螺纹摩擦力矩的扭转而产生扭转切应力，使螺栓处于拉伸与扭转的复合应力状态下。因此，紧螺栓连接应综合考虑拉伸应力和扭转切应力的复合作用。仅受预紧力的紧螺栓连接在工作中螺栓不再受其他轴向工作拉力作用。

螺栓危险截面拉应力

$$\sigma = \frac{F'}{\frac{\pi}{4}d_1^2}$$

危险截面扭转切应力

$$\tau = \frac{F'\tan(\psi + \rho_v)\frac{d_2}{2}}{\frac{\pi d_1^3}{16}} = \tan(\psi + \rho_v)\frac{2d_2}{d_1}\frac{F'}{\frac{\pi d_1^2}{4}}$$

对 M10～M64 的钢制普通螺栓，将 d_1、d_2和 ψ 的平均值代入上式，并取 $\rho_v = \arctan 0.15$，得 $\tau \approx 0.5\sigma$

根据塑性材料第四强度理论，螺栓危险截面计算应力

$$\sigma_c = \sqrt{\sigma^2 + 3\tau^2} = \sqrt{\sigma^2 + 3\ (0.5\tau)^2} \approx 1.3\sigma$$

即：常见的紧螺栓连接在预紧过程中螺栓受拉伸和扭转复合作用，计算时应将拉力增大30%来考虑扭转的影响。

$$\sigma_c = \frac{1.3F'}{\frac{\pi d_1^2}{4}} \leqslant [\sigma] \tag{4-17}$$

式中　$[\sigma]$——紧螺栓连接的许用应力，MPa，如表 4-4 所示。

设计公式

$$d_1 \geqslant \sqrt{\frac{1.3F'}{\frac{\pi}{4}[\sigma]}} \tag{4-18}$$

受横向载荷或旋转力矩的紧螺栓组连接中，单个螺栓为仅受预紧力的紧螺栓连接，这种连接依靠预紧力产生的摩擦力来承担横向载荷。当横向载荷较大时，可以在被连接件之间增加抗剪零件(见图 4-23)，或改用加强杆螺栓连接。

4.受预紧力和工作载荷的紧螺栓连接

气缸盖连接螺栓(见图 4-16)为典型的受预紧力和工作载荷的紧螺栓连接。图 4-26(a)所示为螺纹连接预紧前的情况，螺栓和被连接件均不受力，螺栓长度和被连接件及垫片厚度均为原始状态。

图 4-26(b)所示为预紧后的受力情况。预紧后螺栓受到预紧拉力 F'，被连接件受到相等的预紧压力 F'，设 c_1和 c_2分别为螺栓和被连接件的刚度，则螺栓伸长量为 $\lambda_1 = F'/c_1$，被连接

件压缩量为 $\lambda_2 = F'/c_2$。

图4-26(c)所示为承受工作载荷后的情况。在承受工作载荷之后,螺栓继续伸长,其伸长增加量为 $\Delta\lambda$ 。螺栓伸长后被连接件及垫片放松,发生弹性回复,其压缩变形量减小。根据变形协调条件,被连接件的压缩变形减小量与螺栓伸长增加量相等,均为 $\Delta\lambda$ 。由于被连接件压缩量减小,其所受压力由 F' 减小为 F''(F'' 称为残余预紧力)。由于预紧力的变化,螺栓所受总拉力 F_0并不等于预紧力 F' 与工作载荷 F 之和,而是等于残余预紧力 F'' 与工作载荷 F 之和,即

$$F_0 = F + F'' \tag{4-19}$$

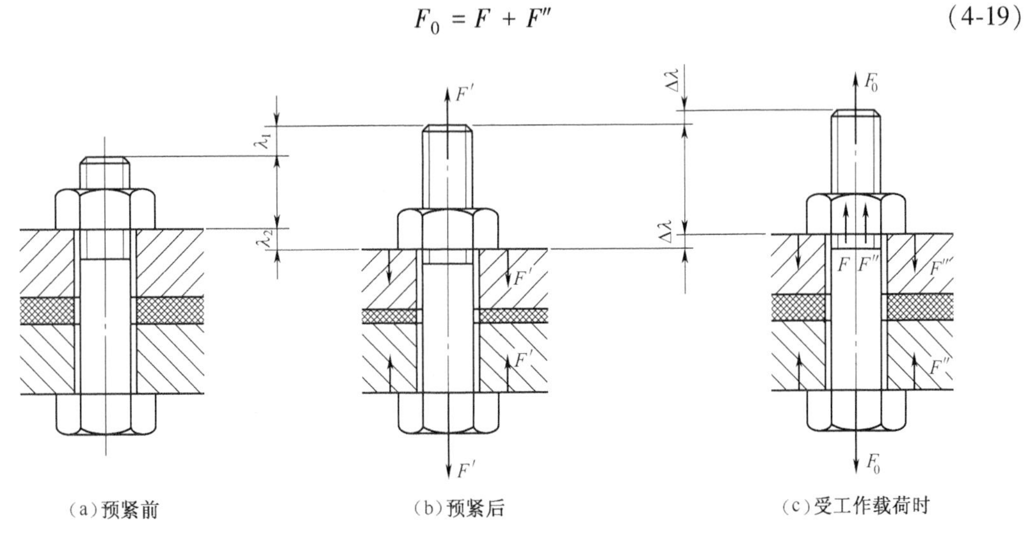

图4-26 单个螺栓连接受力变形图

螺栓和被连接件的受力与变形关系还可以用图4-27所示的线图表示。图4-27(a)所示为拧紧后螺栓和被连接件的力–变形线图,其中 $\tan\theta_1 = F'/\lambda_1 = c_1$, $\tan\theta_2 = F'/\lambda_2 = c_2$。由于螺栓、被连接件的变形协调关系,可将二者的力–变形线图合并,如图4-27(b)所示。施加工作载荷后的力-变形线图如图4-27(c)所示。螺栓所受拉力增大 $\Delta F_1 = \Delta\lambda \times c_1$,被连接件所受压力减小 $\Delta F_2 = \Delta\lambda \times c_2$,从图中可得

$$F = \Delta F_1 + \Delta F_2 = \Delta\lambda(c_1 + c_2)$$

于是

$$\Delta F_1 = \frac{c_1}{c_1 + c_2}F,\ \Delta F_2 = \frac{c_2}{c_1 + c_2}F$$

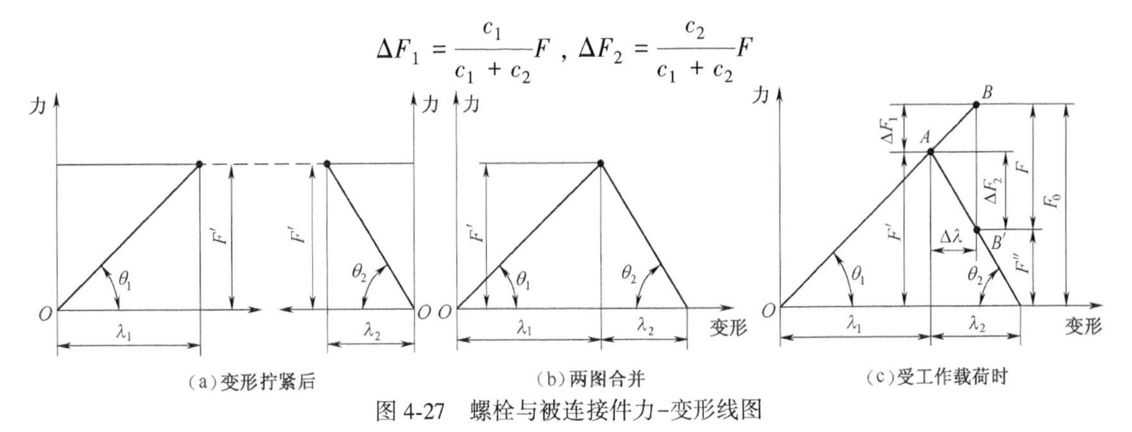

图4-27 螺栓与被连接件力–变形线图

在预紧力和工作载荷作用下,被连接件所受残余预紧力为

$$F'' = F' - \Delta F_2 = F' - \frac{c_2}{c_1 + c_2}F \tag{4-20}$$

在预紧力和工作载荷作用下,螺栓所受总拉力为

$$F_0 = F' + \Delta F_1 = F' + \frac{c_1}{c_1 + c_2}F \tag{4-21}$$

式(4-21)表明螺栓总拉力还等于预紧力加上部分工作载荷。式中 $\frac{c_1}{c_1 + c_2}$ 称为螺栓的**相对刚度**,其值在 0~1 之间,与螺栓及被连接件的材料、结构和尺寸等有关。为改善螺栓受力,提高螺栓连接的承载能力,应合理选择参数,减小相对刚度值。被连接件为钢铁零件时,若采用不同材料垫片则相对刚度值不同:金属垫片或无垫片为 0.2~0.3;皮革垫片为 0.7;铜皮石棉垫片为 0.8;橡胶垫片为 0.9。

如果工作载荷过大,则被连接件之间将出现缝隙。可用式(4-20)来检查残余预紧力 F'' 的大小,显然 F'' 应大于零,以保证连接的紧密性。在不同的连接情况下,对残余预紧力有不同的要求:载荷稳定为(0.2~0.6)F;载荷不稳定为(0.6~1.0)F;载荷有冲击为(1.0~1.5)F;有紧密性要求为(1.5~1.8)F。

确定螺栓总拉力 F_0后,考虑拧紧时螺纹力矩的综合作用,螺栓危险截面强度条件为

$$\sigma_c = \frac{1.3F_0}{\frac{\pi d_1^2}{4}} \leqslant [\sigma] \tag{4-22}$$

设计公式

$$d_1 \geqslant \sqrt{\frac{1.3F_0}{\frac{\pi}{4}[\sigma]}} \tag{4-23}$$

对于受变载荷的紧螺栓连接(如内燃机气缸盖螺栓连接等),除按式(4-22)做静强度计算外,还应进行疲劳强度校核。当工作载荷在 0~F 之间变化时,螺栓总拉力在 F' 和 F_0之间变化,如图 4-28 所示。

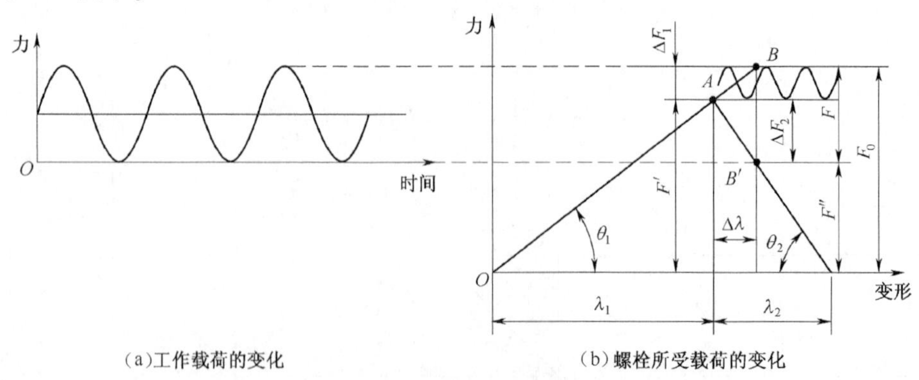

图 4-28 工作载荷为变载荷时螺栓总拉力的变化

受变载荷作用的螺栓可能发生疲劳拉断,其拉力变幅为

$$F_a = \frac{F_0 - F'}{2} = \frac{F}{2} \cdot \frac{c_1}{c_1 + c_2}$$

应力幅是影响疲劳强度的主要因素，螺栓疲劳强度条件为

$$\sigma_a = \frac{\sigma_{max} - \sigma_{min}}{2} = \frac{F_a}{A} = \frac{c_1}{c_1 + c_2} \cdot \frac{2F}{\pi d_1^2} \leqslant [\sigma_a] \tag{4-24}$$

式中 $[\sigma_a]$——螺栓许用应力幅，MPa，如表4-4所示。

对于高强度螺栓连接的设计，可参阅德国工程师协会技术准则VDI2230《高强度螺栓连接系统计算》，该方法主要用于8.8~12.9级螺栓的设计，但对加工、装配等工艺要求较高，目前我国很少采用。

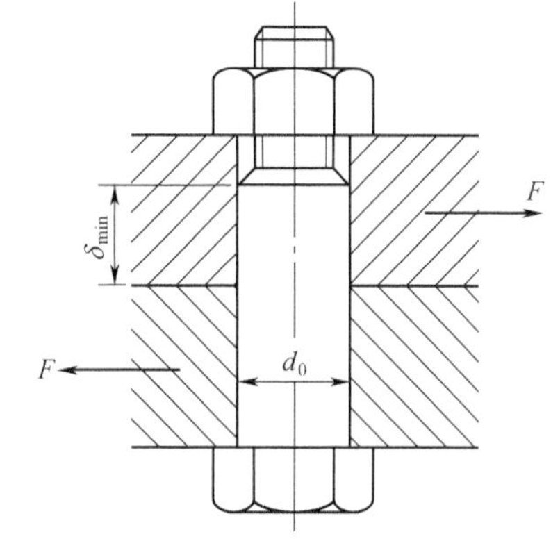

图4-29 加强杆螺栓连接

4.5.2 加强杆螺栓连接的强度计算

加强杆螺栓连接（见图4-29）依靠螺栓杆剪切以及螺栓杆与孔壁的挤压来承受横向载荷，其主要失效形式为螺栓杆被剪断和螺栓杆与孔壁中的弱者被压溃，螺栓杆的剪切强度条件为

$$\tau = \frac{F}{m\frac{\pi}{4}d_0^2} \leqslant [\tau] \tag{4-25}$$

式中 F——单个螺栓的工作剪力，N；

d_0——螺栓杆直径，mm；

$[\tau]$——螺栓材料的许用切应力，MPa，如表4-4所示；

m——螺栓剪切面数目，图4-29中 $m=1$，图4-17(b)中 $m=2$。

螺栓杆与孔壁的挤压强度条件为

$$\sigma_p = \frac{F}{d_0\delta_{min}} \leqslant [\sigma_p] \tag{4-26}$$

式中 $[\sigma_p]$——螺栓或孔壁材料的许用挤压应力，MPa，如表4-4所示；

δ_{min}——螺栓杆与孔壁的最小接触长度，mm；

挤压强度校核应选被挤压件中的最弱者进行，即 $\delta\times[\sigma_p]$ 值最小的零件。

4.6 提高螺纹连接强度的措施

影响螺栓强度的因素很多，有材料、结构、尺寸参数、制造和装配工艺等，主要涉及螺纹牙受力分配、应力幅、附加应力、应力集中、材料、机械性能、制造工艺等方面。下面分析各种因素对螺栓强度的影响以及提高强度的相应措施。

4.6.1 改善螺纹牙间载荷分布不均的现象

螺栓上的载荷是通过螺栓和螺母的螺纹牙面相接触来传递的。螺纹连接拧紧后，螺栓和

螺母受力过程的变形性质不同，传力时旋合各圈螺纹牙的受力也是不均匀的。如图 4-30(a)所示，螺栓连接受载时，外螺纹(螺栓)受拉，螺距增大，内螺纹(螺母)受压，螺距减小，产生螺距变化差。由图 4-30(a)可知，螺纹螺距变化差以旋合的第一圈处最大，以后各圈递减。实验证明，第一圈螺纹受载也最大，约占 1/3，第 8~10 圈以后螺纹牙几乎不受力。旋合圈数越多，各圈受载不均匀越明显，故采用加高螺母以增加旋合圈数，不能提高连接强度[见图 4-30(b)]。

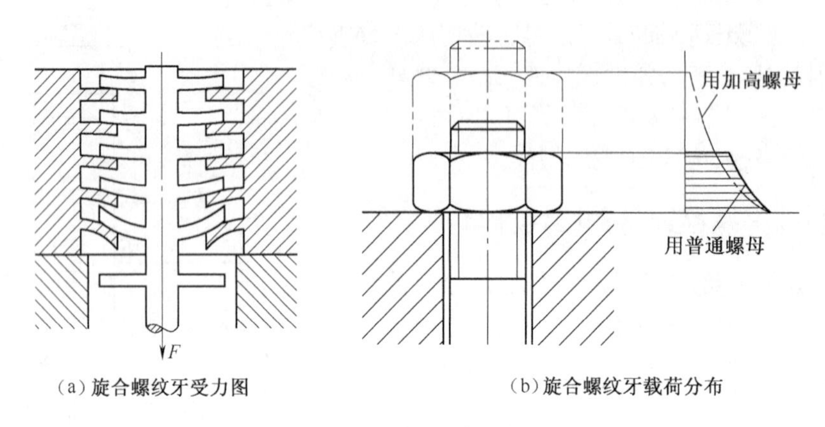

(a)旋合螺纹牙受力图　　(b)旋合螺纹牙载荷分布

图 4-30　螺纹牙受力

螺纹牙间载荷分布不均的现象是由于内、外螺纹在载荷作用下的变形方向不一致引起的，要减小这种现象应使二者变形方向趋于一致，为此可采取如下措施：

(1)采用受拉螺母。图 4-31(a)的悬置螺母和图 4-31(b)的环槽螺母在工作时螺母上的螺纹也承受拉应力，使螺母的变形方向和螺栓一致，可有效减小螺纹牙间载荷分布不均的现象。

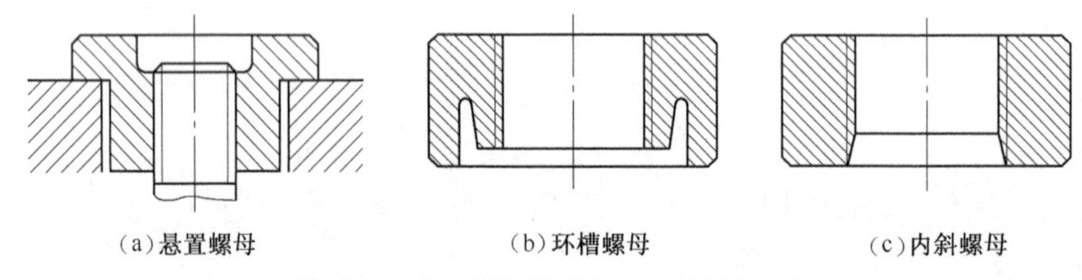

(a)悬置螺母　　(b)环槽螺母　　(c)内斜螺母

图 4-31　改善螺纹牙受力分布的螺母结构

(2)采用内斜螺母。内斜螺母[见图 4-31(c)]可减小原来受力较大的螺纹牙的刚度，而把载荷分移到原受力小的螺纹牙上，可提高螺栓疲劳强度达 20%。

(3)采用材料软、弹性模量低的螺母。使用有色金属螺母配钢制螺栓可改善螺纹牙受力分配，提高螺栓疲劳强度。

(4)采用钢丝螺套。钢丝螺套由菱形截面钢丝绕成，类似螺旋弹簧，如图 4-32 所示。将钢丝螺套装入铝、镁合金的螺纹孔中或螺母中，可减轻螺纹牙受力不均和冲击振动，提高螺纹连接疲劳强度达 30%。

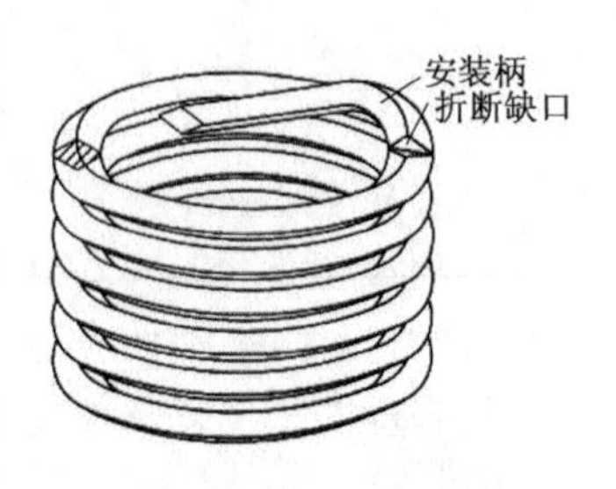

图 4-32　钢丝螺套

4.6.2 减小影响螺栓疲劳强度的应力幅

对于受预紧力和工作载荷的紧螺栓连接，当工作拉力为变载荷时，在螺栓最大应力一定的条件下，应力幅越小，疲劳强度越高。

当工作载荷 F 和预紧力 F' 保持不变时，减小螺栓刚度 c_1 和增大被连接件刚度 c_2，螺栓总拉力 F_0 和应力幅 σ_a 都降低，可提高连接强度，但残余预紧力 F'' 也会降低，导致连接的紧密性降低（见图4-33）。

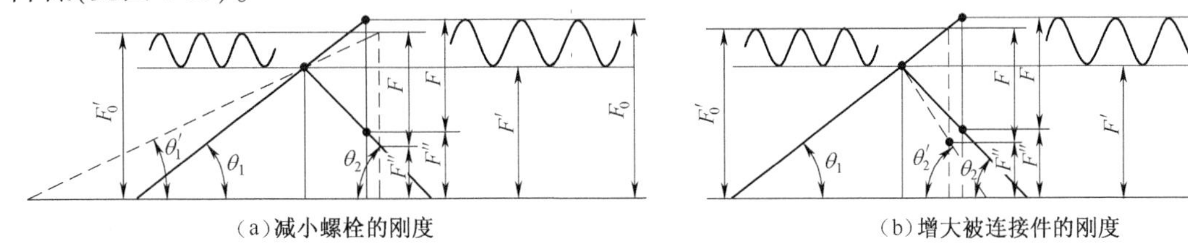

（a）减小螺栓的刚度　　（b）增大被连接件的刚度

图4-33　减小螺栓应力幅（F 和 F' 保持不变）

若不希望降低连接的紧密性，保持工作载荷 F 和残余预紧力 F'' 都不变，减小螺栓刚度 c_1 或增大被连接件刚度 c_2，螺栓应力幅 σ_a 降低，但需要增大预紧力 F'（见图4-34）。

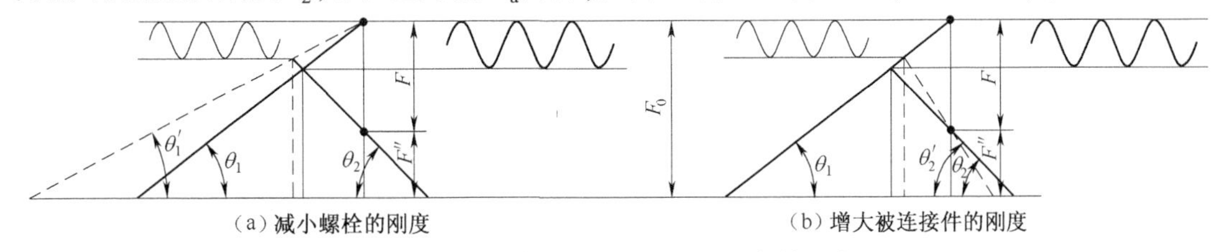

（a）减小螺栓的刚度　　（b）增大被连接件的刚度

图4-34　减小螺栓应力幅（F 和 F'' 保持不变）

减小螺栓刚度的措施：适当增大螺栓长度；减小螺栓杆非危险截面直径（见图4-35）；在螺母下安装弹性元件（见图4-36）。

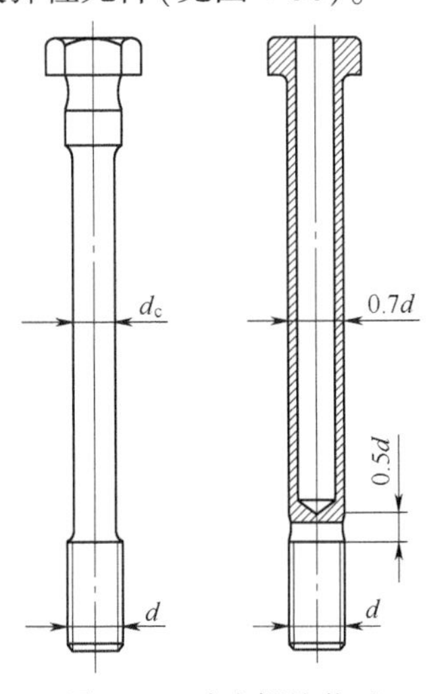

图4-35　减小螺栓截面

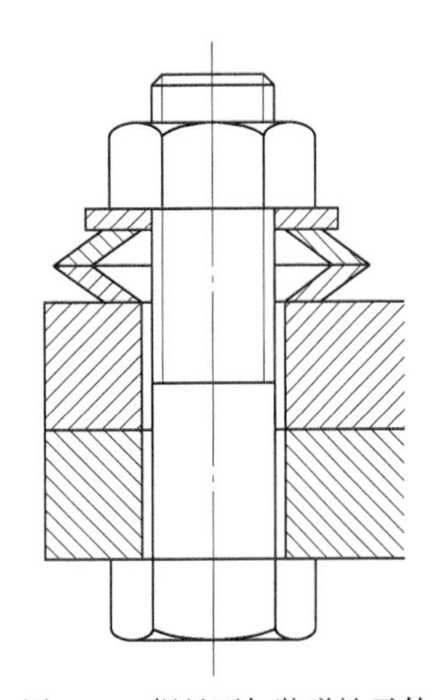

图4-36　螺母下加装弹性元件

为了增大被连接件的刚度，不宜采用刚度小的垫片，如可采用密封环密封代替软垫片密封（见图4-37）。

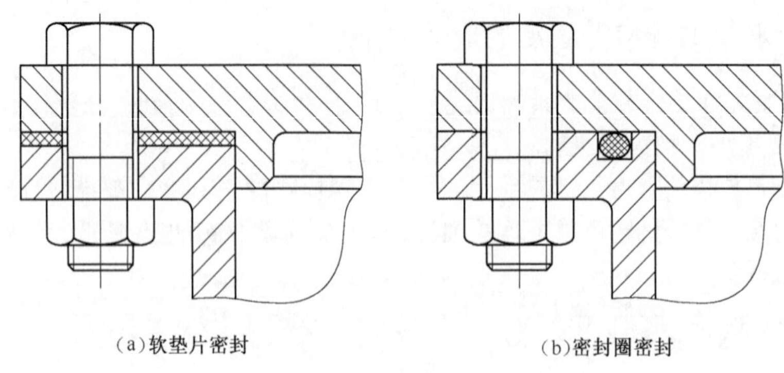

图 4-37 两种密封方案比较

4.6.3 避免附加应力

由于结构原因,螺纹连接有时会受到附加弯曲应力。螺纹牙根对弯曲应力很敏感,在大的拉应力作用下弯曲应力对螺栓断裂起关键作用。如图 4-38 所示,采用钩头螺栓、被连接件支承面不平整、被连接件刚度不够、螺纹孔不正等都能导致螺栓受到附加弯曲应力。

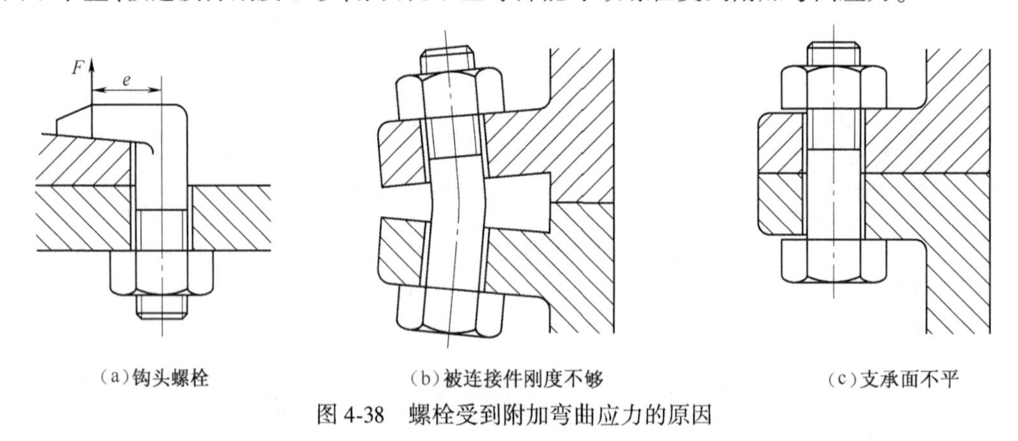

图 4-38 螺栓受到附加弯曲应力的原因

为减小或避免螺栓受附加弯曲应力,可采用图 4-39 所示的措施。

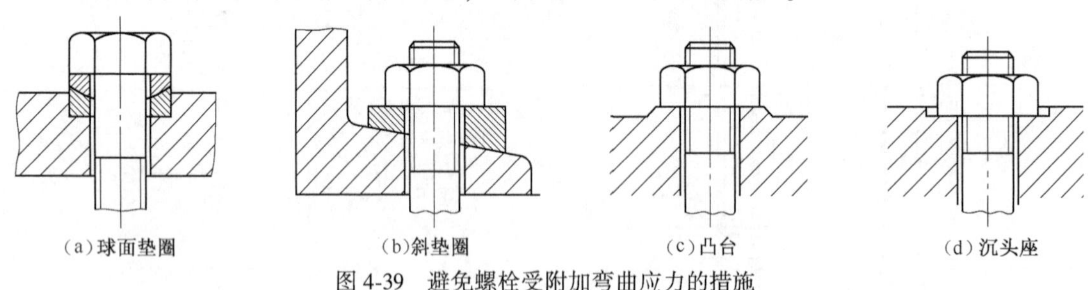

图 4-39 避免螺栓受附加弯曲应力的措施

4.6.4 减小应力集中

螺栓零件形状复杂,螺栓杆与螺栓头之间以及螺纹收尾处都有较大的应力集中。为减小应力集中,可以加大螺纹牙根的过渡圆角半径、采用卸载结构、将螺纹的收尾改为退刀槽结构。

4.6.5　采用合理的制造工艺

制造工艺对螺栓疲劳强度有重要影响。采用碾制螺纹时，由于冷作硬化作用，表层有残余压应力，螺栓疲劳强度较车制螺纹高30%~40%；热处理后再滚压的效果更好。

碳氮共渗、渗氮、喷丸处理等都能提高螺栓疲劳强度。

GB/T 3098.22—2009《紧固件机械性能 细晶粒非调质钢螺栓、螺钉和螺柱》使用非调质钢作为螺栓的材料，可以减少调质和回火工序，提高螺栓的强度，用于8.8级以上强度的螺栓，有利于节约材料，节能减排。

例题4-1　图4-40所示铸铁底板用8个螺栓与钢制支架相连，受外载荷 $F_\Sigma=5\,000$ N作用，F_Σ作用于包含 x 轴并垂直于底板接缝面的平面内，$\theta=30°$，试设计计算此螺栓组连接。

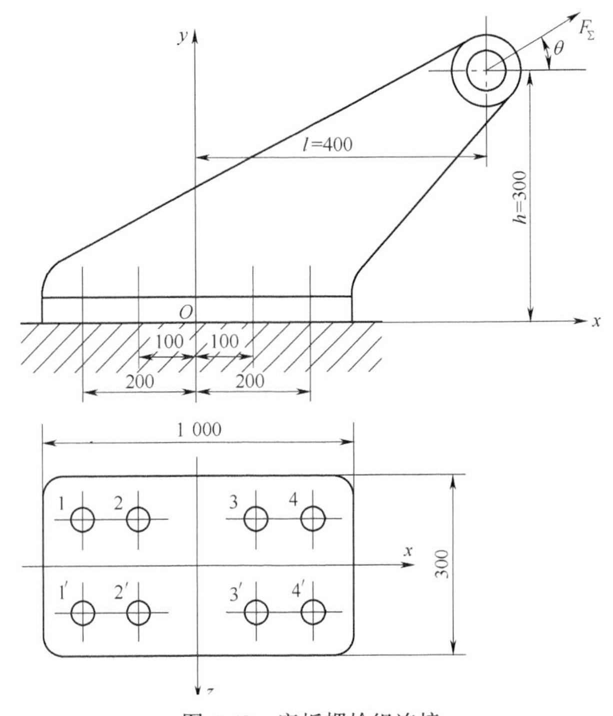

图4-40　底板螺栓组连接

解：(1)螺栓组受力分析。由图4-40可知，底板为一受复合外载荷作用的螺栓组连接。计算时，首先将载荷 F_Σ向结合面上螺栓组的形心(即螺栓组连接的底板中心)简化，得出几种单一的基本受力情况，按各基本受力情况分别求出每个螺栓所受的载荷，再按力的叠加原理求出螺栓组中受载最大的螺栓所受的载荷。

①将 F_Σ向形心简化得横向力 H、轴向力 V 和翻转力矩 M(顺时针)。

$$H=F\cos\theta=5\,000\times\cos 30^\circ=4\,330(\mathrm{N})$$

$$V=F\sin\theta=5\,000\times\sin 30^\circ=2\,500(\mathrm{N})$$

$$M=H\cdot h-V\cdot l=4\,330\times 300-2\,500\times 400=299\,000(\mathrm{N\cdot mm})$$

②在轴向力 V 作用下，各螺栓受到相等工作拉力

$$F_V = V/z = 2\ 500/8 = 312.5(\mathrm{N})$$

③在翻转力矩 M 作用下,左侧螺栓受拉伸载荷,其中受载最大的螺栓的载荷为

$$F_M = \frac{Mr_{max}}{\sum_{i=1}^{8} r_i^2} = \frac{299\ 000 \times 200}{4(100^2 + 200^2)} = 299(\mathrm{N})$$

故螺栓所受最大工作载荷为

$$F = F_V + F_M = 312.5 + 299 = 611.5(\mathrm{N})$$

④在横向力 H 作用下,底板连接结合面可能产生滑移,其不滑移条件为结合面的摩擦力大于或等于横向力 H。结合面的摩擦力显然由预紧力 F' 提供,但此螺栓组除受预紧力 F' 外,还有轴向载荷 F_V的作用(翻转力矩 M 使得结合面压力一边增大另一边减小,故对摩擦力不产生影响),根据受力变形关系,产生摩擦力的直接作用力为残余预紧力 F'' 。

$$z\mu F'' \geqslant K_f H$$

$$F'' = F' - \frac{c_2}{c_1 + c_2} F_V$$

故
$$F' = \frac{1}{z}\left(\frac{K_f H}{\mu} + \frac{c_2}{c_1 + c_2} V\right)$$

由表 4-6 得摩擦因数 $\mu=0.13$,取 $K_f=1.3$, $\frac{c_2}{c_1 + c_2} = 0.8$,则

$$F' = \frac{1}{8}\left(\frac{1.3 \times 4\ 330}{0.13} + 0.8 \times 2\ 500\right) = 5\ 662.5(\mathrm{N})$$

⑤受载最大螺栓所受总拉力为

$$F_0 = F' + \frac{c_1}{c_1 + c_2} F = 5\ 662.5 + (1 - 0.8) \times 611.5 = 5\ 784.8(\mathrm{N})$$

(2)确定螺栓直径。选择螺栓材料为 Q235、性能等级 4.6 的螺栓,由表 4-3 查得材料屈服极限为 $\sigma_s = 240$ MPa ,由表 4-4(控制预紧力)查得安全系数 $S=1.5$,许用应力

$$[\sigma] = \frac{\sigma_s}{S} = \frac{240}{1.5} = 160(\mathrm{MPa})$$

根据式(4-23),计算螺栓危险截面直接(螺纹小径)为

$$d_1 \geqslant \sqrt{\frac{1.3F_0}{\frac{\pi}{4}[\sigma]}} = \sqrt{\frac{4 \times 1.3 \times 5\ 784.8}{\pi \times 160}} = 7.74(\mathrm{mm})$$

根据国家标准 GB/T 196—2003,选 M10 的螺栓($d_1=8.376$ mm)。

(3)校核螺栓组连接结合面的工作能力。

①防止结合面被压溃,有

$$\sigma_{pmax} = \frac{zF''}{A} + \frac{M}{W} = \frac{8 \times (5\ 662.5 - 0.8 \times 312.5)}{1\ 000 \times 300} + \frac{299\ 000}{300 \times 1\ 000^2/6} = 0.15(\mathrm{MPa})$$

查表 $[\sigma_p] = 0.4\sigma_B = 0.4 \times 200 = 80$ MPa $\gg 0.15$ MPa ,故结合面右侧不会被压溃。

②防止结合面出现间隙,有

$$\sigma_{\text{pmin}}=\frac{zF''}{A}-\frac{M}{W}=\frac{8\times(5\ 662.5-0.8\times312.5)}{1\ 000\times300}-\frac{299\ 000}{300\times1\ 000^2/6}=0.14(\text{MPa})>0$$

故结合面上左侧受压力最小处不会产生间隙。

例题 4-2 图 4-41(a)所示为龙门起重机导轨托架的螺栓组连接,托架由两块边板和一块横板焊接而成。两块边板各用四个螺栓与立柱相连接,螺栓材料为 45 钢,托架上所受的最大载荷 $F_{\Sigma}=20$ kN。试设计计算:

(1)采用普通螺栓的螺栓组连接。

(2)采用加强杆螺栓的螺栓组连接。

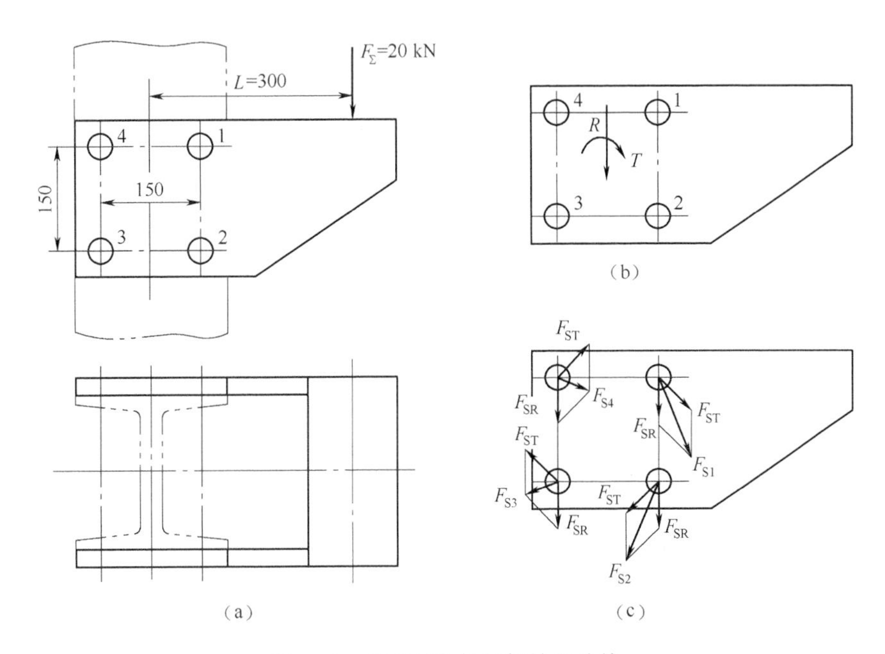

图 4-41 起重机导轨架螺栓组连接

解:(1)螺栓组受力分析如下:

①托架为一受复合载荷作用的螺栓组连接,载荷作用在结构的对称面内,每边承受相等载荷。

$$R=F_{\Sigma}/2=10\ 000(\text{N})$$

②将载荷 R 向该侧板螺栓组形心简化,得到一横向力 R 和一旋转力矩 T[见图 4-41(b)]。

$$R=10\ 000(\text{N})$$

$$T=R\cdot L=10\ 000\times300=3\ 000\ 000(\text{N}\cdot\text{mm})$$

(2)螺栓受力分析:螺栓受横向载荷 R 和旋转力矩 T 的共同作用。

①R 使各螺栓受到相等的横向工作载荷 F_{SR}

$$F_{SR}=R/4=2\ 500(\text{N})$$

②T 也使各螺栓受到相等横向载荷 F_{ST},F_{ST}与螺栓组形心的连线垂直

普通螺栓

$$F_{ST}=\frac{T}{\sum_{i=1}^{4}r_i}=\frac{T}{4r}=\frac{3\ 000\ 000}{4\times75\times\sqrt{2}}=7\ 071(\mathrm{N})$$

加强杆螺栓

$$F_{ST}=\frac{T\cdot r_{max}}{\sum_{i=1}^{4}r_i^2}=\frac{T}{4r}=\frac{3\ 000\ 000}{4\times75\times\sqrt{2}}=7\ 071(\mathrm{N})$$

(3)螺栓在 R 及 T 共同作用下的受力及强度计算。

①普通螺栓。螺栓预紧力 F' 产生的摩擦力与 F_{SR} 及 F_{ST} 平衡,F_{SR} 与 F_{ST} 的合成结果如图 4-41(c)所示,其最大载荷是

$$F_{S1}=F_{S2}=\sqrt{F_{SR}^2+F_{ST}^2-2F_{SR}F_{ST}\cos135^\circ}=9\ 014\ \mathrm{N}$$

$$\mu F'=K_fF_{S1}$$

取 $\mu=0.13$,$K_f=1.3$,则

$$F'=K_fF_{S1}/\mu=90\ 140(\mathrm{N})$$

螺栓材料为 45 钢,查表 4-3 性能为 9.8 级,$\sigma_s=720$ MPa 。按控制预紧力,由表 4-4 得许用应力 $[\sigma]=\sigma_s/S=720/1.5=480(\mathrm{MPa})$ 。

根据式(4-18)得螺纹危险截面直径

$$d_1\geqslant\sqrt{\frac{1.3F'}{\frac{\pi}{4}[\sigma]}}=\sqrt{\frac{4\times1.3\times90\ 140}{\pi\times480}}=17.63(\mathrm{mm})$$

根据国家标准 GB/T 196—2003,选 M24 的螺栓($d_1=20.752$ mm)。

②加强杆螺栓。对于加强杆螺栓,靠螺栓杆与板的挤压及螺栓杆的剪切与 F_{SR} 和 F_{ST} 相平衡,F_{SR} 和 F_{ST} 的合成结果与普通螺栓一样,也是

$$F_{S1}=F_{S2}=9\ 014(\mathrm{N})$$

由表 4-4 查得 $[\tau]=\sigma_S/S_\tau=720/2.5=288$ MPa ,剪切强度条件为

$$d_0\geqslant\sqrt{\frac{4F_{S1}}{\pi[\tau]}}=\sqrt{\frac{4\times9\ 014}{\pi\times288}}=6.3(\mathrm{mm})$$

根据 GB/T 27—2013,选 M6 的加强杆螺栓。

比较上述两种螺栓连接可以看出,在相同载荷作用下,加强杆螺栓连接尺寸更小,即加强杆螺栓连接承受横向载荷的能力较普通螺栓连接更强。

思考题、讨论题和习题

4-1　避免螺栓连接松脱的措施有哪些?如何选择?

4-2　为什么计算螺栓连接的强度时只计算小径的强度?是否有其他失效的可能?如何避免?

4-3　螺栓的材料为什么要选择塑性较高的材料？高强度螺栓材料选择要考虑什么问题？与普通的较低强度的螺栓有什么不同？

4-4　按图4-15螺栓组连接受力分析把螺栓组受力分成几种类型？对于一个承受外载荷的螺栓组，如何分解为几个基本的受力情况？在计算时如何综合考虑？

4-5　布置螺栓组应该考虑哪些原则？

4-6　在设计时，对于螺栓组装配要考虑哪些问题？

4-7　如何避免螺纹连接处泄漏(水、油、气)？

4-8　三段管子采用螺纹连接，若其两处螺纹分别为左旋螺纹和右旋螺纹，同时拧紧是否方便？还是都采用右旋螺纹更好？

4-9　对于螺栓组连接，有哪些精度要求？(孔的直径和位置，结合面的粗糙度、螺栓精度、拧紧力矩等)。

4-10　分析比较各种牙型螺纹的特点及应用场合。

4-11　受横向载荷的普通螺栓连接与加强杆螺栓连接在结构上有什么区别？在失效形式及强度方面又有何不同？

4-12　找出图4-42所示螺纹连接结构中的错误并改正之。

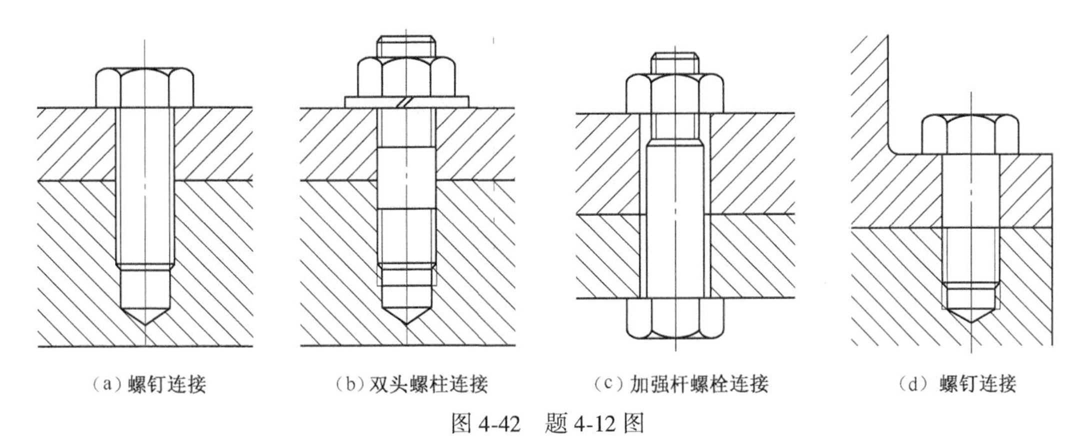
(a) 螺钉连接　(b) 双头螺柱连接　(c) 加强杆螺栓连接　(d) 螺钉连接

图4-42　题4-12图

4-13　图4-43所示凸缘联轴器用4个M16加强杆螺栓连接，螺栓材料为45钢，螺栓受剪面处的直径为17 mm，其许用最大扭矩T=1.5 kN · m(设为静载荷)，试校核该螺栓组连接的强度。联轴器材料为HT250。

4-14　题4-13中的凸缘联轴器，改用M16普通螺栓连接，靠两个半联轴器结合面间产生的摩擦力来传递扭矩，螺栓材料为45钢，接合面间的摩擦因数μ=0.16，安装时不控制预紧力，试确定螺栓个数(螺栓个数宜取双数)。

4-15　图4-44所示两根梁用8个4.6级普通螺栓与两块钢盖板相连接，梁受到的拉力F=28 kN，摩擦因数μ=0.2，控制预紧力，试确定所需螺栓的直径。

4-16　受轴向载荷的紧螺栓连接，被连接钢板间采用橡胶垫片。已知预紧力为1 500 N，当轴向工作载荷为1 000 N时，求螺栓所受的总拉力及被连接件之间的残余预紧力。

4-17　图4-16所示为气缸盖螺栓连接，气缸内压力p在0~1.5 MPa间变化，气缸内径D=250 mm，缸盖和缸体均为钢制，要求保证气密性，试选择螺栓材料，并确定螺栓数目和尺寸。

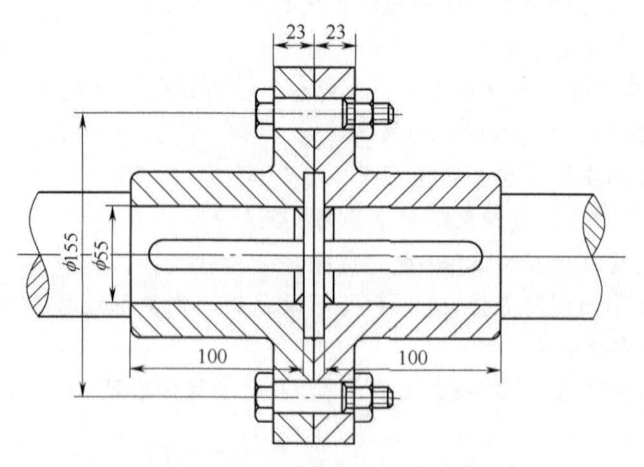

图 4-43　题 4-13 图

4-18　已知一托架的边板用 6 个普通螺栓与相邻的机架相连接。托架受一与边板螺栓组的垂直对称线相平行,距离为 250 mm,大小为 60 kN 的载荷作用。若采用图 4-45 所示的三种螺栓布置形式,试问哪种布置形式所用的螺栓直径最小?

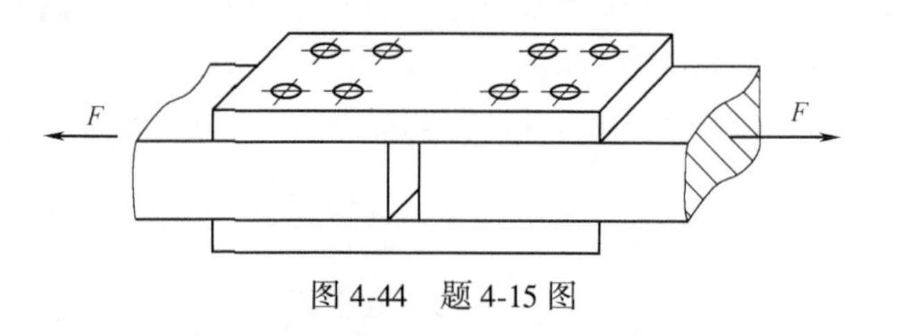

图 4-44　题 4-15 图

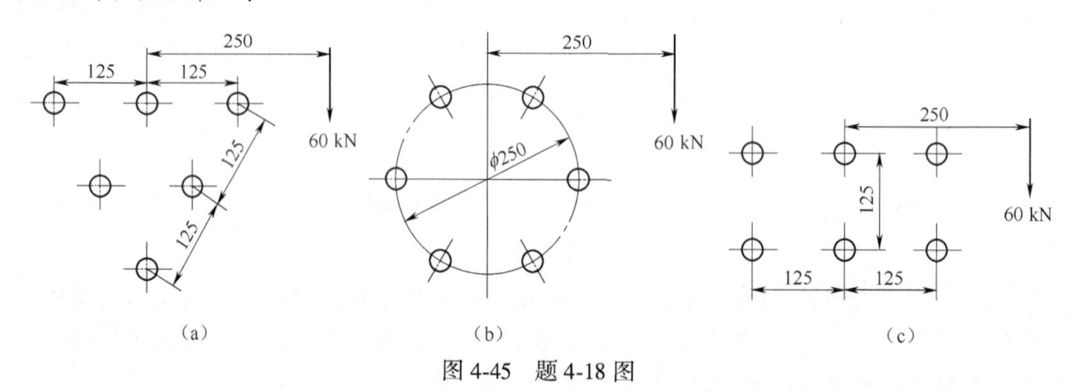

图 4-45　题 4-18 图

4-19　加强杆螺栓组连接的三种方案如图 4-46 所示,已知 $L=300$ mm,$a=60$ mm,试求三个方案中,受力最大的螺栓所受的力各为多少,哪个方案较好。

4-20　图 4-16 所示气缸盖螺栓组连接,缸内压力 $p=1.2$ MPa,气缸内径 $D=500$ mm,螺栓分布圆直径 $D_0=640$ mm。为保证气密性要求,螺栓间距不得大于 150 mm。试设计此气缸盖螺栓组连接。

4-21　夹具中用压板夹紧工件(见图 4-47),要求夹紧力 $F=2\ 000$ N,螺栓中心距支承端面距离 e 在 50~350 mm 间变化,分析 e 为多大时螺栓的受力最大,并按该情况下求螺栓直径(螺栓材料为 15 钢,$[\sigma]=100$ MPa)。

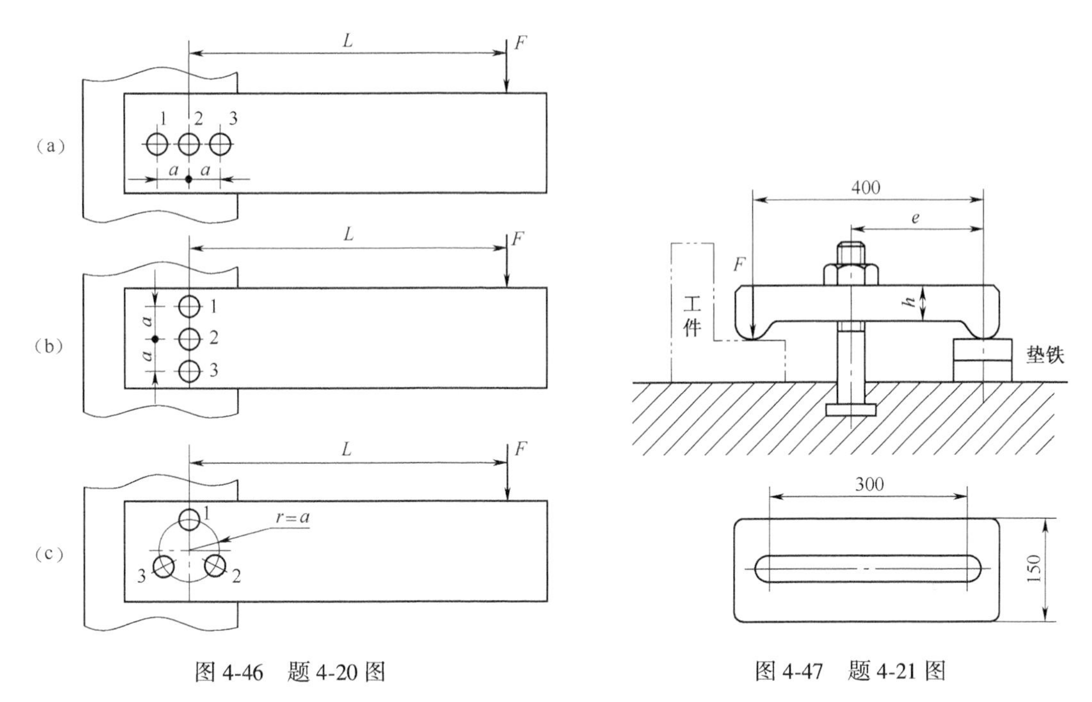

图 4-46 题 4-20 图　　　　图 4-47 题 4-21 图

4-22 图 4-48 所示为一方形盖板用 4 个螺钉与箱体相连，盖板中心 O 处的吊环受拉力 $F=15$ kN，盖板自重 $G=1$ kN，结合面间摩擦因数 $\mu=0.15$，可靠系数 $K_f=1.2$，相对刚度 $c_1/(c_1+c_2)=0.8$。试求：

(1) 受载最大螺栓所受的总拉力为多少。

(2) 若因制造误差，吊环中心线通过 O' 点，$OO'=20$ mm，此时受载最大的螺栓所受的总拉力又是多少，需用多大的螺栓。

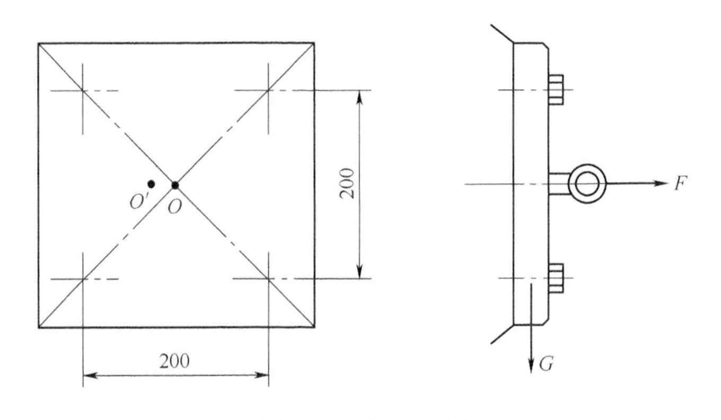

图 4-48 题 4-22 图

4-23 图 4-49 所示夹紧螺栓连接，已知载荷 $F=1\ 000$ N，轴径 $d=80$ mm，载荷 F 至轴径中心距离 $L=300$ mm，螺栓中心至轴径中心距离 $l=80$ mm。结合面之间的摩擦因数 $\mu=0.15$，可靠系数 $K_f=1.2$，螺栓的许用应力 $[\sigma]=100$ MPa。试确定该连接中螺栓的直径。

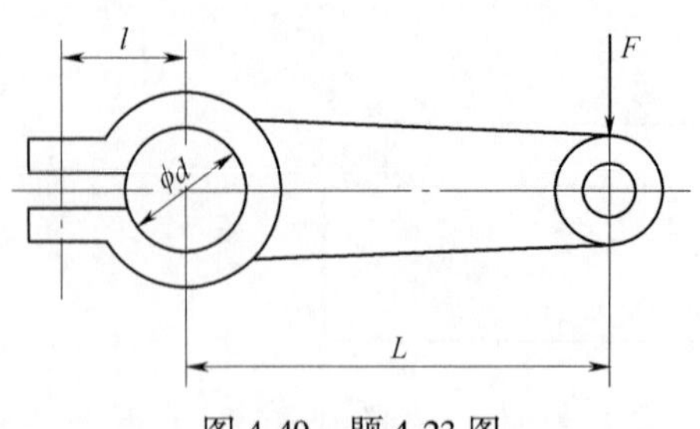

图 4-49　题 4-23 图

4-24　有一铸铁(HT200)托架用 4 个普通螺栓连接于钢立柱上(见图 4-50),托架许用挤压应力 $[\sigma_p]$ = 60 MPa ,螺栓性能等级 6.8 级,许用安全系数 $[S]$ = 4,结合面间摩擦因数 μ = 0.15,可靠系数 K_f = 1.2,螺栓相对刚度为 0.2,载荷 F = 5 kN。试设计此螺栓组连接。

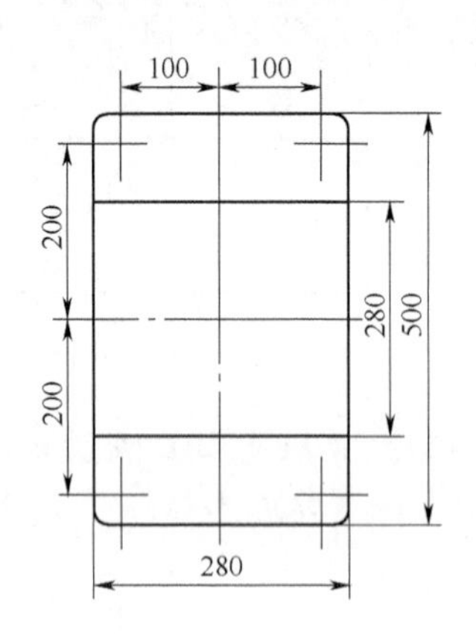

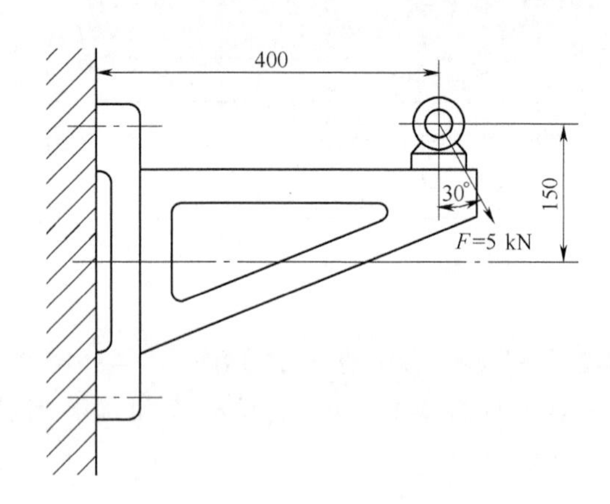

图 4-50　题 4-24 图

第5章　轴毂连接

5.1　概　述

【学习提示】

①本章介绍了多种轴毂连接的结构形式、工作原理、计算方法。要求能够选择轴毂连接的形式,进行必要的校核计算。

②通过本章的学习,掌握根据使用要求(传力大小、对中精度、轴直径、是否要求轴向移动等),制造要求(复杂程度、加工精度、装拆容易等)和经济性要求,比较各种轴毂连接的优缺点,并根据实际情况选择机械零件类型的能力。

③过盈配合连接计算比较复杂,应该搞清楚其工作原理和计算的特点,结合图5-21和图5-23建立清楚的计算概念。

④轴毂连接都要求利用手册选择标准件,学习时应注意参考《机械设计手册》。

⑤轴毂连接的发展,有很大的启发性,花键、胀套连接、型面连接都是轴毂连接的新发展,读者应该体会它们产生的原因和创新者的思路。

在机械结构中,两个互相连接零件的结合面,最常见的是平面和圆柱面。其中圆柱面连接常用于轴和孔(轮毂),所以名为轴毂连接。图5-1所示为轴毂连接的典型情况,一般是要求轴上零件A与轴B之间没有相对转动,并能够传递一定的转矩。常用的轴毂连接类型见表5-1。

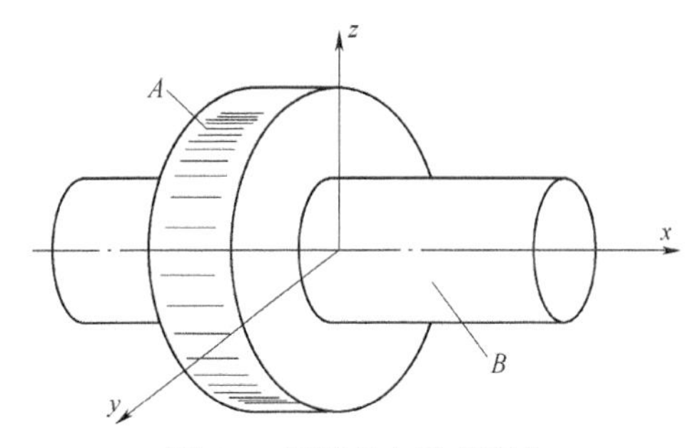

图5-1　圆柱轴与孔的配合

表5-1　常用轴毂连接分类

工作原理	工作特点	结构特点	分　类	名　称	参考图	标　准
靠形状传力	无预紧力	圆轴	平键	普通平键	图5-2(a)	GB/T 1096—2003
				导键	图5-6	GB/T 1097—2003
				滑键	图5-7	
			半圆键		图5-2(b)	GB/T 1999—2003
			销		图5-2(f)	GB/T 119.1-2000
		异形轴	花键	矩形花键	图5-2(c)	GB/T 1144—2001
				渐开线花键	图5-17	GB/T 3478.1—2008
			成形轴		图5-2(g)	
	有预紧力	圆轴	切向键		图5-2(d)	GB/T 1974—2003
			楔键		图5-9	GB/T 1563—2003

续表

工作原理	工作特点	结构特点	分类	名称	参考图	标准
靠摩擦传力	结合面为圆柱面	无中间零件	圆柱过盈配合		图 5-3(a)	GB/T 5371—2004
		有辅助零件	夹紧连接		图 5-3(d)、(e)	
			楔键		图 5-9	GB/T 1563—2003
		有中间零件	胀套连接		图 5-3(c)	GB/T 28701—2012
	结合面为圆锥面		圆锥面过盈连接		图 5-3(b)	GB/T 15755—1995
靠附加材料传力		焊接			图 5-4(a)	
		粘接			图 5-4(b)	

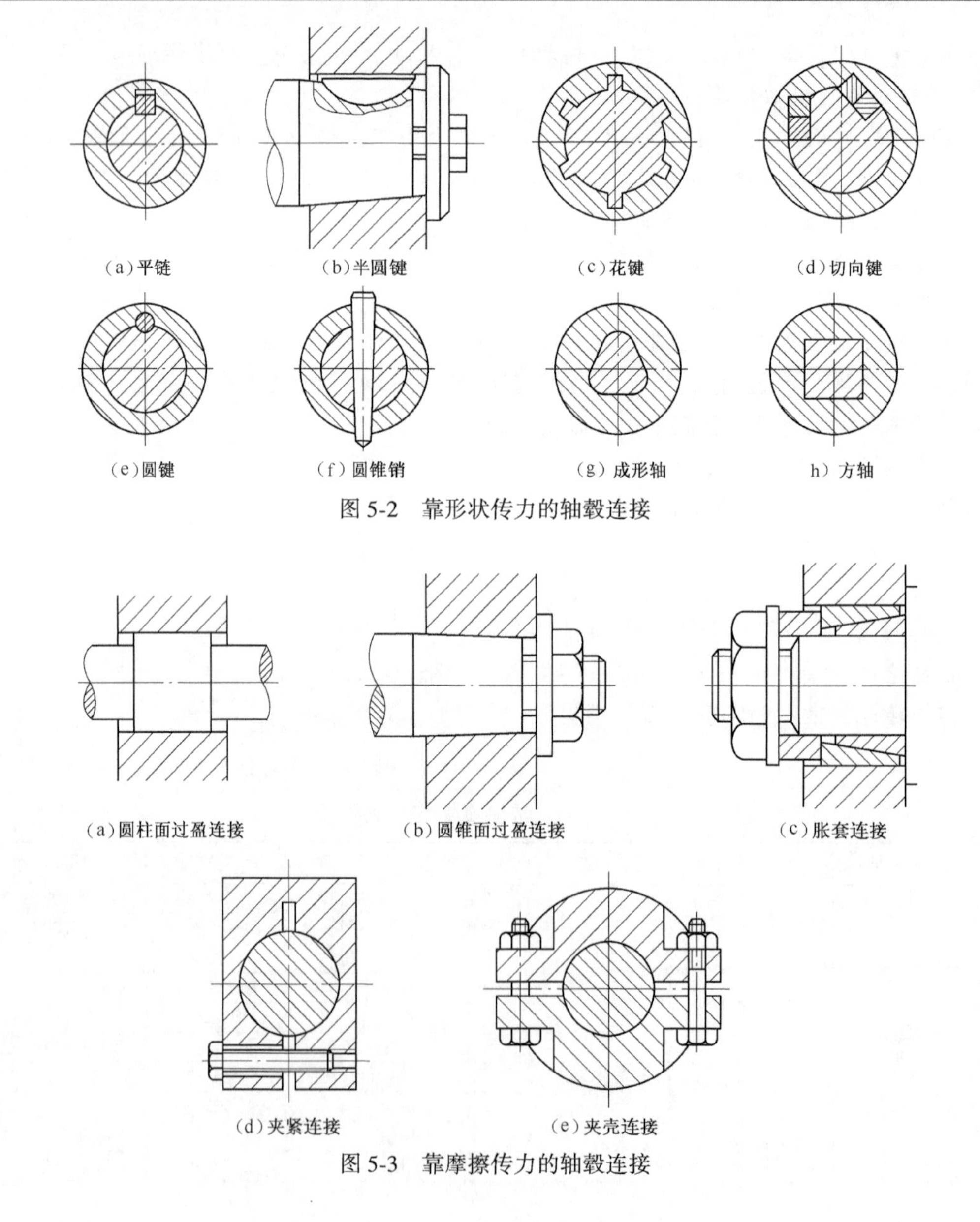

(a)平链　(b)半圆键　(c)花键　(d)切向键

(e)圆键　(f)圆锥销　(g)成形轴　h)方轴

图 5-2　靠形状传力的轴毂连接

(a)圆柱面过盈连接　(b)圆锥面过盈连接　(c)胀套连接

(d)夹紧连接　(e)夹壳连接

图 5-3　靠摩擦传力的轴毂连接

靠形状传力的连接利用轴与轮毂或附加零件的嵌入传递转矩。有预应力的有轴向固定作用,无预应力的可以有轴向移动。靠摩擦力传力的连接是利用轴与轮毂孔之间的过盈配合或辅助零件产生的径向压力,传递转矩或轴向力。靠附加材料传力的轴毂连接是用焊接、钎焊或粘接等附加材料的连接,传递转矩或轴向力。

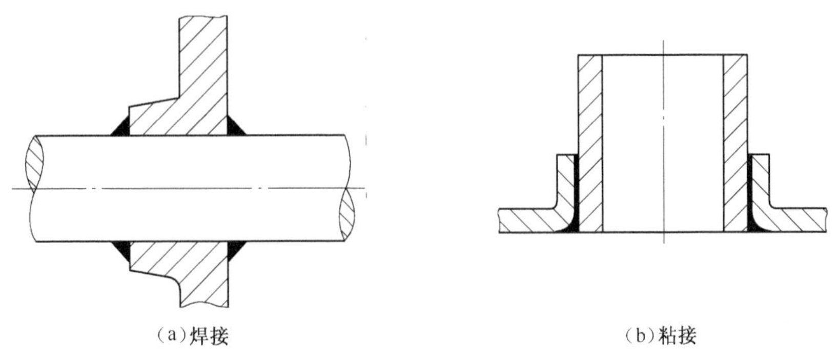

(a)焊接　　(b)粘接

图 5-4　靠附加材料传力的轴毂连接

5.2 键 连 接

键连接设计的主要任务:根据使用要求和各种键的特点选择键的类型;根据轮毂的尺寸和传递转矩,按标准选择键的截面尺寸和长度;必要时进行强度校核;决定公差、表面粗糙度和技术要求。

5.2.1 键连接的类型特点及应用

1. 平键

平键的特点是靠侧面接触传递转矩,而键的上表面和轮毂槽底之间有间隙。平键结构简单,对中良好,装拆方便,容易加工,应用广泛。但是它不能使轴上零件作轴向固定。平键连接有三种常用的结构:普通平键、导键、滑键。

(1)普通平键(见图 5-5)用于静连接即轴与轮毂间没有相对运动的连接。它的用途最广,也可以用于高精度、高速、有冲击、变载荷下的静连接。

按端部形状分为 A 型(圆头)、B 型(方头)、C 型(单圆头)三种。图 5-5(a)中,圆头键的轴

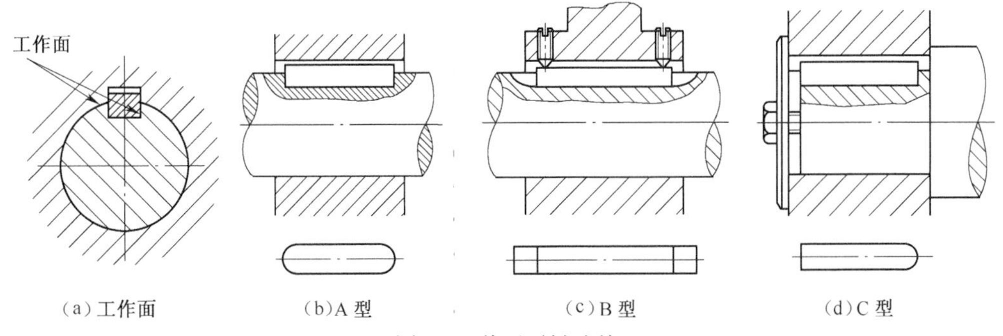

(a)工作面　　(b)A 型　　(c)B 型　　(d)C 型

图 5-5　普通平键连接

上键槽,常用指状铣刀加工,轴槽两端是与键相同的半圆形状,键在槽中固定良好,但是键槽对于轴引起的应力集中较大。如图 5-5(b)所示,方头键的轴槽用盘形铣刀加工,轴的应力集中较小。如图 5-5(c)所示,半圆头平键常用于轴端。

(2)导键和滑键都用于轴与轮毂之间有相对轴向移动的动连接。导键(见图 5-6)用螺钉固定在轴槽中,轴上零件能够沿键作轴向滑动。键上有一个螺纹孔,它的作用是为了拆卸键。导键适用于零件沿轴滑移距离不大的场合。

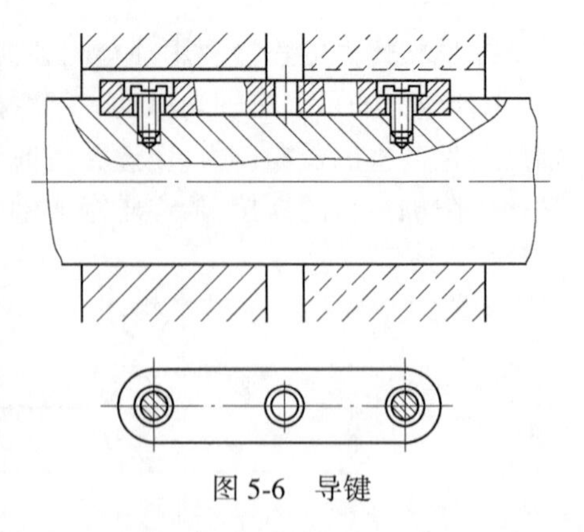
图 5-6　导键

滑键(见图 5-7)固定在轮毂上,轴上零件带着键作轴向移动。滑键用于零件沿轴移动范围较大的场合。

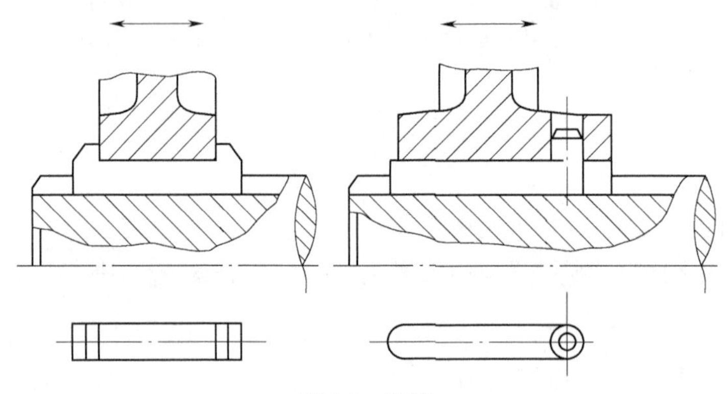
图 5-7　滑键

2. 半圆键(见图 5-8)

半圆键用于静连接,键的两个侧面为工作面,其传力方式与平键相同。它能够在键槽中摆动以适应轮毂上面的槽底面,装配方便。它的缺点是键槽较深,对轴的强度削弱较大,为了避免削弱过大,键的长度受到限制。半圆键主要用于轻载荷和锥面轴端,如机床手轮与丝杆端部的连接。

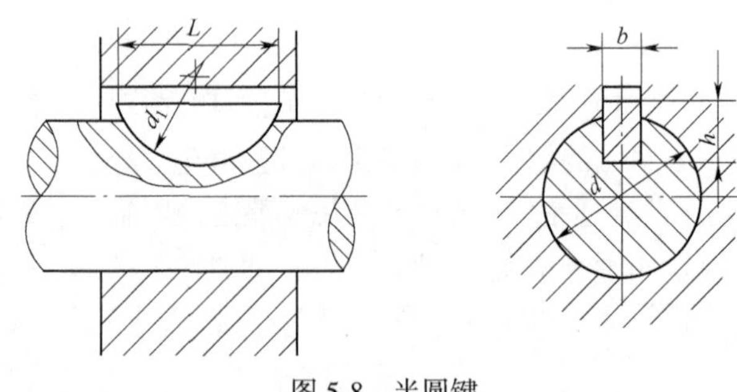

图 5-8　半圆键

3. 楔键和切向键

这两种键上表面和楔键轮毂键槽的相应面,都有 1∶100 的斜度,安装时沿轴向打入键,有一定预紧力,有轴向固定作用。其缺点是打入时使轮毂对轴产生偏心与偏斜,因此只用于对中要求不高的低速轴。它们只用于静连接。

楔键(见图 5-9)楔键分为普通楔键和钩头楔键两种,钩头供装拆用,如果安装在轴端,应该注意加防护罩。

切向键(见图 5-10、图 5-11)由两个尺寸相同的顶面斜度为 1∶100 的楔键组成。其上下两面为工作面,其中一个工作面通过轴心线,使工作面的压力沿轴的切线方向作用,能够传递很大的转矩。当传递双向转矩时要用两副切向键(见图 5-11),两副键的夹角为 120°~130°,切向键主要用于轴径大于 100 mm,对中要求不严格而载荷很大的重型机械中。

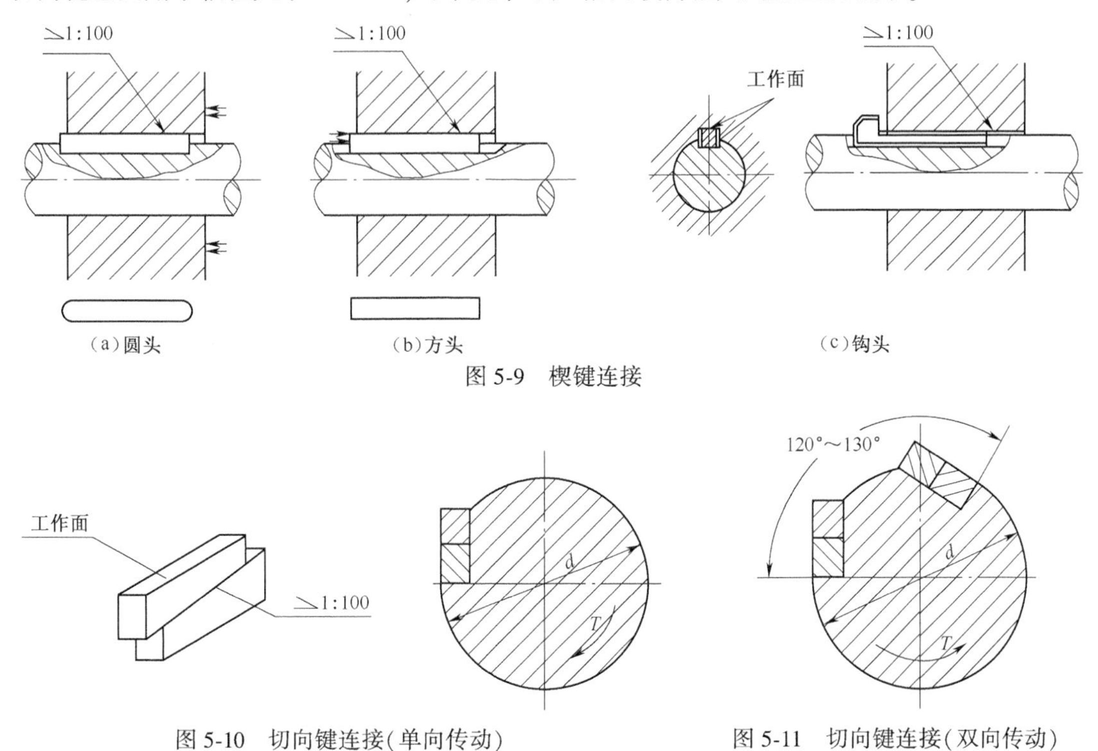

图 5-9 楔键连接

图 5-10 切向键连接(单向传动)

图 5-11 切向键连接(双向传动)

5.2.2 键连接的强度校核

原来键的国家标准规定,按照轴的直径,推荐了键的断面尺寸,即键的宽度 b 和高度 h。而 2003 年修定的国家标准,对于每种键的截面尺寸,不推荐相应的适用轴直径范围。但是,许多我国的机械设计手册,为了设计者方便,仍可按过去的标准,根据轴直径给出推荐适用的键截面尺寸作为参考值,所以,可以先选择键的截面尺寸,然后核验键连接的强度。

1. 平键连接的强度校核(见图 5-12)

平键的失效形式,对于静连接是工作面挤压(压溃)失效,严重过载时出现剪切失效,对于动连接是工作表面磨损。它们的强度计算公式是

$$\sigma_{p}=\frac{2T}{dkl}=\frac{4T}{dhl}\leqslant[\sigma]_{p} \tag{5-1}$$

式中 d——轴的直径,mm;

k——键与毂槽的接触高度,mm;

h——键的高度,mm;

l——键的接触长度,mm;

T——键连接传递的转矩,N·mm;

$[\sigma]_{p}$——许用挤压应力,MPa,如表 5-2 所示,对于动连接的导键和滑键,应该以许用压强

$[p]$代替式中的$[\sigma]_p$。

在式(5-1)中假设载荷沿键长和键高均匀分布,因而是条件计算公式。

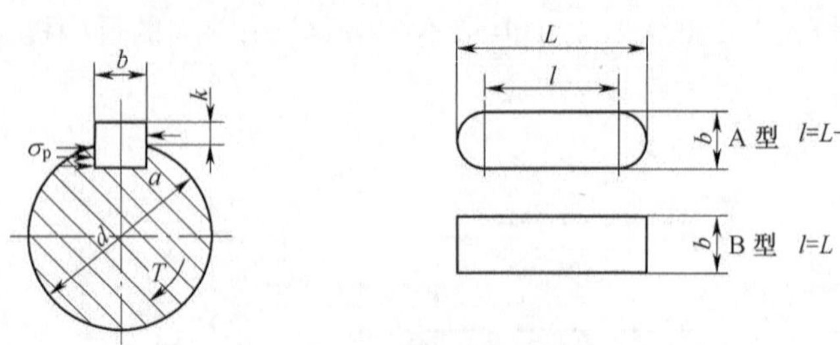

图 5-12 平键连接计算图

表 5-2 键连接的许用压应力和许用压强 单位:MPa

许用值	连接方式	轮毂或键的材料	载荷性质		
			静载荷	轻微冲击	冲击
$[\sigma]_p$	静连接	钢	125~150	100~120	60~90
		铸铁	70~80	50~60	30~45
$[p]$	动连接	钢	50	40	30
$[\tau]$	静连接	钢	120	90	60

注:① $[\sigma]_p$和$[p]$应该按连接中机械性能较低的材料选取。

② 动连接的相对滑动表面经过表面淬火,则$[p]$可以提高到两三倍。

2. 半圆键连接的强度计算(见图 5-13)

半圆键的主要失效形式是工作面挤压(压溃)失效和剪切失效,其挤压失效强度计算公式可以参照公式(5-1)导出。剪切失效计算公式为

$$\tau = \frac{2T}{dbl} \leqslant [\tau] \tag{5-2}$$

式中 l——键的工作长度,mm,取$l=L$(L为键的公称长度);

b——键宽,mm;

$[\tau]$——许用剪应力,MPa,如表 5-2 所示。

3. 切向键连接强度计算(见图 5-14)

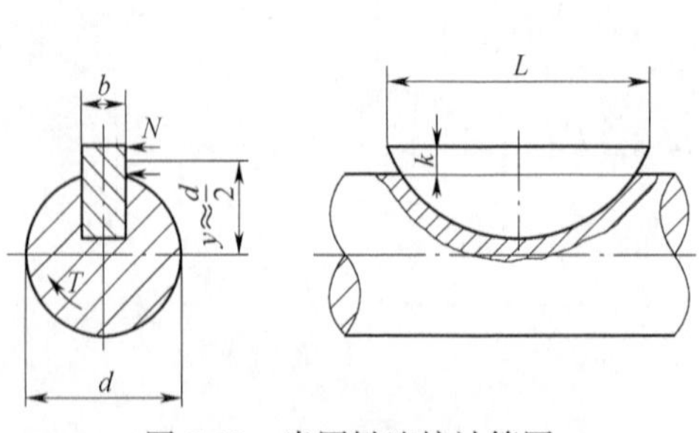

图 5-13 半圆键连接计算图

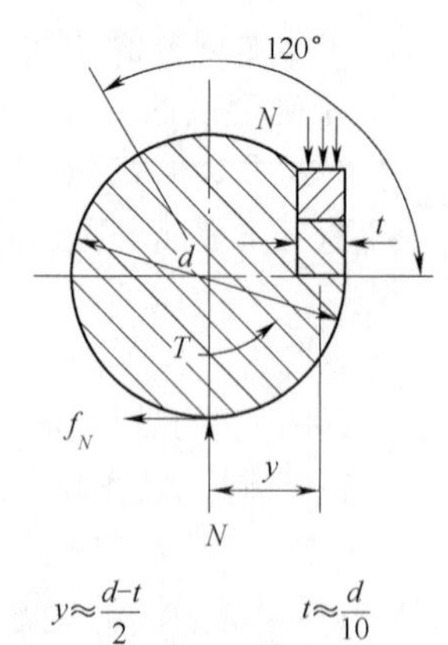

图 5-14 切向键连接计算图

切向键的主要失效形式是挤压失效。设压应力 σ_p 沿键长和键宽均匀分布，其合力用 N 力代替，则 $N=(t-c)l\sigma_p$，N 力与轴中心的距离 $y=(d-t)/2=0.45d$，式中 $t\approx0.1d$，为键槽深度。C 为键倒角。把键和轴作为一体，对轴中心取力矩平衡，得 $T=N\mu\dfrac{d}{2}+N$，代入 y 和 N 的值，得出挤压强度计算公式

$$\sigma_p=\frac{T}{dl(t-c)(0.5\mu+0.45)}\leqslant[\sigma]_p \tag{5-3}$$

式中 T——转矩，N · mm；

d——键宽，mm；

l——键的接触长度，mm；

μ——键与毂槽（或轴槽）之间的摩擦因数，$\mu=0.12\sim0.17$；

$[\sigma]_p$——许用挤压应力，MPa，如表 4-2 所示。

键的材料采用抗拉强度不小于 600 MPa 的精拔钢，若强度不足，可采用双键，两个平键按 180°布置，两个楔键可相隔90°～120°布置，两个半圆键应按轴向布置在一条直线上，考虑到双键载荷分布的不均匀性，在强度校核时按 1.5 个键计算。如果轮毂能加长，也可以适当加长键，但是键长一般不宜超过（1.6～1.8）d，否则沿键的长度载荷分布不均匀严重。

5.3 花键连接

5.3.1 花键连接的类型、特点和应用

花键连接由内花键和外花键组成（见图 5-15），它靠轴上花键齿的侧面传递转矩。按齿形分为矩形花键和渐开线花键两种。与平键相比，花键的优点有接触齿数多，接触面积大，承载能力大。齿槽浅，齿根应力集中小。制造精度高，轴与轮毂对中性好。对于动连接有较好的导向性。

矩形花键（见图 5-16）的主要参数：齿数 N、小径 d、大径 D、键宽 B，分为轻系列和中系列两个系列，轻系列承载能力较小。采用小径对中，标记方法为 $N\times d\times D\times B$。花键可以采用热处理以提高其耐磨性，用磨削加工以提高其精度。

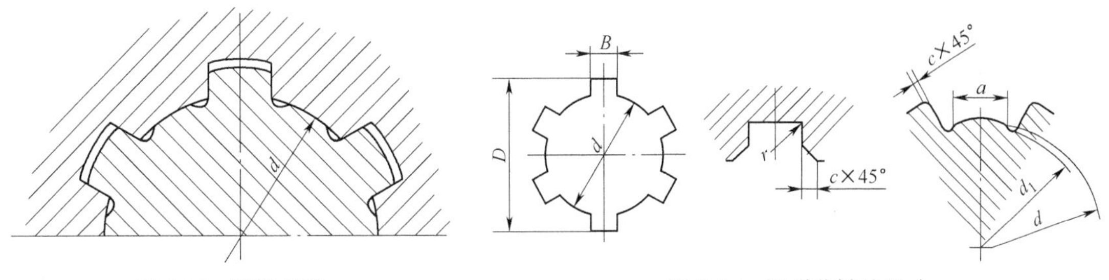

图 5-15 矩形花键　　　　图 5-16 矩形花键的尺寸

渐开线花键（见图 5-17）的齿廓是渐开线。渐开线花键的压力角有 30°、37.5°、45°等几种。模数 0.5～10 mm 共 15 种。渐开线花键齿根较厚，齿根圆角大，强度高，有较大的承载能

力,可以用加工齿轮的方法和设备进行加工,工艺性较好。靠齿侧面接触定心,定心精度高,有利于各齿之间的均载。

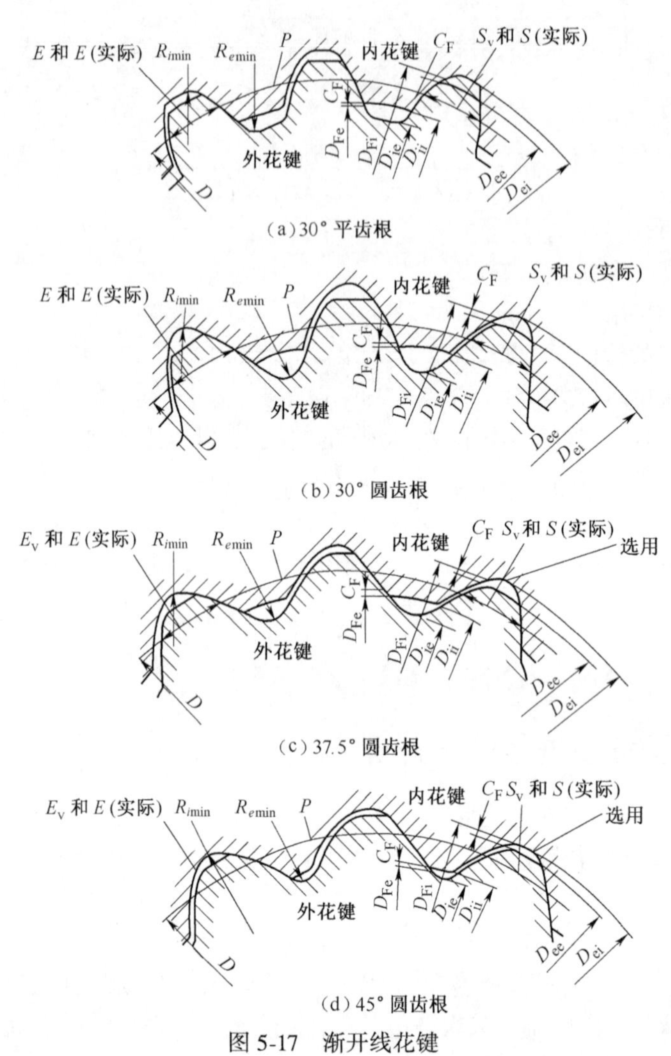

(a) 30° 平齿根

(b) 30° 圆齿根

(c) 37.5° 圆齿根

(d) 45° 圆齿根

图 5-17 渐开线花键

5.3.2 花键连接的设计

静连接花键的主要失效形式是表面挤压。如图 5-18 所示,因此要限制其表面的应力不得大于许用挤压应力$[\sigma]_p$。强度计算公式

$$\sigma_p = \frac{2T}{\psi z d_m l h} \leqslant [\sigma]_p \tag{5-4}$$

式中 T——转矩,N · mm;

ψ——载荷分布不均匀系数,取 0.7~0.8;

z——花键齿数;

l——键的接触长度,mm;

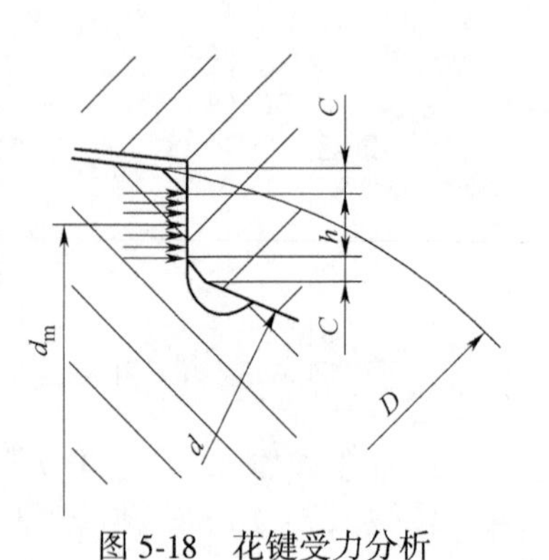

图 5-18 花键受力分析

d_m——花键平均直径，$d_m=(D+d)/2$；

h——花键齿工作高度，$h=(D-d)/2-2C$，C为键齿倒角；

$[\sigma]_p$——许用挤压应力，MPa，表5-3，动连接取许用压强$[p]$。

表5-3　花键连接的许用挤压应力$[\sigma]_p$和许用压强$[p]$

连接工作方式	使用和制造情况	$[\sigma]_p$或$[p]$/MPa	
		齿面未经热处理	齿面经过热处理
静连接	不良	35~50	40~70
	中等	60~100	100~140
	良好	80~120	120~200
空载下移动的动连接	不良	15~20	20~35
	中等	20~30	30~60
	良好	25~40	40~70
在载荷作用下移动的动连接	不良	—	3~10
	中等	—	5~15
	良好	—	10~20

注：①使用和制造情况不良是指受变载，有双向冲击，振动频率高和振幅大，动连接时润滑不良，材料硬度不高或精度不高等。

② 同一情况下的较小许用值用于工作时间长和较重要的场合。

5.4　过盈配合连接

5.4.1　过盈配合连接的特点及应用

过盈配合连接结构如图5-19所示，轴的直径稍大于孔的直径，在把轴装入孔以后，二者接触表面产生很大的压紧力，因而产生足够的摩擦力，用以传递轴向力或转矩。过盈配合结构简单，轴与轮毂对中好，但是过盈连接要求加工精度高，装配和拆卸都很困难。过盈配合连接可以采用压入法或温差法装配。压入法装配使配合表面的微观凸起被压平，会压伤配合表面并影响承载能力。为了装配方便，应该在轴和孔的压入端安设引导锥锥面，并在压入时对配合表面进行润滑。采用加热包围件或冷却被包围件的方法，可以使装配时不需要压入力，此种方法称为**温差法**。对于需要多次装拆，重复使用的过盈配合连接，可以设置辅助装拆结构，如图5-20所示的带有液压辅助拆装的结构，装拆时拧开螺塞，向配合面通入高压油。

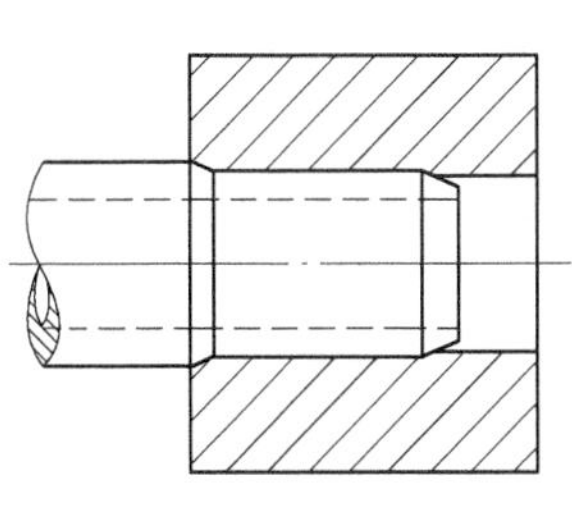

图5-19　过盈连接

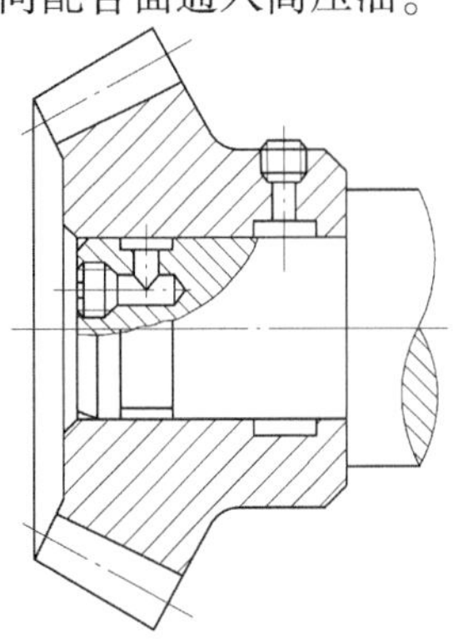

图5-20　液压辅助拆卸结构

5.4.2 过盈配合连接的设计计算

1. 根据载荷确定过盈量

过盈连接在装配以后在接触面之间产生压力,在轴和孔材料的径向和切线方向产生的应力分布,是轴对称应力,如图 5-21 所示。图 5-21 所示为空心轴的应力分布。

过盈配合的实际过盈量 Δ(μm)与在接触面之间产生的压应力 p(MPa)有如下的关系:

$$\Delta = pd\left(\frac{C_1}{E_1} + \frac{C_2}{E_2}\right) \times 10^3 \tag{5-5}$$

式中 d——配合面直径,mm;

E_1、E_2——轴材料和轮毂材料的弹性模量,MPa;

C_1、C_2——轴材料和轮毂材料的刚性系数,$C_1 = \dfrac{d^2 + d_1^2}{d^2 - d_1^2} - \mu_1$,$C_2 = \dfrac{d_2^2 + d^2}{d_2^2 - d^2} + \mu_2$,其中,$d_1$ 为空心轴内径,d_2 为轮毂外径,μ_1、μ_2 为轴材料和轮毂材料的泊松比,对于钢 $\mu = 0.3$,对于铸铁 $\mu = 0.25$。

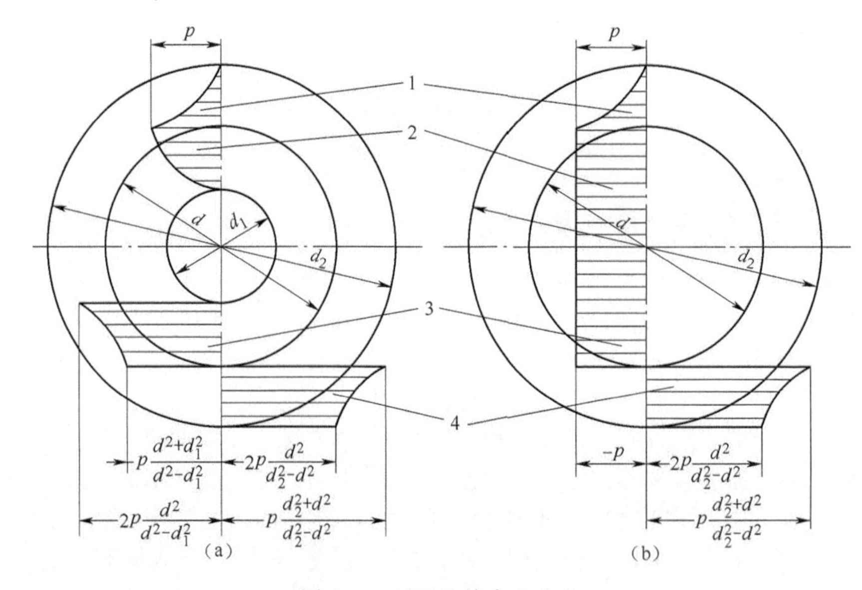

图 5-21 过盈连接应力分布

1—包围件(轮毂)的径向应力(压应力);2—被包围件(轴)的径向应力(压应力);

3—被包围件(轴)的周向应力(压应力);4—包围件(轮毂)的周向应力(拉应力)

设计过盈配合零件,要按极限与配合标准选择轴与孔的公差,计算出最大过盈和最小过盈。要求对于最小过盈,过盈配合能够产生足够的压力 p,传递轴毂连接的工作载荷,对于最大过盈,轴的最大应力不会超过许用值。若过盈连接受轴向力 F 或受转矩 T,则过盈连接能够传递的最大轴向力应该为 F_{max},能够传递的最大转矩为 T_{max},并有以下关系:

$$F_{max} = \pi dlp\mu_f \geqslant F \tag{5-6}$$

$$T_{max} = \pi d^2 lp\mu_f / 2 \geqslant T \tag{5-7}$$

式中 l——配合长度,mm;

μ_f——结合面间的摩擦因数,如表5-4所示。

表5-4 过盈配合的摩擦因数μ_f

压入法			膨胀法		
零件材料	无润滑μ_f	有润滑μ_f	零件材料	结合方式,润滑状况	μ_f
钢-铸钢	0.11	0.08	钢-钢	油压扩孔,压力油为矿物油	0.125
钢-结构钢	0.10	0.07		油压扩孔,压力油为甘油	0.18
钢-优质结构钢	0.11	0.08		孔零件电炉加热300℃	0.14
钢-青铜	0.15~0.20	0.03~0.06		孔零件电炉加热300℃,结合面脱脂	0.2
钢-铸铁	0.12~0.25	0.10~0.15	钢-铸铁	油压扩孔,压力油为矿物油	0.1
铸铁-铸铁	0.15~0.25	0.10~0.15	钢-铝镁合金	无润滑	0.10~0.15

如果过盈配合连接传递轴向力F和转矩T的综合作用,则应使最大摩擦力满足下式:

$$\pi dlp\mu_f \geqslant \sqrt{F^2 + \left(\frac{2T}{d}\right)^2} \tag{5-8}$$

表5-3给出了一些摩擦因数参考值,供设计者参考。

2. 校核过盈配合零件的强度

如果轮毂材料为脆性材料,其抗拉强度为σ_{b2},则应该按第二强度理论,按轮毂内表面的最大拉应力计算孔的强度。强度条件为

$$p\frac{d_2^2 + d^2}{d_2^2 - d^2} \leqslant \frac{\sigma_{b2}}{S} \tag{5-9}$$

式中 S——安全系数,可取$S=2\sim3$。

如果轮毂材料为塑性材料,其屈服强度为σ_{S2},则应该按第四强度理论,按轮毂内表面的当量应力计算孔的强度。强度条件为

$$p\frac{\sqrt{3d_2^4 + d^4}}{d_2^2 - d^2} \leqslant \sigma_{S2} \tag{5-10}$$

对于空心轴,若轴为脆性材料,其抗拉强度为σ_{b1},则按轴的内表面的最大拉应力计算轴的强度。强度条件为

$$2p\frac{d^2}{d^2 - d_1^2} \leqslant \frac{\sigma_{b1}}{S} \tag{5-11}$$

式中 S——安全系数,可取$S=2\sim3$。

对于空心轴,若轴为塑性材料,其屈服强度为σ_{S1},则应该按第四强度理论,按轴的内表面的最大拉应力计算孔的强度。强度条件为

$$2p\frac{d^2}{d^2 - d_1^2} \leqslant \sigma_{S1} \tag{5-12}$$

3. 过盈配合装配条件的计算

采用压入法装配,需要计算最大压入力F_i:

$$F_i = \pi dlp\mu_f \tag{5-13}$$

在利用上式计算时应注意,压入时将零件表面粗糙度压平,而使过盈量减小,计算压力 p 时式(5-5)中的实际过盈量 Δ 等于由“极限与配合”国家标准中查得的最大过盈 Y_{max},减去被压平的部分:

$$\Delta = Y_{max} - 0.8(Rz_A + Rz_B) \tag{5-14}$$

式中 Rz_A、Rz_B——轴和孔表面轮廓的最大高度,选择压入设备应该使其工作能力大于所需压入力的 1.5 倍。

采用加热外面的包容件(轮毂)的装配方法,为了容易装入,应该使孔直径稍大于轴直径,这一间隙 Δ_0,推荐取为 H7/g6 配合的最小间隙。加热温度 t_2 可以按下式计算

$$t_2 = \frac{Y_{max} + \Delta_0}{\alpha d \times 10^3} + t_0 \tag{5-15}$$

式中 Y_{max}——最大过盈;

α——包容件(轮毂)材料的线膨胀系数,℃;

t_0——环境温度,一般取为 20℃。

例题 5-1 图 5-22 所示为一蜗轮,为了节省贵金属,轮缘材料采用铸造锡青铜 ZCuSn10P1,轮芯材料为灰铸铁 HT200。二者采用过盈配合 ϕ240H7/u6,配合表面粗糙度 $Rz_A = 6.3\mu m$,$Rz_B = 12.6\mu m$。摩擦因数 $\mu_f = 0.1$。配合部分主要尺寸如图 5-23 所示。试计算:此配合能够传递的转矩,零件的强度是否足够。装配所需的压入力和加入装配所需的温度。

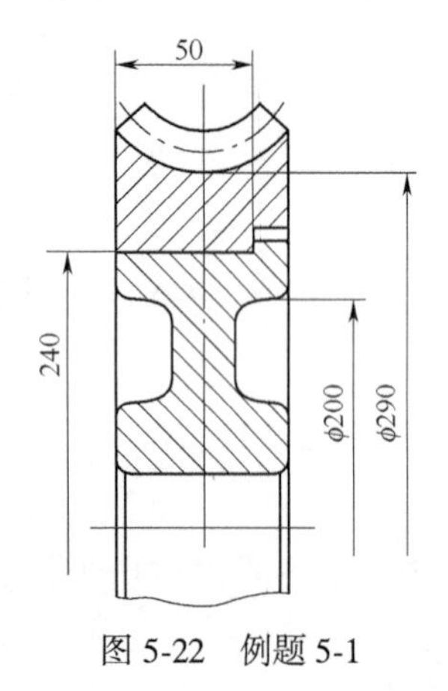

图 5-22 例题 5-1

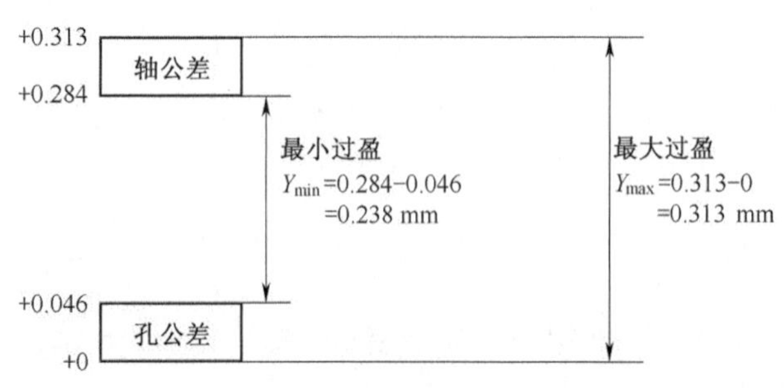

图 5-23 蜗轮的配合尺寸公差

解:(1)求最大过盈和最小过盈。查《机械设计手册》得到 ϕ240H7/u6 轴与孔的公差,其尺寸如图 5-23 所示。由此求得最大过盈 $Y_{max} = 0.313$ mm,最小过盈 $Y_{min} = 0.238$ mm。

(2)按最小过盈计算能够传递的最大转矩 T_{max},即工作力矩不能超过此值。

由式(5-7):$T_{max} = \pi d^2 l p \mu_f / 2 \geqslant T$

由式(5-14)求实际过盈量

$$\Delta = Y_{min} - 0.8(Rz_A + Rz_B) = 238 - 0.8(6.3 + 12.6) = 222.9(\mu m)$$

由式(5-5)得

$$\Delta = pd\left(\frac{C_1}{E_1} + \frac{C_2}{E_2}\right) \times 10^3$$

式中 C_1、C_2——轴材料和轮毂材料的刚性系数。

$$C_1=\frac{d^2+d_1^2}{d^2-d_1^2}-\mu_1=\frac{240^2+200^2}{240^2-200^2}-0.25=5.3$$

$$C_2=\frac{d_2^2+d^2}{d_2^2-d^2}+\mu_2=\frac{290^2+200^2}{290^2-200^2}+0.25=3.06$$

轮毂为铸铁，弹性模量 $E_1=120\ \text{GPa}$，泊松比 $\mu_1=0.25$；轮缘为青铜，弹性模量 $E_2=105\ \text{GPa}$，泊松比 $\mu_2=0.25$。

由此得到
$$\left(\frac{C_1}{E_1}+\frac{C_2}{E_2}\right)=\frac{5.3}{120\ 000}+\frac{3.06}{105\ 000}=7.33\times10^{-5}$$

代入式(5-5)，得到对于最小过盈，结合面之间压力 p 为

$$\Delta=pd\times7.33\times10^{-5}\times10^3$$

$$p=\frac{\Delta}{d\times7.33\times10^{-2}}=\frac{222.9}{240\times7.33\times10^{-2}}=12.7(\text{MPa})$$

求此配合能够传递的最大转矩，当配合为最小过盈时能够传递的最大转矩按由式(5-7)计算

$$T_{\max}=\pi d^2lp\mu_f/2=\pi240^2\times50\times12.7\times0.1/2=11\ 491(\text{N}\cdot\text{m})$$

(3)核验轮芯和轮缘的强度。轮芯材料是灰铸铁HT200，为脆性材料，应该按式(5-11)核验其强度。计算公式为

$$2p\frac{d^2}{d^2-d_1^2}=2\times12.7\times\frac{240^2}{240^2-200^2}=83.2(\text{MPa})\leqslant\frac{\sigma_{b1}}{S}=170/2=85(\text{MPa})$$

由国家标准GB/T 9439—2010，HT200的抗拉强度 $\sigma_b=170\ \text{MPa}$(壁厚20~30 mm)。

轮缘材料铸造锡青铜ZCuSn10P1为塑性材料，屈服强度 $R_{P0.2}=130\ \text{MPa}$，应该按式(5-10)核验其强度：$p\frac{\sqrt{3d_2^4+d^4}}{d_2^2-d^2}=12.7\times\frac{\sqrt{3\times290^4+200^4}}{290^2-200^2}=43.5(\text{MPa})\leqslant\sigma_{S2}R_{P0.2}=130(\text{MPa})$。

校核结果：轮毂和轮芯强度安全。

(4)计算装配所需的压入力。利用式(5-13)按最大过盈 $Y_{\max}$ 计算所需压入力。

计算公式：$F_i=\pi dlp\mu_f$

由式(5-14)求实际过盈量 $\Delta=Y_{\max}-0.8(Rz_A+Rz_B)=313-0.8(6.3+12.6)=297.9(\mu\text{m})$

由式(5-5)求结合面压力 p_i

$$297.9=p_i\times240\times7.33\times10^{-5}\times10^3$$

由上式得 $p_i=16.9\ \text{MPa}$

由式(5-13)计算最大压入力 $F_i=\pi dlp\mu_f=\pi\times240\times50\times16.9\times0.1=63\ 712(\text{N})$

(5)计算装配所需的温度。由式(5-15)计算装配所需的温度

$$t_2=\frac{Y_{\max}+\Delta_0}{\alpha d\times10^3}+t_0=\frac{313+15}{17.6\times10^{-6}\times240\times10^3}+20=97.7\ ℃$$

其中Δ_0为$\phi 240H7/g6$配合的最小间隙,查公差表轴公差$\phi 240_{-44}^{-15}$,孔公差$\phi 240_{+0}^{+46}$,由此得到$\Delta_0 = 15\ \mu m$。包容件(轮毂)材料的线膨胀系数$\alpha = 17.6\times 10^{-6}$(℃$^{-1}$)。

5.5 胀套连接

胀套连接靠轴向压紧的螺纹连接使相互压紧的锥形内套径向收缩压紧轴,外套向外胀大压紧孔而产生摩擦力,可以传递轴向力或转矩(见图 5-24)。胀紧连接套已经标准化(JB/T 7934—1999),如表 5-5、图 5-24、图 5-25 所示。与过盈连接相比,胀套连接的主要优点是装拆方便,特别适用于大直径轴与孔的连接。由于在压紧过程中轴向压紧力逐级减弱,所以锥形套的级数不可过多。通常单向压紧不超过 4 对锥形套,双向压紧不超过 8 对锥形套。胀套连接设计计算、标准见参考文献[18],受力分析见参考文献[24]。

表 5-5 常用胀套连接的类型、应用范围和轴、孔的公差

胀紧套形式	轴直径 d 尺寸范围/mm	轴 的 公 差	孔 的 公 差	能传递的最大轴向力与转矩	
				轴向力/kN	转矩/(N · m)
Z1	10~500	$d\leqslant 38$ mm-h6 $d>38$ mm-h8	$d\leqslant 38$ mm-H7 $d>38$ mm-H8	0.7~1 110	2~278 000
Z2	20~1 000	h7 或 h8	H7 或 H8	27~4 000	270~2 000 000
Z3	20~150	h8	H8	30~380	300~2 850
Z4	80~300	h9 或 k9	N9 或 H9	190~1 650	6 850~245 000
Z5	* 100~600	h8	H8	288~4 610	14 400~1 380 000

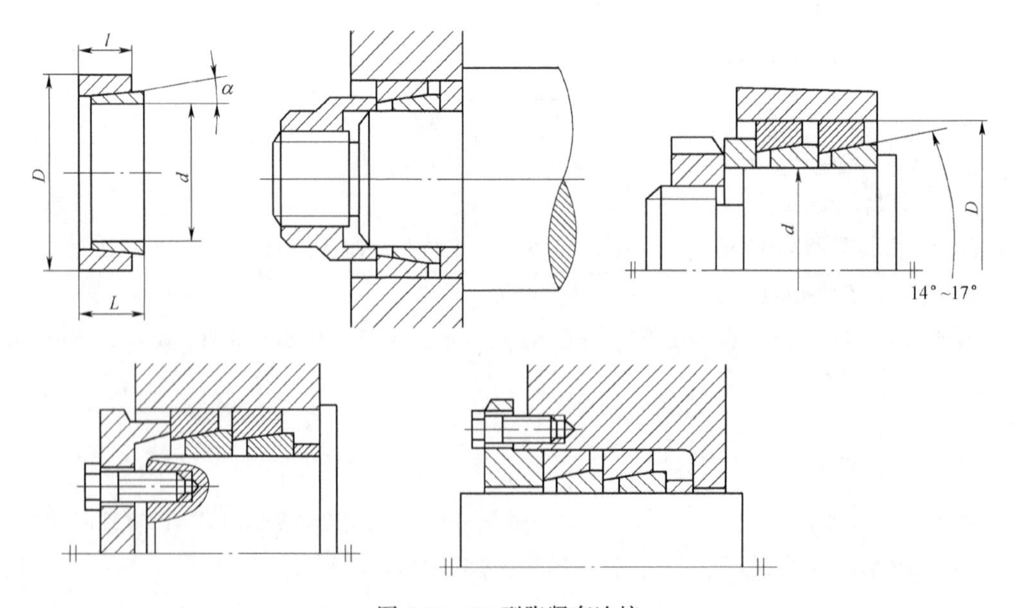

图 5-24 Z1 型胀紧套连接

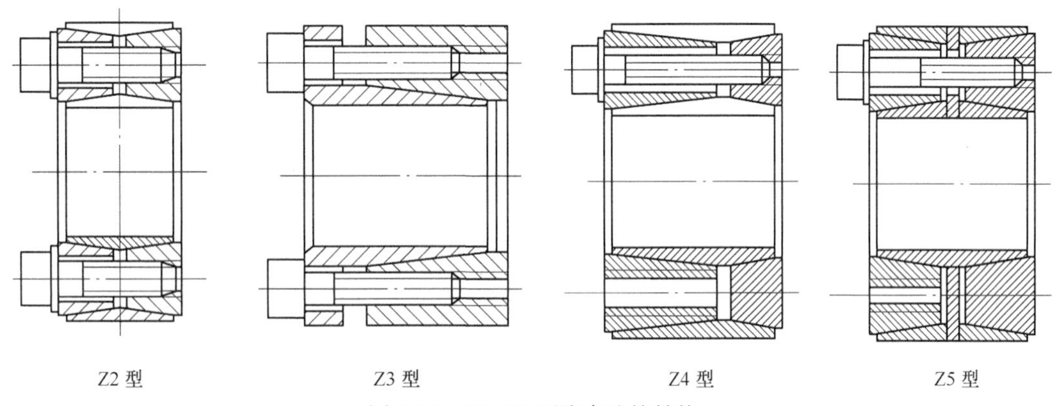

图 5-25　Z2～Z5 型胀套连接结构

5.6　型 面 连 接

型面连接是一种光滑非圆表面构成的连接(见图 5-26)。轴的孔可以作成柱形或锥形,型面连接的特点有:装拆方便,对中性好;没有应力集中源,应力集中很小时的受力情况,如图 5-27 所示;加工需要专用设备。

设计型面连接可以见参考文献[18]、[20,第 2 卷,第 5 篇]。

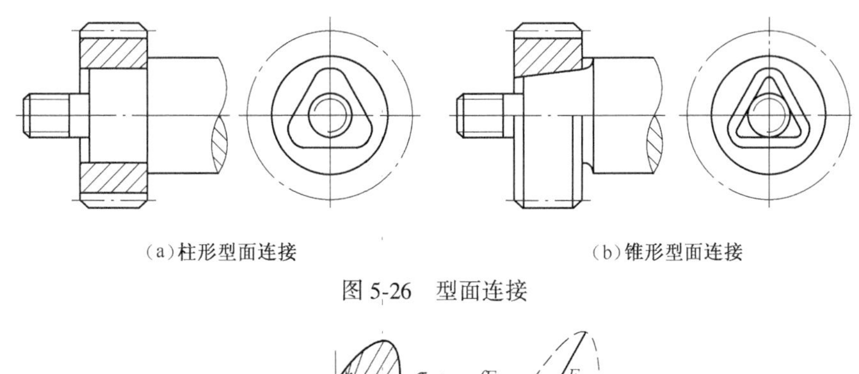

图 5-26　型面连接

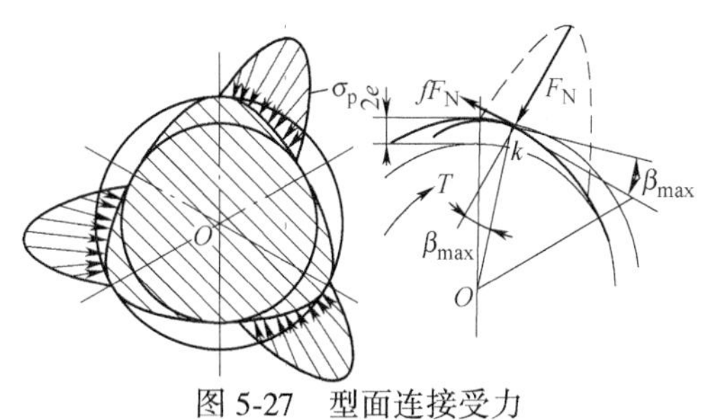

图 5-27　型面连接受力

思考题、讨论题和习题

5-1　轴毂连接一章的典型性和实用性如何体现?学习时应该注意哪些问题?

5-2　各种键的发展顺序应该是怎么样的?轴毂连接传递功率和转速的增加,对于它的结构发展有什么影响?

5-3　平键、楔键轴和轮毂的键槽是如何加工的?

5-4　平键、矩形花键的公差如何选择和标注?

5-5　矩形花键的对中形式,过去的标准规定有小径对中、大径对中、齿侧对中三种形式,而新的国家标准只规定一种“小径对中”,这是为什么?

5-6　图 5-28 所示减速器的低速轴与联轴器和圆柱齿分别用键连接。已知传递的转矩 $T=6\ 500\ \mathrm{N\cdot m}$,齿轮材料为 40Cr 合金钢,联轴器材料为 45 号锻钢,工作时有冲击,尺寸如图 5-28所示,试选择键的类型和尺寸,校核强度。

5-7　图 5-29 所示 LN8 型芯型弹性联轴器(GB/T 10614—2008)轴孔直径 $d=60$ mm,长度 $L=142$ mm,传递转矩 $T=630\ \mathrm{N\cdot m}$,许用转速 2 000 r/min,联轴器材料 45 号锻钢。试确定平键连接尺寸。

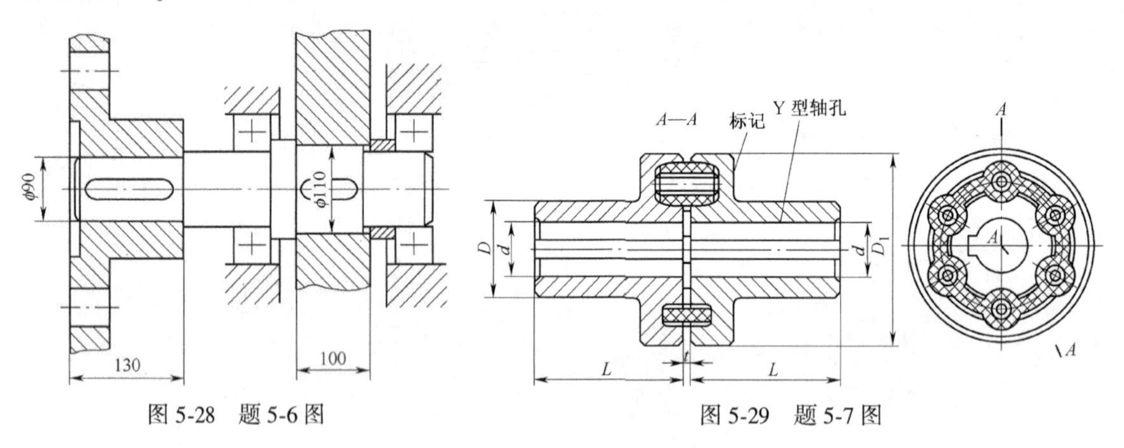

图 5-28　题 5-6 图　　　　图 5-29　题 5-7 图

5-8　图 5-30 所示变速箱中的滑移齿轮,采用矩形花键连接。齿轮在空载下移动,工作情况良好,轴大径 $D=72$ mm,齿轮轮毂长度 $L=1.5D$,齿轮和轴的材料为合金结构钢,硬度 30HRC 试选择花键定心方法,求能够传递的转矩,给出图上标注的代号。

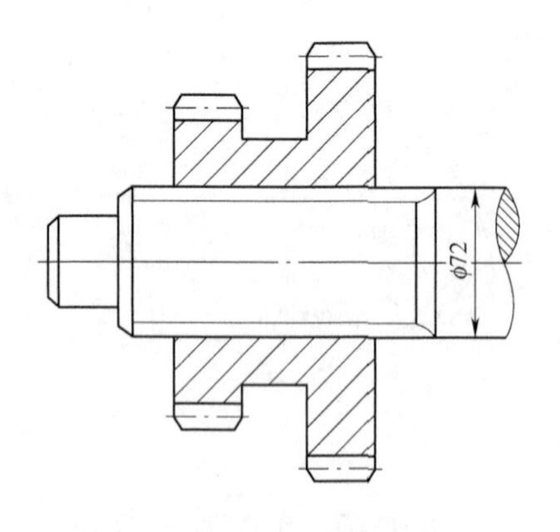

图 5-30　题 5-8 图

5-9　图 5-31 所示为用圆柱销作为轴向键连接,连接轴与轮毂。试分析此种连接方法,与普通平键相比的优缺点,提出可能的失效形式,并导出强度计算公式。

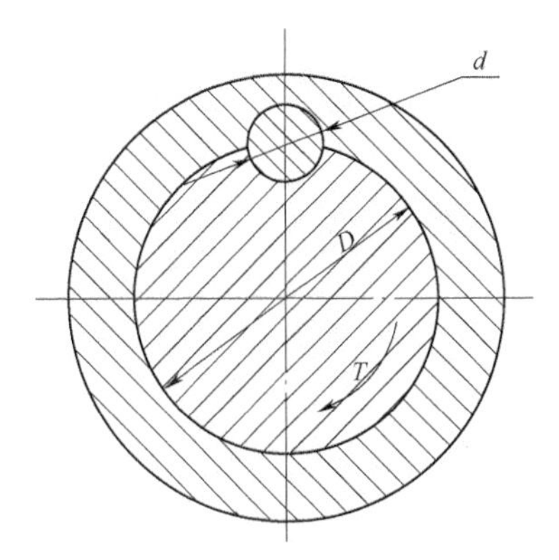

图 5-31 题 5-9 图

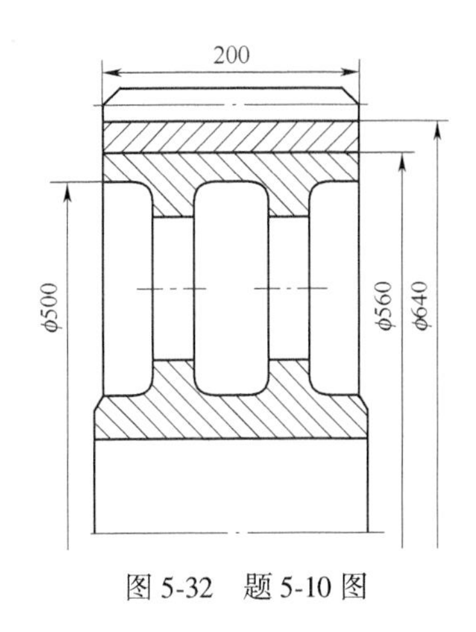

图 5-32 题 5-10 图

5-10 图 5-32 所示为一个合金钢制 40Cr 表面淬火轮缘,用过盈配合连接安装在 HT250 制造的轮芯上面,连接传递的转矩 10 000 N·m,常温下工作,配合表面粗糙度 $Rz6.3$ μm,摩擦因数 $\mu_f=0.08$。设计此过盈连接。

5-11 设计斜齿圆柱齿轮与轴的过盈配合,轴转速 31 r/min,齿轮转矩 $T=6.2\times10^4$ N·m,受轴向力 $F_a=2\times10^4$ N,轴材料为 42CrMoA,屈服强度 930 MPa,齿轮材料 45 钢,屈服强度 355 MPa。轴与轮毂配合直径 $d=250$ mm,配合面长度 $l=300$ mm。轮毂外径 $d_2=320$ mm,轴表面粗糙度 $Rz_A3.2$ μm,孔表面粗糙度 $Rz_B6.3$ μm,按过盈配合传递全部载荷,键只起辅助作用。设计此过盈配合。

5-12 图 5-3(b)所示为圆锥面过盈配合连接,设 d_m 为圆锥平均直径,l 为配合长度,α 为半锥角,μ_f 为摩擦因数。许用压强为 p。试导出可传递转矩 T 和所需轴向压力 F,并给出自锁条件。

5-13 如果题 5-11 的过盈配合,改为用胀套连接,试参考有关手册选择合适的胀套连接的类型和尺寸。

第3篇　机械传动件设计

第6章　带　传　动

【学习提示】

①传动带是标准零件,学习中要了解带的各项标准,如不同类型及型号带的截面及基本参数、带轮直径、带长、传递的基本额定功率等,以便设计时熟练选取。

②注意带传动、链传动、滚动轴承等标准件的设计,其共性是属于选择性设计,不同于非标准件的设计性设计,如齿轮传动设计。

③了解挠性传动的应用特点,并了解其中的摩擦型带传动、啮合型带传动及链传动的各自特性。

④掌握带传动设计的三个过程:一是选择类型,善于根据使用环境、工况要求选择带的类型(普通V带、窄V带、齿形V带、联组V带、楔形带及同步带等);二是确定型号;三是确定尺寸。如V带传动通过设计计算确定某型号带的根数、同步带的宽度等。因此,带传动的类型选择、结构特点及选择原则作为本章的基本知识点。

⑤对摩擦型带传动的基本理论部分(见6.4节)必须深刻理解。受力分析、应力分析、失效分析及基于以上分析基础上形成的设计准则等内容是本章的核心内容,是提高带传动设计能力的基石。

⑥对V带传动设计计算的基本方法(见6.5节)必须灵活应用。掌握设计方法,熟悉设计过程及参数选择等都是将带传动基本理论运用到工程实践中的重要载体。通过例题学习及完成习题达到应用效果。

6.1　概　　述

带传动是由带和带轮组成传递运动和(或)动力的传动。它由主动轮1、从动轮2和带3组成(见图6-1)。通过中间挠性曳引元件传递运动和动力的传动,通常称为**挠性传动**。中间挠性曳引元件有带和链(见图6-2)两大类。

带的挠曲性由带材料的弹性来实现,而链的挠曲性由链的结构设计来实现,刚性链节通过链节间的回转副使链节能绕在链轮上产生挠曲。两者的伸曲原理不同,传递运动和动力的特性有显著差异。带因其固有的弹性特性,运转时具有良好的动力特性,起到缓和冲击、吸收振动和噪声小的优点。此外,摩擦型带传动在打滑时可以对传动系统起安全保护作用。带传动的缺点是因带传动具有弹性滑动，从而造成传动比不准确、效率低，不宜用于易燃易爆场合，带的寿命和传动功率小于齿轮传动。

带传动主要运用场合：一是传动系统需要良好的动力特性；二是传递中心距较大的地方（见图 6-3），采用带传动替代多个齿轮传动，结构简单；三是较方便地实现多轴间的运动与动力的传递，图 6-4 所示为汽车发动机通过带传动将曲轴上主动带轮上的运动和转矩分别传递到发动机的各辅助装置，如发电机、空调压缩机、风扇、水泵等。

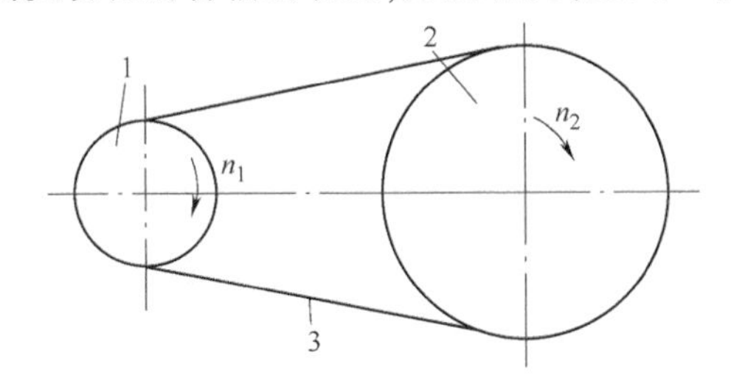

图 6-1 带传动简图

1—主动轮；2—从动轮；3—带

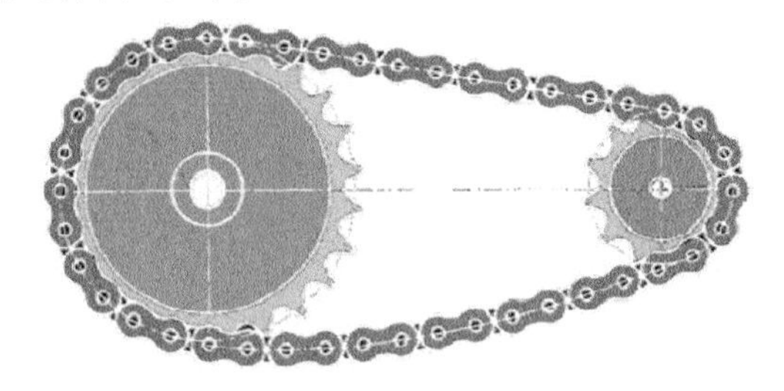

图 6-2 滚子链传动图

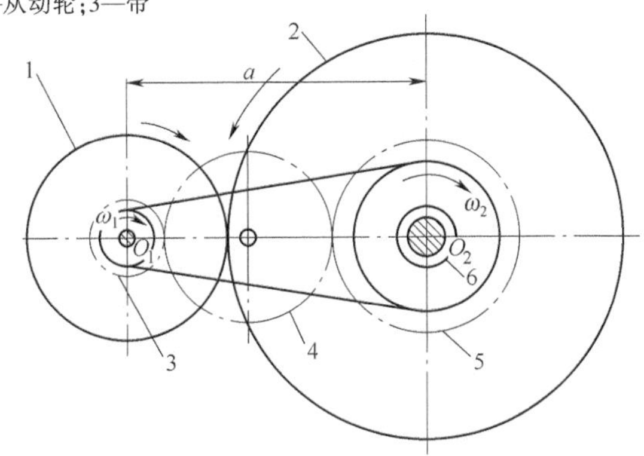

图 6-3 中心距较大的传动系统简图

图 6-4 汽车发动机多轴传动系统

6.2 带传动的基本知识

6.2.1 带传动的类型

从不同角度分类,带传动有如下三种分类:

(1)按照带传动的布置形式:目前主要采用开口传动(见图 6-5)。

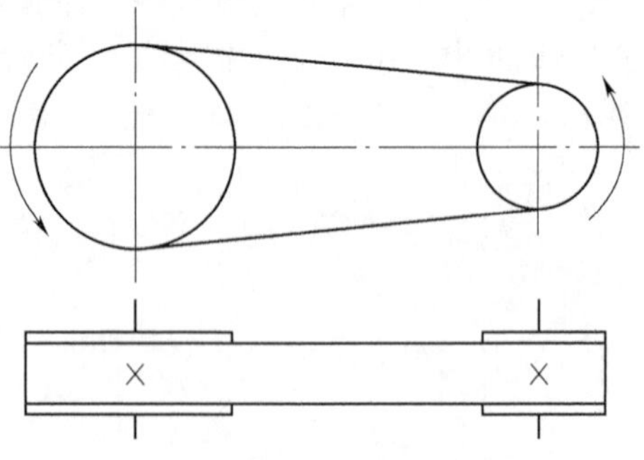

图 6-5 开口传动带传动

(2)按照传动带的横截面形状可以分为平带传动、V 带传动和圆带传动(见图 6-6)。

V 带传动又可分为普通 V 带传动、窄 V 带传动、多楔带传动、联组 V 带传动和齿形 V 带传动等(见图 6-7)。

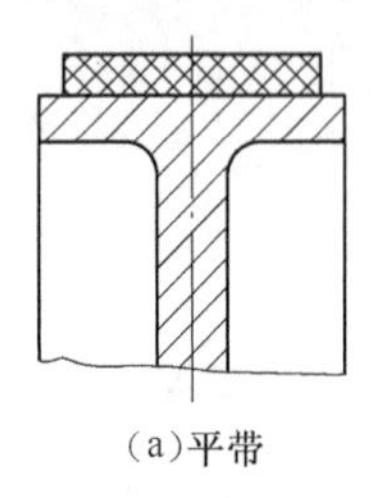

(a)平带

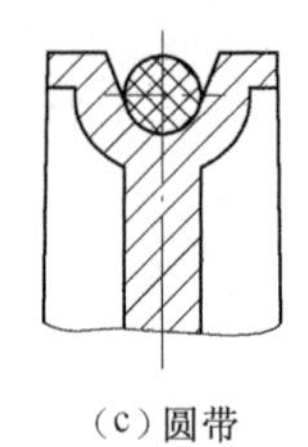

(b)V 带

(c)圆带

图 6-6 带传动截面形状

(3)按照传动带工作原理可分为力闭合带传动(摩擦型带传动)(见图 6-7)和形闭合带传动(啮合型带传动)(见图 6-8)。力闭合带传动的工作原理是靠带与带轮间的摩擦实现传力;形闭合带传动是靠带和带轮齿的形状实现传力(同步带传动)。

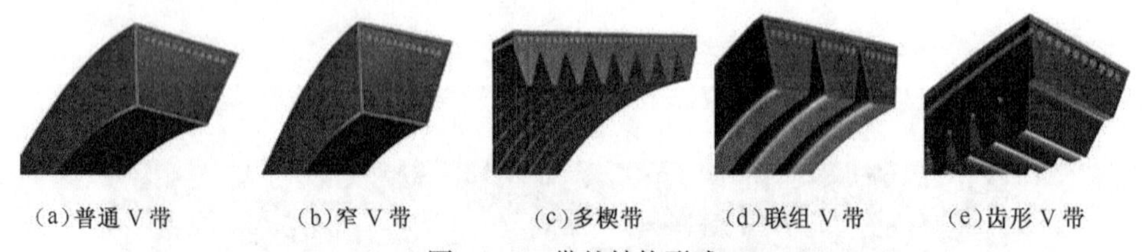

(a)普通 V 带 (b)窄 V 带 (c)多楔带 (d)联组 V 带 (e)齿形 V 带

图 6-7 V 带的结构形式

图 6-8 啮合型带传动

6.2.2 各类带传动的特点及应用

平带传动:平带截面系扁平矩形,具有较好柔顺性,有胶帆布芯平带、编织平带、锦纶片平带和高速环形胶带等形式。平带传递功率及速度范围较广。该传动具有结构简单、带长及带宽均无严格限制和便于选用等特点。由于 V 带与带轮的摩擦力大于平带传动,因此,一般情况下力闭合传动中 V 带传动应用更为广泛,而平带传动主要应用于中心距较大的场合。

圆带传动:圆带截面为圆形。传递功率较小,但结构简单,通常应用于小功率场合,如缝纫机、收录机等轻型机构。

V 带传动:V 带截面系等腰梯形。根据“楔形增压”原理,在相同径向压力 F_Q作用下,平带与带轮接触面上的极限摩擦力[见图 6-9(a)]

$$F_{\mu} = F_N\mu = F_Q\mu \tag{6-1}$$

式中 μ——摩擦因数。

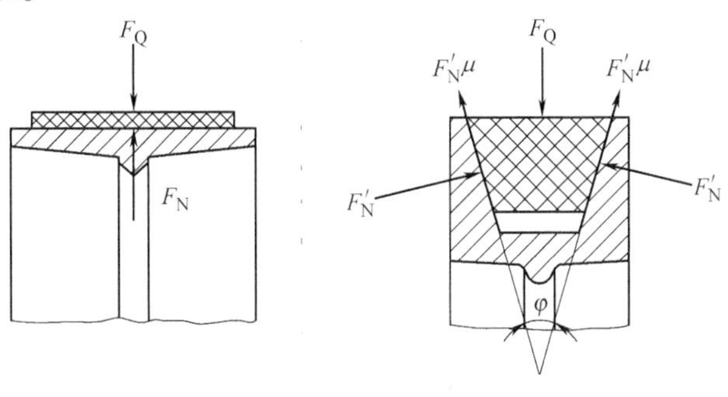

(a)平带 (b)V 带

图 6-9 平带和 V 带受力比较

对于 V 带,带的两个侧面与带轮轮槽面之间的法向压力 F'_N ,根据图 6-9(b)可得

$$F'_N = \frac{F_Q}{2\sin\dfrac{\varphi}{2}} \tag{6-2}$$

V 带接触面上的摩擦力 $F'_{\mu} = 2F'_N\mu$ (6-3)

用于传动的 F'_{μ} 的方向与纸面垂直,是带轮与带之间的有效摩擦力。

将式(6-2)代入该式得

$$F'_{\mu} = \frac{F_Q\mu}{\sin\dfrac{\varphi}{2}} = \mu_v F_Q \tag{6-4}$$

其中,$\mu_v = \dfrac{\mu}{\sin\dfrac{\varphi}{2}}$,μ_v 称为**当量摩擦因数**。

平面轮缘和 V 形轮缘接触面间的摩擦因数 μ 是相同的,当量摩擦因数是因为正压力 $F'_N \neq F_N$ 所形成的;φ 为带轮槽角,通常 φ 有 32°、34°、36°、38° 四种。

由于 $\sin\dfrac{\varphi}{2} < 1$,所以 $\mu_v > \mu$ 。比较式(6-1)和式(6-4)可知,V 带传动的摩擦力大于平带传动。

当φ =38°时，V 带传动的承载能力是平带传动的 3 倍多。因此，一般机械中多采用 V 带传动。

随着传动机械向大功率、高速度和适应环境多变的方向发展，V 带的结构不断创新和完善，以传统的普通 V 带为基础带的机构不断延伸，其中对于摩擦型单根 V 带传动通过 V 带的截面结构的演变，有宽 V 带（见图 6-11）、窄 V 带［见图 6-7(b)］和齿形 V 带［见图 6-7(e)］。

普通 V 带：带的楔角为 40°，相对高度（带高与节宽之比 h/b_p）近似等于 0.7 的 V 带。b_p为带的节宽（即带弯曲时该宽度保持不变）（见图 6-10）。

宽 V 带：带的相对高度 $h/b_p \approx 0.3$，呈扁平梯形截面。具有曲挠性好和侧压性能好的特点，主要用于无级变速传动（见图 6-11）。

由图 6-11 可知，当主动轴 Ⅰ 转速为常数时，通过改变轴向可移动锥盘间凹槽的距离，使传动带位于可变直径的传动状态，从而连续改变从动轴的转速，实现无级变速。图 6-11(a)、(b)、(c)给出了 3 种典型传动工况。带式无级变速器在汽车中已获得广泛应用。

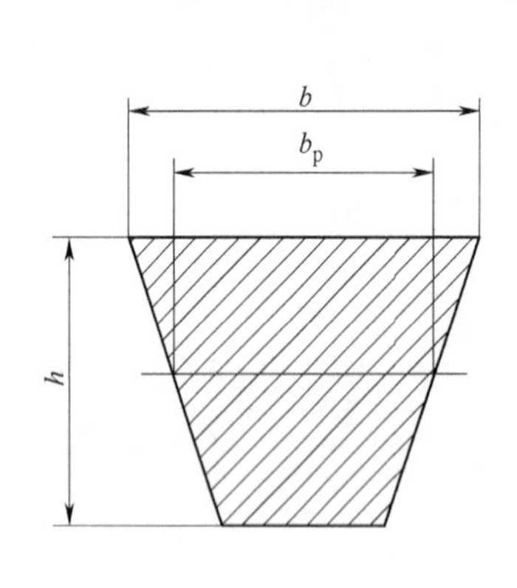

图 6-10　V 带的相对高度

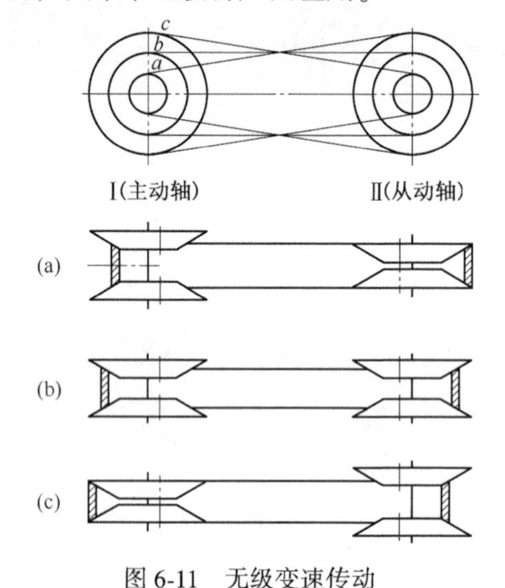

图 6-11　无级变速传动

窄 V 带：带的相对高度 $h/b_p \approx 0.9$（见图 6-12），此时窄 V 带的抗拉体材料向外移动，使承载层位置和带的传力位置向轮缘靠近，从而传递转矩增大，在相同传动尺寸下，提高了传递功率，较普通 V 带大 50%～150%。因此，窄 V 带更适应于大功率和结构要求紧凑的场合。

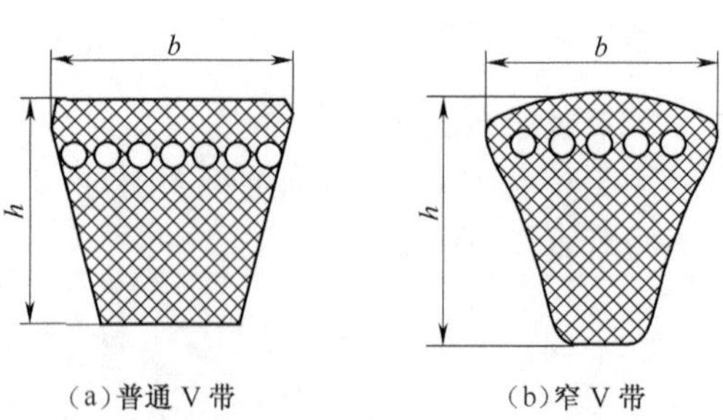

(a)普通 V 带　　(b)窄 V 带

图 6-12　窄 V 带与普通 V 带的比较

齿形 V 带：在普通 V 带基体上，内周制成齿形，增加了带的柔软性和散热性，因此广泛应用于空间小和散热要求高的场合，如汽车发动机辅助装置传动（见图 6-4）。

对于摩擦型多根 V 带传动通过改变带的结构，主要有联组 V 带传动［见图 6-7(d)］和多楔带传动［见图 6-7(c)］。

联组 V 带：联组 V 带由多根 V 带通过联组赋予各根带受力均匀，带的横向刚性和稳定性较好，运转平稳。因此，承载能力高，使用寿命长，适用于大功率传动。

多楔带:它是以平带为基体,在带内表面制有若干等距纵向三角形楔的组合体。因此,它兼有平带的轻薄柔软,又有 V 带的摩擦力大的优点,避免了 V 带根数多时带长不一致而引起的受力不均匀现象。适用于高速和大功率场合,目前已获得广泛的应用。

综上所述,摩擦型带传动已成为机械传动中一种不可替代的重要传动方式,应用范围广泛。一般带的工作速度为 5~25 m/s,高速带传动可达 30 m/s 以上,传递功率范围也较大,最大功率可达 700 kW,传动比 i 可达 7~10。

摩擦型带传动中带的弹性变形与带轮之间必然产生相对滑动,导致传动比 i 不稳定,这是该传动的致命弊端。在需要保持精确传动比 i 的场合,如精密机床、分度机构、机器人及发动机的配气机构等采用新型的啮合型同步带传动替代摩擦型带传动,从而拓宽了带传动的应用场合。

6.3　V 带结构与基本标准

6.3.1　V 带的结构

V 带均制成无接头的环形,普通 V 带结构由顶胶 1、抗拉体 2、底胶 3 和包布 4 组成(见图 6-13)。其中顶胶层和底胶层在带弯曲时分别承受拉伸和压缩,抗拉体承受传动时的基本拉力,包布起保护作用。根据抗拉体的结构不同分为帘布芯 V 带[见图 6-13(a)]和绳芯 V 带[见图 6-13(b)]。前者制造方便、抗拉强度高,后者柔软性较好、抗弯强度高,常用于转速较高、载荷不大及带轮直径较小的场合。

6.3.2　V 带型号和尺寸

V 带已标准化,普通 V 带按带的截面尺寸由小到大分为 Y、Z、A、B、C、D、E 七种型号(见图 6-14)。

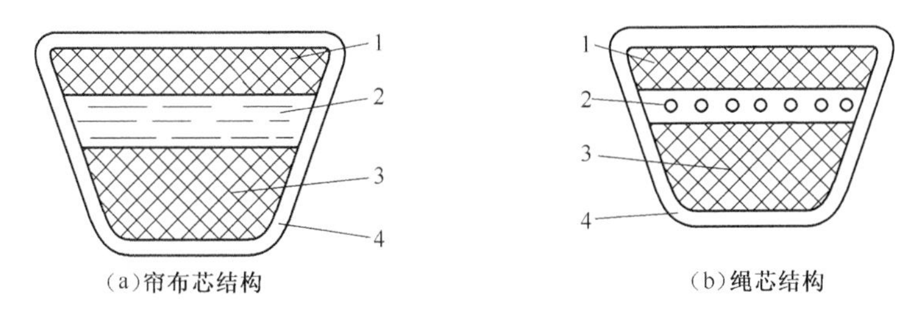

图 6-13　普通 V 带的剖面结构

1—顶胶;2—抗粒体;3—底胶;4—包布

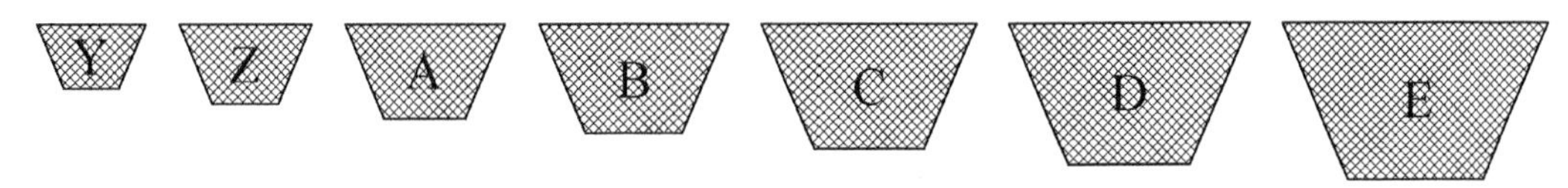

图 6-14　普通 V 带型号

窄 V 带有基准宽度制和有效宽度制两种尺寸制。基准宽度制有 SP 型窄 V 带 SPZ、SPA、SPB、SPC 四种型号;有效宽度制窄 V 带带型分 9 N、15 N 和 25 N 三种。两种尺寸制有两种尺寸系列,分别见 GB/T 13575.1—2008 和 GB/T 13575.2—2008。在设计计算时,基本原理相同。本章只介绍基准宽度制窄 V 带的设计计算。

普通 V 带和 SP 型窄 V 带的型号、带的截面尺寸和单位长度质量如表 6-1 所示。

表 6-1　V 带的截面尺寸及单位长度质量(GB/T 11544—2012)

类型		节宽 b_p/mm	顶宽 b/mm	高度 h/mm	截面面积 A/mm^2	每米长的质量 m/(kg·m^{-1})
普通 V 带	窄 V 带					
Y		5.3	6	4	18	0.023
Z	(SPZ)	8.5	10	6 (8)	47 (57)	0.060 (0.072)
A	(SPA)	11.0	13	8 (10)	81 (94)	0.105 (0.112)
B	(SPB)	14.0	17	11.0 (14)	138 (167)	0.170 (0.192)
C	(SPC)	19.0	22	14 (18)	230 (278)	0.300 (0.370)
D		27.0	32	19	476	0.630
E		32.0	38	23	692	0.970

6.3.3　带的基准长度 L_d

制造时带的长度按照标准中规定的带长系列进行生产,由于 V 带有一定的高度 h,不同高度处就有对应的长度。内周长度和外周长度都应为其压缩变形和伸长变形而变化,因此,在标准中以带在弯曲时带中保持原有长度不变的周线(称为节线)的长度作为基准长度,记为 L_d。普通 V 带和 SP 型窄 V 带的基准长度 L_d 分别如表 6-2 和表 6-3 所示。

表 6-2　普通 V 带基准长度(摘自 GB/T 11544—2012)　　单位:mm

型号							型号						
Y	Z	A	B	C	D	E	Y	Z	A	B	C	D	E
200	406	630	930	1 565	2 740	4 660		1 540	1 750	2 500	4 600	9 140	16 800
224	475	700	1 000	1 760	3 100	5 040			1 940	2 700	5 380	10 700	
250	530	790	1 100	1 950	3 330	5 420			2 050	2 870	6 100		
280	625	890	1 210	2 195	3 730	6 100			2 200	3 200	6 815	12 200	
315	700	990	1 370	2 420	4 080	6 850			2 300	3 600	7 600	13 700	
355	780	1 100	1 560	2 715	4 620	7 650			2 480	4 060	9 100	15 200	
400	920	1 250	1 760	2 880	5 400	9 150			2 700	4 430	10 700		
450	1 080	1 430	1 950	3 080	6 100	12 230				4 820			
500	1 330	1 550	2 180	3 520	6 840	13 750				5 370			
	1 420	1 640	2 300	4 060	7 620	15 280				6 070			

注:普通 V 带标记示例:C　1565　GB/T 13575.1—2008

型号　基准长度　标准号

表 6-3 SP 型窄 V 带基准长度(GB/T 11544—2012) 单位:mm

基准长度 L_d/mm	不同型号分布范围				基准长度 L_d/mm	不同型号分布范围				基准长度 L_d/mm	不同型号分布范围			
	SPZ	SPA	SPB	SPC		SPZ	SPA	SPB	SPC		SPZ	SPA	SPB	SPC
630	+				1 800	+	+	+		5 000			+	+
710	+				2 000	+	+	+	+	5 600			+	+
800	+	+			2 240	+	+	+	+	6 300			+	+
900	+	+			2 500	+	+	+	+	7 100			+	+
1 000	+	+			2 800	+	+	+	+	8 000			+	+
1 120	+	+			3 150	+	+	+	+	9 000				+
1 250	+	+	+		3 550	+	+	+	+	10 000				+
1 400	+	+	+		4 000		+	+	+	11 200				+
1 600	+	+	+		4 500		+	+	+	12 500				+

注:SP 型窄 V 带标记示例:SPB 1400 GB/T 13575.1—2008

型号 基准长度 标准号

6.3.4 V 带带轮

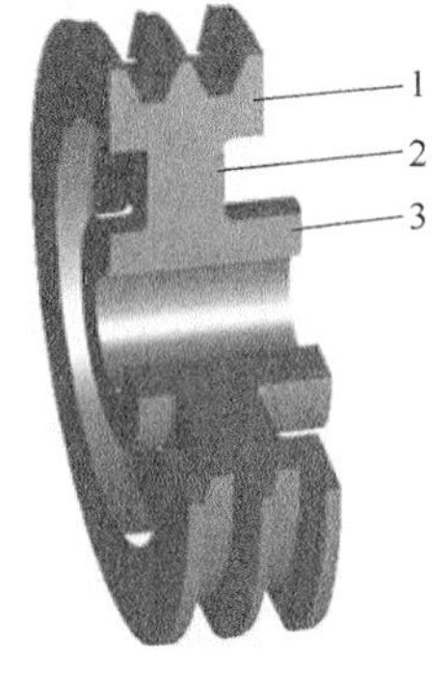

图 6-15 V 带轮的结构
1—轮缘;2—轮辐;3—轮毂

V 带带轮由轮缘 1、轮辐 2 和轮毂 3 组成(见图 6-15)。轮缘是带轮的最重要的组成部分,其轮槽工作面直接与带接触,普通 V 带和 SP 型窄 V 带的轮槽截面尺寸按标准选取,如表 6-4 所示。轮毂为带轮和轴的配合部分,轮辐或腹板是轮缘和轮毂的中间连接部分。

V 带带轮的基准直径 d_d是重要的标准化参数之一,把带轮轮槽的基准宽度 b_d(见表 6-4)和带的节宽 b_p相等的圆周直径称之为**基准直径** d_d,带传动的几何尺寸计算按 d_d进行。

设计时基准直径 d_d的选取必须遵守国家标准。d_d的系列尺寸如表 6-5 所示。同时,标准中要求带轮的基准直径需满足

$$d_d \geqslant d_{dmin} \tag{6-5}$$

式中 d_{dmin}——带轮的最小基准直径,mm,如表 6-6 所示。

满足式(6-5)要求,可避免因带轮直径过小,带中的弯曲应力过大而降低带传动的疲劳强度和寿命。

表 6-4 V 带带轮轮槽截面尺寸(GB/T 13575.1—2008) 单位:mm

槽型		b_d	h_{amin}	h_{fmin}	e	e 值累计极限偏差	f_{min}	轮槽角 φ			
普通 V 带	窄 V 带							32°	34°	36°	38°
								与 φ 相对应的 d_d			
Y		5.3	1.6	4.7	8±0.3	±0.6	6	≤60	—	>60	—
Z	SPZ	8.5	2	7 9	12±0.8	±0.6	7	—	≤80	—	>80

续表

槽型		b_d	h_{amin}	h_{fmin}	e	e值累计极限偏差	f_{min}	d_d			
普通V型	窄V槽							32°	34°	36°	38°
								与φ相对应的d_d			
A	SPA	11	2.75	8.7 11	15±0.3	±0.6	9	—	≤118	—	>118
B	SPB	14	3.5	10.8 14	19±0.4	±0.8	11.5	—	≤190	—	>190
C	SPC	19	4.8	14.3 19	25.5±0.5	±1.0	16	—	≤315	—	>315
D		27	8.1	19.9	37±0.6	±1.2	23	—	—	≤475	>475
E		32	9.8	23.4	44.5±0.7	±2.4	28	—	—	≤600	>600

表 6-5 V 带带轮基准直径(GB/T 13575.1—2008)　　单位:mm

槽型	基准直径 d_d
Y	*20 *22.4 *25 *28 *31.5 *35.5 *40 *45 *50 *56 *80 *90 *100 *112 *125
Z SPZ	*50 *56 63 71 75 80 90 100 112 125 132 140 150 160 180 200 224 250 280 315 355 400 500 630
A SPA	*75 *80 *85 90 95 100 106 112 118 125 132 140 150 160 180 200 224 250 280 315 355 400 450 500 560 630 710 800
B SPB	*125 *132 140 150 160 170 180 200 224 250 280 315 355 400 450 500 560 600 630 710 750 800 900 1 000 1 120
C SPC	*200 *212 224 236 250 265 280 300 315 335 355 400 450 500 560 600 630 710 750 800 900 1 000 1 120 1 250 1 400 1 600 2 000
D	*355 *375 *400 *425 *450 *475 *500 *560 *600 *630 *710 *750 *800 *900 *1 000 *1 060 *1 120 *1 250 *1 400 *1 500 *1 600 *1 800 *2 000
E	*500 *530 *560 *600 *670 *710 *800 *900 *1 000 *1 120 *1 250 *1 400 *1 500 *1 600 *1 800 *2 000 *2 240 *2 500

注:表中带"*"符号的尺寸只适用普通 V 带,其他同时适用于普通 V 带和窄 V 带。

表 6-6 V 带带轮最小基准直径(GB/T 13575.1—2008)　　单位:mm

槽型	Y	Z(SPZ)	A(SPA)	B(SPB)	C(SPC)	D	E
d_{dmin}	20	50 (63)	75 (90)	125 (140)	200 (224)	355	500

带轮的槽角(即轮槽横截面两侧边的夹角)值小于配用 V 带的楔角 φ 。这是考虑到带的弯曲造成带截面形状的改变,顶胶变窄、底胶变宽使带的实际楔角变小后仍能和轮槽侧边密切接触,带轮的槽角值如表 6-4 所示。

V 带带轮的结构形式根据带轮的基准直径 d_d尺寸大小不同,轮辐的结构形式有三种结构形式(见图 6-16)。

实心带轮[见图 6-16(a)]:用于尺寸较小的带轮,一般 $d_d \leqslant (2.5 \sim 3)d$,d 为轴径。

板式带轮:用于中小尺寸的带轮(一般 $d_d \leqslant 300$ mm),对于其中 $d_2-d_1<100$ mm 时,采用普通腹板式[见图 6-16(b)];当 $d_2-d_1 \geqslant 100$ mm 时,为了减轻重量和搬运方便可以采用在腹板上开孔的孔板式结构[见图 6-16(c)]。

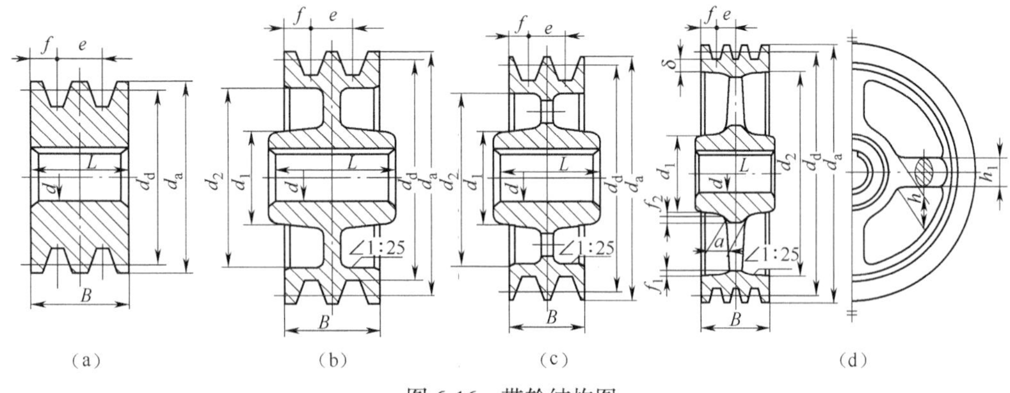

图 6-16　带轮结构图

椭圆截面轮辐式[见图 6-16(d)]:用于大尺寸带轮(一般 d_d > 300 mm)。

带轮的轮毂和轮辐的尺寸可参见机械设计手册根据经验公式确定。

近年来,一种由轮缘 1、弹性锥套 2 和装拆螺钉 3 组成的组合式带轮(见图 6-17)获得了广泛应用。该结构装拆方便灵活,不易擦伤配合表面,在轴上没有轴肩的情况下,带轮可实现在轴上任意位置的轴向固定。

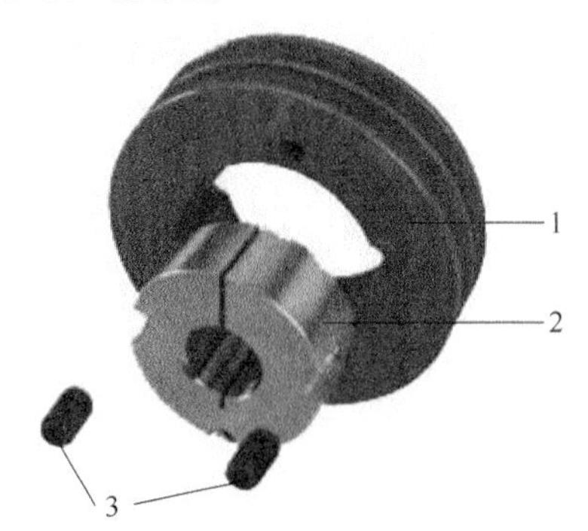

图 6-17　组合式带轮结构

1—轮缘;2—弹性锥套;3—装拆螺钉

带轮的常用材料为灰铸铁,如 HT150 或 HT200 等,由于带与铸铁带轮间的摩擦因数较高,因此最常用的材料为铸铁。转速较高时也可以采用铸钢或钢板焊接。对于小功率的情况,为了减轻重量可以采用铝合金或工程塑料。

6.3.5　带传动的几何关系

在已知带轮的基准直径 d_d、带的基准长度 L_d 和传动要求的两轮的中心距 a 等几何参数后,设计时这些几何参数需满足一定的几何关系(见图 6-18)。几何关系式可根据几何学公式推出(推导过程略)。

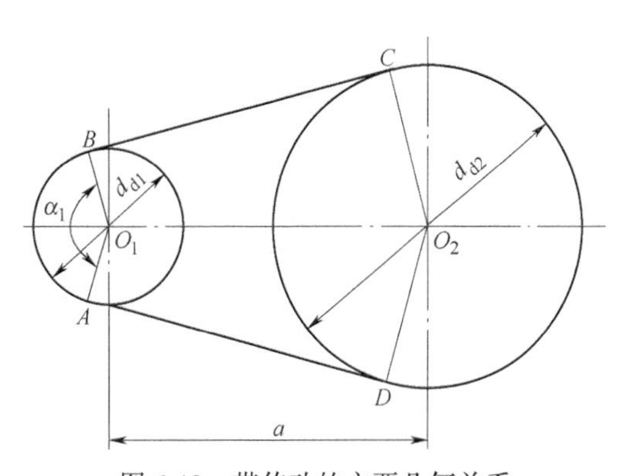

图 6-18　带传动的主要几何关系

$$L_d \approx 2a + \frac{\pi}{2}(d_{d1} + d_{d2}) + \frac{(d_{d2} - d_{d1})^2}{4a} \tag{6-6}$$

式中　a——中心距(当带处于规定的张紧力时,两带轮轴线间的距离称为中心距)。

式(6-6)也可写成

$$a \approx \frac{2L_d - \pi(d_{d1} + d_{d2}) + \sqrt{[2L_d - \pi(d_{d1} + d_{d2})]^2 - 8(d_{d2} - d_{d1})^2}}{8} \tag{6-7}$$

带传动中小带轮包角 α_1 为重要的几何参数，它与带轮基准直径的关系为

$$\alpha_1 \approx 180° - \frac{d_{d2} - d_{d1}}{a} \times 57.3° \tag{6-8}$$

式中　α_1——小带轮上的包角（带与带轮接触弧所对应的圆心角称为**包角**）。

6.4　摩擦型带传动的基本理论

带传动的基本理论包含带传动的受力分析、应力分析、实验研究和额定功率的确定等内容。通过掌握带传动的基本理论，理解带传动的失效机理、设计准则和确定带的工作能力，从而合理地选择带的类型和型号。在掌握基本理论的基础上以带传动设计计算的基本方法为载体实现带传动的设计。

6.4.1　带传动的受力分析

1. 带与带轮间摩擦力对带的受力影响

对于摩擦型带传动，在工作之前［见图 6-19（a）］带以一定的初拉力 F_0 紧套在带轮上，此时，带两边受到等值初拉力 F_0。

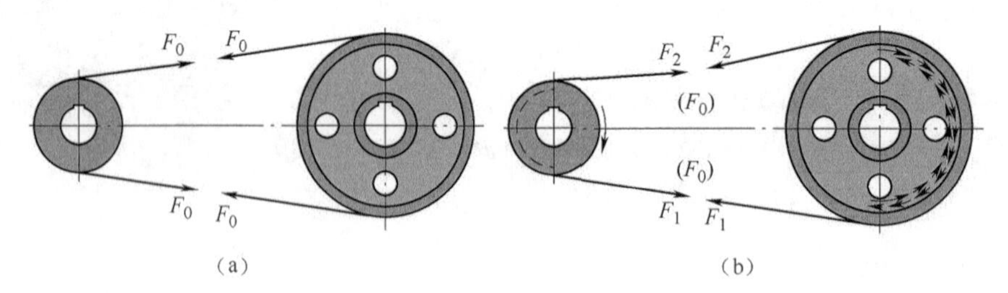

图 6-19　带传动的受力分析

当带开始传递动力工作时［见图 6-19（b）］，由于带和带轮接触面上的正压力产生摩擦力 $\sum F_\mu$ 的作用，带进入主动轮的一边被拉得更紧，拉力由 F_0 增大到 F_1，该边称为**紧边**，F_1 称为**紧边拉力**；带的另一边则被放松，称为**松边**。松边拉力由 F_0 减小至 F_2，F_2 称为**松边拉力**。两边拉力差称为**有效拉力**（F）。

根据力学中的变形协调原理，紧边拉力的增量（$F_1 - F_0$）应等于松边拉力的减小量（$F_0 - F_2$），即 $F_1 - F_0 = F_0 - F_2$，以保证环形带的总长不变。则可得

$$F_0 = \frac{F_1 + F_2}{2} \tag{6-9}$$

2. 带传动的最大有效拉力及分析

带在图 6-20 所示的力系作用下，忽略带的离心拉力和带的伸长，根据其上微弧段受力平衡方程可以求出带在不打滑情况下的最大摩擦力 $F_{\mu\max}$，即带传动的最大有效拉力 $F_{e\max}$。

根据力矩平衡方程

$$\sum F_\mu \frac{d_{d1}}{2} = F_1 \frac{d_{d1}}{2} - F_2 \frac{d_{d1}}{2} \tag{6-10}$$

可得

$$\sum F_{\mu} = F_1 - F_2 \tag{6-11}$$

该拉力差 $F_1 - F_2$ 称为带**传动的有效拉力**,同时

$$F_e = F_1 - F_2 \tag{6-12}$$

式中 F_e ——带所传递的有效圆周力,即带的有效拉力。

由式(6-11)和式(6-12)可知,有效拉力 F_e 等于摩擦力总和 $\sum F_{\mu}$ 。

由式(6-9)和式(6-12)可得

$$\left.\begin{aligned} F_1 &= F_0 + \frac{F_e}{2} \\ F_2 &= F_0 - \frac{F_e}{2} \end{aligned}\right\} \tag{6-13}$$

带与带轮接触面间的总摩擦力 $\sum F_{\mu}$ 有一定的最大值 $F_{\mu max}$,保证带在带轮上不产生相对滑动而有效地工作,圆周力 F_e的最大值必须满足的条件是

$$F_{emax} \leqslant F_{\mu max} \tag{6-14}$$

在忽略带的离心力和带的伸长条件下,当带即将打滑,即摩擦力达到极限值 $F_{\mu max}$ 时,带的紧边拉力 F_1与松边拉力 F_2存在一定关系(见图6-20)。根据力的平衡方程可得

$$F_1 = F_2 e^{\mu\alpha} \tag{6-15}$$

式中 e ——自然对数的底($e \approx 2.718$);

μ ——带和轮缘间的摩擦因数;

α ——包角,rad。

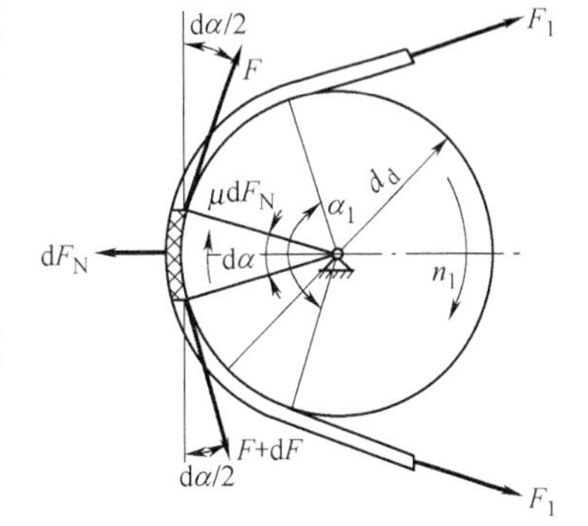

图6-20 带的 F_1和 F_2分析

将式(6-13)代入式(6-15)整理后可得带传动的最大有效拉力 F_{emax}(即带所能传递的最大有效圆周力)如下:

$$F_{emax} = 2F_0 \frac{1 - \dfrac{1}{e^{\mu\alpha}}}{1 + \dfrac{1}{e^{\mu\alpha}}} \tag{6-16}$$

由式(6-16)可知, F_{emax} 的大小与三个因素有关:

(1) F_{emax} 与初拉力成正比。初拉力 F_0是保证带传动有效工作的最基本条件,保证它有效合理地工作,必须合理确定 F_0的范围,还要设置带的张紧装置,防止带在工作工程中,发生松弛现象而使初拉力 F_0下降。

(2) F_{emax} 随包角 α 和摩擦因数的增大而显著提高,因此带传动设计时,包角 α_1 不能过小(大带轮上的包角 $\alpha_2 \geqslant \alpha_1$)。摩擦因数 μ 与带和带轮的材料及工作环境有关,如在无润滑条件下,橡胶对钢带轮和对铸铁带轮摩擦因数 μ 不同,分别为0.4和0.8。在设计和使用中避免 μ 减小。

(3) d_{d1}保持不变的情况下,随着传动比 i 的增大,中心距 a 的减小,会导致 α_1 的减小。为

此，设计时需正确地确定 a 及 i 的值。

式(6-15)的推导：

假设带在工作中无弹性伸长并忽略离心力的影响，根据图6-20中带中微段在水平方向的力平衡方程可得

$$dF_N = F\sin\frac{d\alpha}{2} + (F + dF)\sin\frac{d\alpha}{2} \tag{6-17}$$

因 $d\alpha$ 很小，式中 $\sin\frac{d\alpha}{2} \approx \frac{d\alpha}{2}$。又略去二阶微量项 $dF\sin\frac{d\alpha}{2}$，则式(6-17)可以简化为

$$dF_N = Fd\alpha \tag{6-18}$$

根据在垂直方向力平衡方程又可得

$$\mu dF_N + F\cos\frac{d\alpha}{2} = (F + dF)\cos\frac{d\alpha}{2} \tag{6-19}$$

因 $d\alpha$ 很小，式中 $\cos\frac{d\alpha}{2} \approx 1$，则式(6-19)可简化为

$$dF_N = \frac{dF}{\mu} \tag{6-20}$$

由式(6-18)和式(6-20)得

$$Fd\alpha = \frac{dF}{\mu}$$

即

$$\frac{dF}{F} = \mu d\alpha$$

对两端积分

$$\int_{F_2}^{F_1}\frac{dF}{F} = \int_0^{\alpha}\mu d\alpha$$

可得著名的欧拉公式，即式(6-15)

$$\frac{F_1}{F_2} = e^{\mu\alpha}$$

3. 离心拉力 F_c 和对拉力比的影响

带在绕过大、小带轮在做圆周运动时，在离心力的作用下带中产生离心拉力 F_c（见图6-21）。设带的速度为 v (m/s)，取微弧段 dl 为对象，离心力为 dC，带两边受到等值的离心拉力 F_c(N)，则

$$dC = \frac{mdlv^2}{d_d/2} = mv^2d\alpha$$

式中　m——带每米长的质量，kg/m，$dl = \frac{d_d}{2}d\alpha$，如表6-1所示。

根据垂直方向力的平衡方程可得

$$dC = 2F_c\sin\left(\frac{d\alpha}{2}\right)$$

由于 dα 很小, $\sin\left(\frac{d\alpha}{2}\right) \approx \frac{d\alpha}{2}$,则简化为

$$F_c = mv^2$$

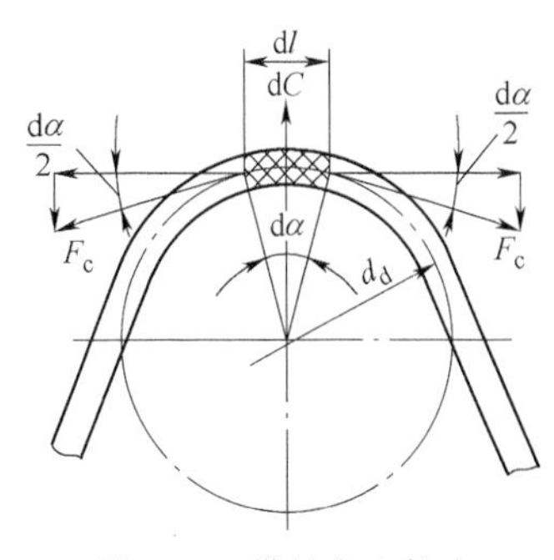

图 6-21 带的离心拉力

离心力的存在使带中的拉力增加,同时使带和带轮之间的法向压力减小,从而降低带的传递功率能力和带的寿命。

离心力的存在同时改变了拉力比 $\frac{F_1}{F_2}$ ($F_1 = F_2 e^{\mu\alpha}$),若计入离心力的影响,则式(6-15)改为

$$\frac{F_1 - mv^2}{F_2 - mv^2} = e^{\mu\alpha} \tag{6-21}$$

4. 压轴力 F_r 和带的张紧力

传动带的紧边拉力 F_1 和松边拉力 F_2 对带轮的轴承和支撑轴产生宽 V 带应用压轴力 F_r[见图 6-22(a)]。忽略带两边的拉力差,计算时可以按两边的初拉力 F_0 计算压轴力[见图6-22(b)],则

$$F_r = 2ZF_0 \sin\frac{\alpha_1}{2} \tag{6-22}$$

式中 Z——V 带根数。

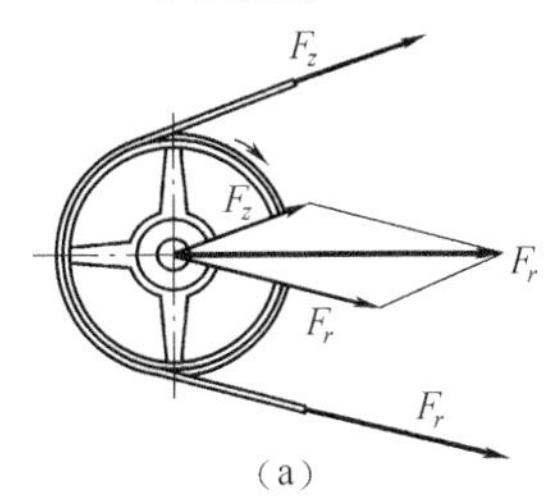

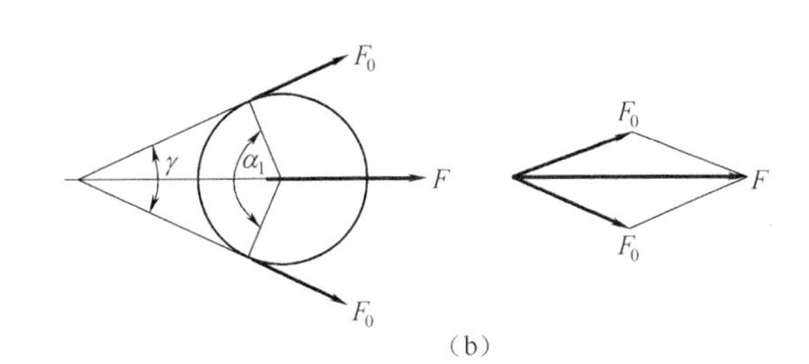

图 6-22 带轮上的压轴力

带传动在未工作时,带的张紧力即为带的初拉力 F_0,在工作过程中由于带逐渐变长而带的张紧力会不断减小,为此需要设置带的张紧装置,以保证必要的张紧力。张紧力的计算和张紧装置的选择与设计见 6.6 节。

6.4.2 带的应力分析

传动带在工作过程中随时间作周期性变化,会因此发生疲劳破坏。影响带的疲劳强度的主要因素是最大工作应力、工作的总应力循环次数(即寿命)和交变应力的循环特征。

带中产生的总应力中各个应力分量有如下几个:

1. 由拉力产生的拉应力 σ

紧边拉应力 $\sigma_1 = \frac{F_1}{A}$ (MPa)

松边拉力
$$\sigma_2 = \frac{F_2}{A} \quad (\text{MPa})$$

式中　F_1、F_2——紧边、松边拉力，N；

A ——带的横截面积，mm^2，如表 6-1 所示。

2. 带的弯曲应力 σ_b

带绕过带轮时，因带弯曲而产生弯曲应力 σ_b，根据力学中梁的弯曲应力计算公式可得带的最大弯曲应力发生在带的最外层，其值为

$$\sigma_b \approx E \frac{y}{d_d/2}$$

式中　E ——带材料的弹性模量，MPa；

d_d ——带轮基准直径，mm；

y ——带横截面中性层至最外层的距离，mm，对于 V 带 $y=h_a$，如表 6-4 所示。

带弯曲应力 σ_b 与带轮直径 d_d 成反比，因此，带在小带轮上的弯曲应力 σ_{b1} 比大带轮上的大（即 $\sigma_{b1} > \sigma_{b2}$，$\sigma_{b2}$ 为带在大带轮上的弯曲应力）。带传动设计时，必须严格限制小带轮直径，使 d_{d1} 不得小于标准规定的 $d_{d1\min}$，即

$$d_{d1} \geq d_{d1\min} \tag{6-23}$$

式中　$d_{d1\min}$ ——带轮最小基准直径，mm，如表 6-6 所示。

3. 离心拉应力 σ_c

离心力 F_c 在带中产生的离心拉应力 σ_c 为

$$\sigma_c = \frac{F_c}{A} = \frac{mv^2}{A} \tag{6-24}$$

由式(6-24)可知，σ_c 与 m 成正比，设计时为了减小 σ_c 可以采用轻薄型的带。同时 σ_c 与 v^2 成正比，可见带的速度 v 对 σ_c 的影响更为显著，设计时控制参数 v 的大小极为重要。

以上三种应力分量沿带长的分布规律如图 6-23 所示。

由图 6-23 可见：

(1) 带在工作时，处于变应力状态，经过一定应力循环次数带将发生疲劳破坏。

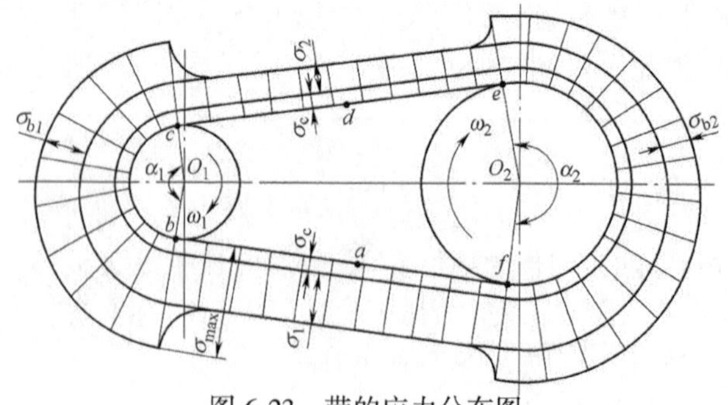

图 6-23　带的应力分布图

(2) 带中最大应力为

$$\sigma_{\max} = \sigma_1 + \sigma_{b1} + \sigma_c \tag{6-25}$$

对于减速带传动，最大应力发生在紧边进入主动轮处（见图 6-23 中 b 点）。

(3)为了保证带有一定的疲劳寿命,则

$$\sigma_{\max} \leqslant [\sigma] \tag{6-26}$$

式中 $[\sigma]$——由疲劳寿命决定的带的许用应力,其值由疲劳试验得出,并直接决定单根V带所能传递的额定功率。

6.4.3 实验研究、设计准则与额定功率

1. 实验研究

带传动的实验研究是进行带传动中的运动关系分析、带传动承载能力和设计准则的确定等方面的基础。某一V带带传动的实验过程及结果如图6-24所示。

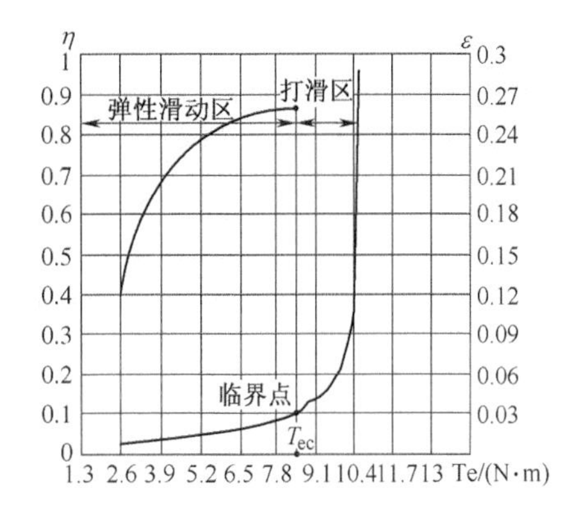

图6-24 效率、滑动率曲线

(该曲线由西南交通大学机械设计综合实验台提供)

图6-24中纵坐标分别表示带传动效率 η 和滑动率 ε 随传递转矩的增大的变化规律。

滑动率 ε 是指传动中由于带的滑动引起的从动轮圆周速度的降低率,即

$$\varepsilon = \frac{v_1 - v_2}{v_1} = 1 - \frac{d_{d2} n_2}{d_{d1} n_1} \tag{6-27}$$

式中 v_1、v_2——主动轮、从动轮的圆周速度,m/s。

实验过程中保持转速 n_1 和初拉力 F_0 不变的条件下,逐步增加传递的转矩 T_e,此时传动的效率不断增加直至某一临界点时达到最大效率 $\eta_{\max}$,超过临界点后 η 迅速下降。与此同时从动轮的转速 n_2 随着 T_e 的增大而逐渐降低,由式(6-27)可知,n_2 的降低使滑动率 ε 逐渐按直线规律上升,直至临界点后发生显著突变,从动轮完全失速,传动失效。

实验结果揭示了带传动中存在的运动机理。图6-24中临界点将带传动分为两个区域:一是临界点左侧 ε 直线变化区,称为**弹性滑动区**。因为传递有效功率时 $T_e \leqslant T_{ec}$(T_{ec} 为对应临界点的最大转矩),因此弹性滑动区是不可避免的;二是临界点的右侧 ε 的突变区称为**打滑区**,超过临界点时带的运动呈现不稳定状况,这是超载所造成的。当达到图6-24中所示的完全打滑时,传动完全失效,带发生剧烈磨损。因此,打滑区是可以避免的。

由曲线可知一般 $\varepsilon = 0.01 \sim 0.03$,由式(6-27)可得带传动的传动比

$$i = \frac{n_1}{n_2} = \frac{d_{d2}}{d_{d1}(1 - \varepsilon)} \tag{6-28}$$

由于滑动率 ε 数值较小,设计时一般取传动比为

$$i = \frac{n_1}{n_2} \approx \frac{d_{d2}}{d_{d1}} \tag{6-29}$$

实验结果也揭示了带传动的传动效率的变化规律。设计中传递功率过小,则不能充分发挥带的承载能力,效率较低;同时传递功率若超过临界点,发生超载,此时传动效率下降,这两种情况都应避免发生。因此带传动的极限功率应该小于或等于临界点所对应

的功率。

2. 带传动的弹性滑动和打滑机理

带传动的实验已明确揭示出带传动时存在的滑动现象,其造成的弹性滑动的机理如下:

由图 6-23 所示,带自 b 点开始接触主动轮时带的速度和主动轮的圆周速度相等。由于带是弹性体,带的弹性伸长量和受力的大小成正比。因此,当带由 b 点转到 c 点时,带的拉力由 F_1逐渐减小到 F_2,带的伸长变形量也随之减小,从而导致带沿带轮轮面向后产生相对滑动,即带速 $v < v_1$。同理,带自 e 点接触从动轮时,带的速度与从动轮的圆周速度相等。当带由 e 点转到 f 点时,带的拉力由 F_2逐渐增大到 F_e,带的伸长变形量亦随之增大从而导致带沿带轮轮面向前产生相对滑动。这种微小的相对滑动现象称之为**弹性滑动**。实验揭示弹性滑动的机理是外力差造成弹性材料的变形而引起的。

实验表明带传动的有效转矩 T_e或有效拉力 F_e达到临界值时开始发生打滑现象。由于带的包角 $\alpha_1 < \alpha_2$,所以打滑一般先发生在小带轮上。

3. 设计准则

根据实验结果可知,设计的准则必须遵循传递的有效功率不能超过临界点的最大功率,此外带传动承受交变应力作用会产生疲劳破坏。带传动的主要失效形式是打滑和疲劳破坏。因此,带传动的设计准则为在保证不打滑的前提下,具有效率高、一定的疲劳强度和使用寿命。

4. 额定功率

1)保证不打滑条件的最大有效拉力

$$F_{\mathrm{emax}} = F_1 - F_2 = F_1\left(1 - \frac{1}{e^{\mu_v \alpha}}\right) \tag{6-30}$$

或写成

$$F_{\mathrm{emax}} = \sigma_1 A\left(1 - \frac{1}{e^{\mu_v \alpha}}\right) \tag{6-31}$$

2)保证带具有一定疲劳寿命的强度条件

$$\sigma_{\max} = \sigma_1 + \sigma_{\mathrm{b1}} + \sigma_{\mathrm{c}} \leqslant [\sigma] \tag{6-32}$$

或写成

$$\sigma_1 \leqslant [\sigma] - \sigma_{\mathrm{b1}} - \sigma_{\mathrm{c}} \tag{6-33}$$

式中 $[\sigma]$ ——带的需用拉应力,它由带的疲劳实验得出。

综合式(6-31)和式(6-33)可得单根 V 带所能传递的最大功率计算式

$$P = \frac{F_{\mathrm{emax}} v}{1\,000} = \frac{([\sigma] - \sigma_{\mathrm{b1}} - \sigma_{\mathrm{c}})\left(1 - \dfrac{1}{e^{\mu_v \alpha}}\right) A v}{1\,000} \tag{6-34}$$

根据理论计算式(6-34)在带的特定实验条件下测出的单根普通 V 带所能传递的最大功率 P 称为基本额定功率 P_1。对于单根 SP 型窄 V 带记 P_N。特定实验条件:载荷平稳、包角 $\alpha = \pi$ 、特定长度 L_d、工作应力循环次数为$10^8 \sim 10^9$。

设计时当实际带传动的包角 $\alpha_1 \neq 180°$ 时,将随 α_1 的减小,带与带轮间的总摩擦力 $\sum F_\mu$

下降,带传动的传递能力随之降低,为此对基本额定功率 P_1 应进行修正。

当实际带长 L_d 与特定实验的 L_d 不一致时,将改变带在相同工作时间内的应力循环次数。带的疲劳寿命随之发生改变,为此对 P_1 值应进行修正。

当传动比 $i \neq 1$ 时,在小带轮基准直径 d_{d1} 基本不变的情况下,随着 i 的增大,大带轮的基准直径 d_{d2} 随之增大。则带的弯曲应力 $\sigma_{b2} < \sigma_{b1}$,导致带在一个循环内弯曲应力减小而带的传递功率随之增大了 ΔP(称为功率增量)。

通过以上三项修正后,单根 V 带所能传递的额定功率为

$$[P_1] = (P_1 + \Delta P_1) K_\alpha K_L \text{(普通 V 带)} \tag{6-35}$$

$$[P_1] = P_N K_\alpha K_L \text{(SP 型窄 V 带)} \tag{6-36}$$

式中 P_1——单根普通 V 带的基本额定功率,如表 6-7 所示;

ΔP_1——$i \neq 1$ 时,单根普通 V 带额定功率的增量,如表 6-8 所示;

K_α——包角修正系数,如表 6-9 所示;

K_L——带长修正系数,普通 V 带如表 6-10 所示,SP 型窄 V 带如表 6-11 所示;

P_N——单根 SP 型窄 V 带的基本额定功率(P_N 中已包含了 ΔP 的影响),如表 6-12 所示。

表 6-7 单根普通 V 带额定功率 P_1(GB/T 13575.1—2008) 单位:kW

型号	小带轮的基准直径 d_d/mm	小带轮的转速 n_1/(r·min^{-1})													
		200	400	700	800	950	1 200	1 450	1 600	2 000	2 400	2 800	3 200	4 000	5 000
Y	20	—	—	—	—	0.01	0.02	0.02	0.03	0.03	0.04	0.04	0.05	0.06	0.08
	31.5	—	—	0.03	0.04	0.04	0.05	0.06	0.06	0.07	0.09	0.10	0.11	0.13	0.15
	40	—	—	0.04	0.05	0.06	0.07	0.08	0.09	0.11	0.12	0.14	0.15	0.18	0.20
	50	0.04	0.05	0.06	0.07	0.08	0.09	0.11	0.12	0.14	0.16	0.18	0.20	0.23	0.25
Z	50	0.04	0.06	0.09	0.10	0.12	0.14	0.16	0.17	0.20	0.22	0.26	0.28	0.32	0.34
	63	0.05	0.08	0.13	0.15	0.18	0.22	0.25	0.27	0.32	0.37	0.41	0.45	0.49	0.50
	71	0.06	0.09	0.17	0.20	0.23	0.27	0.30	0.33	0.39	0.46	0.50	0.54	0.61	0.62
	80	0.10	0.14	0.20	0.22	0.26	0.30	0.35	0.39	0.44	0.50	0.56	0.61	0.67	0.66
	90	0.10	0.14	0.22	0.24	0.28	0.33	0.36	0.40	0.48	0.54	0.60	0.64	0.72	0.73
A	75	0.15	0.26	0.40	0.45	0.51	0.60	0.68	0.73	0.84	0.92	1.00	1.04	1.09	1.02
	90	0.22	0.39	0.61	0.68	0.77	0.93	1.07	1.15	1.34	1.50	1.64	1.75	1.87	1.82
	100	0.26	0.47	0.74	0.83	0.95	1.14	1.32	1.42	1.66	1.87	2.05	2.19	2.34	2.25
	125	0.37	0.67	1.07	1.19	1.37	1.66	1.92	2.07	2.44	2.74	2.98	3.16	3.28	2.91
	160	0.51	0.94	1.51	1.69	1.95	2.36	2.73	2.54	3.42	3.80	4.06	4.19	3.98	2.67
B	125	0.48	0.84	1.30	1.44	1.64	1.93	2.19	2.33	2.64	2.85	2.96	2.94	2.51	1.09
	160	0.74	1.32	2.09	2.32	2.66	3.17	3.62	3.86	4.40	4.75	4.89	4.80	3.82	0.81
	200	1.02	1.85	2.96	3.30	3.77	4.50	5.13	5.46	6.13	6.47	6.43	5.95	3.47	—
	250	2.37	2.50	4.00	4.46	5.10	6.04	6.82	7.20	7.87	7.89	7.14	5.60	—	—
	280	1.58	2.89	4.61	5.13	5.85	6.90	7.76	8.13	8.60	8.22	6.80	4.26	—	—

续表

型号	小带轮的基准直径 d_d/mm	小带轮的转速 n_1/(r · min^{-1})													
		200	300	400	500	700	800	950	1 200	1 450	1 600	2 000	2 400	2 800	3 200
C	200	1.39	1.92	2.41	2.87	3.69	4.07	4.58	5.29	5.84	6.07	6.34	6.02	5.01	3.23
	250	2.03	2.85	3.62	4.33	5.64	6.23	7.04	8.21	9.04	9.38	9.62	8.75	6.56	2.93
	315	2.84	4.04	5.14	6.17	8.09	8.92	10.05	11.53	12.46	12.72	12.14	9.43	4.16	—
	400	3.91	5.54	7.06	8.52	11.02	12.10	13.48	15.04	15.53	15.24	11.95	4.34	—	—
	450	4.51	6.40	8.20	9.81	12.63	13.80	15.23	16.59	16.47	15.57	9.64	—	—	—
D	355	5.31	7.35	9.24	10.90	13.70	14.83	16.15	17.25	16.77	15.63	—	—	—	—
	450	7.90	11.02	13.85	16.40	20.63	22.25	24.01	24.84	22.02	19.59	—	—	—	—
	560	10.76	15.07	18.95	22.38	27.73	29.55	31.04	29.67	22.58	15.13	—	—	—	—
	710	14.55	20.35	25.45	29.76	35.59	36.87	36.35	27.88	7.99	—	—	—	—	—
	800	16.76	23.39	29.08	33.72	39.14	39.55	36.76	21.32	—	—	—	—	—	—
E	500	10.86	14.96	18.55	21.65	26.21	27.57	28.32	25.53	16.82	—	—	—	—	—
	630	15.65	21.69	26.95	31.36	37.20	38.52	37.92	29.17	8.85	—	—	—	—	—
	800	21.70	30.05	37.05	42.53	47.96	47.38	41.59	16.46	—	—	—	—	—	—
	900	25.15	34.71	42.49	48.20	51.95	49.21	38.19	—	—	—	—	—	—	—
	1 000	28.52	39.17	47.52	53.12	54.00	48.19	30.08	—	—	—	—	—	—	—

表 6-8 单根普通 V 带 $i \neq 1$ 时的功率增量 ΔP_1（GB/T 13575.1—2008）

型号	传动比 i	小带轮转速 n_1/(r · min^{-1})													
		400	700	800	950	1 200	1 450	1 600	2 000	2 400	2 800	3 200	3 600	4 000	5 000
A	1.35~1.51	0.04	0.07	0.08	0.08	0.11	0.13	0.15	0.19	0.23	0.26	0.30	0.34	0.38	0.47
	≥2	0.05	0.09	0.10	0.11	0.15	0.17	0.19	0.24	0.29	0.34	0.39	0.44	0.48	0.60
B	1.35~1.51	0.10	0.17	0.20	0.23	0.30	0.36	0.39	0.49	0.59	0.69	0.79	0.89	0.99	1.24
	≥2	0.13	0.22	0.25	0.30	0.38	0.46	0.51	0.63	0.76	0.89	1.01	1.14	1.27	1.60

型号	传动比 i	小带轮转速 n_1/(r · min)													
		200	300	400	500	600	700	800	950	1 200	1 450	1 600	1 800	2 000	2 200
C	1.35~1.51	0.14	0.21	0.27	0.34	0.41	0.48	0.55	0.65	0.82	0.99	1.10	1.23	1.37	1.51
	≥2	0.18	0.26	0.35	0.44	0.53	0.62	0.71	0.83	1.06	1.27	1.41	1.59	1.76	1.94
D	1.35~1.51	0.49	0.73	0.97	1.22	1.46	1.70	1.95	2.31	2.92	3.52	3.89	4.38	—	—
	≥2	0.63	0.94	1.25	1.56	1.88	2.19	2.50	2.97	3.75	4.53	5.00	5.62	—	—
E	1.35~1.51	0.96	1.45	1.93	2.41	2.89	3.38	3.86	4.58	—	—	—	—	—	—
	≥2	1.24	1.86	2.48	3.10	3.72	4.34	4.96	5.89	—	—	—	—	—	—

型号	传动比 i	小带轮转速 n_1/(r · min^{-1})													
		400	700	800	950	1 200	1 450	1 600	2 000	2 400	2 800	3 200	3 600	4 000	5 000
Y	1.35~1.50	0.00	0.00	0.00	0.01	0.01	0.01	0.01	0.01	0.01	0.02	0.02	0.02	0.02	0.02
	≥2	0.00	0.00	0.00	0.01	0.01	0.01	0.01	0.02	0.02	0.02	0.02	0.03	0.03	0.03
Z	1.35~1.51	0.01	0.01	0.01	0.02	0.02	0.02	0.02	0.03	0.03	0.04	0.04	0.04	0.05	0.05
	≥2	0.01	0.02	0.02	0.02	0.03	0.03	0.03	0.04	0.04	0.04	0.05	0.05	0.06	0.06

表 6-9 包角修正系数 K_α（GB/T 13575.1—2008）

包角 α_1/(°)	180	175	170	165	160	155	150	145	140
K_α	1.00	0.99	0.98	0.96	0.95	0.93	0.92	0.91	0.89

包角 α_1/(°)	135	130	125	120	115	110	105	100	95	90
K_α	0.88	0.86	0.84	0.82	0.80	0.78	0.76	0.74	0.72	0.69

表 6-10 普通 V 带带长修正系数 K_L（GB/T 13575.1—2008）

Y L_d	K_L	Z L_d	K_L	A L_d	K_L	B L_d	K_L	C L_d	K_L	D L_d	K_L	E L_d	K_L
200	0.81	405	0.87	630	0.81	930	0.83	1 565	0.82	2 740	0.82	4 660	0.91
224	0.82	475	0.90	700	0.83	1 000	0.84	1 760	0.85	3 100	0.86	5 040	0.92
250	0.84	530	0.93	790	0.85	1 100	0.86	1 950	0.87	3 330	0.87	5 420	0.94
280	0.87	625	0.96	890	0.87	1 210	0.87	2 195	0.90	3 730	0.90	6 100	0.95
315	0.89	700	0.99	990	0.89	1 370	0.90	2 420	0.92	4 080	0.91	6 850	0.99
355	0.92	780	1.00	1 100	0.91	1 560	0.92	2 715	0.94	4 520	0.94	7 650	1.01
400	0.96	920	1.04	1 250	0.93	1 760	0.94	2 880	0.95	5 400	0.97	9 150	1.05
450	1.00	1 080	1.07	1 430	0.96	1 950	0.97	3 080	0.97	6 100	0.99	12 230	1.11
500	1.02	1 330	1.13	1 550	0.98	2 180	0.99	3 520	0.99	6 840	1.02	13 750	1.15
		1 420	1.14	1 640	0.99	2 300	1.01	4 060	1.02	7 620	1.05	15 280	1.17
		1 540	1.54	1 750	1.00	2 500	1.03	4 600	1.05	9 140	1.08	16 800	1.19
				1 940	1.02	2 700	1.04	5 380	1.08	10 700	1.13		
				2 050	1.04	2 870	1.05	6 100	1.11	12 200	1.16		
				2 200	1.06	3 200	1.07	6 815	1.14	13 700	1.19		
				2 300	1.07	3 600	1.09	7 600	1.17	15 200	1.21		
				2 480	1.09	4 060	1.13	9 100	1.21				
				2 700	1.10	4 430	1.15	10 700	1.24				
						4 820	1.17						
						5 370	1.20						
						6 070	1.24						

表 6-11 SP 型窄 V 带带长修正系数 K_L（GB/T 13575.1—2008）

基准长度 L_d/mm	型号			基准长度 L_d/mm	型号				基准长度 L_d/mm	型号	
	SPZ	SPA	SPB		SPZ	SPA	SPB	SPC		SPB	SPC
	K_L				K_L					K_L	
630	0.82			1 800	1.01	0.95	0.88		5 000	1.06	0.98
710	0.84			2 000	1.02	0.96	0.90	0.81	5 600	1.08	1.00
800	0.85	0.81		2 240	1.05	0.98	0.92	0.88	6 300	1.10	1.02
900	0.88	0.83		2 500	1.07	1.00	0.94	0.85	7 100	1.12	1.04
1 000	0.90	0.85		2 800	1.09	1.02	0.96	0.88	8 000	1.14	1.06
1 120	0.93	0.87		3 150	1.11	1.04	0.98	0.90	9 000		1.08
1 250	0.94	0.89	0.82	3 550	1.13	1.06	1.00	0.92	10 000		1.10
1 400	0.96	0.91	0.84	4 000		1.08	1.02	0.94	11 200		1.12
1 600	1.00	0.93	0.86	4 500		1.09	1.04	0.95	12 500		1.14

表 6-12　单根 SP 型窄 V 带的基本额定功率 P_N（GB/T 13575.1—2008）

型号	d_{d1}/mm	i 或 $1/i$	小轮转速 n_1/(r·min^{-1})													
			200	400	700	800	950	1 200	1 450	1 600	2 000	2 400	2 800	3 200	3 600	4 000
			额定功率 P_N/kW													
SPZ	63	1	0.20	0.35	0.54	0.60	0.68	0.81	0.93	1.00	1.17	1.32	1.45	1.56	1.66	1.74
		1.5	0.23	0.41	0.65	0.72	0.83	1.00	1.16	1.25	1.48	1.69	1.88	2.06	2.21	2.35
		≥3	0.24	0.43	0.68	0.76	0.88	1.06	1.23	1.33	1.58	1.81	2.03	2.22	2.40	2.56
	71	1	0.25	0.44	0.70	0.78	0.90	1.08	1.25	1.35	1.59	1.81	2.00	2.18	2.33	2.46
		1.5	0.28	0.51	0.81	0.91	1.04	1.26	1.47	1.59	1.90	2.18	2.43	2.67	2.88	3.08
		≥3	0.29	0.53	0.85	0.95	1.09	1.33	1.55	1.68	2.00	2.30	2.58	2.83	3.07	3.28
	90	1	0.37	0.67	1.09	1.21	1.40	1.70	1.98	2.14	2.55	2.93	3.26	3.57	3.84	4.07
		1.5	0.40	0.74	1.19	1.34	1.55	1.88	2.20	2.39	2.86	3.30	3.70	4.06	4.39	4.68
		≥3	0.41	0.76	1.23	1.38	1.60	1.95	2.28	2.47	2.96	3.42	3.84	4.23	4.58	4.89
	100	1	0.43	0.79	1.28	1.44	1.66	2.02	2.36	2.55	3.05	3.49	3.90	4.26	4.58	4.85
		1.5	0.46	0.85	1.39	1.56	1.81	2.20	2.58	2.80	3.35	3.86	4.33	4.76	5.13	5.46
		≥3	0.47	0.87	1.,43	1.60	1.86	2.27	2.66	2.88	3.46	3.99	4.48	4.92	5.32	5.67
	125	1	0.59	1.09	1.77	1.91	2.30	2.80	3.28	3.55	4.24	4.85	5.40	5.88	6.27	6.58
		1.5	0.62	1.15	1.88	2.11	2.45	2.99	3.50	3.80	4.54	5.22	5.83	6.37	6.83	7.19
		≥3	0.63	1.17	1.91	2.15	2.50	3.05	3.58	3.88	4.65	5.35	5.98	6.53	7.01	7.40
SPA	90	1	0.43	0.75	1.17	1.30	1.48	1.76	2.02	2.16	2.49	2.77	3.00	3.16	3.26	3.29
		1.5	0.50	0.89	1.42	1.58	1.81	2.18	2.52	2.71	3.19	3.60	3.96	4.27	4.50	4.68
		≥3	0.52	0.94	1.5	1.67	1.92	2.32	2.69	2.90	3.42	3.88	4.29	4.63	4.92	5.14
	100	1	0.53	0.94	1.49	1.65	1.89	2.27	2.61	2.80	3.27	3.67	3.99	4.25	4.42	4.50
		1.5	0.60	1.08	1.73	1.93	2.22	2.68	3.11	3.36	3.96	4.50	4.96	5.35	5.66	5.89
		≥3	0.62	1.13	1.81	2.02	2.33	2.82	3.28	3.54	4.19	4.78	5.29	5.72	6.08	6.35
	125	1	0.77	1.40	2.25	2.52	2.90	3.50	4.06	4.38	5.15	5.80	6.34	6.76	7.03	7.16
		1.5	0.84	1.54	2.50	2.80	3.23	3.92	4.56	4.93	5.84	6.63	7.31	7.86	8.28	8.54
		≥3	0.86	1.59	2.58	2.89	3.34	4.06	4.73	5.12	6.07	6.91	7.63	8.23	8.69	9.01
	160	1	1.11	2.04	3.30	3.70	4.27	5.17	6.01	6.47	7.60	8.53	9.24	9.72	9.94	9.87
		1.5	1.18	2.18	3.55	3.98	4.60	5.59	6.51	7.03	8.29	9.36	10.21	10.83	11.18	11.25
		≥3	1.20	2.22	3.63	4.07	4.71	5.73	6.68	7.21	8.52	9.63	10.53	11.20	11.60	11.72
	200	1	1.49	2.75	4.47	5.01	5.79	7.00	8.10	8.72	10.13	11.22	11.92	12.19	11.98	11.25
		1.5	1.55	2.89	4.71	5.29	6.11	7.41	8.61	9.27	10.83	12.05	12.89	13.30	13.23	12.63
		≥3	1.58	2.93	4.79	5.38	6.22	7.55	8.77	9.45	11.06	12.32	13.21	13.67	13.64	13.09

续表

型号	d_{d_1}/mm	i或l/i	小轮转速 n_1/(r·min^{-1})														
			200	400	700①	800	950①	1 200	1 450①	1 600	1 800	2 000	2 200	2 400	2 800①	3 200	3 600
			额定功率 P_N/kW														
SPB	140	1	1.08	1.92	3.02	3.35	3.83	4.55	5.19	5.54	5.95	6.31	6.62	6.86	7.15	7.17	6.89
		1.5	1.22	2.21	3.53	3.94	4.52	5.43	6.25	6.71	7.27	7.70	8.23	8.61	9.20	9.51	9.52
		≥3	1.27	2.31	3.70	4.13	4.76	5.72	6.61	7.40	7.71	8.26	8.76	9.20	9.89	10.29	10.40
	180	1	1.65	3.01	4.82	5.37	6.16	7.38	8.46	9.05	9.74	10.34	10.83	11.21	11.62	11.49	10.77
		1.5	1.80	3.30	5.83	5.96	6.86	8.25	9.53	10.22	11.06	11.80	12.44	12.976	13.66	13.83	13.40
		≥3	1.85	3.40	5.50	6.15	7.09	8.55	9.88	10.61	11.50	12.29	12.98	13.56	14.35	14.61	14.28
	200	1	1.94	3.54	5.69	6.35	7.30	8.74	10.02	10.70	11.50	12.18	12.72	13.11	13.41	13.01	11.83
		1.5	2.08	3.84	6.21	6.94	7.99	9.52	11.03	11.87	12.82	13.64	11.33	14.86	15.46	15.36	14.46
		≥3	2.13	3.93	6.38	7.14	8.23	9.91	11.43	12.26	13.26	14.13	14.86	15.45	16.14	16.14	15.34
	250	1	2.64	4.86	7.84	8.75	10.04	11.99	13.66	14.51	15.47	16.19	16.68	16.89	16.44	14.69	11.48
		1.5	2.79	5.15	8.35	9.33	10.74	12.87	14.72	15.68	16.78	17.66	18.28	18.65	18.49	17.03	14.11
		≥3	2.83	5.25	8.52	9.53	10.97	13.16	15.07	16.07	17.22	18.15	18.82	19.23	19.17	17.81	14.99
	315	1	3.53	6.53	10.51	11.71	13.40	15.84	17.79	18.70	19.55	20.00	19.97	19.44	16.71	11.47	3.40
		1.5	3.68	6.82	11.02	12.30	14.09	16.72	18.85	19.87	20.88	21.46	21.58	21.20	18.76	13.81	6.04
		≥3	3.73	6.92	11.19	12.50	14.38	17.01	19.21	20.26	21.32	21.95	22.12	21.78	19.44	14.59	6.91

型号	d_{d_1}/mm	i或l/i	小轮转速 n_K/(r·min^{-1})														
			200	300	400	500	600	700①	800	950①	1 200	1 450①	1 600	1 00	2 000	2 200	2 400
			额定功率 P_N/kW														
SPC	224	1	2.90	4.08	5.19	6.23	7.21	8.13	8.99	10.19	11.89	13.22	13.81	14.35	14.58	14.47	14.01
		1.5	3.26	4.62	5.91	7.13	8.28	9.39	10.43	11.90	14.05	15.82	16.69	17.59	18.17	18.43	18.32
		≥3	3.38	4.80	6.15	7.43	8.64	9.81	10.91	12.47	14.77	16.69	17.65	18.66	19.37	19.75	19.75
	280	1	4.18	5.94	7.59	9.15	10.62	12.01	13.31	15.10	17.60	19.44	20.20	20.75	20.75	20.13	18.86
		1.5	4.54	6.48	8.31	10.05	11.70	13.27	14.75	16.81	19.76	22.05	23.07	23.99	24.34	24.09	23.17
		≥3	4.66	6.66	8.55	10.35	12.06	13.69	15.23	17.38	20.48	22.92	24.03	25.07	25.54	25.41	24.61
	315	1	4.97	7.08	9.07	10.94	12.70	14.36	15.90	18.01	20.88	22.87	23.58	23.91	23.47	22.18	19.98
		1.5	5.33	7.62	9.79	11.84	13.73	15.62	17.34	19.72	23.04	25.47	26.46	27.15	27.07	26.14	24.30
		≥3	5.45	7.80	10.03	12.14	14.14	16.04	17.82	20.29	23.76	26.34	27.42	28.23	28.26	27.46	25.74
	400	1	6.86	9.80	12.56	15.15	17.56	19.79	21.84	24.52	27.83	29.46	29.53	28.42	25.81	21.54	15.48
		1.5	7.22	10.34	13.28	16.04	18.64	21.05	23.28	26.23	29.99	32.07	32.41	31.66	29.41	25.50	19.79
		≥3	7.34	10.52	13.52	16.34	19.00	21.47	23.76	26.80	30.70	32.94	33.37	32.74	30.60	26.82	21.33
	500	1	9.04	12.91	16.52	19.86	22.92	25.67	28.09	31.04	33.85	33.58	31.70	26.94	19.35		
		1.5	9.40	13.45	17.24	20.76	24.00	26.93	29.53	32.75	36.01	36.18	34.57	30.18	22.94		
		≥3	9.52	13.63	17.48	21.06	24.35	27.35	30.01	33.32	36.73	37.05	35.53	31.26	24.11		

6.5 V带传动设计计算的基本方法

本节将介绍普通V带(和SP型窄V带)设计过程和重要参数的确定。对于广泛采用的带传动设计过程,一般是首先选择带传动的类型,依次为确定型号、带的根数和传动参数。这种设计方法通常称为**选择型设计**。带传动类型的选择主要依据带传动的实际工况、环境要求和空间尺寸等需求,合理选定带的类型。通常设计给出的已知条件为传递功率、带轮转速和载荷性质。

1. 确定设计功率 P_d(kW)

$$P_d = K_A P \tag{6-37}$$

式中 P_d——设计功率;

K_A——工况系数,如表6-13所示;

P——传递功率。

表6-13 工况系数 K_A(GB/T 13575.1—2008)

工况		K_s					
		空、轻载启动			重载启动		
		每天工作小时数/h					
		<10	10~16	>16	<10	10~16	>15
载荷变动微小	液体搅拌机、通风机和鼓风机(≤7.5 kW)、离心式水泵和压缩机、轻负荷输送机	1.0	1.1	1.2	1.1	1.2	1.3
载荷变动小	带式输送机(不均匀负荷)、通风机(>7.5 kW)、旋转式水泵和压缩机(非离心式)、发电机、金属切削机床、印刷机、旋转筛、锯木机和木工机械	1.1	1.2	1.3	1.2	1.3	1.4
载荷变动较大	制砖机、斗式提升机、往复式水泵和压缩机、起重机、磨粉机、冲剪机床、橡胶机械、振动筛、纺织机械、重载输送机	1.2	1.3	1.4	1.4	1.5	1.6
载荷变动很大	破碎机(旋转式、颚式等)、磨碎机(球磨、棒磨、管磨)	1.3	1.4	1.5	1.5	1.6	1.8

注①空、轻载启动——电动机(交流启动、三角启动、直流并励)、四缸以上的内燃机,装有离心式离合器、液力联轴器的动力机。

②重载启动——电动机《联机交流启动、直流复励或串励》、四缸以下的内燃机

2. 初选带型

根据设计功率 P_d 和主动带轮转速 n_1,按照带选型图初选带的型号。普通V带按图6-25选取,窄V带按图6-26选取。

选取的参数值如果落在两种型号附近的斜线时,可根据希望根数多少的范围决定选择该斜线的左侧型号还是右侧型号,必要时可以按计算结果做最后决定。

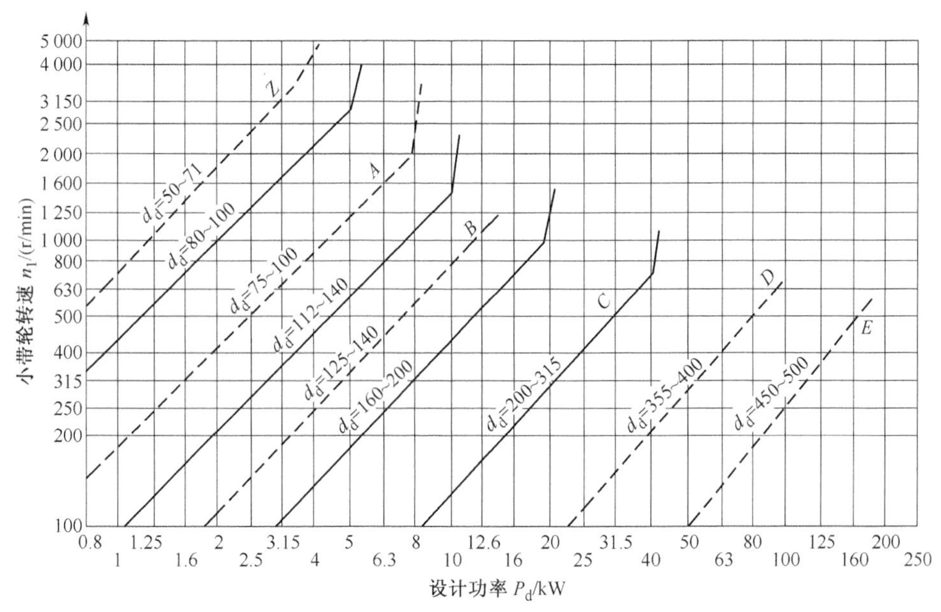

图 6-25 普通 V 带选型图(GB/T 13575.1—2008)

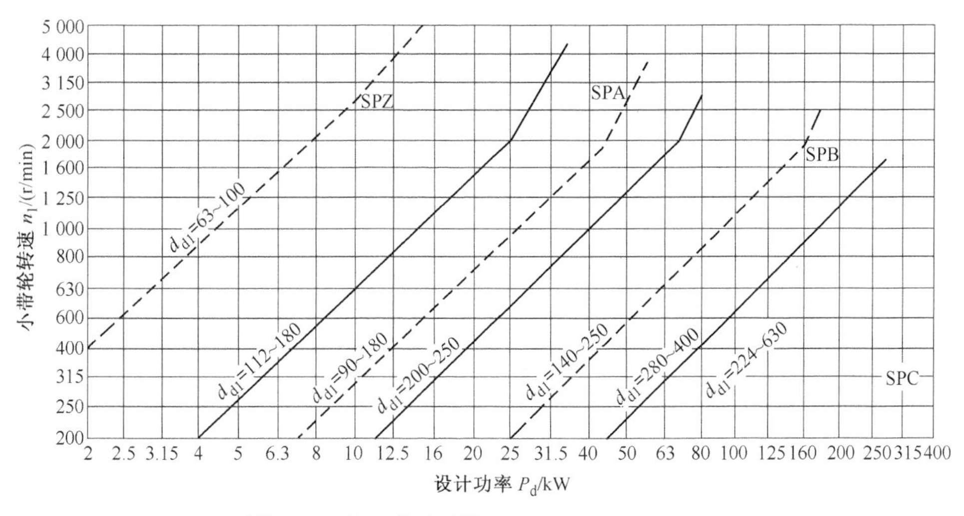

图 6-26 窄 V 带选型图(GB/T 13575.1—2008)

3. 确定带轮直径

主动带轮直径 d_{d1}不宜过小,为了减小带的弯曲应力,保证带的寿命,一般取 $d_{d1} \geq d_{dmin}$。普通 V 带和窄 V 带的最小基准直径 d_{dmin}如表 6-6 所示。

从动带轮 $d_{d2} = \left(\frac{n_1}{n_2}\right) d_{d1}(1-\varepsilon)$,式中滑动率 ε 可取 0.01 ~ 0.03。

计算出的带轮直径 d_d需按照 V 带轮基准直径系列进行圆整,该系列如表 6-5 所示。

4. 验算带速v

V 带传递功率 P 和带速 v 有一定关系,如图 6-27 所示,在最优速度 v_{opt}(图中 K 点)下工作,带传动可以传递最大功率。速度过低,带在低载荷下工作,不能发挥带的工作能力,降低传动效率，因此 v 应该大于 v_{min}。带速过高。超过 v_{max} 时，则离心应力将以 v^2 急剧增大，从而也降低了带传递的功率。所以，最理想的带速是 v_{opt}。通过验算如果带速不在合理范围内，应调整选定的带轮直径 d_{d1}。设计时，一般概略地选取带速 v 为 5~25m/s。不同带的 v_{max} 和 v_{opt} 的数值计算可参阅有关资料。

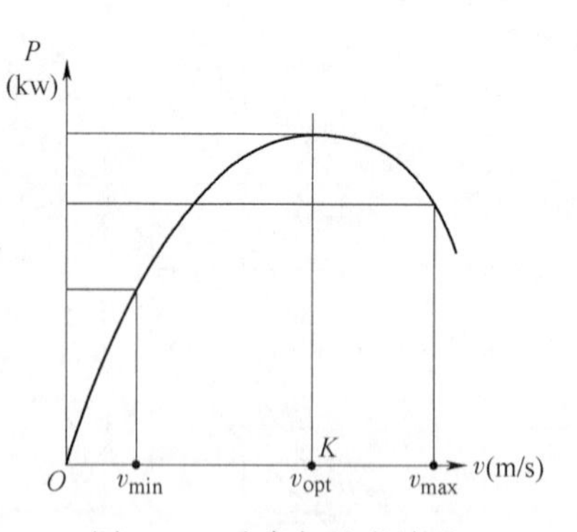

图 6-27 功率与速度关系

5. 确定带长 L_d

1）初选中心距 a_0

中心距过小带长也就过短，带在带轮上绕行的次数过多，即带的应力循环次数增多，降低带的疲劳寿命。

若中心距过小，当传动比 i 一定时，将使包角 α_1 过小，从而降低传动能力；若中心距过大，则会增大传动尺寸，同时带容易产生跳动现象。对于 V 带传动，设计时可按下式初选中心距

$$d_{d1} + d_{d2} \leqslant a_0 \leqslant 2(d_{d1} + d_{d2}) \tag{6-38}$$

按照式（6-6）计算对应 a_0 所需的带长 L_{d0}。计算得到 L_{d0} 值后，按照表 6-2 和表 6-3 将 L_{d0} 圆整为相近的基准长度 L_d。

2）确定中心距 a

根据圆整后实际的基准长度 L_d，重新修正初选的 a_0 值。

通常按下式近似进行计算

$$a \approx a_0 + \frac{L_d - L_{d0}}{2} \tag{6-39}$$

考虑安装调整及补偿工作中初拉力变化的需要，中心距 a 需在一定范围内调整

$$\left.\begin{aligned} a_{min} &= a - 0.015L_d \\ a_{max} &= a + 0.03L_d \end{aligned}\right\} \tag{6-40}$$

6. 小带轮包角 α_1

设计中需要验算小带轮包角 α_1 的大小，α_1 的值是决定 V 带传动工作能力的重要参数，需满足

$$\alpha_1 = 180° - \frac{d_{d2} - d_{d1}}{a} \times 57.3° \geqslant 120° \text{（特殊情况下允许 } \alpha_1 = 90° \text{）} \tag{6-41}$$

7. 确定 V 带根数 Z

对于普通 V 带传动，带的根数 Z 按下式计算

$$Z \geqslant \frac{P_d}{(P_1 + \Delta P_1)K_\alpha K_L} \leqslant 10 \tag{6-42}$$

带的根数过多会导致各根带受力不均且带轮宽度过大，因此可以重新选择带的类型和型号，从而减少带的根数。

对于 SP 型窄 V 带

$$Z \geqslant \frac{P_d}{P_N K_\alpha K_L} \leqslant 10 \tag{6-43}$$

8. 计算压轴力 F_r

F_r 按式(6-23)进行计算。

9. 计算带的初拉力 F_0

初拉力 F_0 的确定方法和带的张紧装置合在一起,计算见后文。

6.6 带传动的张紧

6.6.1 初拉力 F_0的计算

摩擦型带传动在工作前带必须以一定的初拉力 F_0(或称**张紧力**)紧套在两带轮上,靠它们接触面上的总摩擦力 $\sum F_\mu$ 实现动力传递。毫无疑问,F_0过小,不能发挥其应有的传动能力,并可能发生打滑,丧失传动功能。但是,F_0也不能过大,否则不仅增大了压轴力 F_r,更重要的是导致使用寿命降低。

根据带传动的实验可知:

1)初拉力 F_0与带疲劳寿命间的实验关系如表 6-14 所示。

表 6-14 初拉力对带寿命的影响

σ_0/MPa	0.9	1.0	1.2	1.5	1.8
相对寿命	4.2	2.5	1	0.33	0.13

注:$\sigma_0 = \dfrac{F_0}{A}$

由表 6-14 可见,初拉力 F_0虽然变化不大,但对带寿命的影响十分显著。因此 F_0过小或过大都是不合理的。

2)初拉力 F_0与带传动承载能力间的实验关系,如图 6-28 所示。

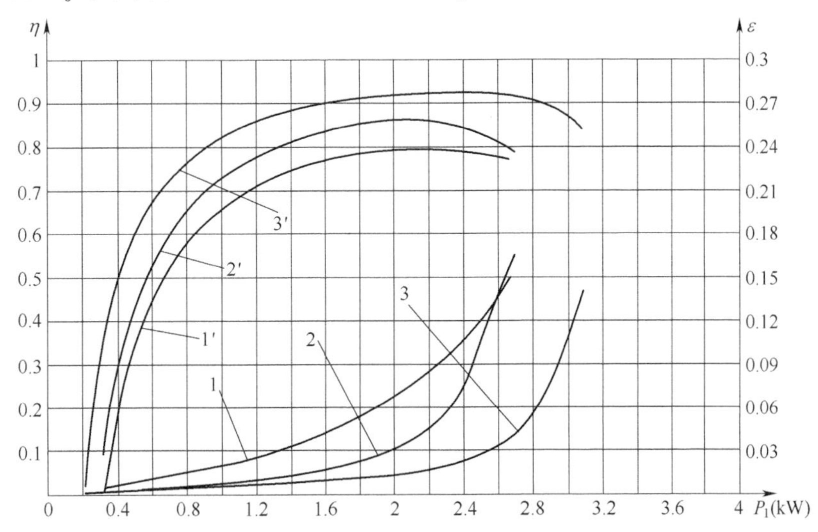

图 6-28 ε-P_1、η-P_1实验曲线(该曲线由西南交通大学机械设计综合实验台提供)

由该实验曲线可知，随着 F_0 的加大，相对应的滑动率 ε 曲线由曲线 1 向右移动至曲线 3，弹性滑动区扩大，从而提高了带传动的承载能力。与此同时，传动效率 η 曲线由曲线 1′ 向上移动至曲线 3′，相应提高了传动效率。

因此，从保证带的有效传递功率和一定的疲劳寿命两方面综合考虑，需要确定初拉力 F_0 的合理值。

由式(6-13)和式(6-21)可得初拉力

$$F_0 = \frac{F_e}{2}\left(\frac{e^{\mu_v\alpha} + 1}{e^{\mu_v\alpha} - 1}\right) + mv^2 \tag{6-44}$$

将 $F_e = \dfrac{1\,000P_d}{v}$(N)代入该式得

$$F_0 = \frac{500P_d}{v}\left(\frac{2e^{\mu_v\alpha}}{e^{\mu_v\alpha} - 1} - 1\right) + mv^2$$

对于单根 V 带，当 $\alpha = \pi$（即 $e^{\mu_v\pi} \approx 5$，$\dfrac{2e^{\mu_v\alpha}}{e^{\mu_v\alpha} - 1} \approx 2.5$）时，则初拉力为

$$F_0 = \frac{500P_d}{Zv}\left(\frac{2.5}{K_\alpha} - 1\right) + mv^2 \ (\mathrm{N}) \tag{6-45}$$

式中 Z——V 带根数；

K_α——包角修正系数，考虑包角 $\alpha \neq \pi$ 时，α 对传动能力的影响，按表 6-9 选取。

6.6.2 带传动的张紧

保持带传动中初张紧状态十分重要。由于带的材料并非完全弹性体，在工作一段时间后，因带中不可完全恢复的塑性变形引起带的松弛，初拉力 F_0 减小。因此，带传动设计中配置张紧装置是必需的。通过在掌握张紧的基本原理和方法的基础上，不断创新设计出结构各异的张紧装置。

按张紧原理不同，可分为定期张紧和自动张紧两类，按带传动装置的中心距是否允许调节又可分为中心距不可调及可调两类。表 6-15 所示为典型的张紧装置，供创新设计时参考。

表 6-15 带传动的张紧装置示例

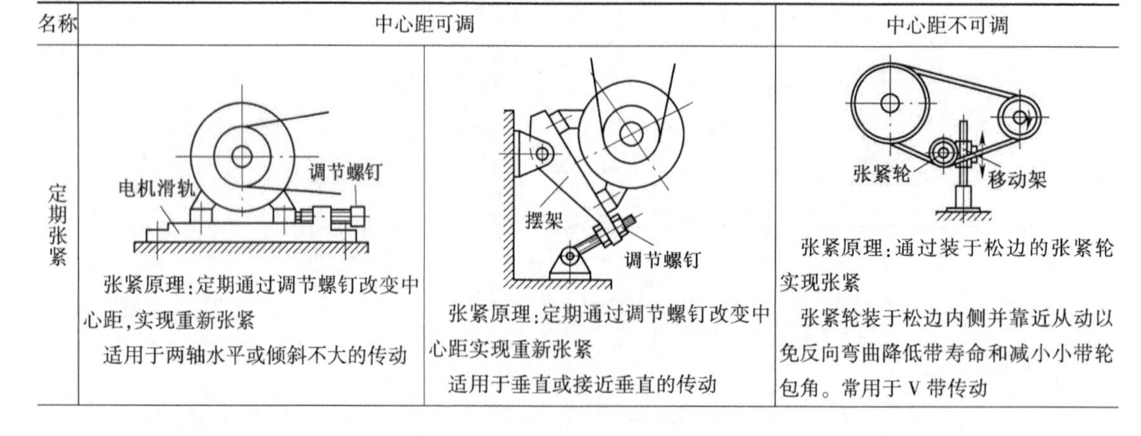

名称	中心距可调		中心距不可调
定期张紧	张紧原理：定期通过调节螺钉改变中心距，实现重新张紧 适用于两轴水平或倾斜不大的传动	张紧原理：定期通过调节螺钉改变中心距实现重新张紧 适用于垂直或接近垂直的传动	张紧原理：通过装于松边的张紧轮实现张紧 张紧轮装于松边内侧并靠近从动以免反向弯曲降低带寿命和减小小带轮包角。常用于 V 带传动

续表

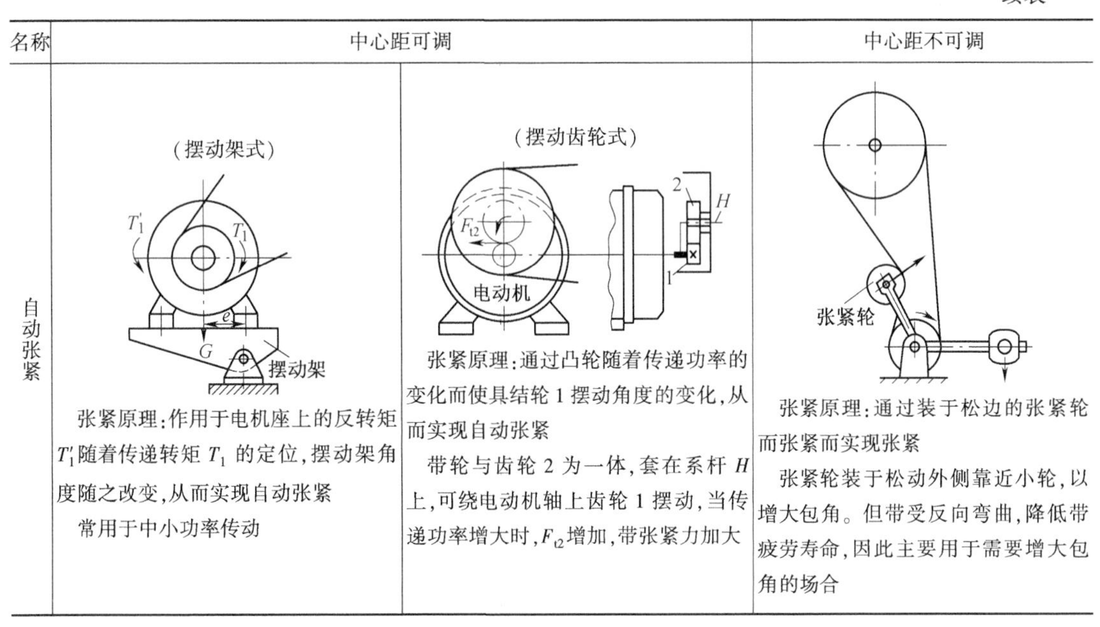

名称	中心距可调		中心距不可调
自动张紧	（摆动架式） 张紧原理：作用于电机座上的反转矩 T_1'随着传递转矩 T_1 的定位，摆动架角度随之改变，从而实现自动张紧 常用于中小功率传动	（摆动齿轮式） 张紧原理：通过凸轮随着传递功率的变化而使具结轮 1 摆动角度的变化，从而实现自动张紧 带轮与齿轮 2 为一体，套在系杆 H 上，可绕电动机轴上齿轮 1 摆动，当传递功率增大时，F_{t2}增加，带张紧力加大	张紧原理：通过装于松边的张紧轮而张紧而实现张紧 张紧轮装于松动外侧靠近小轮，以增大包角。但带受反向弯曲，降低带疲劳寿命，因此主要用于需要增大包角的场合

例题 6-1 设计图 6-29 所示的某车间清洗零件用的带式运输机的 V 带传动。

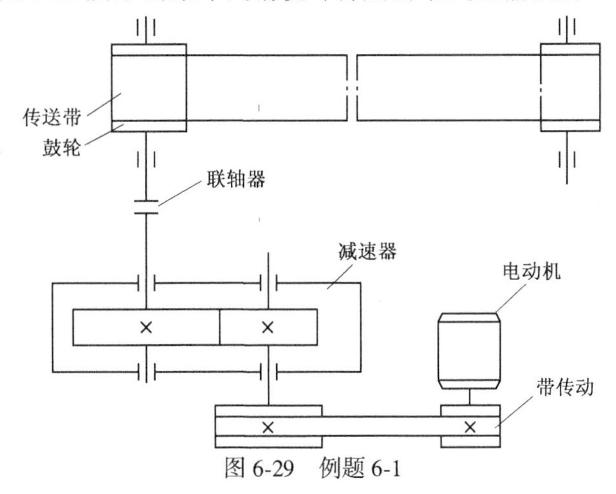

图 6-29 例题 6-1

已知：电动机为 Y132S—4 异步电动机，功率 $P=5.5$ kW，转速 $n_1=1\ 440$ r/min，传动比 $i=3.2$，每日二班制工作，工作期限为 8 年，运输带速度允许误差 ±5%，中心距 $a<600$ mm，设计该装置用窄 V 带传动。

解：(1) 确定设计功率 P_d。查表 6-13 的工况系数 $K_A=1.2$，则设计功率

$$P_d = K_A P = 1.2 \times 5.5 = 6.6(\text{kW})。$$

(2) 带型选择。根据 P_d和 n_1查图 6-25SP 型窄 V 带选型，选用 SPZ 型。

(3) 确定带轮基准直径 d_d。

①初选小带轮直径 d_{d1}。查表 6-6，SPZ 型窄 V 带带轮最小直径 $d_{d1\min}=63$ mm，小带轮基准直径推荐值如表 6-5 所示，取 $d_{d1}=100$ mm

②验算带速 v

$$v=\frac{\pi d_{d1}n_1}{60\times 1\ 000}=\frac{\pi\times 100\times 1\ 440}{60\ 000}=7.54(\mathrm{m/s})$$

因 v 在 5 ~ 25 m/s 之间,带速合适。

③计算大带轮基准直径 d_{d2}。若计入带的滑动率 ε（取 $\varepsilon=0.02$）,则

$$\begin{aligned}d_{d2}&=d_{d1}i(1-\varepsilon)\\&=100\times 3.2\times(1-0.02)=313.6(\mathrm{mm})\end{aligned}$$

查表 6-5,取 $d_{d2}=315$ mm。

(4)实际传动比及传动比相对误差 Δ_i

$$i=\frac{d_{d2}}{d_{d1}(1-\varepsilon)}=\frac{315}{100\times(1-0.02)}=3.21$$

传动比相对误差 Δi 为

$$\Delta i=\frac{3.21-3.2}{3.2}=0.313\%<5\%$$

大带轮基准直径值确定合理。

(5)确定带长 L_d和中心距 a:

①初定中心距 a_0。

由 $0.7(d_{d1}+d_{d2})\leqslant a_0\leqslant 2(d_{d1}+d_{d2})$,可得

$0.7(100+315)\leqslant a_0\leqslant 2(100+315)$

所以, $290.5\ \mathrm{mm}\leqslant a_0\leqslant 830\ \mathrm{mm}$

初定 $a_0=500$ mm。

②初算带所需的基准长度 L_{d0}

$$\begin{aligned}L_{d0}&=2a_0+\frac{\pi(d_{d1}+d_{d2})}{2}+\frac{(d_{d2}-d_{d1})^2}{4a_0}\\&=2\times 500+\frac{\pi(100+315)}{2}+\frac{(315-100)^2}{4\times 500}=1\ 674.99(\mathrm{mm})\end{aligned}$$

根据表 6-3,选带的基准长度 $L_d=1\ 800(\mathrm{mm})$

③计算实际中心距 a

$$a\approx a_0+\frac{L_d-L_{d0}}{2}=500+\frac{1\ 800-1\ 674.99}{2}=562.50(\mathrm{mm})$$

(6)验算小带轮包角 α_1

$$\alpha_1=180^\circ-57.3^\circ\times\frac{d_{d2}-d_{d1}}{a}=180^\circ-57.3^\circ\times\frac{315-100}{562.5}=158^\circ>120^\circ$$

(7)确定带的根数 Z。由 $d_{d1}=100$ mm, $n_1=1\ 440$ r/min,查表 6-12,SPZ 型单根带所能传递基本额定功率 $P_N=2.66$ kW;由表 6-9,由内插法查得包角修正系数 $K_\alpha=0.942\ 4$;由表 6-11,查得带长度修正系数 $K_L=1.01$。于是

$$[P_N]=P_NK_\alpha K_L=2.66\times 0.942\ 4\times 1.01=2.53(\mathrm{kW})$$

计算所需带的根数

$$Z \geqslant \frac{P_d}{[P_N]} = \frac{6.6}{2.53} = 2.61$$

取 $Z=3$ 根。

(8)计算单根带初拉力 F_0。查表 6-1,SPZ 型带单位长度质量 $m=0.07$ kg/m,单根 SPZ 型带的初拉力

$$\begin{aligned} F_0 &= \frac{500P_d}{Zv}\left(\frac{2.5}{K_\alpha} - 1\right) + mv^2 \\ &= \frac{500 \times 6.6}{3 \times 7.54}\left(\frac{2.5}{0.942\ 4} - 1\right) + 0.07 \times 7.54^2 \\ &= 245.1(\text{N}) \end{aligned}$$

(9)计算压轴力 F_r

$$F_r = 2ZF_0 \sin\frac{\alpha_1}{2} = 2 \times 3 \times 245.1 \sin\frac{158.1°}{2} = 1\ 443.8(\text{N})$$

(10)SP 型窄 V 带标记为

SPZ	1 800	GB/T 13575.1—2008
型号	基准长度	标准号

(11)带轮结构设计,并绘制带轮零件工作图(略)。

6.7 同步带传动

6.7.1 概述

同步带是在摩擦型带传动的基础上延伸的一种新型啮合型带传动。同步带传动由主动带轮 1、从动带轮 2 和同步带 3 组成(见图 6-30)。

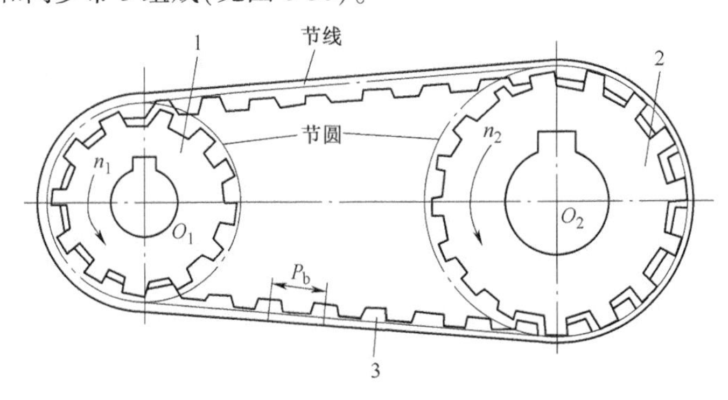

图 6-30 同步带传动示意图

1—主动带轮;2—从动带轮;3—同步带

由图 6-30 可见,同步带传动是靠带内周的齿与带轮轮齿相互咬合,通过两齿面的齿形相互接触传力,实现运动和动力的传递,称为**啮合型带传动**(亦称**形闭合带传动**)。由此可见,同

步带传动与链传动一样,保持传动比 $i(i=\frac{n_1}{n_2}=\frac{Z_2}{Z_1})$ 恒定的优点,避免了摩擦型带传动传动比不稳定的弊端,从而实现了无滑动的同步传动。它的诞生使带传动的应用扩展到需要保持准确传动比的场合,如精密机床、分度系统、汽车发动机(见图 6-31)、机器人、各种仪表及纺织机械等领域。应当提及的是同步带的啮合传动是属于非共轭啮合,因此在传动过程中不能保持瞬时传动比 $i(i=\frac{\omega_1}{\omega_2}\neq$ 常量)。

图 6-31　同步带在内燃机中的应用

同步带除具有一般带传动所具有良好的动力特性和传动平稳等优点外,它的使用范围也较大,速度可以高达 60 m/s,传动比可达 10,效率可达 99%,功率可达几百千瓦。而且同步带与摩擦型带传动不同,它的初拉力和压轴力较小。

6.7.2　同步带结构和类型

1. 结构

同步带由四部分组成(见图 6-32):带背 1、强力层 2、带齿层 3 和包布层 4。

带背为氯丁橡胶或聚氨酯胶层,具有良好的耐老化性和曲挠性,它的主要功能是将强力层的抗拉材料粘在带的节线位置,起到保护抗拉材料的作用。强力层(抗拉层)是同步带的关键部分,是主要的承载部分。强力层由拉伸和弯曲疲劳强度高、伸长率小的钢丝绳或玻璃纤维绳制成。具有足够的强度和工作中带齿的节距不变,使传动比恒定以及带齿和带轮齿的精确咬合,从而避免过大的节距差引起带的爬齿和跳齿现象。带齿层是同步带与带轮接触的部分,其齿形必须准确、不易变形才能保障精确传递运动,具有足够的齿根抗剪强度和齿面的抗挤压强度。包布层包裹在整个带齿层上,起到保护齿面和防开裂的作用。

2. 同步带传动的主要参数

同步带传动主要参数如下(见图6-33):

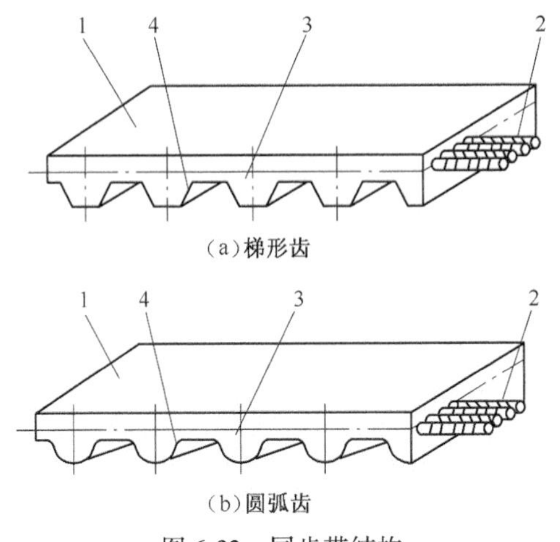

图6-32 同步带结构

1—带背;2—强力层;3—带齿层;4—包布层

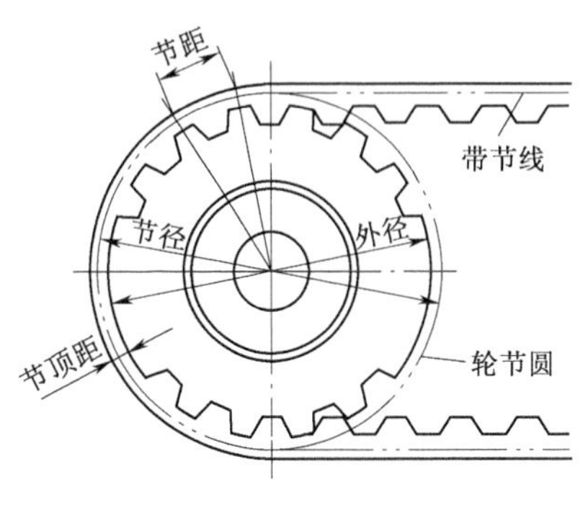

图6-33 同步带传动

(1)节线:当带垂直其底边弯曲时,在带中保持原长度不变的任意一条周线。强力层的中心线亦为节线。带的节线长度 L_p 为同步带的公称长度。

(2)节圆:基准节圆柱面与带轮周线垂直平面的交线。

(3)节径 d:节圆的直径。

(4)节距 P_b:在规定的张紧力下,带的纵截面上相邻两齿对称中心线的直线距离。

3. 同步带类型

(1)按带齿截面形状可分为梯形齿同步带和圆弧齿同步带两种(见图6-34)。

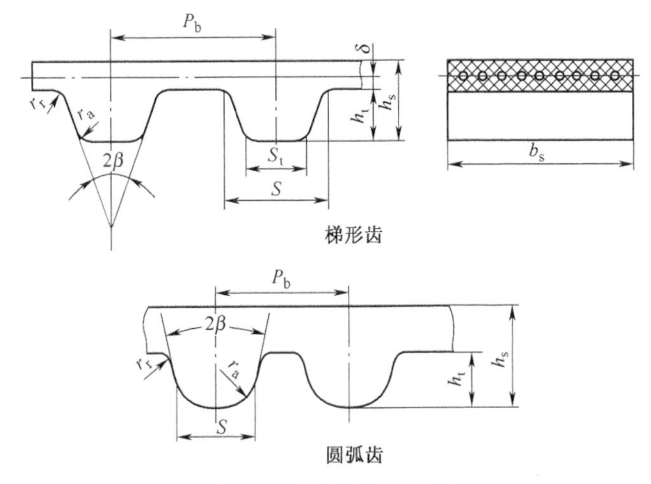

图6-34 同步带截面参数

梯形齿同步带目前应用的最多。圆弧齿同步带由于增大了圆角半径、减少了应力集中,因此承载能力和性能优于梯形齿同步带,圆弧齿的齿顶部圆弧更有利于防止啮合过程中齿的相互干涉。

(2)梯形齿同步带主要采用周节制梯形同步带。周节制是以英寸(in)制为标准,分为MXL(最轻型)、XXL(超轻型)、XL(特轻型)、L(轻型)、H(重型)、XH(特重型)及XXH(超重型)7种。带的齿形及其参数如表6-16所示。

表 6-16　梯形齿同步带的齿形及其参数(GB/T 11361—2008)　　单位:mm

	型号	节距 P_b	齿形角 $2\beta/(°)$	齿根厚 S	齿高 h_t	齿根圆角半径 r_r	齿顶圆角半径 r_s	带高 h_s	带宽 b_s					
周节制(GB/T 11616—1989)	MXL	2.032	40	1.14	0.51	0.13		1.14	公称尺寸	3.0	4.8	6.4		
									代号	0.12	0.19	0.25		
	XXL	3.175	50	1.73	0.76	0.2	0.3	1.52	公称尺寸	3.0	4.8	6.6		
									代号	3.0	4.8	6.4		
	XL	5.080		2.57	1.27	0.38		2.3	公称尺寸	6.4	7.0	9.5		
									代号	0.25	0.31	0.37		
	L	9.525	40	4.65	1.91	0.51		3.60	公称尺寸	12.7	19.1	25.4		
									代号	0.50	0.75	100		
	H	12.700		5.12	2.29	1.02		4.30	公称尺寸	19.1	25.4	38.1	50.8	72.1
									代号	075	100	150	200	300
	XH	22.225		12.57	6.35	1.57	1.19	11.20	公称尺寸	50.8	76.2	101.0		
									代号	200	300	400		
	XXH	31.750		19.05	9.53	2.29	1.52	15.7	公称尺寸	50.8	76.2	101.6	127	
									代号	200	300	400	500	

(3)按齿的分布情况分,有单面齿和双面齿两种。双面齿又有对称齿型(DA)和交错齿型(DB)之分(见图6-35)。

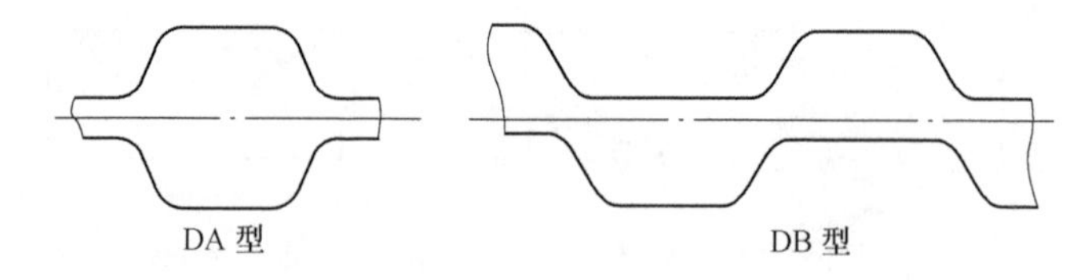

图 6-35　双面齿形带对称齿(DA 型)和交错齿(DB 型)

4. 同步带主要几何关系

1)中心距

中心距的计算由图6-36可得: $a=\dfrac{r_2-r_1}{\cos\theta}$。将 $r_1=\dfrac{P_bZ_1}{2\pi}$、$r_2=\dfrac{P_bZ_2}{2\pi}$ 代入得中心距的精确公式

$$a=\frac{P_b(Z_2-Z_1)}{2\pi\cos\theta} \tag{6-46}$$

式(6-46)中辅助角 θ 可由图 6-36 求得。

当 Z_2/Z_1 的值接近 1 和近似设计时,推荐使用普通 V 带传动中心距近似计算公式可得

$$a \approx M + \sqrt{M^2 - \frac{1}{8}\left[\frac{P_b(Z_2 - Z_1)}{\pi}\right]^2} \tag{6-47}$$

且有

$$M = \frac{P_b}{8}(2Z_b - Z_1 - Z_2) \tag{6-48}$$

式中 Z_b——带的齿数。

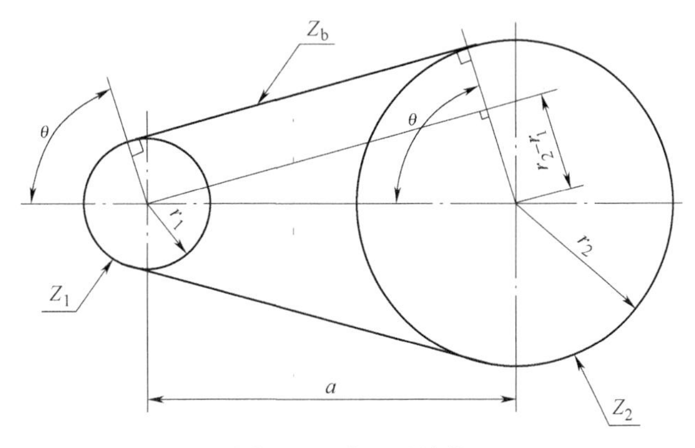

图 6-36 中心距计算

2)小带轮啮合齿数 Z_m

根据图 6-30 和图 6-36 可得

$$Z_m = \frac{Z_1}{2} - \frac{P_b Z_1}{2\pi^2 a}(Z_2 - Z_1) \tag{6-49}$$

Z_m 取整数。

6.7.3 梯形齿同步带传动设计

梯形齿同步带一般设计过程如下:

1. 计算设计功率 P_d(kW)

$$P_d = K_0 P$$

式中 P——名义功率,kW;

K_0——载荷修正系数,如表 6-17 所示。

2. 选择带型

根据 P_d和小带轮转速 n_1,由图 6-37 选择。当选择的带型与邻近带型较接近时,可以分别对两种带型进行设计,择优选用。

表 6-17　载荷修正系数 K_0(摘自 GB/T 11362—2008)

工作机	原动机					
	交流电动机(普通转矩鼠笼式、同步电动机),直流电动机(并激),多缸内燃机			交流电动机(大转矩、大滑差率、单相、滑环),直流电动机(复激、串激),单缸内燃机		
	运转时间			运转时间		
	断续使用 每日 3~5 h	普通使用 每日 8~10 h	连续使用 每日 16~24 h	断续使用 每日 3~5 h	普通使用 每日 8~10 h	连续使用 每日 16~24 h
复印机、计算机、医疗器械	1.0	1.2	1.4	1.2	1.4	1.6
清扫机、缝纫机、办公机械、带锯盘	1.2	1.4	1.6	1.4	1.6	1.8
轻负荷传送带,包装机、筛子	1.3	1.5	1.7	1.5	1.7	1.9
液体搅拌机、圆形带锯、平碾盘、洗涤机、造纸机、印刷机械	1.4	1.6	1.8	1.6	1.8	2.0
搅拌机(水泥、黏性体)、皮带输送机(矿石、煤、砂)、牛头刨床、挖掘机、离心压缩机、振动筛、纺织机械(整经机、绕线机)、回转压缩机、往复式发动机	1.5	1.7	1.9	1.7	1.9	2.1
输送机(盘式、吊式、升降式)、抽水泵、洗涤机、鼓风机(离心式、引风、排风)、发动机、激磁机、卷扬机、起重机、橡胶加工机(压延、滚轧压出机)、纺织机械(纺纱、精纺、捻纱机、绕纱机)	1.6	1.8	2.0	1.8	2.0	2.2
离心分离机、输送机(货物、螺旋)、锤击式粉碎机、造纸机(碎浆)	1.7	1.9	2.1	1.9	2.1	2.3
陶土机械(硅、黏土搅拌)、矿山用混料机、强制送风机	1.8	2.0	2.2	2.0	2.2	2.4

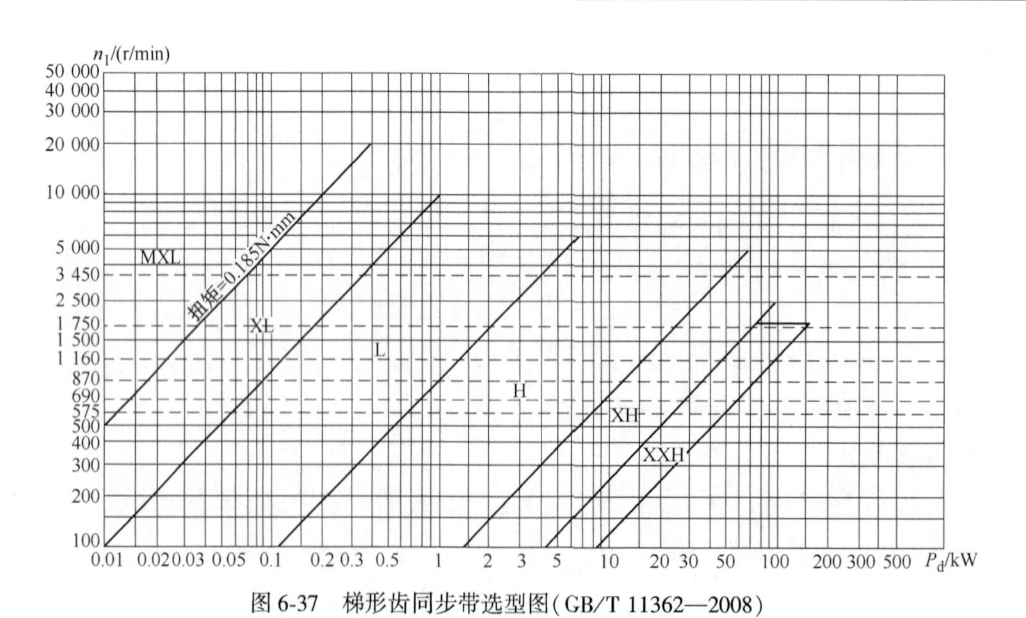

图 6-37　梯形齿同步带选型图(GB/T 11362—2008)

3. 确定节距 P_b

根据选定的带型,按表 6-16 选择该带型的节距。

4. 确定小带轮齿数 Z_1

在带速 v 和空间尺寸允许时,Z_1 尽可能选最大值,同时 Z_1 不能过小,需满足

$$Z_1 \geqslant Z_{min}$$

式中　Z_{min} ——带轮最小齿数,根据带型和 n_1 由表 6-18 得到。

表 6-18　带轮最少许用齿数(GB/T 11362—2008)

小带轮转速 n_1/(r/min)	带型						
	MXL	XXL	XL	L	H	XH	XXH
	带轮最少许用齿数/Z_{min}						
<900	10	10	10	12	14	22	22
900~<1 200	12	12	10	12	16	24	24
1 200~<1 800	14	14	12	14	18	26	26
1 800~<3 600	16	16	12	16	20	30	—
3 600~<4 800	18	18	15	18	22	—	—

5. 确定大带轮齿数 Z_2

$$Z_2 = iZ_1$$

式中　i——传动比;

　　Z_2——大带轮齿数,应按带轮直径系列标准(见表 6-19)进行圆整。

表 6-19　同步带轮直径系列(摘自 GB/T 11361—2008)　　单位:mm

带轮齿数 $z_{1,2}$	标准直径													
	MXL		XXL		XL		L		H		XH		XXH	
	d	d_1	d	d_2	d	d_3	d	d_4	d	d_5	d	d_6	d	d_7
10	6.47	5.96	10.11	9.60	16.17	15.66								
11	7.11	6.61	11.12	10.61	17.79	17.28								
12	7.76	7.25	12.13	11.62	19.40	18.90	36.38	35.62						
13	8.41	7.90	13.14	12.63	21.02	20.51	39.41	38.65						
14	9.06	8.55	14.15	13.64	22.64	22.13	42.45	41.69	56.60	55.23				
15	9.70	9.19	15.16	14.65	24.26	23.75	45.48	44.72	60.64	59.27				
16	10.35	9.84	16.17	15.66	25.87	25.36	48.51	47.75	64.68	63.31				
17	11.00	10.49	17.18	16.67	27.49	26.98	51.54	50.78	68.72	67.35				
18	11.64	11.13	18.19	17.68	29.11	28.60	54.57	53.81	72.77	71.39	127.34	124.55	181.91	178.86
19	12.29	11.78	19.20	18.69	30.72	30.22	57.61	56.84	76.81	75.44	134.41	131.62	192.02	188.97
20	12.94	12.43	20.21	19.70	32.34	31.83	60.64	59.88	80.85	79.48	141.49	138.69	202.13	199.08
(21)	13.58	13.07	21.22	20.72	33.96	33.45	63.67	62.91	84.89	83.52	148.56	145.77	212.23	209.18
22	14.23	13.72	22.23	21.73	35.57	35.07	66.70	65.94	88.94	87.56	155.64	152.84	222.34	219.29
(23)	14.88	14.37	23.24	22.74	37.19	36.68	69.73	68.97	92.98	91.61	162.71	159.92	232.45	229.40

续表

带轮齿数 $z_{1,2}$	标准直径													
	MXL		XXL		XL		L		H		XH		XXH	
	d	d_1	d	d_2	d	d_3	d	d_4	d	d_5	d	d_6	d	d_7
(24)	15.52	15.02	24.26	23.75	38.81	38.30	72.77	72.00	97.02	95.65	169.79	166.99	242.55	239.50
25	16.17	15.66	25.27	24.76	40.43	39.92	75.80	75.04	101.06	99.69	176.86	174.07	252.66	249.61
(26)	16.82	16.31	26.28	25.77	42.04	41.53	78.83	78.07	105.11	103.73	183.94	181.14	262.76	259.72
(27)	17.46	16.96	27.29	26.78	43.66	43.15	81.86	81.10	109.15	107.78	191.01	188.22	272.87	269.82
28	18.11	17.60	28.30	27.79	45.28	44.77	84.89	84.13	113.19	111.82	198.08	195.29	282.98	279.93
(30)	19.40	18.90	30.32	29.81	48.51	48.00	90.96	90.20	121.28	119.20	212.23	209.44	303.19	300.14
32	20.70	20.19	32.34	31.83	51.74	51.24	97.02	96.26	129.36	127.99	226.38	223.59	323.40	320.35
36	23.29	22.78	36.38	35.87	58.21	57.70	109.15	108.39	145.53	144.16	254.68	251.89	363.83	360.78
40	25.37	25.36	40.43	39.92	64.68	64.17	121.28	120.51	161.70	160.33	282.98	280.18	404.25	401.21
48	31.05	30.54	48.51	48.00	77.62	77.11	145.53	144.77	194.04	192.67	339.57	336.78	485.10	482.06
60	38.81	38.30	60.64	60.13	97.02	96.51	181.91	181.15	242.55	241.18	424.47	421.67	606.38	603.33
72	46.57	46.06	72.77	72.26	116.43	115.92	218.30	217.53	291.06	289.69	509.36	506.57	727.66	724.61
84							254.68	253.92	339.57	338.20	594.25	591.46	848.93	845.88
96							291.96	290.30	388.08	386.71	679.15	676.35	970.21	967.16
120							363.83	363.07	485.10	483.73	848.93	846.14	1 212.76	1 209.71
156									630.64	629.26				

注:括号中的齿数为非优先的直径尺寸。

6. 小带轮节径 d_1

$$d_1 = \frac{P_b Z_1}{\pi}$$

7. 大带轮节径 d_2

$$d_2 = \frac{P_b Z_2}{\pi}$$

8. 验算带速 v

$$v = \frac{\pi d_1 n_1}{60 \times 1\ 000} < v_{max}$$

不同带型允许的最大速度如表 6-20 所示。

表 6-20 同步带允许最大速度(GB/T 11361—2008)

带型	MXL、XXL、XL	L、H	XH、XXH
$v_{max}/(m \cdot s^{-1})$	40~50	35~40	25~30

9. 初定中心距 a_0

设计时 a_0 值根据传动的空间尺寸确定,一般设计时 a_0 可取

$$0.7(d_1 + d_2) \leqslant a_0 \leqslant 2(d_1 + d_2)$$

10. 确定带的节线长 L_p

$$L_p \approx 2a_0 + \frac{\pi}{2}(d_1 + d_2) + \frac{(d_2 - d_1)^2}{4a_0}$$

将初定中心距 a_0代入上式,将算的 L_p值按表 6-21 选择标准的节线长度 L_p及相应齿数 Z_b。

表 6-21 梯形齿同步带节线长度系列(摘自 GB/T 11616—2013) 单位:mm

带长代号	节线长度 L_2/mm	节线长上的齿数 z						
		MXL	XXL	XL	L	H	XH	XXH
60	152.40	75	48	30				
70	177.80	—	56	35				
80	203.20	100	64	40				
100	254.00	125	80	50				
120	304.80	—	96	60				
130	330.20	—	104	65				
140	355.60	175	112	70				
150	381.00	—	120	75	40			
160	406.40	200	128	80	—			
170	431.80	—	—	85	—			
180	457.20	225	144	90	—			
190	482.60	—	—	95	—			
200	508.00	250	160	100	—			
220	558.80	—	176	110	—			
240	609.60			120	64	48		
260	660.40			130	—	—		
300	762.00				80	60		
420	1 066.80				112	84		
540	1 371.60				144	108		
600	1 524.00				160	120		
700	1 778.00					140	80	56
800	2 032.00					160	—	64
900	2 286.00					180	—	72
1 000	2 540.00					200	—	80

11. 确定实际中心距 a

由式(6-46)或式(6-47)得出。

12. 计算小带轮啮合齿数 Z_m

Z_m按式(6-49)进行计算并圆整成整数。

13. 计算基准额定功率 P_0

计入离心力效应后的 P_0为

$$P_0 = \frac{(T_a - mv^2)}{1\ 000}v$$

式中 P_0——同步带带宽为基准宽度 b_{s0}时许用传递的功率,kW,带的基准宽度 b_{s0}如表 6-22 所示;

T_a——同步带带宽为基准宽度 b_{s0}时许用工作张力,N,如表 6-23 所示;

m——单位长度质量,kg/m,如表 6-23 所示。

表 6-22　带的基准宽度(GB/T 11362—2008)　　单位:mm

节距代号	基准宽度 b_m
MXL	6.4
XXL	
XL	9.5
L	25.4
H	76.2
XH	101.6
XXH	127

表 6-23　带的许用工作张力 T_a(GB/T 11362—2008)

带型	T_a/N	m/(kg/m)
MXL	27	0.007
XXL	31	0.010
XL	50.17	0.022
L	244.46	0.095
H	2 100.85	0.448
XH	4 048.90	1.484
XXH	6 398.03	2.473

P_0值亦可按机械设计手册 GB/T 11362—2008 查得。

14. 确定带宽 b_s

$$b_s = b_{s0}{}^{1.14}\sqrt{\frac{P_d}{K_Z P_0}}$$

式中　K_Z——啮合齿数系数,当 $Z_m \geqslant 6$ 时,$K_Z=1$;当 $Z_m < 6$ 时,$K_Z=1-0.2(6-Z_m)$。

计算出 b_s值应按表 6-24 取标准值,一般 $b_s<b_1$。

表 6-24　同步带宽度系列(GB/T 11616—1989)

<table>
<tr><td>代号</td><td>012</td><td>019</td><td>025</td><td>031</td><td>037</td><td>050</td><td>075</td><td>100</td><td>150</td><td>200</td><td>300</td><td>400</td><td>500</td></tr>
<tr><td>宽度 b_s/mm</td><td>3.2</td><td>4.8</td><td>6.4</td><td>7.9</td><td>9.5</td><td>12.7</td><td>19.1</td><td>25.4</td><td>38.1</td><td>50.8</td><td>76.2</td><td>101.6</td><td>127.0</td></tr>
<tr><td rowspan="7">型号</td><td colspan="3">MXL</td><td colspan="10"></td></tr>
<tr><td colspan="3">XXL</td><td colspan="10"></td></tr>
<tr><td colspan="2"></td><td colspan="3">XL</td><td colspan="8"></td></tr>
<tr><td colspan="5"></td><td colspan="3">L</td><td colspan="5"></td></tr>
<tr><td colspan="6"></td><td colspan="5">H</td><td colspan="2"></td></tr>
<tr><td colspan="9"></td><td colspan="3">XH</td><td></td></tr>
<tr><td colspan="9"></td><td colspan="4">XXH</td></tr>
</table>

15. 验算同步带工作能力

根据设计要求，$P_d \leqslant P_r$（P_r为带传动的额定功率）时，同步带工作能力验算通过。

其中
$$P_r = \left(K_Z K_W T_a - \frac{b_s m v^2}{b_{s0}}\right) v \times 10^{-3}$$

式中 K_W——宽度系数，$K_W = \left(\frac{b_s}{b_{s0}}\right)^{1.14}$。

16. 选定带轮结构并确定尺寸

参见机械设计手册。

6.8 高速带传动简介

带速 $v > 30$ m/s、高速轴转速 $n_1 = 10\,000$ r/min ~ 50 000 r/min 的带传动都属于高速带传动。带速 $v > 100$ m/s时，属于超高速带传动。由于带在高速下工作，要求带必须采用重量轻、厚度薄、曲挠性好的材料制成，如特制的锦纶编织带、薄型锦纶编织片复合带。因此，高速带不能选用V带，需采用平带传动，以实现高速下运转平稳可靠且具有一定的疲劳寿命。同时，带轮设计时力争减轻带轮重量，通常采用钢或铝合金制造，并要保证带轮的制造精度，使其质量均匀对称并进行动平衡，以保证平稳转动。对于高速工作条件下的带传动，特别要注意高速运转中带传动空气动力学性能，减小空气阻力和防止带和带轮轮缘表面之间形成空气层，为此在轮缘表面上开设环形槽。此外，为了防止高速运转下掉带现象，轮缘表面可制成中凸形。

轮缘尺寸、中凸度大小、动平衡要求见机械设计手册。高速带传动一般用于增速传动，其增速比一般为2到4，常用于磨床、离心机等高速运作场合。

高速带的直径过小会使弯曲应力增大，降低高速带寿命。由于高速带寿命比其他传动带短，寿命指标是设计的重要控制因素。带轮的直径不能太大也不能太小，要满足 $d_{min} \leqslant d \leqslant d_{max}$。高速带在特别苛刻的条件下进行工作，设计中要做到精心设计和制造。

高速带的具体设计计算方法和许用的拉应力等见机械设计手册。

例题6-2 设计某包装机用梯形齿同步带传动。电动机为Y系列交流电动机，其额定功率P=4 kW，转速n_1=1 440 r/min，传动比i=3，轴间距约为500 mm，每天两班制工作（每班按8 h计）

解：(1)设计功率P_d。由表6-17查得，K_0=1.7，有

$$P_d = K_0 P = 1.7 \times 4 = 6.8\ (\text{kW})$$

(2)选定带型。根据P_d=6.8kW，和n_1=1 440 r/min，由图6-37选定带型为H型梯形齿同步带。

(3)确定节距P_b。由表6-16，查得H型梯形齿同步带P_b=12.700 mm。

(4)确定小带轮齿数Z_1。给定带型H型和小带轮转速n_1，由表6-18查得小带轮的最小齿数Z_{min}=18，按$Z_1 \geqslant Z_{min}$，取Z_1=20。

(5)确定大带轮齿数Z_2。$Z_2 = iZ_1 = 3 \times 20 = 60$，符合表6-19中的带轮直径系列。

(6)小带轮节径d_1

$$d_1 = \frac{P_b Z_1}{\pi} = \frac{12.7 \times 20}{\pi} = 80.85(\text{mm})$$

(7)大带轮节径d_2

$$d_2 = \frac{P_b Z_2}{\pi} = \frac{12.7 \times 60}{\pi} = 242.55(\text{mm})$$

(8)验算带速 v

$$v = \frac{\pi d_1 n_1}{60 \times 1\ 000} = \frac{\pi \times 80.85 \times 1\ 440}{60 \times 1\ 000} = 6.1(\text{m/s})$$

由表 6-20 查得 H 型带 $v_{max} = 35 \sim 40$ m/s，所以 $v < v_{max}$，合理。

(9)初定中心距 a_0

由 $0.7(d_1 + d_2) \leqslant a_0 \leqslant 2(d_1 + d_2)$ 得

$$226.38\ \text{mm} \leqslant a_0 \leqslant 646.8\ \text{mm}$$

取 $a_0 = 500$ mm(符合题给要求)。

(10)确定带的节线长 L_p

$$L_{p0} \approx 2a_0 + \frac{\pi}{2}(d_1 + d_2) + \frac{(d_2 - d_1)^2}{4a_0}$$

$$= \left[2 \times 500 + \frac{\pi}{2}(80.85 + 242.55) + \frac{(242.55 - 80.85)^2}{4 \times 500}\right]$$

$$= 1\ 521.07(\text{mm})$$

由表 6-21，选用带长代号为 600 的 H 型同步带，其节线长 $L_p = 1\ 524.00$ mm，齿数 $Z_b = 120$。

(11)确定实际中心距 a

按 $a \approx a_0 + \frac{L_p - L_{p0}}{2}$ 近似计算，得

$$a = \left[500 + \frac{(1\ 524 - 1\ 521.07)}{2}\right] = 501.47\ \text{mm}$$

(12)计算小带轮啮合齿数 Z_m

由式(6-49)，Z_m 为

$$Z_m = \frac{Z_1}{2} - \frac{P_b Z_1}{2\pi^2 a}(Z_2 - Z_1)$$

$$= \frac{20}{2} - \frac{12.7 \times 20}{2\pi^2 \times 501.47}(60 - 20)$$

$$= 8.77$$

取整数，$Z_m = 9$。

(13)计算基准额定功率 P_0

$$P_0 = \frac{(T_a - mv^2)}{1\ 000} v$$

查表 6-23 得 $T_a = 2\ 100.85$ N，$m = 0.448$ kg/m。

$$P_0 = \frac{(2\ 100.85 - 0.448 \times 6.1^2)}{1\ 000} \times 6.1$$

$$= 12.71(\text{kW})$$

(14)确定带宽 b_s

$$b_s = b_{s0} \sqrt[1.14]{\frac{P_d}{K_Z P_0}}$$

由表6-22的H型同步带 $b_{s0}=76.2$ mm, $Z_m=9$, $K_Z=1$,则

$$b_s = 76.2^{1.14}\sqrt{\frac{6.8}{12.71}} = 44.03(\text{mm})$$

由表6-24查得,应选带宽代号为200的H型同步带,其 $b_s=50.8$ mm。

(15)验算同步带的工作能力

$$P_r = \left(K_Z K_W T_a - \frac{b_s m v^2}{b_{s0}}\right) v \times 10^{-3}$$

式中, $K_W = \left(\frac{b_s}{b_{s0}}\right)^{1.14} = \left(\frac{50.8}{76.2}\right)^{1.14} = 0.63$

$$P_r = \left(0.63 \times 2\,100.85 - \frac{50.8 \times 0.448 \times 6.1^2}{76.2}\right) \times 6.1 \times 10^{-3}$$
$$= 8(\text{kW})$$

因 $P_d=6.8$ kW,所以 $P_r>P_d$,验算通过。

(16)选用带的标记如下:

600	H	200
带长代号	带型	带宽代号

(17)带轮结构设计,并绘制带轮零件工作图。

略。

思考题、讨论题和习题

6-1 带传动中弹性滑动产生的外因及内因是什么?为什么弹性滑动在传递动力时不可避免?弹性滑动造成的的传动弊端有哪些?

6-2 打滑是否可以避免?打滑造成的利弊是什么?带传动实验的 η-p 及 ε-p 曲线的临界点位置对带传动设计起什么作用?初拉力大小对 ε-η 曲线有何影响?

6-3 多级传动系统中为什么常将带传动放在高速级?

6-4 带传动的最大有效圆周力是如何确定的?

6-5 为什么带传动设计中要验算小带轮包角 α_1、带速 v 以及中心距最小值 a_{min} 或带长 L_d 的大小?

6-6 带上一点的应力在运转中是如何变化的?最大应力发生在何处?

6-7 带传动的实验条件有哪些?

6-8 通过总结归纳,比较各种类型带传动的特点及应用场合。

6-9 带轮的槽角为什么小于带的楔角?槽角过小会产生什么影响?

6-10 圆弧齿同步带与梯形齿同步带相比,其主要优点是什么(列举两点)?

6-11 窄V带和普通V带的结构有何不同?窄V带的优点是什么?有什么缺点?

6-12 增大带与带轮接触面上的摩擦力,通过加大带轮表面加工粗糙程度的方法是否合理?

6-13 同步带节距 P_b 误差超限,会导致什么不良结果?

6-14 高速带的带轮结构有何特殊要求？

6-15 通过对某一种典型机械中采用带传动情况的剖析，如公共汽车发动机辅助传动系统，理解该装备采用不同带传动类型的原因。

6-16 图6-38所示为带传动张紧轮的五种不同布置方式，试指出其各自特点并进行比较。

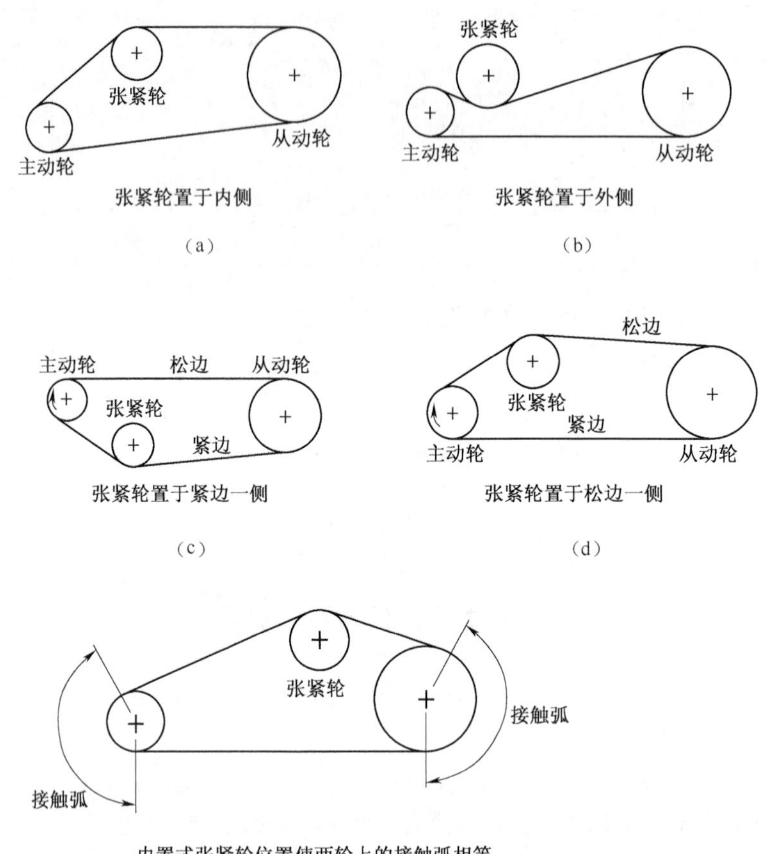

图6-38 题6-16图

6-17 已知某V带传动传递功率 $P=1.5$ kW，主动带轮转速 $n_1=1\ 400$ r/min，主动带轮基准直径 $d_{d1}=106$ mm，传动比 $i=1$，带与带轮间的当量摩擦因数 $\mu_v=0.35$。设工况系数 $K_A=1$，不计离心力影响，试求带在主动轮上即将打滑时带的紧边拉力 F_1、松边拉力 F_2 及初拉力 F_0 的大小。

6-18 单根B型V带传递的最大功率 $P=3.62$ kW，主动带轮基准直径 $d_{d1}=160$ mm，主动带轮转速 $n_1=1\ 450$ r/min，小带轮包角 $\alpha_1=135^\circ$，带与带轮间的当量摩擦因数 $\mu_v=0.4$。试求带传动的有效拉力 F_e 和计入离心力作用时的紧边拉力 F_1。

6-19 某搅拌机用A型普通V带传动。已知主动带轮转速 $n_1=1\ 430$ r/min，主动带轮基准直径 $d_{d1}=100$ mm，从动带轮转速 $n_2=570$ r/min，传动中心距 $a\approx 510$ mm，带的根数 $Z=2$，设工况系数 $K_A=1.2$。求该带传动允许传递的最大功率及压轴力的大小。

6-20 某L型梯形齿同步带传动，主动带轮转速 $n_1 = 1\ 440$ r/min，带宽 $b_s = 19.1$ mm，主动带轮齿数 $Z_1 = 18$，从动带轮齿数 $Z_2 = 20$，设载荷修正系数 $K_0 = 1.0$，啮合齿数系数 $K_Z = 1.0$。试求该同步带传动允许传递的最大功率。

6-21 已知某同步带传动中心距为 a，主、从带轮齿数分别为 Z_1、Z_2，带的节距为 P_b。求证该传动小带轮啮合齿数 $Z_m = \frac{Z_1}{2} - \frac{P_b Z_1}{2\pi^2 a}(Z_2 - Z_1)$（求证时参考图6-36）。

6-22 根据V带传动初拉力 F_0 的计算公式，求证带传动的包角系数 $K_\alpha = \frac{e^{\mu\pi}(e^{\mu\alpha} - 1)}{e^{\mu\alpha}(e^{\mu\pi} - 1)}$。

6-23 已知V带传动的紧边拉力为 F_1，带的单位长度质量为 m，求证带传递功率为最大时的最佳带速 $v_{opt} = \sqrt{\frac{F_1}{3m}}$。

6-24 设计某专用钻床上的普通V带传动。已知电动机为Y100L2-4，$P = 3.0$ kW，转速 $n = 1\ 430$ r/min，传动比 $i = 2.82$，结构上要求中心距不小于400 mm，每日工作小于10 h。

注：若根据图6-25选型时，参数值在两种型号之间的斜线时，需对两种型号做平行计算，对计算结果进行比较后按需要选定型号。

6-25 某手扶拖拉机的柴油机和变速箱之间采用V带传动，柴油机输出轴的额定功率 $P = 7.4$ kW，转速 $n = 2\ 000$ r/min，要求变速箱输入转速 $n_1 = 1\ 300$ r/min，中心距 $a < 400$ mm。试设计该V带传动。

6-26 某厂铸工车间自制一台破碎机，采用V带传动，电动机为Y132S—6，功率 $P = 3.0$ kW，转速 $n = 960$ r/min，传动比 $i = 2$。要求中心距 a 不大于600 mm。该破碎机不经常使用。试设计此V带传动。

6-27 题6-24中的带传动参数保持不变，将V带传动设计改为梯形齿同步带设计。

第7章　链　传　动

【学习提示】

①链传动的链条系标准零件,学习中要侧重了解滚子链的各项标准及主要参数,以便设计时熟练选取。在掌握滚子链设计的基础上,对于双节距滚子链及齿形链的设计方法可直接查阅国家标准 GB/T 5269—2008、GB/T 10855—2003。

②滚子链的设计与带传动都属标准件设计,其共性为选择性设计,即根据工况参数由国家标准 GB/T 18150—2006 规定的额定功率曲线选取链条型号(链节距 p)。选定链号后,链条尺寸不需自行设计,不同于非标准件(如齿轮传动)的设计性设计过程。

③通过链传动学习,可将链传动与带传动进行全面比较,掌握两者的各自特性及优缺点。

④链传动的运动特性是链传动基本理论的先导,要深刻理解链传动的基本理论部分,链传动运动特性突出表现为多边形效应。它是影响链传动运动不平稳之源。掌握衡量不均匀性指标 δ 的计算方法和在设计中如何通过合理选择链传动的最关键参数 p 及 z,减小 δ 值。链传动的动载荷分析是分析链传动动力特性的理论基础,掌握它有利于了解链传动中出现的振动、冲击与噪声之源,从而进一步了解改善动力特性措施,如正确选择链传动的参数及张紧方案。

⑤为了掌握滚子链传动设计计算的基本方法,必须学会合理选择主要参数,及掌握如何运用 GB/T 18150—2006 提供的额定功率 P_0 曲线来选择链条型号。设计的具体步骤及方法可参阅本章例 7-2。

⑥本章课外实践环节配置思考题、讨论题和习题部分。通过练习,检查掌握链传动的基本知识、基本理论的程度,掌握链传动的设计计算方法,这是将理论运用到工程实践中的重要的能力提高过程。

⑦本章重点:

链传动多边形效应与运动特性;

链传动的啮合过程形成的动载荷及动力特性;

链传动的受力分析,特别是垂度拉力的计算及许用垂度控制方法;

熟练应用滚子链国家标准(GB/T 1243—2006)及滚子链传动选择指导(GB/T 18150—2006),它们是滚子链设计最重要的原始资源,了解链传动随着工况条件的变化,传动重要失效形式也发生相应的转化,它是传动承载能力计算的依据;

掌握滚子链的设计计算的基本理论及设计全过程;

掌握链传动润滑方式的选择,它直接影响到链条的磨损与使用寿命。

⑧本章难点:

掌握链传动主要参数对链传动运动特性和动力特性的影响,学习正确选择参数;

建立刚性链节在链轮上的接触呈正多边形的概念,这与带在带轮表面上的接触方式完全不同,从而理解多边形效应产生的必然性;

如何根据工作条件、空间布置要求等,灵活设计链传动的张紧装置。

7.1 链传动基本知识

链传动为非直接接触的啮合传动,它是通过中间挠性元件——链条实现的啮合传动,链传动由主动链轮1、从动链轮2及链条3组成(见图7-1)。

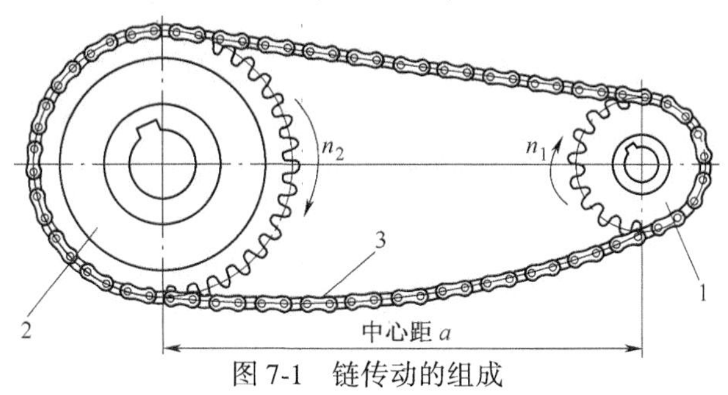

图7-1 链传动的组成

1—主动链轮;2—从动链轮;3—链条

链传动具有挠性传动和啮合传动的双重性。因此,它在一定程度上兼有带传动和齿轮传动的特性。

与摩擦型带传动相比,其优点如下:

(1)没有弹性滑动,平均传动比保持恒定;

(2)适应工作环境条件宽,特别适应于温度较高、湿度较大以及油、酸污染的环境;

(3)承载能力较高,在工况相同时,传动尺寸比较紧凑,工作更为可靠;

(4)张紧力小,作用在轴上的载荷较小。

与直接啮合型齿轮传动相比,其优点是:

(1)可以发挥挠性传动的优势,简便的实现中心距较大和多轴间传动;

(2)制造、安装精度要求略低,便于制造和安装。

链传动的缺点是:

(1)动力传递为刚性,无弹性,因此,链传动的动力特性稍差。

(2)运动不平稳:链条各链节绕在链轮上的几何形态构成了一个正多边形(见图7-2)。由图7-2可见,链轮回转到图示的不同相位时链条中心线处于链轮分度圆的分割和相切位置,造成链上下抖动,水平方向速度有波动。因此,当主动链轮的角速度 ω_1 恒定时链条速度和从动链轮的角速度 ω_2 发生变化(见图7-3)。所以链传动的瞬时传动比是不稳定的,这种现象称为**链传动的多边形效应**;

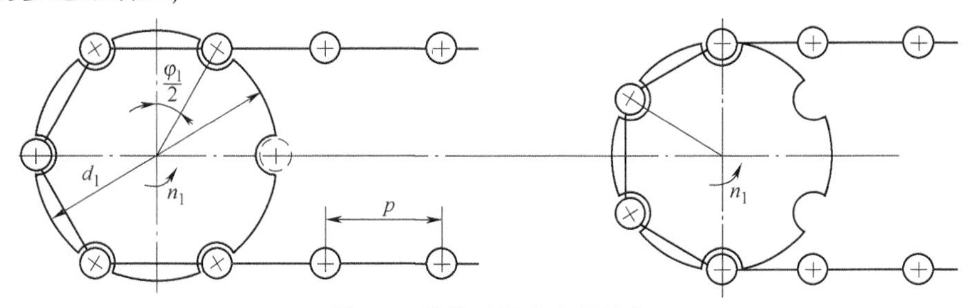

图7-2 链传动的多边形效应

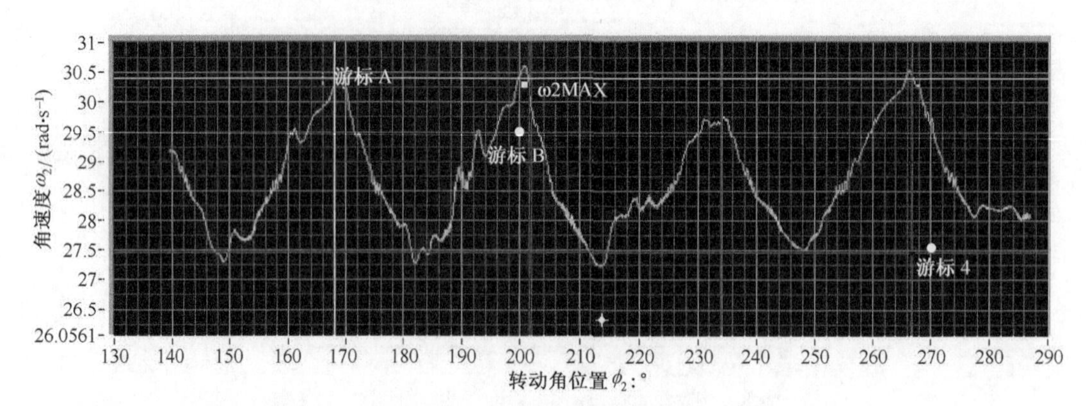

图 7-3 从动链轮角速度变化图

(该曲线由西南交通大学机械设计综合实验台提供)

(3)链节进入与链轮啮合时发生冲击,造成冲击与噪声。

(4)链传动时,为了减小链条的磨损,对润滑条件要求严格,润滑油容易造成污染。

综上所述,链传动主要用于中心距较大、多轴传动、平均传动比要求准确、平稳性要求不严格和环境条件较差的场合。

链传动的经济性好、可靠性高,已成为机械传动中的重要传动方式,在各种动力传动中获得广泛应用。一般情况下,链传动的工作范围是:链速 $v \leqslant 15$ m/s,传递功率 $P<100$ kW,传动比 $i<7$。

链传动按用途不同可分为(见图 7-4):

(1)传动链:用于一般机械中传递运动和动力,$v \leqslant 20$ m/s;

(2)起重链:用于起重机械中提升重物,$v \leqslant 0.25$ m/s;

(3)曳引链:用于运输机械中输送物料,$v = 2 \sim 4$ m/s。

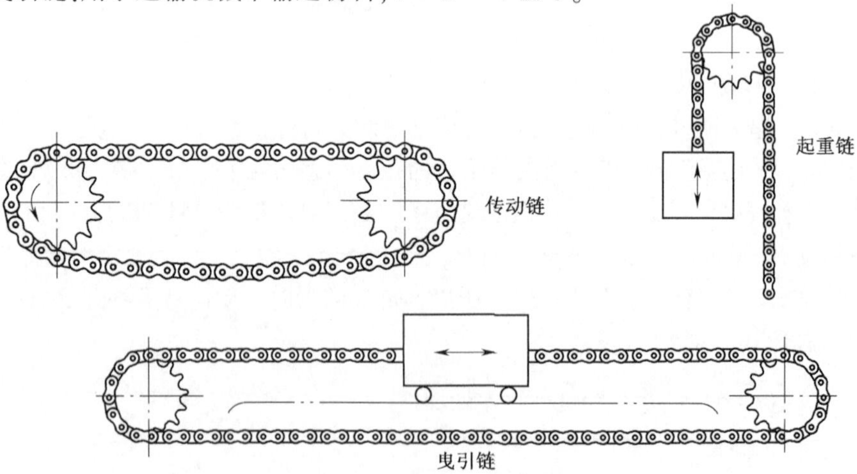

图 7-4 链传动的分类

传动链按结构形式不同可分为:

(1)短节距精密滚子链(简称滚子链)(GB/T 1243—2006)。

(2)双节距精密滚子链(GB/T 5269—2008)(见图7-5),该滚子链是由短节距精密滚子链在基本链条的基础上派生出来的,它与基本链条具备相同的尺寸,唯其节距是标准链节的2倍(见图7-6),主要用于低速传动和轴间距较大的传动装置。

图7-5 双节距精密滚子链

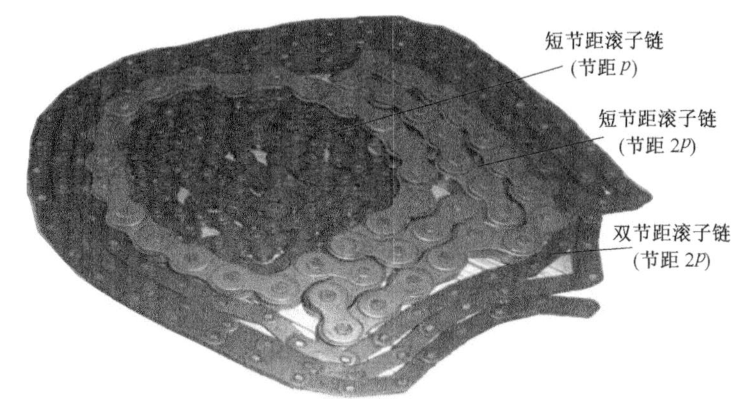

图7-6 双节距与短节距滚子链外形比较

(3)齿形链(亦称**无声链**)(GB/T 10855—2003)(见图7-7)。齿形链工作时链板的外侧边与链轮轮齿相啮合(见图7-8),能用于较大载荷、低噪声和较宽速度范围等场合。随着高速传动技术的发展,齿形链传动的主动链轮的转速可以高达5 000~8 000 r/min,已广泛用于汽车发动机的正时传动和其他装置。齿形链通过附加的内导向板或外导向板(见图7-9)来实现链条导向。

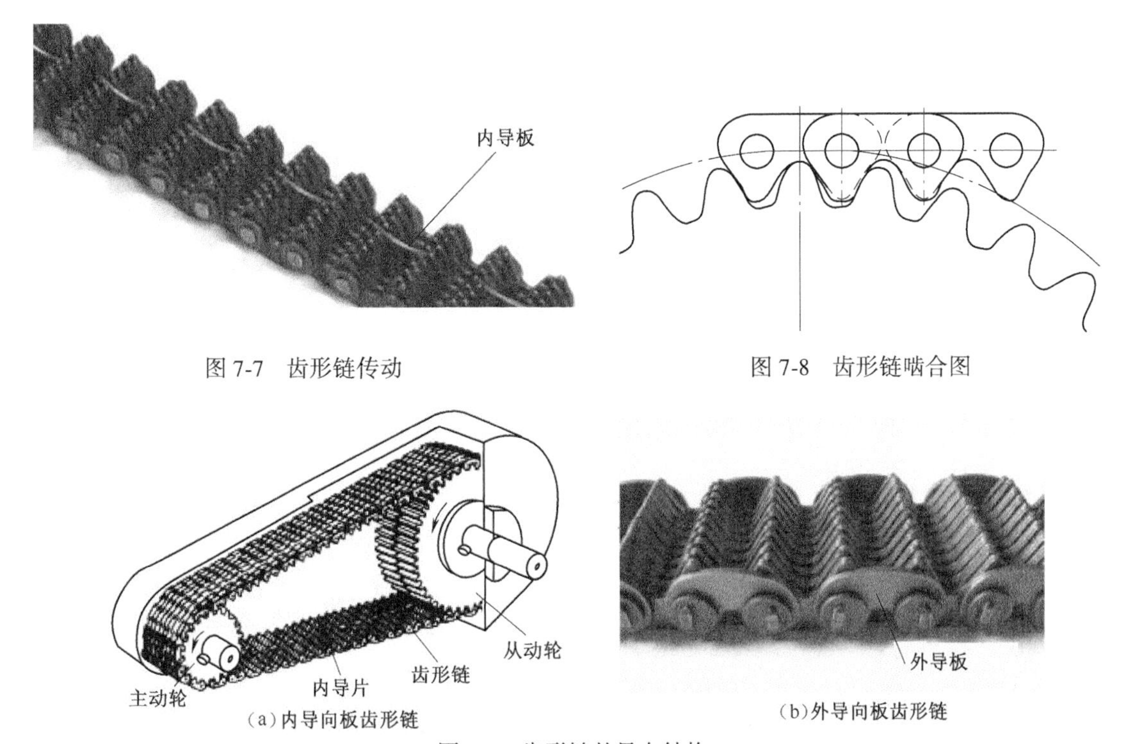

图7-7 齿形链传动

图7-8 齿形链啮合图

(a)内导向板齿形链

(b)外导向板齿形链

图7-9 齿形链的导向结构

由于滚子链运用最广,所以本章主要讨论滚子链传动的设计。

7.2 滚 子 链

7.2.1 滚子链的结构特点

滚子链的结构如图7-10所示,它由滚子、套筒、销轴、内链板、外链板组成。内链板与套筒间、外链板与销轴间均为过盈配合,分别形成内链节和外链节,内外链节间需靠间隙配合,这样链传动中内外链节间可相对自由回转,形成一个铰链,即链节。滚子与套筒间为间隙配合,工作过程中滚子与链轮轮齿齿廓发生滚动摩擦,可以减轻套筒外表面与轮齿齿面间的滑动摩擦,从而降低磨损、延长使用寿命。

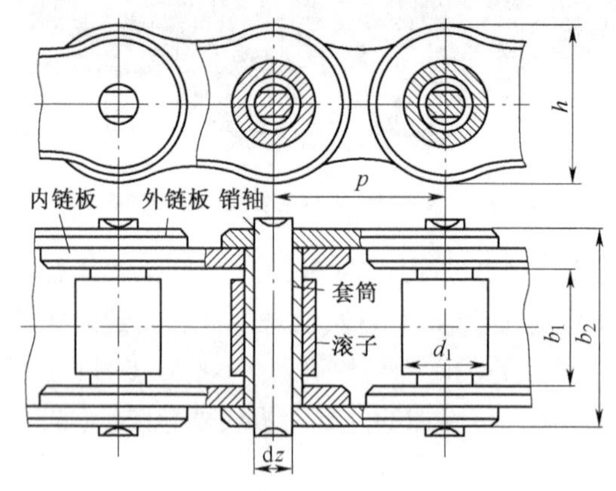

图7-10 单排滚子链的结构图

7.2.2 滚子链的标准与主要参数

滚子链是标准零件,我国链条标准为GB/T 1243—2006。其系列、主要尺寸及抗拉强度如表7-1所示。滚子链的基本性能参数是链节距p,即链条上相邻两销轴中心的距离p。链传动的选择设计,主要是根据工况参数选择链的型号,即链节距p。链节距p越大,链的各部分尺寸越大,传递的功率也越大。

表7-1 滚子链主要尺寸和抗拉强度(摘自GB/T 1243—2006)

链 号	节距 p/mm	排距 P_1/mm	滚子直径 d_1/mm	抗拉强度 F_u/kN		
				单 排	双 排	三 排
05B	8.00	5.64	5.00	4.4	7.8	11.1
06B	9.525	10.24	6.35	8.9	16.9	24.9
08A	12.70	14.38	7.92	13.9	27.8	41.7
08B	12.70	13.92	8.51	17.8	31.1	44.5
10A	15.875	18.11	10.16	21.8	43.6	65.4
10B	15.875	16.59	10.16	22.2	44.5	66.7
12A	19.05	22.78	11.91	31.3	62.6	93.9

续表

链　　号	节距 p/mm	排距 P_1/mm	滚子直径 d_1/mm	抗拉强度 F_u/kN		
				单　排	双　排	三　排
12B	19.05	19.46	12.07	28.9	57.8	86.7
16A	25.40	29.29	15.88	55.6	111.2	166.8
16B	25.40	31.88	15.88	60	106	160
20A	31.75	35.76	19.05	87	174	261
20B	31.75	36.45	19.05	95	170	250
24A	38.10	45.44	22.23	125	250	375
24B	38.10	48.36	25.40	160	280	425
28A	44.45	48.87	25.40	170	340	510
28B	44.45	59.56	27.94	200	360	530
32A	50.80	58.55	28.58	223	446	669
32B	50.80	58.55	29.21	250	450	670

滚子链分为A、B、H三个系列。A系列源自美国ANSI(美国国家标准协会),是国际流行的标准链;B系列源自英国,是欧洲流行的标准链。两种系列的链条相互补充,覆盖了最广泛的应用领域;H系列为ANSI重载系列,该系列链条的链号、主要尺寸及抗拉强度可参见GB/T 1243—2006。在我国,几种系列均有采用。

滚子链的标记为:链号—排数—整链的链节数—国家标准号。

示例:08A—1—80 GB/T 1243—2006,表示链号为08A(A系列、节距12.7 mm)、单排、链长为80节的滚子链。

滚子链接头形式:两端开口的滚子链,需要将链条两端以一定的方式连接起来,构成一根封闭环形链条,其长度为$L=L_p p$(L_p为链节数,p为节距)。链节数有偶数和奇数之分。当链节为偶数节时,两个端头链节均为内链片(图7-11)。为了将它们连在一起,应加一个外链片形成了连接链节,并用弹簧锁片[见图7-12(a),用于小节距场合]或开口销[图7-12(b),用于大节距场合]来固定。

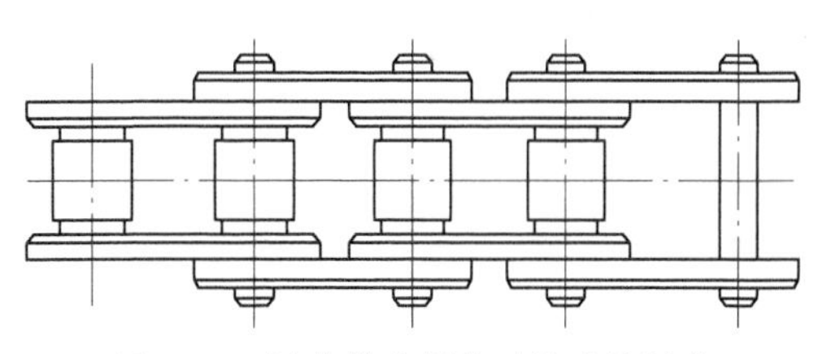

图7-11　链节数为偶数时的连接链节

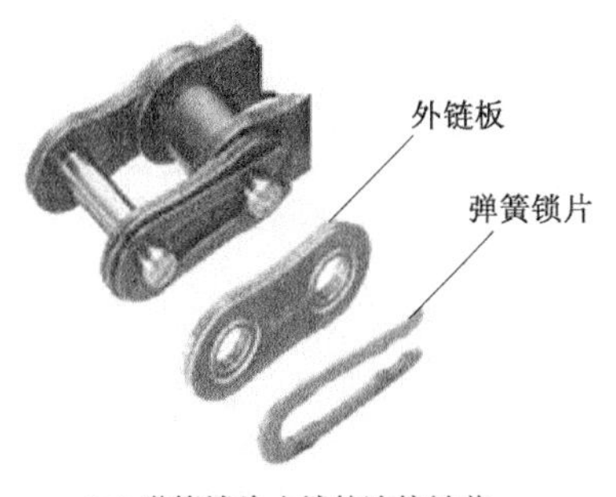

(a)弹簧锁片止锁的连接链节

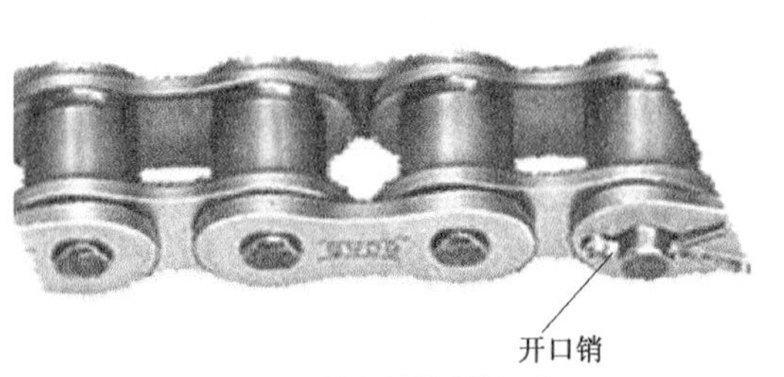

(b)开口销止锁的连接链节

图7-12　滚子链的接头形式

当链节为奇数节时(见图 7-13),必须采用过渡连接。过渡连接的链板在工作时产生附加的弯曲,链条的承载能力明显降低,应尽量避免采用。所以,链传动设计时,应尽量采用偶数链节。

对于大功率传动,选择大节距的单排链是不合理的,因为节距的增大,链传动的多边形效应加剧,使传动的动力特性(如冲击、振动)恶化,此时可采用多排链(见图 7-14)。

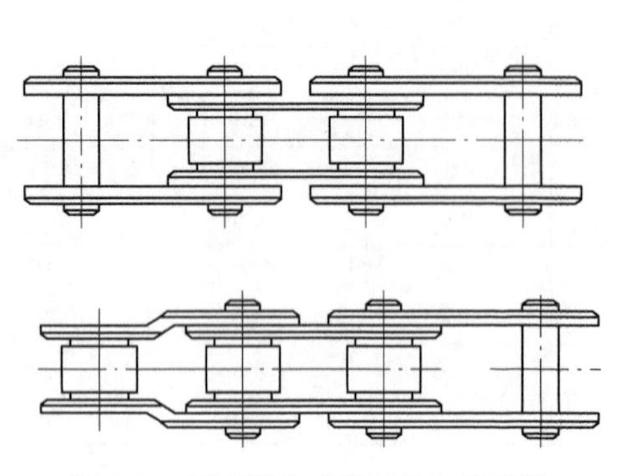

图 7-13 链节数为奇数时的过渡连接

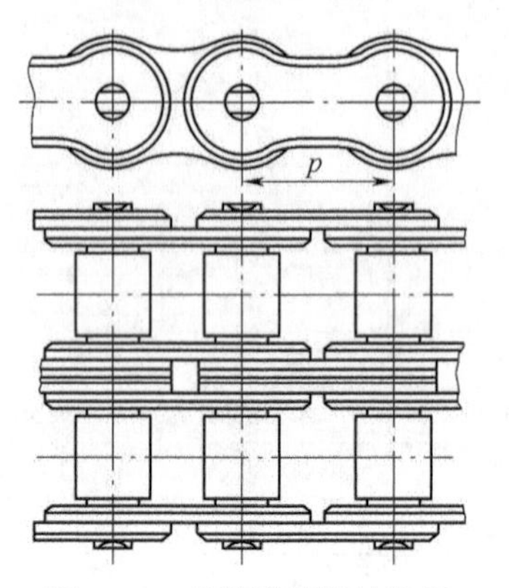

图 7-14 多排滚子链结构图

为了减小多排链中各条链上的载荷分布不均匀现象,排数不宜过多,一般采用排数 z_p 为 2 排或 3 排,不超过 4 排。

7.3 链传动的基本理论

7.3.1 链传动的运动特性

由上节可知,链条由于多边形效应在运动过程中产生瞬时传动比不恒定的现象,根据图 7-3 的实验曲线,已证明当主动链轮 ω_1 恒定时,从动链轮 ω_2 在 $\omega_{2\max} \sim \omega_{2\min}$ 之间做周期变化。同样,链条速度也是周期变化的,通常用链速的不均匀系数 δ ($\delta = \dfrac{v_{\max} - v_{\min}}{v_m}$, $v_{\max}$、$v_{\min}$、v_m 分别为最大链速、最小链速和平均链速)来表示, δ 随不同齿数变化的试验曲线和理论计算曲线如图 7-15 所示。

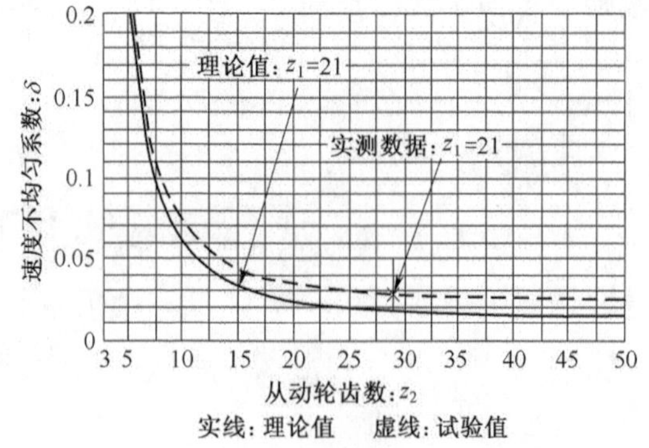

图 7-15 链速不均匀系数变化曲线

(该曲线由西南交通大学机械设计综合实验台提供)

由图 7-15 可见，链轮齿数越少，链速不均匀性越大。当 $Z=16$ 时，不均匀系数约为 2%；$Z=20$ 时，仅仅只有 1.2%。但当 $Z<16$ 时，δ 会急剧增大。因此，$Z<17$ 的链轮只能用于手动或低速链中。

瞬时链速和瞬时传动比的理论分析如下：

由图 7-2 可知，链轮每转一周，链条转过的长度为 zp。当链轮转速分别为 n_1 和 n_2 时，链条的平均链速

$$v=\frac{z_1pn_1}{60\times 1\ 000}=\frac{z_2pn_2}{60\times 1\ 000}\ \text{m/s} \tag{7-1}$$

则链传动的平均传动比

$$i=\frac{n_1}{n_2}=\frac{z_2}{z_1}=\text{常数} \tag{7-2}$$

故平均传动比是常数，而链传动的瞬时传动比是变化的。如图 7-16 所示，设链条紧边处于水平位置，主动链轮以等角速度 ω_1 转动，当链节进入主动链轮时，铰链的销轴随着链轮的回转而不断改变其位置。

当位于相位角为 β 的瞬时，链速 v 应为销轴圆周速度 v_1($v_1=R_1\omega_1$，R_1 为主动链轮分度圆半径)在水平方向的分速度 v_x，即 $v_x=R_1\omega_1\cos\beta$；该圆周速度在垂直方向分速度 $v_y=R_1\omega_1\sin\beta$。由于 β 角是在 $-\frac{\varphi_1}{2}\sim+\frac{\varphi_1}{2}$ 之间(φ_1 为主动链轮上一个链节距对应的中心角，$\frac{\varphi_1}{2}=\frac{180^\circ}{z_1}$)变化，可见 $\omega_1=$ 常数时，v_x 和 $v_y\neq$ 常数且为相位角 β 的函数。当链轮处于两个特殊位置，即 $\beta=\pm\frac{\varphi_1}{2}$ 时，v_x 最小，v_y 最大，即最低链速 $v_{x\min}=R_1\omega_1\cos\frac{180^\circ}{z_1}$，$v_{y\max}=\pm R_1\omega_1\sin\frac{180^\circ}{z_1}$；$\beta=0$ 时，v_x 最大，v_y 最小，即最高链速 $v_{x\max}=R_1\omega_1=v_1$，$v_{y\min}=0$。

由此可见，链速 v_x 是由小到大，又由大到小的周期变化(图 7-17)。

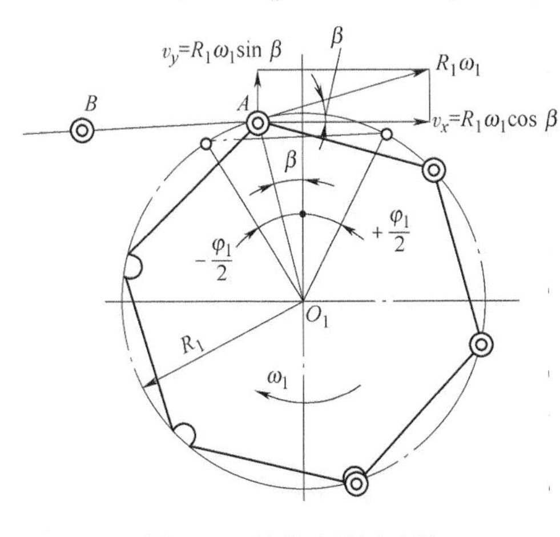

图 7-16 链传动的运动图

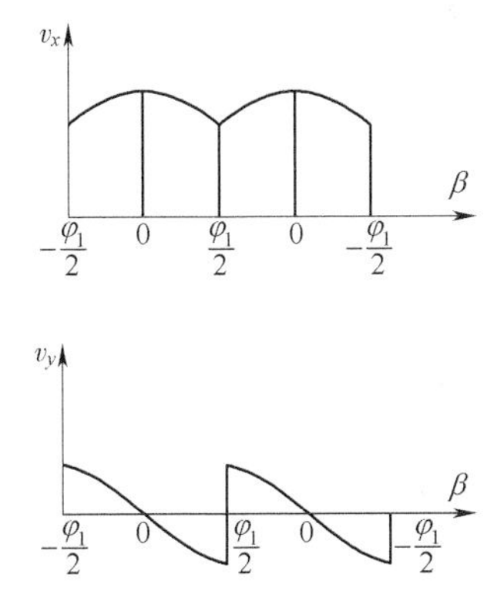

图 7-17 链速的变化

因此，铰链 A 带动链条作忽上忽下、忽快忽慢的变化，引起链传动工作的不平稳性和有规律性的振动。

由图 7-16 可知，链条速度不均匀系数 δ 为

$$\delta=\frac{v_{x\max}-v_{x\min}}{v_{xm}}=\frac{R_1\omega_1\left(1-\cos\dfrac{180^\circ}{z_1}\right)}{R_1\omega_1\left(1+\cos\dfrac{180^\circ}{z_1}\right)/2}=2\tan^2\frac{90^\circ}{z_1} \tag{7-3}$$

其中，$v_{xm}=\dfrac{v_{x\max}+v_{x\min}}{2}$（平均链速）。

由式(7-3)计算出的不同齿数时的速度不均匀系数变化的理论曲线，如图7-15所示。

同理，从动轮由于链速 $v\neq$ 常数和相位角 γ 的不断变化(见图7-18)，它的角速度 ω_2($\omega_2=\dfrac{v_x}{R_2\cos\gamma}$，$R_2$ 为从动轮分度圆半径)也是变化的，如图7-3所示。所以将 v_x 代入 ω_2 计算式中可得链传动的瞬时传动比为

$$i=\frac{\omega_1}{\omega_2}=\frac{R_2\cos\gamma}{R_1\cos\beta}\neq \text{常数} \tag{7-4}$$

由式7-4可知，只有当两轮的齿数相等，且紧边的长度又恰为链节距的整数倍时，才能保证传动时两个链轮的相位角 γ 和 β 在每个瞬时相等，这样 ω_2 和 i 才能保持恒定，且 $i=1$。

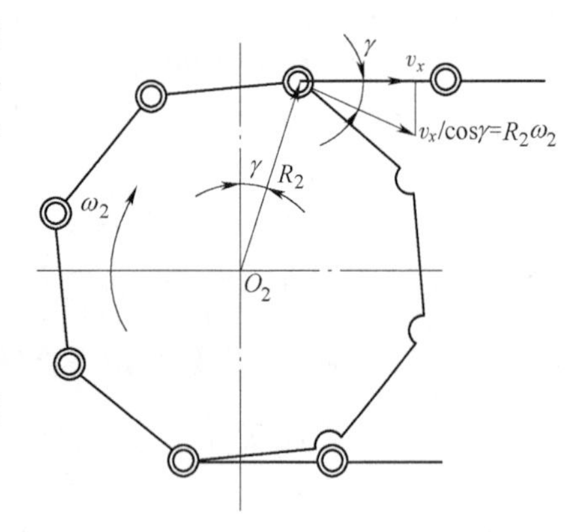

图7-18　从动链轮的运动图

7.3.2　链传动的动载荷

链传动在工作时产生动载荷的主要原因：

(1)链速和从动轮角速度的周期性变化产生的加速度

$$a=\frac{\mathrm{d}v}{\mathrm{d}t}=-R_1\omega_1\sin\beta\frac{\mathrm{d}\beta}{\mathrm{d}t}=-R_1\omega_1^2\sin\beta$$

当 $\beta=\pm\dfrac{\varphi_1}{2}$ 时，加速度达到最大值

$$a_{\max}=\pm R_1\omega_1^2\sin\frac{\varphi_1}{2}=\pm R_1\omega_1^2\sin\frac{180^\circ}{z_1}=\pm\frac{\omega_1^2\cdot p}{2} \tag{7-5}$$

由式(7-5)可知，链轮转速越高，链节距越大，链轮齿数越少，多边形效应越明显，则动载荷越大。因此，当链速一定时，宜采用较多的链轮齿数和较小的链节，对降低链传动动载荷是有利的。

(2)链条因垂直分速度 v_y 的周期性变化产生的横向振动。

(3)链节进入链轮的瞬间，链节和链轮以一定的相对速度相啮合，使链节和轮齿受到冲击并产生附加的动载荷。产生的冲击动能 E_k 正比于 qp^3n^2(q 为每米链长的质量)。因此采用较小的链节距和限制链轮的极限转速可以降低冲击动能。

(4)由于链张紧不好，链条的松弛会在传动处于启动、制动、反转、载荷变化时，产生惯性冲击。

综上所述，链传动的运动不均匀性和动载荷是链传动的固有特性。降低链传动动载荷的主要措施为选择小 p，多 z 的链传动。设计时采用较多的链轮齿数和较小的链节距、控制链条垂度、限制链轮的转速，均可以降低链传动的动载荷。

7.3.3 链传动的受力分析

1. 链的紧边和松边总拉力

链传动时链条的承载边为链的紧边，它承受传动的有效圆周力（工作应力），此外，还承受离心拉力 F_c 和链条松边的松弛下垂而产生的垂度拉力 F_f（见图 7-19）。

（1）垂度拉力

对于链传动过高的初拉力应予避免，安装时只需要稍许张紧，张紧力的大小可以通过适当的控制垂度拉力而获得，从而保证链条正常啮合和减轻振动，防止跳齿和脱链。根据图 7-19，按照求悬索拉力的方法求得垂度拉力，由理论力学中 $\sum M_B = 0$ 方程，得

$$W\frac{a}{4} = F_f f$$

式中，W 为 $\frac{a}{2}$ 段悬索的重力，$W = \frac{a}{2}qg$。

因此，垂度拉力

$$F_f \approx \frac{1}{f}\left(\frac{a}{4}qg\right)\frac{a}{2} \approx \frac{qga}{8\left(\frac{f}{a}\right)} = k_f qga \tag{7-6}$$

式中 f——垂度，m；

g——重力加速度，m/s²；

a——传动中心距，m；

q——每米链长的质量，kg/m（见表 7-2）；

f/a——许用的垂度；

k_f——垂度拉力系数，$k_f = \frac{1}{8\left(\frac{f}{a}\right)}$

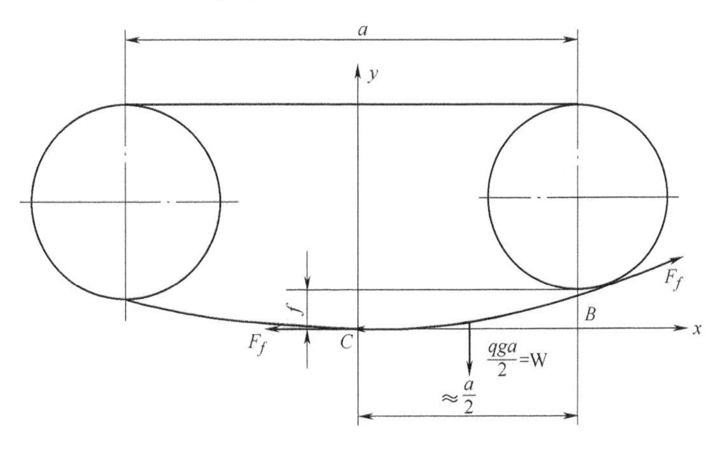

图 7-19 垂度拉力的计算简图

表 7-2 单排滚子链每米链长质量 q

节距 p/mm	8.00	9.525	12.7	15.875	19.05	25.4	31.75	38.10	44.45	50.80	63.50	76.20
q/kg·m^{-1}	0.18	0.40	0.60	1.00	1.50	2.60	3.80	5.60	7.50	10.10	16.10	22.60

对于水平传动，$k_f \approx 6$（允许$f/a \approx 0.02$）；当松边位置倾斜时，上链轮的垂度拉力和下链轮的垂度拉力将变小（见图7-20），因此对于垂直传动，可取$k_f = 1$。k_f与α（α为两轮中心线与水平线的夹角）有关，k_f可根据图7-20选取。

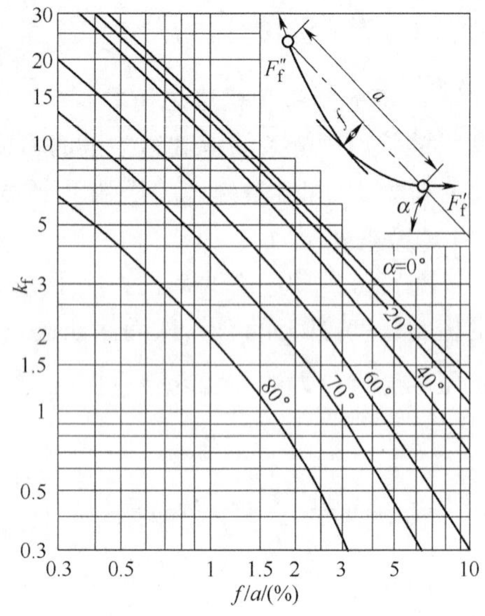

图7-20　悬垂拉力系数的确定

（2）紧边总拉力F_1和松边总拉力F_2

$$\left.\begin{aligned} F_1 &= F_e + F_c + F_f \\ F_2 &= F_c + F_f \end{aligned}\right\} \tag{7-7}$$

式中　F_e——紧边工作拉力，N；

F_c——离心拉力，N，$F_c = qv^2$（当$v > 7$ m/s时，需要计入离心力效应）；

F_f——垂度拉力，N（根据图7-20选取）。

以上链条受力分析中，一般不考虑传动中的多边形效应及链条进入链轮啮合时的啮入冲击及运动误差等引起的动载荷。

2. 链传动轴上的压轴力

链传动的压轴力较带传动小，由于离心拉力不作用在链轮轴上，所以略去离心力后，压轴力$F_Q \approx F_e + 2F_f$。又由于垂度拉力不大，故压轴力近似取

$$F_Q \approx 1.2K_A F_e \tag{7-8}$$

式中　K_A——使用系数（见表7-3）。

表7-3　使用系数K_A

工作机特性		原动机特性		
载荷性质	工作机	平稳运转	轻微中等振动	中等严重振动
		电动机、汽轮机和燃气轮机、带有液力变矩器的内燃机	带机械联轴器的六缸或六缸以上内燃机，频繁起动的电动机（每天多于两次）	带机械联轴器六缸以下内燃机
平稳运转	离心式泵和压缩机、印刷机、平稳载荷的皮带输送机、纸张压光机、自动扶梯、液体搅拌机和混料机、旋转干燥机、风机	1.0	1.1	1.3
中等振动	三缸或三缸以上往复式泵和压缩机、混凝土搅拌机、载荷不均匀的输送机、固体搅拌机和混合机	1.4	1.5	1.7
严重振动	电铲、轧机和球磨机、橡胶加工机械、刨床、压床和剪床、单缸或双缸泵或压缩机、石油钻采设备	1.8	1.9	2.1

7.4 滚子链传动设计计算的基本方法

7.4.1 链传动的失效形式

链传动的失效形式:链传动在工作过程中承受着变载荷的作用,链条的组成元件将发生疲劳破坏和磨损失效以及在过载下的链条拉断等综合性的失效形式。

1. 疲劳失效

链板在交变应力作用下发生疲劳断裂,以及滚子表面发生疲劳点蚀。链板疲劳破坏是链条疲劳失效的主要形式。

2. 链条铰链磨损失效

铰链销轴与套筒间的相对滑动产生黏着磨损,使链节距变长,垂度变大,容易导致跳齿和脱链。当转速过高和润滑不当时,易产生严重的黏着磨损,导致工作表面产生胶合现象。胶合在一定程度上限制了链传动的极限转速,各种链不发生胶合的小链轮最高转速见GB/T 18150—2006(见图7-22)。

3. 冲击疲劳

滚子套筒在进入啮合或在经常启动、反转和制动的链传动中,均会产生冲击疲劳。

4. 静强度破坏

低速重载的链传动或过载容易造成链条的静强度拉断。

5. 链轮轮齿磨损

略。

7.4.2 滚子链的功率曲线

1. 极限功率曲线(帐篷曲线)

链传动的各种失效形式都在一定的条件下限制了链条的承载能力,当滚子链传递的功率超过其极限功率时,将发生不同形式的失效。滚子链的极限功率随着工况的变化曲线如图7-21所示。图7-21中曲线4表明润滑恶劣时,严重磨损导致极限功率明显下降。

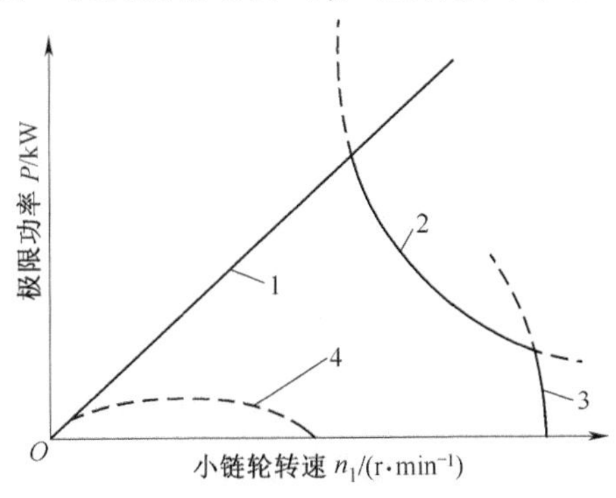

图7-21 滚子链传动的极限功率曲线(亦称帐篷曲线)

1—由链板疲劳强度限定;2—由滚子、套筒冲击疲劳强度限定;
3—由销轴和套筒胶合限定;4—润滑恶劣时由磨损失效限定

2. 额定功率曲线

为了避免产生上述的各种失效形式,国标 GB/T 18150—2006 规定了链条所能传递的最高功率,即额定功率,额定功率曲线如图 7-22 所示。

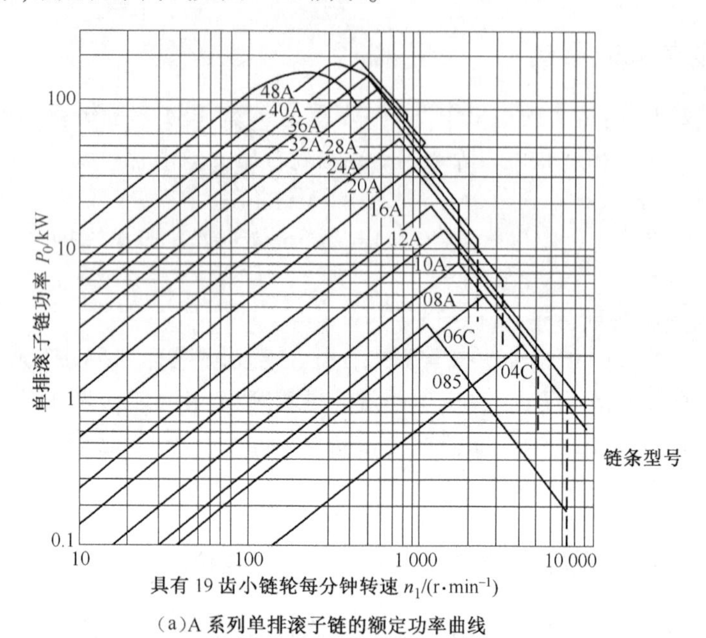

(a)A 系列单排滚子链的额定功率曲线

注:图中链条型号 04C、06C、085 相应的链条节距 p 为 6.35 mm、9.525 mm、12.7 mm,相对应的 ANSI 的链号为 25、35、41。

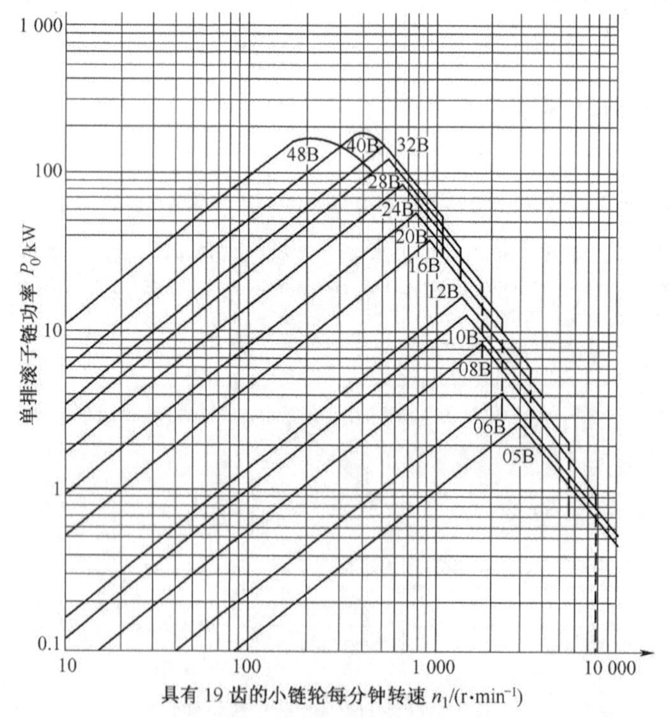

(b) B 系列单排滚子链的额定功率曲线

图 7-22 单排滚子链的额定功率曲线(GB/T 18150—2006)

额定功率曲线是在标准试验条件下制订的，设计时应根据实际条件对该额定功率曲线进行修正。标准的试验条件：没有过度链节的单排链，水平布置，载荷平稳，绝无过载、振动或频繁启动，润滑良好（按图 7-23 推荐的方式润滑），$z_1 = 19$，$i = 3$，$L_p = 120$，预期使用寿命 15 000 h，工作温度 -5 ~ +70 ℃。设计时依据小链轮转速 n_1 及链传动的计算功率（实际功率）P_c 选取链条型号和节距。

通过修正后的链传动的计算功率

$$P_c = PK_A \leqslant K_z K_p P_0 \tag{7-9}$$

式中 P_0——单排滚子链的额定功率（见图 7-22），kW；

P_c——计算功率，kW；

P——名义传动功率，kW；

K_A——使用系数（见表 7-3）；

K_z——小链轮齿数系数（见表 7-4）；

K_p——多排链系数（见表 7-5）。

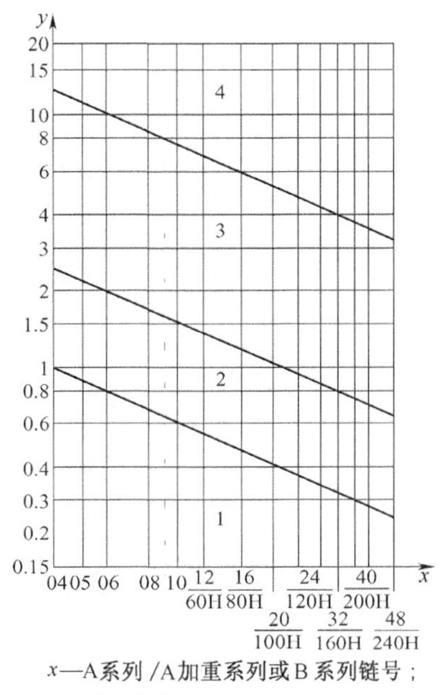

图 7-23 润滑范围选择图（GB/T 18150—2006）

1—人工定期润滑；2—滴油润滑；3—油池润滑或油盘飞溅润滑；4—强制润滑（即喷油润滑）

表 7-4 小链轮齿数系数 K_z

z_1	15	16	17	18	19	20	21	22	23	24	25
K_z	0.75	0.831	0.887	0.943	1.00	1.06	1.11	1.17	1.23	1.29	1.34
K_z'	0.701	0.773	0.846	0.922	1.00	1.08	1.16	1.25	1.33	1.42	1.51

注：当链传动工作在图 7-22 中高峰值的左侧时，主要失效形式为链板的疲劳破坏，取 $K_z = \left(\frac{z_1}{19}\right)^{1.08}$；当链传动工作在图 7-22中高峰值的右侧时，主要失效形式为冲击疲劳破坏，取 $K_z' = \left(\frac{z_1}{19}\right)^{1.5}$

表 7-5　多排链系数 K_p

排数	1	2	3
K_p	1	1.7	2.5

对于 $v < 0.6$ m/s 的低速链传动，由于 v 太小，则有效圆周力 F_e 增大，导致链传动的主要失效形式为过载拉断，应进行静强度校核。静强度安全系数 S 应满足如下条件

$$S = \frac{z_p F_u}{K_A F_1 + F_c + F_f} \geqslant 4 \sim 8 \tag{7-10}$$

式中　F_u ——单排链抗拉强度，kN，如表 7-1 所示；

z_p ——排数；

F_1 ——链的紧边拉力，kN；

K_A ——使用系数，如表 7-3 所示；

F_c ——离心拉力，kN；

F_f ——垂度拉力，kN。

7.4.3　滚子链设计方法

链是标准件，因此，链传动的设计方法属于选择性设计。设计的主要方法一般是根据传递的功率、转速和工作要求，依据国标制订的额定功率曲线选择链的型号及节距，并计算压轴力，为轴的计算和轴承的选择提供计算依据。链传动设计时，正确的确定传动的主要参数，对链传动的运动特性和承载能力都起着关键作用。具体设计步骤和方法可参考本章例题来掌握，此处不再赘述。

主要参数选择原则：

1. 传动比

对于多级传动的传动系统，如由带传动、齿轮传动和链传动组成的传动系统，一般带传动布置在高速级，链传动布置在低速级。总传动比 $i_\Sigma = i_{带}\ i_{齿轮} i_{链}$ 因此链传动的传动比的选取既要考虑总体布置的要求，也要考虑链传动性能所决定的传动比范围。由于受最小链轮齿数和最多链轮齿数的限制，因此链传动所能达到的传动比是有限的，通常 $i < 7$，当链速较低时 i 可达到 10。推荐的传动比 $i = 2 \sim 4$。此外，传动比过大时会导致链条在小链轮上的包角过小，小链轮啮合齿数过少，容易出现跳齿和加剧轮齿的磨损，通常需保证 $\alpha_1 \geqslant 120^\circ$。

2. 确定链轮齿数 z_1 和 z_2

链轮齿数 z 直接影响链传动的多边形效应，小链轮齿数不宜过少，否则要增大传动的不均匀性、动载荷和链条磨损，降低链传动的承载能力。最小齿数随着链速的提高需相应地增多，可参考表 7-6 进行选取。

表 7-6　小链轮最少齿数的选择

链速 $v/(\mathrm{m \cdot s^{-1}})$	0.6~3	3~8	>8	>25
齿数 z_{min}	≥17	≥21	≥25	≥35

应当注意，链轮齿数 z 应该优先选用奇数；这是因为一般链节数是偶数，这样可以避免同

一个链节总是与同一个齿槽啮合,使链条的磨损均匀。大链轮的齿数也不宜过多,否则增大了传动尺寸和链条磨损后因链节距变长而造成脱链。一般限定最大齿数 $z_{max} \leqslant 120$。

由图 7-24 可知,当链条节距 p 增长量为 Δp 时,滚子中心所在的节圆也外移了相应的 Δd。

$$\Delta d = \frac{\Delta p}{\sin \frac{180^\circ}{z}}$$

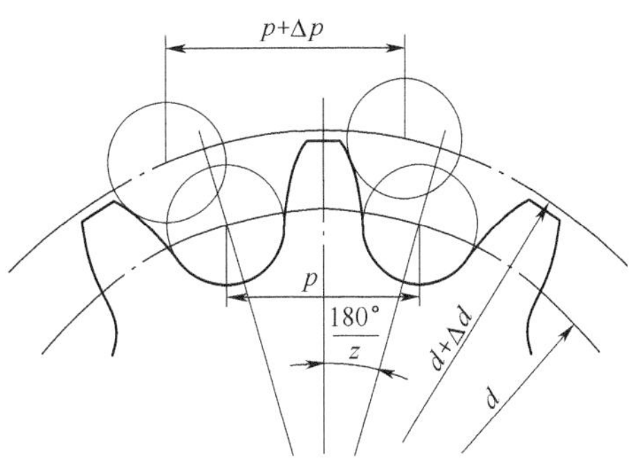

图 7-24 链节距增大量和啮合圆外移量的关系

因此,当 Δp 一定时,齿数越多,节圆外移量越大,脱齿的可能性也越大。

3. 中心距和链节数

中心距的大小对链传动性能和传动的尺寸影响很大:中心距过小、当链速不变时,单位时间内链绕过链轮的伸屈次数增多,加剧了链条的磨损和疲劳,同时中心距过小,包角 α_1 变小;中心距过大,链的松边垂度过大,易造成链条松边抖动。设计时一般推荐初选中心距 $a_0 = (30 \sim 50)p$ 。有张紧装置时 $a_{0max} = 80p$;对中心距不能调整的传动 $a_{0max} = 30p$ 。

链条的长度计算公式可采用带传动带长度的计算公式。只需将链长 $L = L_p p$ 以及 $d_{d1} = \frac{z_1 p}{\pi}$, $d_{d2} = \frac{z_2 p}{\pi}$ 代入带传动带长计算公式,可得链节数 L_p 与中心距 a 的关系为

$$L_p = \frac{2a_0}{p} + \frac{z_1 + z_2}{2} + \frac{p}{a_0}\left(\frac{z_2 - z_1}{2\pi}\right)^2 \tag{7-11}$$

按照式 7-11 计算得的 L_p 应圆整为相应的整数,且一般取偶数。链节数圆整后的理论中心距

$$a = \frac{p}{4}\left[\left(L_p - \frac{z_1 + z_2}{2}\right) + \sqrt{\left(L_p - \frac{z_1 + z_2}{2}\right)^2 - 8\left(\frac{z_2 - z_1}{2\pi}\right)^2}\right] \tag{7-12}$$

为了保证链条松边有一个合适的安装垂度,$f = (0.01 \sim 0.02)a$,实际的中心距 a 应较按式(7-12)计算的理论中心距小些,即 $a = a - \Delta a$(中心距调节量 $\Delta a = 0.002a \sim 0.004a$)。

对于中心距可调的链传动, Δa 可取大值;对于中心距不可调而又没有张紧装置时则取较小值。

7.5 链传动结构设计

7.5.1 链轮齿形

滚子链与链轮的啮合不同于齿轮啮合,它属于非共轭啮合。因此,链轮的齿形有较大的选择灵活性。其齿形主要能保证链节能自由的进入和退出啮合,以及在啮合状况时能保证良好接触即可。

链轮齿形按标准 GB/T 1243—2006 规定进行加工。目前常用的链轮端面齿形为三圆弧一直线齿形(见图 7-25)。图 7-25 中 3 段圆弧为 $\overset{\frown}{aa}$ 、$\overset{\frown}{ab}$ 、$\overset{\frown}{cd}$,一条直线为 $\overline{bc}$ 。当选用三圆弧一直线的齿形,并用相应的刀具加工时,在链轮工作图上,不必画出其齿形,只需注明链轮的基本

参数和主要尺寸(见表7-7)。

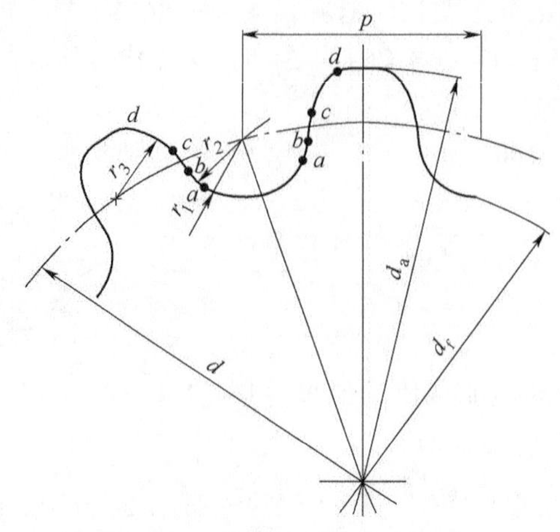

图7-25　滚子链链轮端面齿形

表7-7　滚子链链轮主要尺寸及计算公式

计算项目	符　号	计算公式
分度圆直径	d	$d=\frac{p}{\sin(180°/z)}$
齿顶圆直径	d_a	$d_a=p(0.54+\cot(180°/z))$
齿根圆直径	d_f	$d_f=d-d_1$　d_1:滚子直径

滚子链轮的轴向齿形如图7-26所示,其几何尺寸可查GB/T 1243—2006。

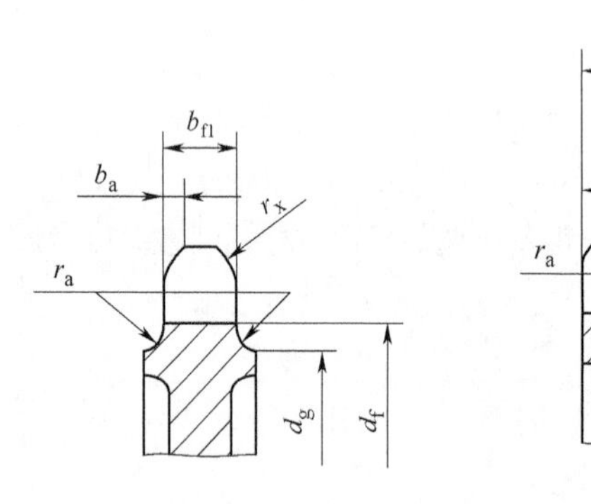

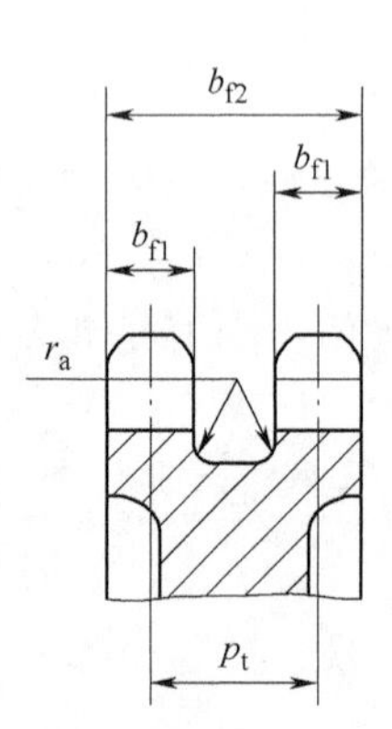

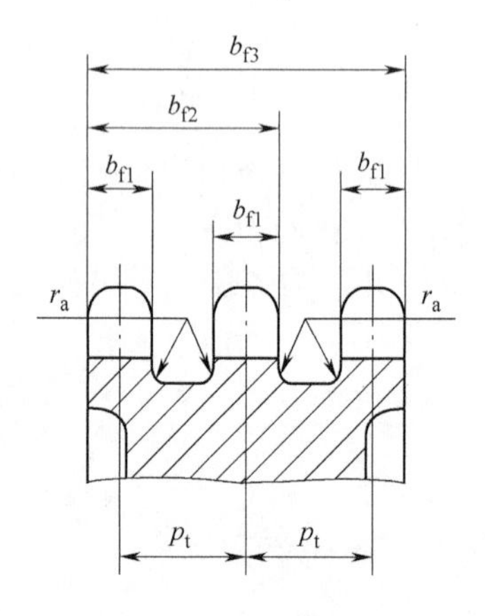

图7-26　链轮的轴向齿形图

7.5.2　链轮结构

链轮的形状主要取决于链轮齿数和传递的功率,采取何种结构形式,取决于给定的结构要求,图7-27给出了几种链轮结构:小直径链轮可制成实心式[见图7-27(a)];中等直径的可制成孔板式[见图7-27(b)];直径较大时,可用轮辐式[见图7-27(c)]及组合式(或焊接结构)

[见图7-27(d)]。

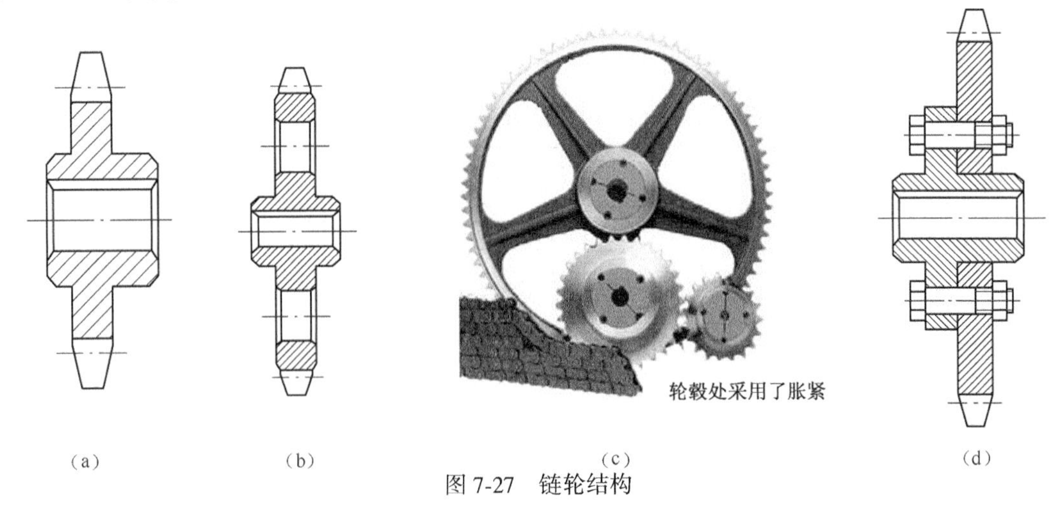

图7-27 链轮结构

7.5.3 链轮材料

链轮材料应具有足够的强度和耐磨性,由于小链轮的啮合次数比大齿轮多,所受的冲击也较大,所以小链轮材料的机械性能一般应优于大链轮,其热处理的硬度也高于大链轮。采用的链轮材料主要为钢、铸钢、可锻铸铁、灰铸铁,也有采用塑料的。链轮常用材料和应用范围如表7-8所示。

表7-8 链轮常用材料、热处理及应用范围

链轮材料	热处理	齿面硬度	应用范围
15、20	渗碳、淬火、回火	50~60 HRC	$z\leqslant25$ 有冲击载荷的链轮
35	正火	160~200 HBS	$z>25$ 的链轮
45、50、ZG310-570、45Mn	淬火、回火	40~50 HRC	无剧烈冲击的链轮
15Cr,20Cr	渗碳、淬火、回火	50~60 HRC	传递大功率的重要链轮($z<30$)
40Cr,35SiMn、35CrMo	淬火、回火	40~50 HRC	重要的、使用优质链条的链轮
Q235、Q275	焊接后退火	140 HBS	中速、中等功率、较大的链轮
不低于HT200的灰铸铁	淬火、回火	260~280 HRS	$z>50$ 的链轮
夹布胶木	—	—	$P<6$ kW,速度较高,要求传动平稳和噪声小的链轮

7.5.4 链传动的合理布置、张紧和润滑

1. 合理布置

链传动布置是否合理,直接影响到链传动能否正常工作,同时对传动的工作能力和寿命都有较大影响。链传动布置的原则:①链传动的两轴应平行;②两链轮的回转平面应位于同一铅

垂平面；③链条的紧边尽可能在上；④两个链轮中心线最好为水平或接近水平，与水平面的倾角不大于60°，尽量避免垂直布置。

链传动的各种布置形式如表7-9所示。

表7-9　链传动的布置

传动指数	正确布置	不正确布置	说明
$i=2\sim3$ $a=(30-50)p$	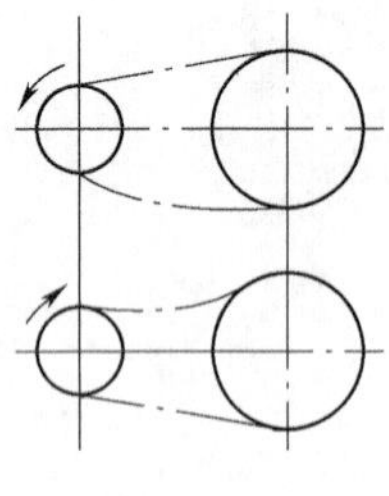		两轮轴线在同一水平面，链条紧边在上或在下均不影响工作；但紧边在上较好
$i>2$ $a<30p$	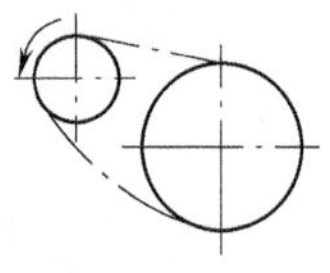	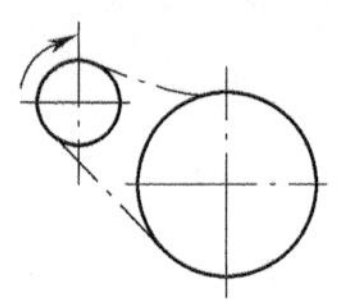	中心距较小； 两轮轴线不在同一水平面，松边应在下面，否则松边垂度增大后，链条易与链轮卡死
$i>1.5$ $a<60p$	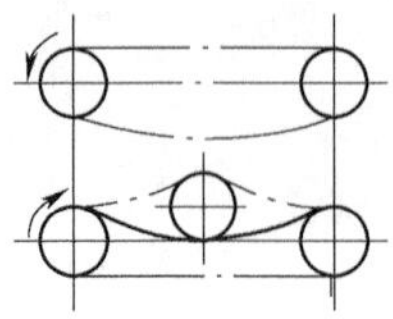	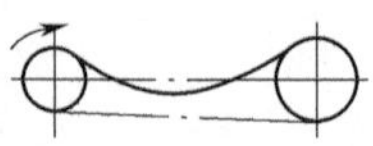	传动比小，中心距较大； 两轮轴线在同一水平面，松边应在下面，否则由于松边垂度增大，松边会与紧边相碰，需经常调整中心距
i、a为任意值	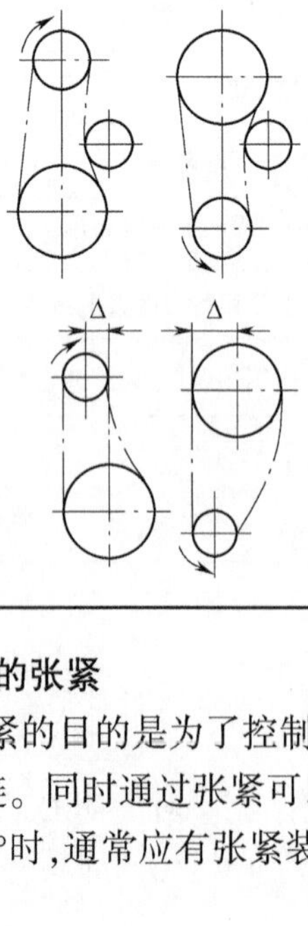	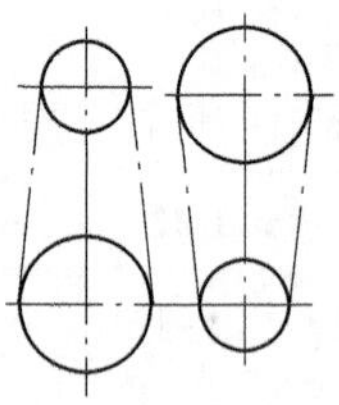	两轮轴线在同一铅垂面内，链条因磨损垂度增大，会减少下链轮的有效啮合齿数，降低传动能力，为此，可采取的措施： ①中心距可调； ②设张紧装置； ③上、下两轮轴线错开Δ，使两轮的轴线不在同一铅垂面内

2. 链传动的张紧

链传动张紧的目的是为了控制链条的垂度，避免因链条垂度过大而产生链条的振动（见图7-28）和脱链。同时通过张紧可以增大啮合包角。对于倾斜传动，如果两链轮轴心连线的倾斜角大于60°时，通常应有张紧装置，以防止下方链条不能与链轮很好啮合（见图7-29）。

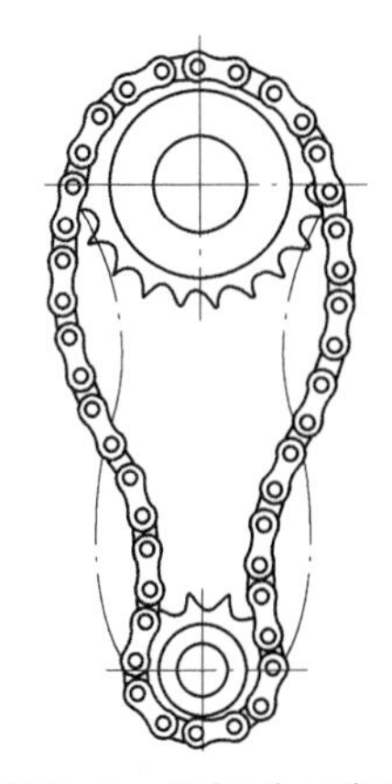

图 7-28　链振动示意图

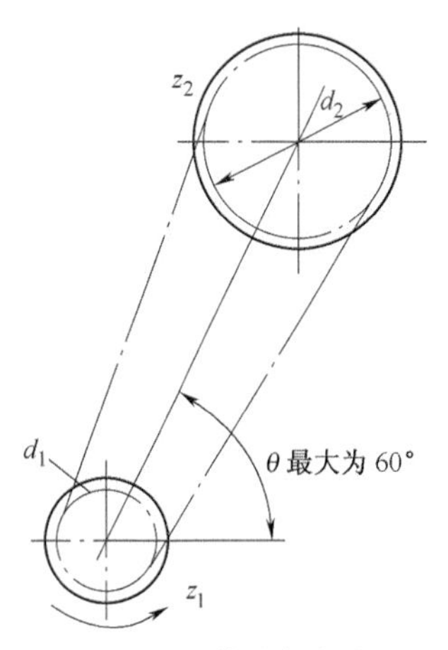

图 7-29　链传动倾斜布置

链张紧的方法：对于中心距可调整的链传动，可以通过调节中心距控制张紧程度；对于中心距不可调整的链传动，应设置张紧装置（见表 7-10）或去掉 1～2 个链节。

表 7-10　张 紧 装 置

类　型	张紧调整形式	简　图	说　明
定期张紧	螺纹调节	压板	中心距较大时可采用压板，压板布置在链条松边，调节螺纹可采用细牙螺纹并带锁紧螺母
	偏心调节		张紧轮一般布置在链条松边，根据需要可以靠近小链轮或大链轮，或者布置在中间位置。张紧轮可以是链轮或滚轮。张紧链轮的齿数常等于小链轮齿数。张紧滚轮常用于垂直或接近于垂直的链传动。其直径或取为$(0.5\sim0.7)d$。d 为小链轮直径
自动张紧	张紧调节		张紧轮一般布置在链条轮动，根据需要可以靠近小链轮或大链轮，或者布置在中间位置。张紧轮可以是链轮或滚轮。张紧链轮的齿数常等于小链轮齿数。张紧滚轮常用于垂直或接近于垂直的链传动，其直径可取为$(0.6\sim0.7)d$，d 为小链轮直径
	柱重调节		张紧轮一般布置在链条松边。根据需要小链轮或大链轮，或者布置在中间位置，张紧轮可以是链轮或滚轮。张紧链轮的齿数常等于小链轮的齿数。张紧滚轮常用于垂直或接近于垂直的链传动，其直径可取为$(0.6\sim0.7)d$，d 为小链轮的直径

续表

类　型	张紧调整形式	简　图	说　明
自动张紧	液压调节	链条 导链板	采用液压块与导板相结合的形式，其振效要好，适用于高速场合，如发动机的正时链传动
承托装置	托板和托架		适用于中心距较大的场合，托板上可衬以软管，塑料或耐油橡胶，滚子可在其上滚动，更大中心距时，托板可以分成两段，借中间6~10节链条的自重下垂张紧

3. 链传动的润滑

链传动只有在有效的润滑情况下才能够达到滚子链额定功率曲线所要求的15 000 h使用寿命。润滑的类型决定于链速（见图7-23），转速越高，润滑需越充分。根据GB/T 18150—2006的规定，应按环境温度来选择润滑油的黏度等级（见表7-11）。

表7-11　链传动应采用润滑油的黏度等级

环境温度 t/℃	$-5 \leqslant t \leqslant +5$	$+5<t \leqslant +25$	$+25<t \leqslant +45$	$+45<t \leqslant +70$
润滑油黏度等级	VG 68 (SAE 20)	VG 100 (SAE 30)	VG 150 (SAE 40)	VG 220 (SAE 50)

例题7-1　某单排滚子链传动，已知主动链轮转速 $n_1=800$ r/min，齿数 $z_1=23$，，从动链轮齿数 $z_2=57$，$L_p=125$ 链节，链条为A系列，链条的抗拉强度 $F_u=55.6$ kN，使用系数 $K_A=1.2$。试求该链条所能传递的功率 P。

解：根据链条的 $F_u=55.6$ kN，查表7-1得 $p=25.4$ mm，型号为16 A。根据链号及转速 $n_1=800$ r/min查额定功率 P_0 曲线（见图7-22），可知在该图中对应的 $P_0=30$ kW。通过查表7-4得 $K_Z=1.23$，查表7-5得 $K_p=1$。根据式(7-9)得链传动的传递功率：

$$P \leqslant \frac{P_0 \cdot K_Z \cdot K_p}{K_A}=\frac{30 \times 1.23 \times 1}{1.2}=30.75 \text{ kW}$$

根据GB/T 1243—2006中曲线的试验条件，齿数 $z_1=19$，而本例中齿数 $z_1=23>19$ 齿，故提高了传递功率。

例题7-2　设计用于某运输机传动系统中低速级的滚子链传动。已知该传动系统采用交流电动机驱动，载荷平稳。链传动的输入功率 $P=9$ kW，水平布置，链速 $v=0.6 \sim 8$ m/s（中速链传动），主动链轮转速 $n_1=750$ r/min，传动比 $i \approx 2.5$，中心距 $a=600 \sim 700$ mm。

解：(1)选择链轮齿数 z_1、z_2：根据链速范围，由表7-1可知 $z_1 \geqslant 21$，现选 $z_1=21$（奇数齿）。

$z_2=iz_1=2.5 \times 21=52.5$，选 $z_2=53$（奇数）。故平均传动比 $i=\dfrac{z_2}{z_1}=\dfrac{53}{21}=2.52$，符合题意。

(2)确定计算功率 P_c。由表 7-4 查得使用系数 $K_A=1$,根据式(7-9)有

$$P_c = K_A P = 1 \times 9 = 9(\text{kW})$$

(3)确定链节数 L_p。一般取 $a_0=(30\sim50)p$,初定中心距 $a_0=40p$,则链节数为

$$L_p = \frac{2a_0}{p} + \frac{z_1+z_2}{2} + \frac{p}{a_0}\left(\frac{z_2-z_1}{2\pi}\right)^2$$

$$= \frac{2\times 40p}{p} + \frac{21+53}{2} + \frac{p}{40p}\left(\frac{53-21}{2\pi}\right)^2 = 117.65$$

链节数应取偶数,取 $L_p=118$。

(4)确定链条节距 p。对于中速传动的链条,一般情况下链板疲劳破坏为主要失效形式,故由表 7-4 查得小链轮齿数系数

$$K_z = \left(\frac{z_1}{19}\right)^{1.08} = \left(\frac{21}{19}\right)^{1.08} = 1.11$$

选取单排链,查表 7-5 得多排链系数 $K_p=1$,故链传动所需额定功率:

$$p_0 \geqslant \frac{P_c}{K_z K_p} = \frac{9}{1.11\times 1} = 8.11(\text{kW})$$

根据 $n_1=750$ r/min 及 $P_0=8.11$ kW,由图 7-22 选取链号 10A 的单排链(同时与 K_z 计算公式前提一致),再由表 7-1 查得该链号的链节 $p=15.875$ mm。

(5)确定中心距 a,可得

$$a = \frac{p}{4}\left[\left(L_p - \frac{z_1+z_2}{2}\right) + \sqrt{\left(L_p - \frac{z_1+z_2}{2}\right)^2 - 8\left(\frac{z_2-z_1}{2\pi}\right)}\right]$$

$$= \frac{15.875}{4}\left[\left(118 - \frac{21+53}{2}\right) + \sqrt{\left(118 - \frac{21+53}{2}\right)^2 - 8\times\left(\frac{53-21}{2\pi}\right)^2}\right]$$

$$= 637.81(\text{mm})$$

中心距减少量

$$\Delta a = (0.002\sim0.004)a = (0.002\sim0.004)\times 637.81 = 1.276\sim2.551(\text{mm})$$

实际中心距 $a = a - \Delta a = [637.81-(1.276\sim2.551)] = 637.534\sim635.259(\text{mm})$

取 $a=636$ mm。

(6)验算链速

$$v = \frac{n_1 z_1 p}{60\times1\,000} = \frac{750\times21\times15.875}{60\times1\,000}\text{m/s} = 4.17(\text{m/s})$$

与假设链速 $v=0.6\sim8$ m/s 相符。

(7)计算压轴力。有效圆周力为

$$F_e = \frac{1\,000P}{v} = \frac{1\,000\times9}{4.17} = 215.8(\text{N})$$

根据式(7-8)得压轴力 $F_Q \approx 1.2K_A F_e \approx 1.2\times1\times2\,158 = 2\,589.6(\text{N})$。

(8)润滑方式。根据 $p=15.875$ mm 和 $v=4.17$ m/s,查阅图 7-23 选油浴或飞溅润滑。

(9)链条标记:

10 A−1×118 GB/T 1243—2006

(10)链轮几何尺寸及工作图(略)。

思考题、讨论题和习题

7-1　与摩擦型带传动相比,滚子链传动的优缺点是什么?主要适用场合有何不同?

7-2　链传动的平均传动比与链传动的瞬时传动比有何不同?在具备什么条件下可保证瞬时传动比恒定?

7-3　叙述链传动的多边形效应的产生原因及影响它的主要参数。

7-4　叙述链传动中产生动载荷的主要原因,并指出降低动载荷的主要措施。

7-5　链传动设计时,使用系数 K_A 是依据什么条件确定的?

7-6　滚子链传动国标中的额定功率 P_0 曲线是在什么条件下得到的?

7-7　修正系数 K_Z 及 K_P 的意义是什么?为什么双排链的 $K_P \neq 2$?

7-8　为什么链轮齿数 z 优先选择奇数齿?

7-9　为什么要限定链轮的最小齿数 z_{min} 及链轮最大齿数 z_{max}?设计时 z_1 是如何选择的?链传动的传动比 $i < 7$ 的限定原因何在?

7-10　为什么链传动设计时要满足包角 $\alpha_1 \geq 120°$ 条件?

7-11　链传动设计时,传动中心距 a 的长短对传动有什么影响?其最小中心距 a_{min}、最大中心距 a_{max} 分别受什么限制?中心距一般取节距 p 的多少倍?

7-12　链条的链节数 L_p 为什么一般取偶数?连接链节的止锁方法有哪些?采用奇数链节时为什么需采用过渡链节?

7-13　试列举链传动合理和不合理布置方式,并指出不合理之处。

7-14　链传动张紧的目的与带传动是否相同?常用有哪些张紧方法?

7-15　由链传动和齿轮传动、带传动组成的多级传动中,链传动宜布置在哪一级?为什么?

7-16　链传动的主要失效形式有哪些?相应的设计计算准则是什么?

7-17　滚子链工作一段时间以后其节距 p 为什么会增大?增大以后会引起什么后果?如何避免或延缓这一现象的发生?

7-18　设链轮齿数为 z,转速为 ω,链轮分度圆半径为 R,试求出当 z=10、12、15、19、21、25、30、40、50 时,链速的不均匀系数 δ,并与图 7-15 中的数据比较。请分析图中数据与你计算结果有差别的原因。

7-19　试由带长度公式(6-6)导出链长度计算公式(7-11),并由此式导出中心距计算公式(7-12)。

7-20　若链轮齿数 z 为 120,当滚子链节距增加 2%、3%、4%时,其分度圆直径各增大多少?链在轮齿上各升高多少?

7-21　设计滚子链传动,已知主动轮转速 n_1 = 320 r/min,从动轮转速 n_2 = 145 r/min,传动功率 P=7.5 kW,中心距在 700~800 mm 之间,两班制工作,原动机为电动机,载荷基本平稳。

7-22　单列套筒滚子链传动,已知:主动转动速 n_1 = 800 r/min,齿数 z_1 = 21,从动轮齿数

$z_2=89$,链长 $L_p=128$ 节,链号 12 A,使用系数 $K_A=1.2$,求此链传动能传递的最大功率。

7-23 如图 7-30 所示,一个机床立柱上有一个重量为 $F=500$ N 的工作头,其工作行程为 400 mm,平衡重 $W=0.9$ F,请设计链轮齿数 z,滚子链节距 p,由于结构限制要求链轮分度圆直径在 120 ~180 mm 之间。

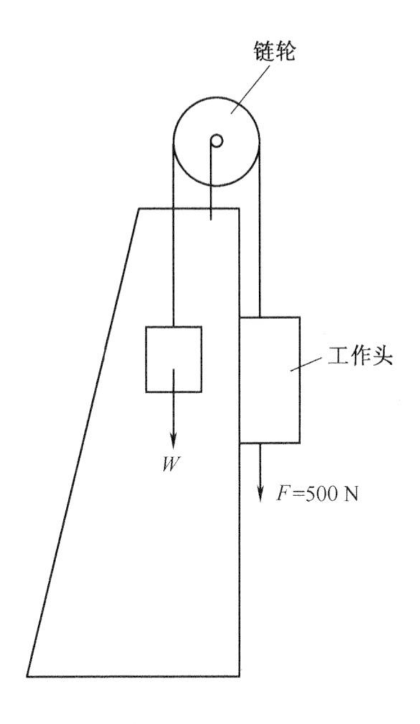

图 7-30 题 7-23 图

第8章　齿 轮 传 动

【学习提示】

①熟悉齿轮传动的类型、特点及应用,掌握齿轮传动的主要失效形式和设计计算准则。

②了解常用齿轮的材料及热处理方法,掌握齿轮传动的计算载荷。

③掌握直齿圆柱齿轮的受力分析、强度校核、设计计算方法及主要参数的选择方法。

④理解斜齿圆柱齿轮与圆锥齿轮的受力分析和强度计算方法。

⑤掌握齿轮的主要结构设计形式,了解齿轮传动的润滑方式。

8.1 概　述

8.1.1　齿轮传动的特点

齿轮是机械产品的重要基础零件,与其他传动类型相比,它具有传递功率范围大、允许工作转速高、传动比准确、效率高、寿命长、安全可靠和结构紧凑等优点。对低速重载齿轮传动,传递转矩可高达 14×10^5 N·m。对高速齿轮传动,传递功率可达 50 000 kW 甚至更大。工作时的节线速度可达到200 m/s 或更高,单级传动效率可达99%~99.5%。齿轮的直径从几毫米到十几米。齿轮传动也存在一些缺点:工作中有振动、冲击和噪声,并产生动载荷;无过载保护功能;制造和安装精度要求较高,成本高等。

8.1.2　齿轮传动的分类

从不同的角度考虑,齿轮传动有不同的分类方法。按轮齿齿线方向分,有直齿轮、斜齿轮、人字齿轮;按齿轮传动轴线的相对位置分,有平行轴齿轮传动、不平行轴齿轮传动等。这些分类方法在机械原理课程中已有叙述。在此仅讨论两种分类:

1. 按工作条件分

(1)闭式齿轮传动:齿轮传动封闭在箱体内,润滑条件良好,能防尘。

(2)开式齿轮传动:齿轮外露,润滑情况差,不能防尘。

(3)半开式齿轮传动:齿轮浸在油池中,润滑情况较好,上装护罩,但不完全封闭,不能完全防尘。

2. 按齿面硬度分

(1)软齿面齿轮传动:齿面硬度≤350HBW。

(2)硬齿面齿轮传动:齿面硬度>350HBW。

8.2　齿轮传动的失效形式和设计准则

8.2.1　齿轮传动的失效形式

齿轮传动是靠齿与齿的啮合进行工作的，轮齿是齿轮直接参与工作的部分，所以齿轮的失效主要发生在轮齿上。主要的失效形式有轮齿折断、齿面点蚀、齿面磨损、齿面胶合以及塑性变形等。

1. 轮齿折断

轮齿折断通常有两种情况：一种是由于多次重复的弯曲应力和应力集中造成的疲劳折断；另一种是由于突然产生严重过载或冲击载荷作用引起的过载折断。尤其是脆性材料（铸铁、淬火钢等）制成的齿轮更容易发生轮齿折断。两种折断均起始于轮齿受拉应力的一侧，如图8-1所示。增大齿根过渡圆角半径、改善材料的力学性能、降低表面粗糙度以减小应力集中，以及对齿根处进行强化处理（如喷丸、滚挤压）等，均可提高轮齿的抗折断能力。

2. 齿面点蚀

轮齿工作时，齿面啮合处在交变接触应力的多次反复作用下，在靠近节线的齿面上会产生若干小裂纹。随着裂纹的扩展，将导致小块金属剥落，这种现象称为齿面点蚀，如图8-2所示。齿面点蚀的继续扩展会影响传动的平稳性，并产生振动和噪声，导致齿轮不能正常工作。点蚀是润滑良好的闭式齿轮传动常见的失效形式。提高齿面硬度和降低表面粗糙度值，均可提高齿面的抗点蚀能力。开式齿轮传动，由于齿面磨损较快，不出现点蚀。

3. 齿面磨损

轮齿啮合时，由于相对滑动，特别是外界硬质微粒进入啮合工作面之间时，会导致轮齿表面磨损。齿面逐渐磨损后，齿面将失去正确的齿形（见图8-3），严重时导致轮齿过薄而折断，齿面磨损是开式齿轮传动的主要失效形式。为了减少磨损，重要的齿轮传动应采用闭式传动，并注意润滑。

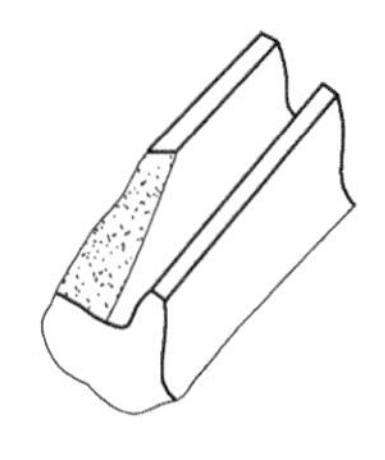

图8-1　轮齿折断

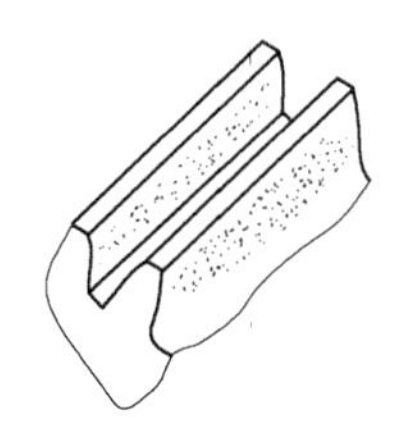

图8-2　齿面点蚀

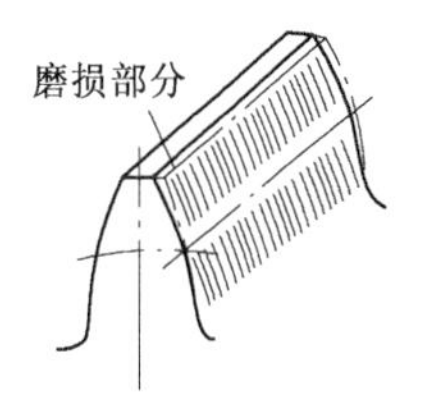

图8-3　齿面磨损

4. 齿面胶合

在高速重载的齿轮传动中，齿面间的压力大、温升高、润滑效果差，当瞬时温度过高时，将使两齿面局部熔融、金属相互粘连，当两齿面做相对运动时，粘住的地方被撕破，从而在齿面上沿着滑动方向形成带状或大面积的伤痕（见图8-4），低速重载的传动不易形成油膜，摩擦发热虽不大，但也可能因重载而出现冷胶合。采用黏度较大或抗胶合性能好的润滑油，降低表面粗糙度以形成良好的润滑条件；提高齿面硬度等均可增强齿面的抗胶合能力。

5. 齿面塑性变形

硬度较低的软齿面齿轮,在低速重载时,由于齿面压力过大,在摩擦力作用下,齿面金属产生塑性流动而失去原来的齿形(见图 8-5)。提高齿面硬度和采用黏度较高的润滑油,均有助于防止或减轻齿面塑性变形。

8.2.2 设计准则

齿轮传动的不同失效形式在一对齿轮上面不大可能同时发生,但却是互相影响的。例如齿面的点蚀会加剧齿面的磨损,而严重的磨损又会导致轮齿折断。在一定条件下,由于上述第1、2 种失效形式是主要的。因此,设计齿轮传动时,应根据实际工作条件分析其可能发生的主要失效形式,以确定相应的设计准则。

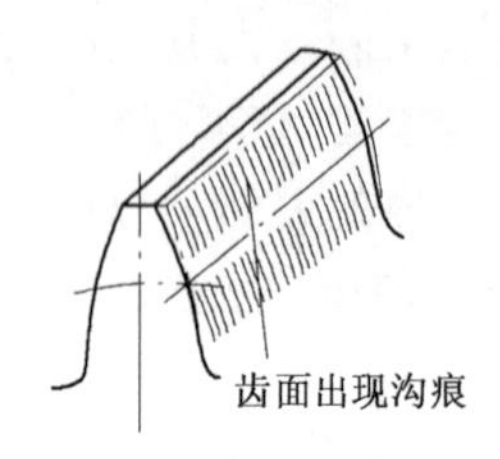

图 8-4 齿面胶合

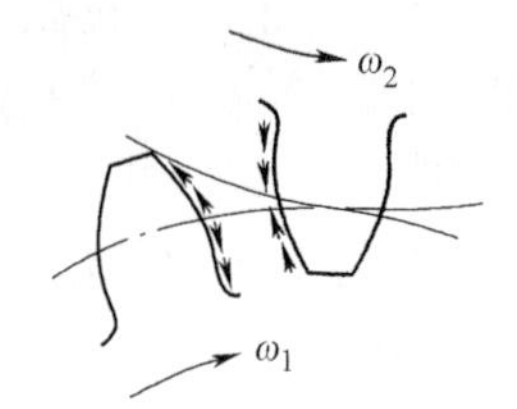

图 8-5 齿面塑性变形

对于闭式软齿面(硬度≤350HBW)齿轮传动,润滑条件良好,齿面点蚀将是主要的失效形式,在设计时通常按齿面接触疲劳强度设计,再按齿根弯曲疲劳强度校核。

对于闭式硬齿面(硬度>350HBW)齿轮传动,抗点蚀能力较强,轮齿折断的可能性大,在设计计算时,通常按齿根弯曲疲劳强度设计,再按齿面接触疲劳强度校核。

开式齿轮传动,主要失效形式是齿面磨损。但由于磨损的机理比较复杂,目前尚无成熟的设计计算方法,故只能按齿根弯曲疲劳强度计算,用增大模数 10%~20%的办法加大齿厚,使它有较长的使用寿命,以此来考虑磨损的影响。

8.3 齿轮常用材料及许用应力

8.3.1 齿轮常用材料及热处理

由轮齿失效形式可知,选择齿轮材料时,应考虑以下要求:轮齿的表面应有足够的硬度和耐磨性,在循环载荷和冲击载荷作用下,应有足够的弯曲强度,即齿面要硬,齿芯要韧,并具有良好的加工性和热处理性。制造齿轮的材料主要是各种钢材,其次是铸铁,还有其他非金属材料。

1. 钢

钢材可分为锻钢和铸钢两类,只有尺寸较大(d>400~600 mm)、结构形状复杂的齿轮宜用铸钢外,一般都用锻钢制造齿轮。

软齿面齿轮多经调质或正火处理后切齿,常用 45、40Cr 等。因齿面硬度不高,容易制造,成本较低,故应用广泛,常用于对尺寸和重量无严格限制的场合。

由于在啮合过程中,小齿轮的轮齿接触次数比大齿轮多。因此,若两齿轮的材料和齿面硬度都相同时，则一般小齿轮的寿命较短。为了使大、小齿轮的寿命接近，应使小齿轮的齿面硬度比大齿轮的高出30~50HBW。对于高速、重载或重要的齿轮传动，可采用硬齿面齿轮组合，齿面硬度可大致相同。

2. 铸铁

由于铸铁的抗弯和耐冲击性能都比较差，因此主要用于制造低速、不重要的开式传动、功率不大的齿轮。常用材料有HT250、HT300等，要求较高的可以采用球墨铸铁。

3. 非金属材料

对高速、轻载而又要求低噪声的齿轮传动，也可采用非金属材料，加夹布胶木、尼龙等。常用的齿轮材料，热处理方法、硬度、应用举例如表8-1所示。

表8-1 常用的齿轮材料、热处理硬度和应用举例

<table>
<tr><th>材料</th><th>牌号</th><th>热处理方法</th><th colspan="2">硬 度
HBW</th><th>应用举例</th></tr>
<tr><td rowspan="4">优质碳素钢</td><td>35</td><td rowspan="3">正火</td><td colspan="2">150~180</td><td rowspan="6">低速轻载的齿轮或中速中载的大齿轮</td></tr>
<tr><td>45</td><td colspan="2">162~217</td></tr>
<tr><td>50</td><td colspan="2">180~220</td></tr>
<tr><td>45</td><td rowspan="3">调质</td><td colspan="2">217~255</td></tr>
<tr><td rowspan="2">合 金 钢</td><td>35SiMn</td><td colspan="2">217~269</td></tr>
<tr><td>40Cr</td><td colspan="2">241~286</td></tr>
<tr><td rowspan="2">铸钢</td><td>ZG45</td><td rowspan="2">正火</td><td colspan="2">163~197</td><td rowspan="2">重型机械中的低速齿轮</td></tr>
<tr><td>ZG55</td><td colspan="2">179~207</td></tr>
<tr><td rowspan="2">球墨铸铁</td><td>QT700-2</td><td rowspan="3"></td><td colspan="2">225~305</td><td rowspan="2">可用来代替铸钢</td></tr>
<tr><td>QT600-2</td><td colspan="2">229~302</td></tr>
<tr><td>灰 铸 铁</td><td>HT250</td><td colspan="2">170~241</td><td>低速中载、不受冲击的齿轮。如机床操纵机构的齿轮</td></tr>
<tr><td colspan="3">表面处理齿轮</td><td>齿芯硬度
HBW</td><td>齿面硬度
HRC</td><td>应用举例</td></tr>
<tr><td rowspan="2">优质碳素钢</td><td>35</td><td rowspan="3">表面淬火</td><td>180~210</td><td>40~45</td><td rowspan="3">高速中载、无剧烈冲击的齿轮。如机床变速箱中的齿轮</td></tr>
<tr><td>45</td><td>217~255</td><td>40~50</td></tr>
<tr><td rowspan="4">合 金 钢</td><td>40Cr</td><td>241~286</td><td>48~55</td></tr>
<tr><td>20Cr</td><td rowspan="2">渗碳淬火</td><td></td><td>56~62</td><td rowspan="2">高速中载、承受冲击载荷的齿轮。如汽车、拖拉机中的重要齿轮</td></tr>
<tr><td>20CrMnTi</td><td></td><td>56~62</td></tr>
<tr><td>38CrMoAlA</td><td>氮化</td><td>229</td><td>>850HV</td><td>载荷平稳、润滑良好的齿轮</td></tr>
</table>

8.3.2 许用应力

在齿轮强度设计中需要考虑两类许用应力，分别为许用接触疲劳应力和许用弯曲疲劳应力。两者是根据试验齿轮的接触疲劳极限和弯曲疲劳极限确定的，试验齿轮的疲劳极限又是在一定试验条件下获得的。当设计齿轮的工作条件与试验条件不同时，需加以修正。

齿面许用接触疲劳应力：
$$[\sigma_H] = \frac{\sigma_{Hlim}}{S_{Hmin}} Z_N \tag{8-1}$$

齿根许用弯曲疲劳应力：
$$[\sigma_F] = \frac{\sigma_{Flim}}{S_{Fmin}} Y_{ST} Y_N = \frac{\sigma_{FE}}{S_{Fmin}} Y_N \tag{8-2}$$

式中　σ_{Hlim}、σ_{Flim}——失效概率为1%时，试验齿轮的接触疲劳极限和弯曲疲劳极限，MPa；

Z_N、Y_N——接触强度和弯曲强度计算的寿命系数。

设计时以 $\sigma_{\mathrm{FE}}=\sigma_{\mathrm{Flim}}Y_{\mathrm{ST}}$ 进行计算，其中弯曲疲劳极限 σ_{Flim} 是通过基准试验齿轮的试验获得，它是在考虑了材料、热处理工艺、试验齿轮齿根圆角处表面粗糙度等因素后的弯曲应力极限值。弯曲疲劳极限 σ_{Flim} 是通过基准试验齿轮的试验获得，它是在考虑了材料、热处理工艺、试验齿轮齿根圆角处表面粗糙度等因素后的弯曲应力极限值。σ_{FE} 是无缺口试件的基本弯曲强度，Y_{ST} 为试验齿轮的应力校正系数，一般取 $Y_{\mathrm{ST}}=2$；S_{Hmin}、S_{Fmin} 分别为接触强度和弯曲强度计算的安全系数。

1. 试验齿轮的疲劳极限 σ_{Hlim}、σ_{Flim}

根据国家标准 GB/T 3480.5—2008《直齿轮和斜齿轮承载能力计算　第5部分：材料的强度和质量》，齿轮的疲劳极限 σ_{Hlim}、σ_{Flim}，可以由图8-6、图8-7中查出，或由公式(8-3)计算。

$$\left.\begin{aligned}\sigma_{H\mathrm{lim}}&=Ax+B\\ \sigma_{F\mathrm{lim}}&=Ax+B\end{aligned}\right\}\tag{8-3}$$

式中　x——齿面硬度 HBW 或 HV；

A、B——常数，如表8-2所示。

图8-6、图8-7和表8-2中，ME、MQ、ML分别表示对齿轮的材料冶金和热处理质量有优、中、低要求时的疲劳极限，MX表示对淬透性及金相组织有特殊考虑的调质合金钢取值。对于弯曲疲劳极限，由于实验时应力为脉动循环，若实际齿轮应力为对称循环时，将极限应力乘以0.7，双向运转时，将极限应力乘以0.8。齿轮表面的硬度应该严格控制在最低和最高硬度值之间。

表8-2的计算结果与图8-6、图8-7查得的结果是一致的，互相对照可以更深刻地理解。在此只摘录了一部分线图。

表8-2　按式(8-3)计算齿轮的疲劳极限所需的常数

序号	材料	应力	材质类型	缩写	等级	A	B	硬度	最低硬度	最高硬度
1	正火低碳钢铸钢[a]	接触	正火态低碳锻钢	st	ML,MQ	1.000	190	HBW	110	210
2					ME	1.520	250		110	210
3			铸钢	st(铸态)	ML,MQ	0.986	131	HBW	140	210
4					ME	1.143	237		140	210
5		弯曲	正火态低碳锻钢	st	ML,MQ	0.455	69	HBW	110	210
6					ME	0.386	147		110	210
7			铸钢	st(铸态)	ML,MQ	0.313	62	HBW	140	210
8					ME	0.254	137		140	210
9	铸铁材料	接触	可锻铸铁	GTS(珠光体)	ML,MQ	1.371	143	HBW	135	250
10					ME	1.333	267		175	250
11			球墨铸铁	GGG	ML,MQ	1.434	211	HBW	175	300
12					ME	1.500	250		200	300
13			灰铁	GG	ML,MQ	1.033	132	HBW	150	240
14					ME	1.465	122		175	275
15	铸铁材料	弯曲	可锻铸铁	GTS(珠光体)	ML,MQ	0.345	77	HBW	135	250
16					ME	0.403	128		175	250

续表

序号	材料	应力	材质类型	缩写	等级	*A*	*B*	硬度	最低硬度	最高硬度
17	铸铁材料	弯曲	球墨铸铁	GGG	ML,MQ	0.350	119	HBW	175	300
18					ME	0.380	134		200	300
19			灰铁	GG	ML,MQ	0.256	8	HBW	150	240
20					ME	0.200	53		175	275
21	调质锻钢[b]	接触	碳钢	V	ML	0.963	283	HV	135	210
22					MQ	0.925	360		135	210
23					ME	0.838	432		135	210
24			合金钢	V	ML	1.313	188	HV	200	360
25					MQ	1.313	373		200	360
26					ME	2.213	260		200	390
27		弯曲	碳钢	V	ML	0.250	108	HV	115	215
28					MQ	0.240	163		115	215
29					ME	0.283	202		115	215
30			合金钢	V	ML	0.423	104	HV	200	360
31					MQ	0.425	187		200	360
32					ME	0.358	231		200	390
33	调质铸钢	接触	碳钢	V（铸态）	ML,MQ	0.831	300	HV	130	215
34					ME	0.951	345		130	215
35			合金钢	V（铸态）	ML,MQ	1.276	298	HV	200	360
36					ME	1.350	356		200	360
37		弯曲	碳钢	V（铸态）	ML,MQ	0.224	117	HV	130	215
38					ME	0.286	167		130	215
39			合金钢	V（铸态）	ML,MQ	0.364	161	HV	130	215
40						0.356	186		200	360
41	渗碳钢[c]	接触		Eh	ML	0.000	1 300	HV	600	800
42					MQ	0.000	1 500		660	800
43					ME	0.000	1 650		660	800
44		弯曲	心部硬度	Eh	ML	0.000	312	HV	600	800
45			=25 HRC 偏下		MQ	0.000	425		660	800
46			=25 HRC 偏上			0.000	461		660	800
47			=30 HRC			0.000	500		660	800
48					ME	0.000	525		660	800
49	火焰及感应淬火锻钢和铸钢	接触		IF	ML	0.740	602	HV	485	615
50					MQ	0.541	882		500	615
51					ME	0.505	1 013		500	615
52		弯曲		IF	ML	0.305	76	HV	485	615
53					MQ	0.138	290		500	570
54						0.000	369		570	615
55					ME	0.271	237		500	615

续表

序号	材　料	应力	材质类型	缩写	等级	A	B	硬度	最低硬度	最高硬度
56 57 58	氮化锻钢 氮化钢[d] 调质氮化钢	接触	氮化钢[a]	NT (氮化)	ML MQ ME	0.000 0.000 0.000	1 125 1 250 1 450	HV	650 650 650	900 900 900
59 60 61			调质钢[b]	NV (氮化)	ML MQ ME	0.000 0.000 0.000	788 998 1 217	HV	450 450 450	650 650 650
62 63 64		弯曲	氮化钢[a]	NT (氮化)	ML MQ ME	0.000 0.000 0.000	270 420 468	HV	650 650 650	900 900 900
65 66 67			调质钢[b]	NV (氮化)	ML MQ ME	0.000 0.000 0.000	258 363 432	HV	450 450 450	650 650 650
68 69 70	碳氮共渗锻钢[e]	接触	调质钢	NV (氮化共渗)	ML MQ,ME	0.000 1.167 0.000	650 425 950	HV	300 300 450	650 450 650
71 72 73		弯曲	调质钢	NV (氮碳共渗)	ML MQ,ME	0.000 0.653 0.000	224 94 388	HV	300 300 450	650 450 650

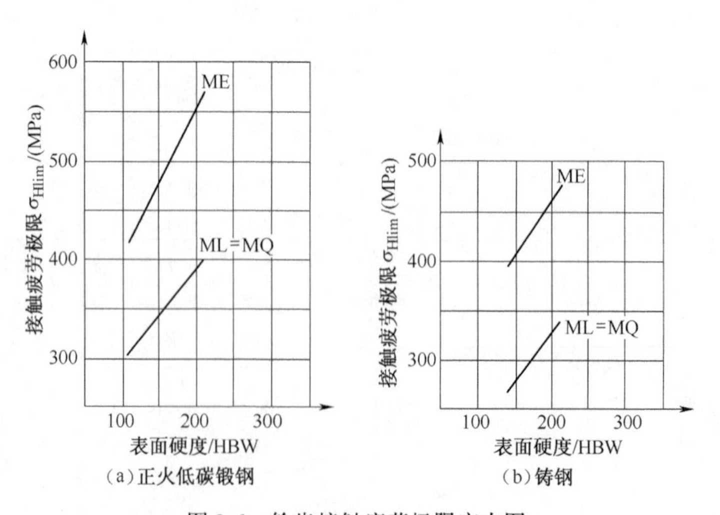

图 8-6　轮齿接触疲劳极限应力图

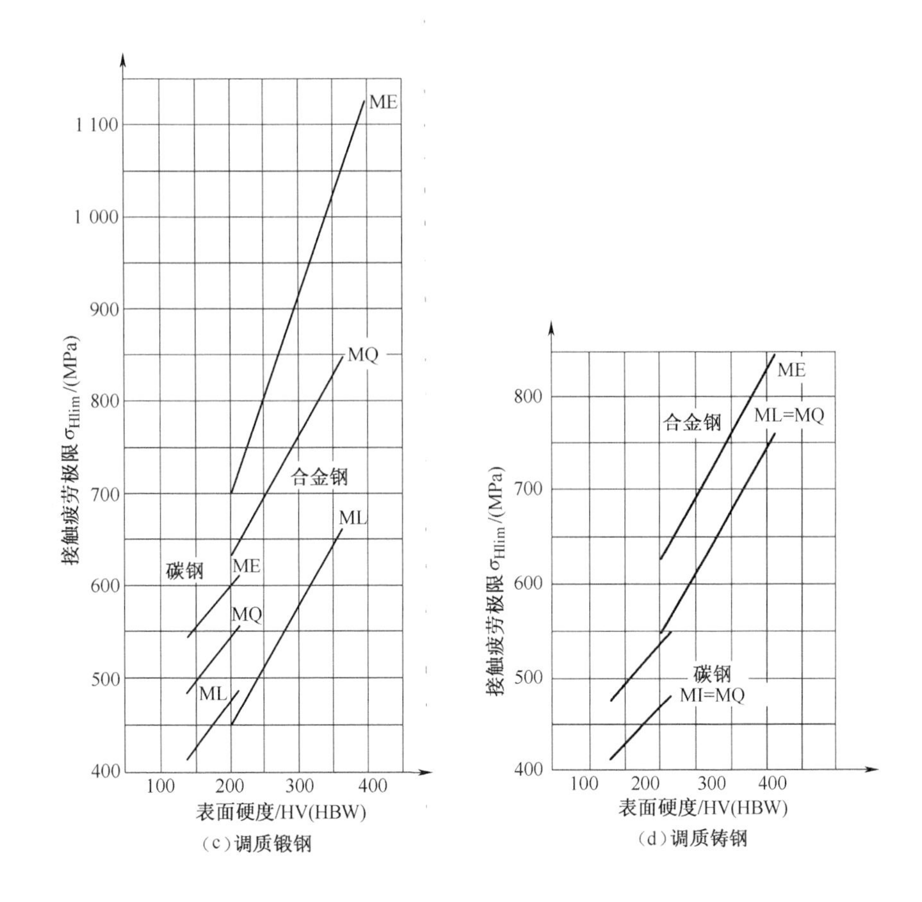

图 8-6 轮齿接触疲劳极限应力线图(续)

注 1:名义含碳量≥0. 20%。

注 2:本标准代替版本 GB/T 8538—2000 中合金钢的 MX 已经由现在的 ME 所代替。

2. 寿命系数 Z_N、Y_N

因图 8-6、图 8-7 中的疲劳极限是按无限寿命试验得到的数据,当要求所设计的齿轮为有限寿命时,其疲劳极限还会有所提高,应进行修正。齿轮受稳定载荷作用时,Z_N按轮齿经受的循环次数 N 由图 8-8(a)查取,Y_N按 N 由图 8-8(b)查取。转速不变时,N 可由下式计算

$$N = 60\gamma n t_h$$

式中 n——齿轮转速,r/min;

γ——齿轮每转一转,轮齿同侧齿面啮合次数;

t_h——齿轮总工作时间,h。

3. 最小安全系数 S_{Hmin}、S_{Fmin}

选择最小安全系数时,应考虑齿轮的载荷数据和计算方法的正确性以及对齿轮的可靠性要求等。S_{Hmin}、S_{Fmin}值可按表 8-3 查取。若计算数据的准确性较差,计算方法粗糙,失效后可能造成严重后果等情况下,二者均应取大值。

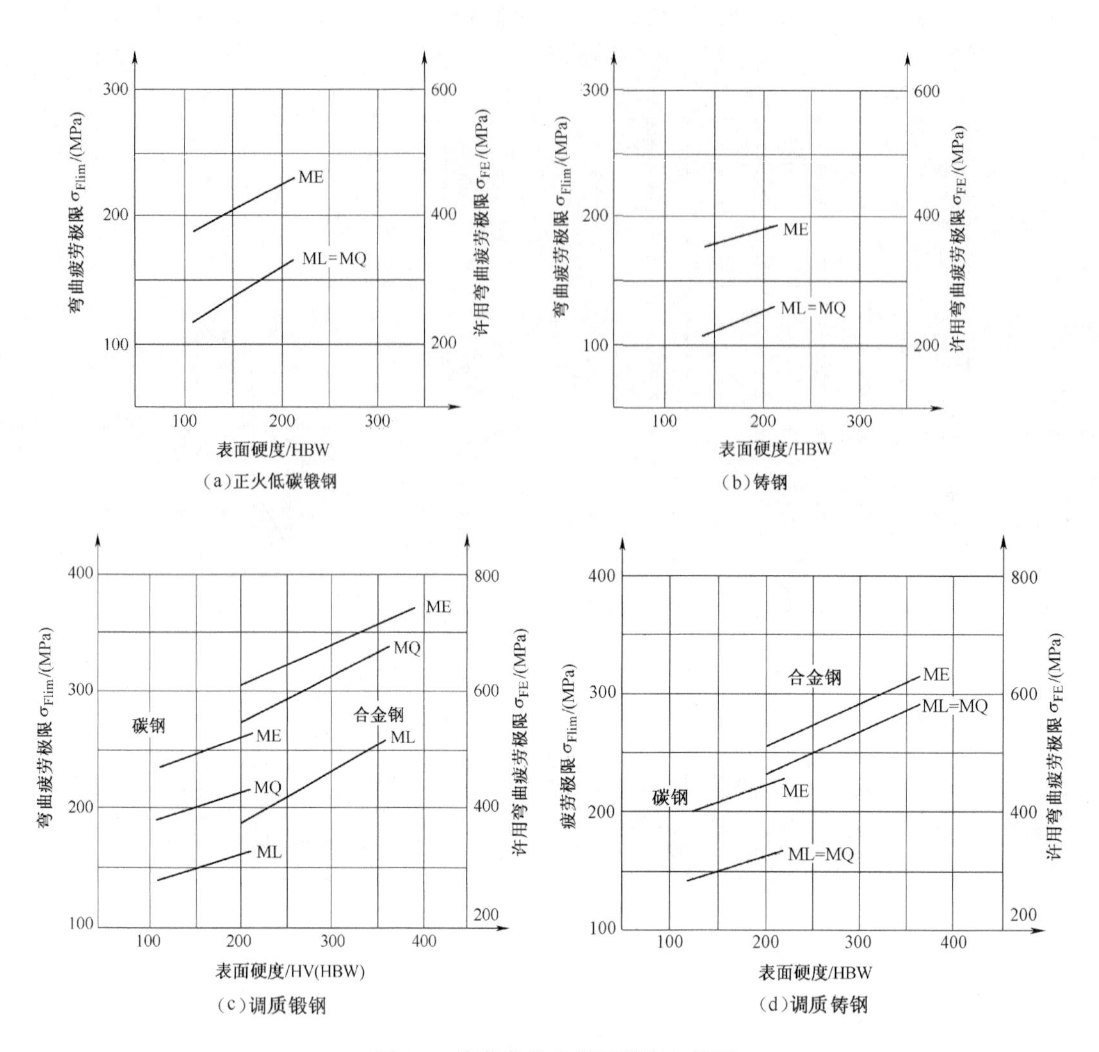

图 8-7　齿根弯曲疲劳极限应力线图

表 8-3　最小安全系数 S_{Fmin} 和 S_{Hmin} 参考值

可靠度要求	齿轮使用场合	失效概率	最小安全系数	
			S_{Fmin}	S_{Hmin}①
高可靠度	特殊工作条件下要求可靠度很高的齿轮	$\frac{1}{10\ 000}$	2.00	1.50~1.60
较高可靠度	长期连续运转和较长的维修间隔；设计寿命虽不很长，但可靠度要求较高；齿轮失效将造成较严重的事故和损失	$\frac{1}{1\ 000}$	1.60	1.25~1.30
一般可靠度	通用齿轮和多数工业齿轮	$\frac{1}{100}$	1.25	1.00~1.05
低可靠度②	齿轮设计的寿命不长，对可靠度要求不高，易于更换的不重要齿轮；设计的寿命虽不短，但对可靠性要求不高	$\frac{1}{10}$	1.00	0.85③

①在经过使用验证，或对材料强度、载荷工况及制造精度拥有较准确的数据时，可取下限值。

②一般齿轮传动不推荐采用此栏数值。

③采用此值时，可能先出现塑性变形，然后再出现点蚀。

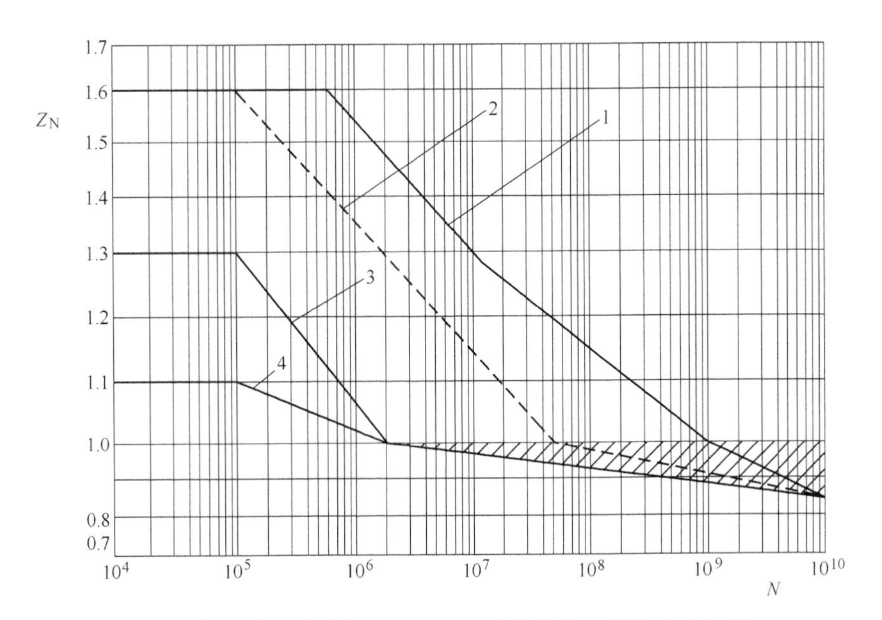

(a)轮齿接触疲劳寿命系数(当 $N>N_c$ 时可根据经验在阴影区内取 Z_N 值)

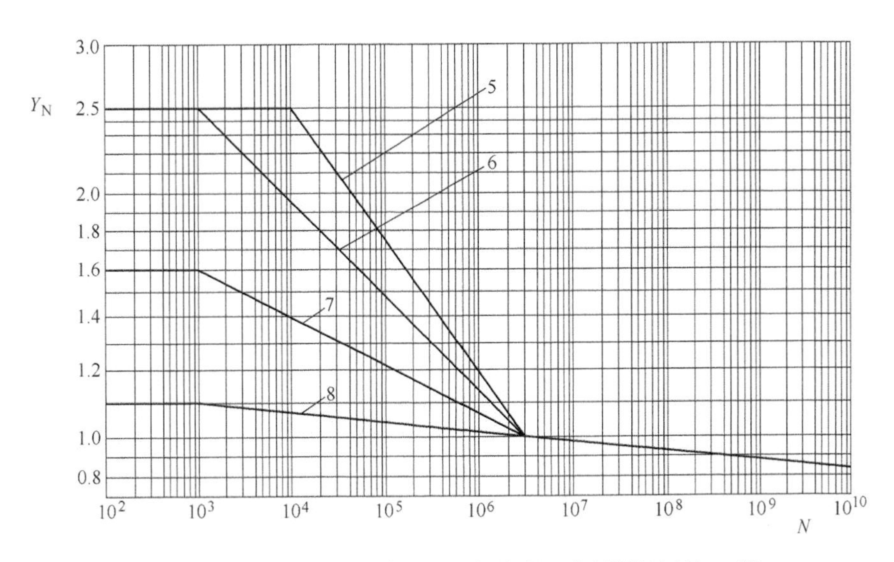

(b)齿根弯曲疲劳寿命系数(当 $N>N_c$ 时可根据经验在阴影区内取 Y_N 值)

1—结构钢,调质钢,珠光体、贝氏体球墨铸铁,珠光体黑色可锻铸铁,渗碳淬火钢。允许有扩展性点蚀;

2—材料同1,不允许有一定的点蚀

3—铁素体球墨铸铁,灰铸铁,氮化的调质钢或氮化钢;

4—碳氮共渗的调质钢

5—调质钢,珠光体、贝氏体球墨铸铁,珠光体黑色可锻铸铁;

6—渗碳淬火钢,火焰或感应表面淬火钢;

7—氮化的调质钢或氮化钢,铁素体球墨铸铁,结构钢,灰铸铁;

8—碳氮共渗的调质钢

图8-8 寿命系数

8.4 齿轮传动精度等级及其选择

渐开线圆柱齿轮精度标准(GB/T 10095.1—2008)中规定了13个精度等级,第0级精度最高,第12级最低。一般机械中常用7~8级。高速、分度等要求高的齿轮传动用6级或5级,对精度要求不高的低速齿轮可用9级。

常用的齿轮精度等级与圆周速度的关系及使用范围如表8-4。

表8-4 齿轮传动精度等级

精度等级	工作条件与适用范围	圆周速度 $v/(m\cdot s^{-1})$		齿面的最后加工
		直齿	斜齿	
3	用于最平稳且无噪声的极高速下工作的齿轮;特别精密的分度机构齿轮;特别精密机械中的齿轮;控制机构齿轮;检测精度等级为5、6级的测量齿轮	>50	>75	特精密的磨齿和珩磨;用精密滚刀滚齿或单边剃齿后的大多数不经淬火的齿轮
4	用于精密分度机构的齿轮;特别精密机械中的齿轮;高速涡轮机齿轮;控制机构齿轮;检测精度等级为7级的测量齿轮	>40	>70	精密磨齿;大多数用精密滚刀滚齿和珩齿或单边剃齿
5	用于高平稳且低噪声的高速传动中的齿轮;精密机构中的齿轮;涡轮机传动的齿轮;检测精度等级为8、9级的测量齿轮。 重要的航空、船用齿轮箱齿轮	>20	>40	精密磨齿;大多数用精密滚刀加工,进而研齿或剃齿
6	用于高速下平稳工作,需要高效率及低噪声的齿轮;航空、汽车用齿轮;读数装置中的精密齿轮;机床传动链齿轮;机床传动齿轮	≤15	≤30	精密磨齿或剃齿
7	在中速或大功率下工作的齿轮;机床变速箱进给齿轮;减速器齿轮;起重机齿轮;汽车以及读数装置中的齿轮	≤10	≤15	无需热处理的齿轮,用精确刀具加工。 对于淬硬齿轮必须精整加工(磨齿、研齿、珩磨)
8	一般机器中无特殊精度要求的齿轮;机床变速齿轮;汽车制造业中不重要齿轮;冶金、起重机械齿轮;通用减速器的齿轮;农业机械中的重要齿轮	≤6	≤10	滚、插齿均可,不用磨齿;必要时剃齿或研齿
9	用于不提出精度要求的粗糙工作的齿轮;因结构上考虑,受载低于计算载荷的传动用齿轮;低速不重要工作机械的动力齿轮;农机齿轮	≤2	≤4	不需要特殊的精加工工序

8.5 齿轮的计算载荷

齿轮所受到的载荷公式为

$$T_1 = 9.55 \times 10^6 \frac{P_1}{n_1}\ (\mathrm{N/mm}) \tag{8-4}$$

按式(8-4)计算的 T_1 是作用在齿轮上的名义载荷(在此为转矩),为了考虑工作时不同因素对齿轮受载的影响,应将名义载荷乘以载荷系数,修正为计算载荷。进行齿轮强度计算时,应按计算载荷进行计算。

计算载荷(转矩)

$$T_{1c}=KT_1=K_AK_vK_\alpha K_\beta T_1 \tag{8-5}$$

式中　K——载荷系数;

K_A——使用系数;

K_v——动载系数;

K_α——齿间载荷分配系数;

K_β——齿向载荷分布系数。

1. 使用系数 K_A

用来考虑原动机和工作机的工作特性等引起的动载荷对轮齿受载的影响,如表 8-5 所示。

表 8-5　使用系数 K_A

原动机工作特性及其示例	工作机特性及其示例			
	均匀平稳	轻微冲击	中等冲击	强烈冲击
	发电机:均匀传送的带式运输机或板式运输机,轻型升降机,包装机,通风机,剪切机,冲压机,车床等	不均匀传送的带式运输机或板式运输机,机床主传动,重型升降机,起重机旋转机构,工业或矿用通风机,普通挤压机,转炉等	橡胶挤压机,橡胶和塑料搅拌机,球磨机(轻型),木工机械,提升机构,单缸活塞泵等	挖掘机,球磨机(重型),橡胶搓揉机,碎石机,冶金机械等
均匀平稳:如电动机(例如直流电动机)	1.00	1.25	1.50	1.75
轻微冲击:如液压马达,电动机(较大、经常出现较大的启动转矩)	1.10	1.35	1.60	1.85
中等冲击:如多缸内燃机	1.25	1.50	1.75	2.00
强烈冲击:如单缸内燃机	1.50	1.75	2.00	2.25

2. 动载系数 K_v

用来考虑齿轮副在啮合过程中,因啮合误差(基节误差、齿形误差和轮齿变形等)所引起的内部附加动载荷对轮齿受载的影响。如图 8-9所示。图中 6、7、…、10 为齿轮精度等级。

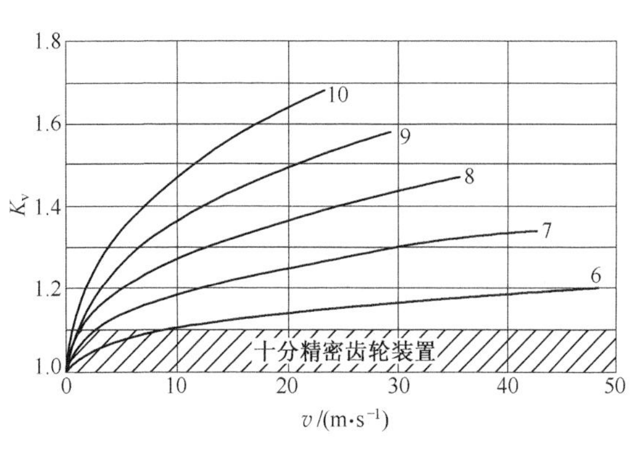

图 8-9　动载系数

轮齿啮合时,只有啮合轮齿的基节完全相等,才能保证瞬时传动比相等。而由于弹性变形和制造误差,轮齿的基节不可能完全相等。这样轮齿啮合时瞬时速比发生变化而产生冲击和动载。齿轮的速度越高、加工精度越低,齿轮动载荷越大。

对齿轮进行适当的齿顶修形，也可达到降低动载荷的目的。斜齿圆柱齿轮传动，因传动平稳，K_v取值可比直齿圆柱齿轮传动小。

3. 齿向载荷分布系数 K_β

用以考虑由于轴的变形和齿轮制造误差等引起载荷沿齿宽方向分布不均匀的影响。如表 8-6所示。

表 8-6 齿向载荷分布系数 K_β

布置形式		小齿轮齿面硬度 \ $\phi_d=b/d_1$	0.2	0.4	0.6	0.8	1.0	1.2	1.4	1.6	1.8	2.0
对称布置		≤350HBS	—	1.01	1.02	1.03	1.05	1.07	1.09	1.13	1.17	1.22
		>350HBS	—	1.00	1.03	1.06	1.10	1.14	1.19	1.25	1.34	1.44
非对称布置	轴的刚性较大	≤350HBS	1.00	1.02	1.04	1.06	1.08	1.12	1.14	1.18	—	—
		>350HBS	1.00	1.04	1.08	1.13	1.17	1.23	1.28	1.35	—	—
	轴的刚性较小	≤350HBS	1.03	1.05	1.08	1.11	1.14	1.18	1.23	1.28	—	—
		>350HBS	1.05	1.10	1.16	1.22	1.28	1.36	1.45	1.55	—	—
悬臂布置		≤350HBS	1.08	1.11	1.16	1.23	—	—	—	—	—	—
		>350HBS	1.15	1.21	1.32	1.45	—	—	—	—	—	—

注：①表中数值为 8 级精度的 K_β 值。若精度高于 8 级，表中值应减小 5%~10%，但不得小于 1；若低于 8 级，表中值应增大 5%~10%。

②跨径比 $L/d\approx2.5\sim3$，为刚性大的轴；$L/d>3$，为刚性小的轴（L—跨距，轴承间距离，d—轴直径）。

③对于锥齿轮，$\phi_d=\phi_{dm}=b/d_{m1}=\phi_R\sqrt{u^2+1}/(2-\phi_R)$，其中 d_{m1} 为小齿轮的平均分度圆直径，单位为 mm；u 为齿数比；$\phi_R=b/R$（R 为锥齿轮的锥距）。

如图 8-10 所示，齿轮受载后，轴产生弯曲变形，两齿轮随之偏斜，使得作用在齿面上的载荷沿接触线分布不均匀[见图 8-10(a)]，当齿轮相对轴承布置不对称时，偏载更严重。轴因受转矩作用而发生扭转变形，同样会产生载荷沿齿宽分布不均匀。为了使小齿轮扭转变形能补偿弯曲变形引起的齿轮偏载，应将齿轮布置在远离转矩输入端。此外，齿宽、齿轮制造和安装误差、齿面跑合、轴承及箱体的变形等对载荷分布均有影响。

提高齿轮的制造和安装精度以及轴承和箱体的刚度、合理选择齿宽、合理布置齿轮在轴上的位置、将齿轮沿齿宽方向进行修形使齿面制成鼓形[见图 8-10(b)]等，均可降低轮齿上的载荷集中。当两轮之一为软齿面，宽径比 b/d 较小、齿轮在两支承中间对称布置和轴的刚性较大时，K_β取小值；反之取大值。

4. 齿间载荷分配系数 K_α

齿间载荷分配系数用以考虑同时啮合的各对轮齿间载荷分配不均匀的影响。齿轮在啮合过程中，重合度为 $\varepsilon>1$，在实际啮合线上，存在单对齿啮合区和双对齿啮合区。在双对齿啮合区啮合时，由于轮齿的弹性变形和制造误差，载荷在两对齿上分配是不均匀的。这是因为轮齿从齿根到齿顶啮合过程中，齿面上载荷作用点随轮齿在啮合线上位置的不同而改变。由于齿面上力作用点位置的改变，轮齿在啮合线上不同位置的变形及刚度不同，刚度大者承担载荷大，因此在同时啮合的两对轮齿间，载荷的分配是不均匀的。此外，基节误差、齿轮的重合度、

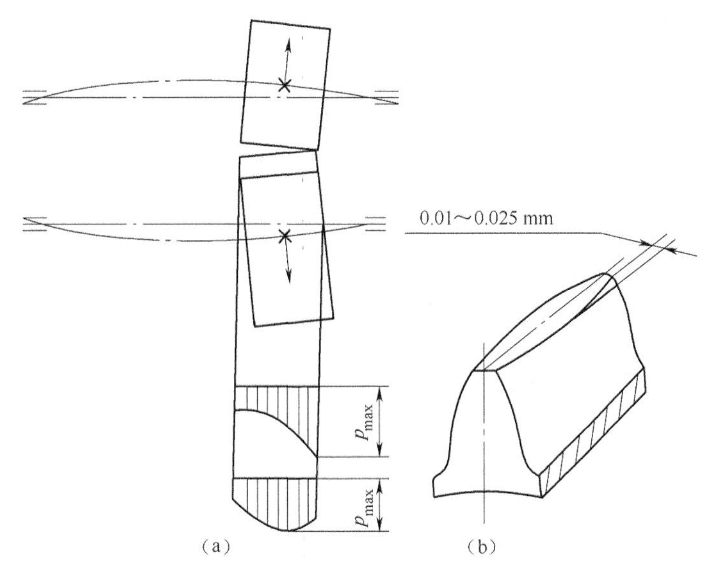

图 8-10 载荷沿齿向的分布及修形

齿面硬度和齿顶修缘等对齿间载荷分配也有影响。斜齿圆柱齿轮传动 K_α 取值可比直齿圆柱齿轮传动小。当齿轮制造精度低、硬齿面时,取大值;反之取小值,如表 8-7 所示。

表 8-7 齿间载荷分配系数 K_α

$K_A Ft/b$	≥100 N/mm				<100 N/mm
精度等级	5	6	7	8	5 级及更低
经表面硬化的直齿轮	1.0		1.1	1.2	≥1.2
经表面硬化的斜齿轮	1.0	1.1	1.2	1.4	≥1.4
未经表面硬化的直齿轮	1.0			1.1	≥1.2
未经表面硬化的斜齿轮	1.0		1.1	1.2	≥1.4

注:①对修形齿,取 $K_\alpha=1$;

②如大小齿轮精度等级不同时,按精度等级较低者取值。

总之载荷系数 K 的取值影响因素很多,需综合考虑。初步设计时,可按表 8-8 查取;验算时,再精确查取和计算。

表 8-8 齿轮传动载荷系数 K 的初略值(初步计算参考)

原动机特性	均匀平稳	轻微冲击	中等冲击	严重冲击
工作机特性	电动机	气轮机、液压马达	多缸内燃机	单缸内燃机
均匀平稳	1.2~1.4	1.4~1.6	1.6~1.8	1.8~2.0
轻微冲击	1.4~1.6	1.6~1.8	1.8~2.0	2.0~2.2
中等冲击	1.6~1.8	1.8~2.0	2.0~2.2	2.2~2.4
严重冲击	1.8~2.0	2.0~2.2	2.2~2.4	2.4~2.6

8.6 标准直齿圆柱齿轮传动的强度计算

8.6.1 轮齿的受力分析

图 8-11 所示为齿轮啮合传动时主动齿轮的受力情况,不考虑摩擦力时,轮齿所受总作用

力 F_n将沿着啮合线方向，F_n称为法向力。F_n在分度圆上可分解为切于分度圆的切向力 F_t和沿半径方向并指向轮心的径向力 F_r。

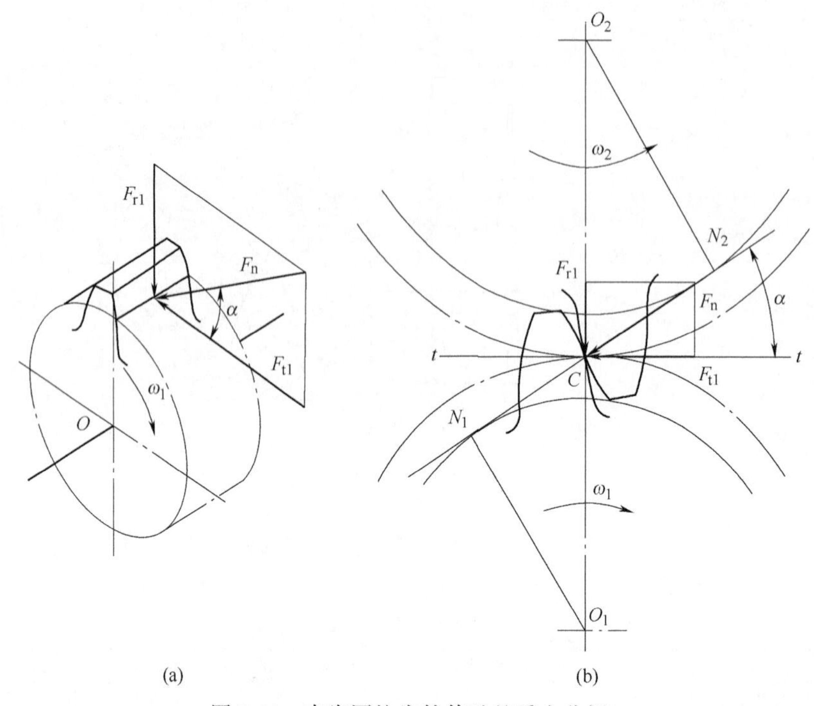

图 8-11　直齿圆柱齿轮传动的受力分析

$$\begin{cases} \text{圆周力} \quad F_t = \dfrac{2T_1}{d_1} \\ \text{径向力} \quad F_r = F_t \tan\alpha \\ \text{法向力} \quad F_n = \dfrac{F_t}{\cos\alpha} \end{cases} \tag{8-6}$$

式中　d_1——主动轮分度圆直径，mm；

α——分度圆压力角，标准齿轮 $\alpha = 20°$。

设计时可根据主动轮传递的功率 P_1(kW)及转速 n_1($\mathrm{r \cdot min^{-1}}$)，由下式求主动轮力矩

$$T_1 = 9.55 \times 10^6 \times \frac{P_1}{n_1} \tag{8-7}$$

根据作用力与反作用力原理，$F_{t1} = -F_{t2}$，F_{t1}是主动轮上的工作阻力，故其方向与主动轮的转向相反，F_{t2}是从动轮上的驱动力，其方向与从动轮的转向相同。同理，$F_{r1} = -F_{r2}$，其方向指向各自的轮心。

8.6.2　齿面接触疲劳强度计算

由于齿轮工作过程中，轮齿工作表面所承受的是交变接触应力的作用，为保证齿轮有足够的齿面接触强度，以防止齿面点蚀等齿面接触疲劳失效，需要进行齿面疲劳强度的计算。齿面

接触疲劳与齿面接触应力大小有关,设计准则是限制齿面接触应力,以避免发生齿面疲劳点蚀。两轮齿面接触时,如图8-12所示,采用的简化模型是用轴线平行的两圆柱体的接触,代替一对轮齿的接触,两齿在接触处的曲率半径等于圆柱体的半径。

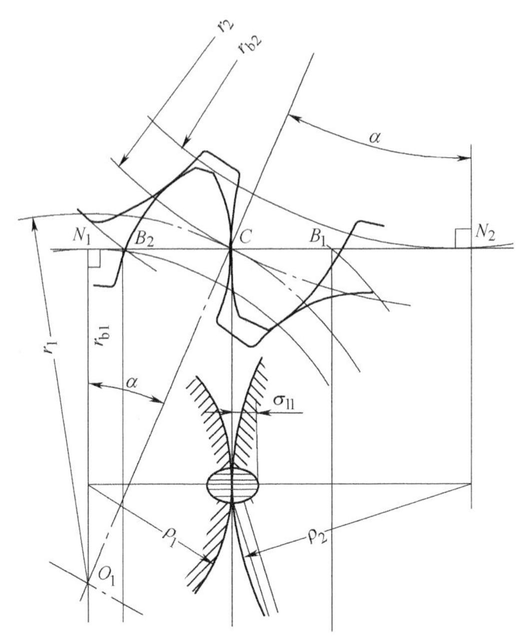

图8-12 齿面接触应力

由此得到为了防止齿面出现疲劳点蚀,齿面接触疲劳强度条件为

$$\sigma_H = \frac{4}{\pi} \cdot \frac{F}{2aL} = \sqrt{\frac{F}{\pi L} \cdot \frac{\left(\frac{1}{\rho_1} \pm \frac{1}{\rho_2}\right)}{\left(\frac{1-\mu_1^2}{E_1} + \frac{1-\mu_2^2}{E_2}\right)}} = \sqrt{\frac{F_{tc}\left(\frac{1}{\rho_1} \pm \frac{1}{\rho_2}\right)}{\pi\left[\left(\frac{1-\mu_1^2}{E_1}\right) + \left(\frac{1-\mu_2^2}{E_2}\right)\right]b}} \leqslant [\sigma_H] \tag{8-8}$$

式中 σ_H——接触应力 MPa;

$[\sigma]_H$——许用接触应力 MPa;

ρ_1, ρ_2——两轮齿面在接触点处的曲率半径,“+”号用于外啮合,“-”号用于内啮合;

μ_1, μ_2, E_1, E_2——两齿轮材料的泊松比及弹性模量;

b——齿轮工作宽度。

轮齿在啮合过程中,齿廓接触点是不断变化的,因此,齿廓的曲率半径也将随着啮合位置的不同而变化。对于重合度$1 \leqslant \varepsilon \leqslant 2$的渐开线直齿圆柱齿轮传动,在双齿对啮合区,载荷将由两对齿承担;在单齿对啮合区,全部载荷由一对齿承担。节点C处的应力值虽不是最大,但该点一般为单对齿啮合,且根据实际情况点蚀也往往先在节线附近的表面出现。因此,接触疲劳强度计算通常以节点为计算点。

在节点C处:$\rho_1 = CN_1 = \frac{d_1}{2}\sin\alpha$,$\rho_2 = CN_2 = \frac{d_2}{2}\sin\alpha$

则
$$\frac{1}{\rho_1} \pm \frac{1}{\rho_2} = \frac{2}{d_1 \sin\alpha} \frac{u \pm 1}{u}$$

代入式(8-8)得

$$\sigma_{\mathrm{H}} = \sqrt{\frac{F_n \dfrac{2}{d_1 \sin\alpha} \dfrac{u \pm 1}{u}}{\pi\left[\left(\dfrac{1-\mu_1^2}{E_1}\right)+\left(\dfrac{1-\mu_2^2}{E_2}\right)\right] b}} = \sqrt{\frac{\dfrac{F_t}{\cos\alpha} \dfrac{2}{d_1 \sin\alpha} \dfrac{u \pm 1}{u}}{\pi\left[\left(\dfrac{1-\mu_1^2}{E_1}\right)+\left(\dfrac{1-\mu_2^2}{E_2}\right)\right] b}} \leqslant [\sigma_{\mathrm{H}}]$$

令 $Z_E = \sqrt{\dfrac{1}{\pi\left[\left(\dfrac{1-\mu_1^2}{E_1}\right)+\left(\dfrac{1-\mu_2^2}{E_2}\right)\right]}}$,为弹性系数(见表 8-9)。

$Z_{\mathrm{H}} = \sqrt{2/\sin\alpha\cos\alpha}$,为区域系数(见图 8-13),α 为齿轮压力角。

表 8-9 弹性系数 Z_{E}

弹性模量 E(MPa) / 齿轮材料	配对齿轮材料				
	灰 铸 铁	球 墨 铸 铁	铸 钢	锻 钢	夹 布 塑 胶
	11.8×10^4	17.3×10^4	20.2×10^4	20.6×10^4	0.785×10^4
锻 钢	162.0	181.4	188.9	189.8	56.4
铸 钢	161.4	180.5	188.0	—	—
球墨铸铁	156.6	173.9	—		
灰铸铁	143.7	—			

注:表中所列夹布塑胶的泊松比 μ 为 0.5,其余材料的 μ 均为 0.3。

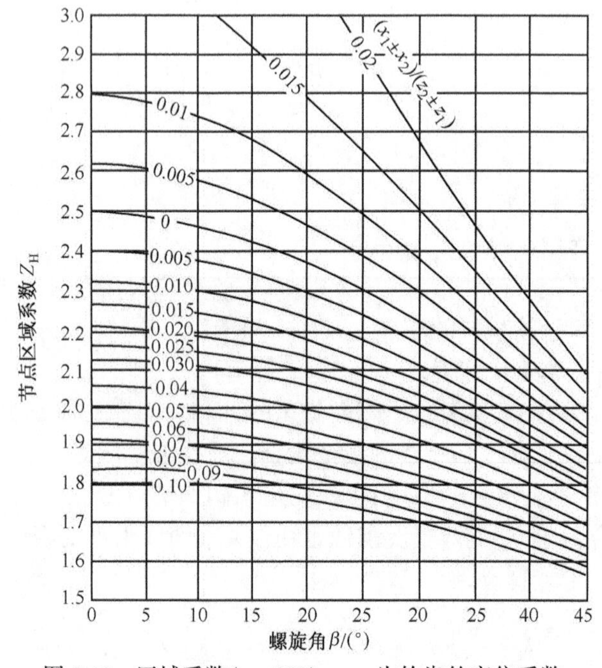

图 8-13 区域系数($\alpha=20°$)x_1、x_2 为轮齿的变位系数

将上面两个系数代入式(8-8),并将 F_t用 KF_t代入,得

$$\sigma_H = Z_H Z_E \sqrt{\frac{KF_t}{bd_1}\frac{u \pm 1}{u}} \leqslant [\sigma_H] \tag{8-9}$$

上式为直齿圆柱齿轮传动齿面接触承载能力的验算公式。

再取齿宽系数 $\phi_d = \dfrac{b}{d_1}$, $F_t = 2\dfrac{T_1}{d_1}$,代入式(8-9),则可得

$$d_1 \geqslant \sqrt[3]{\frac{2KT_1}{\phi_d}\left(\frac{u \pm 1}{u}\right)\left(\frac{Z_H Z_E Z_\varepsilon}{[\sigma_H]}\right)^2} \tag{8-10}$$

对于标准齿轮,取 $Z_H = 2.5$,则式(8-10)可写为

$$d_1 \geqslant 2.32\sqrt[3]{\frac{KT_1}{\phi_d}\left(\frac{u \pm 1}{u}\right)\left(\frac{Z_E Z_\varepsilon}{[\sigma_H]}\right)^2} \tag{8-11}$$

上式为保证齿面接触承载能力的直齿圆柱齿轮传动的设计公式。

由式(8-9)可知,一对相啮合的大、小齿轮的齿面接触应力相等,而大、小齿轮的材料和热处理方法不尽相同,即两轮的许用齿面接触疲劳应力不同。因此,在运用式(8-10)和式(8-11)时,应取两轮中较小的许用接触疲劳应力进行计算。

由式(8-9)可知,载荷和材料一定时,影响齿轮接触强度的几何参数主要有直径 d、齿宽 b、齿数比 u 和啮合角 α。采用正变位,增大齿轮的变位系数 x_1、x_2,可使 Z_H减小,也可提高齿轮接触疲劳强度。在直径 d 确定后,齿宽 b 过大会造成偏载严重,齿数比 u 过大会使大齿轮尺寸过大,因此,齿轮接触强度主要取决于齿轮的 d,当 zm 乘积不变时,接触疲劳强度与齿数多少及模数大小无关。d 越大,σ_H越小。提高齿轮精度等级,改善齿轮材料和热处理方式,均可提高齿轮接触疲劳强度。

8.6.3 轮齿弯曲强度计算

当齿根强度不能满足要求时,有可能发生轮齿折断等失效形式。所以齿轮弯曲强度的计算在齿轮设计中也是必不可少的。齿根弯曲强度与弯曲应力有关。计算轮齿弯曲应力时,要确定齿根危险截面和作用在轮齿上的载荷作用点。

齿根危险截面:一般用30°切线法确定,即作与轮齿对称中线成30°角并与齿根过渡曲线相切的切线,通过两切点作平行于齿轮轴线的截面,此截面即为齿根危险截面(见图8-14)。

载荷作用点:啮合过程中,轮齿上的载荷作用点是变化的,应将其中使齿根产生最大弯矩者作为计算时的载荷作用点。当在齿顶啮合时,力臂最大,但此时为双齿对啮合区,有两对轮齿共同承担载荷,齿根所受弯矩不是最大;轮齿在单齿对啮合区最上点啮合时,力臂虽较前者稍小,但仅一对轮齿承担总载荷,因此,齿根所受弯矩最大,应以该点作为计算时的载荷的作用点。但由于按此点计算较为复杂,为简化计算,对一般精度齿轮可将齿顶作为载荷的作用点,且认为载

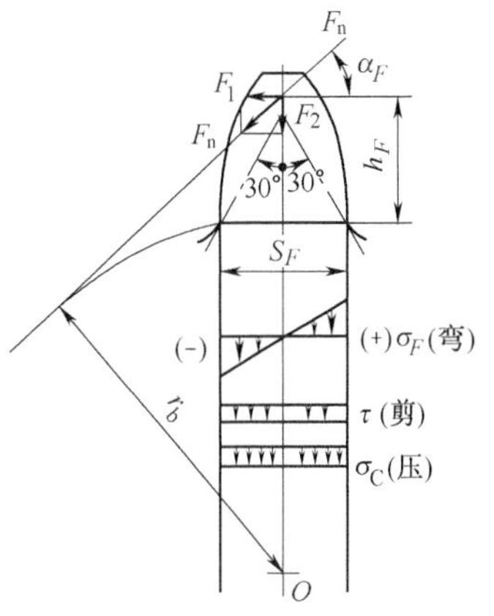

图8-14 齿根危险截面应力状态

荷为一对齿承担。

为了计算方便,将作用于齿顶的法向力 F_n 移至轮齿的对称线上,如图 8-14 所示。将 F_n 分解为水平分力 $F_1 = F_n\cos\alpha_F$ 和垂直分力 $F_2 = F_n\sin\alpha_F$。F_1 使齿根截面产生弯曲应力和剪切应力;F_2 使齿根截面产生压缩应力。由于剪应力和压应力比弯曲应力小得多,且齿根弯曲疲劳裂纹首先发生在轮齿的拉伸侧,故齿根弯曲疲劳强度校核时应按危险截面拉伸侧的弯曲应力进行计算。弯曲力臂为 h_F。于是齿根危险截面上最大弯曲应力为

$$\sigma_F = \frac{M}{W} = \frac{F_n\cos\alpha_F h_F}{(bS_F^2)/6} = \frac{6F_n\cos\alpha_F h_F}{bS_F^2} = \frac{6F_t\cos\alpha_F h_F}{bS_F^2\cos\alpha} = \frac{F_t}{bm}\frac{6\cos\alpha_F(h_F/m)}{(S_F/m)^2\cos\alpha} \tag{8-12}$$

式中　S_F——齿根危险截面厚度;

b——齿宽。

令 $Y_{Fa} = \dfrac{6\cos\alpha_F(h_F/m)}{(S_F/m)^2\cos\alpha}$,称为齿形系数;考虑齿根应力集中和危险截面上的压应力和剪应力的影响,引入应力修正系数 Y_{FS},并令复合齿形系数 $Y_F = Y_{Fa}\cdot Y_{FS}$;得轮齿弯曲疲劳强度验算式为

$$\sigma_F = \frac{KF_t}{bm}Y_F \leqslant [\sigma_F]\ \text{MPa} \tag{8-13}$$

式中　$[\sigma_F]$——许用弯曲疲劳应力,MPa。

取齿宽系数 $\phi_d = \dfrac{b}{d_1}$,$F_t = 2\dfrac{T_1}{d_1}$,代入式(8-13),则可得设计式

$$m \geqslant \sqrt[3]{\frac{2KT_1}{\phi_d z_1^2}\frac{Y_F}{[\sigma_F]}} \tag{8-14}$$

齿形系数 Y_{Fa} 为无量纲量,只与轮齿齿廓形状有关,与轮齿大小(模数 m)无关。标准齿轮,齿形主要与齿数 z 和变位系数 x 有关。如图 8-15 所示,齿数少,齿根厚度薄,Y_{Fa} 大,弯曲强度低。正变位齿轮($x>0$),齿根厚度大,使 Y_{Fa} 减小,可提高齿根弯曲强度。应力修正系数 Y_{FS} 同样主要与 z、x 有关。复合齿形系数 Y_F 可根据 z 和 x 由图 8-16 查得。

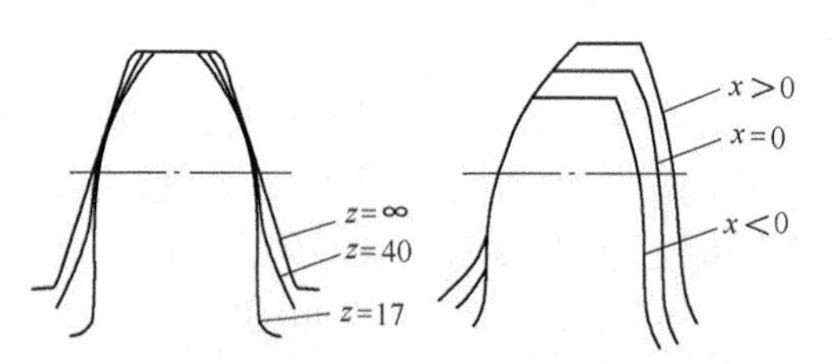

图 8-15　齿数及变位系数对齿形的影响

因大、小齿轮的 z 不相等,所以它们的弯曲应力是不相等的。材料或热处理方式不同时,其许用弯曲应力也不相等,故进行轮齿弯曲强度校核时,大、小齿轮应分别计算。而在设计时,大、小齿轮的齿弯曲强度可能不同,应取弯曲疲劳强度较弱的计算,即以 $\dfrac{Y_{F1}}{[\sigma_{F1}]}$、$\dfrac{Y_{F2}}{[\sigma_{F2}]}$ 两者中的大值代入计算。求得 m 后,应圆整为标准模数。

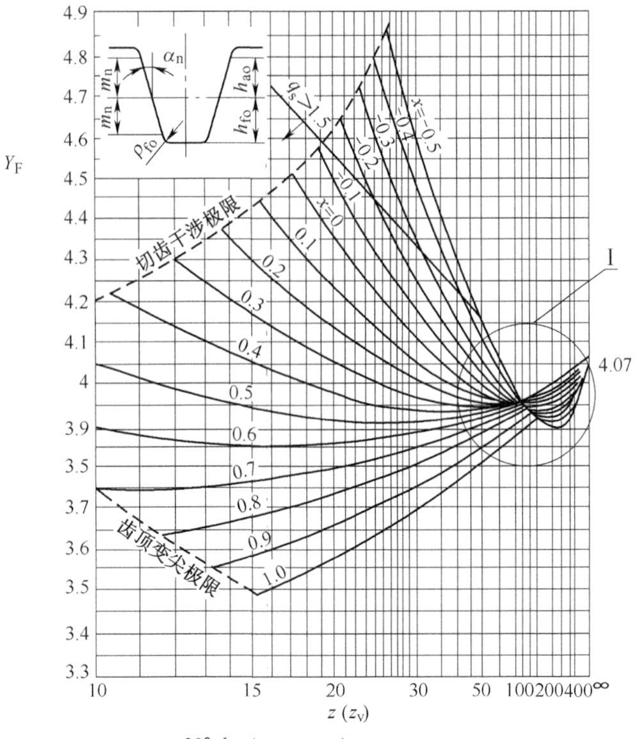

（a）复合齿形系数

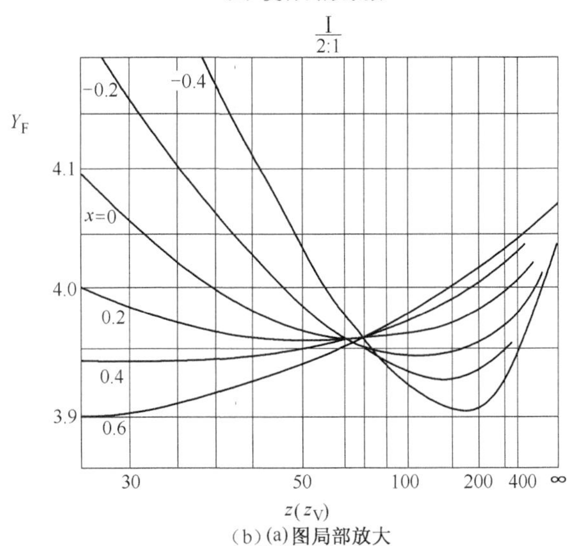

（b）(a)图局部放大

图 8-16　外齿轮复合齿形系数

8.6.4　齿轮传动主要参数的选择

通过以上强度计算可知,影响齿轮传动齿面接触承载能力的主要参数,除了齿宽和齿轮材质外,就是直径 d(中心距 a)。直径越大,齿轮传动齿面接触承载能力越高。因此,从齿面接触承载能力出发进行设计时,首先按式(8-10)求出小齿轮直径,然后确定其他参数,并验算轮齿弯曲承载能力。

同样,影响轮齿弯曲承载能力的主要参数是模数 m。因此,从轮齿弯曲承载能力出发进行设计时,首先按式(8-14)求出齿轮模数,然后再确定其他参数,并验算齿轮传动的齿面接触承载能力。

此外,参数的选择不仅要满足承载能力的要求,而且要考虑减少切削加工量、金属消耗、设备体积,降低成本以及安装测量方便等,应合理地选择,必要时进行调整。

1. 中心距 a,齿数 z 与模数 m

中心距 a 按承载能力要求算得后,应尽可能圆整成整数,最好尾数为 0 或 5。

齿轮齿数多,齿轮传动的重合度大,传动平稳;同时,当中心距 a 一定时,齿数增多则模数减小,因而齿顶圆直径减小,可节约材料、减轻重量;模数小则齿槽小,可减少切削加工量,节省工时,降低成本;并且模数越小,在同样的加工条件下,可获得较高的精度。但模数又是影响轮齿弯曲承载能力的主要因素,模数过小,轮齿弯曲强度可能不足。因此,一般是在满足轮齿弯曲承载能力的前提下,齿数适当取多些,模数取小些。但是,并非齿数越多越好,因为现代研究已证明,齿数过多,反而会增加齿轮传动的附加动载荷,即使载荷系数 K 增大。

通常对于闭式软齿面齿轮传动按齿面接触疲劳承载能力求出中心距 a 后,可按经验式初步确定模数,即取 $m=(0.007\sim0.02)a$。载荷平稳或中心距 a 较大时取小值;有冲击载荷或中心距 a 较小时取大值。为了防止轮齿在意外严重冲击时折断,凡传递动力的齿轮,应取 $m\geq 1.5\sim2$ mm。按经验式估算出的模数必须取靠近的标准模数值(标准模数系列见表 8-10),然后再按公式 $a=m(z_1+z_2)/2$ 确定小齿轮齿数 z_1 和大齿轮齿数 z_2。两轮的齿数 z_1、z_2 必须圆整成整数。齿数圆整后再按上式重新计算中心距 a。如中心距不为整数,最好调整齿数使中心距为整数,a 数值不得小于按齿面接触承载能力求出的中心距数值,否则齿面接触承载能力可能就不足。齿数圆整或调整后,齿数比 u 可能与要求的有出入,一般允许其误差不超过±3%~5%。

表 8-10 标准模数系列(GB/T 1357—2008)

第一系列	1		1.25		1.5		2		2.5		3	
第二系列		1.125		1.375		1.75		2.25		2.75		3.5
第一系列	4		5		6			8		10		12
第二系列		4.5		5.5		(6.5)	7		9		11	
第一系列		16		20		25		32		40		50
第二系列	14		18		22		28		36		45	

注:①对于斜齿圆柱齿轮是指法向模数 m_n。

②优先选用第一系列,括号内的数值尽可能不用。

当闭式软齿面齿轮传动的中心距 a 求出后,也可以先取定齿数,后确定模数,即取 $z_1\geq 18\sim30$(载荷较平稳和短期过载不大时可取大值);再按式 $z_2=uz_1$,取定 z_2,然后按式 $m=2a/(z_1+z_2)$ 计算模数并选取标准模数值。

对于闭式硬齿面齿轮传动,按轮齿弯曲疲劳承载能力求出模数 m 并取标准值后,亦可取 $z_1 \geqslant 18 \sim 30$,一般为减小齿轮尺寸,尤其在没有较大过载的情况下,应取小值。

对于开式齿轮传动,不论是硬齿面还是软齿面,为保证有足够轮齿弯曲强度,除按轮齿弯曲疲劳承载能力求出应有的模数值外,还应加大 5%~15%,并取标准值;而为了开式齿轮传动尺寸不致过大,z_1 应在 18~30 范围内取小值;载荷平稳、不重要的或手动机械中开式齿轮,甚至可取 $z_1 = 13 \sim 14$(有轻微切齿干涉)。

对于高速齿轮传动,不论闭式还是开式,软齿面还是硬齿面,应取 $z_1 \geqslant 25$。

2. 齿数比 u

齿数比与传动比 i 的含义不同,齿数比 u=大齿轮齿数/小齿轮齿数,大于或等于 1。传动比 $i = n_1/n_2$,n_1 为主动齿轮转速,n_2 为从动齿轮转速。对于减速齿轮传动,$u = i$;对于增速齿轮传动,$u = 1/i$。单级齿轮传动齿数比不宜过大,否则大、小齿轮尺寸悬殊,总体尺寸也会过大,通常取单级齿轮传动齿数比 $u \leqslant (5 \sim 7)$。

3. 齿宽系数 φ_d

适当增加齿宽系数 φ_d,则计算所得齿轮直径较小,结构紧凑,但由于制造误差、安装误差以及受力时的弹性变形等原因,使得载荷沿轮齿接触线分布不均匀的现象严重,φ_d 的取值如表 8-11。

表 8-11 齿宽系数 φ_d

齿轮相对于轴承的位置	齿面硬度	
	软齿面	硬齿面
对称布置	0.8~1.4	0.4~0.9
非对称布置	0.2~1.2	0.3~0.6
悬臂布置	0.3~0.4	0.2~0.25

注:直齿圆柱齿轮宜取小值,斜齿圆柱齿轮可取大值;载荷稳定、轴刚度大时可取大值,变载荷、轴刚度小时应取较小值。

考虑到圆柱齿轮传动安装时可能需要在轴向作些调整,为保证齿轮传动有足够的啮合宽度,一般取小齿轮的齿宽 $b_1 = b + (5 \sim 10)$ mm,取大齿轮的齿宽 $b_2 = b$,b 为啮合宽度。

4. 变位系数 x

对于齿数小于 17 的齿轮,通过选取适当的变位系数 x,可避免根切,得到非标准的齿厚。正变位齿厚增加,承载能力增加,负变位齿厚变薄,承载能力减小。一对齿轮选择不同的变位系数,可提高承载能力,使两齿轮等强度及可调凑中心距等。但变位系数过大会使齿轮齿顶变尖,重合度减小,影响正常传动,因而选择时应全面考虑。

设计时可按图 8-17 选择。图 8-17 用于小齿轮齿数 $z_1 \geqslant 12$,其右侧部分线图的横坐标为一对齿轮的齿数和 z_Σ,纵坐标为一对齿轮的总变位系数 x_Σ,图 8-17 中阴影线为许用区,许用区内各射线为同一啮合角时总变位系数 x_Σ 与齿数和 z_Σ 的函数关系。使用时可根据齿数和 z_Σ 的大小及其他具体条件,在许用区内选择总变位系数 x_Σ,再按该线图左侧的 5 条斜线分配变位系数 x_1 和 x_2。该部分线图的纵坐标仍为总变位系数 x_Σ,而横坐标表示小齿轮的变位系数 x_1。根据 x_Σ 及齿数比 $u = z_2/z_1$,即可确定 x_1,从而得到 $x_2 = x_\Sigma - x_1$。

例题 8-1 设计一带式运输机用减速器中的单级标准直齿圆柱齿轮传动。已知:小齿轮传递功率 $P_1 = 9.5$ kW,小齿轮转速 $n_1 = 584$ r/min,传动比 $i = u = 4.2$,两班制工作,设计工作寿命 8 年(每年按 260 个工作日计算)。运输机由电动机驱动,单向运转,工作中有轻微冲击,但无严重过载。对传动尺寸不做严格限制,小批量生产,允许齿面出现少量点蚀。

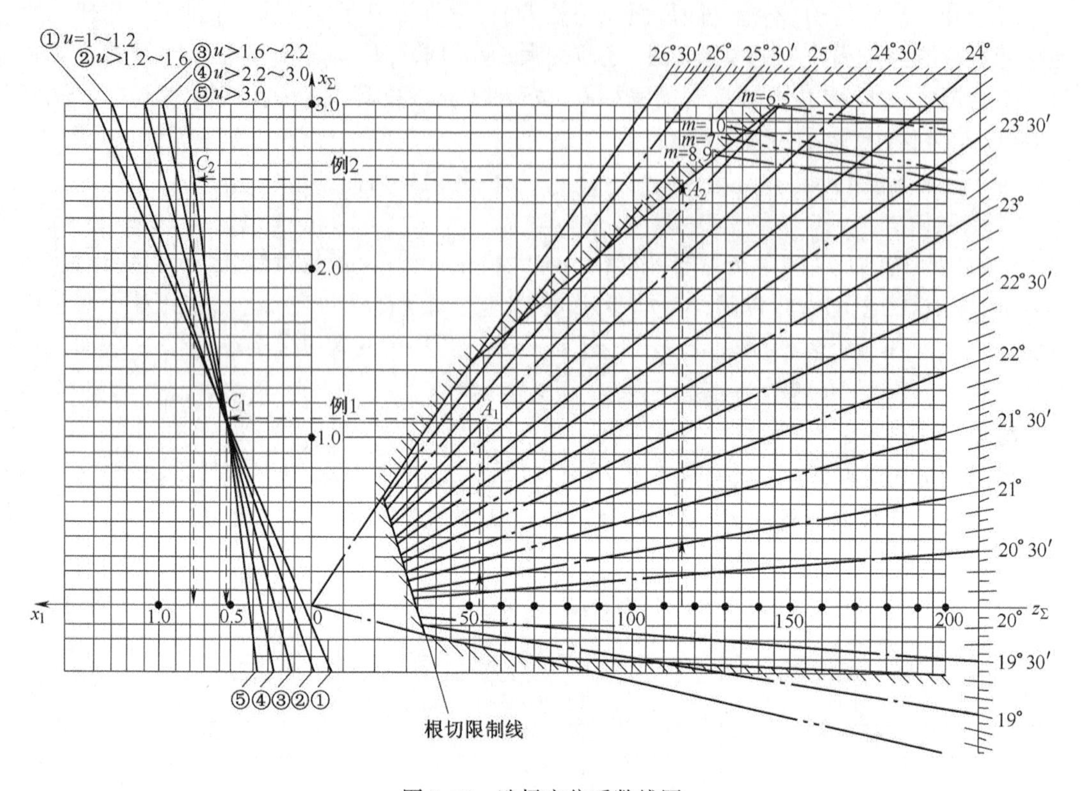

图 8-17　选择变位系数线图

解题分析:本题要求根据具体的工作要求和条件设计一对齿轮。首先应进行的是材料的选择。由于传动尺寸不做严格限制,小批量生产,故齿轮材料可以选择为中碳钢或是中碳合金钢进行调质或正火处理,由于得到的齿轮为软齿面,应注意使大小齿轮齿面存在一定的硬度差。

由于为软齿面传动,按前述的设计准则可知:应先由接触疲劳强度初步确定主要传动参数,并对接触疲劳强度做精确计算;再进一步校核弯曲疲劳强度。因为工作中无严重过载,无需进行静强度计算。

解:(1)选择齿轮材料、热处理方法并确定许用应力。参考表 8-1 初选材料。

小齿轮:40Cr,调质处理,品质中等,齿面硬度 241~286 HBW。

大齿轮:45 钢,调质处理,品质中等,齿面硬度 217~255 HBW。

根据小齿轮齿面硬度 260HBW 和大齿轮齿面硬度 230 HBW,按公式(8-3)计算许用应力。

$$\sigma_{\mathrm{Hlim1}} = Ax + B = 1.313\times260+373=714(\mathrm{MPa})$$

$$\sigma_{\mathrm{Hlim2}} = Ax + B = 0.925\times230+360=573(\mathrm{MPa})$$

$$\sigma_{\mathrm{Flim1}} = Ax + B = 0.425\times260+187=298(\mathrm{MPa})$$

$$\sigma_{\mathrm{Flim2}} = Ax + B = 0.240\times230+163=218(\mathrm{MPa})$$

按图 8-6 中 MQ 线查得齿面接触疲劳极限应力,按图 8-7 中 MQ 线查得轮齿弯曲疲劳极限应力与上面计算结果相近。

按图 8-8(a)查得接触寿命系数 $Z_{N1}=0.94$，$Z_{N2}=1.1$

按图 8-8(b)查得弯曲寿命系数 $Y_{N1}=0.85$，$Y_{N2}=0.95$

其中：$N_1=60\gamma n_1 t_h=60\times1\times584\times8\times260\times16=1.17\times10^9$

$$N_2=60\gamma n_2 t_h=60\times1\times\frac{584}{4.2}\times8\times260\times16=2.78\times10^8$$

再查表 8-3，取安全系数如下：$S_{Hmin}=1.1$，$S_{Fmin}=1.25$ 于是

$$[\sigma_{H1}]=\frac{\sigma_{Hlim1}}{S_H}Z_{N1}=\frac{714}{1.1}\times0.94=610(\text{MPa})$$

$$[\sigma_{H2}]=\frac{\sigma_{Hlim2}}{S_H}Z_{N2}=\frac{573}{1.1}\times1.1=573(\text{MPa})$$

$$[\sigma_{F1}]=\frac{\sigma_{FE1}}{S_H}Y_{N1}=\frac{\sigma_{lim1}}{S_H}Y_{ST}Y_{N1}=\frac{298}{1.25}\times2\times0.85=405.3(\text{MPa})$$

$$[\sigma_{F2}]=\frac{\sigma_{FE2}}{S_H}Y_{N2}=\frac{\sigma_{lim2}}{S_H}Y_{ST}Y_{N2}=\frac{218}{1.25}\times2\times0.95=331.4(\text{MPa})$$

(2)分析失效、确定设计准则。根据使用要求设计的齿轮传动采用闭式传动，那么大齿轮是软齿面齿轮，最大可能的失效是齿面疲劳；但如模数过小，也可能发生轮齿疲劳折断。因此，本齿轮传动可按齿面接触疲劳承载能力进行设计，确定主要参数，再验算轮齿的弯曲疲劳承载能力。

(3)按齿面接触疲劳承载能力计算齿轮主要参数。根据式(8-10)设计公式为

$$d_1\geqslant\sqrt[3]{\frac{2KT_1}{\phi_d}\frac{u\ \pm1}{u}\left(\frac{Z_HZ_E}{[\sigma_H]}\right)^2}$$

因属减速传动，$u=i=4.2$。

确定计算载荷，小齿轮转矩为

$$T_1=9.55\times10^6\frac{P_1}{n_1}=9.55\times10^6\frac{9.5}{584}=155.35\ (\text{N}\cdot\text{m})$$

$$KT_1=K_AK_\alpha K_\beta K_vT_1$$

查表 8-8，取载荷系数 $K=1.5$。

$$KT_1=K_AK_vK_\alpha K_\beta T_1=1.5\times155.35=233\ (\text{N}\cdot\text{m})$$

区域系数查图 8-13，标准齿轮 $Z_H=2.5$，弹性系数查表 8-9，得 $Z_E=189.8\sqrt{\text{MPa}}$，齿宽系数查表 8-11，软齿面取 $\phi_d=\frac{b}{d_1}=1$；因大齿轮的许用齿面接触疲劳应力值较小，故将 $[\sigma_{H2}]=$ 573 MPa代入，于是

$$d_1\geqslant\sqrt[3]{\frac{2\times233\times10^3}{1}\frac{(4.2+1)}{4.2}\left(\frac{2.5\times189.8}{573}\right)^2}=73.4(\text{mm})$$

$a=(1+u)\frac{d_1}{2}=(1+4.2)\times73.4/2\ \text{mm}=190.9\ \text{mm}$，取 $a=195\ \text{mm}$。

按经验公式 $m=(0.007\sim0.02)a$，取 $m=0.015a=0.015\times195=2.93$ mm，按表8-10取标准模数 $m=3$ mm。

$z_1=\dfrac{2a}{m(1+u)}=\dfrac{2\times195}{3(1+4.2)}=25$，考虑传动比精确及中心距以0或5结尾，取 $z_1=25$，$z_2=105$。反算中心距 $a=\dfrac{m}{2}(z_1+z_2)=\dfrac{3}{2}(25+105)=195$ mm，符合要求。检验传动比 $u=\dfrac{z_2}{z_1}=\dfrac{105}{25}=4.2$，符合要求。

(4)选择齿轮精度等级。

$$d_1=mz_1=3\times25=75(\text{mm})$$

齿轮圆周速度 $v=\dfrac{\pi d_1 n_1}{60\times1\,000}=\dfrac{\pi\times75\times584}{60\times1\,000}\approx2.29(\text{m/s})$

查表8-4，并考虑该齿轮传动的用途，选择8级精度。

(5)精确计算计算载荷。

$$KT_1=K_A K_\alpha K_\beta K_v T_1$$
$$K=K_A K_\alpha K_\beta K_v$$

查表8-5，得 $K_A=1.25$；查图8-9，得 $K_v=1.15$；齿轮传动啮合宽度 $b=\phi_d d_1=1\times75$ mm $=75$ mm，查表8-7，$\dfrac{K_A F_t}{b}=\dfrac{1.25\times2\times155.35}{75\times10^{-3}\times75}$ N/mm $=69$ N/mm <100 N/mm，$K_\alpha=1.2$；查表8-6，$\varphi_d=1.0$，减速器轴刚度较大，$K_\beta=1.05$。

$$K=K_A K_v K_\alpha K_\beta=1.25\times1.15\times1.2\times1.05=1.81$$
$$KT_1=K_A K_v K_\alpha K_\beta T_1=1.81\times155.35=281.18\ (\text{N}\cdot\text{m})$$
$$KF_{t1}=\frac{2KT_1}{d_1}=\frac{2\times281.18\times10^3}{75}=7.5(\text{kN})$$

(6)验算轮齿接触疲劳承载能力。

$$\sigma_H=Z_H Z_E\sqrt{\frac{KF_t}{bd_1}\frac{u\pm1}{u}}=2.5\times189.8\sqrt{\frac{7.5\times10^3}{75\times75}\frac{4.2+1}{4.2}}$$
$$=610(\text{MPa})>[\sigma_{H2}]=564.5(\text{MPa})$$

初步设计的尺寸，强度不够，需要加大齿轮尺寸，重新校核。

(7)加大齿轮尺寸，重新校核。取 $z_1=27$，$z_2=113$，$m=3$ mm，则 $a=210$ mm，$d_1=81$ mm $=b$，$i=z_2/z_1=113/27=4.185$，传动比误差 $=(4.2-4.185)/4.2=0.36\%$，可用。考虑参数变化不大，仍用原来的载荷系数 K。

验算轮齿接触疲劳承载能力

$$\sigma_H=Z_H Z_E\sqrt{\frac{KF_t}{bd_1}\frac{u\pm1}{u}}=2.5\times189.8\sqrt{\frac{7.5\times10^3}{81\times81}\left(\frac{4.2+1}{4.2}\right)}=564.5\ (\text{MPa})<[\sigma_{H2}]=573(\text{MPa})$$

修改的参数轮齿接触疲劳承载能力足够。

(8)验算轮齿弯曲疲劳承载能力。由 $z_1=27$，$z_2=113$，查图8-16，得两轮复合齿形系数为

$Y_{F1}=4.16$，$Y_{F2}=3.95$，于是

$$\sigma_{F1}=\frac{KF_t}{bm}Y_{F1}=\frac{7.5\times10^3}{75\times3}\times4.16=138.7(\text{MPa})<[\sigma_{F1}]=405.3(\text{MPa})$$

$$\sigma_{F2}=\frac{KF_t}{bm}Y_{F2}=\frac{7.5\times10^3}{75\times3}\times3.95=131.7(\text{MPa})<[\sigma_{F2}]=311.4(\text{MPa})$$

轮齿弯曲疲劳承载能力足够。

(9)综上所述，可得所设计齿轮的主要参数：

$z_1=27$，$z_2=113$，$m=3$ mm，$a=210$ mm ，$d_1=81$ mm，$b_1=90$ mm，$b_2=81$ mm。

此例题在验算轮齿接触疲劳承载能力时发现强度不够，要加大尺寸，重新验算。其原因是初步计算时取载荷系数 $K=1.5$，偏小，这要靠设计经验积累。使用计算机计算机械零件的参数，可以迅速得出结果。

8.7 标准斜齿圆柱齿轮传动的强度计算

8.7.1 斜齿轮轮齿的受力分析

图8-18(a)所示为斜齿圆柱齿轮传动的受力情况，当主动齿轮上作用转矩 T_1 时，若忽略接触面的摩擦力，齿轮上的法向力 F_n 作用在垂直于齿面的法向平面，将 F_n 在分度圆上分解为相互垂直的3个分力，即圆周力 F_t、径向力 F_r 和轴向力 F_a、各力的大小为

$$\left.\begin{aligned}F_t&=2T_1/d_1\\F_r&=F_t\tan\alpha_n/\cos\beta\\F_a&=F_t\tan\beta\\F_n&=F_t/(\cos\alpha_n\cos\beta)\end{aligned}\right\}\qquad(8\text{-}15)$$

式中 β——分度圆螺旋角；

α_n——法向压力角，标准齿轮 $\alpha_n=20°$。

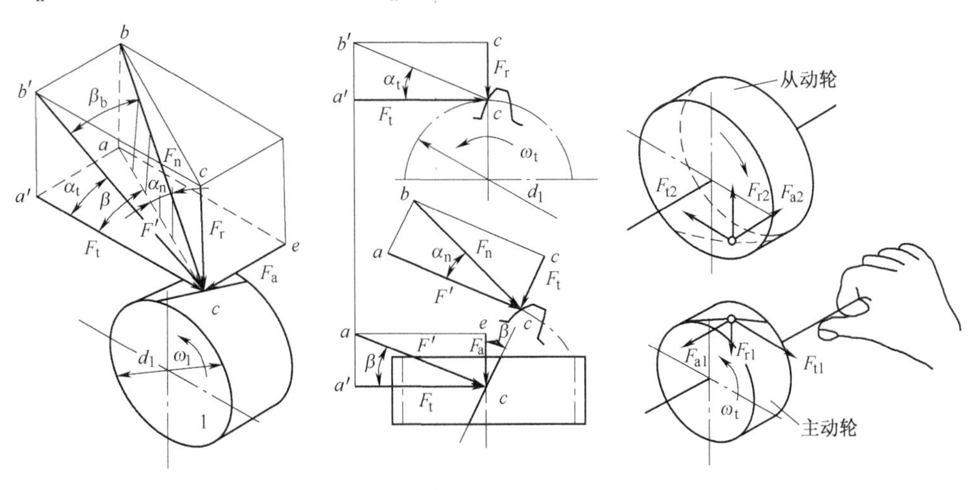

图8-18 斜齿圆柱齿轮的受力分析

圆周力和径向力方向的判断与直齿圆柱齿轮相同。轴向力 F_a 的方向取决于齿轮的回转方向和轮齿的旋向，可用“主动轮左、右手定则”来判断，即当主动轮是右旋时所受轴向力的方向用右手判断，四指沿齿轮旋转方向握轴，伸直大拇指，大拇指所指即为主动轮所受轴向力的方向。从动轮所受轴向力与主动轮的大小相等、方向相反[见图 8-18(b)]。

8.7.2 齿面接触疲劳强度计算

斜齿圆柱齿轮传动接触应力计算的出发点，与直齿轮圆柱齿轮相同，可参照直齿圆柱齿轮传动接触应力的计算公式，按当量齿轮参数即法面参数计算。斜齿圆柱齿轮啮合的接触线是倾斜的，这样有利于提高接触疲劳强度，引入螺旋角系数 $Z_\beta = \sqrt{\cos\beta}$；则斜齿圆柱齿轮传动齿面接触疲劳强度验算式为

$$\sigma_H = Z_H Z_E Z_\beta \sqrt{\frac{KF_t}{bd_1}\frac{u \pm 1}{u}} \leqslant [\sigma]_H \tag{8-16}$$

式中各参数意义与直齿轮相同，但 $Z_H = \dfrac{2\cos\beta_b}{\sin\alpha'_t \cos\alpha'_t}$，其值可由图 8-13 查得，$\alpha'_t$为齿轮端面啮合角，$\beta_b$为齿轮基圆螺旋角。

取 $\varphi_d = b/d_1$代入上式，可得齿面接触疲劳强度设计公式

$$d_1 \geqslant \sqrt[3]{\frac{2KT_1}{\phi_d}\frac{u \pm 1}{u}\left(\frac{Z_H Z_E Z_\beta}{[\sigma]_H}\right)^2} \tag{8-17}$$

由于斜齿圆柱齿轮的 Z_H小于直齿圆柱齿轮，$Z_\beta<1$，在同样条件下，斜齿圆柱齿轮传动的接触疲劳强度比直齿圆柱齿轮传动高。

8.7.3 齿根弯曲疲劳强度计算

斜齿轮的弯曲强度计算思想与直齿轮相似，但是由于斜齿圆柱齿轮的接触线是倾斜的，所以轮齿往往局部折断，而且啮合过程中，其接触线和危险截面的位置都在不断变化，其齿根应力近似按当量直齿圆柱齿轮，利用式(8-12)进行简化计算。同样，考虑到斜齿圆柱齿轮倾斜的接触线对提高弯曲强度有利，引入螺旋角系数 Y_β对齿根应力进行修正，并以法向模数 m_n代替 m，可得斜齿圆柱齿轮的弯曲疲劳强度验算式为

$$\sigma_F = \frac{KF_t}{bm} Y_F Y_\beta \leqslant [\sigma_F] \tag{8-18}$$

其中，螺旋角系数 $Y_\beta = 0.85 \sim 0.92$，β 角大时，取小值；反之，取大值。Y_F 按当量齿数 $z_v = \dfrac{z}{\cos^3\beta}$，由图 8-16 查得；$Y_\beta$如图 8-19 所示；其他参数与直齿圆柱齿轮的相同。

取 $\phi_d = b/d_1$代入式(8-18)，并取 $Y_\beta = 1$，可得弯曲疲劳强度设计公式为

$$m_n \geqslant \sqrt[3]{\frac{2KT_1\cos^2\beta}{\phi_d z_1^2}\frac{Y_F}{[\sigma_F]}} \tag{8-19}$$

由于 $z_v>z$，$Y_\beta<1$，可知在相同条件下，斜齿圆柱齿轮传动的轮齿弯曲疲劳强度比直齿圆柱

齿轮传动的高。

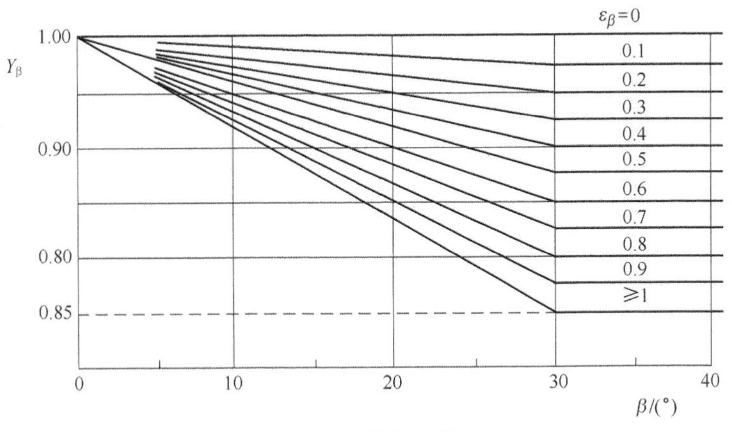

图 8-19 螺旋角系数 Y_β

$$\varepsilon_\beta = \frac{b\sin\beta}{\pi m_n}$$

8.7.4 参数选择

斜齿圆柱齿轮传动的参数选择与直齿圆柱齿轮传动基本相同,只是由于有螺旋角β,略有不同。β角过大,轴向力大,易对轴及轴承造成损伤;β角过小,斜齿轮的特点显示不明显,一般取$\beta=8°\sim20°$,常用为$\beta=8°\sim15°$,近年来设计中β角有增大趋势,有的达到25°;双斜齿轮的螺旋角β可选大些。在设计时应先初选β角,其他参数确定后,再精确计算。

由于β角取值有一定范围,还可用来调整中心距。

因为
$$a = \frac{m_n(z_1+z_2)}{2\cos\beta}$$

有
$$\beta = \arccos\frac{m_n(z_1+z_2)}{2a}$$

可先将中心距直接圆整,再将圆整后的中心距代入反求β角,满足要求即可。

例题 8-2 将例题 8-1 中的标准直齿圆柱齿轮传动设计改为标准斜齿圆柱齿轮设计并分别选用例题 8-1 中的软齿面齿轮材料和另外一组硬齿面齿轮材料,其余条件均不变。

解:1)选用软齿面齿轮材料时齿轮传动设计

(1)齿轮材料和热处理方法的选择及许用应力的确定。与直齿圆柱齿轮的选择计算相同,由例题 8-1 可得

$$[\sigma_{H1}] = \frac{\sigma_{Hlim1}}{S_H}Z_{N1} = \frac{714}{1.1}\times0.94 = 610(\text{MPa}),\ [\sigma_{H2}] = \frac{\sigma_{Hlim2}}{S_H}Z_{N2} = \frac{573}{1.1}\times1.1 = 573(\text{MPa})$$

$$[\sigma_{F1}] = \frac{\sigma_{FE1}}{S_F}Y_{N1} = \frac{298}{1.25}\times2\times0.85 = 405.3(\text{MPa})$$

$$[\sigma_{F2}] = \frac{\sigma_{FE2}}{S_F}Y_{N2} = \frac{218}{1.25}\times2\times0.95 = 331.4\ \text{MPa}$$

(2)分析失效、确定设计准则。由题意可知,最大可能的失效是齿面疲劳;但如果模数过小,也可能发生轮齿疲劳折断。因此,本齿轮传动可按齿面接触疲劳承载能力进行设计,确定主要参数,再验算轮齿的弯曲疲劳承载能力。

(3)按齿面接触疲劳承载能力计算齿轮主要参数。根据式(8-17)设计式为

$$d_1 \geqslant \sqrt[3]{\frac{2KT_1}{\phi_d}\frac{u \pm 1}{u}\left(\frac{Z_H Z_E Z_\beta}{[\sigma_H]}\right)^2}$$

因属减速传动,$u = i = 4.2$。

确定计算载荷

小齿轮转矩 $T_1 = 9.55 \times 10^6 \dfrac{P_1}{n_1} = 9.55 \times 10^6 \dfrac{9.5}{584} = 155.35(\mathrm{N \cdot m})$

$$KT_1 = K_A K_\alpha K_\beta K_v T_1$$

初选,查表 8-7,考虑本齿轮传动是斜齿圆柱齿轮传动,电动机驱动,载荷有中等冲击,轴承相对齿轮不对称布置。取载荷系数 $K=1.8$。

$$KT_1 = K_A K_\alpha K_\beta K_v T_1 = 1.8 \times 155.35 = 279.6(\mathrm{N \cdot m})$$

初选 $\beta = 11°$,$Z_\beta = \sqrt{\cos\beta} = 0.991$,区域系数查图 8-13,标准齿轮 $Z_H = 2.45$,弹性系数查表 8-9,$Z_E = 189.8\sqrt{\mathrm{MPa}}$,齿宽系数查表 8-11 软齿面取 $\phi_d = \dfrac{b}{d_1} = 1$;因大齿轮的许用齿面接触疲劳应力值较小,故将 $[\sigma_{H2}] = 573\ \mathrm{MPa}$ 代入,于是

$$d_1 \geqslant \sqrt[3]{\frac{2 \times 279.6 \times 10^3}{1}\frac{4.2 + 1}{4.2}\left(\frac{2.45 \times 189.8 \times 0.991}{573}\right)^2} = 76.5(\mathrm{mm})$$

$$a = (1 + u)\frac{d_1}{2} = (1 + 4.2) \times \frac{76.5}{2} = 198.9(\mathrm{mm})$$

取 $a = 200\mathrm{mm}$。

按经验式 $m_n = (0.007 \sim 0.02)a$,取 $m_n = 0.015a = 0.015 \times 200 = 3(\mathrm{mm})$,取标准模数 $m_n = 3\ \mathrm{mm}$,$z_1 = \dfrac{d_1\cos\beta}{m_n} = \dfrac{76.5 \times \cos 11°}{3} = 25.03$,取 $z_1 = 25$,$z_2 = 25 \times 4.2 = 105.8$,取 $z_2 = 105$。

检验传动比 $u = \dfrac{z_2}{z_1} = \dfrac{105}{25} = 4.2$,则传动比误差 $\dfrac{i - i'}{i} = \dfrac{4.2 - 4.2}{4.2} = 0$,符合要求。求螺旋角 β。

由 $\cos\beta = \dfrac{m_n(z_1 + z_2)}{2a}$,则

$$\beta = \arccos\frac{m_n(z_1 + z_2)}{2a} = \arccos\frac{3 \times (25 + 105)}{2 \times 200} = 12.838\,568° = 12°50'18''$$

(4)选择齿轮精度等级

$$d_1 = \frac{m_n z_1}{\cos\beta} = \frac{3 \times 25}{\cos 12.838\,568°} = 76.923(\mathrm{mm})$$

齿轮圆周速度 $v = \dfrac{\pi d_1 n_1}{60 \times 1\,000} = \dfrac{\pi \times 76.923 \times 584}{60 \times 1\,000} \approx 2.35(\mathrm{m/s})$。查表 8-4,并考虑该

齿轮传动的用途，选择8级精度。

(5)精确计算计算载荷。

$$KT_1 = K_A K_v K_\alpha K_\beta T_1$$

$$K = K_A K_v K_\alpha K_\beta$$

查表8-5，$K_A = 1.25$；查图8-9，$K_v = 1.15$；齿轮传动啮合宽度 $b = \phi_d d_1 = 1 \times 76.923 \approx 76.923(\mathrm{mm})$ 取 $b_2 = 80\ \mathrm{mm}, b_1 = 85\ \mathrm{mm}$

查表8-7，$\dfrac{K_A F_t}{b} = \dfrac{1.25 \times 2 \times 155.35}{76.923 \times 10^{-3} \times 80} = 67.3(\mathrm{N/mm}) < 100(\mathrm{N/mm})$，$K_\alpha = 1.2$；查表8-5，$\varphi_d = b_2/d_1 = 80/76.923 = 1.04$，减速器轴刚度较大，$K_\beta = 1.05$。

$$K = K_A K_v K_\alpha K_\beta = 1.25 \times 1.15 \times 1.2 \times 1.05 = 1.81$$

$$KT_1 = K_A K_v K_\alpha K_\beta T_1 = 1.81 \times 155.35 = 281.18(\mathrm{N \cdot m})$$

$$KF_{t1} = \frac{2KT_1}{d_1} = \frac{2 \times 281.18 \times 10^3}{76.923} = 7.31(\mathrm{kN})$$

$$Z_\beta = \sqrt{\cos\beta} = \sqrt{\cos 12.838\,568^\circ} = 0.987$$

(6)验算轮齿接触疲劳承载能力。

$$\sigma_H = Z_H Z_E Z_\beta \sqrt{\frac{KF_t}{bd_1}\frac{u \pm 1}{u}} = 2.5 \times 189.8 \times 0.987 \times \sqrt{\frac{7.31 \times 10^3}{80 \times 76.923}\frac{4.2 + 1}{4.2}}$$

$$= 568(\mathrm{MPa}) \leqslant [\sigma_H] = 573(\mathrm{MPa})$$

符合要求。

(7)验算轮齿弯曲疲劳承载能力。

由 $z_1 = 25$，$z_2 = 105$，查图8-19，$\varepsilon_\beta = \dfrac{b\sin\beta}{\pi m_n} = \dfrac{80}{\pi \times 3} \cdot \sin 12.838\,568^\circ = 1.886$；查图8-19，$Y_\beta = 0.88$，由 $z_v = z/\cos^3\beta$，得到 $z_{v1} = 26.97$，$z_{v2} = 113.3$；查图8-16，得两轮复合齿形系数为 $Y_{F1} = 4.16$，$Y_{F2} = 3.96$。于是

$$\sigma_{F1} = \frac{KF_t}{bm_n} Y_F Y_\beta = \frac{7.31 \times 10^3}{80 \times 3} \times 4.16 \times 0.88 = 111.5(\mathrm{MPa}) \leqslant [\sigma_{F1}] = 405.3(\mathrm{MPa})$$

$$\sigma_{F2} = \frac{KF_t}{bm_n} Y_F Y_\beta = \frac{7.31 \times 10^3}{80 \times 3} \times 3.96 \times 0.88 = 106.1(\mathrm{MPa}) \leqslant [\sigma_{F2}] = 331.4(\mathrm{MPa})$$

轮齿弯曲疲劳承载能力足够。

(8)综上所述，可得所设计齿轮的主要参数为

$m_n = 3\ \mathrm{mm}, z_1 = 25, z_2 = 105, i = 4.12, a = 200\ \mathrm{mm}, b_1 = 85, b_2 = 80, \beta = 12^\circ 50' 18''$。

2)选用硬齿面齿轮材料时齿轮传动设计

(1)齿轮材料和热处理方法的选择及许用应力的确定。参考表8-1初选材料：

小齿轮：20CrMnTi，渗碳淬火，品质中等，齿面硬度56~62HRC；

大齿轮：40Cr，表面淬火，品质中等，齿面硬度48~55HRC；

根据小齿轮齿面硬度60HRC和大齿轮齿面硬度50HRC，按公式(8-3)计算许用应力。

$$\sigma_{\text{Hlim1}}=Ax+B=0\times700+1\ 500=1\ 500(\text{MPa})$$

$$\sigma_{\text{Hlim2}}=Ax+B=0.541\times580+882=1\ 196(\text{MPa})$$

$$\sigma_{\text{Flim1}}=Ax+B=0\times700+461=461(\text{MPa})$$

$$\sigma_{\text{Flim2}}=Ax+B=0\times580+369=369(\text{MPa})$$

按图 8-8(a)查得接触寿命系数 $Z_{\text{N1}}=0.94,Z_{\text{N2}}=1.1$。

按图 8-8(b)查得弯曲寿命系数 $Y_{\text{N1}}=0.85,Y_{\text{N2}}=0.95$。

其中： $N_1=60\gamma n_1 t_{\text{h}}=60\times1\times584\times8\times260\times16=1.17\times10^9$

$$N_2=60\gamma n_2 t_{\text{h}}=60\times1\times\frac{584}{4.2}\times8\times260\times16=2.78\times10^8$$

再查表 8-3,取安全系数如下： $S_{\text{Hmin}}=1.1,S_{\text{Fmin}}=1.25$ 于是

$$[\sigma_{\text{H1}}]=\frac{\sigma_{\text{Hlim1}}}{S_{\text{H}}}Z_{\text{N1}}=\frac{1\ 500}{1.1}\times0.94=1\ 281(\text{MPa})$$

$$[\sigma_{\text{H2}}]=\frac{\sigma_{\text{Hlim2}}}{S_{\text{H}}}Z_{\text{N2}}=\frac{1\ 196}{1.1}\times1.1=1\ 196(\text{MPa})$$

$$[\sigma_{\text{F1}}]=\frac{\sigma_{\text{FE1}}}{S_{\text{H}}}Y_{\text{N1}}=\frac{\sigma_{\text{Flim1}}}{S_{\text{H}}}Y_{\text{ST}}Y_{\text{N1}}=\frac{461}{1.25}\times2\times0.85=627(\text{MPa})$$

$$[\sigma_{\text{F2}}]=\frac{\sigma_{\text{FE2}}}{S_{\text{H}}}Y_{\text{N2}}=\frac{\sigma_{\text{Flim2}}}{S_{\text{H}}}Y_{\text{ST}}Y_{\text{N2}}=\frac{369}{1.25}\times2\times0.95=561(\text{MPa})$$

(2)分析失效、确定设计准则。由于传动为闭式硬齿面齿轮传动,最大可能的失效是齿根弯曲疲劳折断;但是也可能发生齿面疲劳点蚀。因此,本齿轮传动应按齿根弯曲疲劳承载能力进行设计,确定主要参数,再验算轮齿齿面接触疲劳承载能力。

(3)按轮齿弯曲疲劳承载能力计算齿轮主要参数。根据式(8-19)可得设计式为

$$m_{\text{n}}\geqslant\sqrt[3]{\frac{2KT_1\cos^2\beta}{\phi_{\text{d}}z_1^2}\frac{Y_{\text{F}}}{[\sigma_{\text{F}}]}}$$

因属减速传动, $u=i=4.2$。

确定计算载荷

小齿轮转矩 $T_1=9.55\times10^6\dfrac{P_1}{n_1}=9.55\times10^6\times\dfrac{9.5}{584}=155.35(\text{N}\cdot\text{m})$

$$KT_1=K_{\text{A}}K_{\text{v}}K_{\alpha}K_{\beta}T_1$$

初选,查表 8-8,考虑本齿轮传动是斜齿圆柱齿轮传动,电动机驱动,载荷有中等冲击,轴承相对齿轮不对称布置。取载荷系数 $K=1.5$。

$$KT_1=K_{\text{A}}K_{\text{v}}K_{\alpha}K_{\beta}T_1=1.5\times155.35=233(\text{N}\cdot\text{m})$$

齿宽系数查表 8-11,硬齿面取 $\phi_{\text{d}}=\dfrac{b}{d_1}=1$;初选 $z_1=20$, $z_2=i\times z_1=4.2\times20=84$, $\beta=11°$。由 $z_{\text{v}}=z/\cos^3\beta$,得到 $z_{\text{v1}}=21.1,z_{\text{v2}}=88.8$,查图 8-16,得两轮复合齿形系数为 $Y_{\text{F1}}=4.33,Y_{\text{F2}}=3.96$。

又由于 $\dfrac{Y_{\text{F1}}}{[\sigma_{\text{F1}}]}=\dfrac{4.33}{627}=0.006\ 9<\dfrac{Y_{\text{F2}}}{[\sigma_{\text{F2}}]}=\dfrac{3.96}{561}=0.007\ 1$,应将从动轮参数代入设计公式

进行计算,即

$$m_n \geqslant \sqrt[3]{\frac{2KT_1\cos^2\beta}{\phi_d z_1^2}\frac{Y_F}{[\sigma_F]}} = \sqrt[3]{\frac{2\times 233\times 10^3\times\cos^2 11^\circ}{1\times 20^2}\frac{3.96}{561}} = 1.99\ (\text{mm})$$

取标准模数 $m_n = 2(\text{mm})$,中心距

$$a = \frac{m_n(z_1+z_2)}{2\cos\beta} = \frac{2\times(20+84)}{2\times\cos 11^\circ} = 105.9\ (\text{mm})$$

取标准中心距 $a = 110(\text{mm})$,那么

$$\beta = \arccos\frac{m_n(z_1+z_2)}{2a} = \arccos\frac{2\times(20+84)}{2\times 110} = \arccos 0.945\,45 = 19.0113^\circ = 19^\circ 0'41''$$

(4)选择齿轮精度等级。

$$d_1 = \frac{m_n z_1}{\cos\beta} = \frac{2\times 20}{\cos 19.011\,3^\circ} = 42.31(\text{mm})$$

齿轮圆周速度 $v = \dfrac{\pi d_1 n_1}{60\times 1\,000} = \dfrac{\pi\times 42.31\times 584}{60\times 1\,000} \approx 1.29(\text{m/s})$。查表8-4,并考虑该齿轮传动的用途,选择9级精度。

(5)精确计算计算载荷。

$$KT_1 = K_A K_v K_\alpha K_\beta T_1$$

$$K = K_A K_v K_\alpha K_\beta$$

查表8-5, $K_A = 1.25$;查图8-9, $K_v = 1.10$;齿轮传动啮合宽度 $b=\phi_d d_1=1\times 42.31\approx 45$ (mm)

查表8-7, $\dfrac{K_A F_t}{b} = \dfrac{1.25\times 2\times 155.35}{42.31\times 10^{-3}\times 45} = 204(\text{N/mm}) > 100(\text{N/mm})$, $K_\alpha = 1.2$;查表8-5, $\varphi_d = 1.0$,减速器轴刚度较大, $K_\beta = 1.05$。

$$K = K_A K_v K_\alpha K_\beta = 1.25\times 1.10\times 1.2\times 1.05 = 1.73$$

$$KT_1 = K_A K_v K_\alpha K_\beta T_1 = 1.73\times 155.35 = 269(\text{N}\cdot\text{m})$$

$$KF_{t1} = \frac{2KT_1}{d_1} = \frac{2\times 269\times 10^3}{42.31} = 12.71(\text{kN})$$

(6)验算轮齿接触疲劳承载能力。

$$\sigma_H = Z_H Z_E Z_\beta\sqrt{\frac{KF_t}{bd_1}\frac{u\pm 1}{u}} \leqslant [\sigma_H]$$

查图8-13可得区域系数 $Z_H = 2.35$,查表8-9可得弹性系数为 $Z_E = 189.8$,螺旋角系数为 $Z_\beta = \sqrt{\cos\beta} = \sqrt{0.945\,45} = 0.972\,3$。由于大齿轮齿面的许用应力较小,所以将 $[\sigma_{H2}] = 1\,196$ MPa代入,得: $\sigma_H = Z_H Z_E Z_\beta\sqrt{\dfrac{KF_t}{bd_1}\dfrac{u\pm 1}{u}} = 2.35\times 189.8\times 0.972\,3\times\sqrt{\dfrac{12.71\times 10^3}{45\times 42.31}\dfrac{4.2+1}{4.2}} = 12\,468(\text{MPa}) > [\sigma_{H2}] = 1\,196(\text{MPa})$。齿面接触疲劳强度不能满足要求。因为计算齿面接触应力与许用齿面接触应力相差不大,仅为4%左右,因此,只需要稍微加大一点儿齿宽即可满足强度要求,取 $b = 50$ mm,则系数K变化不大,仍取原值,代入上式得$\sigma_H = 1\,183(\text{MPa}) < [\sigma_{H2}] = 1\,196(\text{MPa})$安全。

(7)验算轮齿弯曲疲劳承载能力。

$$\sigma_F = \frac{KF_t}{bm}Y_F Y_\beta \leqslant [\sigma_F]$$

$$\varepsilon_\beta = \frac{b\sin\beta}{\pi m_n} = \frac{50 \times \sin 19.005\,0°}{\pi \times 2} = 2.59$$

查图 8-19 可得螺旋角系数 $Y_\beta = 0.84$。$z_{v1} = z_1/\cos^3\beta = 23.66$，$z_{v2} = z_2/\cos^3\beta = 99.38$，查图 8-16，得两轮复合齿形系数为 $Y_{F1} = 4.25$，$Y_{F2} = 3.94$。于是

$$\sigma_{F1} = \frac{12.71 \times 10^3}{50 \times 2} \times 4.25 \times 0.84 = 453.7(\text{MPa}) \leqslant [\sigma_{F1}] = 626(\text{MPa})$$

$$\sigma_{F2} = \frac{12.71 \times 10^3}{50 \times 2} \times 3.94 \times 0.84 = 420.7(\text{MPa}) \leqslant [\sigma_{F2}] = 560(\text{MPa})$$

轮齿弯曲疲劳承载能力足够。

(8)综上所述，可得所设计齿轮的主要参数：

$m_n = 2$ mm，$z_1 = 20$，$z_2 = 80$，$i = 4.2$，$a = 110$ mm，$b_1 = 55$ mm，$b_2 = 50$ mm，$\beta = 19°0'41''$。

通过以上计算发现，在相同的要求下，选用硬齿面齿轮要比软齿面齿轮的尺寸小。所以当空间条件有限时，可以考虑选用硬齿面齿轮材料进行设计，以便满足要求。

8.8 标准直齿锥齿轮传动的强度计算

8.8.1 锥齿轮轮齿受力分析

一对直齿锥齿轮啮合传动时，如果不考虑摩擦力的影响，轮齿间的作用力可以近似简化为作用于齿宽中点节线的集中载荷 F_n，其方向垂直于工作齿面。图 8-20 所示为主动锥齿轮的受力情况，轮齿间的法向作用力 F_n 可分解为三个互相垂直的分力：圆周力 F_{t1}、径向力 F_{r1} 和轴向力 F_{a1}。

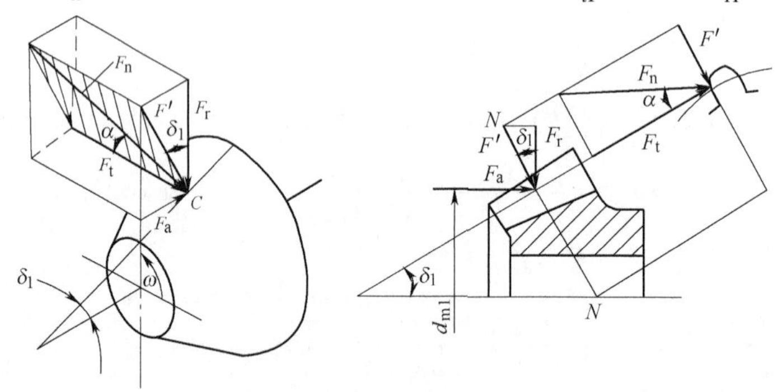

图 8-20 直齿圆锥齿轮的受力分析

各力的大小为

$$\left.\begin{aligned} F_{t1} &= \frac{2T_1}{d_{m1}} \\ F_{r1} &= F'\cos\delta_1 = F_{t1}\tan\alpha\cos\delta_1 \\ F_{a1} &= F'\sin\delta_1 = F_{t1}\tan\alpha\sin\delta_1 \\ F_n &= \frac{F_{t1}}{\cos\alpha} \end{aligned}\right\} \tag{8-20}$$

式中 δ_1——锥顶角；

d_{m1}——主动锥齿轮分度圆锥上齿宽中点处的直径，也称分度圆锥的平均直径，可根据锥距 R、齿宽 b 和分度圆直径 d_1 确定。

$$d_{m1}=(1-0.5\phi_R)d_1 \tag{8-21}$$

式中 ϕ_R——齿宽系数，$\phi_R=b/R$。

圆周力的方向在主动轮上与回转方向相反，在从动轮上与回转方向相同；径向力的方向分别指向各自的轮心；轴向力的方向分别指向大端。根据作用力与反作用力的原理得主、从动轮上3个分力之间的关系：$F_{t1}=-F_{t2}$、$F_{r1}=-F_{a2}$、$F_{a1}=-F_{r2}$，负号表示方向相反。

8.8.2 计算载荷

与圆柱齿轮相同，直齿锥齿轮传动的计算圆周力为

$$F_{tc}=KF_t=K_AK_vK_\alpha K_\beta F_t \tag{8-22}$$

其中，K_A、K_v、K_α、K_β 的意义与圆柱齿轮相同，一般精度要求时，K 可按表8-8查取；如需精确计算，可参照国家标准。

8.8.3 齿面接触疲劳强度计算

由于锥齿轮的轮齿大小沿齿宽方向是变化的，其应力状态很是复杂，所以一般齿面接触疲劳强度的计算，是按齿宽中点处的当量直齿圆柱齿轮进行计算，即以其平均直径处的参数代入直齿圆柱齿轮的计算公式，简化后得齿面接触疲劳强度计算式为：

$$\text{验算式：}\sigma_H=Z_EZ_H\sqrt{\frac{4KT_1}{0.85\dfrac{b}{R}\left(1-0.5\dfrac{b}{R}\right)^2d_1^3u}}\leqslant[\sigma_H] \tag{8-23}$$

$$\text{设计式：}d_1\geqslant\sqrt[3]{\frac{4KT_1}{0.85\phi_R(1-0.5\phi_R)^2u}\left(\frac{Z_EZ_H}{[\sigma_H]}\right)^2} \tag{8-24}$$

式中，Z_E、Z_H、u 与直齿圆柱齿轮传动相同；ϕ_R 为齿宽系数，R 为锥顶距。

8.8.4 轮齿弯曲疲劳强度计算

考虑出发点与齿面接触疲劳强度计算相同，按齿宽中点的当量直齿圆柱齿轮进行计算，以平均直径处的参数代入直齿圆柱齿轮的计算公式，简化后得齿面弯曲疲劳强度计算式为：

$$\text{验算式：}\sigma_F=\frac{4KT_1Y_F}{\dfrac{b}{R}\left(1-0.5\dfrac{b}{R}\right)^2m^3z_1^2\sqrt{1+u^2}}>[\sigma_F] \tag{8-25}$$

$$\text{设计式：}m\geqslant\sqrt[3]{\frac{4KT_1}{\phi_R(1-0.5\phi_R)^2z_1^2\sqrt{1+u^2}}\frac{Y_F}{[\sigma_F]}} \tag{8-26}$$

式中 Y_F——复合齿形系数，按当量齿数 z_v 查图8-16，其中 $z_v=\dfrac{z}{\cos\delta}$；

m——大端模数,其标准值与直齿圆柱齿轮相同,按式(8-25)计算时,应取 $\frac{Y_{F1}}{[\sigma_{F1}]}$、$\frac{Y_{F2}}{[\sigma_{F2}]}$ 两者中的大值代入。

8.8.5 参数选择

直齿锥齿轮传动的参数选择与直齿圆柱齿轮传动基本相同,由于圆锥齿轮加工精度较低,尤其大直径齿轮精度更难于保证,因此,取齿数比 $u=1\sim3$;ϕ_R 通常取 $\phi_R=0.2\sim0.35$。

例题 8-3 设计一圆锥-圆柱齿轮减速器中的标准直齿锥齿轮传动。已知轴交角为 $\Sigma=90°$。小齿轮悬臂,大齿轮两端支撑。小锥齿轮传递功率为 $P_1=5\ \text{kW}$,转速 $n_1=720\ \text{r/min}$,传动比 $i=u=2.4$。电动机驱动,单向运转,工作载荷平稳,要求工作寿命为24 000 h。允许齿面出现少量点蚀。

解题分析:由于直齿锥齿轮的加工多为刨齿,故较少采用硬齿面。选材时应予以考虑。由此可知设计准则:按接触疲劳强度初步确定主要传动参数,再校核弯曲疲劳强度并最后确定参数。在使用接触疲劳公式设计前,必须做一些预先的估计,根据常用精度等级粗估平均分度圆处圆周速度,设计后计算值应与预先估计相符。

解:(1)选择材料和热处理方法,确定许用应力。参照表 8-1 初选材料。小齿轮:45 钢,调质,217~255HBW;大齿轮:45 钢,正火,162~217HBW。

根据小齿轮齿面硬度 236HBW 和大齿轮齿面硬度 200HBW,按图 8-6 中 MQ 线查得齿面接触疲劳极限应力:$\sigma_{Hlim1}=578\ \text{MPa}$,$\sigma_{Hlim2}=390\ \text{MPa}$;按图 8-7 中 MQ 线查得轮齿弯曲疲劳极限应力 $\sigma_{FE1}=440\ \text{MPa}$,$\sigma_{FE2}=310\ \text{MPa}$。又由

$$N_1=60\gamma n t_h=60\times1\times720\times24\ 000=1.04\times10^9$$

$$N_2=60\gamma n t_h=60\times1\times720/2.4\times24\ 000=0.43\times10^9$$

查图 8-8 得:$Z_{N1}=1.0$,$Z_{N2}=1.05$;$Y_{N1}=0.89$,$Y_{N2}=0.91$,查表 8-3,取最小安全系数:$S_{Hlim}=1.05$,$S_{Flim}=1.25$。则

$$[\sigma_{H1}]=\frac{\sigma_{Hlim1}}{S_{Hlim}}Z_{N1}=\frac{578}{1.05}\times1=550(\text{MPa}),\ [\sigma_{H2}]=\frac{\sigma_{Hlim2}}{S_{Hlim}}Z_{N2}=\frac{390}{1.05}\times1.1=409(\text{MPa})$$

$$[\sigma_{F1}]=\frac{\sigma_{FE1}}{S_{Flim}}Y_{N1}=\frac{440}{1.25}\times0.89=312(\text{MPa}),\ [\sigma_{F2}]=\frac{\sigma_{FE2}}{S_{Flim}}Y_{N2}=\frac{310}{1.25}\times0.91=226(\text{MPa})$$

(2)分析失效,确定设计准则。由于设计的齿轮传动为闭式传动,且为软齿面传动。最大可能的失效形式是齿面接触疲劳;但是如果模数过小也可能发生轮齿弯曲折断。因此本齿轮传动按齿面接触疲劳进行设计确定主要参数,再校核轮齿的弯曲疲劳承载能力。

(3) 按齿面接触疲劳强度计算齿轮主要参数。

根据式(8-24)得 $$d_1\geqslant\sqrt[3]{\frac{4KT_1}{0.85\phi_R(1-0.5\phi_R)^2u}\left(\frac{Z_EZ_H}{[\sigma_H]}\right)^2}$$

因属于减速传动,$u=i=2.4$。

小齿轮转矩 $T_1 = 9.55 \times 10^6 \dfrac{P_1}{n_1} = 9.55 \times 10^6 \dfrac{5}{720} = 66.32(\mathrm{N \cdot m})$

$$K = K_A K_v K_\alpha K_\beta$$

查表 8-8 得 $K = 1.4$。$KT_1 = K_A K_\alpha K_\beta K_v T_1 = 1.4 \times 66.32 = 92.85(\mathrm{N \cdot m})$

查图 8-13 得标准齿轮的区域系数 $Z_H = 2.5$,弹性系数查表 8-9, $Z_E = 189.8\sqrt{\mathrm{MPa}}$,齿宽系数 $\phi_R = \dfrac{b}{R} = 0.32$;因大齿轮的许用齿面接触疲劳应力值较小,故将 $[\sigma_{H2}] = 409(\mathrm{MPa})$ 代入,于是 $d_1 \geqslant \sqrt[3]{\dfrac{4 \times 92.85 \times 10^3}{0.85 \times 0.32\,(1 - 0.5 \times 0.32)^2 \times 2.4}\left(\dfrac{189.8 \times 2.5}{409}\right)^2} = 102.3(\mathrm{mm})$,取 $z_1 = 22$; $z_2 = iz_1 = 22 \times 2.4 = 52.8$ 取 $z_2 = 53$。则 $u = i = \dfrac{53}{22} = 2.409\,1$;$\Delta i = \dfrac{2.4 - 2.409\,1}{2.4} \times 100\% = -0.38\%$,可用。则 $m = \dfrac{d_1}{z_1} = \dfrac{102.3}{22} = 4.65\ \mathrm{mm}$,取标准模数 $m = 5\ \mathrm{mm}$ 。$d_1 = mz_1 = 5 \times 22 = 110(\mathrm{mm})$ 。

$\delta_1 = \arctan \dfrac{1}{i} = \arctan \dfrac{22}{53} = 22°32'36''$; $\delta_2 = \arctan i = \arctan \dfrac{53}{22} = 67°27'24''$。

$R = \dfrac{d_1}{2\sin \delta_1} = \dfrac{110}{2\sin 22°32'36''} = 143.5(\mathrm{mm})$, $b = R\phi_R = 143.5 \times 0.32 = 45.92(\mathrm{mm})$,取 $b = 46\ \mathrm{mm}$,则 $\phi_R = b/R = 46/143.5 = 0.321$, $d_{m1} = (1 - 0.5\phi_R)d_1 = (1 - 0.5 \times 0.321) \times 110 = 92.35(\mathrm{mm})$

(4)选择齿轮精度等级。齿轮圆周速度为

$$v = \frac{\pi\, d_{m1} n_1}{60 \times 1\,000} = \frac{\pi \times 92.35 \times 720}{60 \times 1\,000} \approx 3.48(\mathrm{m/s})$$

查表 8-4,选用 8 级精度。

(5)精确计算计算载荷。

$$KT_1 = K_A K_v K_\alpha K_\beta T_1$$

$$K = K_A K_v K_\alpha K_\beta$$

$$F_t = \frac{2T_1}{d_{m1}} = \frac{2 \times 66.32}{92.35} = 1.436(\mathrm{kN})$$

查表 8-5, $K_A = 1$;查图 8-9, $K_v = 1.16$。

查表 8-7, $\dfrac{K_A F_t}{b} = \dfrac{1 \times 1.436 \times 10^3}{46} = 31.2(\mathrm{N/mm}) < 100(\mathrm{N/mm})$, $K_\alpha = 1.2$。

查表 8-6, $\phi_d = \dfrac{b}{d_{m1}} = \dfrac{46}{92.35} = 0.498$,轴悬臂布置, $K_\beta = 1.13$。

$$K = K_A K_v K_\alpha K_\beta = 1 \times 1.16 \times 1.2 \times 1.13 = 1.57$$

(6)验算轮齿接触疲劳承载能力。

$$\sigma_H = Z_H Z_E \sqrt{\frac{4KT_1}{0.85\,\dfrac{b}{R}\left(1 - 0.5\,\dfrac{b}{R}\right)^2 d_1^{\,3} u}} = 189.8 \times 2.5$$

$$\sqrt{\frac{4\times1.57\times66.32\times10^3}{0.85\times0.321\times(1-0.5\times0.321)^2\times110^3\times2.409}}=390.4(\text{MPa})\leqslant[\sigma_H]=409(\text{MPa})$$

齿轮接触疲劳强度满足要求。

(7)验算轮齿弯曲疲劳承载能力。

$$\sigma_F=\frac{4KT_1Y_F}{\frac{b}{R}\left(1-0.5\frac{b}{R}\right)^2m^3z_1{}^2\sqrt{1+u^2}}\leqslant[\sigma_F]$$

由 $z_1=22$，$z_2=53$，$z_v=z/\cos\delta$，得到 $z_{v1}=23.8$，$z_{v2}=138.2$，查图 8-16，得两轮复合齿形系数为 $Y_{F1}=4.25$，$Y_{F2}=3.7$，于是

$$\sigma_{F1}=\frac{4\times1.57\times66.32\times10^3\times4.25}{0.321\times(1-0.5\times0.321)^2\times5^3\times22^2\times\sqrt{1+2.409\ 1^2}}$$
$$=49.2(\text{MPa})\leqslant[\sigma_{F1}]=312(\text{MPa})$$

$$\sigma_{F2}=\frac{4\times1.57\times66.32\times10^3\times3.7}{0.321\times(1-0.5\times0.321)^2\times5^3\times22^2\times\sqrt{1+2.409\ 1^2}}$$
$$=42.9(\text{MPa})\leqslant[\sigma_{F2}]=226(\text{MPa})$$

轮齿弯曲疲劳承载能力足够。

(8)综上所述，可得所设计齿轮的主要参数：

$m=5$ mm，$z_1=22$，$z_2=53$，$i=2.409$，$b_1=50$(mm)，$b_2=46$(mm)，$\delta_1=22°32'36''$，$\delta_2=67°27'24''$。

8.9 齿轮的结构设计

通过齿轮传动的强度计算，确定齿数、模数、螺旋角、分度圆直径等主要参数和尺寸后，还要通过结构设计确定齿圈、轮辐、轮毂等的结构形式及尺寸大小。齿轮的结构形式主要依据齿轮的尺寸、材料、加工工艺、经济性等因素而定，各部分尺寸由经验公式求得。

8.9.1 齿轮轴和实心齿轮

较小的钢制圆柱齿轮，其齿根圆至键槽底部的距离 $\delta\leqslant2m$（m 为模数），或圆锥齿轮小端齿根圆至键槽底部的距离 $\delta\leqslant1.6m$（m 为大端模数）时（见图 8-21）齿轮和轴应做成一体，称为**齿轮轴**（见图 8-22）

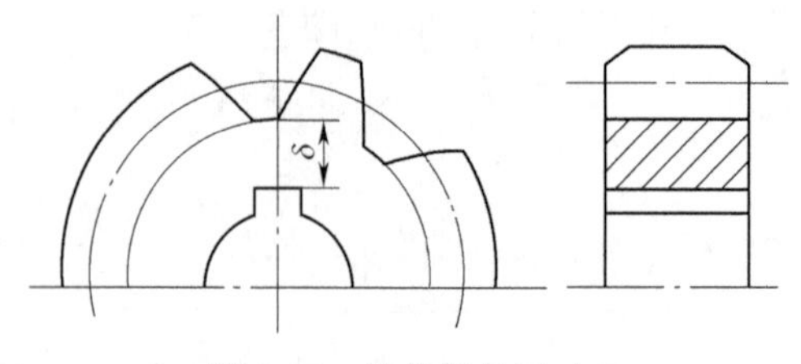

图 8-21 齿轮结构尺寸 δ

齿轮轴的刚度较好，但制造较复杂，齿轮损坏时轴将同时报废。故直径较大的齿轮应把齿轮和轴分开制造。

当齿顶圆直径 $d_a\leqslant200$ mm，且 δ 超过上述尺寸，可作成实心结构的齿轮，如图 8-23 所示。

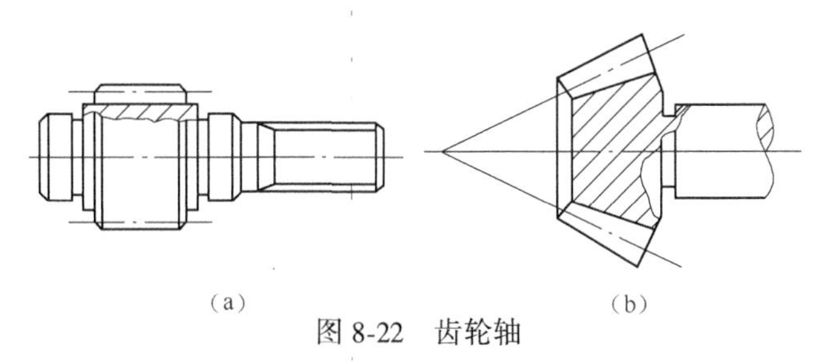

图 8-22 齿轮轴

8.9.2 腹板式和轮辐式齿轮

齿顶圆直径 $d_a \leqslant 500$ mm 的较大尺寸的齿轮，为减轻重量、节省材料，可做成腹板式的结构，如图 8-24 所示。

齿顶圆直径 $d_a \geqslant 400$ mm 时，常用铸铁或铸钢制成轮辐式齿轮，如图 8-25 所示。

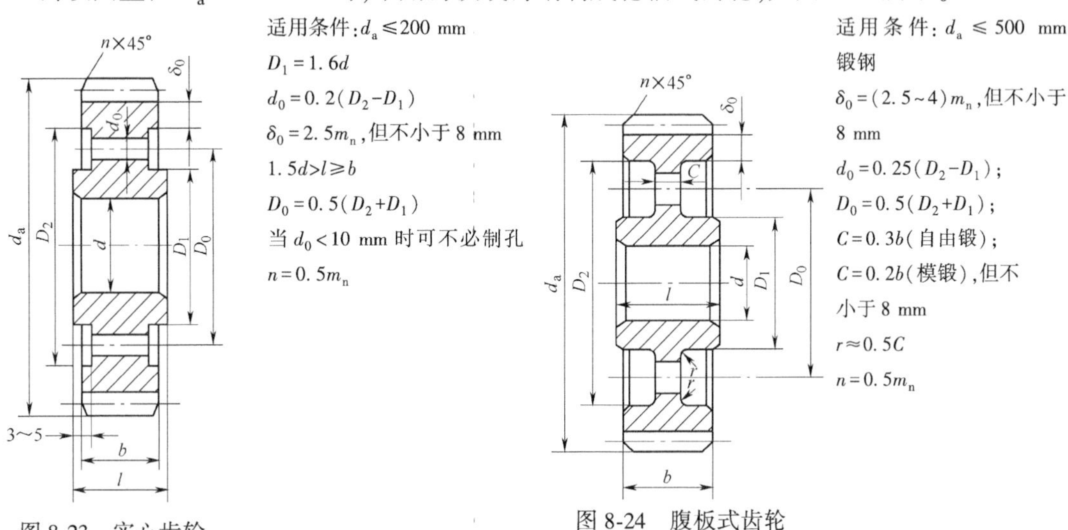

图 8-23 实心齿轮

图 8-24 腹板式齿轮

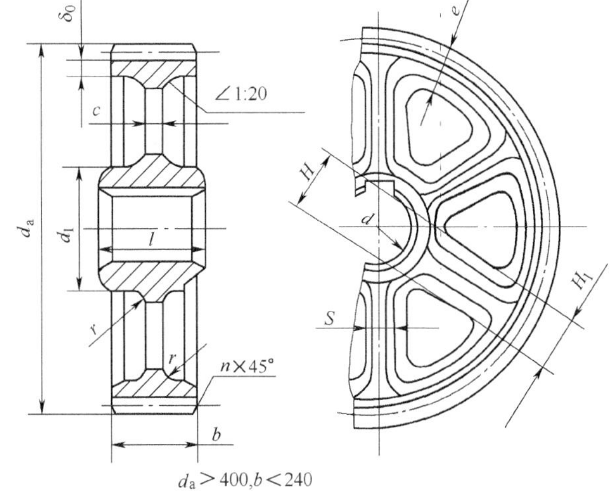

$d_1 = 1.6d$（铸钢）、$d_1 = 1.8d$（铸铁）

$1.5d > l \geqslant b$

$\delta_0 = (3 \sim 4)m_t$，但不小于 8 mm

$H = 0.8d$（铸钢）、$H = 0.9d$（铸铁）

$H_1 = 0.8H$

$c = (1 \sim 1.3)\delta_0$、$s = 0.8c$

$e = (1 \sim 1.2)\delta_0$

$n = 0.5m_t$

$r \approx 0.5c$

图 8-25 轮辐式齿轮

8.9.3 组合式的齿轮结构

为了节省贵重钢材,便于制造、安装,直径很大的齿轮(d_a>600 mm),常采用组装齿圈式结构的齿轮。图 8-26 所示为镶圈式齿轮,图 8-27 所示为焊接式齿轮。

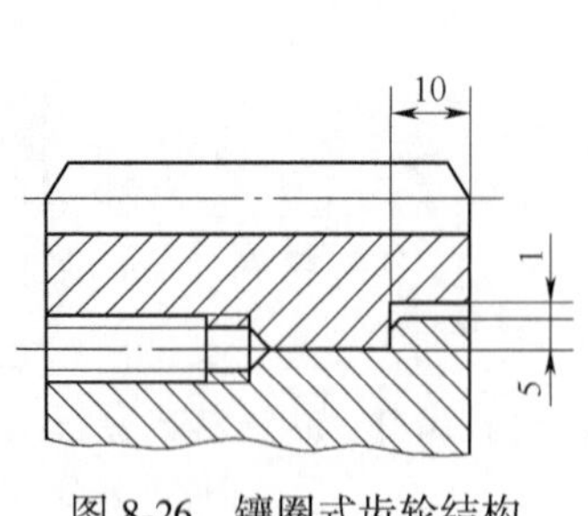

图 8-26　镶圈式齿轮结构

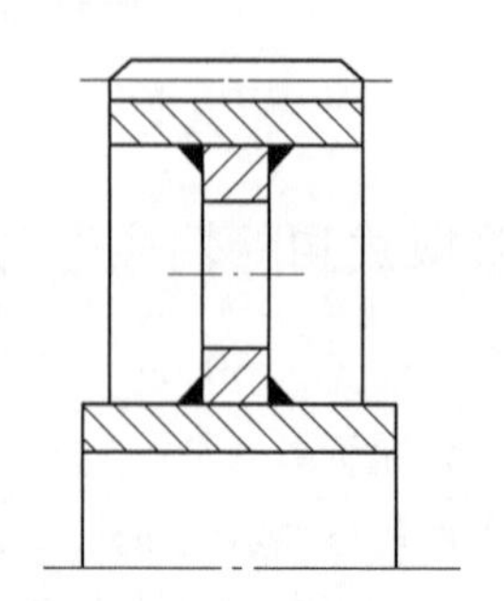

图 8-27　焊接式齿轮结构

8.10　齿轮传动的润滑

齿轮啮合传动时,相啮合的齿面间既有相对滑动,又承受较高的压力,会产生摩擦和磨损,造成发热、影响齿轮的使用寿命。因此,必须考虑齿轮的润滑,特别是高速齿轮的润滑更应给予足够的重视。良好的润滑可提高效率,减少磨损,还可以起散热及防锈蚀等作用。

8.10.1 齿轮传动的润滑方式

齿轮传动的润滑方式,主要取决于齿轮圆周速度的大小。对于速度较低的齿轮传动或开式齿轮传动,采用定期人工加润滑油或润滑脂。

对于闭式齿轮传动,当齿轮圆周速度 v<12 m/s 时,采用大齿轮浸入油池中进行浸油润滑(见图 8-28);当 v>12 m/s 时,为了避免搅油损失,常采用喷油润滑(见图 8-29)。

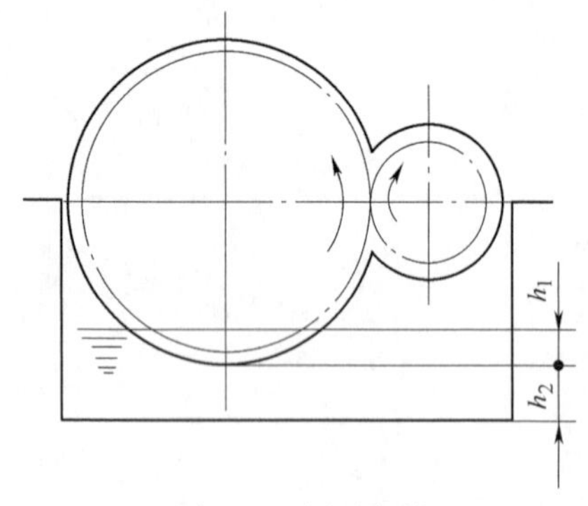

图 8-28　浸油润滑

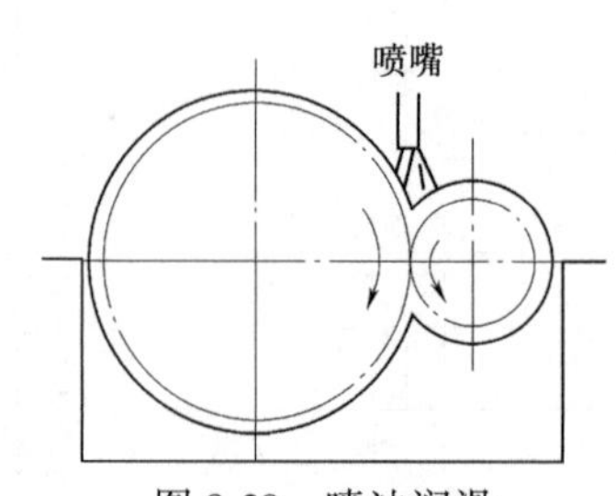

图 8-29　喷油润滑

8.10.2 齿轮润滑油的选择

齿轮传动的润滑剂多采用润滑油,润滑油的黏度通常根据齿轮的承载情况和圆周速度来选取(见表8-12)。速度不高的开式齿轮也可采用脂润滑。按选定的润滑油黏度即可确定润滑油的牌号。

表8-12 齿轮润滑油黏度选择 单位 mm^2/s

齿轮材料	强度极限 σ_b/MPa	圆周速度 v/(m/s)						
		<0.5	0.5~1	1~2.5	2.5~5	5~12.5	12.5~25	>25
铸铁、青铜	—	320	320	150	100	68	46	—
钢	450~1 000	460	320	220	150	100	68	46
	1 000~1 250	460	460	320	220	150	100	68
	1 250~1 600	1 000	460	460	320	220	150	100
渗碳或表面淬火钢								

思考题、讨论题和习题

8-1 齿轮传动有何特点?分为哪些类型?对齿轮传动的基本要求是什么?

8-2 齿轮传动的主要损伤和失效形式有哪些?

8-3 齿轮材料及其热处理方式选择时,对于软齿面齿轮为什么应使小齿轮齿面硬度大于大齿轮的齿面硬度?

8-4 齿轮接触疲劳计算一般以何处为计算点?为什么?

8-5 齿轮传动的设计计算准则是根据什么来确定的?目前常用的计算方法有哪些?它们分别针对何种失效形式?针对其余失效形式的计算方法是什么?在工程设计实践中,对于一般使用的闭式硬齿面、闭式软齿面和开式齿轮传动的设计计算准则是什么?

8-6 影响齿轮接触疲劳强度和弯曲疲劳强度的主要参数是什么?

8-7 齿轮传动设计时,哪些参数应取标准值?那些参数应圆整?哪些参数应取精确值?

8-8 应主要根据那些因素来决定齿轮的结构形式?常见的齿轮结构形式有哪几种?它们分别应用于何种场合?

8-9 如图8-30所示为一两级斜齿圆柱齿轮减速器,动力由Ⅰ轴输入、Ⅲ轴输出,螺旋线方向及Ⅲ轴转向如图8-30所示,求:

(1)为使载荷沿齿向分布均匀,应以何端输入,何端输出。

(2)为使轴Ⅱ轴承所受轴向力最小,各齿轮的螺旋线方向。

(3)齿轮2、3所受各分力的方向。

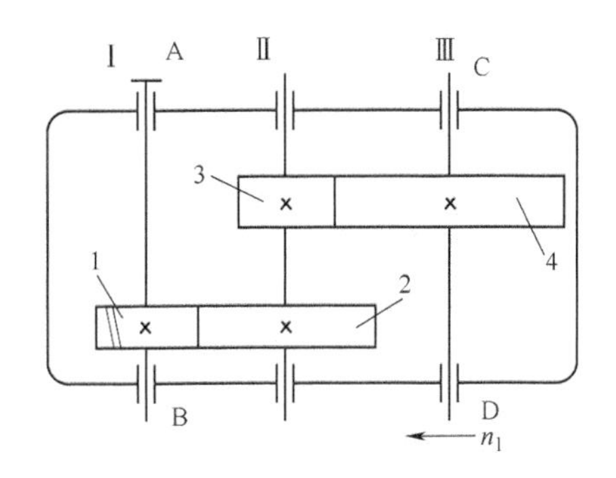

图8-30 题8-9图

8-10 如图8-31所示为一圆锥-圆柱齿轮减速器,动力由Ⅰ轴输入,Ⅲ轴输出,Ⅰ轴转向如图,求:

(1)为使轴Ⅱ轴承所受轴向力最小,各圆柱齿轮的螺旋线方向。

(2)齿轮2、3所受各分力的大小和方向。

8-11　一对直齿圆柱齿轮传动，已知模数 $m=3$ mm，齿数 $z_1=21$，$z_2=63$，两齿轮材料和热处理相同。按无限寿命考虑，哪个齿轮抗弯强度高？若对两齿轮变位，变位系数为 $x_1=0.3$，$x_2=-0.3$，则两齿轮的抗弯强度如何变化？接触强度有无变化？

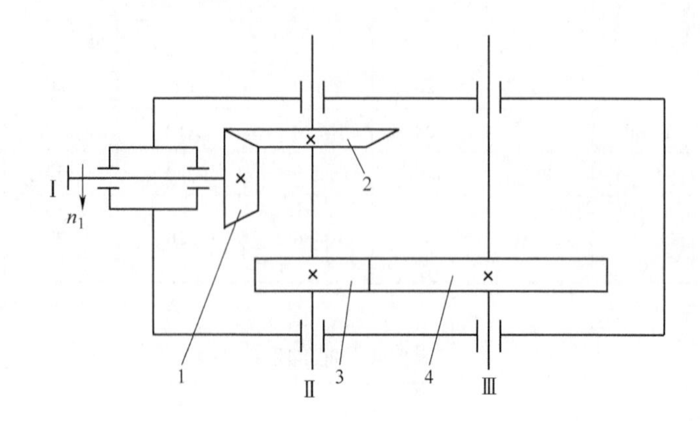

图 8-31　题 8-10 图

8-12　一用于螺旋输送机的单级直齿圆柱齿轮减速器，已知：大齿轮轴输出功率 $P_2=10$ kW，转速 $n_2=360$ r/min，齿轮相对两支承对称布置，经过一定时间运转后已不能正常工作，现欲更换一对齿轮，但又无原设计样图，通过测绘得知原齿轮传动参数：中心距 $a=200$ mm，齿数 $z_1=20$，$z_2=80$，齿宽 $b_1=85$ mm，$b_2=80$ mm。若按制造精度 8 级，工作寿命 50 000 h 考虑，试选择适宜的齿轮材料和热处理。

8-13　设计图 8-32 所示卷扬机用闭式二级直齿圆柱齿轮减速器中的高速齿轮传动。已知：传递功率 $P_1=7.5$ kW，转速 $n_1=960$ r/min，高速传动比 $i=3.5$，每天工作 8 h，使用寿命 20 年。

8-14　设计一用于带式运输机的单级齿轮减速器中的斜齿圆柱齿轮传动。已知：传递功率 $P_1=10$ kW，转速 $n_1=1\ 450$ r/min，$n_2=360$ r/min，允许转速误差±3%，电动机驱动，单向转动，载荷有中等振动，两班制工作，要求使用寿命 10 年。

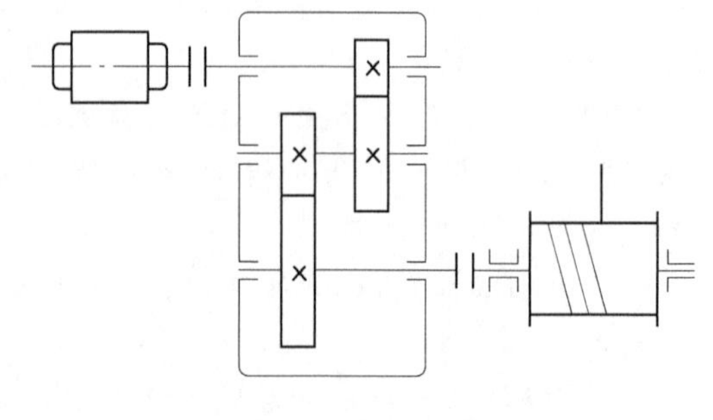

图 8-32　题 8-14 图

8-15　设计一用于螺旋输送机的开式正交直齿锥齿轮传动。已知：传递功率 $P_1=1.8$ kW，转速 $n_1=250$ r/min，传动比 $i=2.3$，允许传动比误差±3%，电动机驱动，单向转动，大齿轮悬臂布置，每天两班制工作，使用寿命 10 年。

8-16　设计机床进给系统中的直齿锥齿轮传动。已知：要求传递功率 $P_1=0.72$ kW，转速 $n_1=320$ r/min，小齿轮悬臂布置，使用寿命 $t_h=12\ 000$ h，已选定齿数 $z_1=20$，$z_2=25$。

第9章 蜗 杆 传 动

【学习提示】

①了解蜗杆传动的类型、特点及应用,熟悉蜗杆传动的组成和普通圆柱蜗杆的分类方法。

②掌握普通圆柱蜗杆传动的主要参数计算及选用原则,了解蜗杆传动几何尺寸计算方法和变位的特点。

③熟悉蜗杆传动的失效形式、设计准则和蜗杆传动的材料选择方法。

④掌握蜗杆传动的受力分析,蜗杆和蜗轮转动方向的判定方法,蜗杆传动强度及刚度计算方法,理解蜗杆传动的结构设计方法和原则。

⑤了解蜗杆传动的效率、润滑及热平衡计算。

9.1 蜗杆传动的特点及类型

蜗杆传动由蜗杆1和蜗轮2组成,如图9-1所示。用于传递空间交错轴间的运动和动力,两轴在空间的交错角为90°,通常以蜗杆1为主动件,蜗轮2为从动件。

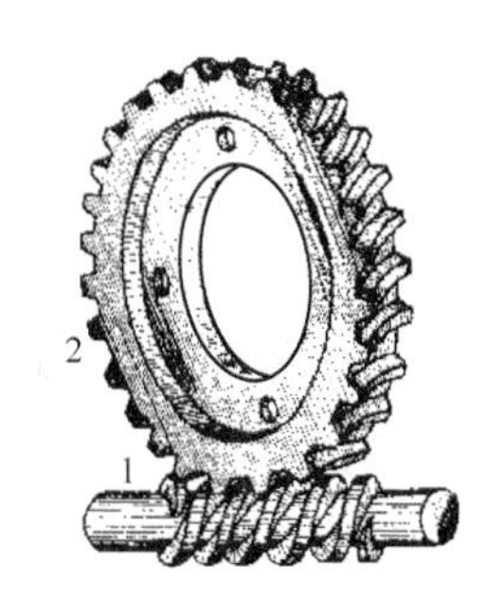

图9-1 蜗杆传动

由于蜗杆传动具有传动比大,工作平稳、噪声低、结构紧凑、可以实现自锁等优点,因此,在各种机械和仪器中得到了广泛的应用。它的主要缺点是蜗杆齿与蜗轮齿相对滑动速度大,发热大和磨损严重,传动效率低(一般为0.7~0.9)。为了减摩和散热,蜗轮齿圈常采用青铜等减磨性良好的材料,故成本较高。

根据蜗杆形状的不同,蜗杆传动可分为圆柱蜗杆传动、环面蜗杆传动以及锥蜗杆传动三种类型,如图9-2所示。圆柱蜗杆传动又分为普通圆柱蜗杆传动和圆弧齿圆柱蜗杆传动。普通圆柱蜗杆传动又有多种形式,其中阿基米德蜗杆传动制造简单,在机械传动中应用广泛,而且也是认识其他类型蜗杆传动的基础,故本章将以阿基米德蜗杆传动为例,介绍蜗杆传动的一些基本知识和设计计算问题。

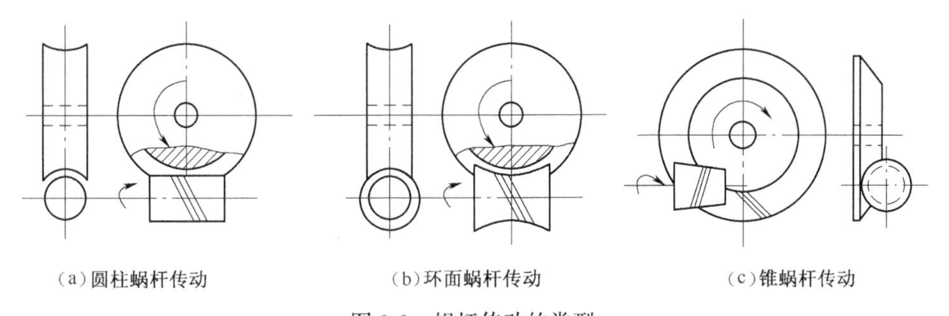

(a)圆柱蜗杆传动　(b)环面蜗杆传动　(c)锥蜗杆传动

图9-2 蜗杆传动的类型

9.2 蜗杆传动的主要参数和几何尺寸

图 9-3 所示为阿基米德蜗杆的加工。当车削阿基米德蜗杆时,刀刃顶平面通过蜗杆轴线,切成的蜗杆齿廓:蜗杆轴线平面内为齿条形直线齿廓,齿廓与垂直于蜗杆轴线平面的交线为阿基米德螺旋线。这种蜗杆加工测量方便,缺点是齿面不易磨削,不能采用硬齿面,传动效率低。

通常将通过蜗杆轴线并垂直于蜗轮轴线的平面称为**中间平面**。在此平面上,蜗杆与蜗轮的啮合类似于齿条与齿轮的啮合,如图 9-4 所示。所以,蜗杆传动的主要参数和几何尺寸计算以及承载能力计算都与齿条、齿轮传动类似。

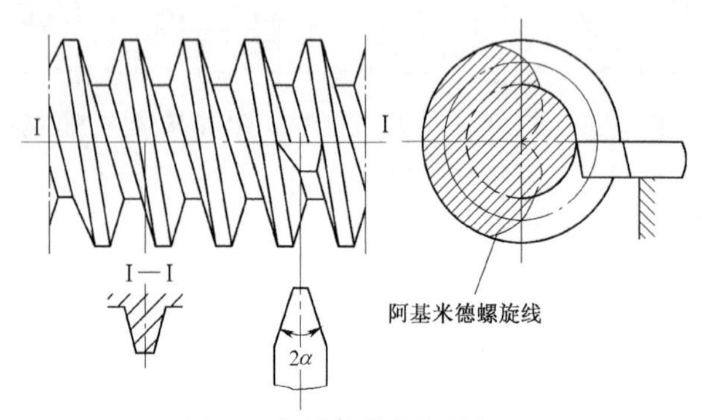

图 9-3 阿基米德蜗杆的加工

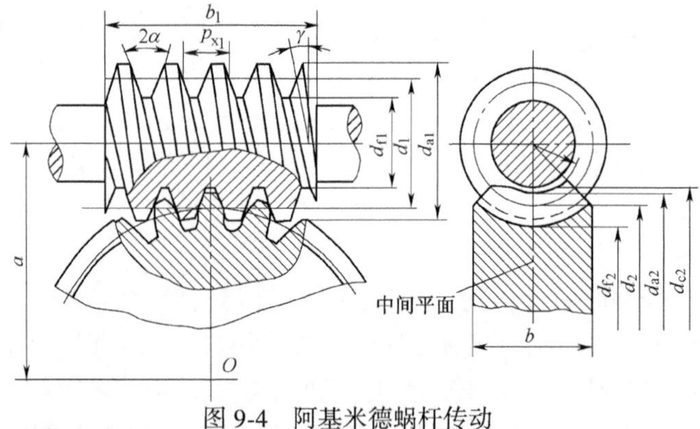

图 9-4 阿基米德蜗杆传动

1. 模数 m 和压力角 α

由于在中间平面蜗杆与蜗轮的啮合情况类似齿条和齿轮的啮合。由此不难推知,蜗杆传动的正确啮合条件是

$$\left.\begin{aligned} m_{x1} &= m_{t2} = m \\ \alpha_{x1} &= \alpha_{t2} = \alpha = 20^\circ \\ \gamma &= \beta \end{aligned}\right\} \tag{9-1}$$

式中 m_{x1} ——蜗杆的轴面模数;

m_{t2} ——蜗轮的端面模数;

m ——标准模数;

α_{x1} ——蜗杆的轴面压力角；

α_{t2} ——蜗轮的端面压力角；

α ——标准压力角；

γ ——蜗杆的导程角；

β ——蜗轮的螺旋角。

γ 与 β 必须大小相等且旋向相同。标准规定压力角 $\alpha = 20°$，模数 m 的标准值如表 9-1 所示。

2. 蜗杆分度圆直径 d_1

当用滚刀加工蜗轮时，为了保证蜗杆与该蜗轮的正确啮合，所用蜗轮滚刀的直径及齿形参数必须与相啮合的蜗杆相同。如果不做必要的限制，滚刀的规格数量势必太多，这将给设计和制造带来困难。因此，为了限制滚刀的规格数量，便于滚刀标准化，规定蜗杆分度圆直径 d_1 为标准值，且与模数 m 相匹配，q 为导出值，$q = d_1/m$，称为**直径系数**，其对应关系如表 9-1 所示。

表 9-1 蜗杆传动的基本尺寸和参数

模数 m/mm	分度圆直径 d_1/mm	直径系数 q	蜗杆头数 z_1	m^2d_1/mm^3
1	18	18.000	1	18
1.25	20	16.000	1	31.25
	22.4	17.920	1	35
1.6	20	12.500	1,2,4	51.2
	28	17.500	1	71.68
2	22.4	11.200	1,2,4,6	89.6
	35.5	17.750	1	142
2.5	28	11.200	1,2,4,6	175
	45	18.000	1	281.3
3.15	35.5	11.270	1,2,4,6	352.3
	56	17.778	1	555.7
4	40	10.000	1,2,4,6	640
	71	17.750	1	1 136
5	50	10.000	1,2,4,6	1 250
	90	18.000	1	2 250
6.3	63	10.000	1,2,4,6	2 500
	112	17.778	1	4 445
8	80	10.000	1,2,4,6	5 120
	140	17.500	1	8 960
10	90	9.000	1,2,4,6	9 000
	160	16.000	1	16 000
12.5	112	8.960	1,2,4,6	17 500
	200	16.000	1	31 250
16	140	8.750	1,2,4	35 840
	250	15.625	1	64 000
20	160	8.000	1,2,4	64 000
	315	15.750	1	126 000
25	200	8.000	1,2,4	125 000
	400	16.000	1	250 000

3. 蜗杆导程角 γ

蜗杆螺旋面和分度圆柱的交线是螺旋线。设蜗杆分度圆柱上的螺旋线导程角为 γ，其头数为 z_1，轴面齿距为 p_x，螺旋线的导程为 p_z，则蜗杆导程角 γ 可表示为

$$\left.\begin{aligned} p_z &= z_1 p_x = z_1 \pi m \\ \tan\gamma &= \frac{z_1 p_x}{\pi d_1} = \frac{z_1 m}{d_1} \end{aligned}\right\} \tag{9-2}$$

4. 蜗杆的头数 z_1、蜗轮齿数 z_2 和传动比 i

蜗杆头数 z_1，即蜗杆螺旋线的线数，通常 $z_1 = 1\sim4$，最多到 6。单线蜗杆容易切削，升角 γ 小，自锁性好，但效率低；多线蜗杆则相反。当要求传动比大时，z_1 取小值；当要求传递功率大，传动效率高，传动速度大时，z_1 取大值，一般可按表 9-2 选取。

表 9-2　不同传动比时荐用的蜗杆头数 z_1 值

传 动 比 i	5~8	7~16	15~32	30~80
蜗杆头数 z_1	6	4	2	1

蜗轮齿数 $z_2 = i \cdot z_1$，i 为传动比。为提高传动平稳性，一般取 $z_2 \geqslant 28$；但 z_2 也不宜过大，当 m 一定时，z_2 越大则蜗轮直径越大，蜗杆支承跨距也越大，蜗杆易发生挠曲而使啮合情况恶化，所以通常 $z_2 \leqslant 80$。

蜗杆传动比 i 是蜗杆转速 n_1 与蜗轮转速 n_2 之比，亦是蜗轮齿数 z_2 与蜗杆头数 z_1 之比，即

$$i = \frac{n_1}{n_2} = \frac{z_2}{z_1} \tag{9-3}$$

5. 变位系数 x

为了配凑中心距和传动比，使之符合荐用值，或提高蜗杆传动的承载能力及传动效率，常采用变位蜗杆传动。由于蜗杆的齿廓形状和尺寸与加工配偶的蜗轮的滚刀形状和尺寸相同，为了保持刀具不变，蜗杆的尺寸是不能变动的。因此变位的只是蜗轮。变位的方法是在滚切蜗轮时，利用滚刀相对蜗轮毛坯的径向移动来实现。变位后蜗杆的尺寸虽保持不变，但节圆位置有所改变；蜗轮的尺寸变动了，但其节圆与分度圆始终重合。蜗杆传动的变位示意图如图 9-5 所示。

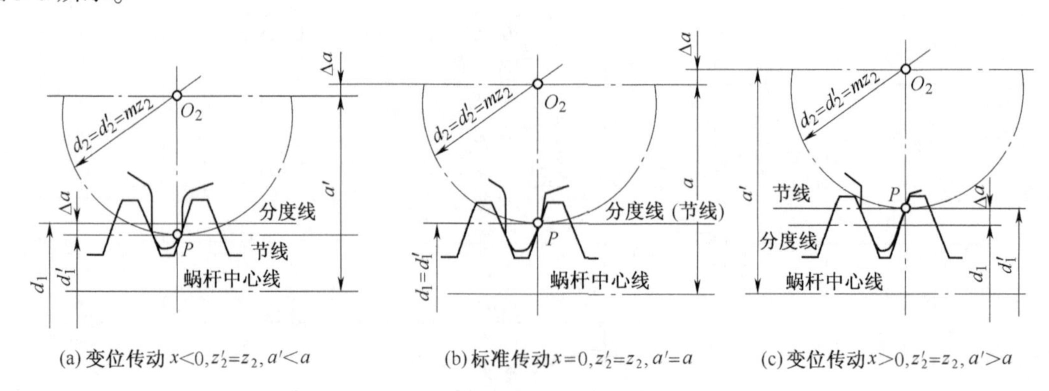

图 9-5　蜗杆传动的变位示意图

若传动比 i 保持不变,只配凑中心距,变位系数 x 的计算如下:

未变位时的标准中心距 a 为

$$a=\frac{1}{2}(d'_1+d'_2)=\frac{1}{2}(d_1+d_2)=\frac{1}{2}(d_1+mz_2) \tag{9-4}$$

为凑中心距 a',进行变位,变位后的蜗杆分度圆直径 d'_1 和蜗轮分度圆直径 d'_2 为

$$d'_1=d_1+2mx \qquad d'_2=d_2=mz_2$$

因此有

$$a'=\frac{1}{2}(d'_1+d'_2)=\frac{1}{2}(d_1+mz_2+2mx)=a+mx \tag{9-5}$$

由此可得

$$x=\frac{a'-a}{m} \tag{9-6}$$

6. 几何尺寸计算

阿基米德圆柱蜗杆传动的几何尺寸计算与齿轮传动类似,但亦有所不同,其计算式如表9-3所示。

表9-3 蜗杆传动的几何尺寸计算

名　称	代号	公式与说明
中心距	a、a'	$a=(d_1+d_2)/2=m(q+z_2)/2$ $a'=(d_1+d_2+2xm)/2$
蜗杆头数	z_1	一般为1、2、4、6
蜗轮齿数	z_2	传动比根据表9-1、9-2选取
齿型角	α	对于ZA蜗杆,$\alpha_a=20°$;对于ZN、ZI、ZK蜗杆 $\alpha_k=20°$,$\tan\alpha_k=\tan\alpha_a\cos\gamma$
模数	m	$m=m_a=m_n/\cos\gamma$
传送比	i	$i=n_1/n_2$
齿数比	u	$u=z_2/z_1$
蜗轮变位系数	x	$x=\frac{a'-a}{m}$
蜗杆直径系数	q	$q=d_1/m$
蜗杆轴向齿距	p_a	$p_a=\pi m$
蜗杆导程	p_z	$p_z=\pi mz_1$
蜗杆分度圆直径	d_1	$d_1=mq$
蜗杆齿顶圆直径	d_{a1}	$d_{a1}=d_1+2h_{a1}=d_1+2h_a^*m$
蜗杆齿根圆直径	d_{f1}	$d_{f1}=d_1-2h_{f1}=d_1-2(h_a^*+c^*)m$
蜗杆节圆直径	d'_1	$d'_1=d_1+2mx=(q+2x)m$
蜗杆分度圆导程角	γ	$\tan\gamma=mz_1/d_1=z_1/q$
蜗杆节圆导程角	γ'	$\tan\gamma'=z_1/(q+2x)$
蜗杆螺旋部分长度	b_1	建议 $b_1\approx 2m\sqrt{z_2+1}$
渐开线蜗杆基圆直径	d_b	$d_b=d_1\tan\gamma/\tan\gamma_b=mz_1/\tan\gamma_b$,$\cos\gamma_b=\cos\alpha_n\cos\gamma$
蜗轮分度圆直径	d_2	$d_2=mz_2=2a'-d_1-2xm$

续表

名　　称	代号	公式与说明
蜗轮喉圆直径	d_{a2}	$d_{a2}=d_2+2(h_a^*+x)m$
蜗轮齿根圆直径	d_{f2}	$d_{f2}=d_2-2(h_a^*+c^*-x)m$
蜗轮外径	d_{e2}	$d_{e2}\approx d_{a2}+m$
蜗轮咽喉母圆半径	r_{g2}	$r_{g2}=a'-d_{a2}/2$
蜗轮齿宽	b_2	$b_2=(0.67\sim0.75)d_{a1}$，z_1 大时取小值，z_1 小时取大值
蜗轮齿宽角	θ	$\theta=2\arcsin(b_2/d_1)$

9.3　蜗杆传动的失效形式和材料选择

1. 蜗杆传动的失效形式

蜗杆传动的主要失效形式有胶合、点蚀、磨损和轮齿断裂等。由于蜗杆传动在齿面间有较大的相对滑动,发热量大,使润滑油温度升高而变稀。其中闭式传动容易产生齿面胶合,开式传动容易产生齿面磨损。一般主要是蜗轮轮齿失效。

2. 蜗杆传动的常用材料

由于蜗杆传动的特点,蜗杆副的材料不仅要有足够的强度,更重要的是要有良好的减摩性、耐磨性和抗胶合能力。因此常采用碳钢或合金钢并经热处理。蜗轮材料选择要考虑齿面相对滑动速度,对于高速而重要的蜗杆传动,蜗轮常用锡青铜,如 ZCuSn10P1、ZCuSn5Pb5Zn5 等。这些材料抗胶合和减摩、耐磨性能较好,但价格较昂贵。当相对滑动速度较低时,可用价格较低的铸铝铁青铜 ZCuAl10Fe3。这种材料强度较高、耐冲击;但抗胶合性能、铸造和切削性能均低于锡青铜。对于低速轻载传动,可采用球墨铸铁、灰铸铁等材料。

9.4　蜗杆传动的强度计算

9.4.1　蜗杆传动的受力分析

蜗杆传动的作用力方式与斜齿圆柱齿轮相似,如图 9-6 所示,作用在工作面节点 C 处的法向力 F_n 可以分解为三个互相垂直的分力,即圆周力 F_t、径向力 F_r 和轴向力 F_a。由于蜗杆和蜗轮轴线相互垂直,根据力的相互作用原理可知,各力的大小计算公式如下:

蜗杆上的圆周力 F_{t1}（其大小等于蜗轮上的轴向力 F_{a2}）

$$F_{t1}=F_{a2}=2T_1/d_1 \tag{9-7}$$

蜗杆上的轴向力 F_{a1}（其大小等于蜗轮上的圆周力 F_{t2}）

$$F_{a1}=F_{t2}=2T_2/d_2 \tag{9-8}$$

蜗杆上的径向力 F_{r1}（其大小等于蜗轮上的径向力 F_{r2}）

$$F_{r1}=F_{r2}=F_{t2}\cdot\tan\alpha \tag{9-9}$$

其中, T_1、T_2 为蜗杆及蜗轮上的转矩, $T_2=T_1\cdot i_{12}\cdot\eta$, η 为蜗杆传动效率(见表 9-4 或按

式 9-17 计算)，d_1、d_2 为蜗杆和蜗轮的分度圆直径。

表 9-4　估算效率值

蜗杆头数	1	2	4	6
传动效率 η	0.7~0.75	0.75~0.82	0.87~0.92	0.95

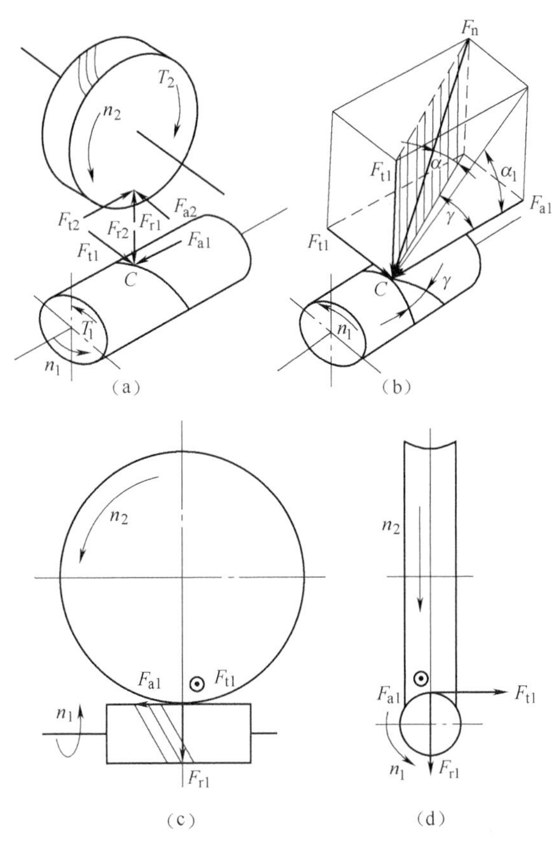

图 9-6　蜗杆传动的受力分析

一般情况下蜗杆为主动，则 F_{t1} 的方向与蜗杆在啮合点处的运动方向相反，F_{t2} 的方向与蜗轮在啮合点处的运动方向相同；F_{r1}，F_{r2} 的方向各自指向自己的轴心；F_{a1},F_{a2} 的方向可用左右手定则来判断。

更具体的蜗杆、蜗轮所受三个分力的方向可得如下结果：

(1)蜗杆上的圆周力起阻力作用，与回转方向相反；蜗轮上的圆周力起驱动力的作用，与回转方向相同。

(2)蜗杆和蜗轮上的径向力分别指向各自的轮心。

(3)蜗杆上的轴向力按“左、右手定则”来判定，轴向力 F_{a1} 的方向是由蜗杆螺旋线的旋向和蜗杆的转向来决定的。同斜齿轮一样，用“左、右手定则”判定主动蜗杆轴向力 F_{a1} 的方向。即左旋蜗杆用左手，右旋蜗杆用右手，手握蜗杆使四指与蜗杆转向相同，拇指平伸，拇指指向即为蜗杆轴向力 F_{a1} 的方向，如图 9-6 所示，F_{a1} 方向指向左端，且与蜗杆的轴线平行。

9.4.2 强度计算

1. 蜗杆传动的强度计算准则

蜗杆传动的强度计算准则包括蜗轮齿面的接触疲劳(点蚀)强度计算、蜗轮轮齿弯曲疲劳强度计算、蜗杆传动的温升验算和蜗杆轴的刚度验算等。对于闭式传动,主要进行蜗轮齿面的接触疲劳强度计算,以防止齿面的点蚀和胶合,同时还要进行轮齿的弯曲疲劳强度的校核,此外还需要进行温升和蜗杆刚度的验算。对于开式传动,蜗轮齿面多因过度磨损和轮齿折断而导致传动失效,因此主要进行蜗轮的弯曲疲劳强度计算。

2. 蜗轮齿面接触疲劳强度计算

在疲劳强度计算时,将赫兹公式中的法向载荷 F 换算成蜗轮分度圆直径 d_2 与蜗轮转矩 T_2 的关系式,再将蜗轮的分度圆直径 d_2、接触线长度 L 和综合区率半径 ρ_Σ 等换算成中心距 a 的函数后,可得到蜗轮齿面接触疲劳强度的验算公式为

$$\sigma_H = Z_E Z_\rho \sqrt{KT_2/a^3} \leqslant [\sigma_H] \tag{9-10}$$

并且:$Z_E = \sqrt{\dfrac{1}{\pi\left(\dfrac{1-\mu_1{}^2}{E_1}+\dfrac{1-\mu_2{}^2}{E_2}\right)}}$;$Z_\rho = \sqrt{9.47\cos\gamma \dfrac{a}{d_1}\dfrac{1}{\left(2-\dfrac{d_1}{a}\right)^2}}$。

式中 Z_E——材料的弹性影响系数,$\sqrt{\text{MPa}}$,一般的当钢制蜗杆与铸锡青铜蜗轮配对时,取 $Z_E=150\sqrt{\text{MPa}}$,与铸铝青铜和灰铸铁蜗轮配对时,取 $Z_E=160\sqrt{\text{MPa}}$;Z_ρ 为考虑齿面曲率和接触线长度影响的系数,简称**接触系数**,可由图 9-7 中查出;

K——载荷系数,可由表 9-5 查取;

σ_H、$[\sigma_H]$——蜗轮齿面的接触应力与许用接触应力,MPa。

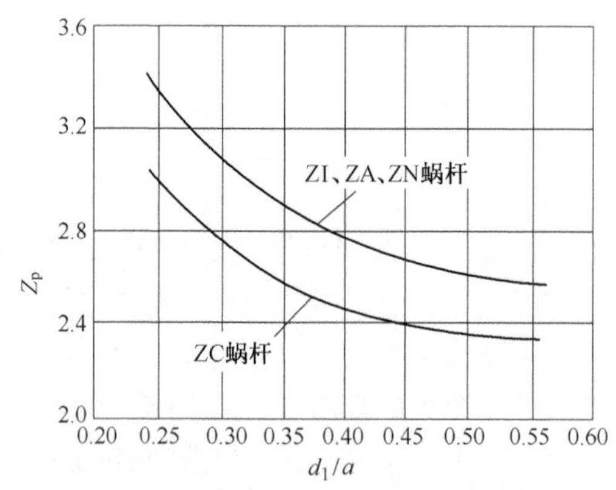

图 9-7 圆柱蜗杆传动的接触系数 Z_ρ

表 9-5 载荷系数 *K*

工作类型	Ⅰ	Ⅱ	Ⅲ
载荷性质	均匀、无冲击	不均匀、小冲击	不均匀、大冲击
每小时启动次数	<25	25~50	>50
启动载荷	小	较大	大

续表

工作类型	I		II		III	
蜗轮圆周速度 v_2/(m/s)	≤3	>3	≤3	>3	≤3	>3
K	1.05	1.15	1.5	1.7	2	2.2

当蜗轮的材料为灰铸铁或高强度青铜($\sigma_b \geqslant 300$ MPa)时,蜗轮传动的主要失效形式是胶合失效。通常胶合失效主要与齿面间的滑动速度有关,而与应力循环次数 N 无关。由于目前尚无完善的胶合强度计算公式,故通常采用接触疲劳强度计算来作为胶合强度的条件性计算。$[\sigma_H]$ 的值可由表9-6中查出。当蜗轮材料为锡青铜(σ_b<300 MPa)时,蜗轮主要为接触疲劳失效,此时 $[\sigma_H]$ 的值与应力循环次数 N 有关,可由表9-7查取。

表 9-6 灰铸铁、铸铝铁青铜蜗轮的许用接触应力 $[\sigma_H]$ 单位:MPa

材料		滑动速度 $v_s/(\mathrm{m \cdot s^{-1}})$						
蜗杆	蜗轮	<0.25	0.25	0.5	1	2	3	4
20或20Cr渗碳、淬火,45钢淬火,齿面硬度大于45HRC	灰铸铁 HT150	206	166	150	127	95	—	—
	灰铸铁 HT200	250	202	182	154	115	—	—
	铸铝铁青铜 ZCuAl10Fe3	—	—	250	230	210	180	160
45钢,Q275	灰铸铁 HT150	172	139	125	106	79	—	—
	灰铸铁 HT200	208	168	152	128	96	—	—

表 9-7 铸锡青铜蜗轮的许用接触应力 $[\sigma_H]$ 单位:MPa

蜗轮材料	铸造方法	蜗杆齿面硬度≤45HRC			蜗杆齿面硬度>45HRC		
		$N<2.6\times10^5$	$2.6\times10^5 \leqslant N \leqslant 25\times10^7$	$N>25\times10^7$	$N<2.6\times10^5$	$2.6\times10^5 \leqslant N \leqslant 25\times10^7$	$N>25\times10^7$
铸锡磷青铜 ZCuSn10P1	砂型	238	$150\sqrt[8]{10^7/N}$	100	284	$180\sqrt[8]{10^7/N}$	120
	金属型	347	$220\sqrt[8]{10^7/N}$	147	423	$268\sqrt[8]{10^7/N}$	179
铸锡锌铅青铜 ZCuSn5Pb5Zn5	砂型	178	$113\sqrt[8]{10^7/N}$	76	213	$135\sqrt[8]{10^7/N}$	90
	金属型	202	$128\sqrt[8]{10^7/N}$	86	221	$140\sqrt[8]{10^7/N}$	94

注:应力循环次数 $N=60jn_2L_k$,其中 n_2 为蜗轮转速($\mathrm{r \cdot min^{-1}}$);$L_k$ 为工作寿命(h);j 为蜗轮每转一转,每个轮齿同一齿面啮合的次数。

蜗杆传动的接触疲劳强度设计公式为

$$a \geqslant \sqrt[3]{KT_2\left(\frac{Z_E Z_\rho}{[\sigma_H]}\right)^2} \tag{9-11}$$

由式(9-11)算出蜗杆传动的中心距 a 后,可根据预选的传动比 i 从表 9-1 中选择一个合适的 a 值,以及与其匹配的蜗杆、蜗轮的其他参数。对于非标准蜗杆减速装置也可以用下式进行设计

$$m^2 d_1 \geqslant 9KT_2 \left(\frac{Z_E}{z_2 [\sigma_H]} \right)^2 \tag{9-12}$$

由式(9-12)求出 $m^2 d_1$ 后,按照表 9-1 查出相应的 m 、d_1 和 q 值,作为蜗杆的设计参数。

3. 蜗轮齿根弯曲疲劳强度计算

当蜗轮的齿数较多(如 $z_2 > 80$ 时)或开式传动时,容易出现蜗轮轮齿因弯曲强度不够而失效的情况。与齿轮传动相类似,蜗轮轮齿的弯曲疲劳强度也取决于轮齿模数的大小。由于蜗轮轮齿的齿形要比圆柱渐开线轮齿复杂得多,要精确的计算齿根的弯曲应力是比较困难的,通常是把蜗轮近似成斜齿圆柱齿轮来考虑,进行条件性计算,其近似公式为

$$\sigma_F = \frac{1.53KT_2}{d_1 d_2 m \cos \gamma} Y_{Fa2} Y_\beta \leqslant [\sigma_F] \tag{9-13}$$

式中 σ_F ——蜗轮齿根弯曲应力,MPa;

Y_{Fa2} ——蜗轮齿形系数,可根据蜗轮的当量齿数 $z_{v2} = z_2 / \cos^3\gamma$ 及蜗轮的变位系数 x_2 从图 9-8 中查取;

Y_β ——螺旋角影响系数, $Y_\beta = 1 - \gamma / 120°$;

$[\sigma_F]$ ——蜗轮的许用弯曲应力,MPa,可从表 9-8 中选取。

表 9-8 蜗轮的许用弯曲应力 $[\sigma_F]$ 单位:MPa

蜗轮材料		铸造方法	单侧工作 $[\sigma_{0F}]$			双侧工作 $[\sigma_{-1F}]$		
			$N<10^5$	$10^5 \leqslant N \leqslant 25\times10^7$	$N>25\times10^7$	$N<10^5$	$10^5 \leqslant N \leqslant 25\times10^7$	$N>25\times10^7$
铸锡磷青铜 ZCuSn10P1		砂型	51.7	$40\sqrt[9]{10^6/N}$	21.7	37.5	$29\sqrt[9]{10^6/N}$	15.7
		金属型	72.3	$56\sqrt[9]{10^6/N}$	30.3	51.7	$40\sqrt[9]{10^6/N}$	21.7
铸锡锌铅青铜 ZGuSn5Pb5Zn5		砂型	33.6	$26\sqrt[9]{10^6/N}$	14.1	28.4	$22\sqrt[9]{10^6/N}$	11.9
		金属型	41.3	$32\sqrt[9]{10^6/N}$	17.3	33.6	$26\sqrt[9]{10^6/N}$	14.1
铸铝铁青铜 ZGuAl10Fe3		砂型	103	$80\sqrt[9]{10^6/N}$	43.3	73.6	$57\sqrt[9]{10^6/N}$	30.9
		金属型	116	$90\sqrt[9]{10^6/N}$	48.7	82.7	$64\sqrt[9]{10^6/N}$	34.6
灰铸铁	HT150	砂型	113	$40\sqrt[9]{10^6/N}$	21.7	36.2	$28\sqrt[9]{10^6/N}$	15.2
	HT200	砂型	128	$48\sqrt[9]{10^6/N}$	26	43.9	$34\sqrt[9]{10^6/N}$	18.4

注:应力循环次数 N 的确定同表 9-7 的注。

由式(9-13)可推导出蜗轮轮齿按弯曲疲劳强度条件下的设计公式,即

$$m^2 d_1 \geqslant \frac{1.53KT_2}{z_2 [\sigma_F] \cos \gamma} Y_{Fa2} Y_\beta \tag{9-14}$$

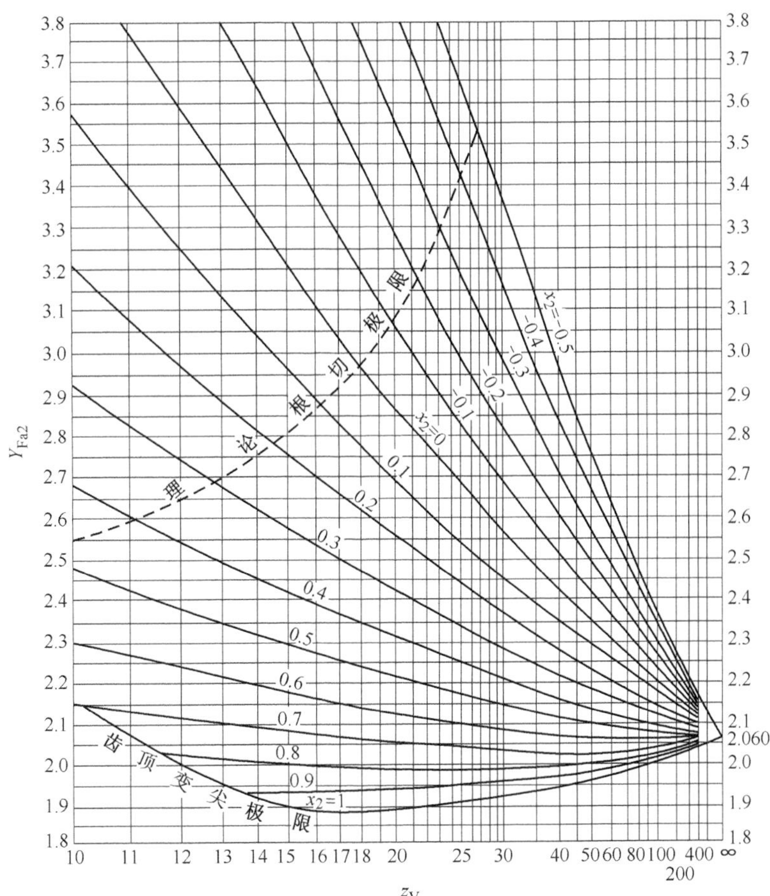

图 9-8 蜗轮的齿形系数 Y_{Fa2}（$\alpha = 20°$，$h_a^* = 1$，$\rho_{a0} = 0.3m_n$）

计算出 m^2d_1 后，按照表 9-1 查出相应的配对参数。

4. 蜗杆轴的刚度计算

蜗杆是比较细长的零件，工作中受载荷后可能产生较大的弹性变形。变形过大将影响蜗杆、蜗轮的正确啮合，造成轮齿偏载，甚至导致干涉。因此，设计时应验算受载后的最大挠度是否在允许的范围内。蜗杆所受载荷的三个分力 F_{t1}、F_{r1}、F_{a1} 中，F_{t1} 和 F_{r1} 是引起挠曲变形的主要因素，F_{a1} 可以忽略不计。蜗杆的最大挠度可按下式近似计算

$$y = \frac{\sqrt{F_{t1}^2 + F_{r1}^2}}{48EI} l^3 \leqslant [y] \tag{9-15}$$

式中 F_{t1}——蜗杆所受圆周力，N；

F_{r1}——蜗杆所受的径向力 N；

E——蜗杆材料的弹性模量 MPa，钢制蜗杆 $E = 2.06 \times 10^5$MPa；

I——蜗杆轴危险截面的惯性矩，mm^4，$I = \pi d_{f1}^4/64$，其中 d_{f1} 为蜗杆齿根圆直径；

l——蜗杆轴承间的跨距，mm，根据结构尺寸而定，初步计算时可取 $l = 0.9d_2$，d_2 为蜗轮分度圆直径；

$[y]$——许用最大挠度，mm，$[y] = d_1/1\,000$，d_1 为蜗杆分度圆直径。

9.5 蜗杆传动的效率、润滑和热平衡

9.5.1 蜗杆传动的效率

闭式蜗杆传动中的功率损失及相应的效率与前述的齿轮传动的情况基本相同,包括三部分,总效率可表示为

$$\eta = \eta_1 \eta_2 \eta_3 \tag{9-16}$$

式中 η_1——啮合效率;

η_2——搅油及溅油效率,近似可以取 $\eta_2 \approx 0.96 \sim 0.99$;

η_3——轴承效率,每对滚动轴承可取 $\eta_3 \approx 0.99 \sim 0.995$,滑动轴承可取 $\eta_3 \approx 0.97 \sim 0.98$。

啮合效率 η_1 可按螺旋副的效率公式近似计算:

蜗杆主动时 $\eta_1 = \tan\gamma/\tan(\gamma + \varphi_v)$ (9-17)

蜗轮主动时 $\eta_1 = \tan(\gamma - \varphi_v)/\tan\gamma$ (9-18)

式中 γ——导程角;

φ_v——当量摩擦角。

在三部分效率中,蜗杆传动的总效率主要取决于 η_1。η_1 主要受 γ 和 φ_v 的影响,导程角 γ 越大,η_1 越高。由导程角计算公式可知:z_1 越大,γ 越大,故在大功率传动及要求传动效率较高的场合,宜用多头蜗杆。但头数越多,γ 越大,蜗杆的制造越困难。工程实践中,一般 $\gamma < 27°$。当量摩擦角 φ_v 越大,η_1 越低,而 φ_v 与蜗杆蜗轮材料和相对滑动速度 v_s 等因素有关,可由表 9-9 查得。由图 9-9 可知,蜗杆传动的相对滑动速度 v_s 为

$$v_s = \frac{v_1}{\cos\gamma} = \frac{\pi d_1 n_1}{60 \times 1\,000\cos\gamma} \tag{9-19}$$

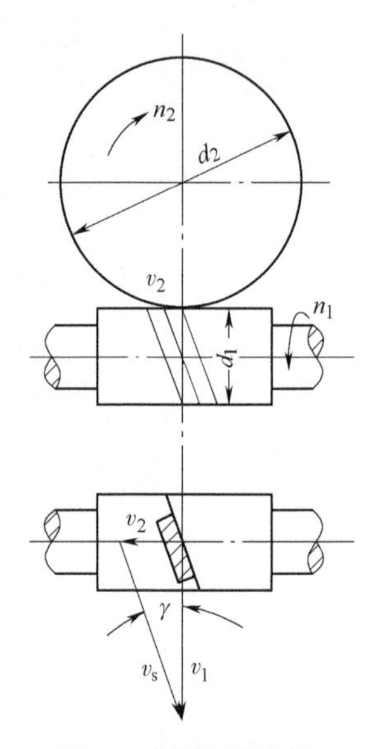

图 9-9 蜗杆传动的相对滑动速度

式中 v_1——蜗杆分度圆处线速度,m/s;

n_1——蜗杆转速 r/min。

表 9-9 普通圆柱蜗杆传动的当量摩擦角 φ_v 的值

蜗轮齿圈材料	锡青铜		无锡青铜	灰铸铁	
蜗杆齿面硬度	≥45 HRC	<45 HRC	≥45 HRC	≥45 HRC	<45 HRC
滑动速度 $v_s/(\mathrm{m\cdot s^{-1}})$	当量摩擦角 φ_v				
0.25	3°43′	4°17′	5°43′	5°43′	6°51′
0.50	3°09′	3°43′	5°09′	5°09′	5°43′
1.0	2°35′	3°09′	4°00′	4°00′	5°09′
1.5	2°17′	2°52′	3°43′	3°43′	4°34′

续表

蜗轮齿圈材料	锡青铜		无锡青铜	灰铸铁	
蜗杆齿面硬度	≥45 HRC	<45 HRC	≥45 HRC	≥45 HRC	<45 HRC
滑动速度 $v_s/(m \cdot s^{-1})$	当量摩擦角 φ_v				
2.0	2°00′	2°35′	3°09′	3°09′	4°00′
2.5	1°43′	2°17′	2°52′		
3.0	1°36′	2°00′	2°35′		
4.0	1°22′	1°47′	2°17′		
5.0	1°16′	1°40′	2°00′		
8.0	1°02′	1°29′	1°43′		
10	0°55′	1°22′			
15	0°48′	1°09′			
24	0°45′				

注:①如果滑动速度与表中数值不一致,可利用插值法求得当量摩擦角 φ_v 。
②硬度≥45 HRC 的蜗杆,其当量摩擦角的值系指齿面经过磨削或抛光并仔细磨合、正确安装、采用黏度合适的润滑油进行充分润滑时的情况。

蜗杆效率的一般范围:自锁蜗杆,0.40~0.45;单头蜗杆,0.70~0.75;双头蜗杆,0.75~0.82。由于轴承摩擦和搅油的功率损失不大,一般取 $\eta_2\eta_3 \approx 0.95 \sim 0.97$,则蜗杆主动时的总效率为

$$\eta = \eta_1\eta_2\eta_3 \approx (0.95 \sim 0.97)\tan\gamma/\tan(\gamma + \varphi_v) \tag{9-20}$$

9.5.2 蜗杆传动的润滑

由于蜗杆传动的传动效率低和发热量大,若润滑不当,容易引起过度磨损和胶合。因此,润滑是蜗杆传动中必须考虑的至关重要的问题。

为保证蜗杆传动中良好的润滑,必须合理的选择和确定润滑剂、润滑方法及润滑油的供油量。

1. 润滑剂及添加剂

为提高蜗杆传动的抗胶合性能,常采用黏度较大的矿物油,或在润滑油中加入适量的添加剂,如抗氧化剂、抗磨剂、油性极压添加剂等。表9-10中列出了在不同的相对滑动速度和载荷时推荐选用的润滑油的运动黏度值。

表9-10 润滑油黏度推荐值

滑动速度 $v_s/(m \cdot s^{-1})$	≤1	1~2.5	>2.5~5	>5~10	>10~15	>15~25	>25
工作条件	重载	重载	中载	—	—	—	—
运动黏度 $\nu_{40\,℃}$ (mm^2/s)	1 000	680	320	220	150	100	68

续表

润滑方法		浸油润滑		浸油或喷油润滑	压力喷油润滑，喷油压力 N/mm^2		
					0.07	0.2	0.3

注：美国 AGMA 推荐使用 460 和 680 号极压油或复合油(复合油是指含有极压添加剂外，还含有其他添加剂的润滑油)。前者用于环境温度为-10~10 ℃的工况；后者用于 10~50 ℃的工况，但蜗轮转速较高的也推荐用 460 号油。

2. 润滑方法

闭式蜗杆传动的润滑方法主要有油池浸油润滑和喷油润滑两种。主要根据齿面相对滑动速度 v_s 选择，压力喷油润滑时，应注意控制一定的油压，具体选择可参考表 9-10。

3. 润滑油供油量

采用油池浸油润滑时，蜗杆最好下置，浸油深度以蜗杆一个齿高为宜；若因结构限制蜗杆不得已上置时，浸油深度可取蜗轮半径的 1/6~1/3。为避免蜗杆工作时泛起油池沉渣，并考虑到散热问题，油池容量以及蜗杆(或蜗轮)与油池底距离应适当大些。

喷油润滑时的供油量可参考表 9-11。

表 9-11 喷油润滑时的供油量

中心距/mm	80	100	125	160	200	250	315	400	500
供油量/(L/min)	1.5	2	3	4	6	10	15	20	20

9.5.3 蜗杆传动的热平衡

由于蜗杆传动中齿面间以滑动为主，且相对滑动速度较大，因而传动效率较低，发热量大。在闭式传动中，如果热量不能及时散发，将使箱体内润滑油温度不断升高，黏度下降，承载能力下降，进而导致润滑失效、磨损加剧，甚至胶合。因此，对蜗杆传动(尤其是连续工作的闭式蜗杆传动)必须进行热平衡计算。

由摩擦损耗功率 $P_f = P(1-\eta)$ 产生的热量为

$$Q_1 = P(1-\eta) \tag{9-21}$$

式中 P——蜗杆传递的功率，kW。

以自然冷却方式，从箱体外壁散发到周围空气中热流量 $Q_2(W)$ 为

$$Q_2 = \alpha_d A(t_0 - t_a) \tag{9-22}$$

式中 α_d——箱体表面的传热系数，可取 $\alpha_d=(12\sim18)$ W/(m²·℃)，箱体周围空气流通良好时可取偏大值；

A——箱体的散热面积，m²，箱体有良好的散热肋片时，可近似取 $A \approx 9\times10^{-5}a^{1.85}$，散热肋片较少时，可近似取 $A \approx 9\times10^{-5}a^{1.5}$，其中 a 为蜗杆传动中心距 mm；

t_0——油的工作温度，一般限制在 60~70 ℃，最高不超过 80 ℃；

t_a——周围空气的温度，常温下可取为 20 ℃。

既定工作条件下的油温 t_0 可按热平衡条件($Q_1=Q_2$)求出，即

$$t_0 = t_a + \frac{1\,000P(1-\eta)}{\alpha_d A} \tag{9-23}$$

保持传动能在正常工作温度下工作所需要的散热面积 A (m²)为

$$A = \frac{1\,000P(1-\eta)}{\alpha_d(t_0 - t_a)} \tag{9-24}$$

在 t_0 超过 80 ℃或有效散热面积不足时，可采取下述措施：

(1)在箱体上增加散热片，如图 9-10 所示。

(2)在蜗杆轴端加装风扇以加速空气流动，如图 9-10 所示。

(3)采用循环强迫冷却，如油池内加装冷却蛇形管，如图 9-11 所示。

(4)改变设计，加大箱体尺寸。

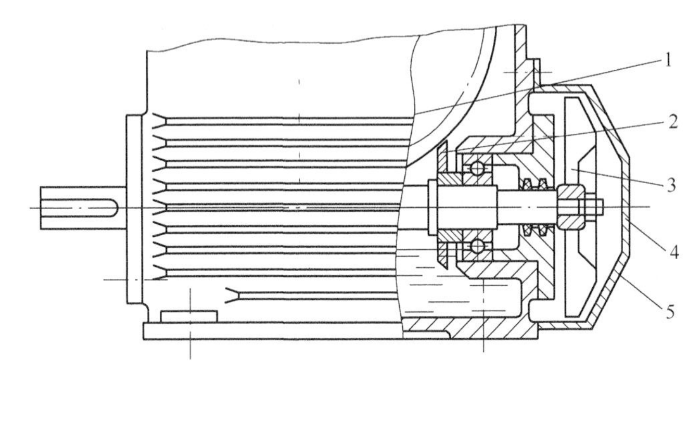

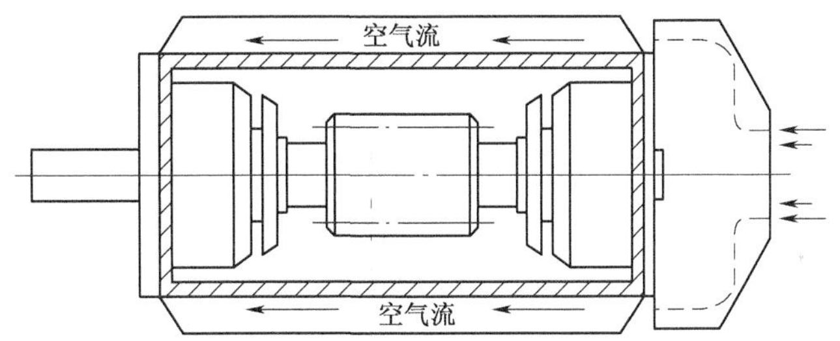

图 9-10 加散热肋片和风扇的蜗杆减速器

1—散热片；2—溅油轮；3—风扇；4—过滤网；5—集气罩

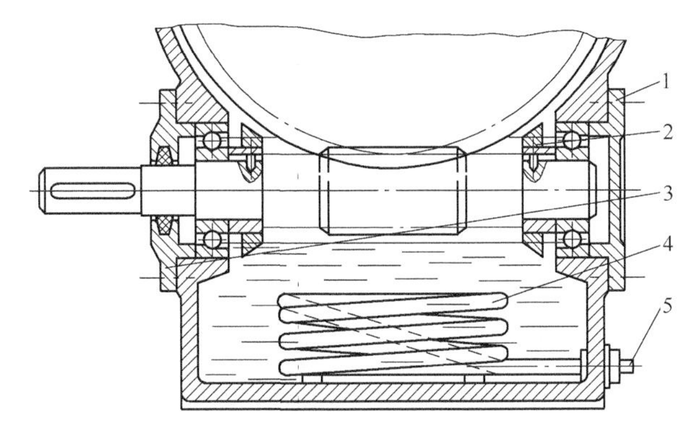

图 9-11 加装冷却蛇形管的蜗杆减速器

1—闷盖；2—溅油轮；3—透盖；4—蛇形管；5—冷却水出口、入口

例题 9-1 设计一单级蜗杆减速器中的阿基米德蜗杆传动。已知蜗杆传递功率为 $P_1 = 5.5$ kW,转速 $n_1 = 2\,900$ r/min,传动比 $i = u = 25$。电动机驱动,单向运转,工作载荷平稳,设计使用寿命为 8 年,每年按 260 个工作日计算,单班制工作,蜗杆下置,润滑良好。

解题分析:由于是减速器中的蜗杆传动,故为闭式传动。根据设计准则,应按接触疲劳强度确定主要尺寸,并校核弯曲疲劳强度。此外为防止油温过高,应进行热平衡计算;为保证蜗杆刚度,还应对其弹性变形进行验算。

解:(1)选择蜗杆传动类型及精度等级。根据题意,采用阿基米德蜗杆,7 级精度。

(2)材料选择。蜗杆选用 45 钢,淬火处理,表面硬度为 45~55 HRC;蜗轮采用铸造锡青铜(ZCuSn10P1),砂型铸造。

(3)按齿面接触疲劳强度进行设计。

设计公式
$$a \geqslant \sqrt[3]{KT_2\left(\frac{Z_E Z_\rho}{[\sigma_H]}\right)^2}$$

假定 $v_2 < 3$ m/s ,空载启动,由表 9-5 查得载荷系数 $K = 1.05$。

根据传动比,由表 9-2 取 $z_1 = 2$,由表 9-4 初选 $\eta = 0.8$,则

$$T_2 = T_1 i\eta = 9.55 \times 10^6 \times \frac{P_1}{n_1} i\eta = 9.55 \times 10^6 \times \frac{5.5}{2\,900} \times 25 \times 0.8 = 3.62 \times 10^5(\text{N} \cdot \text{mm})$$

初取 $d_1/a = 0.4$,由图 9-7 查得 $Z_\rho = 2.74$。

应力循环次数

$$N = 60jn_2L_h = 60 \times 1 \times 2\,900/25 \times 8 \times 260 \times 8 = 1.34 \times 10^8$$

根据蜗轮材料铸造锡青铜(砂型铸造),蜗杆硬度>45 HRC 和应力循环次数 N 由表 9-7 查得

$$[\sigma_H] = 180\sqrt[8]{10^7/N} = 130(\text{MPa})$$

当钢制蜗杆与铸造锡青铜配对时,取 $Z_E = 150\sqrt{\text{MPa}}$

将以上参数代入设计公式可得

$$a \geqslant \sqrt[3]{1.05 \times 3.62 \times 10^5 \times \left(\frac{150 \times 2.74}{130}\right)^2} = 156(\text{mm})$$

按标准中心距系列选取中心距 $a' = 160$ mm ,模数 $m = 5$ mm ,蜗杆分度圆直径 $d_1 = 63$ mm ,蜗杆直径系数 $q = 12.6$,蜗杆头数 $z_1 = 2$,蜗轮齿数 $z_2 = 50$,变位前中心距 $a = \frac{(q + z_2)m}{2} = \frac{(12.6 + 50) \times 5}{2} = 156.5(\text{mm})$,蜗轮的变位系数 $x_2 = \frac{a' - a}{m} = \frac{160 - 156.5}{5} = 0.7$, 蜗轮的分度圆直径 $d_2 = mz_2 = 5 \times 50 = 250(\text{mm})$,蜗杆导程角 $\gamma = \arctan\frac{z_1}{q} = 9.019\,3° = 9°01'9''$ 。根据以上基本有 $d_1/a = 0.394 \approx 0.4$,由图 9-7 查的接触系数 $Z_\rho = 2.74$,蜗轮圆周速度 $v_2 = \frac{\pi d_2 n_2}{60 \times 1\,000} = \frac{\pi \times 250 \times 2\,900/25}{60 \times 1\,000} = 1.52(\text{m/s})$,小于 3 m/s,符合原假设。

滑动速度 $v_s = \dfrac{\pi d_1 n_1}{60 \times 1\,000 \cos\gamma} = \dfrac{\pi \times 63 \times 2\,900}{60 \times 1\,000 \times \cos 9.0193°} = 9.7(\text{m/s})$

根据 $v_s = 9.7\text{m/s}$ 查表 9-9 得 $\varphi_v = 0.917°$，则效率

$$\eta = 0.95 \times \frac{\tan 9.019\,3°}{\tan(9.019\,3° + 0.927°)} = 0.86$$

$$T_2 = T_1 i\eta = 9.55 \times 10^6 \frac{P_1}{n_1} i\eta = 9.55 \times 10^6 \frac{5.5}{2\,900} \times 25 \times 0.86 = 3.89 \times 10^5(\text{N} \cdot \text{mm})$$

将以上参数重新代入设计公式得到

$$a \geqslant \sqrt[3]{1.05 \times 3.89 \times 10^5 \times \left(\frac{150 \times 2.74}{130}\right)^2} = 159.8\ (\text{mm}) < 160(\text{mm})$$

满足要求。

(4)蜗轮齿根弯曲疲劳强度校核。校核公式为

$$\sigma_F = \frac{1.53KT_2}{d_1 d_2 m} Y_{\text{Fa2}} Y_\beta$$

由题意查表 9-8 得到许用弯曲疲劳强度 $[\sigma_F] = 40\sqrt[9]{10^6/N} = 23.59\ (\text{MPa})$

又蜗轮的当量齿数 $z_{v2} = z_2/\cos^3\gamma = 50/\cos 9.0193° = 50.63$，查图 9-8 可得 $Y_{\text{Fa2}} = 2.05$。螺旋角影响系数 $Y_\beta = 1 - 9.019\,3°/120° = 0.924$

将以上参数代入校核公式可得

$$\sigma_F = \frac{1.53 \times 1.05 \times 3.89 \times 10^5}{63 \times 250 \times 5} \times 2.05 \times 0.924 = 15.03 < [\sigma_F] = 23.59\ (\text{MPa})$$

满足抗弯疲劳强度的要求。

(5)蜗杆传动的热平衡计算。设周围空气适宜，通风良好，箱体有较好的散热肋片，散热面积近似取

$$A = 9 \times 10^{-5} a^{1.85} = 9 \times 10^{-5} \times 160^{1.85} = 1.08(\text{m}^2)$$

取箱体表面散热系数 $\alpha_d = 15\ \text{W}/(\text{m}^2 \cdot ℃)$

则工作油温

$$t_0 = t_a + \frac{1\,000P(1-\eta)}{\alpha_d A} = 20 + \frac{1\,000 \times 5.5 \times (1 - 0.86)}{15 \times 1.08} = 67.2(℃) < 80(℃)$$

工作油温符合要求。

(6)蜗杆刚度计算。

蜗杆公称转矩 $T_1 = 9.55 \times 10^6 \times \dfrac{P_1}{n_1} = 9.55 \times 10^6 \times \dfrac{5.5}{2\,900} = 1.81 \times 10^4(\text{N} \cdot \text{mm})$

蜗轮公称转矩 $T_2 = T_1 i\eta = 9.55 \times 10^6 \dfrac{P_1}{n_1} i\eta = 3.89 \times 10^5(\text{N} \cdot \text{mm})$

蜗杆所受的圆周力 $F_{t1} = 2T_1/d_1 = 575\ (\text{N})$

蜗轮所受的圆周力 $F_{t2} = 2T_2/d_2 = 3\,112\ (\text{N})$

蜗杆所受的径向力 $F_{r1} = F_{t2}\tan\alpha_a = 1\ 132\ (\mathrm{N})$

许用最大挠度 $[y] = d_1/1\ 000 = 0.063\ (\mathrm{mm})$

蜗杆轴承间跨距 $l = 0.9 \times 250 = 225\ (\mathrm{mm})$

钢制蜗杆材料的弹性模量 $E = 2.06 \times 10^5 (\mathrm{MPa})$

蜗杆轴危险截面的惯性矩 $I = \dfrac{\pi d_{f1}^4}{64} = 3.32 \times 10^5 (\mathrm{mm}^4)$ 其中，$d_{f1} = d_1 - 2h_{f1} = 51\ (\mathrm{mm})$

蜗杆的最大挠度 $y = \dfrac{\sqrt{F_{t1}^2 + F_{r1}^2}}{48EI} l^3 = \dfrac{\sqrt{575^2 + 1\ 132^2}}{48 \times 2.06 \times 10^5 \times \dfrac{\pi}{64} \times 51^4} \times 250^3 = 0.006\ 04\ (\mathrm{mm})$

$< [y] = 0.063\ (\mathrm{mm})$

满足刚度要求。

(7)综上所述，可得所设计的配对蜗杆传动主要参数：

$m = 5\ \mathrm{mm}, z_1 = 2, z_2 = 50, i = 25, a' = 160\ \mathrm{mm}, d_1 = 63\ \mathrm{mm}, x_2 = 0.7$。

9.6 蜗杆和蜗轮的结构

由于蜗杆的直径通常较小，因而一般与轴制成一体，称为**蜗杆轴**。常见的蜗杆轴结构如图 9-12所示。其中图 9-12(a)中的螺旋部分可以车制或铣制；但当蜗杆齿根圆直径 d_{f1} 小于轴径时，只能铣制，如图 9-12(b)所示。只有在蜗杆轴径较大且轴所用的材料不同时，才将蜗杆与轴分开制造。

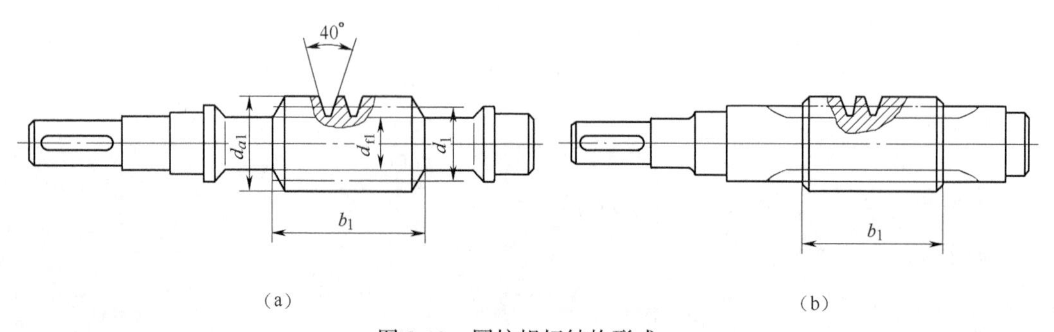

图 9-12 圆柱蜗杆结构形式

蜗轮的结构可以分为整体式和组合式两种。当蜗轮采用灰铸铁或球墨铸铁制造或直径较小的青铜蜗轮(如 $d_2 \leqslant 100$ mm)时，可浇铸成整体式蜗轮，如图 9-13(a)所示。直径较大的青铜蜗轮，为节约贵金属，一般采用青铜齿圈与铸铁或铸钢轮芯组成组合式蜗轮。当尺寸不太大或工作温度变动较小的地方，可采用图 9-13(b)所示的组合结构：齿圈与轮芯用 H7/r6 配合，为增加连接的可靠性，一般加装 4~6 个紧定螺钉。为了便于钻孔，应将螺钉孔中心线由配合缝向材料较硬的轮芯部分偏移 2~3 mm。对于尺寸较大或容易磨损的蜗轮，可采用图 9-13(c)所示的组合结构：采用螺栓连接。这种结构装拆较方便。

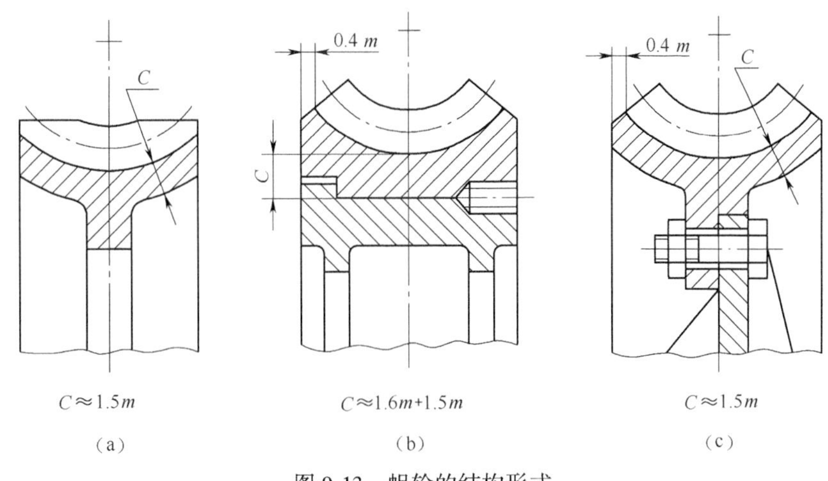

图9-13 蜗轮的结构形式

思考题、讨论题和习题

9-1 与齿轮传动相比，蜗杆传动有何特点？什么情况下不宜采用蜗杆传动？为何传递大功率时，很少采用蜗杆传动？

9-2 蜗杆传动的主要失效形式是什么？

9-3 影响蜗杆传动效率的主要因素有哪些？导程角 γ 的大小对效率有何影响？

9-4 蜗杆传动变位有何特点？变位的目的如何？

9-5 为什么要进行蜗杆传动的热平衡计算？

9-6 蜗杆蜗轮常用的结构有哪些？

9-7 在图9-14中，标出未注明的蜗杆(或蜗轮)的螺旋线旋向及蜗杆或蜗轮的转向，并绘出蜗杆或蜗轮啮合点作用力的方向(用三个分力表示)。

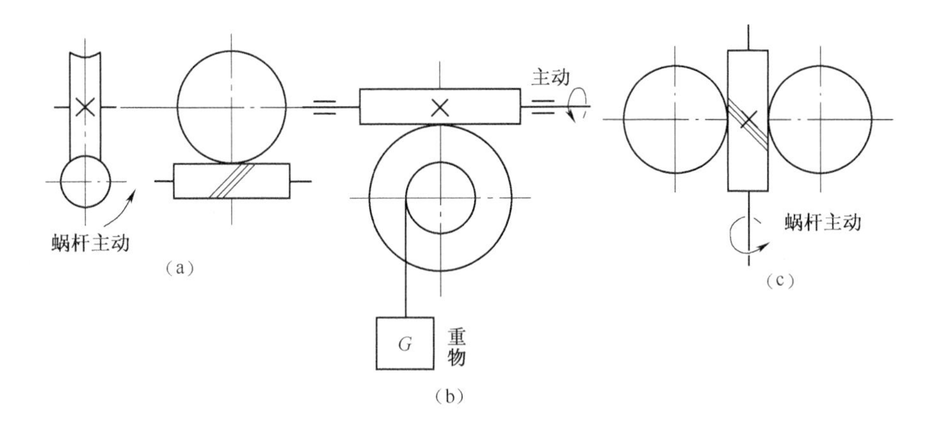

图9-14 题9-7图

9-8 在图9-15所示传动系统中，1为蜗杆，2为蜗轮，3和4为斜齿圆柱齿轮，5和6为直

齿锥齿轮。若蜗杆主动,要求输出齿轮 6 的回转方向如图 9-15 所示。试求:

(1) Ⅱ、Ⅲ轴的回转方向(并在图中标示)。

(2) 若要使Ⅱ、Ⅲ轴上所受轴向力互相抵消一部分,蜗杆、蜗轮及斜齿轮 3 和 4 的螺旋线方向。

(3) Ⅱ、Ⅲ轴上各轮啮合点处受力方向(F_t、F_r、F_a在图中画出)。

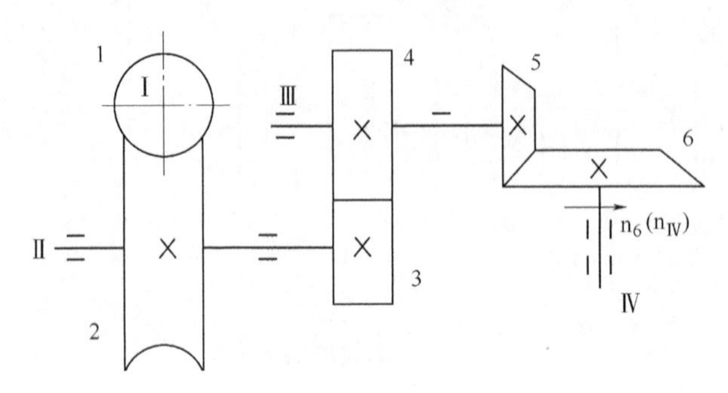

图 9-15　题 9-8 图

9-9　图 9-16 所示蜗杆传动均是以蜗杆为主动件。试在图上标出蜗轮(或蜗杆)的转向,蜗轮齿的螺旋线方向,蜗杆、蜗轮所受各分力的方向。

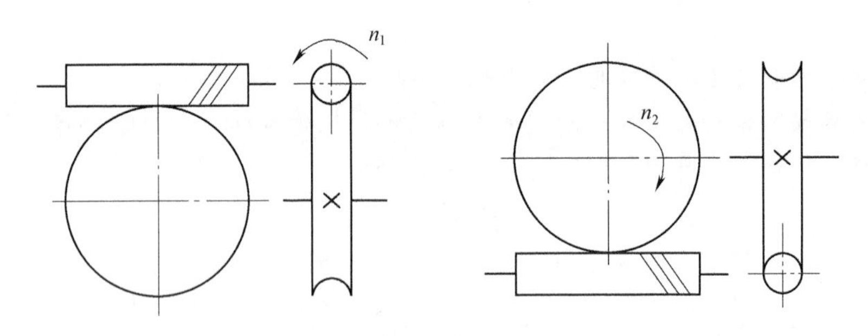

图 9-16　题 9-9 图

9-10　有一渐开线齿蜗杆传动,已知传动比 $i=15$,蜗杆头数 $z_1=2$,直径系数 $q=10$,分度圆直径 $d_1=80$ mm。试求:(1)模数 m、蜗杆分度圆柱导程角 γ、蜗轮齿数 z_2及分度圆柱螺旋角 β;2)蜗轮的分度圆直径 d_2和蜗杆传动中心距 a。

9-11　图 9-17 所示为带式运输机中单级蜗杆减速器。已知电动机功率 $P=6.5$ kW,转速 $n_1=1\ 460$ r/min,传动比 $i=15$,载荷有轻微冲击,单向连续运转,每天工作 4 h,每年工作 260 天,使用寿命为 8 年,设计该蜗杆传动。

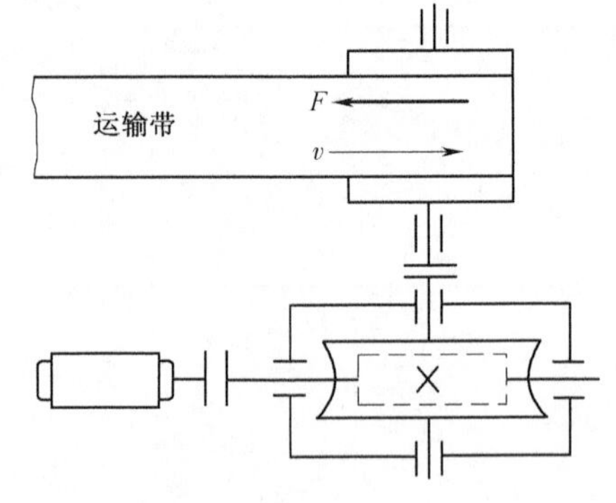

图 9-17　题 9-11 图

9-12　设计某起重设备中的阿基米德圆柱蜗杆传动。蜗杆由电机驱动,输入功率 $P_1=10$ kW,$n_1=1\ 460$ r/min,传动比 $i=25$。工作载荷有中等冲击,每天工作 4 h,预期使用寿命 10 年(每年按 260 个工作日算)。

第10章 螺 旋 传 动

【学习提示】

①学习本章时要注意其内容与其他章的相似与不同之处,也要注意螺旋和螺纹连接的相关联系。本章可以安排学生用自学的方法学习。

②本章的“螺旋传动”的类型部分很重要,但是讲授比较简单,要结合实际体会。

③在学习本章时安排了一个螺旋设计大作业,对于理解机械设计的方法和要点有较好的作用。

④滚动螺旋和液压螺旋在此仅作一般性介绍,学习时掌握其特点即可。滚动螺旋设计是选用标准件,必要时要参考有关手册。

10.1 螺旋传动概述

10.1.1 螺旋传动的特点

螺旋传动利用螺杆和螺母组成的螺旋副来实现传动,多用于将旋转运动转换为直线运动,并传递运动和动力。螺旋传动具有如下特点:

(1)可实现大的传动比。螺母(或螺杆)转一圈,螺杆(或螺母)只移动一个导程,可将高速旋转运动转换为低速直线运动,并且结构紧凑。

(2)可获得大的轴向力。对螺旋传动施加一个不大的力矩,即可获得一个大的轴向力,可用于起重、卡紧等场合,如螺旋千斤顶(见图10-1)。

(3)传动精度高。可以通过旋转运动精确控制直线运动的位移,用于位置调整、测量、机床进给等场合。

(4)传动平稳,无噪声。

(5)滑动螺旋很容易实现自锁。在起重、卡紧、调整、进给等应用中,通常不允许轴向载荷引起逆向旋转运动,因此通过滑动螺旋的自锁可使机器保持精确的工作位置。

(6)滑动螺旋传动效率低、磨损大。螺旋副接触面间的滑动摩擦较大、磨损大、效率低,特别是在自锁的情况下,因此常用于低速、小功率传动。

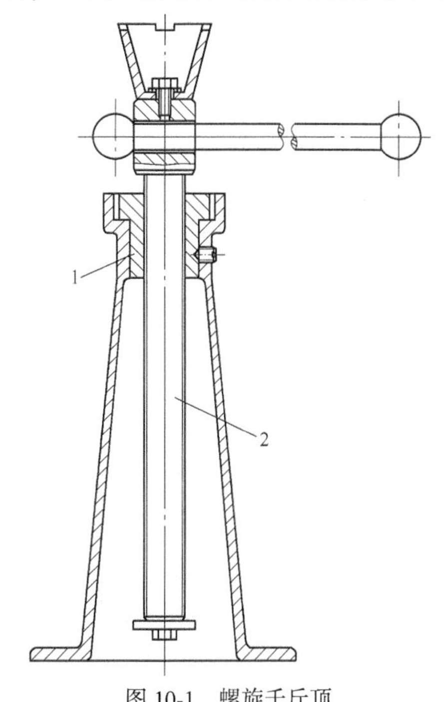

图10-1 螺旋千斤顶

1—螺母;2—螺杆

10.1.2 螺旋传动的应用

螺旋传动在机械中的用途主要有以下四类:

(1)传力螺旋。以传递动力为主要目的,要求通过较小的转矩获得较大的轴向力,通常载荷大、速度低、工作时间短、有自锁要求,如螺旋千斤顶、螺旋压力机、螺旋升降机等。

(2)传导螺旋。以传递运动为主要目的,要求有较高的运动精度,有时也承受较大的轴向载荷,通常转速较高,在较长时间内连续工作。

(3)调整螺旋。用于调整或固定零件之间的相对位置,通常在空载下调整,一般要求自锁,如台钳(见图10-2)、带传动调整中心距的张紧螺旋装置等。

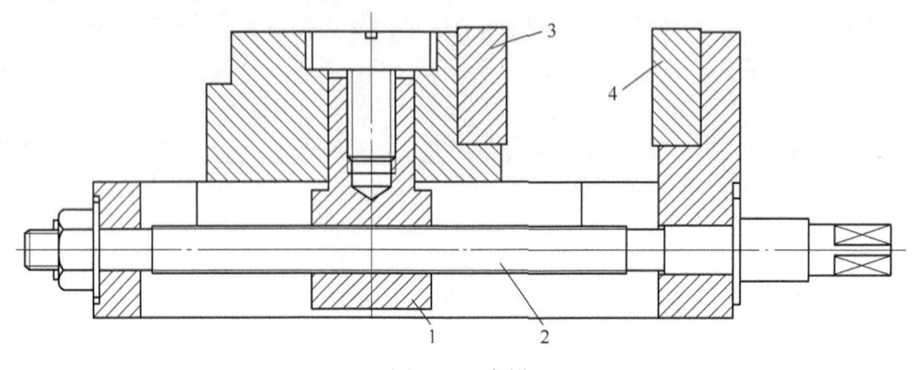

图10-2 台钳

1—螺母;2—螺杆;3—活动钳口;4—固定钳口

(4)测量螺旋。用于精密测量或精密定位,如螺旋测微仪。

10.1.3 螺旋传动的类型

根据螺杆与螺母相对运动的组合,螺旋传动可分为四种基本的运动形式:

(1)螺母固定,螺杆转动并移动,如图10-3(a)所示。螺杆的运动以螺母为支撑,不需要轴承和导轨,结构简单,应用广泛。如螺旋千斤顶、螺旋测微仪、螺旋升降机、水龙头等均采用了该螺旋传动形式。工作时螺母的左右两侧都要留有必要的空间,占用空间尺寸大于行程的两倍,故常用于轴向位移较小的场合。

(2)螺杆转动,螺母移动,如图10-3(b)所示。螺杆两端用轴承支承,并限制其轴向移动;螺母的移动需导轨引导,以防止其转动。这种传动方式占用空间小,结构复杂,常用于轴向位移较大的场合,如机床进给(见图10-4)。

(3)螺杆固定,螺母转动并移动,如图10-3(c)所示。这种传动结构简单,但运动精度低,常用于工作台上下位置的粗调整。

(4)螺母转动,螺杆移动,如图10-3(d)所示。螺母的旋转运动需要轴承支承,螺杆的移动需导轨引导,以防止其转动。该传动形式结构复杂,占用空间大,应用较少。

按螺旋副之间的摩擦状态,可将螺旋传动分为三种类型:

(1)滑动螺旋。内、外螺纹之间直接接触,摩擦状态为滑动摩擦。滑动螺旋的特点:摩擦阻力大,传动效率低(通常为30%~40%);结构简单,加工方便;容易实现自锁;运转平稳,但低速或微调时可能出现爬行;螺纹有侧向间隙,定位精度和轴向刚度较差;磨损快。螺旋千斤顶、螺旋测微仪、台钳、机床进给装置等应用中常采用滑动螺旋。

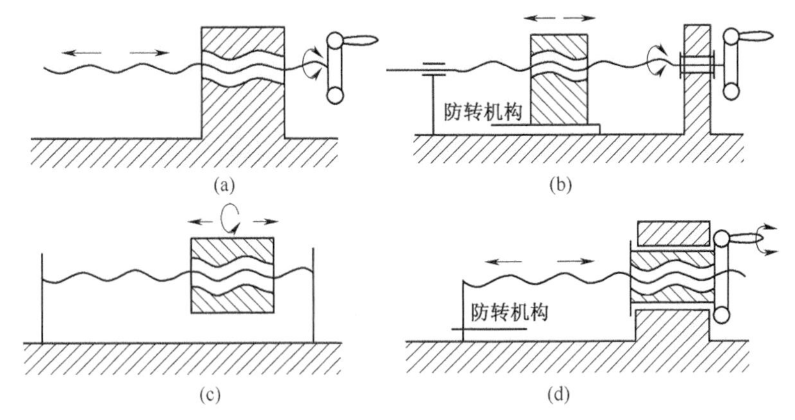

图 10-3 螺旋传动的类型

(2)滚动螺旋。在内、外螺纹副之间加入滚动体,使螺纹副之间形成滚动摩擦,摩擦阻力小,传动效率高(一般大于90%);螺母和螺杆经调整预紧,可得到很高的定位精度,并可提高轴向刚度;运转平稳,低速时无爬行;具有传动可逆性,为了避免螺旋副受载后逆转,应设置防逆转机构;工作寿命长,但抗冲击能力差;结构复杂,成本高。

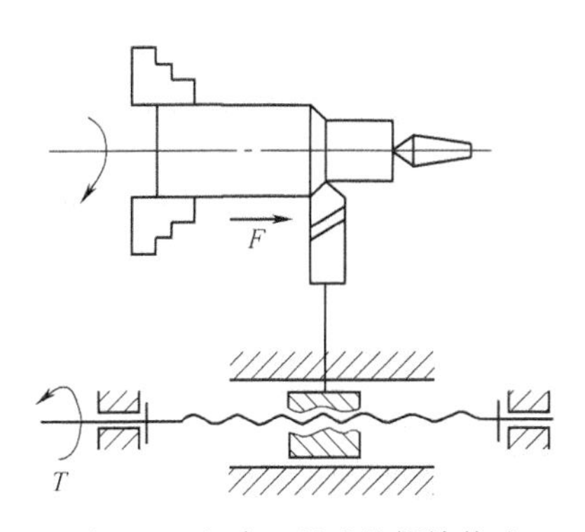

图 10-4 机床刀具进给螺旋传动

(3)静压螺旋。将液体静压润滑原理用于螺旋传动,在螺纹副中通入高压油,用高压油将内外螺纹隔开,则螺旋副的滑动摩擦变为流体的内摩擦,摩擦因数小,传动效率高(可达99%);磨损小,寿命长;工作平稳,无爬行现象;定位精度高,并有很高的轴向刚度;具有传动可逆性,必要时应设防逆转机构;螺母结构复杂,需专门提供液压供油系统。

滚动螺旋和静压螺旋结构复杂,成本高,仅用于需要传动效率较高的重要场合。

10.2 滑动螺旋传动设计

10.2.1 滑动螺旋传动的失效形式和设计准则

滑动螺旋副的主要失效形式为螺纹的磨损,因此螺杆直径和螺母高度通常是根据耐磨性计算确定的;传力螺旋工作中承受较大的轴向载荷,螺杆可能被拉断;青铜或铸铁螺母以及承受重载的调整螺旋应校核螺纹牙的剪切和弯曲强度;长径比大的螺杆在轴向压力作用下容易失稳,应校核其稳定性;要求自锁的螺杆应校核其自锁性,高速转动螺旋还要考虑共振问题。

滑动螺旋的设计应首先根据耐磨性条件确定螺纹的直径、螺距等主要参数,然后根据应用情况分别校核螺杆和螺母的各项强度条件、稳定性条件和自锁性条件;对转速高的螺旋还需校核临界转速。

10.2.2　滑动螺旋副的材料

螺杆材料应具有高的强度和良好的加工性。不经热处理的螺杆可选 Q235、Q275、45、50 等钢材。对于重要传动,要求耐磨性高,可选 40Cr、65Mn 等合金钢,并进行淬火或 20CrMnTi 渗碳淬火等热处理,以提高耐磨性。对于精密的传动螺旋,螺杆进行热处理后还要求有较好的尺寸稳定性,可选用 CrWMn(淬火)或 38CrMoAlA(渗氮)。

螺母材料除要有足够的强度外,和螺杆配合后还应具有较低的摩擦因数和较高的耐磨性。要求较高时,可选铸锡青铜 ZCuSn10P1 和 ZCuSn5Pb5Zn5;低速重载时,可选用铸铝青铜 ZCuAl9Mn2、ZCuAl10Fe3 或铸黄铜;轻载低速时可选用耐磨铸铁。

10.2.3　滑动螺旋传动的设计计算

滑动螺旋的主要失效形式为磨损,设计计算中通常根据耐磨性条件确定螺旋的主要尺寸,然后根据需要校核其他条件。

1. 耐磨性计算

滑动螺旋的磨损与旋合螺纹接触面上的压强 p、滑动速度 v、表面粗糙度及润滑状态等因素有关,其中最主要因素是表面压强。因此,耐磨性计算主要就是限制螺旋副工作面上的压强 p,使其不超过螺旋副材料的许用压强$[p]$。由于螺旋副中螺母材料相对较弱,磨损通常发生在螺母上,耐磨计算主要针对螺母。若作用在螺杆上的轴向载荷为 F(见图 10-5),旋合段螺纹承压面积为 A,则螺纹表面耐磨性条件为

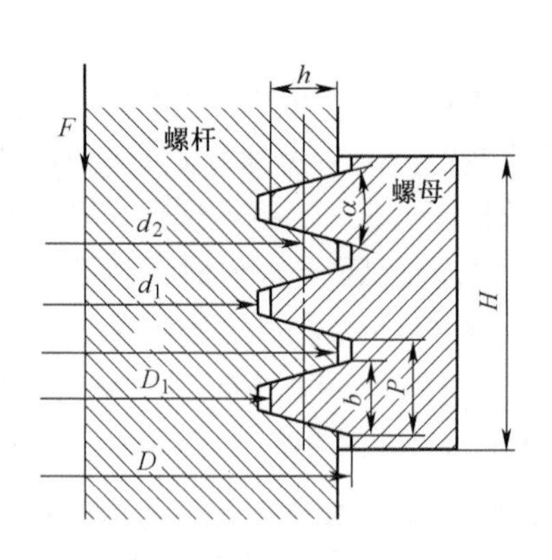

图 10-5　螺旋副受力

$$p=\frac{F}{A}=\frac{F}{\pi d_2 hz}=\frac{FP}{\pi d_2 hH}\leqslant[p] \qquad (10\text{-}1)$$

式中　d_2——螺纹中径,mm;

h——牙型高度,mm;

z——旋合螺纹圈数,$z=H/P$;

P——螺距,mm;

H——螺母高度,mm;

$[p]$——许用压强,MPa,如表 10-1 所示。

式(10-1)为校核公式,为推导设计公式,引入螺母高度系数 ϕ,$\phi=H/d_2$。则

$$d_2\geqslant\sqrt{\frac{FP}{\pi h\phi[p]}} \qquad (10\text{-}2)$$

ϕ 的取值根据螺母形式而定:铸铝青铜 ZCuAl9Mn2 对于整体式螺母,磨损后不能调整间

隙,为使螺纹牙受载分布均匀,螺纹旋合圈数不宜过多,一般取 $\phi=1.2\sim2.5$;剖分式螺母取$\phi=2.5\sim3.5$;对于传动精度要求较高,载荷大,要求工作寿命长的螺母,可取 $\phi=4$。

表 10-1　滑动螺旋副材料的许用压强[p]和摩擦因数μ

螺杆-螺母材料	滑动速度 $v/(\mathrm{m}\cdot\mathrm{min}^{-1})$	许用压强[p]/MPa	摩擦因数μ
淬火钢-青铜	6~12	10~13	0.06~0.08
钢-青铜	低速	18~25	0.08~0.10
	≤3	11~18	
	6~12	7~10	
	>15	1~2	
钢-耐磨铸铁	低速	15~22	0.10~0.12
	≤3	14~19	
	6~12	6~8	
钢-灰铸铁	≤3	12~16	0.12~0.15
	6~12	4~7	
钢-钢	低速	7.5~13	0.11~0.17

注:ϕ 值小时[p]取大值,ϕ 值大时[p]取小值。

对于矩形螺纹和梯形螺纹,$h=0.5P$。

$$d_2 \geqslant 0.8\sqrt{\frac{F}{\phi[p]}}$$

对于 30°锯齿形螺纹,$h=0.75P$

$$d_2 \geqslant 0.65\sqrt{\frac{F}{\phi[p]}}$$

根据上述公式计算 d_2后应根据国家标准选择满足要求的螺纹公称直径 d 和螺距 P。

2. 螺杆强度计算

受力较大的螺杆(如传力螺旋)需进行强度计算。螺旋传动工作时,螺杆承受轴向载荷作用而产生拉(压)应力,同时因螺纹力矩作用而产生切应力,根据第四强度理论,螺杆危险截面强度条件为

$$\sigma=\sqrt{\left(\frac{4F}{\pi d_1^2}\right)^2+3\left(\frac{T}{0.2d_1^3}\right)^2}\leqslant[\sigma] \tag{10-3}$$

式中　F——螺杆所受轴向拉(压)力,N;

T——螺杆所受转矩,N·mm;

d_1——螺杆螺纹小径,mm;

$[\sigma]$——螺杆材料的许用应力,MPa,如表 10-2 所示。

表 10-2　滑动螺旋副材料的许用应力

<table>
<tr><th>类　　型</th><th colspan="3">许用应力$[\sigma]$/MPa</th></tr>
<tr><td>螺杆强度</td><td colspan="3">$[\sigma]=\sigma_s/(3\sim5)$，$\sigma_s$为螺杆材料的屈服强度</td></tr>
<tr><td rowspan="5">螺纹牙强度</td><td>材料</td><td>切应力 $[\tau]$/MPa</td><td>弯曲应力 $[\sigma_b]$/MPa</td></tr>
<tr><td>钢</td><td>$0.6[\sigma]$</td><td>$(1.0\sim1.2)[\sigma]$</td></tr>
<tr><td>青铜</td><td>30~40</td><td>40~60</td></tr>
<tr><td>灰铸铁</td><td>40</td><td>45~55</td></tr>
<tr><td>耐磨铸铁</td><td>40</td><td>50~60</td></tr>
</table>

注：静载时许用应力取大值。

3. 螺母螺纹牙强度计算

螺纹牙可能发生剪切和弯曲失效，一般螺母材料强度低于螺杆材料，故只需校核螺母螺纹牙的强度。

螺母受轴向载荷 F，螺旋副旋合段圈数为 z，假设载荷由各圈均匀承担，则单圈螺纹所受载荷为 F/z，并作用在以螺纹中径 D_2为直径的圆周上。将单圈螺纹展开，则螺纹牙可看作宽度为 πD 的悬臂梁，梁根部厚度为 b，危险界面面积为 πDb，如图 10-6所示。剪切强度条件为

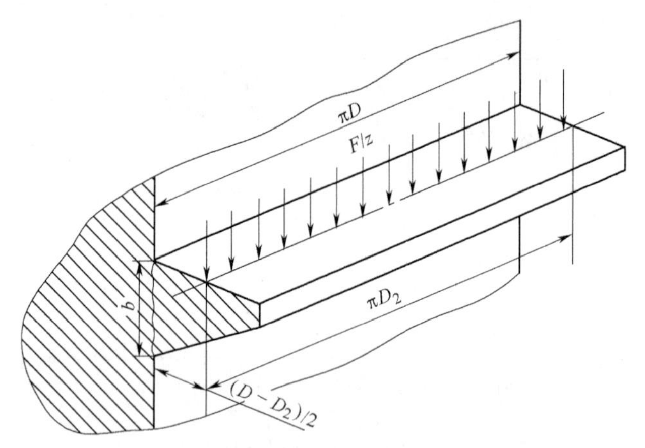

图 10-6　螺母螺纹牙受力

$$\tau=\frac{F}{z\pi Db}\leqslant[\tau] \tag{10-4}$$

悬臂梁的弯曲力臂为$(D-D_2)/2$，弯曲强度条件为

$$\sigma_b=\frac{M}{W}=\frac{\dfrac{F}{z}\left(\dfrac{D-D_2}{2}\right)}{\dfrac{\pi Db^2}{6}}=\frac{3F(D-D_2)}{\pi Db^2z}\leqslant[\sigma_b] \tag{10-5}$$

式中　$[\tau]$——许用切应力，MPa，如表 10-2 所示；

$[\sigma_b]$——许用弯曲应力，MPa，如表 10-2 所示；

b——螺纹牙根部厚度，mm，梯形螺纹 $b=0.65P$，矩形螺纹 $b=0.5P$，30°锯齿形螺纹 $b=0.75P$，P 为螺纹螺距。

4. 螺杆的稳定性计算

长径比大的受压螺杆在工作载荷过大时可能失稳，需要校核其稳定性。因此，工作中螺杆所受的轴向力 F 必须小于一个临界值。螺杆的稳定性条件为

$$S_{ca}=\frac{F_{cr}}{F}\geqslant[S] \tag{10-6}$$

式中　S_{ca}——螺杆稳定性的计算安全系数；

[S]——螺杆稳定性安全系数,[S]=2.5~5;

F_{cr}——螺杆的临界载荷,N。

F_{cr}的计算公式根据螺杆的柔度λ值而确定,$\lambda=\mu l/i$。其中l为螺杆的计算长度,mm;μ为螺杆的长度系数,如表10-3所示;i为螺杆危险截面的惯性半径,$i=\sqrt{I_a/A}$,mm;I_a为螺杆危险截面的惯性矩,$I_a=\pi d_1^4/64$,mm^4;A为危险截面面积,$A=\pi d_1^2/4$,mm^2。于是$i=d_1/4$。

表10-3 长度系数μ

螺杆端部结构	长度系数	螺杆端部结构	长度系数
两端固定	0.5	两端铰支	1.0
一端固定,一端不完全固定	0.6	一端固定,一端自由	2.0
一端固定,一端铰支	0.7		

注:采用滑动轴承支承时,若$B/d<1.5$,则为铰支;若$B/d=1.5\sim3$,则为不完全固定;若$B/d>3$,则视为固定端(B为轴承宽度,d为轴颈直径)。采用滚动轴承时,若只有径向约束,则视为铰支;若同时具有轴向和径向约束,则视为固定端。采用剖分式螺母支承时,可视为不完全固定支承。

根据λ值的大小,临界载荷计算公式如下:

(1)当$\lambda>80\sim90$时,临界载荷按欧拉公式计算

$$F_{cr}=\frac{\pi^2 EI_a}{(\mu l)^2} \tag{10-7}$$

(2)当$\lambda<80\sim90$时,按下列公式计算

对未淬火钢,$\lambda<90$时

$$F_{cr}=\frac{340}{1+0.000\,13\lambda^2}\cdot\frac{\pi d_1^2}{4} \tag{10-8}$$

对淬火钢,$\lambda<85$时

$$F_{cr}=\frac{490}{1+0.000\,2\lambda^2}\cdot\frac{\pi d_1^2}{4} \tag{10-9}$$

(3)对Q275钢,当$\lambda<40$时,以及对优质碳素钢、合金钢,当$\lambda<60$时,不必进行稳定性校核。

当稳定性校核不满足要求时,可以增大螺杆直径、减小工作载荷或减小螺杆长度。

5. 自锁性能校核

对于要求自锁的螺旋副,应校核其自锁性能,即

$$\psi\leqslant\rho_v \tag{10-10}$$

式中 ψ——螺纹中径升角,$\psi=\arctan\dfrac{S}{\pi d_2}$,$S$为螺纹导程;

ρ_v——当量摩擦角,$\rho_v=\arctan\dfrac{\mu}{\alpha/2}$,$\mu$为摩擦因数,$\alpha$为螺纹牙形角。

6. 螺杆的刚度校核

对高精度的螺旋传动,需要计算螺杆的刚度。螺杆的变形可能源于轴向载荷和转矩,因此

单个导程变形量为

$$\delta = \delta_T \pm \delta_F \tag{10-11}$$

式中 δ_T——转矩引起的单个导程变形量，$\delta_T = 16TS^2/\pi^2 Gd_1^4$；

δ_F——轴向载荷引起的单个导程变形量，$\delta_F = 4FS/\pi Ed_1^2$。

当轴向载荷与运动方向相反时取"+"号。

7. 螺旋副传动效率计算

螺旋副传动效率公式为

$$\eta = \frac{\tan\psi}{\tan(\psi + \rho_v)} \tag{10-12}$$

10.2.4 滑动螺旋传动的精度

GB/T 5796.4—2005 规定了用于一般用途机械传动的梯形螺纹的公差。内螺纹大径、中径和小径的公差带位置为 H，其基本偏差 EI（下偏差）为零。外螺纹中径的公差带位置为 e 和 c，其基本偏差 es（上偏差）为负值；外螺纹大径和小径的公差带位置为 h，其基本偏差 es 为零。梯形螺纹各直径的公差等级按表 10-4 选取。

表 10-4 梯形螺纹各直径的公差等级

直径	外螺纹	内螺纹
大径	4	—
中径	7、8、9	7、8、9
小径	7、8、9	4

梯形螺纹的精度等级应根据使用场合来选择。一般用途螺纹选择中等精度，螺纹制造有困难的场合选粗糙精度。根据梯形螺纹的精度等级和旋合长度，其中径公差带可按表 10-5 选用，具体偏差值按 GB/T 5796.4—2005 查取。

表 10-5 梯形螺纹的中径公差带

公差精度	内螺纹		外螺纹	
	N	*L*	*N*	*L*
中等	7H	8H	7e	8e
粗糙	8H	9H	8c	9c

注：*N*——中等旋合长度；*L*——长旋合长度。

做精确运动的传动螺旋（如机床中的精密传动丝杠），对螺旋线误差有较高的要求，需要更高的精度，可查阅相关专业标准，同时还需选择高精度轴承以提高支承精度。

10.3 其他螺旋传动简介

10.3.1 滚动螺旋传动

1. 滚动螺旋工作原理及结构特点

滚动螺旋根据其用途可分为定位滚动螺旋（P 型）和传动滚动螺旋（T 型）。**定位滚动螺**

旋是指用于精确定位且能够根据旋转角度和导程间接测量轴向行程的滚动螺旋;**传动滚动螺旋**是指用于传递动力的滚动螺旋。根据具体应用情况,滚动螺旋副可以设计成有间隙和无间隙(预紧)两种形式。

在螺旋传动的螺杆和螺母的螺纹滚道间置入滚动体(大多数情况下滚动体为钢球,少数情况下也采用圆柱、圆锥等形状的滚子),当螺杆或螺母转动时,滚动体在螺纹滚道内滚动,变滑动摩擦为滚动摩擦,就构成了滚动螺旋传动。滚动螺旋传动摩擦阻力小,传动效率高,正、反方向传动效率相近,寿命长,精度高,但不能实现自锁。它广泛用于汽车与拖拉机的转向器、数控机床进给、升降机构等装置中。

滚动螺旋的螺母(或螺杆)上有滚动体的循环通道,与螺纹滚道形成循环回路,使滚动体在螺纹滚道内循环。如图10-7所示,滚动体的引导有外循环式和内循环式两种。外循环式在靠近螺母端部处通过引导器将滚动体引入导路,通过导路将滚动体引导到螺母另一端的滚道内。内循环式在每圈螺纹端部设置反向器,使滚动体只在本圈内循环。外循环式结构简单,但径向尺寸较大。螺母螺纹圈数不宜过多,否则会引起各圈螺纹之间载荷分布不均。

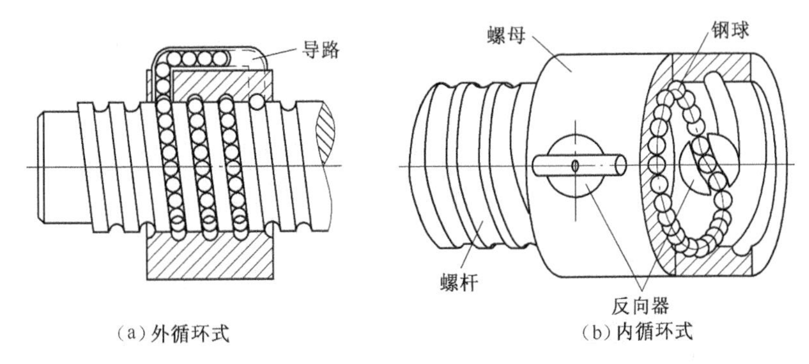

图10-7 滚动螺旋传动

滚动螺旋的滚道有三种形式,如图10-8所示。

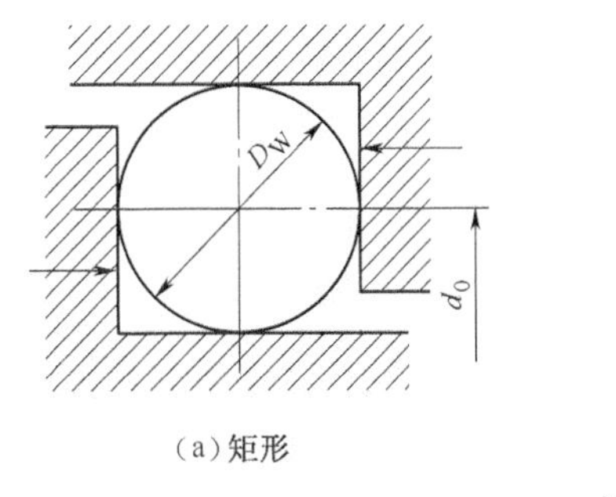

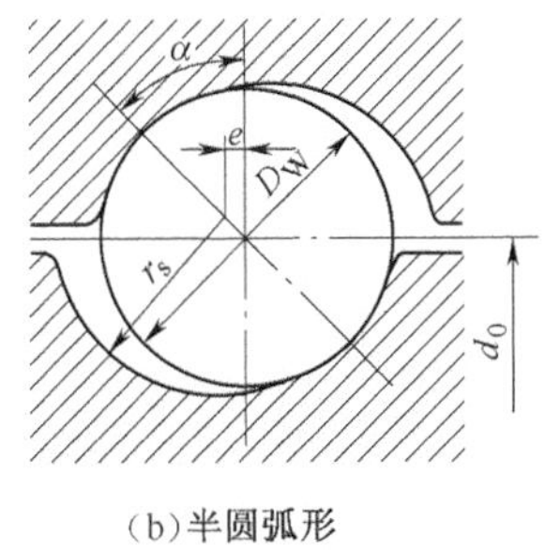

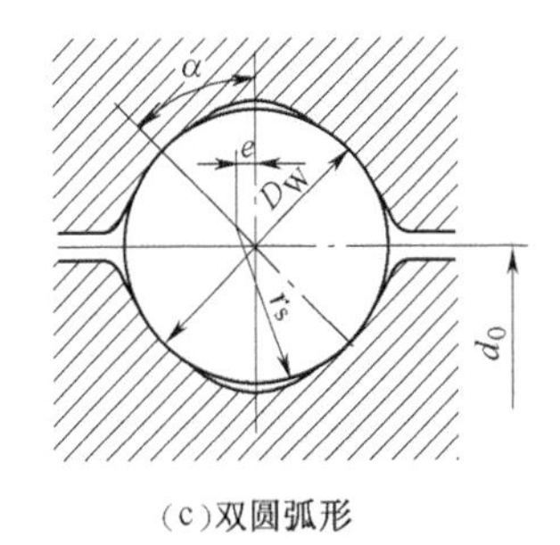

图10-8 螺纹滚道型面的形状

(1)矩形。该类滚道结构简单,制造容易,但滚道表面接触应力大,承载能力低,只用于轴向载荷小、要求不高的传动。

(2)半圆弧形。该类滚道有较高的接触强度,但 r_s/D_w 比值小(0.51~0.56),运行时摩擦损失增大。磨削滚道的砂轮成型简便,可得到较高的加工精度。接触角 α 随初始间隙和轴向载荷的大小变化,为保证 $\alpha=45°$,应严格控制径向间隙,消除间隙和调整预紧应采用双螺母结构,如图 10-9 所示。

(3)双圆弧形。该类滚道有较高的接触强度,轴向间隙和径向间隙理论上为零,接触角稳定($\alpha = 45°$),但加工较为复杂。消除间隙和调整预紧通常采用双螺母结构,也可采用单螺母和增大钢球直径。

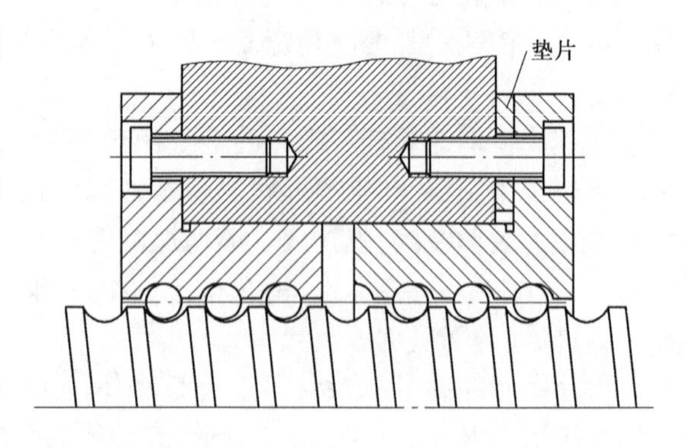

图 10-9 消除间隙和调整预紧的垫片式双螺母结构

2. 滚动螺旋副的主要参数

滚动螺旋副的主要参数包括:

(1)公称直径 d_0——滚动体中心所在圆柱的直径(见表 10-6),mm。

(2)公称导程 S_{h0}——通常用作尺寸标识的螺杆导程值(见表 10-6),mm。

表 10-6 滚动螺旋螺纹尺寸(GB/T 17587.2—1998)

公称直径	公称导程														
6	1	2	2.5												
8	1	2	2.5	3											
10	1	2	2.5	3	4	5	6								
12		2	2.5	3	4	5	6	8	10	12					
16		2	2.5	3	4	5	6	8	10	12	16				
20				3	4	5	6	8	10	12	16	20			
25					4	5	6	8	10	12	16	20	25		
32					4	5	6	8	10	12	16	20	25	32	
40						5	6	8	10	12	16	20	25	32	40
50						5	6	8	10	12	16	20	25	32	40
63						5	6	8	10	12	16	20	25	32	40
80							6	8	10	12	16	20	25	32	40
100									10	12	16	20	25	32	40
125									10	12	16	20	25	32	40
160										12	16	20	25	32	40
200										12	16	20	25	32	40

注:带下划线的公称导程优先使用。

(3)滚动体直径 D_w——钢球直径,mm。

(4)螺纹滚道曲率半径 r_s——采用圆弧形滚道时,$r_s = (0.51 \sim 0.56) D_w$。

(5)接触角 α——滚道与滚动体间所传递的负荷矢量与螺杆轴线的垂直面之间的夹角(见图 10-8),理想接触角 α 等于 45°。

(6)行程 l——转动滚动螺旋副螺杆或螺母时,螺杆或螺母的轴向位移量。

(7)精度等级 GB/T 17587.1—1998 规定滚动螺旋副有 7 个标准公差等级,即 1、2、3、4、5、7 和 10 级,其中 1 级精度最高,10 级精度最低。一般情况下,1、2、3、4 和 5 级滚动螺旋副采用预紧形式,而 7 和 10 级采用非预紧形式。传动滚动螺旋通常采用 7 和 10 的标准公差等级。

滚动螺旋副应标识如下:

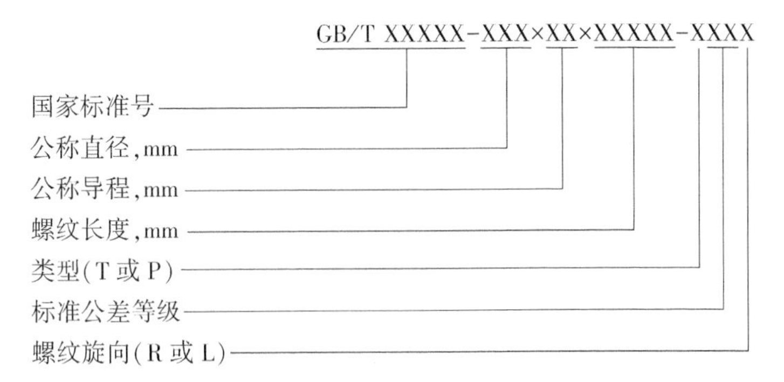

3. 滚动螺旋副的设计计算

滚动螺旋副的设计计算包括螺旋副结构形式、公称直径和螺距的确定、平均载荷计算、平均转速计算、寿命计算、静载荷计算、螺杆强度计算、螺杆稳定性计算、螺杆刚度计算、驱动转矩计算及效率计算等。

滚动螺旋副在工作中承受轴向载荷,使得滚动体和滚道型面间产生接触应力,对型面接触区的某一点来说,其接触应力是交变的。在交变应力下,滚动体和滚道可能发生疲劳点蚀而丧失工作能力,因此滚动螺旋的强度计算与滚动轴承的计算类似。由于滚动螺旋副中元件多,寿命具有较大的离散性,因此计算中采用额定寿命。额定寿命 L_{10} 是指在相同条件下运转的一组相同的滚动螺旋副,其中90%的滚动螺旋副不发生疲劳现象能达到的转数(或在一定转速 n_m 条件下的工作小时数)。

寿命计算公式(以转数计)

$$L_{10}=\left(\frac{f_{ac}\cdot f_h\cdot C_a}{f_w\cdot F_m}\right)^3\times 10^6 \tag{10-13}$$

寿命计算公式(以小时计)

$$L_{10h}=\frac{L_{10}}{60\times n_m} \tag{10-14}$$

当可靠度不是90%时,寿命计算公式为

$$L_h=\frac{f_{ar}\cdot L_{10}}{60\times n_m} \tag{10-15}$$

式中 C_a——轴向额定动载荷(在额定寿命为 10^6 转的条件下,滚动螺旋副理论上所能承受的恒定轴向载荷),N;

F_m——螺旋轴向平均载荷,N;

f_{ac}——精度系数,精度为1~5时,$f_{ac}=1$;精度为7时,$f_{ac}=0.9$;精度为10时,$f_{ac}=0.7$;

f_h——表面硬度系数,$f_h=\left(\frac{\text{实际硬度值 HV10}}{\text{654HV10}}\right)^2\leqslant 1$;

f_w——载荷系数,平稳或轻度冲击取1~1.2,中等冲击取1.2~1.5,较大冲击或振动时取1.5~2.5;

n_m——螺旋平均转速,r/min;

f_{ar}——可靠性系数,如表10-7所示。

表 10-7 可靠性系数

可 靠 度	90%	95%	96%	97%	98%	99%
f_{ar}	1	0. 62	0. 53	0. 44	0. 33	0. 21

10. 3. 2 静压螺旋传动

静压螺旋传动的工作原理与静压平面推力轴承基本相同。如图 10-10(a)所示,压力油通过节流阀进入内螺纹牙两侧的油腔,充满旋合螺纹的间隙,然后经回油路流回油箱。

当螺杆受到轴向力 F_a左移时,间隙 h_1减小,h_2增大。由于节流阀的作用使左侧压力 p_1大于右侧压力 p_2,产生平衡轴向载荷 F_a的液压力。

每个螺纹牙的一侧开有三个以上的油腔,如图 10-10(b)所示。若螺杆受径向载荷 F_r时,螺杆沿载荷方向发生位移,油腔 A 侧间隙减小,油腔 B、C 侧间隙增大。同样由于节流阀的作用,使 A 侧油压增高,B、C 侧油压降低,形成压差与 F_r相平衡。

螺杆除可承受轴向载荷和径向载荷外,也能承受一定的弯矩。

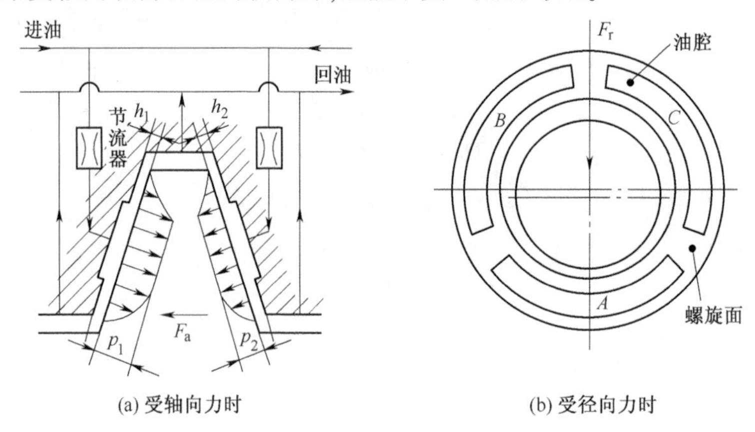

图 10-10 静压螺旋传动工作原理

静压螺旋传动的设计通常是初选螺纹的尺寸参数和节流阀的形式,然后根据多环平面推力静压轴承的计算方法进行设计计算。静压螺旋的螺纹通常采用梯形螺纹,但其牙型高应取标准梯形螺纹的 1. 5~2 倍,螺距也选大一些,以增大螺旋的承载面积和封油性。在满足承载能力与传动精度的条件下,应选取较少的旋合圈数,以减少制造上的困难。传动螺旋的侧隙值一般取螺母全长螺距的累积误差的 2~3 倍,减小间隙,可增大油膜的承载能力,减少耗油,但制造困难。

思考题、讨论题和习题

10-1 主动件为回转运动,从动件为直线往复运动。实现上述要求的机构可以有:齿轮齿条、螺旋螺母、凸轮、曲柄滑块、钢丝绳卷筒等。请分析以上几种结构各适用于什么场合。

10-2 螺旋起重器在重物上升和下降时,螺旋的效率如何计算?效率随哪些因素而变化?

10-3 滚动螺旋有什么优缺点?一般滚动螺旋是否能够自锁?如果要求自锁,如何处理?

10-4 试从普通螺旋与差动螺旋,滑动螺旋、滚动螺旋与静压螺旋等螺旋类型体会创新设计的构思。

10-5 螺旋传动的类型有哪些?应如何选用?

10-6 滑动螺旋的失效形式有哪些?设计准则是什么?

10-7 图10-11所示滑板由差动螺旋带动在导轨上移动,螺纹1为M12×1.25,螺纹2为M10×0.75。试问:

(1)若螺纹1和2均为右旋,手柄按图10-11所示方向旋转1周时,滑板向哪个方向移动?移动距离是多少?

(2)若螺纹1为左旋,螺纹2为右旋,手柄按图中所示方向旋转1周时,滑板向哪个方向移动?移动距离是多少?

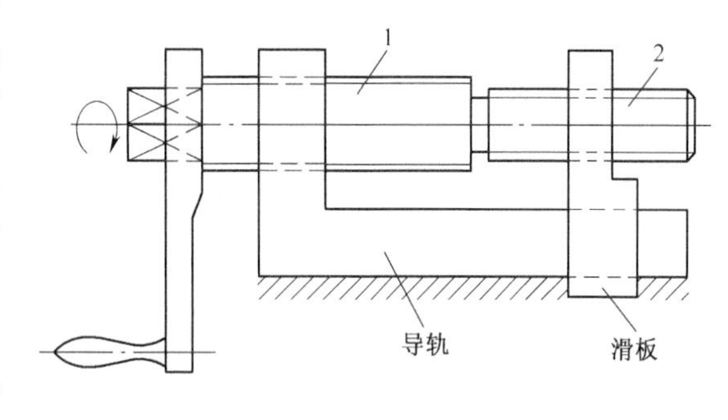

图10-11 题10-7图

10-8 图10-12所示螺旋升降机构采用大径$d=60$ mm的梯形螺纹,中径$d_2=55.5$ mm,螺距$P=9$ mm,线数$n=4$。支承面采用推力球轴承,升降台的上下移动采用滚轮导向,其摩擦阻力忽略不计。设升降台上承受的载荷$Q=80$ kN,试计算:

(1)升降台稳定上升时的效率,已知螺旋副间摩擦因数为0.1。

(2)稳定上升时加于螺杆上的力矩。

(3)设升降台的上升速度为720 mm/min,试求螺杆所需转速和功率。

(4)欲使升降台在载荷Q作用下等速下降,通过制动轮作用于螺杆上的制动力矩应为多少?

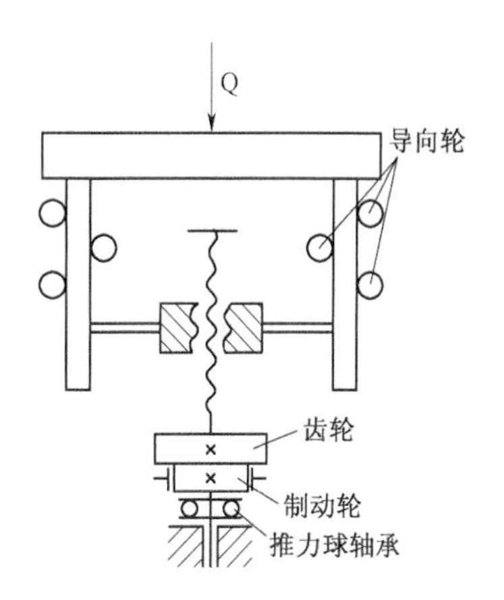

图10-12 题10-8图

10-9 大作业:设计图10-1所示的螺旋千斤顶,参数如表10-8所示。要求:

(1)设计说明书1份(包括螺杆、螺母材料选择;螺杆、螺母强度计算及主要参数的确定;千斤顶的稳定性和自锁性验算;结构设计)。

(2)装配图1张(画出千斤顶的全部结构,零件明细表及标题栏)。

表10-8 设计参数

序号	1	2	3	4	5	6	7	8	9	10
最大起重量/kN	20	22	24	26	28	30	32	34	36	38
最大举起高度/mm	200	220	240	260	280	300	320	340	360	380

第4篇　轴系零件设计

第11章　轴

【学习提示】

本章内容包括轴的计算(强度、刚度和振动计算)和轴的结构设计。轴的强度计算与齿轮传动强度计算有不同的特点。齿轮传动计算主要有两种计算方法,各自对应一种齿轮的失效形式,而轴的计算有三种计算方法,对应同一种轴的失效形式(弯曲疲劳),不同的是公式的复杂程度、所需的已知条件、计算的精确程度。适用于轴设计的不同阶段和要求。

结构设计是机械设计课程的重要组成部分,必须充分重视,认真学习,建议多看一些机械结构设计图,认真体会它们的特点。

11.1　概　　述

11.1.1　轴的功用和类型

轴是机器中的重要零件,主要功用是支承回转零件及传递运动和力。作回转运动的零件(如齿轮、带轮等)都必须安装在轴上才能实现其回转运动和传递动力,而轴需要用轴承支承。

按照承受弯矩、转矩载荷的不同,轴可分为转轴、心轴和传动轴三类。转轴是机器中最为常见的轴,工作时既承受弯矩又承受转矩,如齿轮传动中的轴(见图11-1)。只承受转矩而不承受弯矩(或弯矩很小)的轴称为传动轴,如汽车的传动轴(见图11-2)。只承受弯矩而不承受转矩的轴称为心轴,心轴又可分为转动心轴和固定心轴两种,如铁路车辆的轴

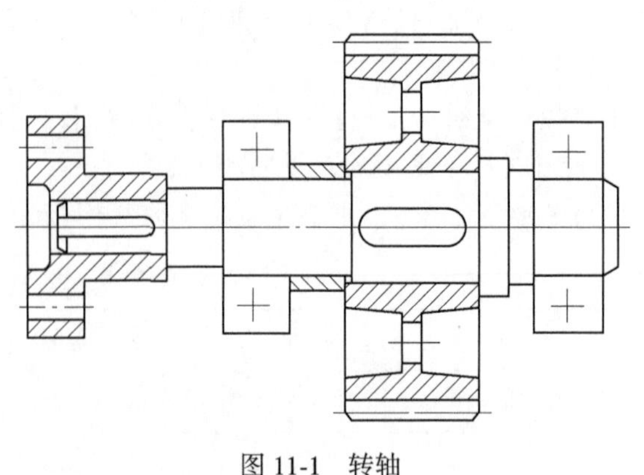

图11-1　转轴

和自行车的前轴(见图 11-3)。

按照轴线形状的不同,轴可分为曲轴(见图 11-4)和直轴两大类。曲轴通过连杆可以实现旋转运动和往复直线运动的相互转换,因此主要用于做往复运动的机械中。直轴根据外形的不同,可分为光轴(等直径轴)和阶梯轴两种。光轴形状简单,加工容易,应力集中源少,但轴上的零件不易装配及定位;阶梯轴的特点与光轴相反。因此光轴主要用于心轴和传动轴,阶梯轴则常用于转轴。

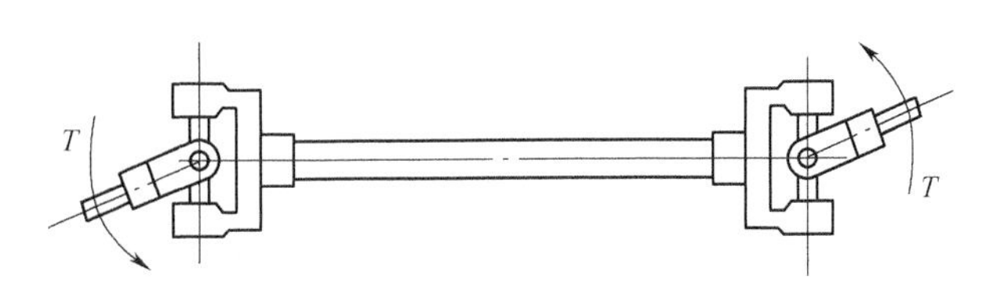

图 11-2 传动轴

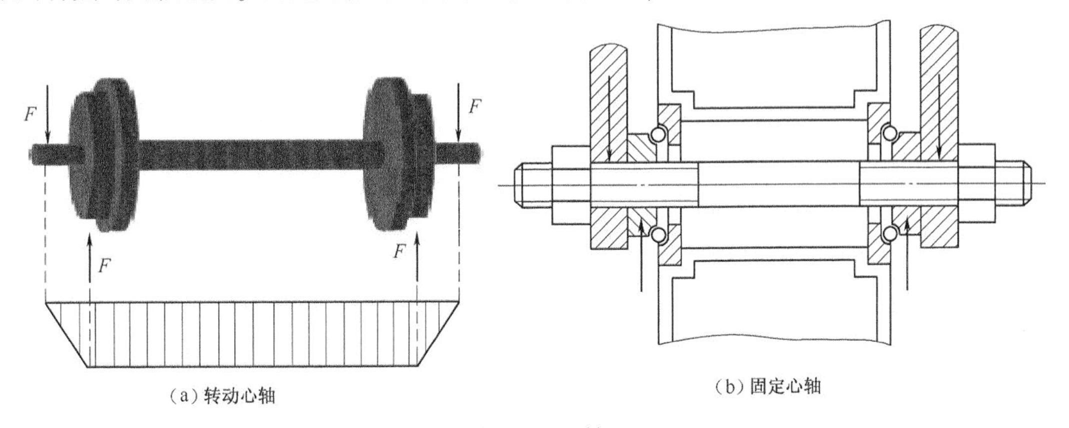

(a)转动心轴

(b)固定心轴

图 11-3 心轴

(a)曲轴

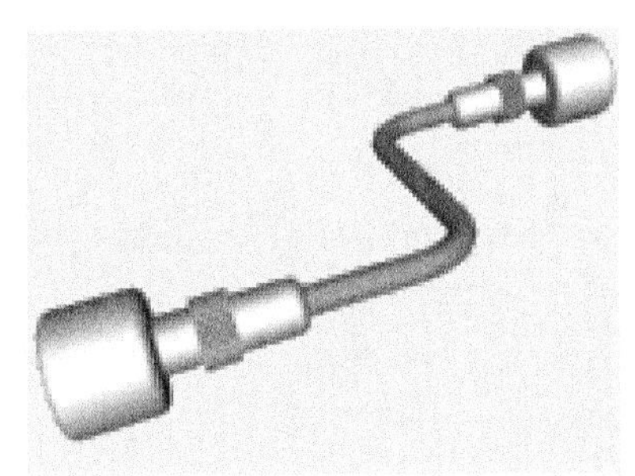

(b)钢丝软轴

图 11-4 曲轴和钢丝软轴

直轴通常作成实心的,但直径较大时为了减轻重量或者是需要在轴中装设其他零件,则可作成空心的。

此外,还有一种能将转矩和回转运动灵活地传到任何需要的位置的钢丝软轴(见图11-5)。它是由多组钢丝分层卷绕而成,具有良好的挠性,常用于振捣器等设备中。

11.1.2 轴的材料

轴的材料主要采用碳素钢和合金钢。碳素钢比合金钢价廉,对应力集中的敏感性较低,所以应用尤为广泛。

碳素钢常用的有 30~50 钢,最常用的是 45 钢。为保证其力学性能,应进行调质或正火处理。不重要的或受力较小的轴及一般传动轴,可采用 Q235~Q275 钢。

合金钢具有较高的力学性能和较好的热处理性能,但价格较贵。因此,可在传递大功率并要求减少质量和提高轴颈耐磨性时采用,或用于有特殊要求的轴。常用的合金钢有 12CrNi2、20Cr、38SiMnMo、40Cr 等。

必须指出:在一般工作温度下(低于 200 ℃),各种碳素钢和合金钢的弹性模量相差不大,热处理对弹性模量的影响也很小。因此,选用合金钢只能提高轴的强度和耐磨性,而对提高轴的刚度作用很小。

钢轴的毛坯可用轧制圆钢和锻件。形状复杂的轴,也可采用铸钢、合金铸铁或球墨铸铁。铸铁具有价廉、吸振性和耐磨性较好、对应力集中的敏感性较低等优点,但铸造品质不易控制,故可靠性不如钢轴。

轴的常用材料及其主要力学性能见附录 A。

11.1.3 轴设计的主要内容

轴的设计主要包括结构设计和工作能力计算两方面的内容。

轴的结构设计是根据轴上零件的安装、定位以及轴的制造工艺等方面的要求,合理确定轴的结构形式和尺寸。轴的结构设计不合理,不仅会影响轴的工作能力和轴上零件的工作可靠性,还会增加轴的制造成本和轴上零件装配的困难。因此,必须重视轴的结构设计。

轴的工作能力计算是指轴的强度、刚度和振动稳定性等方面的计算。一般情况下轴的工作能力主要取决于轴的强度,需要进行疲劳强度和静强度计算以防止疲劳断裂和塑性变形。对刚度要求高的轴(如机床主轴)和受力大的细长轴,还应进行刚度计算,以防止工作时产生过大的弹性变形。对高速运转的轴,还应进行振动稳定性计算,以防止产生共振而破坏。

11.2 轴的结构设计

轴的结构设计包括确定轴的合理外形和全部结构尺寸。结构设计的主要要求是:轴和轴上零件应具有准确且牢固的工作位置;轴应具有良好的制造工艺性;轴上零件应便于装拆和调整。在开始轴的结构设计以前,要根据机械的总体要求,对主要的零件进行计算。例如设计图 11-5 所示的机械传动装置大齿轮 3 的轴,要先根据传动要求,设计选择电动机型号,设计齿轮传动,确定齿轮的直径、齿数模数、宽度、计算出齿轮受力和力矩,作为设计轴的原始条件。

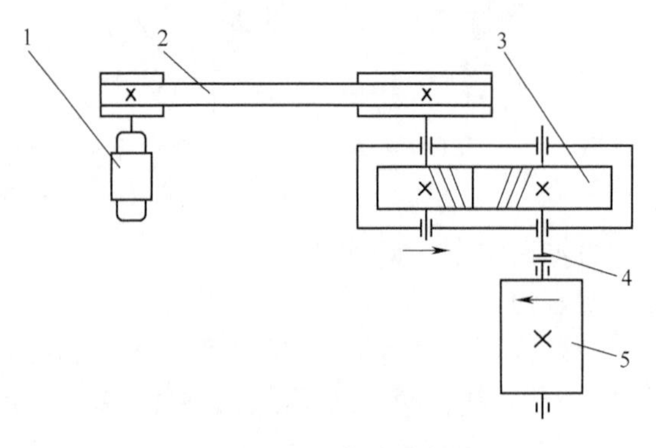

图 11-5 机械传动装置

1—电动机;2—V 带传动;3—斜齿圆柱齿轮传动;4—联轴器;5—传动滚筒

11.2.1 制造安装要求

为了便于轴上零件的装拆,通常将轴做成阶梯形,轴的直径从两轴端向中间逐渐增大。装配时将零件从端部依次装入,拆卸顺序与装配顺序相反。

轴上磨削的轴段,应有砂轮越程槽;车制螺纹的轴段,应有退刀槽。轴端及各轴段的端部应有倒角,轴的截面直径变化处应有圆角半径过渡。

在满足使用要求的情况下,轴的形状和尺寸应力求简单,以便于加工。

11.2.2 轴上零件的定位

为了防止轴上零件受力时发生沿轴向或周向的相对运动,轴上零件都必须进行轴向和周向定位(有游动或空转要求的除外),以确保有准确的工作位置。

1. 轴向定位

轴上零件的轴向定位可用轴肩、套筒、轴端挡圈、圆螺母和轴承端盖等来实现,如图 11-6 所示。

轴肩分为定位轴肩和非定位轴肩两类。利用轴肩定位方便可靠,能承受较大的轴向力,轴肩高度取与零件相配处轴径的(0.07~0.1)倍。但须注意:滚动轴承的定位轴肩高度必须低于轴承内圈端面的高度,以便拆卸轴承;轴肩处的过渡圆角半径 r 必须小于与之相配的零件毂孔端部圆角半径 R 或倒角尺寸 C(图 11-6),以使零件能贴紧轴肩而得到准确可靠的定位。非定位轴肩是为了加工和装配方便而设置的,其高度没有严格的要求,一般取 1~2 mm。

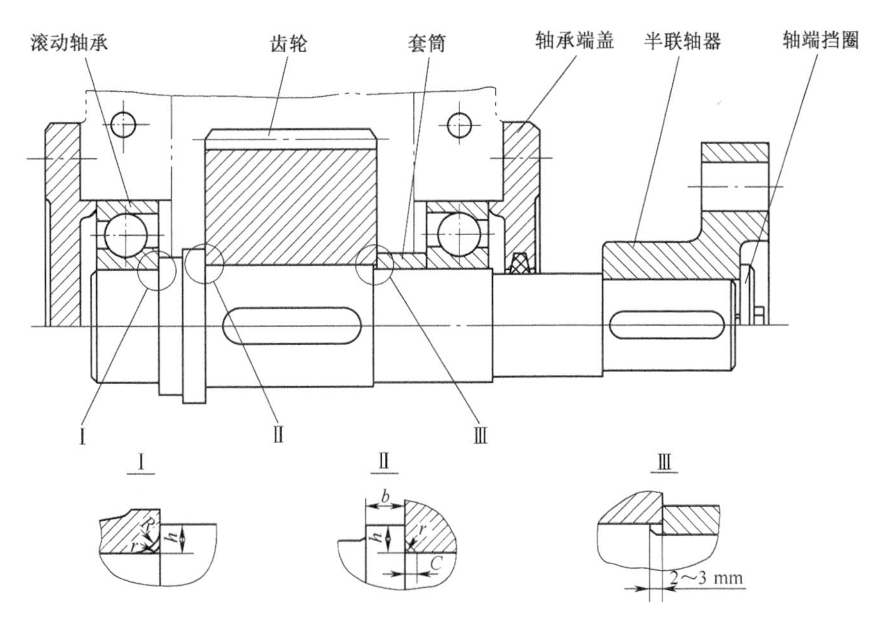

图 11-6 轴上零件的轴向定位

轴环的功用与轴肩类似。

套筒定位结构简单,定位可靠,轴上不需开槽、钻孔或切制螺纹,因而不影响轴的疲劳强度,一般用于轴上两个零件之间的定位,套筒内径应与相配的轴径相同并采用过渡配合。若两零件之间的间距较大或轴的转速较高时,不宜采用套筒定位。

轴端挡圈用于固定轴端零件,能承受较大的轴向力。轴端挡圈可采用单螺钉与轴进行联结,但应采取防松措施防止螺钉松脱。

圆螺母定位(图 11-7)能承受较大的轴向力,但轴上螺纹处有较大的应力集中,会降低轴的疲劳强度,一般用于固定轴端零件或轴上两个零件的间距较大时。采用圆螺母定位需要采取防松措施防止螺母松脱。

弹性挡圈(图 11-8)、紧定螺钉和锁紧挡圈(图 11-9)等用来进行轴向定位时,只能承受较小的轴向力。紧定螺钉和锁紧挡圈常用于光轴上零件的定位。此外,对于同心度要求较高的轴端零件,也可采用圆锥面定位(图 11-10)。

轴承端盖常用来固定滚动轴承的外圈,或用来实现整个轴系的轴向定位。

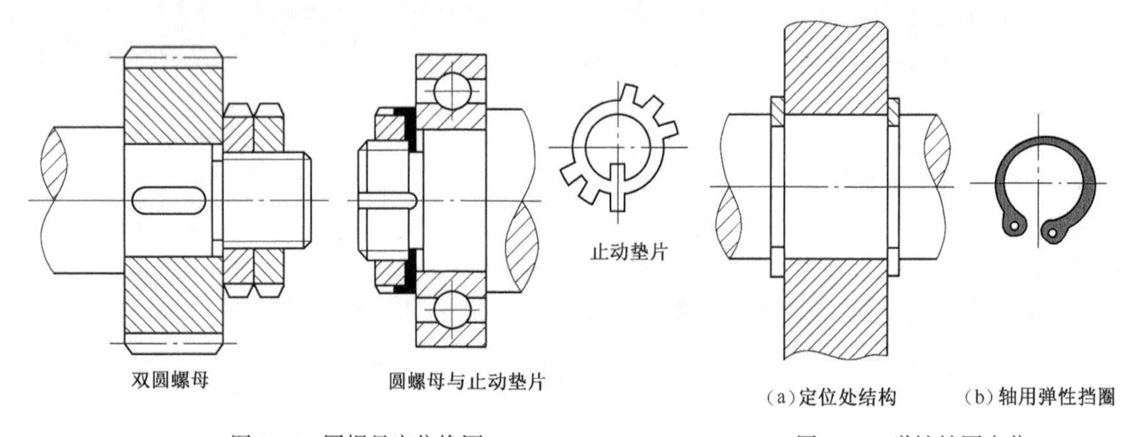

图 11-7 圆螺母定位换图　　图 11-8 弹性挡圈定位

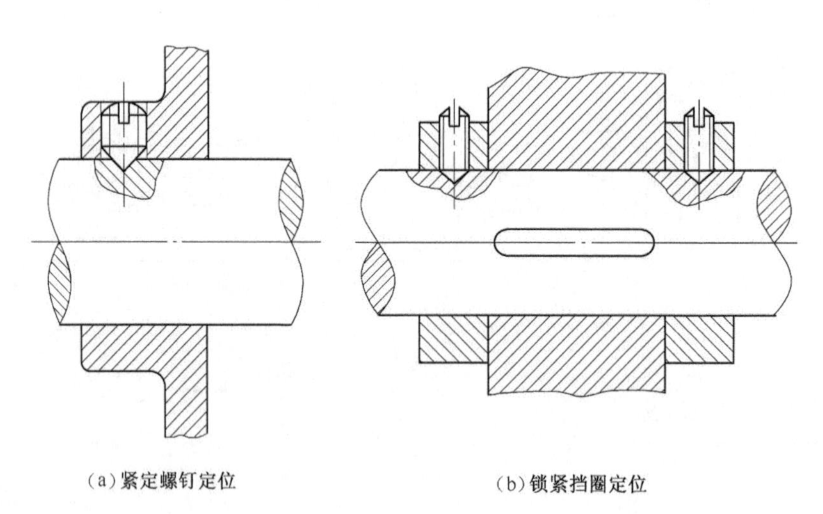

图 11-9 紧定螺钉和锁紧挡圈定位

2. 周向定位

周向定位的目的是限制轴上零件与轴发生相对转动。常用的周向定位方式有键、花键、销、成形轴、弹性环、过盈及紧定螺钉等连接,通称轴毂连接。采用键连接时,为了加工方便,各轴段的键槽应在同一直线上,并使键槽截面尺寸尽可能相同。紧定螺钉连接只能传递较小的转矩。

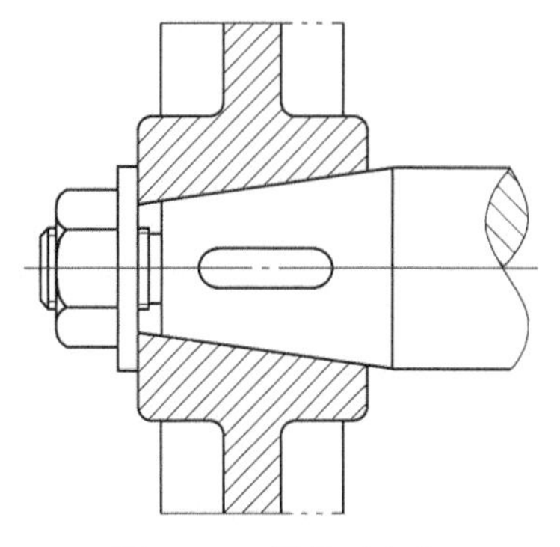

图11-10 圆锥面定位

11.2.3 各轴段直径和长度的确定

各轴段所需直径与轴上的载荷大小有关,但在进行轴的结构设计前,由于不知道支反力的作用点,不能求得弯矩的大小与分布情况,因而不能按弯矩来确定轴的直径。通常的做法:按轴所受转矩初步估算轴所需的直径,并将该直径作为承受转矩轴段的最小直径;然后按轴上零件的装配和定位要求,从最小直径处开始逐一确定各轴段的直径。

安装标准件(如滚动轴承、联轴器、密封圈等)部位的轴径,应取相应的标准值及所选配合的公差。

为了使齿轮、轴承等有配合要求的零件装拆方便,并减少配合表面的擦伤,在配合轴段前应采用较小的直径。

确定各轴段长度时,应尽可能使结构紧凑,同时还要保证零件所需的装配或调整空间。轴的各段长度主要根据各零件与轴配合部分的轴向尺寸和相邻零件间必要的间隙来确定的。

采用套筒、螺母、轴端挡圈等作轴向固定时,应使装零件的轴段长度比轮毂长度短2~3 mm,以确保套筒、螺母、轴端挡圈等能靠紧零件的端面(见图11-6)。

11.2.4 提高轴的承载能力的常用措施

为了提高轴的承载能力,可以从结构和工艺两方面采取措施。轴的尺寸若能减小,整个机器的尺寸也会随之减小。

1. 合理布置轴上零件

当转矩由一个传动件输入而由几个传动件输出时,为了减小轴上的转矩,应将输入件布置在中间。例如:将图11-11(a)中的输入轮位置改为布置在输出轮1和2之间[见图11-11(b)],则轴所受的最大转矩将由 T_1+T_2 减小到 T_1。

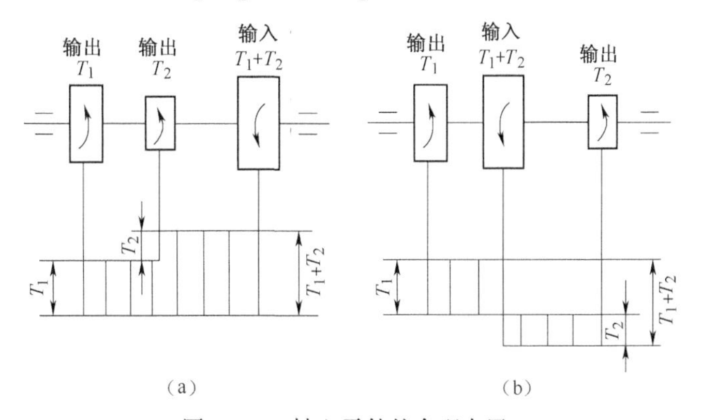

图11-11 轴上零件的合理布置

为了减小轴所受的弯矩,传动零件应尽量靠近轴承,并尽可能避免采用悬臂支承形式,力求缩短支承跨距及悬臂长度等。如图 11-12 所示的锥齿轮传动,小锥齿轮常因结构布置关系设计成悬臂承形式,若能改为简支结构,则不仅可提高轴的强度和刚度,还可改善锥齿轮的啮合。

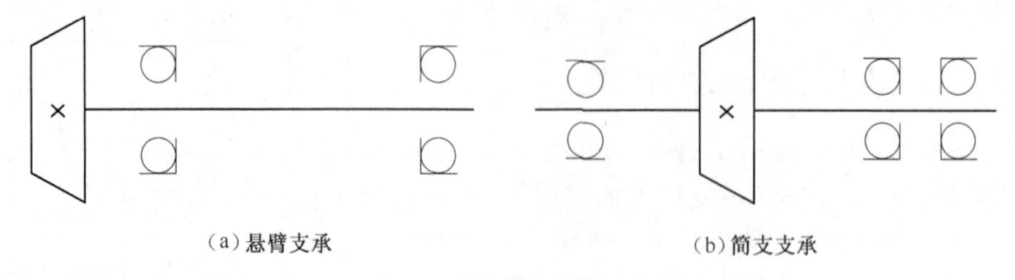

(a)悬臂支承　　(b)简支支承

图 11-12　小锥齿轮轴承支承方案

2. 改进轴上零件结构

图 11-13(a)中的卷筒轮毂较长,若将轮毂分成两段[见图 11-13(b)],不仅可以减小轴的弯矩,而且能得到良好的轴孔配合。图 11-14(a)中轴上的两个分装齿轮,动力由齿轮 A 传入,通过轴传到齿轮 B,轴既受弯矩又受转矩。若将两个齿轮做成一体[见图 11-14(b)],转矩直接由齿轮 A 传给齿轮 B,则轴只受弯矩不受转矩。

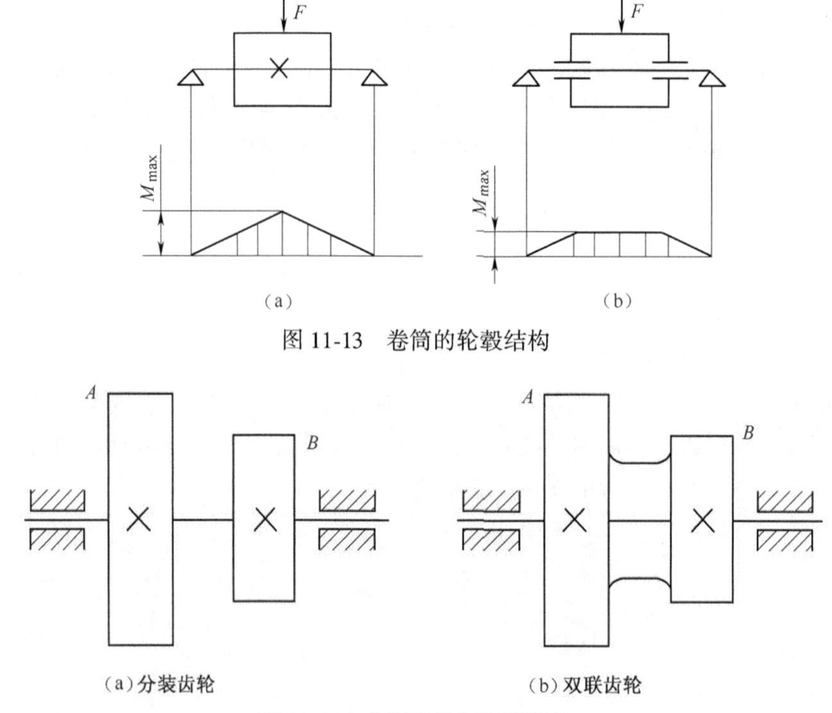

(a)　　(b)

图 11-13　卷筒的轮毂结构

(a)分装齿轮　　(b)双联齿轮

图 11-14　分装齿轮与双联齿轮

3. 改进轴的结构

为了避免形状的突然变化,尽量采用较大的过渡圆角。若圆角半径受到限制,可以改用内凹圆角[见图 11-15(a)]或加装隔离环[见图 11-15(b)]。当轴与轮毂为过盈配合时,为了减小应力集中,可在轴或轮毂上开减载槽,或者加大配合部分的直径(见图 11-16)。

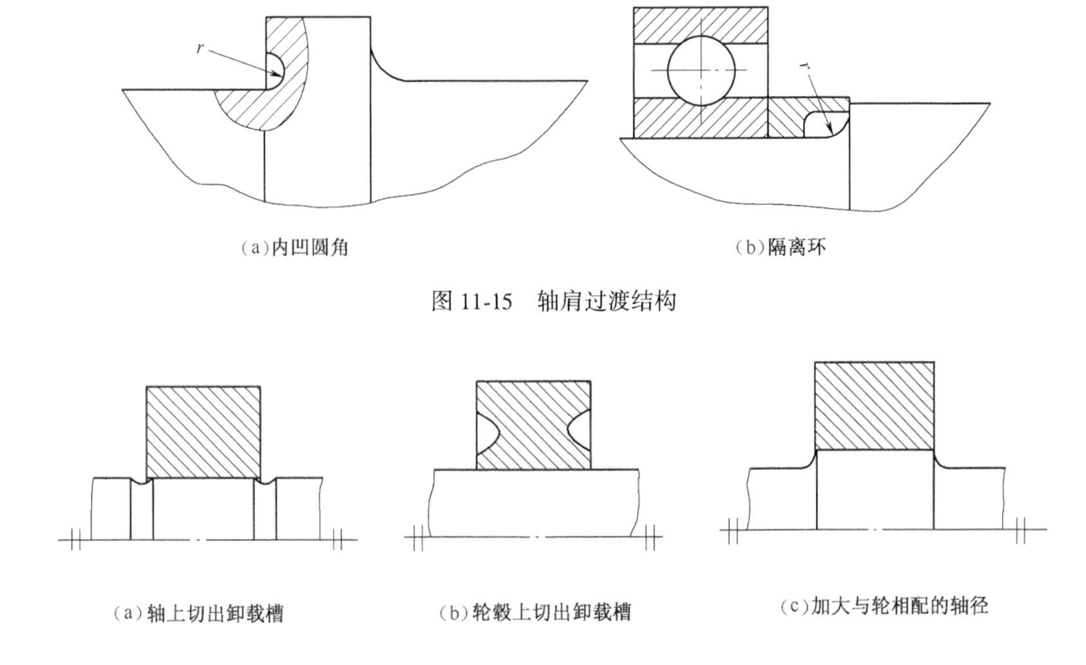

(a)内凹圆角　　(b)隔离环

图 11-15　轴肩过渡结构

(a)轴上切出卸载槽　　(b)轮毂上切出卸载槽　　(c)加大与轮相配的轴径

图 11-16　轴或轮毂上的减载结构

4. 改进轴的表面质量

试验表明,轴的表面越粗糙,疲劳强度越低。因此,应合理减小轴的表面粗糙度。当轴的材料采用对应力集中甚为敏感的高强度材料时,表面质量尤应予以重视。

采用表面强化处理,可以显著提高轴的承载能力。表面强化处理的方法有辗压、喷丸、渗碳、渗氮、氰化、表面淬火等。

11.3　轴的强度计算

进行轴的强度计算时,应根据轴的具体受载及应力情况,采取相应的计算方法,并恰当地选取许用应力。若强度计算不能满足要求时,应修改结构设计,两者常相互配合、交叉进行。常用的计算方法主要有三种:按许用切应力计算、按许用弯曲应力计算和按疲劳强度安全系数法校核,三种方法可单独使用或逐个使用。此外,对于瞬时过载很大或应力循环不对称性较严重的轴,还应按尖峰载荷校核其静强度,以免产生过量的塑性变形。

11.3.1　按许用切应力计算

按许用切应力计算只需知道转矩的大小,方法简便,但计算精度较低。这种方法主要用于下列情况:①传动轴或主要传递转矩的轴,如果轴受有不大的弯矩,可采用降低许用切应力的办法予以考虑;②在做轴的结构设计时,通常用这种方法初步估算轴径;③对于不太重要的轴,也可作为最后计算结果。

受转矩 T 的实心轴,其切应力为

$$\tau_T = \frac{T}{W_T} = \frac{9.55 \times 10^6 \frac{P}{n}}{0.2d^3} \leqslant [\tau_T] \tag{11-1}$$

由上式可得轴的直径为

$$d \geqslant \sqrt[3]{\frac{9.55 \times 10^6 P}{0.2[\tau_T]n}} = C\sqrt[3]{\frac{P}{n}} \tag{11-2}$$

式中 W_T——轴的抗扭截面系数,mm^3;

P——轴传递的功率,kW;

n——轴的转速,r/min;

$[\tau_T]$——许用切应力,MPa;

C——与轴材料有关的系数,$[\tau_T]$和 C 可查表 11-1。

对于受弯矩较大的轴,$[\tau_T]$宜取较小值。当轴上有键槽时,应适当增大轴径以考虑键槽对轴强度的削弱。当直径 $d \leqslant 100$ mm 时,单键增大 5%~7%,双键增大 10%~15%。当直径 $d>100$ mm 时,单键增大 3%,双键增大 7%。然后将轴径圆整为标准直径。

必须注意,这样求得的直径只能作为承受转矩作用的轴段的最小直径。

表 11-1 轴常用材料的$[\tau_T]$和 C 值

轴的材料	Q235,20	Q255,Q275,35	45	40Cr,35SiMn,2Cr13,38SiMnMo,42SiMn
$[\tau_T]$/MPa	12~20	20~30	30~40	40~52
C	160~135	135~118	118~106	106~98

11.3.2 按许用弯曲应力计算

按许用弯曲应力计算必须先知道作用力的大小和作用点的位置、轴承跨距、各段轴径等参数。为此,常先按许用切应力计算法初步估算轴径并进行结构设计后,再利用该方法进行强度校核计算。它主要用于计算一般重要的、弯扭复合的轴,计算精度等。具体计算步骤如下:

(1)作出轴的空间受力简图。将轴上作用力分解为水平面受力图和垂直面受力图,求出水平面和垂直面上支承点反作用力。

(2)作出轴的弯矩图。根据轴的空间受力简图计算各力产生的弯矩,分别作出水平面上的弯矩 M_H图和垂直面上的弯矩 M_V图,然后作出合成弯矩 M 图($M = \sqrt{M_H^2 + M_V^2}$)。

(3)作出轴的转矩 T 图。

(4)作出轴的当量弯矩 M'图。通常轴的弯曲应力为对称循环变应力,而切应力为非对称循环变应力,为了考虑两种应力循环特性不同的影响,引入应力校正系数(折合系数)α,则当量弯矩 M'的计算公式为

$$M' = \sqrt{M^2 + (\alpha T)^2} \tag{11-3}$$

其中 α 可根据转矩性质而定。对于不变的转矩,$\alpha = \frac{[\sigma_{-1b}]}{[\sigma_{+1b}]} \approx 0.3$;对于脉动的转矩,$\alpha = \frac{[\sigma_{-1b}]}{[\sigma_{0b}]} \approx 0.6$;对于对称循环的转矩,$\alpha=1$。$[\sigma_{+1b}]$、$[\sigma_{0b}]$、和$[\sigma_{-1b}]$分别为材料在静应力、脉

动循环和对称循环应力状态下的许用弯曲应力，其值可由表 11-2 选取。必须说明，不变的转矩只是理论上可以这样认为，实际上考虑到起动、停车等的影响，机器运转不可能完全均匀，且有扭转振动的存在，故常按脉动的转矩进行计算。

(5) 校核轴的强度。

$$\sigma_b = \frac{M'}{W} = \frac{\sqrt{M^2 + (\alpha T)^2}}{W} \leqslant [\sigma_{-1b}] \tag{11-4}$$

式中　σ_b——轴的计算弯曲应力，MPa；

W——轴的抗弯截面系数，mm^3，计算公式见附表 A-8。

表 11-2　轴的许用弯曲应力 $[\sigma]$/MPa

材　料	σ_B	$[\sigma_{+1b}]$	$[\sigma_{0b}]$	$[\sigma_{-1b}]$
碳素钢	400	130	70	40
	500	170	75	45
	600	200	95	55
	700	230	110	65
合金钢	800	270	130	75
	1000	330	150	90
铸钢	400	100	50	30
	500	120	70	40

11.3.3　按疲劳强度安全系数法校核

按疲劳强度安全系数法校核需要计入应力集中、表面状态和尺寸大小等因素的影响，因此必须在结构设计完成后进行。该方法计算精度高，但计算较复杂，主要用于较重要的轴。具体计算步骤如下：

(1) 前三步与许用弯曲应力计算相同。

(2) 选择危险截面并计算 S_σ 和 S_τ。通过初步分析确定一个或几个危险截面（应综合考虑应力大小、循环特性以及应力集中、表面状态和尺寸大小等影响因素），然后利用第 2 章中的式(2-23)分别求出弯矩作用下的安全系数 S_σ 和转矩作用下的安全系数 S_τ。

有关轴的有效应力集中系数、尺寸效应系数和表面状态系数见附表 A-2~附表 A-7。

(3) 计算复合安全系数 S。利用第 2 章中的式(2-29)求出 S 并应满足条件 $S \geqslant [S]$。$[S]$ 的荐用值见表 2-3。重要的轴，或轴破坏后会引起重大事故时，应适当增大 $[S]$ 值。

11.3.4　按静强度条件进行校核

静强度校核的目的在于校核轴对塑性变形的抵抗能力。轴所受短期尖峰载荷一般不足以引起疲劳破坏，但却可能使轴产生塑性变形。因此，设计时常按尖峰载荷进行静强度校核。在校核时取

$$\left.\begin{aligned} S_\sigma &= \frac{\sigma_{Sb}}{\sigma_{max}} \\ S_\tau &= \frac{\tau_S}{\tau_{Tmax}} \end{aligned}\right\} \tag{11-5}$$

式中 σ_{max}、τ_{Tmax}——由尖峰载荷产生的弯曲应力和切应力；

σ_{Sb}、τ_S——材料的弯曲和剪切屈服极限。

静强度复合安全系数仍然按第 2 章中的式(2-29)进行计算。

按静强度计算的许用安全系数[S]如表 11-3 所示。若载荷和应力计算不太准确,[S]应加大 20%~50%。

表 11-3 按静强度计算的许用安全系数

许用安全系数	高塑性钢 $\sigma_S/\sigma_B \leqslant 0.6$	中等塑性钢 $\sigma_S/\sigma_B = 0.6 \sim 0.8$	低塑性钢	铸 铁
[S]	1.2~1.4	1.4~1.8	1.8~2	2~3

例题 11-1 如图 11-17(a)所示为某斜齿圆柱齿轮减速器的输入轴。斜齿轮的 $z_1 = 23$, $m_n = 3$, $\beta = 9.7°$,传递的转矩 $T = 122\ 600$ N · mm,键槽 B 处作用有压轴力 $F_Q = 1\ 643$ N。轴的材料 45 钢,调质处理,硬度为 210~250 HBS,$\sigma_B = 650$ MPa,$\sigma_{-1} = 275$ MPa,$\tau_{-1} = 155$ MPa,轴颈 C、D 处的表面磨削,过渡圆角半径 $r = 1.5$ mm。若该轴按无限寿命设计,试分别用许用弯曲应力法和疲劳强度安全系数法校核轴的强度。

解:

1. 按许用弯曲应力法计算

(1)计算齿轮受力

$$d_1 = \frac{m_n z_1}{\cos\beta} = \frac{3 \times 23}{\cos 9.7°} = 70\ (\text{mm})$$

$$F_t = 2T/d = 2 \times 122\ 600/70 = 3\ 503\ (\text{N})$$

$$F_r = F_t \tan\alpha_n/\cos\beta = 3\ 503 \times \tan 20°/\cos 9.7° = 1\ 293\ (\text{N})$$

$$F_a = F_t \tan\beta = 3\ 503 \times \tan 9.7° = 599\ (\text{N})$$

(2)计算支承反力并作出轴的空间受力简图。

水平面

$$R_{CH} = \frac{1\ 293\times60+599\times35+1\ 643\times235}{170} = 2\ 851(\text{N})$$

$$R_{DH} = \frac{1\ 293\times110-1\ 643\times65-599\times35}{170} = 85(\text{N})$$

垂直面

$$R_{CV} = \frac{3\ 503 \times 60}{170} = 1\ 236(\text{N})$$

$$R_{DV} = \frac{3\ 503 \times 110}{170} = 2\ 267(\text{N})$$

画出轴的空间受力图,如图 11-17(b)所示。

(3)作出轴的弯矩图。水平面受力及弯矩图如图 11-17(c)、(d)所示。垂直面受力及弯矩图如图 11-17(e)、(f)所示。

根据公式 $M = \sqrt{M_H^2 + M_V^2}$ 计算合成弯矩并作出合成弯矩图如图 11-17(g)所示。

(4)作出轴的转矩图。转矩图如图 11-17(h)所示。

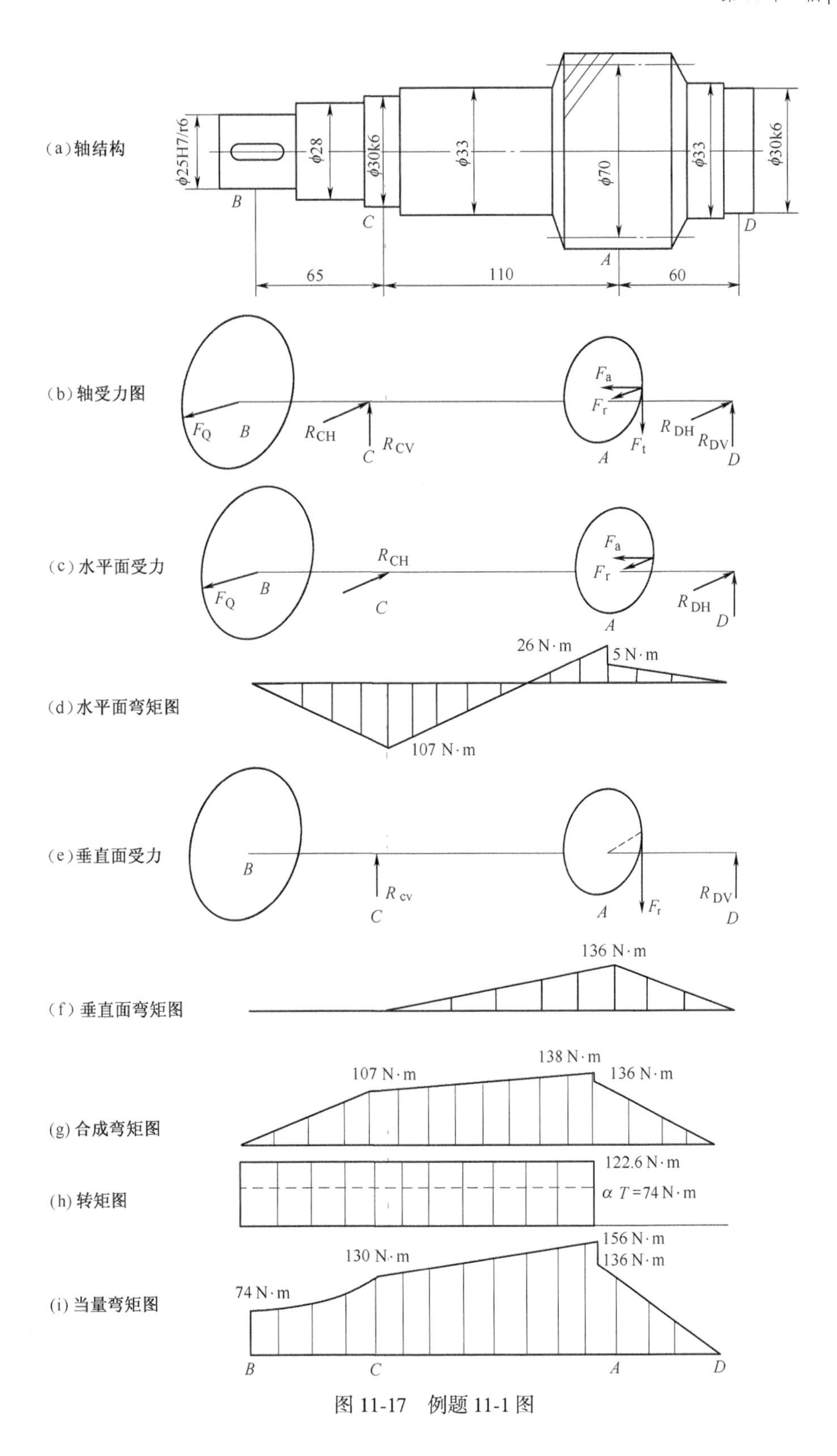

图 11-17　例题 11-1 图

(5)作出轴的当量弯矩 M'图。转矩可看作是脉动的,取应力校正系数 $\alpha=0.6$。

在小齿轮中间截面 A 点的当量弯矩为

$$M'_{A}=\sqrt{M_{A}^{2}+(\alpha T)^{2}}=\sqrt{138^{2}+(0.6\times122.6)^{2}}=156(\mathrm{N\cdot m})$$

在左轴颈中间截面 C 点的当量弯矩为

$$M'_{C}=\sqrt{M_{C}^{2}+(\alpha T)^{2}}=\sqrt{107^{2}+(0.6\times122.6)^{2}}=130(\mathrm{N\cdot m})$$

画当量弯矩图如图 11-17(i)所示。

(6)校核轴的强度。根据当量弯矩大小及轴径选择 A、C 两截面进行强度校核。

截面 A 处齿轮的齿根圆直径为

$$d_{fA}=d_{1}-2(h_{a}^{*}+c^{*})m_{n}=70-2\times(1+0.25)\times3=62.5(\mathrm{mm})$$

由表 12-2 可查得$[\sigma_{-1b}]=60$ MPa,由式(11-4)得

$$\sigma_{bA}=\frac{M'_{A}}{W_{A}}=\frac{M'_{A}}{0.1d_{fA}^{3}}=\frac{156\times10^{3}}{0.1\times62.5^{3}}=6(\mathrm{MPa})\leqslant[\sigma_{-1b}]$$

$$\sigma_{bC}=\frac{M'_{C}}{W_{C}}=\frac{M'_{C}}{0.1d_{C}^{3}}=\frac{130\times10^{3}}{0.1\times30^{3}}=48(\mathrm{MPa})\leqslant[\sigma_{-1b}]$$

因此 A、C 两截面处强度均安全。

2. 疲劳强度安全系数法计算

由上述计算结果可知,截面 C 的应力比截面 A 要大得多,其左右两端又存在较大的应力集中,故下面以截面 C 为例进行安全系数校核。

(1)求应力。抗弯、抗扭截面模量为

$$W=\pi d^{3}/32=\pi\times30^{3}/32=2\,651(\mathrm{mm}^{3}),W_{T}=\pi d^{3}/16=\pi\times30^{3}/16=5\,301(\mathrm{mm}^{3})$$

弯曲应力为对称循环应力,其应力幅和平均应力为

$$\sigma_{a}=\sigma=M_{C}/W=107\times10^{3}/2\,651=40.4(\mathrm{MPa})$$

$$\sigma_{m}=0$$

切应力为脉动循环应力,其应力幅和平均应力为

$$\tau_{a}=\tau_{m}=\frac{\tau}{2}=\frac{T}{2W_{T}}=\frac{122\,600}{2\times5\,301}=12(\mathrm{MPa})$$

(2)求综合影响系数。由于过渡圆角半径 $r=1.5$ mm,由附表 A-4 可查得有效应力集中系数 $k_{\sigma}=1.67$, $k_{\tau}=1.45$;由于过盈配合引起的有效应力集中系数由附表 A-2(按 H7/r6 配合选择)可查得 $k_{\sigma}=2.63$,$k_{\tau}=1.89$。因过盈配合的有效应力集中系数较大,取过盈配合的有效应力集中系数进行计算。

由附表 A-5 可查得尺寸系数 $\varepsilon_{\sigma}=0.91$,$\varepsilon_{\tau}=0.89$,由附表 A-5 查得表面状态系数 $\beta=1$。故

$$(k_{\sigma})_{D}=\frac{k_{\sigma}}{\varepsilon_{\sigma}\beta_{\sigma}}=\frac{2.63}{0.91\times1}=2.89$$

$$(k_{\tau})_{D}=\frac{k_{\tau}}{\varepsilon_{\tau}\beta_{\tau}}=\frac{1.89}{0.89\times1}=2.12$$

(3)求安全系数。由第 2 章的 2.2.4 节可知,碳钢的等效系数 $\psi_{\sigma}=0.1\sim0.2$,$\psi_{\tau}=0.05\sim0.1$。此处取 $\psi_{\sigma}=0.15$,$\psi_{\tau}=0.08$。若按无限寿命计算,则 $K_{N}=1$,于是由式(2-23)可得

$$S_\sigma = \frac{k_N \sigma_{-1}}{(k_\sigma)_D \sigma_a + \psi_\sigma \sigma_m} = \frac{1 \times 275}{2.89 \times 40.4 + 0.15 \times 0} = 2.3$$

$$S_\tau = \frac{k_N \tau_{-1}}{(k_\tau)_D \tau_a + \psi_\tau \tau_m} = \frac{1 \times 155}{2.12 \times 12 + 0.08 \times 12} = 5.9$$

复合安全系数 S 由式(2-29)得

$$S = \frac{S_\sigma S_\tau}{\sqrt{S_\sigma^2 + S_\tau^2}} = \frac{2.3 \times 5.9}{\sqrt{2.3^2 + 5.9^2}} = 2.14$$

由表 2-3 查得$[S]=1.5$,因此 $S>[S]$,轴的疲劳强度是安全的。

11.4 轴的刚度计算

轴受载荷后会产生弯曲或扭转变形,如果变形过大,就会影响轴上零件的正常工作。例如,安装齿轮的轴,若弯曲刚度不足导致挠度过大时,会造成齿轮沿齿宽方向接触不良,载荷分布不均匀。又如内燃机凸轮轴扭转变形过大将影响气门正常启闭。因此,设计机器时对有刚度要求的轴应进行必要的刚度校核计算。

轴的弯曲刚度用挠度 y 和偏转角 θ 度量,扭转刚度用单位长度扭转角 φ 来度量。轴的刚度校核计算通常是计算出轴在受载时的变形量,并使其小于允许值。

11.4.1 轴的弯曲刚度校核计算

轴受弯矩作用时,其弯曲刚度条件为:

挠度 $$y \leqslant [y] \tag{11-6}$$

偏转角 $$\theta \leqslant [\theta] \tag{11-7}$$

式中 $[y]$、$[\theta]$——轴的许用挠度和许用偏转角,如表 11-4 所示。

常见的轴大多可视为简支梁。若是光轴,可直接用材料力学中的公式计算其挠度或偏转角;若是阶梯轴,如果对计算精度要求不高,则可用当量直径法作近似计算。即把阶梯轴看成是当量直径为 d_v 的光轴,然后再按材料力学中的公式计算。当量直径 d_v 的计算公式为

$$d_v = \frac{\sum d_i l_i}{l} \tag{11-8}$$

式中 l——支点间距离;

l_i、d_i——轴上第 i 段的长度和直径。

11.4.2 轴的扭转刚度校核计算

轴受转矩作用时,其扭转刚度条件为:

光轴 $$\varphi = 5.73 \times 10^4 \frac{T}{GI_P} \leqslant [\varphi] \tag{11-9}$$

阶梯轴 $$\varphi = 5.73 \times 10^4 \frac{1}{Gl} \sum \frac{T_i l_i}{I_{Pi}} \leqslant [\varphi] \tag{11-10}$$

式中 T——轴所受转矩,N · mm;

G——轴材料的切变模量,MPa,对于钢材,$G=8.1\times10^4$ MPa;

I_P——轴截面的极惯性矩,mm^4;

l——阶梯轴受转矩作用的长度,mm;

T_i、l_i、I_{Pi}——分别代表阶梯轴第 i 段上所受的转矩、长度和极惯性矩;

$[\varphi]$——许用扭转角,(°)/m,与轴的使用场合有关,如表 11-4 所示。

表 11-4 轴的许用挠度、许用偏转角和许用扭转角

变形种类	应用场合	许用值	变形种类	应用场合	许用值
挠度$[y]$/mm	一般用途的轴	$(0.000\,3\sim0.000\,5)l$	偏转角$[\theta]$/rad	滑动轴承	≤0.001
	刚度要求较高的轴	$\leq0.000\,2l$		向心球轴承	≤0.005
	感应电动机轴	$\leq0.1\Delta$		调心球轴承	≤0.05
	安装齿轮的轴	$(0.01\sim0.03)m_n$		圆柱滚子轴承	≤0.0025
	安装蜗轮的轴	$(0.02\sim0.05)m$		圆锥滚子轴承	≤0.0016
	l—支承间跨距,mm; Δ—电动机定子与转子间的气隙,mm; m_n—斜齿轮法面模数,mm; m—蜗轮端面模数,mm			安装齿轮处	0.001~0.002
			每米长的扭转角$[\varphi]$/((°)/m)	一般传动	0.5~1
				较精密的传动	0.25~ 0.5
				重要传动	≤0.25

11.5 轴的临界转速概念

由于轴和轴上零件的材料组织不均匀,制造误差或安装对中不良等原因,轴的重心与几何轴线之间一般总有一微小的偏心距,当轴旋转时就会产生以离心力为表征的周期性干扰力,从而引起轴的振动。如果这种强迫振动的频率与轴的自振频率相同或接近时,便会引起共振,轴的振幅将会急剧增大,从而使得机器不能正常工作,严重时会还造成轴和整台机器的破坏。一般通用机械涉及到共振的问题不多。

轴的振动可分为横向振动、扭转振动和纵向振动三类。在轴的工作转速范围内,最常见的是横向振动现象,其次是扭转振动现象,而轴的纵向自振频率很高,常予以忽略。

轴在引起共振时的转速称为临界转速。同类型振动的临界转速可以有多个,最低的一个称为**一阶临界转速**。在一阶临界转速下,振动激烈,最为危险。计算临界转速的目的就在于使轴的工作转速避开临界转速。

工作转速低于一阶临界转速的轴称为刚性轴。超过一阶临界转速的轴称为挠性轴。一般情况下,轴的横向振动稳定性条件:对于刚性轴,应使工作转速 $n\leq0.75n_{cr1}$;对于挠性轴,应使 $1.4n_{cr1}\leq n\leq0.7n_{cr2}$($n_{cr1}$和 n_{cr2}分别为轴的一阶、二阶临界转速)。若轴的工作转速很高时,显然应使其转速避开相应的高阶临界转速。

轴的临界转速的计算方法可参看有关文献。

思考题、讨论题和习题

11-1　在进行轴的疲劳强度计算时，如果同一截面上有几个应力集中源，应如何取定应力集中系数？

11-2　为什么要进行轴的静强度校核计算？校核计算时为什么不考虑应力集中的影响？

11-3　轴的三种强度计算方法在计算原理，要求的已知条件，计算精确度，使用条件等方面有什么不同？

11-4　为什么轴的材料很少采用铸铁制造？铸造的轴用于什么场合？

11-5　汽车的曲轴在汽车报废以后，能否再使用？如果使用，需要考虑哪些问题？

11-6　图11-18所示为起重机卷筒轴与齿轮、卷筒连接的三种结构方案，其中方案1和3的轴与毂采用键连接，试分析方案中轴的受力情况，并说明轴是传动轴、心轴或转轴。

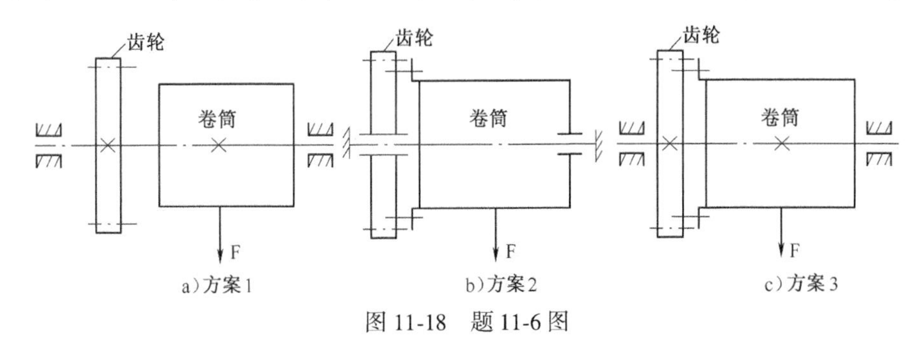

图11-18　题11-6图

11-7　图11-19所示为一斜圆柱齿轮减速器的输出轴。齿轮工作中所受各分力的大小分别为 $F_t=5\ 000$ N、$F_r=2\ 000$ N、$F_a=1\ 500$ N，分度圆半径为40 mm，与两轴承支承点的距离分别为50 mm和100 mm。试依次画出轴的垂直面和水平面受力图，并求解支反力。

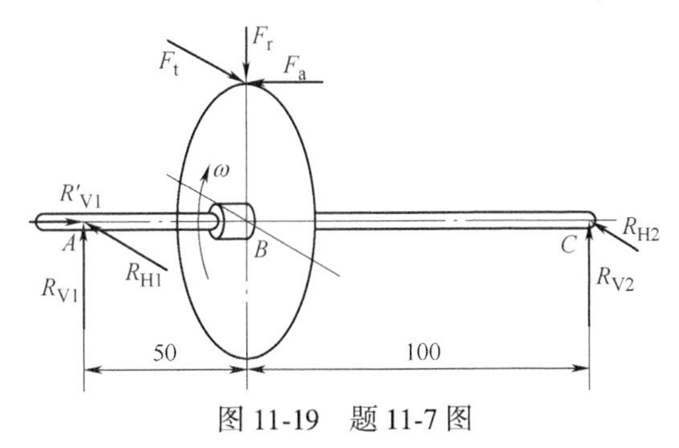

图11-19　题11-7图

11-8　如图11-20所示，按示例①所示，编号指出图中轴系结构中的其他错误。（注：不考虑轴承的润滑方式以及图中的倒角和圆角）。

示例：①—缺少调整垫片。

11-9　图11-21所示为某斜圆柱齿轮减速器输出轴的轴系结构，齿轮油润滑，轴承脂润滑。轴端装联轴器。试指出图中的结构错误，并画出改正图。

11-10　一齿轮轴的结构和轮齿受力方向如图11-22所示。已知力的大小：$F_t=10\ 000$ N、

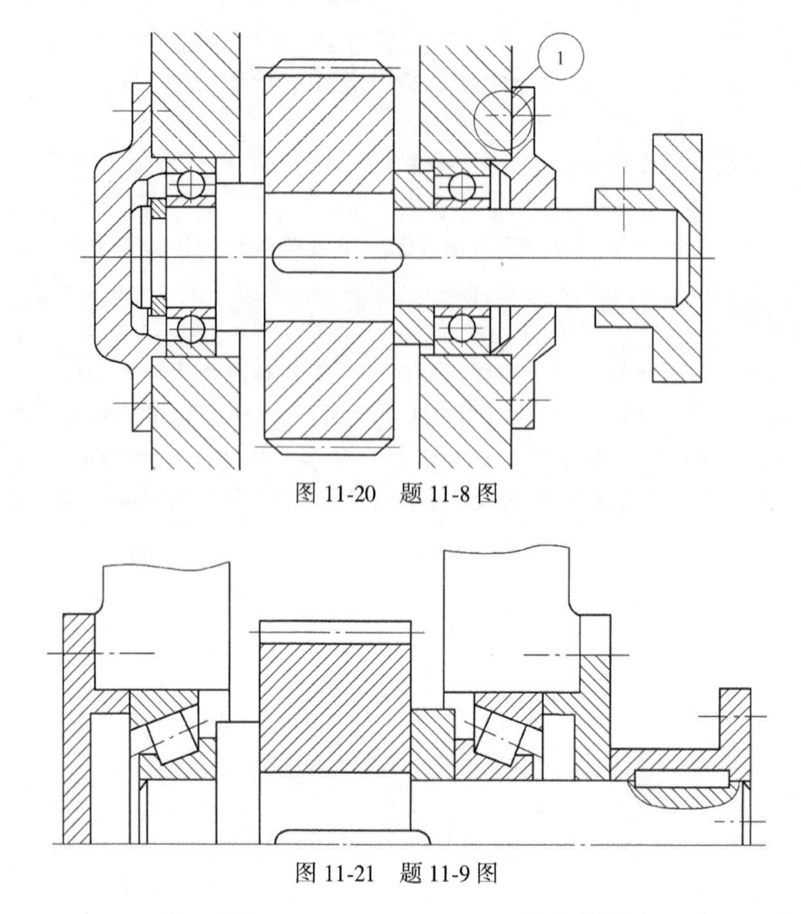

图 11-20　题 11-8 图

图 11-21　题 11-9 图

$F_r = 3\ 775$ N、$F_a = 2\ 754$ N，输入转矩 $T_1 = 335\ 000$ N · mm，轴的材料为 45 钢，调质处理，硬度为 200 HBS，$\sigma_B = 640$ MPa。危险截面Ⅰ-Ⅰ及Ⅱ-Ⅱ的表面粗糙度为 $R_a = 3.2$ μm。若 $[S] = 1.5$，试分别按许用弯曲应力和疲劳强度安全系数法校核危险截面Ⅰ-Ⅰ及Ⅱ-Ⅱ是否安全。

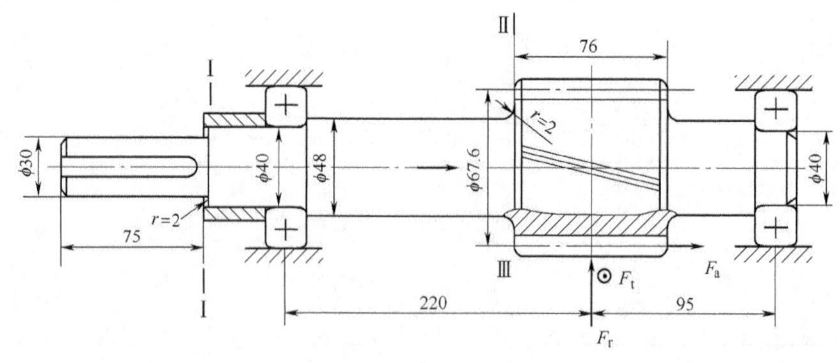

图 11-22　题 11-10 图

11-11　有一偏心轮轴，如图 11-23 所示，求点 A、B 的应力集中系数，材料的抗拉强度 $\sigma_b = 600$ MPa。

11-12　轴的直径 $d = 100$ mm，截面Ⅰ-Ⅰ上的应力 $\sigma_a = 70$ MPa，$\sigma_m = 0$，$\tau_m = \tau_r = 20$ MPa，试计算以下四种情况下轴的综合安全系数。

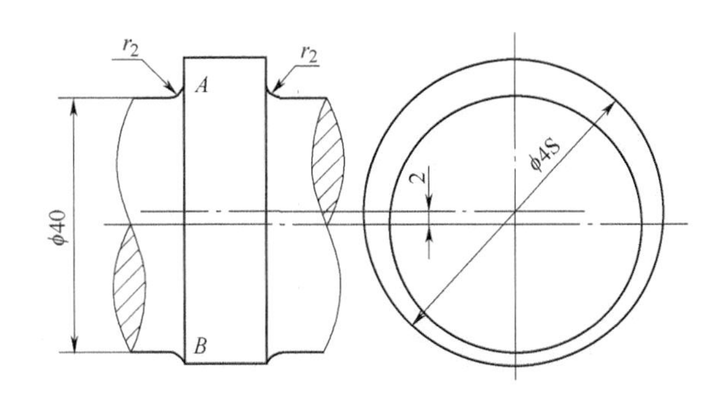

图 11-23 题 11-11 图

(1)轴的材料为 45 钢,$\sigma_b = 650$ MPa,轴表面粗糙度 $Ra = 6.3$ μm。

①圆角半径 $r = 2$ mm,轴肩高度 $h = 10$ mm[见图 11-24(a)]。

②圆角半径 $r = 8$ mm,轴肩高度 $h = 10$ mm[见图 11-24(b)]。

(2)轴的材料为 40Cr 钢,$\sigma_b = 1\ 000$ MPa,轴表面粗糙度 $Ra = 6.3$ μm。

①圆角半径 $r = 2$ mm,轴肩高度 $h = 10$ mm[见图 11-24(a)]。

②圆角半径 $r = 8$ mm,轴肩高度 $h = 10$ mm[见图 11-24(b)]。

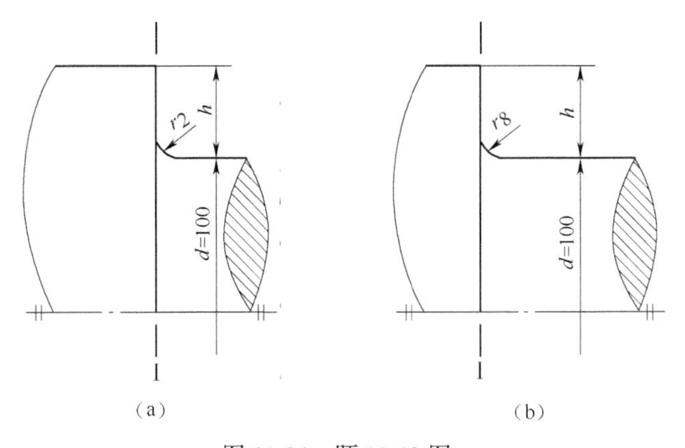

图 11-24 题 11-12 图

第 12 章　滑 动 轴 承

【学习提示】

①滑动轴承与轴颈接触部位是它的关键。设计者力求在接触面之间有较厚的油膜,以减小摩擦和磨损。不能保持油膜存在的情况(不完全液体润滑滑动轴承)则主要靠轴承尺寸、摩擦材料、润滑油和添加剂保持工作能力。

②利用雷诺方程建立液体动力润滑滑动轴承计算公式(图表),公式给出了摩擦学计算的一个基本概念,应该深刻理解,并掌握轴承的计算方法。此外,通过公式推导,应该知道建立雷诺方程的基本条件有:力的平衡条件[式(12-6)]、物理条件(牛顿黏性流体摩擦定律 $\tau = -\eta \frac{\mathrm{d}u}{\mathrm{d}y}$)和边界条件。所以,表 12-7 主要是根据力的平衡条件得到的,即在稳定运转条件下,滑动轴承稳定转动时的几何关系,由此求得油膜厚度。而另一个条件是热平衡条件,由此确定,润滑油的黏度。

③在掌握以上知识的基础上,注意滑动轴承的结构设计,可以比较深入的掌握机械结构设计的知识。

12.1　概　　述

12.1.1　轴承的作用

轴承是机械行业应用非常广泛的零件,一般轴承的作用:一是支撑轴及轴上零件,并保持轴的旋转精度;二是减少转轴与支撑之间的摩擦和磨损。

12.1.2　滑动轴承的特点

轴承分为滚动轴承和滑动轴承两大类。滚动轴承具有磨擦因数低、起动阻力小的优点,并已标准化,因此在一般机器中应用较广。但由于滑动轴承具有下面所述的特点,使它在某些特殊场合还占有重要地位。

(1)在转速特高和特重载下能正常工作且寿命长。在这种工况下,如果用滚动轴承。因滚动轴承的寿命与轴的转速成反比,其寿命会很短;而用液压润滑轴承可避免金属表面的摩擦并减少磨损,可延长其寿命。液体润滑轴承广泛应用于轧钢机、发电机、水轮机、机床等大型设备中。

(2)能保证轴的支撑位置特别精确。由于滚动轴承影响支撑精度的零件多,而滑动轴承只要设计合理,就可以达到要求的旋转精度,例如磨床主轴就采用液体润滑滑动轴承。

(3)能承受较大的冲击和振动。在这种工况下滚动轴承易于破坏,而采用液体润滑的滑动轴承的润滑油膜具有很好的缓冲和吸振作用。

(4)根据装配要求,滑动轴承可做成剖分式的结构,可以用来支撑一些不宜或不能采用滚动轴承的场合,例如用来支撑内燃机曲轴的轴承就需要使用剖分式滑动轴承。

(5)滑动轴承的径向尺寸比滚动轴承小,在安装轴承的径向空间尺寸受限制时,可采用滑动轴承。

1. 滑动轴承的分类

滑动轴承的类型很多,如表12-1所示。根据其承受载荷的方向不同,可分为径向滑动轴承和止推滑动轴承。根据其所使用的润滑剂种类不同,可分为液体润滑滑动轴承、气体润滑滑动轴承、半固体润滑滑动轴承和固体润滑滑动轴承。按照滑动表面间润滑状态的不同,可分为液体润滑滑动轴承、混合润滑滑动轴承和无润滑滑动轴承,其中液体润滑滑动轴承根据其承载机理的不同,又可分为液体动压润滑滑动轴承和液体静压润滑滑动轴承。按轴承中轴瓦形式的不同,可分为整体式滑动轴承、剖分式滑动轴承和调心式滑动轴承。

表12-1 滑动轴承的分类

分类方式	类型及特点	
按所承受载荷方向的不同	径向滑动轴承(承受径向载荷)	
	止推滑动轴承(承受轴向载荷)	
按所使用的润滑剂种类不同	液体润滑滑动轴承	
	气体润滑滑动轴承	
	半固体润滑滑动轴承	
	固体润滑滑动轴承	
按滑动表面间润滑状态的不同	液体润滑滑动轴承	液体动压润滑滑动轴承
		液体静压润滑滑动轴承
	混合润滑滑动轴承	
	无润滑滑动轴承	
按轴承中轴瓦形式的不同	整体式滑动轴承	
	剖分式滑动轴承	
	调心式滑动轴承	

2. 滑动轴承的设计要点

要正确地设计滑动轴承,必须合理地解决以下问题:

(1)轴承的形式和结构设计。

(2)轴瓦的结构和材料选择。

(3)轴承结构参数的确定。

(4)润滑剂的选择和供应。

(5)轴承的工作能力和热平衡计算。

12.2 滑动轴承的主要结构形式

滑动轴承的结构与其摩擦状态、承受载荷的方向、制造安装方法等有关,一般由轴承座(壳体)、轴瓦(轴套)、润滑和密封装置组成。许多常用的滑动轴承,其结构尺寸已经标准化,可根据工作条件和使用要求从有关手册中合理选用。下面介绍几种典型的结构。

12.2.1 径向滑动轴承

径向滑动轴承主要用来承受径向载荷。

1. 整体式径向滑动轴承

整体式径向滑动轴承的结构形式如图 12-1 所示。它由轴承座和由减磨材料制成的整体轴套组成。轴承座上面设有安装润滑油杯的螺纹孔。在轴套上开有油孔,并在轴套的内表面上开有油槽。

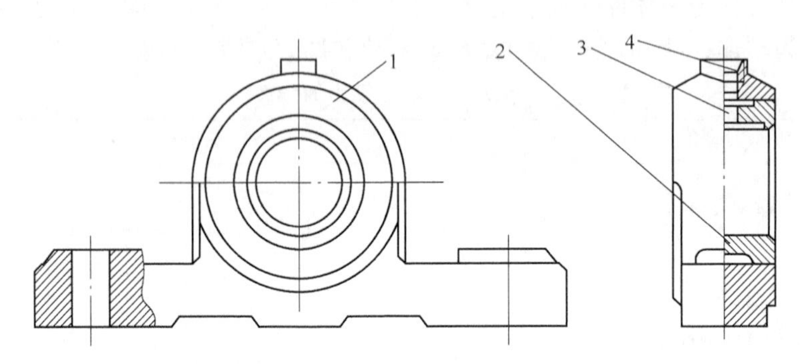

图 12-1 整体式径向滑动轴承

1—轴承座;2—整体轴瓦;3—油孔;4—螺纹孔

整体式径向滑动轴承结构简单、成本低廉,但轴套磨损后轴径与轴套的间隙无法调整。由于这种轴承必须从轴端部装入或取出,装拆很不方便。因此,整体式径向滑动轴承一般用于低速、轻载或间歇工作的简单机械中。

2. 剖分式径向滑动轴承

剖分式径向滑动轴承的结构形式如图 12-2 所示。它由轴承座、轴承盖、轴瓦组成,并用连接螺栓将轴承座和轴承盖连接固定起来。轴承盖顶部的螺纹孔用于安装油杯。

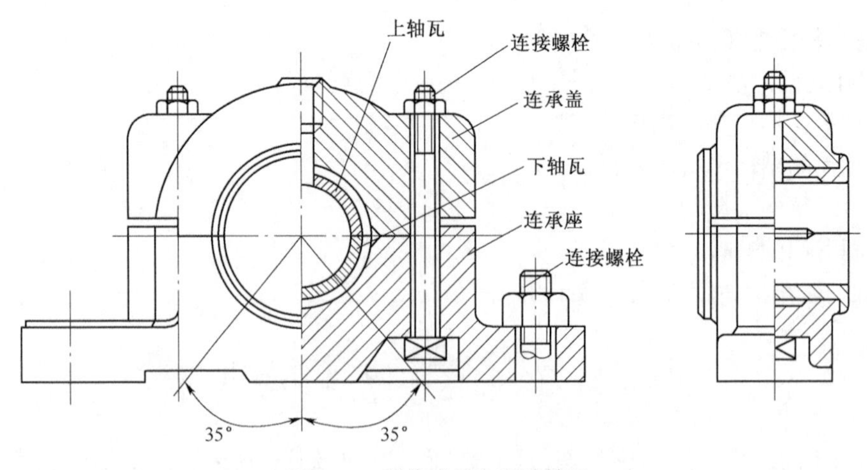

图 12-2 剖分式径向滑动轴承

轴承座和轴承盖的剖分面常做出止口,以便安装时进行定位、防止工作时错动。在剖分面间可装调整垫片,用以调整轴颈与轴瓦间由于磨损而变化的间隙。

剖分面通常布置在水平方向。径向载荷的方向与剖分面垂线的夹角一般不得大于35°,否则就应采用45°倾斜剖分式滑动轴承,如图12-3所示。

剖分式滑动轴承装拆和修理方便,轴瓦磨损后除了用减少垫片来调整间隙外,还可修刮轴瓦内孔,因此使用比较广泛。

另外,为了减少轴瓦和轴颈表面的磨损,也可使用调隙式滑动轴承。调隙式滑动轴承的相关内容可参考相关资料。

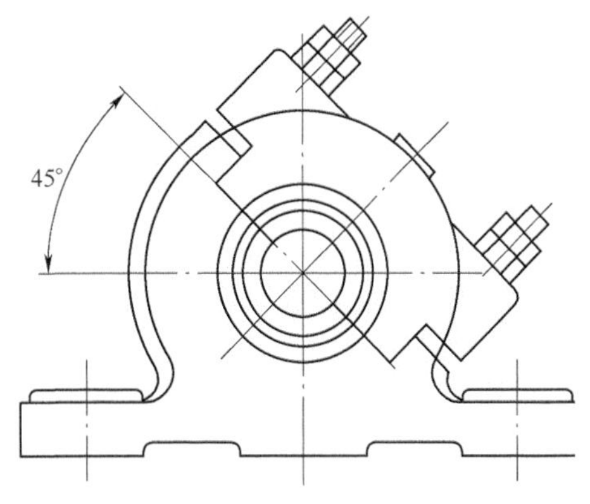

图12-3　倾斜剖分式径向滑动轴承

3. 调心式径向滑动轴承

当轴承宽度 B 与轴颈的直径 d 的比值(即宽径比) $B/d > 1.5$ 时,或轴的弯曲变形、安装误差较大时,很难保证轴颈与轴承孔的轴心线重合。轴颈偏斜使其与轴承的端部发生局部接触,如图12-4所示。造成载荷集中,轴承很快磨损,降低了使用寿命。为此,可使用图12-5所示的调心式径向滑动轴承。

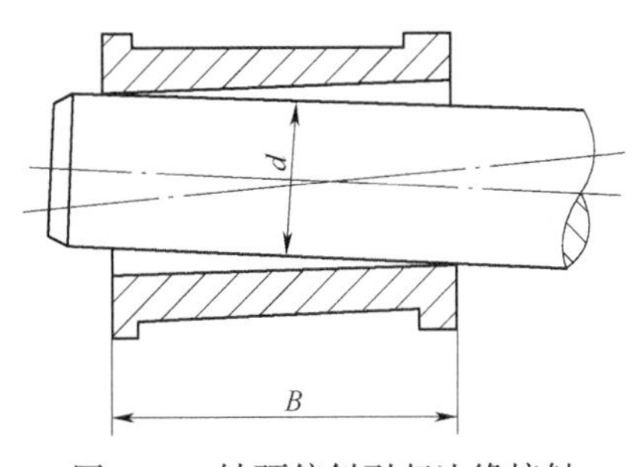

图12-4　轴颈偏斜引起边缘接触

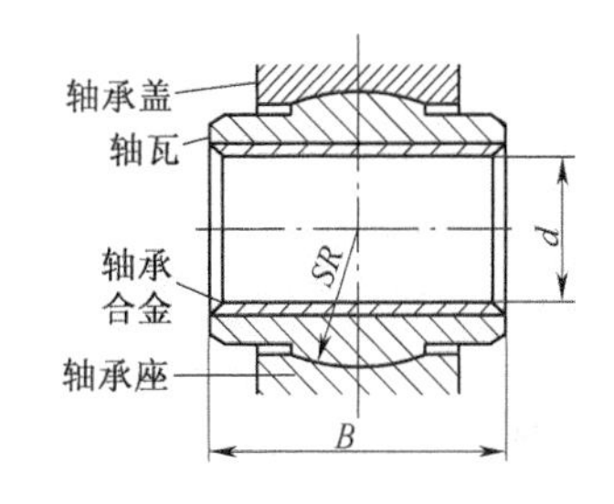

图12-5　调心式径向滑动轴承

调心式径向滑动轴承又称**自位轴承**。它的轴瓦外表面做成球面形状,与轴承盖及轴承座的球形内表面相配合,球面中心位于轴颈轴线上,轴瓦可自动调位,以适应轴颈的偏斜。调心式轴承必须成对使用。

12.2.2　止推滑动轴承

止推滑动轴承只用来承受轴向载荷。为了固定轴颈位置或承受径向载荷,一般都与径向轴承联合使用。

止推滑动轴承由轴承座和止推轴颈组成。止推滑动轴承常用的结构形式有空心式、单环式和多环式,如表12-2所示。一般不将止推轴承端面做成实心的,因为离轴线越远相对速度越大,磨损也越快,易造成轴线中心附近的压强过大。为了避免发生这种现象常设计如表12-2中所示的空心端面结构。单环式利用轴颈的环形端面止推,结构简单,广泛应用于低速、轻载的场合。多环式不仅能承受较大的单向轴向载荷,有时还可以承受双向的轴向载荷。

表 12-2 止推滑动轴承的基本结构及尺寸

空心式	单环式		多环式
d_2 由轴的结构设计拟定 $d_1=(0.4\sim0.6)d_2$。 若结构上无限制,应取 $d_1=0.5d_2$	d_1, d_2 由轴的结构设计拟定	d 由轴的结构设计拟定 $d_2=(1.2\sim1.6)d$ $d_1=1.1d$ $h=(0.12\sim0.15)d$ $h_0=(2\sim3)h$	

12.3 轴瓦结构

轴瓦是滑动轴承中的重要零件。轴瓦在轴承中直接与轴颈接触,它的结构形式对轴承的承载能力有很大影响。轴瓦应具有一定的强度和刚度,在轴承中应具有定位可靠,便于输入润滑剂,容易散热,便于装拆,调整方便等优点。

12.3.1 轴瓦的结构与形式

常用的轴瓦有整体式和剖分式两种结构。

整体式轴瓦按材料及制法不同,分为整体轴套[见图 12-6(a)]和单层、双层、或多层材料的卷制轴套[见图 12-6(b)]。非金属整体式轴瓦既可以是整体非金属轴套,也可以是在钢套上镶衬非金属材料。

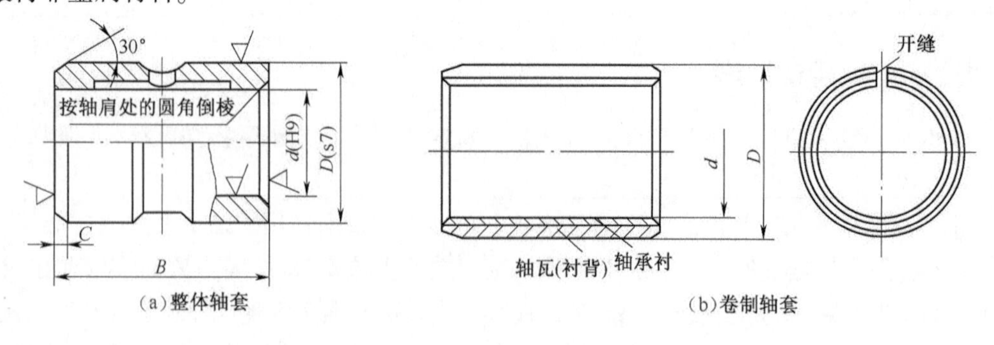

(a)整体轴套 (b)卷制轴套

图 12-6 整体式轴瓦

剖分式轴瓦有厚壁轴瓦(见图 12-7)和薄壁轴瓦(见图 12-8)之分。厚壁轴瓦用铸造方法制造,内表面可衬有轴承衬,常将轴承合金用离心铸造法浇注在铸铁、钢或青铜轴瓦的内表面上。为使轴承合金与轴瓦贴附得好,常在轴瓦内表面上制出各种形式的榫头、凹沟或螺纹。

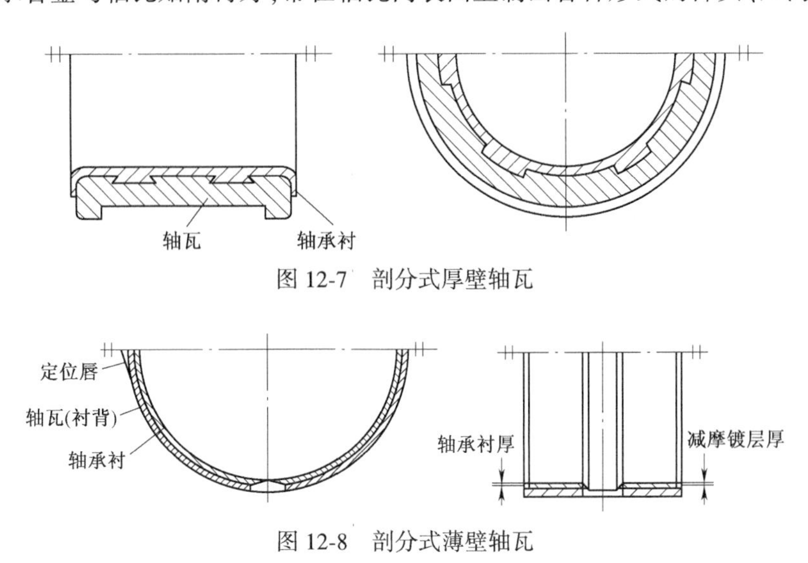

图 12-7 剖分式厚壁轴瓦

图 12-8 剖分式薄壁轴瓦

薄壁轴瓦由于能用双金属板连续轧制等新工艺进行大量生产,故质量稳定,成本低,但轴瓦刚性小,装配时不再修刮轴瓦内圆表面,轴瓦受力后,其形状完全取决于轴承座的形状,因此,轴瓦和轴承座均需精密加工。薄壁轴瓦在汽车发动机、柴油机上得到广泛应用。

12.3.2 轴瓦的定位

轴瓦和轴承座不允许有相对移动,因此可将轴瓦两端做成凸缘(见图 12-7),用于轴向定位,或用销钉或螺钉将其固定在轴承座上(见图 12-9)。

12.3.3 油孔及油槽

为了润滑轴承的工作表面,一般都在轴瓦上开设油孔、油槽和油室。油孔用来供应润滑油,油槽用来输送和分布润滑油,而油室既可以使润滑油沿轴向均匀分布,又起储油和稳定供油的作用。图 12-10 和图 12-11 所示为常见的集中油孔和油槽。图 12-12 所示为几种常见的油室形状。

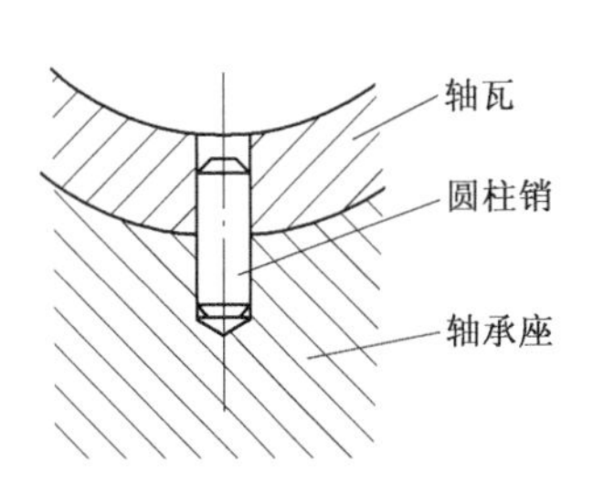

图 12-9 销钉固定轴瓦

图 12-10 油孔和油槽

轴向油槽不应开通，其长度可为轴瓦宽度的 80%，以防止润滑油从端部大量流失。轴向油槽也可开在轴瓦剖分面上。

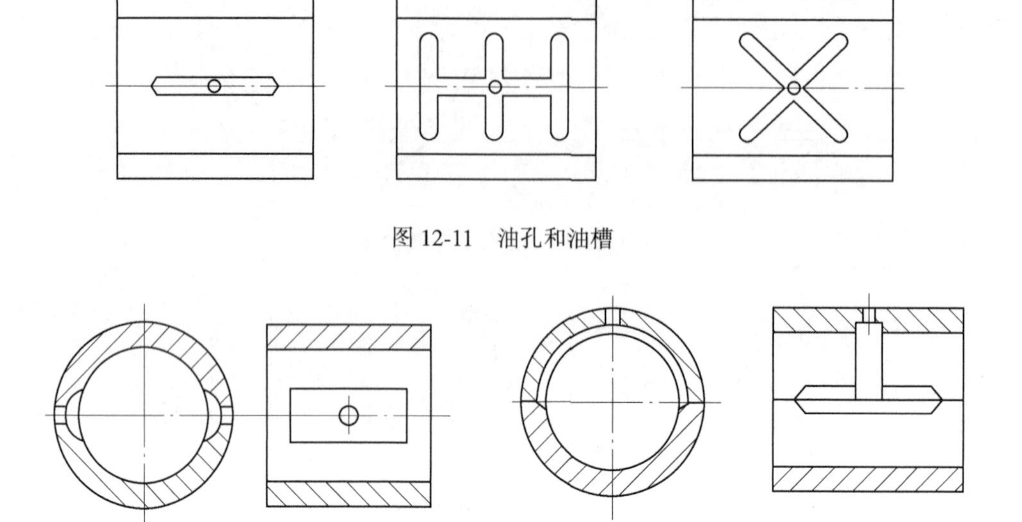

图 12-11　油孔和油槽

图 12-12　油室形状

油孔、油槽的形状和位置对轴承的动压油膜形成及承载能力影响很大，润滑油应从压力最小的地方输入轴承。对于混合摩擦轴承，应使油槽尽量延伸到最大压力区附近，以便向承载区充分供油。对于液体摩擦轴承，油孔和油槽应开在非承载区的最大间隙处附近，不允许安排在油膜承载区，否则会破坏油膜的连续，降低承载能力，如图 12-13 所示。虚线部分为承载区内无油槽时油膜压力的分布情况，实线是承载区开设油槽后的油膜压力分布情况。

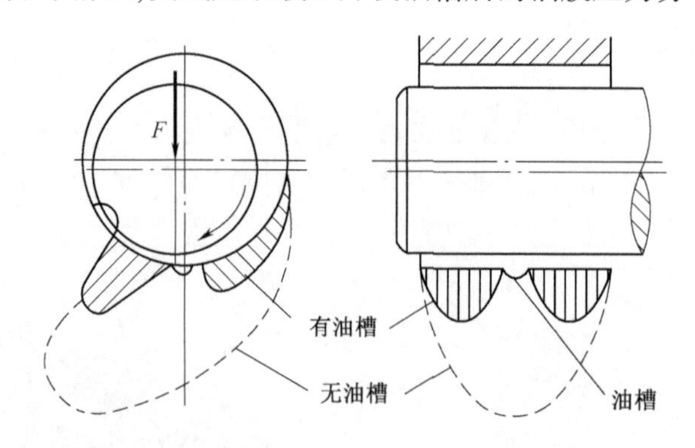

图 12-13　不正确的油槽位置降低油膜的承载能力

12.3.4　润滑油的导入形式

图 12-14 所示为润滑油从两侧导入的结构，常用于大型液体润滑的滑动轴承中。一侧油进入后被旋转着的轴颈带入楔形间隙中形成动压油膜，另一侧油进入后覆盖在轴颈上半部，起

着冷却作用,最后油从轴承的两端泄出。图12-15所示的轴瓦两侧面镗有油室,这种结构可以使润滑油顺利地进入轴瓦与轴颈的间隙。

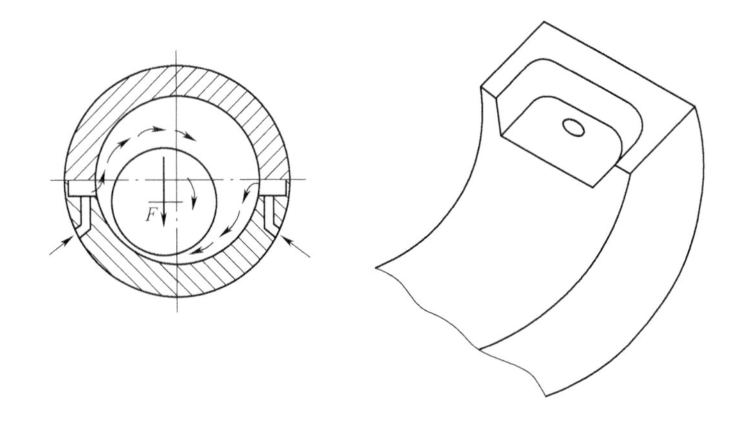

图12-14　两侧供油的轴承

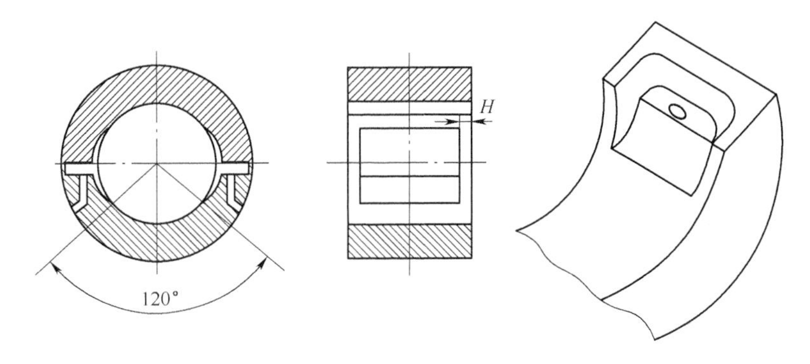

图12-15　轴瓦两侧开设油室

12.4　滑动轴承的失效形式及常用材料

12.4.1　滑动轴承的失效形式

滑动轴承的失效形式有以下几种:

(1)磨粒磨损:进入轴承间隙的硬颗粒(如灰尘、砂粒等)有的嵌入轴承表面,有的游离于间隙中并随轴一起转动,它们都将对轴颈和轴承表面起研磨作用。在起动、停车或轴颈与轴承发生边缘接触时,将加剧轴承磨损,导致几何形状改变、精度丧失,轴承间隙加大,使轴承性能在轴承寿命期间达不到预期值。

(2)刮伤:进入轴承间隙中的硬颗粒或轴颈表面粗糙的轮廓峰顶,在轴瓦上划出线状伤痕,导致轴承因刮伤而失效。

(3)咬粘(胶合):当轴承温升过高、载荷过大,油膜破裂时,或在润滑油供应不足条件下,轴颈和轴承的相对运动表面材料发生黏附和迁移,从而造成轴承损坏。咬粘有时甚至可能导致相对运动中止。

(4)疲劳剥落:在载荷反复作用下,轴承表面出现与滑动方向垂直的疲劳裂纹,当裂纹向轴承衬与轴承衬背结合面扩展后,造成轴承衬材料的剥落。它与轴承衬和衬背因结合不良或结合力不足而造成轴承衬的剥离有些相似,但疲劳剥落造成的裂纹周边不规则,结合不良造成的剥离其裂纹周边比较光滑。

(5)腐蚀:润滑剂在使用中不断氧化,所生成的酸性物质对轴承材料有腐蚀性,特别是对铸造铜铅合金中的铅,易受腐蚀而形成点状的脱落。

12.4.2 轴瓦材料应具备的性能

(1)摩擦兼容性:轴颈与轴瓦直接接触时防止发生粘附的能力,有利于形成边界润滑的能力。

(2)嵌入性:材料允许混入润滑剂中的硬质颗粒嵌入而防止刮伤或磨粒磨损的能力。

(3)磨合性:在轴颈与轴瓦的磨合过程中,减少轴颈或轴瓦的加工误差、同轴度误差、表面粗糙度参数值,使接触均匀,从而降低摩擦力、磨损率。

(4)摩擦顺应性:材料靠表层的弹塑性变形补偿滑动摩擦表面初始配合不良和轴的挠曲的性能。

(5)耐磨性:耐磨损的能力。

(6)耐疲劳性:在疲劳载荷下材料抵抗疲劳破坏的能力。

(7)耐蚀性:材料耐腐蚀的性能。

(8)耐气蚀性:固体相对于液体运动的状态下,当液体中的气泡在固体表面附近破裂时,产生局部高压或高温,将导致气蚀磨损。材料耐气蚀磨损的能力称为耐气蚀性。

(9)抗压强度:承受压力而不被挤坏或者不产生塑性变形的能力。

12.4.3 轴瓦材料

现有的轴瓦材料尚不能同时满足上述全部要求,因此设计时应根据使用中最主要的要求来选择材料。常用轴瓦材料和轴承衬材料的性能如表12-3所示。

目前常用的轴瓦材料有金属材料、多孔质金属材料和非金属材料三大类。

1. 金属材料

(1)轴承合金:轴承合金又称**巴氏合金**或**白合金**,是在软基体金属(如锡、铅)中加入适量硬质合金颗粒(如锑或铜)形成的。软基体具有良好的跑合性、嵌藏性和顺应性,而硬金属颗粒则起到支撑载荷、抵抗磨损的作用。按基体材料的不同,可分为锡锑轴承合金和铅锑轴承合金两类。锡锑轴承合金的摩擦因数小,抗胶合性能良好,对油的吸附性强,且易跑合、耐腐蚀,因此常用于高速、重载场合,但价格较高,因此一般作为轴承衬材料而浇铸在钢、铸铁或青铜轴瓦上。铅锑轴承合金的各种性能与锡锑轴承合金接近,但材料较脆,不宜承受较大的冲击载荷,一般用于中速、中载的轴承。

(2)铜合金:铜合金是铜与锡、铅、锌、或铝的合金,是传统的轴承材料,主要分为青铜和黄铜两类,其中青铜最为常用。

青铜类材料的强度高、耐磨性和导热性好,但可塑性及跑合性较差,因此与之相配的轴颈必须淬硬。青铜可以单独做成轴瓦,但为了节省有色金属,也可将青铜浇铸在钢或铸铁轴瓦内壁上。用作轴瓦的青铜,主要有锡青铜、铅青铜和铝青铜,在一般情况下,它们分别用于中速重载、中速中载和低速重载的轴承上。

黄铜类材料的减摩性低于青铜,但具有优良的铸造及加工工艺性,并且价格比较低,可用于低速中载轴承的材料。

(3)铝基轴承合金:铝基轴承合金是一种较新的轴承材料,具有强度高、耐磨性好、表面性能优良等特点,因此在一些应用领域(如增压柴油机轴承)中取代了价格较高轴承合金和青铜。

(4)铸铁:普通灰铸铁、耐磨铸铁或者球墨铸铁都可以用来作轴承材料。这类材料价格低廉,并且铸铁中的石墨可以在轴瓦表面形成一层起润滑作用的石墨层,因此具有一定的耐磨性。由于铸铁材料的塑性和跑合性较差,故一般用于低速、轻载及无冲击的场合。

2. 多孔质金属材料

多孔质金属材料由铜、铁、石墨等粉末压制、烧结而成。这种材料具有多孔结构,在使用前先把轴瓦在热油中浸渍数小时,使孔隙内充满润滑油,因此这种材料的轴承常被称为**含油轴承**。在运转时,轴瓦温度升高,由于油的膨胀系数比金属大,因此油自动进入摩擦表面,起到了润滑的作用。不工作时,由于毛细管的作用,油被吸回到孔隙中,因此在较长时间内,轴承不加润滑油也能很好的工作,特别适用于无冲击、轻载和低速条件下。常用的多孔质金属材料有铁基和铜基两种,具有成本低、含油量多和强度高等特性。近年来又发展了铝基粉末冶金材料,它具有质量轻、温升小和寿命长等优点。

3. 非金属材料

用于轴承的非金属材料有塑胶、橡胶、碳-石墨等,其中塑胶用得最多,主要有聚四氟乙烯、酚醛树脂和尼龙等。

塑胶轴承材料具有自润滑性能,其重量轻、强度高、摩擦因数小,抗振和抗咬合性能好,低速轻载时能在无润滑的条件下工作。相比于金属轴承,塑胶轴承的优越之处在于其能用于腐蚀、污染和蒸发等恶劣环境,因此在许多场合下能胜任金属轴承无法承担的工作。然而需要注意的是:塑胶轴承材料的导热性和耐热性较差,其热传导能力只有钢的百分之几,所以使用时必须考虑摩擦散热问题。又由于塑胶轴承材料的热膨胀系数远比钢大,高温条件下尺寸的稳定性较差,因此在与钢制轴颈配合使用时应考虑留有足够的轴承间隙。此外,塑胶轴承材料的强度和屈服极限低,所以在装配和工作时所能承受的载荷也很有限。

橡胶轴承材料柔软、具有弹性,能有效地隔振和降低噪声。其缺点是导热性差,温度过高时易老化,耐腐蚀和耐磨性也变差。橡胶轴承一般用水作润滑剂和冷却剂,常用于有水和泥浆的设备中。轴承内壁带有纵向沟槽,即为了便于润滑、冷却和冲走污物。

碳-石墨轴承材料由不同量的碳和石墨组合而成,石墨含量越大,材料越软,摩擦因数也越小。碳-石墨轴承材料具有自润滑性、耐腐蚀性和高温稳定性,常用于恶劣环境下工作的轴承。

表 12-3　常用轴瓦和轴承衬材料的性能

材料	牌号	$[p]$/MPa	$[v]$/(m/s)	$[pv]$/(MPa·m/s)	硬度/HBS		应用举例
					金属模	砂模	
耐磨铸铁	耐磨铸铁-1(HT)	0.05~9	2~0.2	0.2~1.8	180~229		铬镍合金灰口铁。用于与经热处理(淬火或正火)轴相配合的轴承
	耐磨铸铁-2(QT)	0.5~12	5~1.0	2.5~12	210~260		球墨铸铁,用于与经热处理的轴相配合的轴承
					167~197		球墨铸铁,用于与不经淬火的轴相配合的轴承
铸造青铜	ZCuSn10P1	15	10	15(25)	90	80	磷锡青铜,用于重载、中速高温及冲击条件下工作的轴承
	ZCuSn5Pb5Zn5	8	3	15	65	60	锡锌铅青铜,用于中载、中速工作的轴承,起重机轴承及机床的一般主轴轴承
	ZCuAl10Fe3	30	8	12(60)	100~120 (200)		铝铁青铜,用于受冲击载荷处,轴承温度可至 300 ℃。轴颈需淬火
	ZCuPb30	25(平稳)	12	30(90)	25		铅青铜、烧注在钢轴瓦上做轴衬,可受很大的冲击载荷,也适用于精密机床主轴轴承
		15(冲击)	8	60			
黄铜	ZCuZn38Mn2Pb2	10	1	10	80~150 (200)		用于低速、中载轴承。耐蚀、耐热
	ZCuZn16Si4	12	2	10			
铸锡基轴承合金	ZSnSb11Cu6	25(平稳)	80	20(100)	27		用做轴承衬,用于重载高速、温度低于 110 ℃的重要轴承,如汽轮机、大于 750 kW 的电动机、内燃机、高转速的机床主轴的轴承等
		20(冲击)	60	15(10)			
铸铅基轴承合金	ZPbSb16Sn16Cu2	15	12	10(50)	30		用于不剧变的重载、高速的轴承、如车床、发电机、压缩机、轧钢机等的轴承,温度低于 120 ℃
	ZPbSb15Sn5Cu3Cd2	5	8	5	20		用于冲击载荷 或稳定载荷 下工作的轴承。如汽轮机、中等功率的电动机、拖拉机、发动机、空压机的轴承
铁质陶瓷(含油轴承)		21	0.125	定期给油 0.5;较少而足够的润滑 1.8;润滑充足 4	50~85		常用于载荷平稳、低速及加油不方便处,轴颈最好淬火,径向间隙为轴径的 0.02%~0.15%
		4.9~4.8	0.25~0.75				
聚酰胺(尼龙)		7~14	3~8	0.11(0.05 m/s) 0.09(0.5 m/s)			最常用、耐磨性好、无噪声、承受中等载荷
聚四氟乙烯		3~3.4	0.25~1.3	0.04(0.05 m/s) 0.06(0.5 m/s)			摩擦因数很低,自润滑性能好,耐腐蚀性好,但成本高

注:①括弧中的$[pv]$值为极限值,其余为润滑良好时的一般值。

②耐磨铸铁的$[p]$及$[pv]$与v有关,可用内插法计算。

12.5 滑动轴承润滑剂的选用

轴承润滑的主要目的在于减轻工作表面的摩擦和磨损,同时还起到冷却、吸振、防锈等作用。在设计和使用滑动轴承时,应正确选择润滑剂和润滑方式。润滑剂有润滑油、润滑脂和固体润滑剂等其他润滑材料。而润滑油是最主要的润滑剂。

12.5.1 润滑油

润滑油是滑动轴承中应用最广的润滑剂。液体动压轴承通常采用润滑油作润滑剂。原则上讲,当转速高、压力小时应选黏度较低的油;反之,当转速低、压力大时,应选黏度较高的油。

润滑油黏度随温度的升高而降低。故在较高温度下工作的轴承(例如温度大于 60 ℃),所用的油的黏度应比通常高一些。

不完全液体润滑轴承润滑油的选择可参考表 12-4。

表 12-4 滑动轴承润滑油的选择(不完全液体润滑,工作温度<60 ℃)

轴颈圆周速度 v/(m/s)	平均压力 p<3 MPa	轴颈圆周速度 v/m · s^{-1}	平均压力 p=(3~7.5)MPa
<0.1	L-AN68、100、150	<0.1	L-AN150
0.1~0.3	L-AN68、100	0.1~0.3	L-AN100、150
0.3~2.5	L-AN46、68	0.3~0.6	L-AN100
2.5~5.0	L-AN32、46	0.6~1.2	L-AN68、100
5.0~9.0	L-AN15、22、32	1.2~2.0	L-AN68
>9.0	L-AN7、10、15		

注:表中润滑油是以 40 ℃时运动黏度为基础的全损耗系统用油牌号。

12.5.2 润滑脂

选择轴承用润滑脂的主要依据是脂的针入度。当压力高和滑动速度低时,选择针入度小的润滑脂;反之,选择针入度大的润滑脂。滑动轴承润滑脂的选择如表 12-5 所示。

选择润滑脂时应注意:所用的润滑脂滴点一般应较轴承的工作温度高约 20~30 ℃,以免工作时润滑脂过多地流失。

润滑脂通常用于轴颈圆周速度小于 1~2 m/s 的场合。

表 12-5 滑动轴承润滑脂的选择

压力 p/MPa	轴颈圆周速度 v/(m · s^{-1})	最高工作温度/℃	选用的牌号
≤1.0	≤1	75	3 号钙基脂
1.0~6.5	0.5~5	55	2 号钙基脂
≥6.5	≤0.5	75	3 号钙基脂
≤6.5	0.5~5	120	2 号钠基脂
>6.5	≤0.5	110	1 号钙钠基脂

续表

压力 p/MPa	轴颈圆周速度 v/(m · s^{-1})	最高工作温度/℃	选用的牌号
1.0~6.5	≤1	-50~100	锂基脂
>6.5	0.5	60	2 号压延机脂

注:①“压力”或“压强”,本书统用“压力”。

②在潮湿环境,温度在 75~120 ℃的条件下,应考虑用钙-钠基润滑脂。

③在潮湿环境,工作温度在 75 ℃以下,没有 3 号钙基脂时也可以用铝基脂。

④工作温度在 110~120 ℃可用锂基脂或钡基脂。

⑤集中润滑时,黏度要小些。

12.5.3 其他润滑材料

(1)固体润滑剂:常用的有二硫化钼、碳-石墨、聚四氟乙烯等。用于有特殊要求,如要求环境清洁、真空或高温等场合。

固体润滑剂的使用方法一般有三种:涂敷、黏结或烧结在轴瓦表面;调配到润滑油和润滑脂中使用;渗入轴承材料中或成形后镶嵌在轴承中使用。

(2)水:主要用于橡胶轴承或塑胶轴承。

(3)液态金属润滑剂:如液态钠、钾、锂等,主要用于宇航器中的某些轴承。

(4)气体润滑剂:主要是空气,只适用于轻载、高速轴承。

12.6 不完全液体润滑滑动轴承设计计算

采用润滑脂、油绳或滴油润滑的径向滑动轴承,由于轴承中得不到足够的润滑剂,在相对运动表面间难以产生一个完全承载的油膜,轴承只能在混合摩擦润滑状态(即边界润滑和液体润滑同时存在的状态)下运转。这类轴承可靠的工作条件是边界膜不遭破坏,维持粗糙表面微腔内有液体润滑存在。因此,这类轴承的承载能力不仅与边界膜的强度及其破裂温度有关,而且与轴承材料、轴颈与轴承表面粗糙度、润滑油的供给量等因素有着密切的联系。

在工程上,这类轴承常以维持边界油膜不遭破坏作为设计的最低要求。但是促进边界油膜破裂的因素比较复杂,所以目前仍采用简化的条件性计算。这种计算方法只适用于一般对工作可靠性要求不高的低速、重载或间歇工作的轴承。

12.6.1 径向滑动轴承的计算

1. 验算平均压力 p

如果轴承单位面积上承受的载荷太大,就容易将润滑油挤出而加速磨损。基于这一思想,设计时应限制轴承单位面积上的承载力

$$p=\frac{F}{dB}\leqslant[p] \tag{12-1}$$

式中 F——作用在轴承上的径向载荷,N;

d、B——分别为轴承的直径和宽度,mm;

p、$[p]$——分别是轴承平均压力和轴承材料的许用压强 MPa，$[p]$值如表 12-3 所示。

2. 验算 pv 值

pv 值太大会导致润滑油温度升高。为保证工作时不致因过度发热产生胶合，设计非液体润滑滑动轴承的第二个限制条件是

$$pv = \frac{F}{dB} \cdot \frac{\pi dn}{60 \times 1\,000} \approx \frac{Fn}{19\,100B} \leqslant [pv] \tag{12-2}$$

式中 v——滑动速度，m/s；

n——轴的转速，r/min；

$[pv]$——轴瓦材料的许用值，MPa · m/s 其值如表 12-3 所示。

3. 验算滑动速度v

有时 p、pv 能够满足要求，但也可能因为滑动速度 v 太大而加速磨损，因此要求

$$v \leqslant [v]$$

式中 $[v]$——许用滑动速度，m/s。

12.6.2 止推滑动轴承的计算

1. 验算轴承的平均压力 p(MPa)(表 12-2)

$$p = \frac{F}{A} = \frac{F}{z\frac{\pi}{4} \cdot (d_2^2 - d_1^2)} \leqslant [p] \tag{12-3}$$

式中 d_1——轴承孔直径，mm；

d_2——轴环直径，mm；

F——轴向载荷，N；

z——环的数目；

$[p]$——许用压力(见表 12-6)，MPa，对于多环式止推轴承，由于载荷在各环间分布不均，因此，许用压力$[p]$的值比单环式止推轴承减少一半。

2. 验算轴承的 pv (MPa · m/s)值

因轴承的环形支撑面平均直径处的圆周速度 v ($\mathrm{m \cdot s^{-1}}$)为

$$v = \frac{\pi n(d_1 + d_2)}{60 \times 1\,000 \times 2} \tag{12-4}$$

表 12-6 止推轴承的$[p]$、$[pv]$值

轴(轴环端面、凸缘)	轴　承	$[p]$/MPa	$[pv]/(\mathrm{MPa \cdot m \cdot s^{-1}})$
未淬火钢	铸铁	2.0~2.5	1~2.5
	青铜	4.0~5.0	
	轴承合金	5.0~6.0	
淬火钢	青铜	7.5~8.0	1~2.5
	轴承合金	8.0~9.0	
	淬火钢	12~15	

故应满足

$$pv=\frac{4F}{z\pi(d_2^2-d_1^2)}\cdot\frac{\pi n(d_1+d_2)}{60\times 1\ 000\times 2}=\frac{nF}{30\ 000z(d_2-d_1)}\leqslant[pv] \tag{12-5}$$

式中　n——轴颈的转速,r/min;

$[pv]$——pv 的许用值(见表 12-6),MPa·m/s,同样,由于多环式止推轴承中的载荷在各环间分布不均,因此,$[pv]$值也应比单环时减小一半。

12.7　液体动力润滑径向滑动轴承设计计算

12.7.1　流体动力润滑的基本方程

流体动力润滑理论的基本方程是流体膜压力分布的微分方程。它是从黏性流体动力学的基本方程出发,作了一些假设条件后得出的,这些假设条件如下:

①流体为牛顿流体。

②流体膜中流体的流动是层流。

③忽略压力对流体黏度的影响。

④略去惯性力及重力的影响。

⑤认为流体不可压缩。

⑥流体膜中的压力沿膜厚方向不变。

图 12-16 所示为两块成楔形间隙的平板,间隙中充满润滑油。设板 A 沿 x 轴方向以速度 v 移动;另一板 B 为静止。再假定油在两平板间沿 z 轴方向没有流动(可视此运动副在 z 轴方向的尺寸为无限大)。现从层流运动的油膜中取一微单元体进行分析。

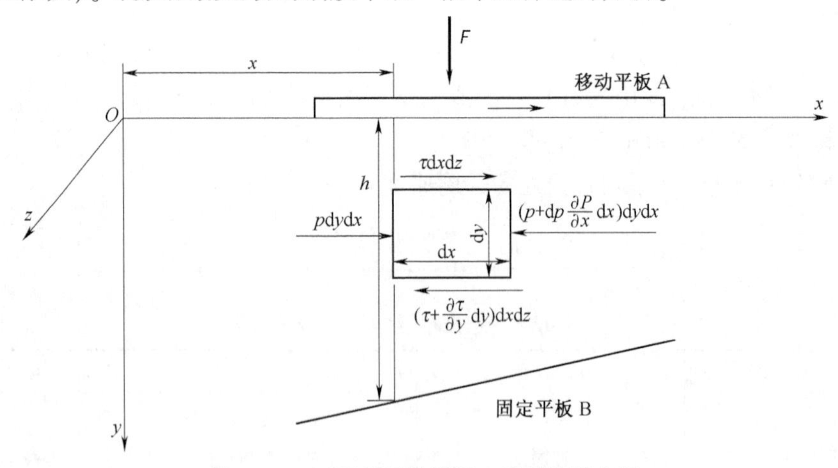

图 12-16　两平板间油膜场中单元体受力图

由图 12-16 可见,作用在此微单元体右面和左面的压力分别为 P 及 $\left(P+\frac{\partial P}{\partial x}\mathrm{d}x\right)$,作用在单元体上、下两面的切应力分别为 τ 及 $\left(\tau+\frac{\partial \tau}{\partial y}\mathrm{d}y\right)$。

研究楔形油膜中一个微单元体上的受力平衡条件,根据 x 方向的平衡条件 $\sum Fx=0$,即

$$p\mathrm{d}y\mathrm{d}z + \tau\mathrm{d}x\mathrm{d}z - \left(p + \frac{\partial p}{\partial x}\mathrm{d}x\right)\mathrm{d}y\mathrm{d}z - \left(\tau + \frac{\partial \tau}{\partial y}\mathrm{d}y\right)\mathrm{d}x\mathrm{d}z = 0$$

整理后得

$$\frac{\partial p}{\partial x} = -\frac{\partial \tau}{\partial y} \tag{12-6}$$

根据牛顿黏性流体摩擦定律 $\tau = -\eta\frac{\mathrm{d}u}{\mathrm{d}y}$,得 $\frac{\partial \tau}{\partial y} = -\eta\frac{\partial^2 u}{\partial y^2}$

代入式(12-6)得

$$\frac{\partial p}{\partial x} = \eta \cdot \frac{\partial^2 u}{\partial y^2} \tag{12-7}$$

该式表示了压力沿 z 轴方向的变化与速度沿 y 轴方向的变化关系。

1. 油层的速度分布

将式(12-7)改写成

$$\frac{\partial^2 u}{\partial y^2} = \frac{1}{\eta}\cdot\frac{\partial p}{\partial x} \tag{12-8a}$$

对 y 积分后得

$$\frac{\partial u}{\partial y} = \frac{1}{\eta}\left(\frac{\partial p}{\partial x}\right)y + C_1 \tag{12-8b}$$

$$u = \frac{1}{2\eta}\left(\frac{\partial p}{\partial y}\right)y^2 + C_1 y + C_2 \tag{12-8c}$$

根据边界条件决定积分常数 C_1 及 C_2:当 $y=0$ 时,$u=v$;$y=h$(h 为相应于所取单元体处的油膜厚度)时,$u=0$。则 $C_1 = -\frac{h}{2\eta}\cdot\frac{\partial p}{\partial x} - \frac{v}{h}$;$C_2 = v$ 代入式(12-8c)后,即得

$$u = \frac{v(h-y)}{h} - \frac{y(h-y)}{2\eta}\cdot\frac{\partial p}{\partial x} \tag{12-8d}$$

由上可见,u 由两部分组成:式中前一项表示速度呈线性分布,这是直接由剪切流引起的;后一项表示速度呈抛物线分布,这是由油流沿 x 方向的变化所产生的压力流所引起的。

2. 润滑油流量

当无侧漏时,润滑油在单位时间内流经任意截面上单位宽度面积的流量为

$$q = \int_0^h u\mathrm{d}y \tag{12-8e}$$

将式(12-8d)代入式(12-8e)并积分后,得

$$q = \int_0^h\left[\frac{v(h-y)}{h} - \frac{y(h-y)}{2\eta}\frac{\partial p}{\partial x}\right]\mathrm{d}y = \frac{vh}{2} - \frac{h^3}{12\eta}\cdot\frac{\partial p}{\partial x} \tag{12-8f}$$

设在 $p=p_{\max}$ 处的油膜厚度为 h_0。(即 $\frac{\partial p}{\partial x}=0$ 时,$h=h_0$),在该截面处的流量为

$$q = \frac{vh_0}{2} \tag{12-8g}$$

当润滑油连续流动时,各截面的流量相等,由此得 $\frac{vh_0}{2} = \frac{vh}{2} - \frac{h^3}{12\eta}\cdot\frac{\partial p}{\partial x}$

整理后得

$$\frac{\partial p}{\partial x} = \frac{6\eta v}{h^3}(h - h_0) \tag{12-9}$$

式(12-9)称为**无限宽轴承液体动压基本方程**,又称**一维雷诺方程**。它是计算流体动力润滑滑动轴承(简称**流体动压轴承**)的基本方程。可以看出,油膜压力的变化与润滑油的黏度、表面滑动速度和油膜厚度及其变化有关。

从式(12-9)可看出,如两块平板互相平行,即在任何 x 位置处都是 $h=h_0$,则$\frac{\partial p}{\partial x}=0$,即油压 p 沿 x 方向无变化,则油膜场中如无外压供应,油膜不能自动产生动压。

如果两块平板沿动平板运动速度 u 方向呈收缩形间隙,则动平板依靠黏性将润滑油由间隙大的空间带向间隙小的空间,由此而使油的压强高于环境压力。式(12-7)中油压沿 x 方向的变化率与油膜厚度 h 之间的关系,如图 12-17 所示曲线。由图 12-17 可知, 在 $h>h_0$段,速度分布曲线呈凹形,$\frac{\partial p}{\partial x}>0$,即油压随 z 的增加而增大,这在图中相当于从油膜大端到 h_0这一部分;而在 $h<h_0$段,速度分布曲线呈凸形,$\frac{\partial p}{\partial x}<0$,即油压随 x 的增加而减小,这在图中相当于从 h_0 向右到油膜小端。在其间必有一处的油流速度变化规律不变,此处$\frac{\partial p}{\partial x}=0$,其压力 p 达到最大值,此时 $h=h_0$。由于油膜沿着 x 方向各处的油压都大于入口和出口的油压,因而能承受一定的外载荷。当轴承油膜承载能力与外载荷 F 平衡时,油膜场维持在一定油膜厚度下工作。

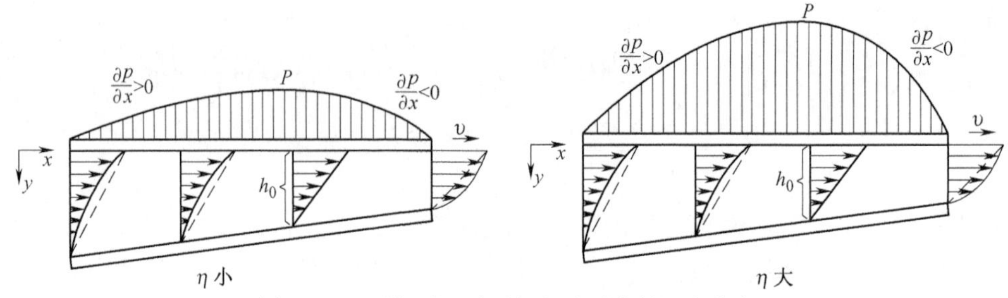

图 12-17 两相对运动平板间油层中的压力分布

由上述油楔承载机理可知,两相对运动表面间要建立动压而保持连续油膜(即形成动力油膜)的必要条件:

①相对运动的两表面间必须形成收敛的楔形间隙。

②被油膜分开的两表面必须有一定的相对滑动速度,运动方向为使油从大口流进,小口流出。

③润滑油必须有一定的黏度,供油要充分。

这三条通常称为形成动压油膜的必要条件,缺少其中任何一条都不可能形成动压效应,构成动压轴承。除此之外,为了保证动压轴承完全在液体摩擦状态下工作,轴承工作时的最小油膜厚度 h_{min} 必须大于油膜允许值。同时,考虑到轴承工作时,不可避免存在摩擦,引起轴承升温,因此,还必须控制轴承的温升不超过允许值。另外,动压轴承在启动和停车时,处于非液体摩擦状态,受到平均压 p、滑动速度 v 及 pv 值的限制。

12.7.2 径向滑动轴承形成流体动力润滑的过程

径向滑动轴承的轴颈与轴承孔间必须留有间隙,如图 12-18 所示,当轴颈静止时,轴颈处于轴承孔的最低位置,并与轴瓦接触。此时,两表面间自然形成一收敛的楔形空间。当轴颈开始转动时,速度极低,带入轴承间隙中的油量较少,这时轴瓦对轴颈摩擦力的方向与轴颈表面圆周速度方向相反,迫使轴颈在摩擦力作用下沿孔壁向右爬升。随着转速的增大,轴颈表面的圆周速度增大,带入楔形空间的油量也逐渐加多。这时,右侧楔形油膜产生了一定的动压力,将轴颈向左浮起。当轴颈达到稳定运转时,轴颈便稳定在一定的偏心位置上。这时,轴承处于流体动力润滑状态,油膜产生的动压力与外载荷 F 相平衡。此时,由于轴承内的摩擦阻力仅为液体的内阻力,故摩擦系数达到最小值。

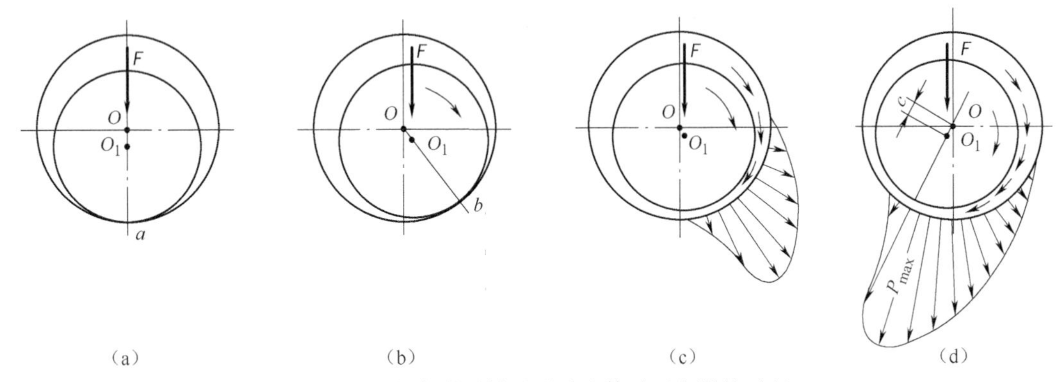

图 12-18 径向滑动轴承形成流体动压润滑的过程

12.7.3 径向滑动轴承的几何关系和工作能力的计算

1. 径向滑动轴承的几何关系

图 12-19 所示为轴承工作时轴颈的位置,轴承和轴颈的连心线 OO_1,与外载荷 F(载荷作用在轴颈中心上)的方向形成一偏位角 φ_a。轴承孔和轴颈的直径分别用 D 和 d 表示,则轴承直径间隙为

$$\Delta = D - d \tag{12-10}$$

半径间隙为轴承孔半径 R 与轴颈半径 r 之差,则

$$\delta = R - r = \Delta/2 \tag{12-11}$$

直径间隙与轴颈公称直径之比称为相对间隙,以 ψ 表示,则

$$\psi = \Delta/d = \delta/r \tag{12-12}$$

轴颈在稳定运转时,其中心 O 与轴承中心 O_1 的距离,称为偏心距,用 e 表示。偏心距与半径间隙的比值,称为偏心率,以 χ 表示,则 $\chi = e/\delta$。

于是由图 12-19 可见,最小油膜厚度为

$$h_{min} = \delta - e = \delta(1 - \chi) = r\psi(1 - \chi) \tag{12-13}$$

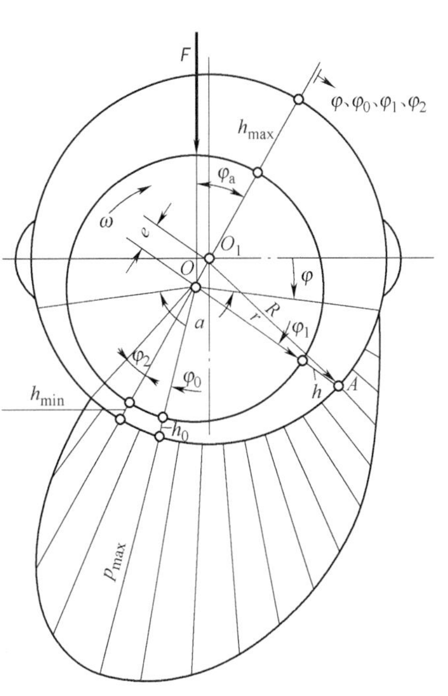

图 12-19 径向滑动轴承的几何参数和油压

对于径向滑动轴承,采用极坐标描述比较方便。取轴颈中心 O 为极点,连心线 OO_1 为极轴,对应于任意角 φ(包括 φ_0、φ_1、φ_2 均由 OO_1 算起)的油膜厚度为 h,h 的大小可在 $\triangle AOO_1$ 中应用余弦定理求得,即

$$R^2=e^2+(r+h)^2-2e(r+h)\cos\varphi \tag{12-14}$$

解式(12-14)得

$$r+h=e\cos\varphi\pm R\sqrt{1-\left(\frac{e}{R}\right)^2\sin^2\varphi}$$

若略去 $\left(\frac{e}{R}\right)^2\sin^2\varphi$,并取正号,则得任意位置的油膜厚度为

$$h=\delta(1+\chi\cos\varphi)=r\psi(1+\chi\cos\varphi) \tag{12-15}$$

在压力最大处的油膜厚度为

$$h_0=\delta(1+\chi\cos\varphi_0) \tag{12-16}$$

式中 φ_0——最大压力处的极角。

2. 工作能力的计算

将雷诺方程写成极坐标形式,即 $dx=rd\varphi$,$v=r\overline{\omega}$ 及 h,h_0 代入雷诺方程后得极坐标形式的雷诺方程

$$\frac{dp}{d\varphi}=6\eta\frac{\overline{\omega}}{\psi^2}\cdot\frac{\chi(\cos\varphi-\cos\varphi_0)}{(1+\chi\cos\varphi)^3} \tag{12-17}$$

将式(12-17)从油膜起始角 φ_1 到任意角 φ 进行积分,得任意位置 p 处的压力,即

$$p_p=6\eta\frac{\overline{\omega}}{\psi^2}\int_{\varphi_1}^{\varphi}\frac{\chi(\cos\varphi-\cos\varphi_0)}{(1+\chi\cos\varphi)^3}d\varphi \tag{12-18}$$

压力 p_p 在外载荷方向上的分量为

$$p_{py}=p_p\cos[180°-(\varphi_a+\varphi)]=-p_p\cos(\varphi_a+\varphi) \tag{12-19}$$

把式(10-19)在 φ_1 到 φ_2 的区间内积分,就得出在轴承单位宽度上的油膜承载力,即

$$\begin{aligned}p_y&=\int_{\varphi_1}^{\varphi_2}p_{py}rd\varphi=-\int_{\varphi_1}^{\varphi_2}p_p\cos(\varphi_a+\varphi)rd\varphi\\&=6\frac{\eta\omega r}{\psi^2}\int_{\varphi_1}^{\varphi_2}\left[\int_{\varphi_1}^{\varphi}\frac{\chi(\cos\varphi-\cos\varphi_0)}{(1+\chi\cos\varphi)^3}d\varphi\right][-\cos(\varphi_a+\varphi)]d\varphi\end{aligned} \tag{12-20}$$

为了求出油膜的承载能力,理论上只需将 p_y 乘以轴承宽度 B 即可。但在实际轴承中,由于油可能从轴承的两个端面流出,故必须考虑端泄的影响。这时,压力沿轴承宽度的变化成抛物线分布,而且其油膜压力也比无限宽轴承的压力低,所以乘以系数 C',C' 的值取决于宽度比 B/d 和偏心率 χ 的大小。这样,在 φ 角和距轴承中线为 z 处的油膜压力的数学表达式为

$$p_y'=p_yC'\left[1-\left(\frac{2z}{B}\right)^2\right] \tag{12-21}$$

因此,对有限长轴承的总承载能力为

$$F=\int_{-B/2}^{+B/2}p_y'dz=6\frac{\eta\omega r}{\psi^2}\int_{-B/2}^{+B/2}\int_{\varphi_1}^{\varphi_2}\int_{\varphi_1}^{\varphi}\left[\frac{\chi(\cos\varphi-\cos\varphi_0)}{(1+\chi\cos\varphi)^3}d\varphi\right]\cdot[-\cos(\varphi_\alpha+\varphi)d\varphi]\cdot C'\left[1-\left(\frac{2z}{B}\right)^2\right]dz$$

由上式得

$$F=\frac{\eta\,\bar{\omega}dB}{\psi^{2}}C_{p} \tag{12-22}$$

式中

$$C_{p}=3\int_{-B/2}^{+B/2}\int_{\varphi_1}^{\varphi_2}\int_{\varphi_1}^{\varphi}\left[\frac{\chi(\cos\varphi-\cos\varphi_0)}{(1+\chi\cos\phi)^{3}}d\varphi\right][-\cos(\varphi_{\alpha}+\varphi)d\varphi]C'\left[1-\left(\frac{2z}{B}\right)^{2}\right]dz \tag{12-23}$$

于是得

$$C_{p}=\frac{F\psi^{2}}{\eta\,\bar{\omega}dB}=\frac{F\psi^{2}}{2\eta vB} \tag{12-24}$$

式中　C_p——无量纲的量,称为承载量系数;

η——润滑油在轴承平均工作温度下的动力黏度,Pa·s;

B——轴承宽度,mm;

F——外载荷,N;

v——轴颈圆周速度,m/s。

C_p的积分非常困难,因而采用数值积分的方法进行计算,并做成相应的线图或表格供设计应用。由式(10-23)可知在给定边界条件时,C_p是轴颈在轴承中位置的函数,其值取决于轴承的包角α(入油口和出油口所包轴颈的夹角),相对偏心率χ和宽径比B/d。当轴承的包角α(α=120°,180°或360°)给定时,经过一系列的换算,C_p可表示为$C_p\propto(\chi,B/d)$。

若轴承是在非承载区内进行无压力供油,且设液体动压力是在轴颈与轴承衬的180°的弧内产生时,则不同χ和B/d的承载量系数C_p值如表12-7所示。

表12-7　不同χ和B/d的承载量系数C_p值

B/d	χ													
	0.3	0.4	0.5	0.6	0.65	0.7	0.75	0.8	0.85	0.9	0.925	0.95	0.975	0.99
	承载量系数C_p													
0.3	0.0522	0.083	0.218	0.203	0.259	0.347	0.475	0.699	1.122	2.074	3.352	5.73	15.15	50.52
0.4	0.0893	0.141	0.216	0.339	0.431	0.573	0.776	1.079	1.775	3.195	5.055	8.393	21.00	65.26
0.5	0.133	0.209	0.317	0.493	0.622	0.819	1.098	1.572	2.428	4.261	6.615	10.706	25.62	75.86
0.6	0.182	0.238	0.427	0.655	0.819	1.070	1.418	2.001	3.036	5.214	7.956	12.64	29.17	83.21
0.7	0.234	0.361	0.538	0.816	1.014	1.312	1.720	2.399	3.580	6.029	9.072	14.14	31.88	88.90
0.8	0.287	0.439	0.647	0.972	1.199	1.538	1.965	2.754	4.053	6.721	9.992	15.37	33.99	92.89
0.9	0.339	0.515	0.754	1.118	1.371	1.745	2.248	3.067	4.459	7.294	10.753	16.37	35.66	96.35
1.0	0.391	0.589	0.853	1.253	1.528	1.929	2.469	3.372	4.808	7.772	11.38	17.18	37.00	98.95
1.1	0.440	0.658	0.947	1.377	1.669	2.097	2.664	3.580	5.106	8.186	11.91	17.86	38.12	101.15
1.2	0.487	0.723	1.033	1.489	1.796	2.247	2.838	3.787	5.364	8.533	12.35	18.43	39.04	102.90
1.3	0.529	0.784	1.111	1.590	1.912	2.379	2.990	3.968	5.586	8.831	12.73	18.91	39.81	104.42
1.5	0.610	0.891	1.248	1.763	2.099	2.600	3.242	4.266	5.947	9.304	13.34	19.68	41.07	106.84
2.0	0.763	1.091	1.483	2.070	2.446	2.981	3.671	4.778	6.545	10.09	14.34	20.97	43.11	110.79

3. 最小油膜厚度

由最小油膜厚度式(12-13)及承载量系数表12-4可知,在其他条件不变的情况下,h_{min}越小则偏心率χ越大,轴承的承载能力就越大。然而,最小油膜厚度是不能无限缩小的,因为它受到轴颈和轴承表面粗糙度、轴的刚性及轴承与轴颈的几何形状误差等的限制。为确保轴承能处于液体摩擦状态,最小油膜厚度必须等于或大于许用油膜厚度$[h]$,即

$$h_{min} = r\psi(1 - x) \geqslant [h]$$

$$[h] = S(R_{z1} + R_{z2}) \tag{12-25}$$

式中 R_{z1}、R_{z2}——分别为轴颈和轴承孔轮廓的最大高度,对一般轴承,可分别取R_{z1}和R_{z2}值为3.2 μm和6.3 μm,或1.6 μm和3.2 μm;对重要轴承可取为0.8 μm和1.6 μm,或0.2 μm和0.4 μm;

S——安全系数,考虑表面几何形状误差和轴颈挠曲变形等,常取$S \geqslant 2$。

12.7.4 轴承的热平衡计算

轴承工作时,摩擦功耗将转变为热量,使润滑油温度升高。如果油的平均温度超过计算承载能力时所假定的数值,则轴承承载能力就要降低。因此要计算油的温升Δt,并将其限制在允许的范围内。

轴承运转中达到热平衡状态的条件:单位时间内轴承摩擦所产生的热量Q等于同时间内流动的油所带走的热量Q_1与轴承散发的热量Q_2之和,即

$$Q = Q_1 + Q_2 \tag{12-26}$$

轴承中的热量是由摩擦损失的功转变而来的。因此,每秒在轴承中产生的热量Q为

$$Q = fFv \tag{12-27a}$$

式中 f——摩擦因数;

F——轴承载荷;

v——轴承相对运动的速度。

由流出的油带走的热量Q_1为

$$Q_1 = q\rho c(t_0 - t_i) \tag{12-27b}$$

式中 q——耗油量,按耗油量系数求出,m^3/s;

ρ——润滑油的密度,对矿物油为850~900 kg/m^3;

C——润滑油的比热容,对矿物油为1675~2090J/(kg·℃);

t_0——油的出口温度,℃;

t_i——油的入口温度,通常由于冷却设备的限制,取为30~40 ℃。

除了润滑油带走的热量以外,还可以由轴承的金属表面通过传导和辐射把一部分热量散发到周围介质中去。这部分热量与轴承的散热表面的面积、空气流动速度等有关,很难精确计算。因此,通常采用近似计算。若以Q_2代表这部分热量,并以油的出口温度t_0代表轴承温度,油的入口温度代表周围介质的温度,则

$$Q_2 = \alpha_s \pi dB(t_0 - t_i) \tag{12-27c}$$

其中,α_s为轴承的表面传热系数,随轴承结构的散热条件而定。对于轻型结构的轴承,或周围介质温度高和难以散热的环境(如轧钢机轴承),取α_s=50 W(m·℃);中型结构或一般通风条件,取α_s=80 W/(m^2·℃);在良好冷却条件下(如周围介质温度很低,轴承附近有其他特殊用途的水

冷或气冷的冷却设备)工作的重型轴承,可取 $\alpha_s = 140\ \text{W}/(\text{m}^2 \cdot ℃)$。热平衡时,$Q = Q_1 + Q_2$,即

$$fFv = q\rho c(t_0 - t_1) + \alpha_s \pi dB(t_0 - t_1)$$

于是得出为了达到热平衡而必须的润滑油温度差 Δt 为

$$\Delta t = (t_0 - t_i) = \frac{\left(\frac{f}{\psi}\right)p}{c\rho\left(\frac{q}{\psi vBd}\right) + \frac{\pi\alpha_s}{\psi v}} \tag{12-28}$$

式中 $\frac{q}{\psi vBd}$——耗油量系数,无量纲数,可根据轴承的宽径比 B/d 及偏心率 χ 由图 12-20 查出;

f——摩擦因数,其计算公式为 $f=\frac{\pi}{\psi}\cdot\frac{\eta\omega}{p}+0.55\psi\xi$,$\xi$ 为随轴承宽径比而变化的系数,对于 $B/d<1$ 的轴承,$\xi=(d/B)^{1.5}$,$B/d\geqslant 1$ 时,$\xi=1$,ω 为轴颈角速度;

p——轴承的平均压力,Pa;

η——滑油的动力黏度,Pa·s。

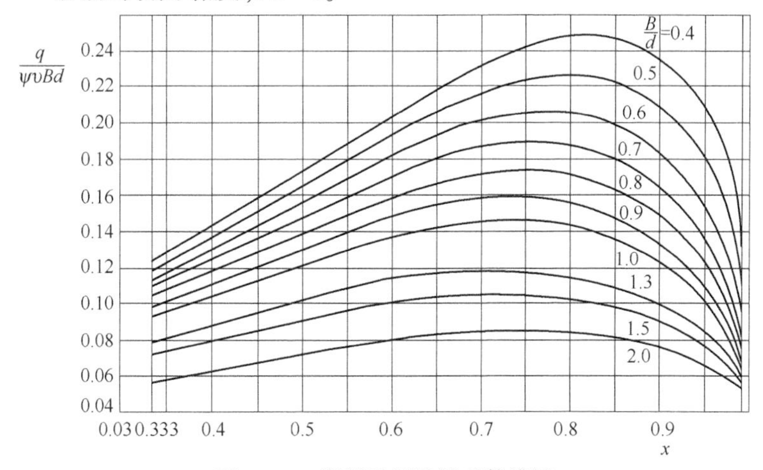

图 12-20 润滑油耗油量系数线图

用式(12-28)只是求出了平均温度差,实际上轴承上各点的温度是不相同的。润滑油从入口到流出轴承,温度逐渐升高,因而在轴承中不同之处的油的黏度也将不同。研究结果表明,在利用承载量系数公式计算轴承的承载能力时,可以采用润滑油平均温度时的黏度。润滑油的平均温度 $t_m=(t_0+t_1)/2$,而温升 $\Delta t=t_0-t_1$,所以润滑油的平均温度 t_0 按下式计算

$$t_m = t_i + \frac{\Delta t}{2} \tag{12-29}$$

为了保证轴承的承载能力,建议平均温度不超过 75 ℃。

设计时,通常是先给定平均温度 t_m,按式(12-29)求出的温升 Δt 来校核油的入口温度 t_i,即

$$t_i = t_m - \frac{\Delta t}{2} \tag{12-30}$$

若 t_i>30~40 ℃,则表示轴承热平衡易于建立,轴承的承载能力尚未用尽。此时应降低给

定的平均温度,并允许适当地加大轴瓦及轴颈的表面粗糙度,再行计算。

若 t_i<30~40 ℃,则表示轴承不易达到热平衡状态。此时需加大间隙,并适当地降低轴承及轴颈的表面粗糙度,再作计算。此外要说明的是,轴承的热平衡计算中的耗油量仅考虑了速度供油量,即由旋转轴颈从油槽带入轴承间隙的热量,忽略了油泵供油时,油被输入轴承间隙时的压力供油量,这将影响轴承温升计算的精确性。因此,它适用于一般用途的液体动力润滑径向轴承的热平衡计算,对于重要的液体动压轴承计算可参考相关手册。

12.7.5 参数选择

1. 宽径比 *B/d*

一般轴承的宽径比 B/d 在 0.3~1.5 范围内。宽径比小,有利于提高运转稳定性,增大端泄漏量以降低温升。但轴承宽度减小,轴承承载力也随之降低。

高速重载轴承温升高,宽径比宜取小值;需要对轴有较大支承刚性,宽径比宜取大值;高速轻载轴承,如对轴承刚性无过高要求,可取小值;需要对轴有较大支承刚性的机床轴承,宜取较大值。

一般机器常用的 B/d 值:汽轮机 B/d 为 0.3~1;电动机、发电机、离心泵,齿轮变速器 B/d 为 6.0~1.5;机床、拖拉机 B/d 为 0.8~1.2;轧钢机 B/d 为 0.6~0.9。

2. 相对间隙 ψ

相对间隙主要根据载荷和速度选取。速度越高,ψ 值应越大;载荷越大,ψ 值应越小。此外,直径大、宽径比小,调心性能好,加工精度高时,ψ 值取小值,反之取大值。

一般轴承,按转速取 ψ 值的经验公式为

$$\psi \approx \frac{(n/60)^{4/9}}{10^{31/9}} \tag{12-31}$$

式中 n——轴颈转速,r/min。

一般机器中常用的 ψ 值:汽轮机、电动机、齿轮减速器 ψ 为 0.001~0.002;轧钢机、铁路车辆 ψ 为 0.000 2~0.001 5;机床、内燃机 ψ 为 0.000 2~0.001 25;鼓风机、离心泵 ψ 为 0.001~0.003。

3. 黏度 η

黏度是轴承设计中的一个重要参数。它对轴承的承载能力、功耗和轴承温升都有不可忽视的影响。轴承工作时,油膜各处温度是不同的,通常认为轴承温度等于油膜的平均温度。平均温度的计算是否准确,将直接影响到润滑油黏度的大小。平均温度过低,则油的黏度较大,算出的承载能力偏高;反之,则承载能力偏低。设计时,可先假定轴承平均温度,一般取 t_m = 50~75 ℃,初选黏度,进行初步设计计算。最后再通过热平衡计算来验算轴承入口油温 t_i 是否在 30~40 ℃之间,否则应重新选择黏度再作计算。

对于一般轴承,也可按轴颈转速 $n(\mathrm{r \cdot min^{-1}})$ 先初估油的动力黏度,即

$$\eta = \frac{(n/60)^{-1/3}}{10^{7/6}} \tag{12-32}$$

由 $v=\eta/\rho$ 计算相应的运动黏度 v',选定平均油温 t_m,参照润滑油年度表选定全损耗系统用油的牌号。然后查相关图表重新确定 t_m 时的运动黏度 vt_m 及动力黏度 ηt_m。最后再验算入口油温。

12.7.6　滑动轴承设计流程图

滑动轴承的设计流程如图 12-21 所示。

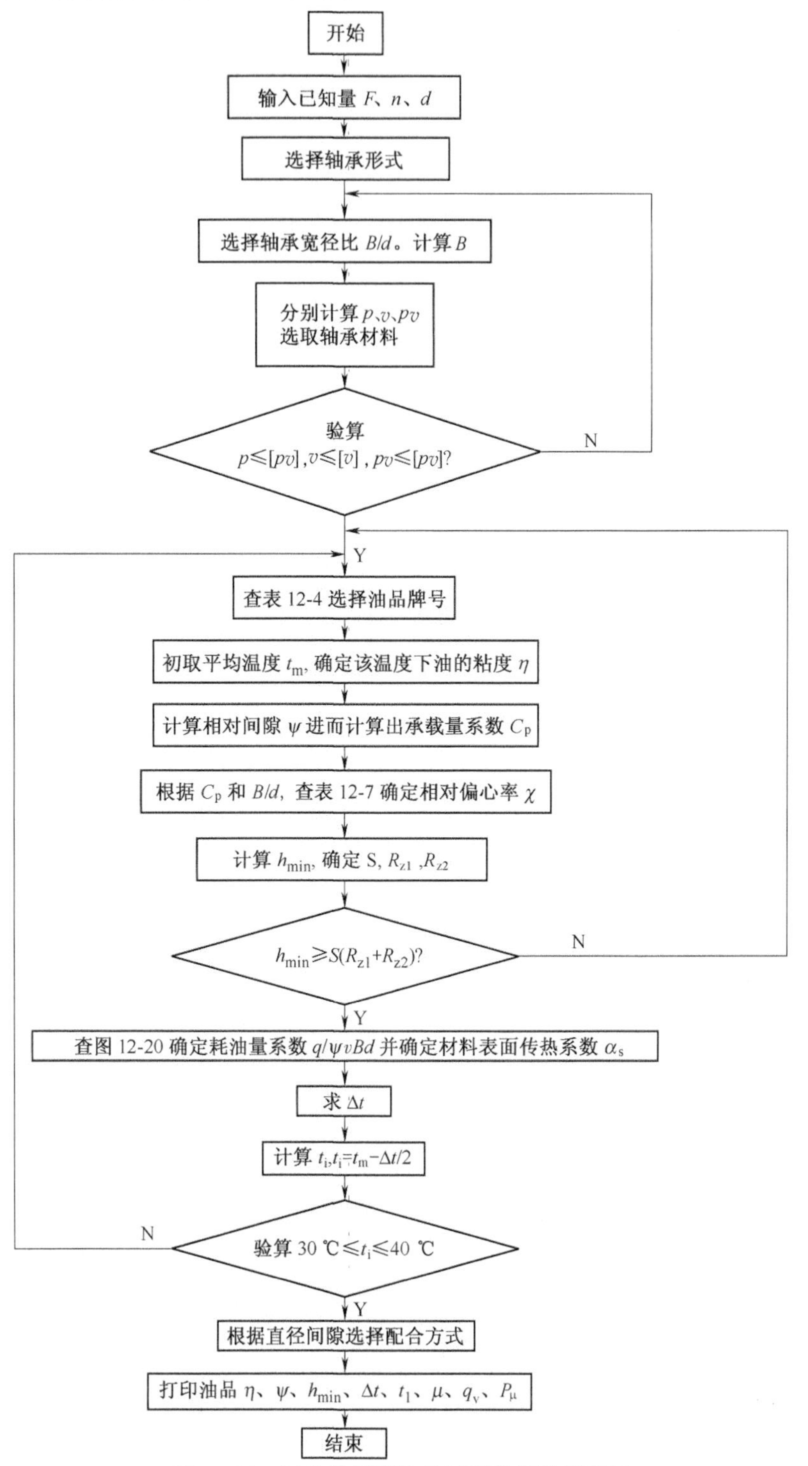

图 12-21　滑动轴承流体动压润滑设计流程图

12.7.7 滑动轴承设计时应注意的事项

(1)要合理选择轴承的类型。例如:在轴承座孔不同心或在受载后轴线发生挠曲变形条件下要选择自动调心滑动轴承;高速轻载条件下的轴承要选用抗振动性好的轴承;含油轴承不宜用于高速或连续旋转的场合。动静压轴承特别适用于要求负载起动而又要长期连续运行的场合。

(2)液体动压润滑滑动轴承应根据 p 和 pv 值来选用材料。这是因为在起动停车时,这种轴承仍处于非液体摩擦状况的缘故。

(3)液体动压润滑滑动轴承的计算较为复杂,须根据计算结果与所选配合,验算在最小和最大配合间隙(Δ_{min} 与 Δ_{max})时轴承的工作可靠性与温升。若不满足要求,还要调整有关参数重新计算,直至得到最佳效果为止。

12.7.8 滑动轴承设计举例

设计一机床用的液体动力润滑径向滑动轴承,载荷垂直向下,工作情况稳定,采用对开式轴承。已知工作荷载 $F=100\ 000$ N,轴颈直径 $d=200$ mm,转速 $n=400$ r/min,在水平剖分面单侧供油。设计计算说明与结果如表 12-8 所示。

表 12-8 计算说明与结果

计算与说明	主 要 结 果
(1)选择轴承宽径比 根据机床常用的宽径比范围,取宽径比为 1	取宽径比为 1
(2)计算轴承宽度 $B=(B/d)\times d=1\times200=200$ mm	轴承宽度 200 mm
(3)计算轴颈圆周速度 $v=\dfrac{\pi dn}{60\times1\ 000}=\dfrac{\pi\times200\times400}{60\times1\ 000}=4.19$ m/s	轴颈圆周速度 $v=4.19$ m/s
(4)计算轴颈工作压力 $p=\dfrac{F}{dB}=\dfrac{100\ 000}{200\times200}=2.5$ MPa	$p=2.5$ MPa
(5)选择轴瓦材料　查常用金属轴承材料性能表,表 12-3,在保证 $p\leqslant[p]$、$v\leqslant[v]$、$pv\leqslant[pv]$ 的条件下,由表 12-3 选定轴承材料为 ZCuSn10P1	选定轴承材料为 ZCuSn10P1,其 $[p]=15$MPa,$[v]=10$ m/s,$[pv]=15$ MPa·m/s
(6)初估润滑油黏度 $\eta'=\dfrac{(n/60)^{-1/3}}{10^{7/6}}=\dfrac{(400/60)^{-1/3}}{10^{7/6}}=0.036$ Pa·s	
(7)计算相应的运动黏度,取润滑油密度 $\rho=900$ kg/mm^3 $v'=\dfrac{\eta'(\mathrm{Pa\cdot s})}{\rho(kg/m^3)}\times10^6=\dfrac{0.036}{900}\times10^6=40.2$ mm^2/s	$\eta'=0.036$ Pa·s

续表

计算与说明	主要结果
(8)选择平均油温 现选平均油温 $t_m=50$ ℃	$v'=40.2\ \text{mm}^2/\text{s}$
(9)选定润滑油牌号参照表选定全损耗用油 L-AN68	$t_m=50$ ℃
(10)按 $t_m=50$ ℃查出 L-AN68 的运动黏度为 $v_{50}=40$ m/s	润滑油牌号 L-AN68
(11)换算出 L-AN68 50 ℃时的动力黏度 $\eta_{50}=\rho v_{50}\times10^{-6}=900\times40\times10^{-6}\approx0.036\ \text{Pa}\cdot\text{s}$	$v_{50}=40$ m/s
(12)计算相对间隙 $\psi\approx\dfrac{(n/60)^{4/9}}{10^{31/9}}=\dfrac{(400/60)^{4/9}}{10^{31/9}}\approx0.000\ 84$	$\eta_{50}\approx0.036\ \text{Pa}\cdot\text{s}$
(13)计算直径间隙 $\Delta=\psi d=0.000\ 84\times200=0.17\ \text{mm}$	$\psi=0.000\ 84$
(14)计算承载量系数 $C_p=\dfrac{F\psi^2}{2\eta VB}=\dfrac{100\ 000\times(0.000\ 84)^2}{2\times0.036\times4.19\times0.2}=1.17$	$\Delta=0.17$ mm
(15)求出轴承偏心率 根据 C_p 及 B/d 的值查表 12-7,并经过插算求出偏心率$\chi=0.713$	$C_p=1.17$
(16)计算最小油膜厚度 $h_{\min}=\dfrac{d}{2}\psi(1-\chi)=\dfrac{200}{2}\times0.000\ 84\times(1-0.713)=24.1\ \mu\text{m}$	$\chi=0.713$ $h_{\min}=24.1\ \mu\text{m}$
(17)确定轴颈轴承孔表面粗糙度 按加工精度要求取轴颈表面粗糙度等级,轮廓的最大高度,查得轴颈 $Rz_1=0.003\ 2$ mm,轴承孔 $Rz_2=0.006\ 3$ mm	$Rz_1=0.003\ 2$ mm $Rz_2=0.006\ 3$ mm
(18)计算许用油膜厚度 取安全系数 $S=2$,则 $[h]=S(Rz_1+Rz_2)=2\times(0.003\ 2+0.006\ 3)=19\ \mu\text{m}$	$[h]=19\ \mu\text{m}$
(19)计算轴承与轴颈的摩擦因子,因轴承的宽径比 $B/d=1$,取随宽径比变化的系数 $\xi=1$,由摩擦因子计算为 $f=\dfrac{\pi}{\psi}\cdot\dfrac{\eta\bar{\omega}}{p}+0.55\psi\xi$ $f=\dfrac{\pi\times0.036(2\pi\times400/60)}{0.000\ 84\times2.5\times10^6}+0.55\times0.000\ 84\times1=0.002\ 7$	$f=0.002\ 7$
(20)查图 12-20 计算耗油量系数 由宽径比 $B/d=1$ 及偏心率 $\chi=0.713$ 查图 12-20,得耗油量系数 $q/\psi vBd=0.145$	耗油量系数=0.145
(21)计算润滑油温升 按润滑油密度 $\rho=900\ \text{kg/m}^3$,取比热容 $c=1\ 800\ \text{J/(kg}\cdot℃)$,表面传热系数 $\alpha_s=80\ \text{W/m}^2\cdot\text{K}$,则	

续表

计算与说明	主要结果
$$\Delta t=\frac{\left(\frac{f}{\psi}\right)p}{C_p\left(\frac{Q}{\psi VBd}\right)+\frac{\pi\alpha_s}{\psi V}}$$ $$=\frac{\frac{0.0027}{0.00084}\times 2.5\times 10^6}{1\,800\times 900\times 0.145+\frac{\pi\times 80}{0.00084\times 4.19}}\ ℃$$ $=26.23\ ℃$	$\Delta t=26.23\ ℃$
(22)计算润滑油入口温度 $$t_i=t_m-\frac{\Delta t}{2}=50-\frac{26.23}{2}\ ℃=36.885\ ℃$$ 因一般取 $t_i=30\sim40\ ℃$，故上述入口温度合适	$t_i=36.885\ ℃$
(23)选择配合根据直径间隙 $\Delta=0.25$ mm，按 GB/T 1800.2—2009 选配合 F6/d7，查得轴承孔尺寸公差为 $\phi200^{+0.079}_{+0.050}$，轴颈尺寸公差为 $\phi200^{-0.170}_{-0.216}$ (24)求最大最小间隙 因 $\Delta=0.25$ mm 在 Δ_{max} 与 Δ_{min} 之间，故所选配合合用 (25)校核轴承的承载能力最小油膜厚度及润滑油温升分别按 Δ_{max} 及 Δ_{min} 进行校核。如果在允许值范围内，则绘制轴承工作图；否则需要重新选择参数，再作设计及校核计算	$\Delta=0.25$ mm

12.8 其他形式滑动轴承简介

12.8.1 自润滑轴承

1. 轴承材料

自润滑轴承从结构形式上大致可以分为复合型、干膜型和镶嵌型三种形式。

复合型是将固体润滑剂粉末用树脂、沥青等作粘结剂经固化而成的轴承。

干膜型自润滑轴承就是在轴承的滑动摩擦面上，用粘涂敷结、烧结、电镀、溅射、化学生成等方法形成一层固体润滑膜的轴承，其关键是这层干膜润滑层的减摩性能和使用寿命。它可以根据不同的工况分别进行研制开发。

镶嵌式自润滑轴承采用的复合材料是一种新型的抗极压固体润滑材料，由金属底材与嵌入底材的孔或槽中的固体润滑剂膏体构成。在摩擦过程中金属底材承担了绝大部分负荷。经摩擦，孔或槽中的固体润滑剂向摩擦面转移或反转移，在摩擦面上形成润滑良好、牢固附着并均匀覆盖的固体转移膜，大幅度降低了摩擦磨损。随摩擦的进行，嵌入的固体润滑剂不断提供给摩擦面，保证了长期运行时对摩擦副的良好润滑。镶嵌式自润滑轴承是目前应用最为广泛的一种自润滑轴承。

当前具有自润滑功能的轴承材料主要有金属基、陶瓷基和聚合物基复合材料。金属基复合材料主要有粉末冶金整体烧结型、镶嵌型、梯度自润滑型等;陶瓷基复合材料主要有 Si_3N_4 基、SiC 基等;聚合物基复合材料采用的基体主要有聚四氟乙烯(PTFE)、聚甲醛(POM)、聚酰胺(PA)、聚酰亚胺(PI)、聚酯、酚醛树脂等。

自润滑材料作为一种新型的工程材料,在平常的应用中,除了直接使用固体润滑剂外,更具发展前景的应当是固体润滑剂与高分子材料及其他有机、无机材料的共混材料。这些材料既具有固体润滑剂的长处,又可以弥补固体润滑剂的某些缺点。如将 PTFE 填充到金属骨架中,可以克服其抗蠕变差的缺点,采用这种方法,PTFE 已在桥梁、管道等支架的轴承衬垫上得到应用,它能容许构件热胀冷缩及滑移。在 PTEE 中加入适当的填充剂还能改变其耐磨性差的特性。其他如加入玻璃纤维和石棉纤维可提高抗拉强度和抗蠕变性;加入云母充填剂的复合物可降低热膨胀系数;加入青铜作充填剂可改善其热传导性等。所以,获得理想的自润滑材料的途径应当是根据不同的工况条件,有针对性地选择固体润滑剂及其共混材料。

2. 自润滑轴承的优点

滑动轴承优点是形式简单、接触面积大、工作平稳可靠、无噪声。在液体润滑条件下,滑动表面被润滑油分开而不直接接触,可大大降低摩擦损失和表面磨损,另外油膜还具有一定的吸振能力。滑动轴承的缺点是无法保持足够的润滑油储备,且启动摩擦阻力较大,一旦润滑油不足,将产生严重磨损并导致失效。自润滑轴承的出现很好的弥补了滑动轴承的这些缺点。

自润滑轴承和滑动轴承相比:

(1)无油润滑或少油润滑,适用于无法加油或很难加油的场所,使用时可不保养或少保养。

(2)耐磨性能好,摩擦因数小,使用寿命长。

(3)有适量的弹塑性,能将应力分布在较宽的接触面上,提高轴承的承载能力。

(4)静摩擦系数和动摩擦因数相近,有效降低启动摩擦阻力,消除低速爬行,从而保证机械的工作精度。

(5)能使机械减少振动、降低噪音、防止污染,改善劳动条件。

(6)对于磨轴的硬度要求低,未经调质处理的轴都可使用,从而降低了相关零件的加工难度。

(7)薄壁结构、质量轻,可减小机械体积。

(8)钢背面可电镀多种金属,可在腐蚀介质中使用。

3. 自润滑轴承的应用

自润滑轴承使用温度范围宽,固体润滑材料含量充足,释放均匀,具有良好的自润滑性能和咬合性,能有效地保护轴颈,达到持久的使用目的。适用于在高温、低速、重载、灰尘大、水冲淋和有冲击振动的环境下运行,可广泛应用于矿山机械、冶金、石油、化工、食品、纺织、造纸、印染等机械设备的滚动和滑动轴承部位。

工矿企业的某些关键设备在极为恶劣的工况下运行,设备重、环境温度高,粉尘大或空气中含酸性腐蚀气体 CO、SO_2 等,对设备的润滑带来很多问题,摩擦磨损严重,截止目前为止,国内上述企业大部分仍沿用传统的油、脂润滑,而事实上这些工矿条件已超出了油、脂润滑的范围,极易发生轴承及其他摩擦副的咬伤或咬死,引起严重的零件磨损和损坏,经常性地导致设备停运。为了生产连续运行,除在原始设计上要求安装多台设备轮修外,还须投入大量维修人员。严重地限制着生产率的提高,备品备件和能源消耗极大,已成为发展生产的重要障碍。汽车制造、水泥生产、石油化工等企业都提出了提供复杂工况条件下特种润滑材料要求。为此,我国对镶嵌式自润滑复合材料研究,在材料配方和制备工艺上突出自身特色,材料性能已达到了国际先进水平,为企业解决了特殊工况下的润滑问题,并带来了明显的经济和社会效益。

表 12-9 常用自润滑轴承材料及其性能

轴承材料		最大静压力 p_{max}/MPa	压缩弹性模量 E/GPa	线胀系数 α/(10^{-6}/℃)	导热系数 κ/[W/(m·℃)]
热塑性塑料	无填料热塑性塑料	10	2.8	99	0.24
	金属瓦无填料热塑性塑料衬套	10	2.8	99	0.24
	有填料热塑性塑料	14	2.8	80	0.26
	金属瓦有填料热塑性塑料衬	300	14.0	27	2.9
聚四氟乙烯	无填料聚四氟乙烯	2	—	86~218	0.26
	有填料聚四氟乙烯	7	0.7	(<20 ℃)60 (>20 ℃)80	0.33
	金属瓦有填料聚四氟乙烯衬	350	21.0	20	42.0
	金属瓦无填料聚四氟乙烯衬套	7	0.8	(<20 ℃)140 (>20 ℃)96	0.33
	织物增强聚四氟乙烯	700	4.8	12	0.24

12.8.2 多油楔轴承

只有一个油楔产生油膜压力的轴承,常称为**单油楔滑动轴承**。这种轴承工作时,如果轴颈受到某些微小干扰而偏离平衡位置,使其难于自动恢复到原来的平衡位置,则轴颈将作一种新的有规则或无规则的运动,这种状态称为**轴承失稳**。为了提高轴承的工作稳定性和旋转精度,常把轴承做成多油楔形状,如图 12-22 所示。和单油楔轴承相比,多油楔轴承稳定性好,旋转精度高,但承载能力低,摩擦损耗大。它的承载能力等于各油楔中油膜力的矢量和。

多油楔滑动轴承类型,按瓦面是否可调分为固定瓦轴承、椭圆轴承(双向回转)、双油楔轴承、错位轴承(单向回转)、可倾瓦轴承等。

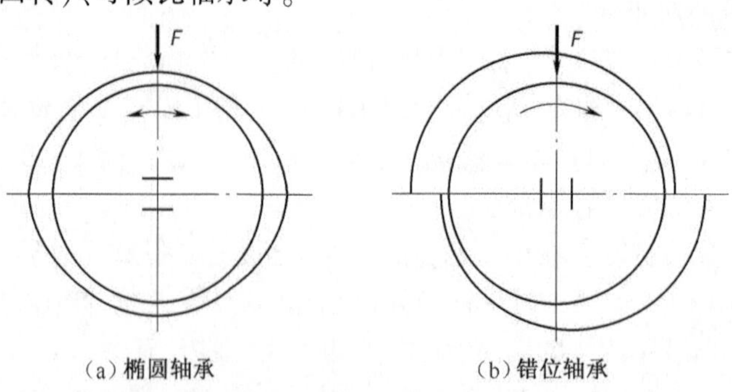

(a) 椭圆轴承 (b) 错位轴承

图 12-22 双油楔径向轴承示意图

可倾瓦轴承(见图 12-23)可以调节轴瓦与轴颈间间隙,稳定性好,但承载能力低于固定瓦轴承。

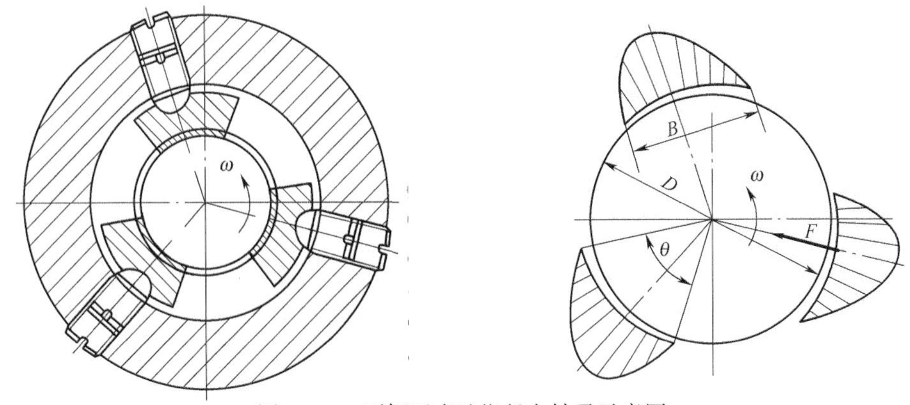

图 12-23 可倾瓦多油楔径向轴承示意图

12.8.3 液体静压轴承

1. 液体静压轴承的原理

液体静压轴承是利用专门的供油装置,把具有一定压力的润滑油送入轴承静压油腔。形成具有压力的油膜,利用静压腔间压力差,平衡外载荷,保证轴承在完全液体润滑状态下工作。

图 12-24 是液体静压轴承的示意图。高压油经节流器进入静压油腔,各静压油腔的压力由各自的节流器自动调节。当轴承载荷为零时,轴颈与轴孔同心,各油腔压力彼此相等,即 $P_1 = P_2 = P_3 = P_4$,当轴承受载荷 F 时,轴颈下移 e,各静压油腔附近间隙发生变化。受力大的油膜减薄,流出的流量随之减少,据管道内各截面上流量相等的连续性原理,流经这部分节流器的流量也减少,在节流器中的压力降也减小,但是,因供油压力 P_s 保持不变,所以下油腔中压力 P_3 增大。同理,上油腔的压力则相反,间隙增大,P_1 减小。形成上下油腔压力差 $P_3 - P_1$,平衡外载荷 F。

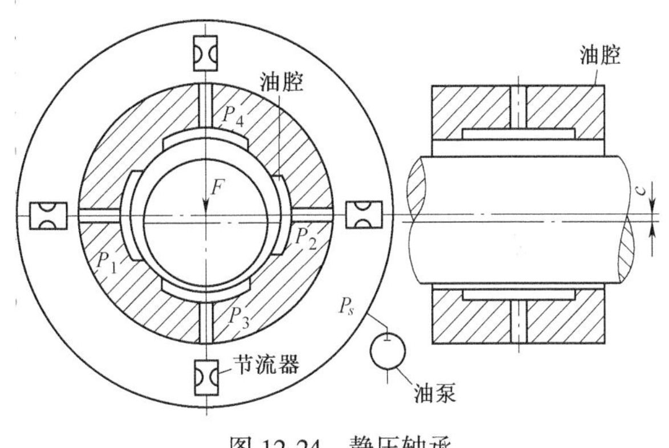

图 12-24 静压轴承

2. 液体静压轴承主要特点

(1)静压轴承的承载能力取决于静压油腔间的压力差,当外载荷改变时,供油系统能自动调节各油腔间的压力差。

(2)静压轴承承载能力和润滑状态与轴颈表面速度无关,即使轴颈不旋转,也可形成油膜,具有承载能力,因而,摩擦因数小,承载能力强。

(3)静压轴承的承载能力不是靠油楔作用形成的。因此,工作时不需要偏心距,因而旋转精度高。

(4)静压轴承必须有一套专门的供油装置,成本高。

3. 静压轴承的设计准则

设计液体静压轴承时应根据要求对性能进行优化,如要求承载能力最大、油膜刚度最大、位移最小、功耗最少等。为增大轴承的动压效应和减少流量,液体静压轴承的封油面宜适当取宽些;为提高轴承的油膜刚度,轴承间隙宜适当取小些;轴承的温升、流量与供油压力成正比,泵功耗与供油压力的平方成正比,故在满足承载能力的前提下供油压力不宜过高。

设计状态下的油腔压力与供油压力之比称为压力比。它是影响轴承性能的重要参数,可根据对承载能力、油膜刚度和位移等不同要求选取。按设计状态下油膜刚度最大的原则选取时,压力比:毛细管节流器为 0.5,小孔节流器为 0.586。润滑油黏度应根据轴承的摩擦功耗和泵功耗之和为最小的原则选取。对于中等以下速度的轴承,摩擦功耗与泵功耗之比为 1~3 时,总功耗为最小。

12.8.4 气体润滑轴承

1. 气体润滑轴承

用气体作润滑剂的滑动轴承。最常用的气体润滑剂为空气,根据需要也可用氮、氩、氢、氦或二氧化碳等。在气体压缩机、膨胀机和循环器中,常以工作介质作为润滑剂。气体轴承可用于纺织机械、电缆机械、仪表机床、陀螺仪、高速离心分离机、牙钻、低温运转的制冷机、氢膨胀机和高温运转的气体循环器等。

2. 气体润滑轴承的特点

(1)摩阻极低:由于气体黏度比液体低得多,在室温下空气黏度仅为 10 号机械油的五千分之一,而轴承的摩阻与黏度成正比,所以气体轴承的摩阻比液体润滑轴承低。

(2)适用速度范围大:气体轴承的摩阻低,温升低,在转速高达 50 000 r/min 时,其温升不超过 20~30 ℃,转速甚至有高达 1.3×10^6 r/min 的。气体静压轴承还能用于极低的速度,甚至零速。

(3)适用温度范围广:气体能在极大的温度范围内保持气态,其黏度受温度影响很小(温度升高时黏度还稍有增加,如温度从 20 ℃升至 100 ℃,空气黏度增加 23%),因此,气体轴承的适用温度范围可达-265 ℃~1 650 ℃。

(4)承载能力低:动压轴承的承载能力与黏度成正比,气体动压轴承的承载能力只有相同尺寸液体动压轴承的千分之几。由于气体的可压缩性,气体动压轴承的承载能力有极限值,一般单位投影面积上的载荷只能加到 0.36 MPa。

(5)加工精度要求高:为提高气体轴承的承载能力和气膜刚度,通常采用比液体润滑轴承小的轴承间隙(小于 0.015 mm),需要相应地提高零件精度。

3. 气体润滑轴承的类型

气体润滑轴承形成承载气膜的机理与液体润滑轴承相同,故也分为气体动压轴承和气体静压轴承。按承受载荷的方向不同,又可分为气体径向轴承、气体推力轴承和气体径向推力组合轴承。气体动压轴承是利用气体在楔形空间产生的流体动压力来支承载荷的。常在轴颈或轴瓦的表面做出浅螺纹槽,利用槽的泵唧作用提高承载能力。气体静压轴承的供气压力一般不超过 0.6 MPa。气体通过供气孔进入气室,然后分数路流经节流器进入轴承和轴颈的间隙,再从两端流出轴承,在间隙内形成支承载荷的静压气膜。气体静压轴承的内孔表面一般不开气腔，以增大气膜刚度，提高稳定性。

12.8.5 磁悬浮轴承

1. 磁悬浮轴承

磁悬浮轴承是利用磁力实现无接触的新型轴承，具有无接触、不需要润滑和密封、振动小、使用寿命长、维护费用低等一系列优良质量，属于高技术领域。轴承是机电工业的基础产业之一，其性能的好坏直接影响到机电产品(如超高速超精密加工机床)的科技含量及其在国际上的竞争力。本项目不仅要可以在国内建立生产磁悬浮轴承的高技术企业，填补国内在这方面的空白，而且可以带动机电行业的很多相关企业进行产品结构调整，形成新的经济增长点。此外，本项目具有重要的国防应用价值，可为我国研制以磁悬浮轴承支承的新一代航空发动机储备先进的科学技术。

2. 磁悬浮轴承的基本原理

磁悬浮轴承从原理上可分为两种，一种是主动磁悬浮轴承，简称 AMB；另一种是被动磁悬浮轴承，简称 PMB。由于前者具有较好的性能，它在工业上得到了越来越广泛的应用。这里介绍的是主动磁悬浮轴承。

磁悬浮轴承系统主要由被悬浮物体、传感器、控制器和执行器四大部分组成。其中执行器包括电磁铁和功率放大器两部分。图 12-25 所示为一个简单的磁悬浮轴承系统，电磁铁绕组上的电流为 I，它对被悬浮物体产生的吸力和被悬浮物体本身的重力相平衡，被悬浮物体处于悬浮的平衡位置，这个位置也称为**参考位置**。假设在参考位置上，被悬浮物体受到一个向下的扰动，它就会偏离其参考位置向下运动，此时传感器检测出被悬浮物体偏离其参考位置的位移，控制器将这一位移信号变换成控制信号，功率放大器使流过电磁绕组上的电流变大，因此，电磁铁的吸力也变大了，从而驱动被悬浮物体返回到原来的平衡位置。如果被悬浮物体受到一个向上的扰动并向上运动，此时控制器和功率放大器使流过电磁场铁绕组上的电流变小，因此，电磁铁的吸力也变小了，被悬浮物体也能返回到原来的平衡位置。因此，不论被悬浮物体受到向上或向下的扰动，图 12-25 中的球状被悬浮物体始终能处于稳定的平衡状态。

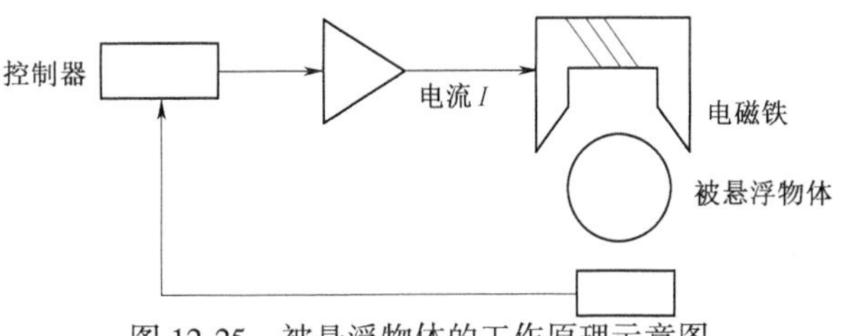

图 12-25 被悬浮物体的工作原理示意图

3. 磁悬浮轴承的优点

与传统的滚珠轴承、含油轴承相比，磁悬浮轴承不存在机械接触，转子可以运行到很高的转速，具有机械磨损小、能耗低、噪声小、寿命长、无需润滑、无油污染等优点，特别适用于高速、真空、超净等特殊环境中。

12.8.6 磁流体轴承

磁流体轴承与滑动轴承是不同的，磁流体轴承是利用磁性相斥与磁性相吸的原理做成的。这种轴承由永久磁石(或电磁材料)做成的轴承、转子和轴所组成。

磁流体轴承分为推力轴承(见图 12-26)和径向轴承(见图 12-27)两类。磁流体推力轴承利用永久磁石异性相吸的原理,而磁流体径向轴承利用永久磁石同性相斥的原理,它们都是利用吸引力或排斥力把转子悬浮起来。这些轴承承载量的大小与轴承内表面和转子外表面之间的距离的平方成反比,与磁石间相互作用的吸引力或排斥力的乘积成正比。磁流体轴承可以保证轴承与转子之间无金属摩擦,这种轴承用在仪器、仪表中,可以提高仪器、仪表的灵敏度。

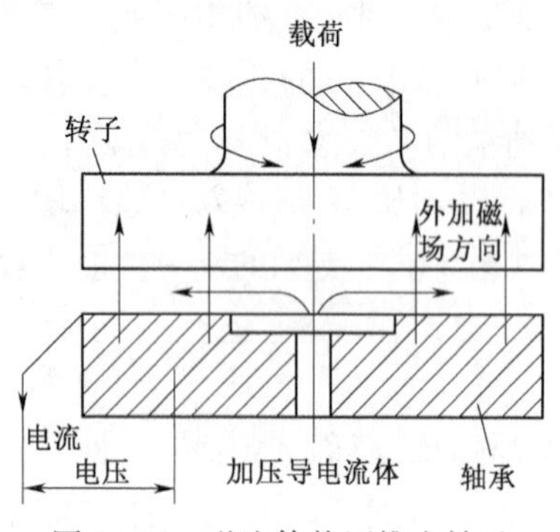

图 12-26　磁流体静压推力轴承

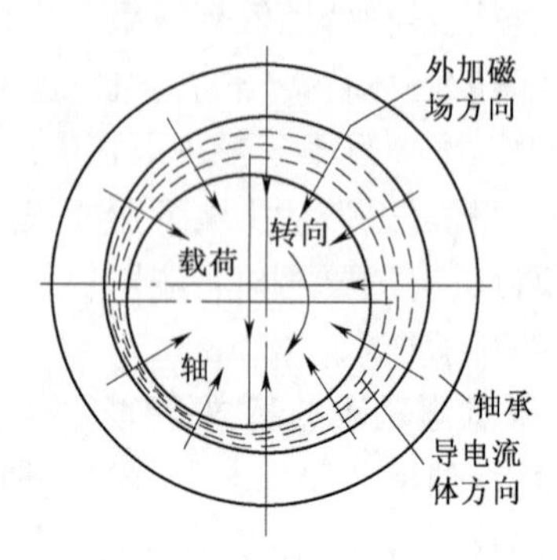

图 12-27　磁流体动压径向轴承

思考题、讨论题和习题

12-1　在不完全液体润滑中,限制 p、pv、v 的原因各是什么?

12-2　形成流体动力润滑(即形成动压油膜)的条件是什么?

12-3　简述径向滑动轴承形成流体动力润滑的过程。

12-4　滚动轴承和滑动轴承各适用于什么场合?选择时考虑哪些问题?

12-5　为什么使用轴承合金为摩擦材料的滑动轴承,还有的用铜合金作轴瓦?实际上铜合金不与轴颈接触。这种设计是否合理?

12-6　为什么“pv 值太大会导致润滑油温度升高”?

12-7　一起重机卷筒的滑动轴承,已知:轴颈直径 $d=200$ mm,轴承宽度 $B=200$ mm,轴颈转速 $n=300$ r/min,轴瓦的材料为 ZCuAl10Fe3,试问它可以承受的最大径向载荷是多少?(采用混合液体润滑径向轴承)

12-8　一液体动力润滑径向滑动轴承,承受径向载荷 $F=70$ kN,转速 $n=1\ 500$ r/min,轴颈直径 $d=200$ mm,宽径比 $B/d=0.8$,相对间隙 $\psi=0.001\ 5$,包角 $\alpha=180°$,采用 32 号全损耗系统用油(无压供油)。假设轴承中平均油温 $t_m=50$ ℃,油的黏度 $\eta=0.018$ Pa·s,求最小油膜厚度 h_{min}。

12-9　设计一发电机转子的液体动压径向滑动轴承。已知:载荷 $F=50\ 000$ N,轴颈直径 $d=150$ mm,转速 $n=1\ 000$ r/min,工作情况稳定。

12-10　图 12-28 所示为一个有错误的滑动轴承设计,请指出其错误,并画出正确的结构图。

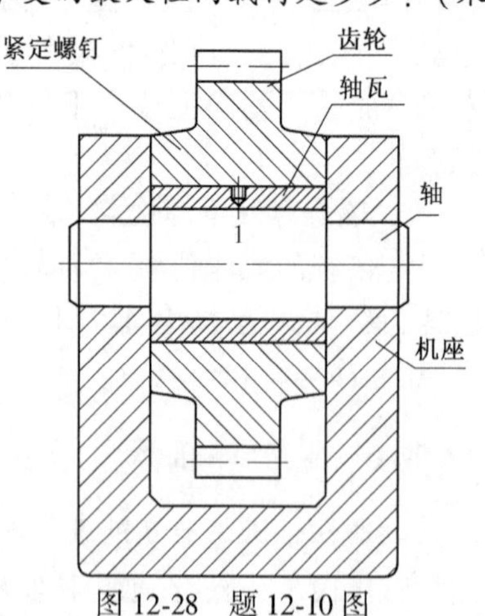

图 12-28　题 12-10 图

第13章　滚 动 轴 承

【学习提示】

本章的主要内容有滚动轴承的选择和滚动轴承组合的结构设计等。

正确选择滚动轴承的型号,必须掌握滚动轴承的标准、性能、选择原则和计算方法(寿命计算、静载荷计算、临界转速计算等)。

滚动轴承的结构设计包括:内圈在轴上的锁紧、外圈在机座上的固定、轴承的调整(位置、间隙等)、润滑和密封等。

要求学习本章以后,能够掌握滚动轴承的一般原理,理解轴承寿命计算可靠度90%的含义,能够熟练地进行滚动轴承选择和计算,会查用《机械设计课程设计手册》,取得滚动轴承的数据和资料,进行计算和选择。理解轴系结构设计的一般原理,多看一些典型的结构图,在课程设计中可以得到进一步学习。

13.1　概　　述

滚动轴承是依靠主要元件间的滚动接触来支承转动零件的,是现代机械设备中广泛应用的部件之一。绝大多数滚动轴承是标准件,由专业化工厂成批生产,类型尺寸齐全,制造成本较低。机械设计人员只需熟悉滚动轴承标准,根据工作条件正确选用滚动轴承的类型、尺寸和公差等级;必要时,进行工作能力寿命计算;最后进行组合结构设计,给出合理的安装、调整、润滑、密封等方面的轴承装置。

13.1.1　滚动轴承的构造

如图13-1所示为典型滚动轴承的基本构造,由内圈1、外圈2、滚动体3和保持架4四种零件组成,其主要尺寸是内径 d、外径 D 和宽度 B。内圈、外圈分别与轴颈、轴承座或其他零件的轴承座孔实现装配。通常是内圈随轴颈回转,外圈固定不动;但也可用于外圈回转而内圈不动,或是内、外圈分别按不同转速回转的场合。轴承内、外圈上的滚道有凹槽,可降低接触应力和限制滚动体侧向位移。当内、外圈相对运动时,滚动体沿内、外圈滚道滚动,是滚动轴承不可缺少的零件,它使相对运动表面

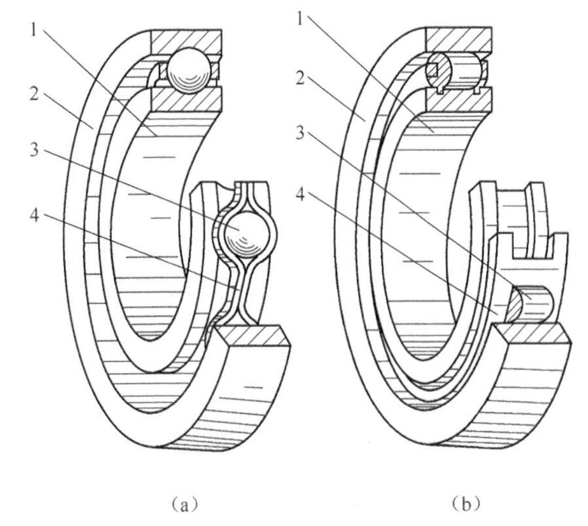

(a)　　(b)

图13-1　滚动轴承的组成

1—内圈;2—外圈;3—滚动体;4—保持架

间的滑动摩擦变为滚动摩擦,其形状、大小和数量直接影响轴承的承载能力。

常用的滚动体形状如图 13-2 所示,有球形、圆柱滚子、球面滚子、圆锥滚子、螺旋滚子、滚针等。

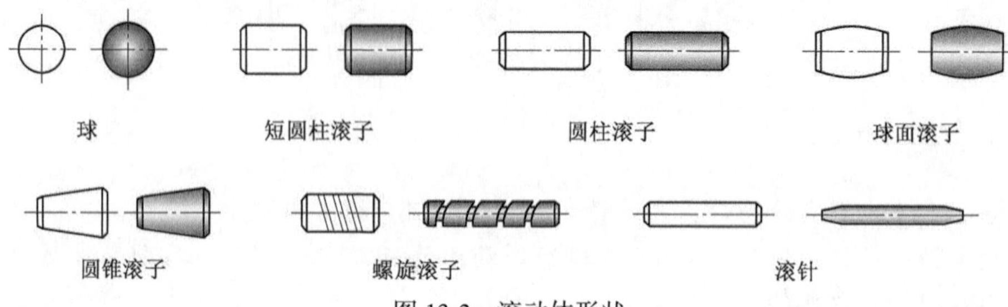

图 13-2　滚动体形状

保持架的作用是使各滚动体沿圆周均匀分隔,从而避免相邻的滚动体直接接触产生摩擦磨损(见图 13-3)。保持架应具有良好的减摩性,常用低碳钢板冲压铆接或焊接而成,它与滚动体间有较大的间隙。采用铜合金、铝合金或酚醛胶木制造的实体保持架,具有良好的定心作用,适用于高速轴承。

此外,有些滚动轴承,除了上述四种基本元件外,还根据各种使用要求(如减小径向尺寸、实施密封或易于装配等)附加其他特殊元件或特殊结构,如带密封盖、引导环和在外圈上加止动环;带有支座、法兰、拉紧和吊挂的带座轴承;适用于各种机械角传动的关节轴承;带离合器的轴承;甚至可剖分的滚动轴承等。如图 13-4 所示为带有引导环和密封的滚动轴承结构。圆柱滚子或滚针轴承在某些情况下,可以没有内圈、外圈或保持架,轴颈或轴承座就起到内圈或外圈的作用,此时要求工作表面应具备相应的硬度和粗糙度。

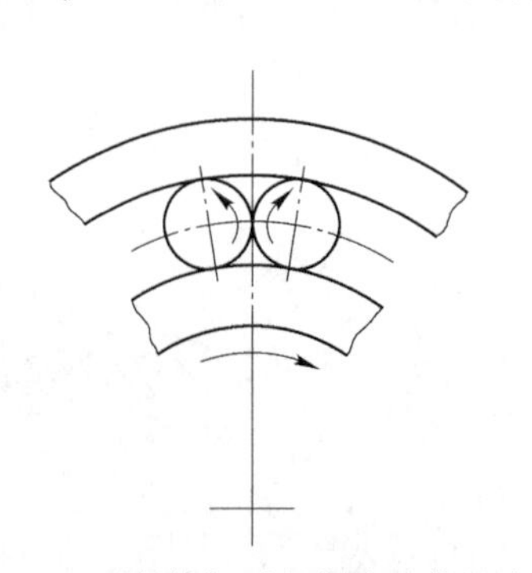

图 13-3　无保持架时相邻滚动体的摩擦

图 13-4　带引导环和密封的滚动轴承结构

13.1.2　滚动轴承的材料

对滚动轴承的基本要求是其能够满足工作条件所要求的载荷、转速、工作精度、动态性能(噪声、振动)、环境温度和使用寿命。因此,轴承的内、外圈和滚动体材料,应具有高的硬度和接触疲劳强度,良好的耐磨性和冲击韧性。一般用铬钢和铬锰硅钢制造,前者适宜于制造尺寸较小的轴承,后者适宜于制造尺寸较大的轴承。常用材料牌号有 GCr15、GCr15SiMn、GCr6、GCr9 等(G 表示专用的滚动轴承钢)。经热处理后硬度一般不低于 61~65 HRC。滚动体和滚道表面须经磨削和抛光。由于一般轴承元件都要经过 150 ℃的回火处理,所以通常当轴承的工作温度不高于120 ℃时,元件的硬度不会下降。

还有一些特殊用途滚动轴承材料,例如:用于轧钢机、机车车辆中承受冲击和振动载荷的滚动轴承常采用渗碳轴承钢(20Cr2Ni4A、20Cr2Mn2Mo等)或中碳轴承钢(G8Cr15、55SiMnV等);用于燃气轮机、核反应堆系统等工作温度达120 ℃~600 ℃场合的滚动轴承常采用耐热轴承钢(Cr4Mo4V、W18Cr4V等);用于化工和食品机械中的滚动轴承还可采用耐蚀轴承钢(9Cr18Mo、1Cr18Ni9Ti等)。

保持架常选用减摩性能较好的材料,如钢(碳钢、合金钢、石墨钢等)、铜(磷青铜、高强度黄铜、蒙乃尔合金等)、铝和塑料(聚四氟乙烯、尼龙66等)。冲压保持架一般用低碳钢板(如08或10钢板)冲压后经铆接或焊接制成,它与滚动体间有较大的间隙,工作时噪声较大。实体保持架常用铜合金(如HPb59-1)、铝合金或塑料经切削加工制成,有较好的定心作用。

13.1.3 滚动轴承零件基本加工过程

1. 套圈的加工过程

下料→锻造→退火(正火)→车加工→热处理→磨加工→超精加工→打印→零件终检→防锈→入库→(待合套装配)

2. 钢球的工艺过程

棒料→热冲→冲环带→退火→锉削→粗磨→软磨→热处理→硬磨→精磨→超精加工→终检分组→防锈、包装→入库→(待合套装配)

3. 滚子的加工过程

线材→冷镦→串环带→软磨→热处理→串软点→粗磨外径→粗磨端面→终磨端面→精磨外径→超精加工→终检分组→防锈、包装→入库→(待合套装配)

4. 保持架的加工过程

板料→剪切→冲裁→冲压成型→整形及精加工→酸洗或喷丸或串光→终检→防锈、包装→入库→(待合套装配)

5. 装配过程

零件退磁、清洗→内、外滚道尺寸分组→合套→检查游隙→装配保持架→终检→退磁、清洗→防锈、包装→入成品库(装箱、发运)

13.1.4 滚动轴承的特点

与滑动轴承相比较,滚动轴承的优点如下:

(1)起动摩擦力矩小、功率损耗小、起动灵活、效率比混合润滑轴承高($\eta=0.98\sim0.99$)。

(2)负荷、转速和工作温度的适应范围广,工况条件的少量变化对轴承性能影响不大。

(3)径向游隙较小,向心角接触轴承可用预紧的方法消除游隙,提高支承刚度及旋转精度。

(4)对同尺寸的轴颈,滚动轴承的宽度较小,可使机器的轴向尺寸紧凑。

(5)大多数滚动轴承能同时受径向和轴向载荷作用,轴向尺寸较小,轴承组合结构较简单。

(6)易于润滑,安装、维护及保养方便。

(7)互换性、通用性好等。

其缺点如下：

(1)抗冲击能力较差。

(2)高速重载时轴承寿命短，且振动、噪声较大。

(3)轴承不能剖分，位于长轴或曲轴中间的轴承安装困难，甚至无法安装使用。

(4)大多数滚动轴承径向尺寸比滑动轴承大。

(5)与滑动轴承相比，寿命较低。

滚动轴承通常在中速、中载和一般条件下运转的机器中应用普遍。在特殊工作条件下，如高速、重载、精密、高温、低温、防腐、防磁、微型、特大型等场合，如采用滚动轴承，需要在结构、材料、加工工艺、热处理等方面，采用一些特殊的技术措施。

13.2 滚动轴承的分类、代号及其选择

13.2.1 滚动轴承的分类

滚动轴承中在套圈与滚动体接触处的法线与垂直于轴承轴心线的平面间的夹角 α 称为**公称接触角**。这是轴承的一个重要参数，其值的大小反映了轴承承受载荷的能力。公称接触角越大，轴承承受轴向载荷的能力越强，而承受径向载荷的能力越弱。

按轴承所能承受的载荷方向和公称接触角的不同，可分为向心轴承和推力轴承。

1. 向心轴承

向心轴承主要承受径向载荷，公称接触角 $0°\leqslant\alpha\leqslant45°$。按公称接触角的不同又分为径向接触轴承和向心角接触轴承。

(1)径向接触轴承[见图 13-5(a)]是公称接触角 $\alpha=0°$ 的向心轴承，只能承受径向载荷。属于此类轴承有深沟球轴承、调心球轴承、调心滚子轴承、圆柱滚子轴承和滚针轴承等。

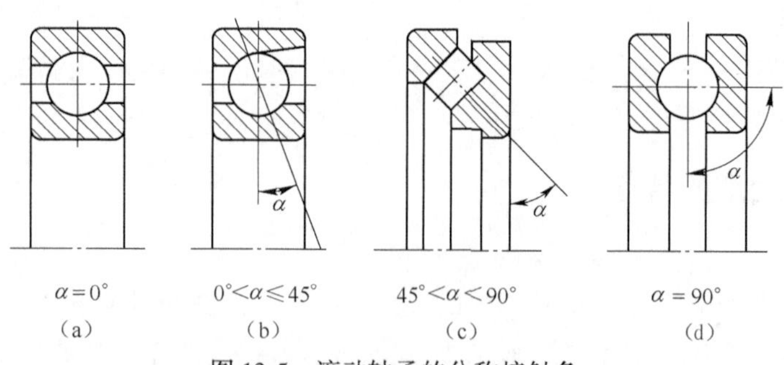

图 13-5 滚动轴承的公称接触角

(2)向心角接触轴承[见图 13-5(b)]是公称接触角 $0°<\alpha\leqslant45°$的向心轴承，主要承受径向载荷。随着 α 的增大，承受轴向载荷的能力增大。属于此类的轴承有角接触轴承和圆锥滚子轴承。

由于一个向心角接触轴承只能承受一个方向的轴向力，只能限制一个方向的轴向移动。因此，为了限制轴的双向移动，使轴和轴上零件在机器中有确切的位置，通常向心角接触轴承需成对使用，并反向安装在轴上。

2. 推力轴承

推力轴承主要用于承受轴向载荷。公称接触角 $45° < \alpha \leqslant 90°$。按公称接触角的不同又分为:

(1)推力角接触轴承[见图 13-5(c)]是公称接触角 $45° < \alpha < 90°$,主要承受轴向载荷,随着 α 的减小,承受径向载荷的能力增大。常用的此类轴承有推力调心滚子轴承、推力角接触球轴承。

(2)轴向接触轴承[见图 13-5(d)]是公称接触角 $\alpha = 90°$,只能承受轴向载荷。常用的此类轴承有推力球轴承和推力圆柱滚子轴承。图 13-6 所示为轴向接触轴承的安装结构,图中孔径较小的套圈紧配在轴颈上,称为**轴圈**;孔径较大的套圈安放在基座上,称为**座圈**。

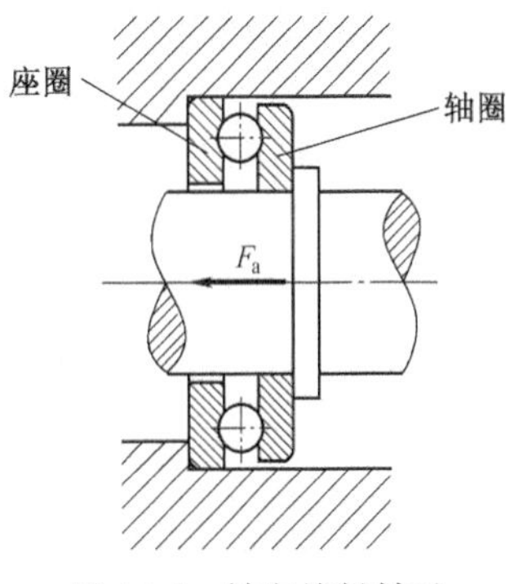

图 13-6 轴向接触轴承

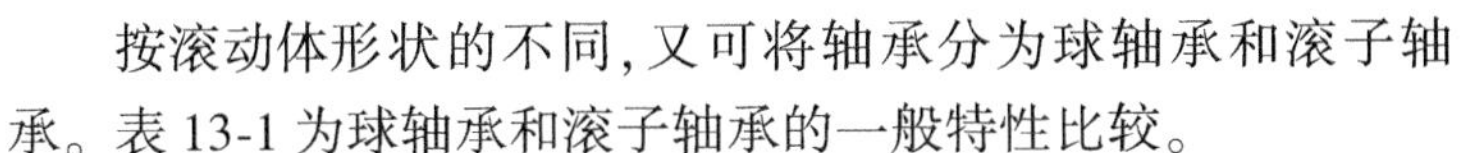

按滚动体形状的不同,又可将轴承分为球轴承和滚子轴承。表 13-1 为球轴承和滚子轴承的一般特性比较。

表 13-1 球轴承和滚子轴承的一般特性比较

项 目	球 轴 承	滚 子 轴 承
承受载荷能力	较小	较大
运转速度	较高	较低
摩擦	较小	较大
耐冲击性能	较小	较大

按轴承工作时是否自动调心又可分为刚性轴承和调心轴承(自位轴承)。轴承由于安装误差或轴的变形等引起内外圈中心线发生相对倾斜,其倾斜角 θ 称为**偏转角**。调心轴承的外圈滚道表面是球面,能自动补偿两滚道轴心线的角偏差,从而保证轴承的正常工作。如图 13-7 所示。

按部件能否分离分为可分离轴承和不可分离轴承。

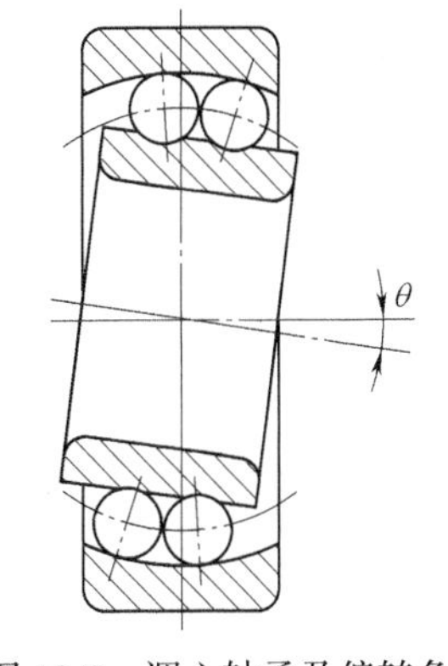

图 13-7 调心轴承及偏转角 θ

13.2.2 滚动轴承的类型及其性能特点

我国机械工业中常见滚动轴承的类型名称、代号、简图和特性如表 13-2 所示。

13.2.3 滚动轴承的代号

滚动轴承类型很多,为了统一表征各类轴承的特点,便于组织生产、管理、选择及使用,国家标准 GB/T 272—1993 规定了滚动轴承代号的表示方法,用以表示各类轴承不同的结构、尺寸、公差等级和技术性能等,并将代号标印在轴承的端面上。

滚动轴承代号各部分的构成和排列顺序如表 13-3 所示。

表 13-2　常用滚动轴承的类型、主要性能和特点

类型代号	轴承名称、结构简图、标准号、图示符号	尺寸系列代号	基本额定动载荷比	极限转速	价格比	性能和特点
1	调心球轴承 GB/T 281—2013	(0)2 22 (0)3 23	0.6~0.9	中	1.8	主要承受径向载荷,也可承受不大的双向轴向载荷。但承受轴向载荷会形成单列滚动体受载而显著影响轴承寿命,所以一般不宜承受纯的轴向载荷。外圈滚道表面是内球面,故能实现自动调心,允许偏转角≤2°~3°。 该类轴承有圆柱孔(10000 型)和圆锥孔(10000K 型,锥度 1∶12)两种形式。 适用于多支点轴、弯曲刚度小的轴以及难于精确对中的支承
2	调心滚子轴承 GB/T 288—2013	13 22 23 30 31 32 40 41	1.8~4	低	4.4	承受径向载荷能力较大,同时也可承受一定的双向轴向载荷,抗振动、冲击。外圈滚道为球面,能自动调心,允许偏转角≤1.5°~2.5°。 适用于多支点轴、弯曲刚度小的轴及难于精确对中的支承
3	圆锥滚子轴承 α GB/T 297—1994	02 03 13 20 22 23 29 30 31 32	1.5~2.5	中	1.7	能同时承受较大的径向载荷和单向的轴向载荷,一般不用来承受纯的径向载荷。由于是线接触,承载能力大于"7"类轴承。公称接触角 α 有小锥角(30000 型,以承受径向载荷为主)$\alpha = 10° \sim 18°$ 和大锥角(30000B 型,以承受轴向载荷为主)$\alpha = 27° \sim 30°$两种。内、外圈可分离,安装时需调整游隙,装拆方便,成对使用,可以分装于两个支点或装于一个支点上,允许偏转角≤2′。 适用于转速较高、两轴承孔同轴度较好的场合。
5	推力球轴承 GB/T 28697—2012	11 12 13 14	1	低	1.1	只能承受轴向载荷。有单列(51000 型)——承受单向推力和双列(52000 型)——承受双向推力等类型。 为防止钢球与滚道之间的滑动,工作时必须加有一定的轴向载荷。安装时,轴线必须与轴承座底面垂直,载荷作用线必须与轴线重合,以保证钢球载荷分配均匀。套圈可分离。高速回转时,离心力大,钢球与保持架摩擦发热严重,寿命较短。不允许有偏转角

续表

类型代号	轴承名称、结构简图、标准号、图示符号	尺寸系列代号	基本额定动载荷比	极限转速	价格比	性能和特点
5	双向推力球轴承 GB/T 28697—2012	22 23 24	1	低	1.8	适用于于轴向载荷大,转速不高的场合
6	深沟球轴承 GB/T 276—2013	17 37 18 19 (0)0 (1)0 (0)2 (0)3 (0)4	1	高	1	结构简单,应用最广泛。主要用于承受径向载荷,因内外圈滚道为较深的凹槽,故也能承受一定量的双向轴向载荷,承受冲击载荷能力差,当量摩擦因数最小。高速时可代替推力轴承承受纯轴向载荷。允许偏转角≤8′~16′
7	角接触球轴承 α GB/T 292—2007	19 (1)0 (0)2 (0)3 (0)4	1~1.4	高	2.1	能同时承受径向载荷、轴向载荷,也可单独承受轴向载荷。公称接触角有 15°(70000C 型)、25°(70000AC 型)、40°(70000B 型)3 种,由于一个轴承只能承受单项的轴向载荷,通常成对使用。承受轴向载荷的能力与公称接触角有关。承受轴向载荷的能力随公称接触角的增大而增大。可以分装于两个支点或同装于一个支点上。允许偏转角≤2′~10′。 适用于要求旋转精度和转速较高的场合
N	圆柱滚子轴承 (外圈无挡边 *N* 型) GB/T 283—2007	10 (0)2 22 (0)3 23 (0)4	1.5~3	高	2	只能承受径向载荷,且承载能力较大,内、外圈沿轴向可以分离,故不能承受轴向载荷。滚子由内圈或外圈的挡边轴向定位,工作时,允许内、外圈有少量的轴向错动。由于滚子和套圈之间是线接触,允许偏转角≤2′~4′。这类轴承还有内圈无挡边(NU)、内圈单挡边(NJ)等结构形式,还可以不带外圈或内圈。 适用于轴的刚性较大、两轴承孔同轴度好的场合

续表

类型代号	轴承名称、结构简图、标准号、图示符号	尺寸系列代号	基本额定动载荷比	极限转速	价格比	性能和特点
NA	滚针轴承 GB/T 5801—2006	48 49 69	—	低	—	只能承受径向载荷,承载能力大,径向尺寸小,一般无保持架,因此滚针间有较大摩擦。内圈或外圈可以分离,工作时允许内、外圈有少量的轴向错动。不允许有偏转角。 适用于低速、重载和径向尺寸受限制的场合

注:①基本额定动载荷比:指同一尺寸系列(直径及宽度)各种类型和结构形式的轴承的基本额定动载荷与单列深沟球轴承(推力轴承则与单向推力球轴承)的基本额定动载荷之比。

②极限转速比:指同一尺寸系列0级公差的各类轴承脂润滑时的极限转速与单列深沟球轴承脂润滑的极限转速之比,比值>90%~100%为高,比值=60%~90%为中,比值<60%为低。

表 13-3 滚动轴承代号的构成

前置代号	基本代号					后置代号							
字母	数字、字母					数字、字母							
轴承分部件代号	五	四	三	二	一	内部结构代号	密封与防尘结构代号	保持架及材料代号	特殊轴承材料代号	公差等级代号	游隙代号	多轴承配置代号	其他代号
	类型代号	尺寸系列代号		内径代号									
		宽(高)度系列代号	直径系列代号										

滚动轴承代号由基本代号、前置代号和后置代号三部分组成。基本代号是轴承代号的核心部分。前置代号和后置代号是对基本代号的补充,只有遇到对轴承的结构、形状、材料、公差等级或技术条件有特殊要求时才补充说明。一般情况下可以部分或全部省略。

1. 基本代号

基本代号表示轴承的基本类型、结构和尺寸,由类型代号、尺寸系列代号和内径代号组成。其中类型代号用数字或字母表示,其余用数字表示,最多有七位数字或字母。

(1)类型代号表示轴承的基本类型,其中0类可省去不写。常用轴承的类型代号如表13-2所示,表13-4所示为常用滚动轴承示意简图。

表 13-4 常用滚动轴承示意简图

轴承类型	1	3	5		6	7	N	NA
示意简图								

(2)尺寸系列代号是轴承宽度系列代号(或高度系列代号)与直径系列代号的组合。尺寸系列代号由两位数字组成。前一位数字代表宽度系列(向心轴承)或高度系列(推力轴承),第二位数字代表直径系列。

宽(高)度系列代号表示结构、内径、外径相同的轴承其宽(高)度方面的变化。当宽度系列为0系列(正常系列)时,对多数轴承宽度系列代号0可省略不用标出,但对于调心滚子轴承和圆锥滚子轴承,宽度系列代号0不能省略。

直径系列代号表示结构相同、内径相同的轴承有几种不同的外径和宽度,部分直径系列的尺寸对比如图13-8所示。

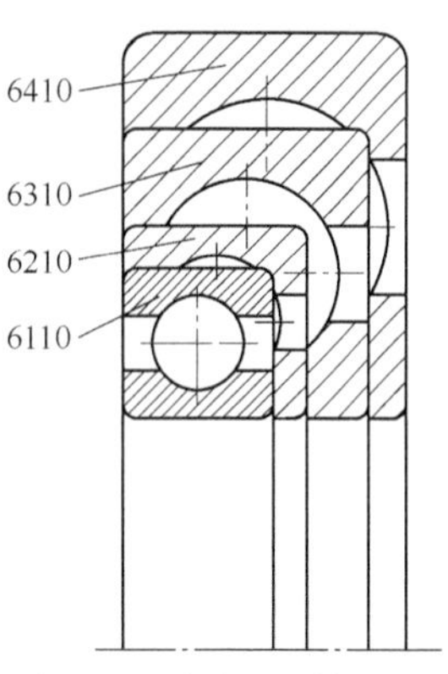

图13-8 直径系列的对比

尺寸系列不同,则轴承的外廓尺寸不同,轴承的承载能力也不相同,由此可满足各种不同工况的要求。表13-5所示为滚动轴承尺寸系列代号。

表13-5 滚动轴承尺寸系列代号

直径系列代号	向心轴承								推力轴承			
	宽度系列代号								高度系列代号			
	8	0	1	2	3	4	5	6	7	9	1	2
	尺寸系列代号											
7	—	—	17	—	37	—	—	—	—	—	—	—
8	—	08	18	28	38	48	58	68	—	—	—	—
9	—	09	19	29	39	49	59	69	—	—	—	—
0	—	00	10	20	30	40	50	60	70	90	10	—
1	—	01	11	21	31	41	51	61	71	91	11	—
2	82	02	12	22	32	42	52	62	72	92	12	22
3	83	03	13	23	33	—	—	63	73	93	13	23
4	—	04	—	24	—	—	—		74	94	14	24
5	—	—	—	—	—	—	—	—	—	95	—	—

(3)内径代号表示轴承的内径尺寸,用两位数字表示。当轴承内径在20~480 mm范围内时,内径代号乘以5即为轴承公称内径;对于内径不在此范围的轴承,内径表示方法另有规定,如表13-6所示。

表13-6 内径代号

轴承内径 d/mm	内径代号	示例
10 12 15 17	00 01 02 03	深沟球轴承6200 内径 d=10 mm
20~480(5进位)	内径代号04~96(内径/5的商,当商为个位数时,需在十位数处用0占位)	深沟球轴承6210,内径 d=50 mm 圆柱滚子轴承N2208,内径 d=40 mm
22、28、32及500以上	用内径毫米数直接表示,并在尺寸系列代号与内径代号之间用"/"号隔开	深沟球轴承62/500,内径 d=500 mm 62/22,内径 d=22 mm

注:d<10 mm时,内径代号的表示方法查阅有关手册。

2. 后置代号

滚动轴承的后置代号用字母和数字表示。表示滚动轴承的结构、材料、公差、游隙等各种特殊要求。后置代号的内容很多,下面仅介绍几种最常用代号。

(1)内部结构代号用字母紧跟着基本代号表示,表示同一类型轴承内部结构的特殊变化,如表 13-7 所示。

表 13-7　内部结构部分代号

代　号	含　义	示　例
C	角接触球轴承 公称接触角 $\alpha=15°$	7210C
AC	角接触球轴承 公称接触角 $\alpha=25°$	7210AC
B	角接触球轴承 公称接触角 $\alpha=40°$	7210B

(2)轴承的公差等级代号用字母 P 和数字表示,精度等级由低到高共六个级别,如图 13-8 所示。公差等级中,0 级为普通级,可以省略不写,6x 级仅适用于圆锥滚子轴承。代号示例:6203、6203/P3。

表 13-8　公差等级代号

代 号	/P0	/P6	/P6x	/P5	/P4	/P2
公差等级	0 级	6 级	6x 级	5 级	4 级	2 级
	精度等级:低→高					

(3)轴承的径向游隙代号用字母 C 和数字表示,所谓游隙是指一个套圈固定时,另一个套圈沿径向或轴向的最大移动量,如图 13-9 所示。游隙是滚动轴承的重要技术参数,它直接影响轴承的载荷分布、振动、噪声、使用寿命和机械的运转精度,如图 13-9 所示。轴承的径向游隙由小到大共有六个组别,如表 13-9 所示。常用游隙组别为 0 组,在轴承代号中不标注。代号示例:6210、6210/C4。

表 13-9　游 隙 代 号

代　　号	/C1	/C2	—	/C3	/C4	/C5
游　　隙	1 组	2 组	0 组	3 组	4 组	5 组
	游隙:小→大					

公差等级代号和游隙代号同时表示时可以简化如 6203/P63,表示轴承公差等级六级,径向游隙组别三组。

3. 前置代号

前置代号用以说明成套轴承分部件特点的补充代号,用字母表示。常用前置代号及含义如表 13-10 所示。

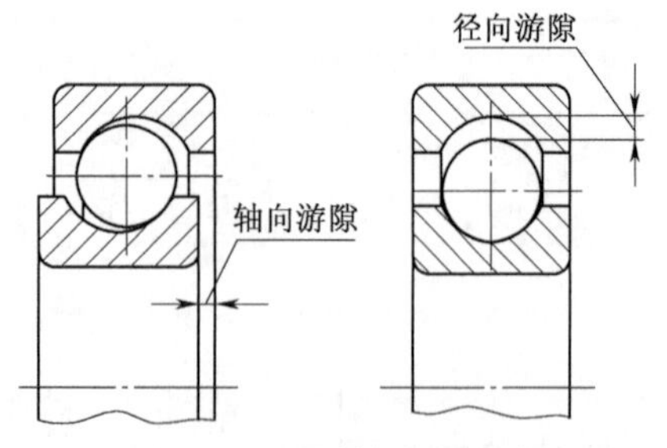

图 13-9　滚动轴承的游隙

实际应用的滚动轴承类型很多,相应的轴承代号也是比较复杂的。以上内容介绍了轴承代号中最基本、最常用的部分,熟悉这部分代号,就可以识别和查选常用的轴承。关于滚动轴承详细代号的表示方法可查阅 GB/T 272—1993。

表 13-10　前置代号及含义

代　号	含　义	示　例
L	可分离轴承的可分离内圈或外圈	LN207
R	不带可分离内圈或外圈的轴承	RNU207
K	滚子和保持架组件	K81107
WS	推力圆柱滚子轴承轴圈	WS81107
GS	推力圆柱滚子轴承座圈	GS81107

例题 13-1　说明轴承代号 6308、62208、7312AC/P6 的含义。

解:轴承代号的含义如下:

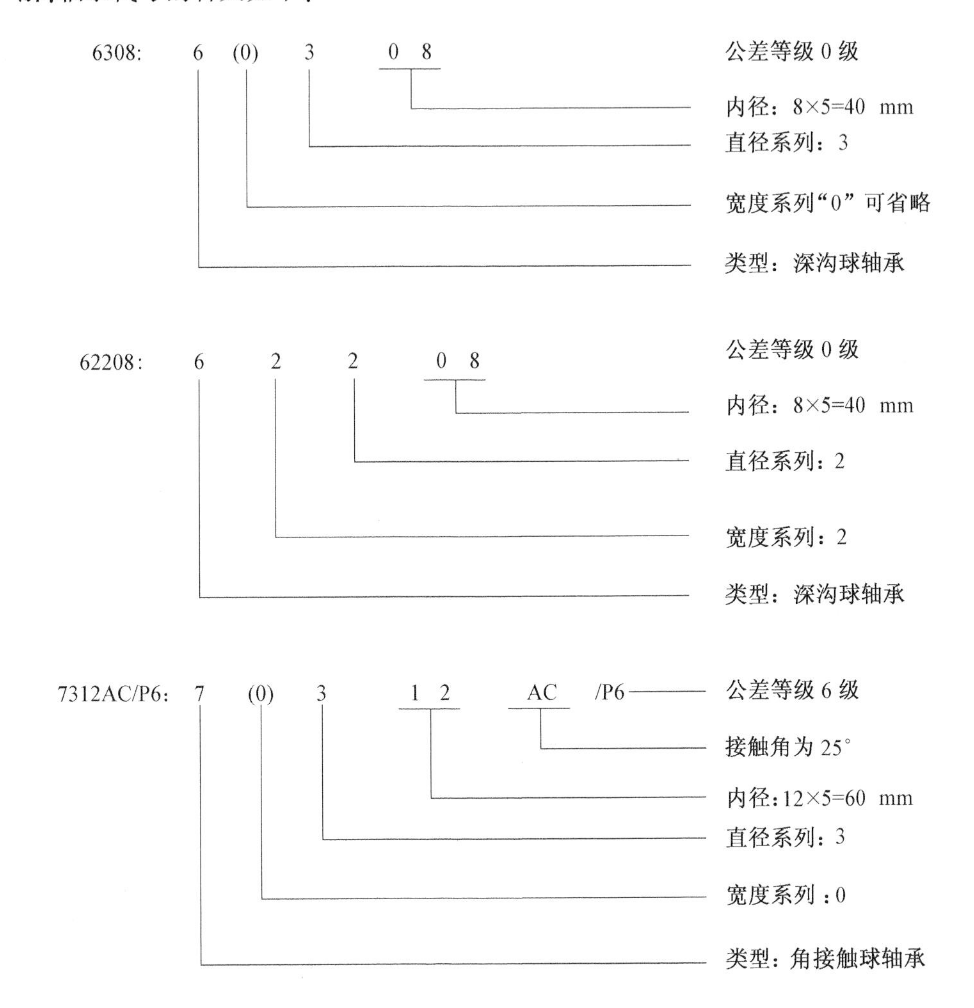

13.2.4　滚动轴承类型的选择

选择轴承类型时,首先应明确各类轴承的特点,然后考虑轴承的工作条件选择适当的类型。表 13-11 列出常用滚动轴承各类型的特点及使用情况比较。

表 13-11　常用滚动轴承的特性和使用性能

名称			向心轴承										推力轴承				
			球轴承						滚子轴承				球轴承		滚子轴承		
			深沟球轴承	调心球轴承	角接触球轴承				圆柱滚子轴承	调心滚子轴承	滚针轴承	圆锥滚子轴承	推力球轴承	双向推力角接触球轴承	推力圆柱滚子轴承	推力圆锥滚子轴承	推力调心滚子轴承
类型代号			6	1	7	7…C	7…AC	7…B	N	2	NA	3	5	5	8	9	2
特性	载荷	额定动载荷比	1	0.6~0.9	0.5~0.8	1~1.4	1~1.5	1~1.2	1.5~3	1.8~4	—	1.5~2.5	1	—	1.7~1.9	2~2.1	1.7~2.2
		能否径向受载	能	能	能	能	能	能	能	能	能	能	不能	能	不能	能	能
		能否轴向受载	能（双向）	能（双向）	能（单向）				不能	能（双向）	不能	能	能（单向）	能（双向）	能（单向）	能（单向）	能（单向）
	极限转速比		1	0.7	0.7	1.4		0.8	1	0.6	0.6	0.6	0.3	0.3	0.2	0	0.5
	运转精度		优	中	中	优	优	优	优	中	中	优	良	中	优	中	中
	噪声		低	较高	中	中	中	中	低	较高	较高	较高	较高	较高	较高	较高	较高
	刚度		中	低	中	中	中	中	高	低	高	高	中	中	高	高	中
	能否预紧		能	不能	能	能	能	能	不能	不能	不能	能	不能	不能	不能	不能	不能
	摩擦		低	低	中	中	中	中	低	高	高	高	低	低	特高	高	中
使用性能	容许安装误差		<8′	<3°	<2′	<2′	<2′	<2′	<4′	<1°	<2′	<2′	0	0	0	0	<3°
	价格		低	较高	低	低	低	低	较低	高	较低	较低	低	低	较低	较高	高
	能否调心		不能	能	不能	不能	不能	不能	不能	能	不能	不能	不能	不能	不能	不能	能
	内、外圈能否分离		不能	不能	能	不能	不能	不能	能	不能	能	能	能	能	能	能	能
	有否圆锥内孔结构形式		无	有	无	无	无	无	无	有	无	无	无	无	无	无	无
	可否用作固定支承		可	可	否	可	可	可	否	可	否	可	否	否	否	否	否
	可否用作游动支承		可	可	否	否	否	否	可	可	可	否	否	否	否	否	否

①额定动载荷比指各种类型轴承的额定动载荷与深沟球轴承的额定动载荷的比值。对推力轴承，则是与单向推力球轴承之比。

②极限转速比指各种类型轴承的极限转速与深沟球轴承的极限转速之比值。

1. 载荷条件

承受载荷的大小、方向和性质是选择轴承类型的主要依据。

(1)载荷大小。在相同外形尺寸下,滚子轴承的承载能力为球轴承的1.5~3倍。因此,在载荷较大的场合,应选用线接触的滚子轴承。但当轴承内径 $d \leqslant 20$ mm时,滚子轴承和球轴承的承载能力基本相当,此时可优先选用球轴承。

同一轴上两处支承的径向载荷相差较大时,可以选用不同类型的轴承。

(2)载荷方向。承受纯轴向载荷时,通常选用轴向接触轴承,如推力轴承(5类);承受纯径向载荷时,通常选用径向接触轴承,如深沟球轴承(6类)、圆柱滚子轴承(N类)、滚针轴承(NA类)等;同时承受径向载荷和轴向载荷时,应根据径向载荷和轴向载荷的比值大小来确定。若径向载荷相对于轴向载荷较大时,可选用深沟球轴承、公称接触角不大的角接触球轴承(7类)或圆锥滚子轴承(3类);当轴向载荷相对于径向载荷较大时,可选用公称接触角较大的角接触球轴承以及圆锥滚子轴承(3类大锥角型);当轴向载荷比径向载荷大很多时,常用径向接触轴承和轴向接触轴承的组合结构,如推力轴承与深沟球轴承或圆柱滚子轴承的组合结构,分别承受轴向载荷和径向载荷。需要注意的是推力轴承不能承受径向载荷,而圆柱滚子轴承不能承受轴向载荷。

(3)载荷性质。当载荷平稳性较好时,选用球轴承;当承受冲击载荷时,应选用滚子轴承。

2. 转速条件

在一般转速下,转速的高低对类型选择影响不大,只有当转速较高时,在选择轴承类型时,须注意其允许的极限转速(滚动轴承在一定载荷和润滑条件下,为0级公差时,允许的最高转速),如果超出此值,会使摩擦面间产生高温,润滑失效,从而导致滚动体回火或胶合破坏,降低轴承的使用寿命。所以,一般必须保证轴承在低于极限转速条件下工作。轴承的极限转速随轴承直径系列和宽度系列的递增而减小。极限转速的具体数值可查阅有关手册,表13-2给出了各类轴承极限转速的比较。

根据工作转速选择轴承类型的原则如下:

(1)球轴承易制造,具有较高的极限转速。高转速或要求旋转精度高时,应优先选用球轴承。转速较低、载荷较大或有冲击时应选用滚子轴承。

(2)离心力作用不可忽视,为此,高速回转的轴承,为减小滚动体施加于外圈滚道的离心力,宜选用同一直径系列中外径较小的轴承。外径较大的轴承,宜用于低速重载的场合。若用一个外径较小的轴承承载能力达不到要求时,可再并装一个相同的轴承或采用宽系列轴承。

(3)实体保持架比冲压保持架允许更高的转速,青铜实体保持架结构允许的转速最高。

(4)推力轴承允许的极限转速很低。当工作转速较高,而轴向载荷不大时,可选用角接触球轴承或深沟球轴承。

(5)由于极限转速主要受工作时温升的限制,所以极限转速并不是一个不可超越的界限。若工作转速超过轴承的极限转速,可通过提高轴承的精度等级、适当加大轴承的径向游隙、选用循环润滑或油雾润滑以及加强对循环油的冷却等措施,以满足超极限转速的要求。若工作转速超极限转速很多,应选用特制的高速滚动轴承。

3. 调心性能

轴承内、外圈轴线间的偏转角应控制在极限值之内(参见表13-2中各类轴承的性能特点),否则会增加轴承的附加载荷而降低寿命。当两轴承座孔轴线不对中、轴的挠曲变形较大或两轴孔同轴度较低等原因使轴承内、外圈倾斜角较大时,如图 13-10 所示,宜选用调心轴承,如调心球轴承(1 类)、调心滚子轴承(2 类)。注意,同一轴上调心轴承一般不宜与其他轴承组合使用,以免失去调心作用。

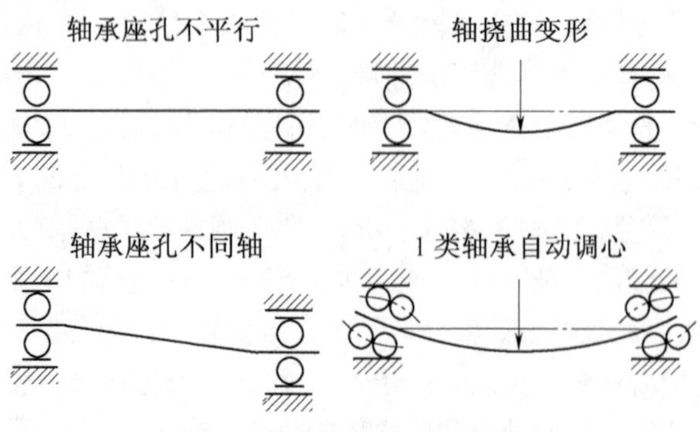

图 13-10　轴线偏斜的几种情况

滚子轴承对轴线的偏斜最敏感,调心性能差。在轴的刚度和轴承座的支承刚度较低的情况下,应尽量避免使用。

4. 装调性能

选择轴承类型时,还应考虑到轴承装拆的方便性、安装空间尺寸的限制等问题。

在轴承座没有剖分面而必须沿轴向安装和拆卸时,应优先选用可分离型轴承,如圆锥滚子轴承(3 类)和圆柱滚子轴承(N 类)轴承,以便装拆和调整间隙。

当轴承在长轴上安装时,为便于装拆和紧固,可选用带内锥孔和紧定套的轴承,如图 13-11 所示。

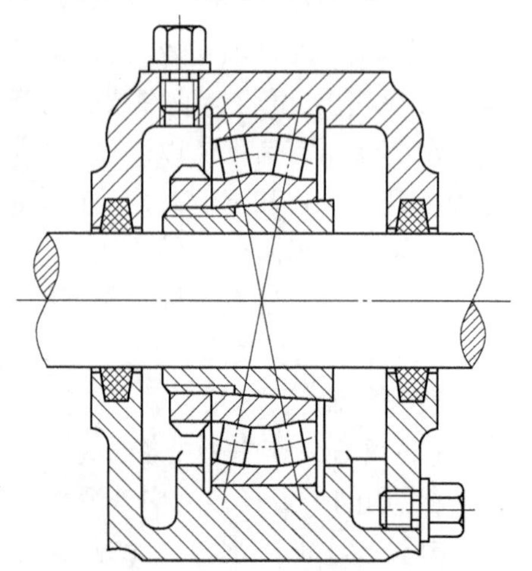

图 13-11　带内锥孔和紧定套的调心滚子轴承

在轴承的径向尺寸受到限制的时候,就应选择同一类型、相同内径轴承中外径较小的轴承,或考虑选用滚针轴承。

5. 经济性

通常外廓尺寸接近时,球轴承价格低于滚子轴承(参见表 13-2 中各类轴承的价格比),深沟球轴承价格最低。普通结构比特殊结构轴承便宜。轴承的精度越高价格越贵,同型号不同公差等级的轴承比价约为P0 : P6 : P5 : P4 : P2 ≈ 1 : 1.5 : 2 : 7 : 10,选用高精度轴承时应进行性能价格比的分析,慎重选用。

13.3　滚动轴承的载荷分布、应力分析、失效形式和计算准则

13.3.1　滚动轴承工作时元件上的载荷分布

滚动轴承工作时,轴承内滚动体的受载情况与外载荷、轴承类型等因素有关。以下分几种

情况讨论。

1. 只承受轴向载荷

如图13-12所示,以向心轴承为例,当滚动轴承承受不偏心的轴向载荷(中心轴向载荷)F_a作用时,可认为各滚动体平均分担载荷。由于F_a被支承的方向不是轴承的轴线方向,而是滚动体与套圈接触点的法线方向,因此每个滚动体都受相同的轴向分力F_{ai}和相同的径向分力F_{ri}的作用。

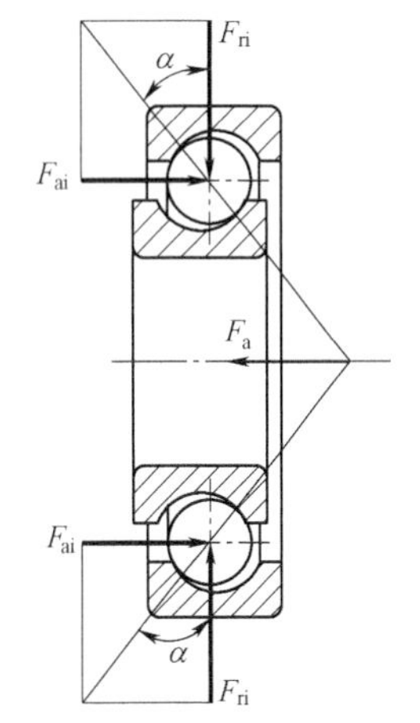

图13-12 向心轴承轴向载荷的分布

$$F_{ai}=\frac{F_a}{z} \tag{13-1}$$

$$F_{ri}=F_{ai}\cot\alpha=\frac{F_a}{z}\cot\alpha \tag{13-2}$$

式中 z——滚动体总个数;

α——轴承的实际接触角,α值在一定的范围内随载荷F_a的大小而变化,并且与滚道曲率半径和弹性变形量等因素有关。

2. 只承受径向载荷

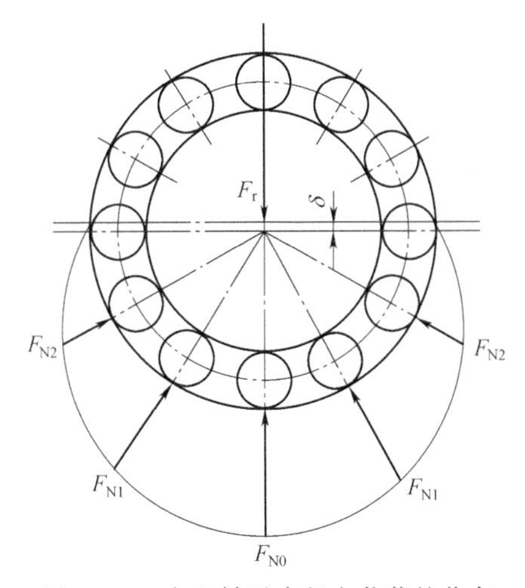

图13-13 向心轴承中径向载荷的分布

如图13-13所示,假定内、外圈不变形,滚动体产生弹性变形,轴承径向游隙为零,工作时轴承外圈固定,内圈转动。当轴承工作的某一瞬间,径向载荷F_r通过轴颈作用于内圈,内圈中心相对于外圈中心下沉一个距离δ。此时,位于上半圈的滚动体不受载(非承载区),而由下半圈的滚动体将此载荷传到外圈上(承载区)。不在F_r作用线上的其他各点,虽然亦下沉一个距离δ,但由于各滚动体的径向变形量不同,其所受的载荷亦不相同。即各滚动体的有效变形量在F_r作用线两侧对称分布,向两侧逐渐减小。根据接触变形量与接触载荷的关系可知,沿F_r作用线上的滚动体径向变形量最大,其所受的载荷也最大,而远离作用线的各滚动体,其载荷逐渐减小。

根据力的平衡条件并考虑径向游隙的影响,受载最大的滚动体的载荷可按下式近似计算

$$F_{max}=F_{N0}=\frac{5}{z}F_r \quad (球轴承) \tag{13-3}$$

$$F_{max}=F_{N0}=\frac{4.6}{z}F_r \quad (滚子轴承) \tag{13-4}$$

应该指出,实际上由于轴承内存在游隙,内、外圈受载后会有变形,由径向载荷F_r产生的承载区的范围将小于180°。也就是说,不是下半部滚动体全部受载。

3. 同时承受径向载荷和轴向载荷

向心推力轴承同时承受径向载荷和轴向载荷时,各滚动体所受载荷大小不相等,轴向载荷F_a与径向载荷F_r的比值大小决定了载荷分布状态。

当 F_a/F_r 很小时,轴向力的影响相对较小。此时,随着 F_a 的增大,受载滚动体的个数将会增多,承载区扩大,从而有利于轴承寿命的提高,但作用不是很明显,因此可忽略轴向力的影响,按承受纯的径向载荷情况来处理。

若 F_a/F_r 较大,则必须考虑 F_a 的影响。此时,轴承受载情况相当于前两种情况的叠加。其中,位于径向载荷 F_r 作用线上的滚动体所受径向力最大。

$$F_{max} = \frac{5}{z}F_r + \frac{F_a}{z}\cot \alpha \tag{13-5}$$

可见,滚动体的受力和轴承载荷分布不仅取决于径向载荷和轴向载荷的大小,也和接触角 α 的大小有关。

13.3.2 滚动轴承工作时元件上的载荷和应力变化

由滚动轴承载荷分布可知,滚动体所处的位置不同,其受力也不相同。轴承工作时,各个滚动体所受载荷将由零逐渐增加到 F_{N2}、F_{N1} 直到最大值 F_{N0},然后再逐渐降低到 F_{N1}、F_{N2} 直至零,如图 13-14 所示。就滚动体上某一点而言,它的载荷及应力是按周期性不稳定脉动循环变化的,如图 13-14(a)所示。

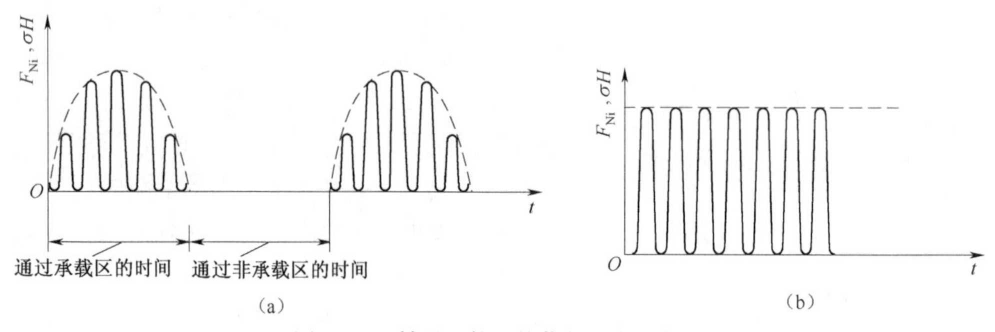

图 13-14　轴承元件上的载荷及应力变化

对于固定套圈,各接触点所受载荷大小随位置的不同而不同,处于 F_r 作用线上的点所受载荷最大。但是,对于承载区内每一个具体的点每当一个滚动体滚过时,便承受一次载荷,其所受载荷的大小不变,即每一个接触点受到的是稳定脉动循环载荷的作用,如图 13-14(b)所示。载荷变动的频率快慢由滚动体中心的圆周速度决定。

转动套圈的任意一点进入承载区后才会受到载荷作用,与滚动体相似。该点每与滚动体接触时,就受载一次,且在不同的接触位置载荷值不同。所以某一点上所受载荷及应力为周期性不稳定变化,如图 13-14(a)所示。

综上分析可知,滚动轴承各元件均受脉动循环变应力作用。

13.3.3 滚动轴承工作中内部轴向力的产生

在向心推力轴承中(现以向心角接触球轴承为例),当承受径向载荷 F_r 作用时,如图 13-15 所示,由于存在公称接触角 α,承载区内各滚动体与内外圈的作用力 F'_{Ni} 并不指向半径方向,而是沿滚动体与套圈接触点的法线方向传递。力 F'_{Ni} 可分解为径向分力 F_{Ni} 和轴向分力 F_{di},则相应的轴

向分力 F_{di}应等于 $F_{Ni}\tan\alpha$。各受载滚动体径向分力 F_{Ni}的合力应与径向载荷 F_r相平衡;各受载滚动体的轴向分力 F_{di}之和,用 F_d表示,它是因轴承的内部结构特点伴随径向载荷产生的轴向力,故称其为轴承的**内部轴向力**。其大小与 F_r成正比。内部轴向力迫使轴颈(连同内圈和滚动体)有向右移动的趋势(即内、外圈有分离的趋势),故应由外部轴向载荷 F_a与之平衡(见图 13-16)。内部轴向力 F_d随受载的滚动体数目增多而增大。根据研究,当 $F_a=F_d\approx1.25F_r\tan\alpha$ 时,约半数的滚动体将同时受载[见图 13-14(b)];当 $F_a=F_d\approx1.7F_r\tan\alpha$ 时,全部滚动体将同时受载[见图(13-16(c))]。

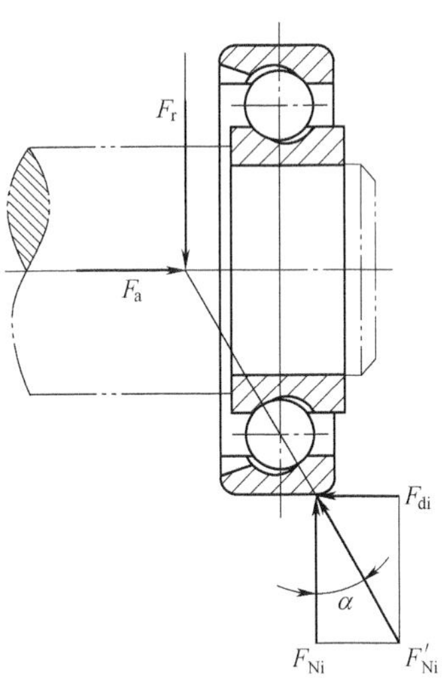

图 13-15 角接触球轴承的内部轴向力

在实际工作过程中,为了保证向心推力轴承的工作正常、可靠,应使其至少达到下半圈的滚动体全部受载。若受力滚动体少于半圈,说明外部轴向载荷不足,此时,轴承内、外圈将沿轴向分离,间隙增大,滚动体受力剧增,轴承寿命大为降低。因此,通常都是将向心推力轴承成对安装使用,这样可避免出现较大的轴向窜动量。通过轴端的紧固和轴承端盖的压紧等调节作用,产生所需的轴向载荷从而确保轴承正常工作。为了便于工程应用,内部轴向力可按表 13-12 所列公式计算。

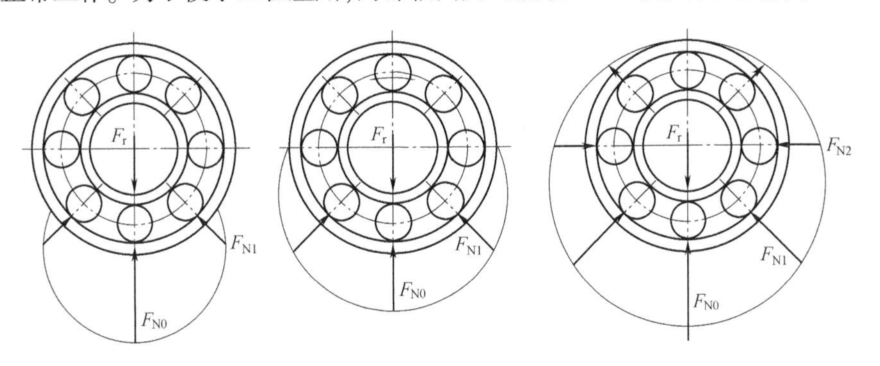

(a)少半圈受载滚动体　(b)半圈受载滚动体　(c)整圈受载滚动体

图 13-16 轴承中受载滚动体数目的变化

表 13-12 内部轴向力的确定

轴承类型	角接触球轴承			圆锥滚子轴承 30000 型
	70000C($\alpha=15°$)	70000AC($\alpha=25°$)	70000B($\alpha=40°$)	
内部轴向力 F_d	$F_d=eF_r$	$F_d=0.68F_r$	$F_d=1.14F_r$	$F_d=F_r/2Y=F_r/0.8\cot\alpha$

注:表中 Y 是表 13-14 或手册中,$F_a/F_r>e$ 时的 Y 值。

13.3.4 滚动轴承的失效形式

1. 疲劳点蚀

实践证明,有适当的润滑和密封,安装和维护条件正常时,由于滚动体及内、外圈滚道表面上受到循环变化的接触应力的作用,工作一定时间后,绝大多数轴承将产生疲劳点蚀(接触疲劳失效),发生点蚀以后,轴承在运转过程中产生剧烈的振动和噪声,以致失去正常工作能力。疲劳点蚀是滚动轴承的主要失效形式。

2. 塑性变形

当轴承工作转速很低或只做低速摆动时,轴承一般不会发生疲劳点蚀。但在过大的静载荷和冲击载荷作用下,致使滚动体或内、外圈滚道上的接触应力超过材料的屈服点时,轴承元件的工作表面将产生塑性变形(滚动体被压扁,滚道上产生凹坑),破坏了工作表面的正确形态,导致振动和噪声加大,摩擦力矩增加,运转精度降低,轴承失效。

3. 磨损

滚动轴承在密封不可靠、润滑剂不洁净以及多灰尘的运转条件下工作时,易发生磨粒磨损。通常在滚动体与套圈之间,特别是滚动体与保持架之间都有滑动摩擦,如果润滑不良,发热严重时,可能会使滚动体回火,产生黏着磨损甚至胶合,转速越高磨损越严重。过大的磨损,将使轴承游隙增大,运转精度降低,振动和噪声增大。若改善润滑和密封条件,可减缓或避免该失效形式。

除了以上失效形式外,由于使用维护和保养不当或润滑密封不良等因素,还可能出现内、外圈破裂,滚动体破碎,保持架破损等失效形式。

13.3.5 滚动轴承的计算准则

针对上述失效形式,主要是通过寿命和强度计算以保证轴承可靠的工作。设计准则可按以下情况确定:

(1)对于一般转动的轴承,主要是防止在预期的使用期限内产生疲劳点蚀,故以疲劳强度计算为依据,称为轴承的寿命计算。

(2)对工作转速很低($n \leqslant 10$ r/min)或只做低速摆动的轴承,主要是防止产生工作表面的塑性变形,故以静强度计算为依据,称为轴承的静强度计算。

(3)对于工作转速较高的轴承,除了防止疲劳点蚀外,还要防止工作表面产生粘着磨损,故除了寿命计算,还要校核极限转速。

为防止产生磨粒磨损,需在使用轴承时进行可靠的密封及保持润滑剂的清洁。

13.4 滚动轴承尺寸选择计算

13.4.1 基本额定寿命和基本额定动载荷

1. 滚动轴承的寿命

滚动轴承寿命是指轴承中任一元件表面出现疲劳点蚀之前,两套圈相对运转的总转数或在一恒定转速下的工作小时数。

由于材质和热处理的不均匀以及制造误差等很多随机因素的影响,对一个具体的轴承很难预知其确切的寿命。即使是相同型号、同一批生产的轴承,在完全相同的条件下运转,它们的工作寿命也是非常离散的。但大量的轴承寿命试验表明,轴承的可靠度与寿命之间存在一定的统计分布规律。可利用数理统计方法来处理数据,从而分析计算出一定可靠度 R 或失效概率下的轴承寿命。**轴承寿命的可靠度**是指一组相同轴承能达到或超过规定寿命的百分率。常用字母 R 表示。如图 13-17 所示为一典型的轴承寿命分布曲线，从图中可以看出，轴承的最长和最短工作寿命可相差几倍，甚至数十倍。

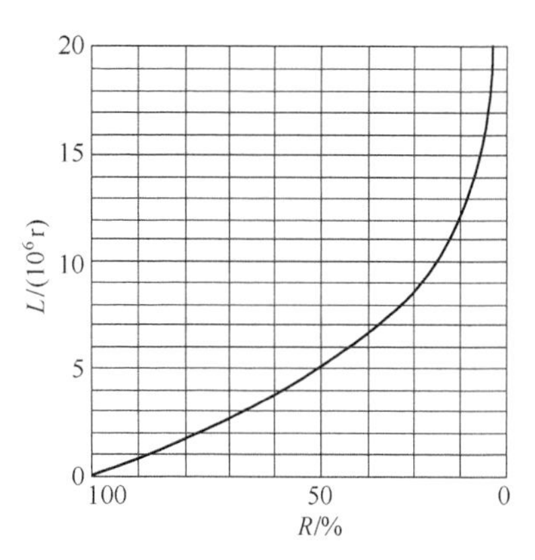

图 13-17　未失效轴承数量

2. 基本额定寿命

基本额定寿命是指同一型号，常用材料和加工质量、常规运转条件下工作的一批滚动轴承，其中 90%的轴承不发生点蚀破坏前，轴承运转的总转数或工作小时数，以 $L_{10}(10^6 r)$ 或 $L_{10h}(h)$ 表示，即可靠度为 90%（或失效概率 $R_f=10\%$）时的轴承寿命。不同可靠度、特殊轴承性能和运转条件时，其寿命可对基本额定寿命进行修正，称为**修正额定寿命**。

由于基本额定寿命与失效概率有关，所以实际上按基本额定寿命计算和选择出的轴承中，可能有 10%的轴承提前失效，而 90%的轴承在超过基本额定寿命后还能正常工作，有些轴承还能工作一个、两个甚至多个基本额定寿命期。对单个轴承来讲，能够达到或超过基本额定寿命的概率为 90%，而在基本额定寿命期达到之前发生点蚀破坏的概率为 10%。在作轴承的寿命计算时，必须先根据机器的类型、使用条件及对可靠性的要求，确定一个恰当的预期使用寿命（即设计机器时所要求的轴承寿命，通常可参照机器的大修期限取定）。预期寿命过长，往往会使轴承尺寸增大，造成结构上的不合理；预期寿命过短，又会造成更换轴承频繁，影响机器的正常使用。表 13-13 给出了根据对机器的使用经验推荐的预期使用寿命值，可供参考使用。

表 13-13　滚动轴承预期使用寿命的荐用值

使用条件	预期使用寿命 L_h'/h
不经常使用的仪器和设备	300～3 000
短时或间断使用，中断不致引起严重后果，如手动机械、农业机械、装配吊车、自动送料装置	3 000～8 000
间断使用，中断会引起严重后果，如发电站辅助设备、流水作业的传动装置、带式运输机、车间吊车	8 000～12 000
每天 8 h 工作的机械，但经常不是满负荷使用，如电机、一般齿轮装置、压碎机、起重机和一般机械	12 000～20 000
每天 8 h 工作的机械，满负荷使用，如机床、木材加工机械、工程机械、印刷机械、分离机、离心机	20 000～30 000
24 h 连续工作的机械，如压缩机、泵、电机、轧机齿轮装置、纺织机械	40 000～60 000
24 h 连续工作的机械，中断会引起严重后果，如纤维机械、造纸机械、电站主要设备、给排水设备、矿用泵、矿用通风机	100 000～200 000

3. 滚动轴承的基本额定动载荷

对于相同型号的滚动轴承，其基本额定寿命与所受载荷的大小有关，工作载荷越大，引起的接触应力也就越大，因而在发生点蚀破坏前所能经受的应力变化次数也就越少，即轴承的寿命越短。滚动轴承的基本额定动载荷，就是使轴承的基本额定寿命恰好为 10^6 r 时，轴承所能承受的最大载荷值，用字母 C 代表。也就是说，在基本额定动载荷作用下，轴承可以工作 10^6 r

而不发生点蚀失效,其可靠度为 90%。对向心轴承(角接触轴承除外),因它是在纯径向载荷作用下进行寿命试验的,所以其基本额定动载荷通常称为**径向基本额定动载荷**,常用 C_r 表示;对推力轴承,是在纯轴向载荷下进行试验的,故称之为**轴向基本额定动载荷**,常用 C_a 表示;对角接触球轴承或圆锥滚子轴承,是指使轴承套圈间产生相对径向位移时的载荷径向分量。

滚动轴承的基本额定动载荷表征了轴承的承载特性,是选择轴承型号的重要依据。基本额定动载荷越大,轴承抗疲劳点蚀的能力越强。基本额定动载荷的大小与轴承的类型、规格、材料等有关,是在大量试验研究的基础上,通过理论分析得出的。各种型号轴承的 C 值可从机械设计手册或轴承样本中查取。

13.4.2 当量动载荷

滚动轴承的基本额定动载荷是在一定的试验条件下确定的,不同类型滚动轴承的基本额定动载荷都有载荷方向的规定。对向心轴承是指承受纯径向载荷 F_r;对推力轴承是指承受纯轴向载荷 F_a。如果作用在轴承上的实际载荷是径向载荷 F_r 和轴向载荷 F_a 的联合作用,必须将工作中的实际载荷转换成与确定基本额定动载荷的试验条件相同的载荷。换算后的载荷是一个和实际载荷作用等效的假想载荷,故称为**当量动载荷**。用字母 P 表示。即在当量动载荷 P 的作用下,轴承的工作寿命与实际工作载荷作用下的寿命是相同的。

当量动载荷与实际载荷的关系为

$$P = XF_r + YF_a \tag{13-6}$$

式中　X、Y——分别为径向动载荷系数及轴向动载荷系数。由表 13-14 查取。

表 13-14　径向动载荷系数 X 和轴向动载荷系数 Y

轴承类型		相对轴向载荷		单列轴承				判断系数 e
		$\frac{f_0F_a}{C_{0r}}$	$\frac{F_a}{C_{0r}}$	$F_a/F_r \le e$		$F_a/F_r > e$		
				X	Y	X	Y	
深沟球轴承		0.172	0.014				2.30	0.19
		0.345	0.028				1.99	0.22
		0.689	0.056				1.71	0.26
		1.03	0.084				1.55	0.28
		1.38	0.11	1	0	0.56	1.45	0.30
		2.07	0.17				1.31	0.34
		3.45	0.28				1.15	0.38
		5.17	0.42				1.04	0.42
		6.89	0.56				1.00	0.44
角接触球轴承	70000C $\alpha=15°$	0.172	0.015				1.47	0.38
		0.345	0.029				1.40	0.40
		0.689	0.058				1.30	0.43
		1.03	0.087				1.23	0.46
		1.38	0.12	1	0	0.44	1.19	0.47
		2.07	0.17				1.12	0.50
		3.45	0.29				1.02	0.55
		5.17	0.44				1.00	0.56
		6.89	0.58				1.00	0.56
	70 000AC $\alpha=25°$	—	—	1	0	0.41	0.87	0.68
	70 000B $\alpha=40°$	—	—	1	0	0.35	0.57	1.14

续表

轴承类型	相对轴向载荷		单列轴承				判断系数 e
	$\frac{f_0F_a}{C_{0r}}$	$\frac{F_a}{C_{0r}}$	$F_a/F_r \leq e$		$F_a/F_r > e$		
			X	Y	X	Y	
双列角接触球轴承	—	—	1	0.78	0.63	1.24	0.8
调心球轴承	—	—	1	(Y_1)	0.65	(Y_2)	(e)
调心滚子轴承	—	—	1	(Y_1)	0.67	(Y_2)	(e)
推力调心滚子轴承	—	—	1	1.2	1	1.2	—
圆锥滚子轴承	—	—	1	0	0.4	(Y)	(e)
双列圆锥滚子轴承	—	—	1	(Y_1)	0.67	(Y_2)	(e)

注：①f_0为与轴承零件的几何形状、制造精度及材料性质等有关的系数(对深沟球轴承为径向接触系数f_{0r})，其值可在已知轴承的径向基本额定静载荷C_{0r}(由轴承手册查取)、滚动体的列数i、每列滚动体数z、滚动体直径D_w等后，由$f_{0r}=C_{0r}/izD_w{}^2$来计算。具体选择轴承时，f_0值可查GB/T 4662—2012。为便于粗略计算，对深沟球轴承可取$f_0\approx 14.7$。

②表中括号内的系数Y、Y_1、Y_2和e的详值可查机械设计手册，对不同型号的轴承，有不同的值。

③深沟球轴承的X、Y值只适用于0组游隙的轴承，对应其他轴承组的X、Y值可查轴承手册。

④对于深沟球轴承和角接触球轴承，先根据算得的相对轴向载荷值查出对应的e值，再得出相应的X、Y值。对于表中未列出的相对轴向载荷值，可用线性内插法求得。

⑤两套相同的角接触球轴承在同一支点上"面对面""背对背"或"串联"安装使用，其基本额定动载荷及X、Y系数值可查机械设计手册。

表13-14中的e为判断系数，用以判断计算当量动载荷时是否计入轴向载荷F_a的影响。e值列于轴承标准中，其值与轴承类型和F_a/C_{0r}比值有关(C_{0r}是轴承的基本额定静载荷)。F_a/C_{0r}反映轴承所受轴向载荷的相对大小，它通过实际接触角的变化而影响e值。e值越大，表示轴承承受轴向载荷的能力越强。深沟球轴承和角接触球轴承(7000C型)的e值随F_a/C_{0r}的增加而增大。7000AC型和7000B型角接触球轴承，由于公称接触角α较大，在承受不同的轴向载荷F_a时，其实际接触角变化很小，故e值近似按某一常数处理。而圆锥滚子轴承的实际接触角不随轴向载荷的变化而变化，故其e值为常数。

判断系数e是适用于各种X、Y系数值的F_a/F_r极限值。当$F_a/F_r > e$时，可由表13-14查出X和Y的数值；当$F_a/F_r \leq e$时，说明轴向载荷F_a的影响较小，可以忽略不计(这时表中$Y=0, X=1$)。以上X、Y、e、C_{or}诸值均由制订轴承标准的部门根据试验确定。

对于只能承受纯径向载荷F_R的轴承(如N、NA类轴承)

$$P = F_r \tag{13-7}$$

对于只能承受纯轴向载荷F_A的轴承(如5类轴承)

$$P = F_a \tag{13-8}$$

按式(13-6)~式(13-8)所计算出的当量动载荷仅为一理论值。实际上，机器在运转过程中会产生一些附加载荷，如冲击力、不平衡作用力、惯性力以及轴挠曲或轴承座变形产生的附加力等。因此，为了计算这些因素的影响，引入一个根据经验而定的载荷系数f_P(见表13-15)，实际计算时，轴承的当量动载荷应为

$$P = f_P(XF_r + YF_a) \tag{13-9}$$

表 13-15　载荷系数 f_P

载荷性质	载荷系数 f_P	举　例
无冲击或轻微冲击	1.0~1.2	电动机、汽轮机、通风机、水泵等
中等冲击或中等惯性力	1.2~1.8	车辆、动力机械、起重机械、造纸机械、冶金机械、选矿机、机床、传动装置、水利机械等
强大冲击	1.8~3.0	破碎机、轧钢机、钻探机、振动筛等

13.4.3　滚动轴承寿命计算

对于具有基本额定动载荷 C 的向心轴承，当它所受的载荷 P 恰好为 C 时，显然该轴承的寿命就等于它的基本额定寿命，即 10^6 r。但是当所受的载荷 $P \neq C$ 时，轴承的寿命 L_{10h} 为多少？这就是轴承寿命计算所要解决的一类问题。轴承寿命所要解决的另一类问题是当轴承受载荷为 P，而要求该轴承具有的寿命为 L'_{10h} 时，需选用具有多大的径向基本额定动载荷的轴承？下面讨论解决上述问题的方法。

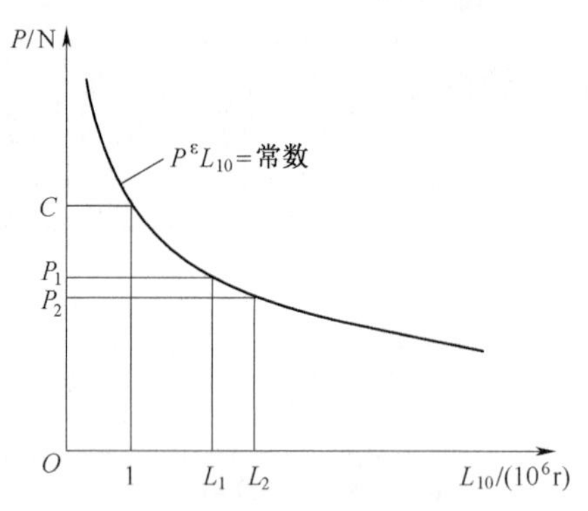

图 13-18　滚动轴承的载荷-寿命曲线

图 13-18 为在大量试验研究基础上得出的滚动轴承载荷-寿命曲线。当寿命 $L_{10}=1$（单位：10^6 r）时，轴承的载荷即为基本额定动载荷 C。对于相同型号的轴承，在不同载荷 $P_1, P_2, P_3, \cdots$ 作用下，若轴承的额定寿命分别为 $L_1, L_2, L_3, \ldots$（10^6 r），则它们之间有如下的关系

$$L_1P_1^{\varepsilon} = L_2P_2^{\varepsilon} = L_3P_3^{\varepsilon} = \cdots = L_{10}P^{\varepsilon} = 1 \times C^{\varepsilon} = \text{常数}$$

因此

$$L_{10} = \left(\frac{C}{P}\right)^{\varepsilon} \quad 10^6\text{r} \tag{13-10}$$

式中　ε——寿命指数，球轴承 $\varepsilon=3$，滚子轴承 $\varepsilon=10/3$。

实际计算时，用一定转速下的工作小时数表示寿命更为方便。若取轴承的工作转速为 n（r/min），则轴承的每小时的旋转次数为 $60n$，故式(13-10)可改写成以小时数为单位的轴承寿命 L_{10h} 的计算式，即

$$L_{10h} = \frac{10^6}{60n}\left(\frac{C}{P}\right)^{\varepsilon} = \frac{16\ 667}{n}\left(\frac{C}{P}\right)^{\varepsilon} \tag{13-11}$$

如果当量动载荷 P 和转速 n 为已知，预期计算寿命 L'_{10h} 又已经取定，则所需轴承应具有的基本额定动载荷的计算值 C' 可根据式(13-11)得到

$$C' = P\sqrt[\varepsilon]{\frac{60nL'_{10h}}{10^6}} \tag{13-12}$$

在轴承手册中所列出的基本额定动载荷 C 值，仅适用于工作温度低于 120°的场合；温度过高，将使金属组织、硬度和润滑条件发生变化，导致 C 值降低。如须用于高温条件，宜采用

特殊材料制造的高温轴承,或引入温度系数f_t(见表13-16)对C值予以修正,即

$$C_t = f_t C$$

表13-16 温度系数f_t

轴承工作温度/℃	≤120	125	150	175	200	225	250	300	350
温度系数f_t	1.00	0.95	0.90	0.85	0.80	0.75	0.70	0.60	0.50

13.4.4 角接触球轴承和圆锥滚子轴承的载荷计算

如前所述,由于结构的原因,当角接触球轴承和圆锥滚子轴承承受径向载荷时,要产生内部轴向力。因此它们的寿命计算须考虑内部轴向力的作用。

1. 轴承的安装方式及压力中心

为了保证这类轴承的内部轴向力得到平衡,以免轴向窜动,通常轴承都是成对使用,对称安装。计算轴的支反力时,需首先确定支反力的位置。对于角接触球轴承和圆锥滚子轴承,其支反力作用点是滚动体和外圈滚道接触点处公法线和轴心线的交点O,称为**轴承的压力中心**(或称**载荷作用中心**),如图13-19所示。该点到轴承外圈宽边的距离a可从手册上查出。图中还表示了两种不同的轴承安装方式,其中图13-19(a)所示为**正装**(或称为**面对面安装**),轴承外圈窄边相对。这种安装方式使两轴承的压力中心靠近,缩短了轴的跨距。图13-19(b)所示为**反装**(或**背靠背安装**),轴承外圈宽边相对,两压力中心距离增加。为了简化计算,通常假设压力中心就在轴承宽度中点的位置,但这对于跨距较小的轴,误差较大,不宜作此简化。

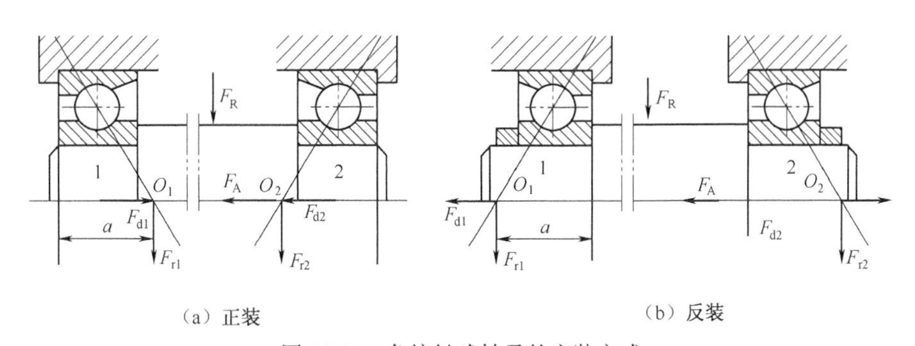

图13-19 角接触球轴承的安装方式

2. 轴向载荷的计算

在按式(13-9)计算各轴承的当量动载荷P时,首先要计算出该轴承所承受的径向载荷和轴向载荷。当已知外界作用到轴上的径向力F_R的大小及作用位置时,根据力的径向平衡条件,很容易计算出两个轴承上的径向载荷F_{r1}和F_{r2};但所受的轴向载荷需要同时考虑外部轴向力F_A以及因径向载荷F_{r1}、F_{r2}所产生的内部轴向力F_{d1}、F_{d2},根据具体情况由力的平衡关系求得。内部轴向力F_{d1}、F_{d2}的大小可按照表13-12中的公式计算。下面以图13-19(a)所采用的角接触球轴承为例,说明两轴承轴向载荷的计算方法。

取轴和与其相配合的轴承内圈为分离体，根据力的平衡关系，如达到轴向平衡时[见图 13-20(a)]，应满足

$$F_A + F_{d2} = F_{d1}$$

如果不满足上述关系式，可能出现以下两种情况。

(1)当 $F_A + F_{d2} > F_{d1}$ [见图 13-20(b)]时，轴有向左移动的趋势，轴承 1 被"压紧"，轴承 2 被"放松"。但实际上轴必须处于平衡位置，因此轴承座必然要通过轴承外圈施加一个附加的平衡反力 F'_{d1} 来阻止轴的移动，其平衡条件为

$$F_A + F_{d2} = F_{d1} + F'_{d1}$$

对于"压紧"轴承 1，其所受轴向载荷为

$$F_{a1} = F_{d1} + F'_{d1} = F_A + F_{d2}$$

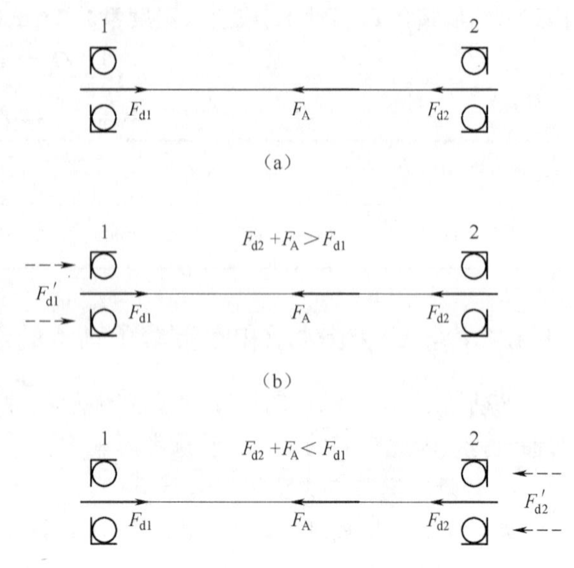

图 13-20 角接触轴承的轴向载荷分析

对于"放松"轴承 2，要保证其正常工作(至少下半圈滚动体受载)，所受轴向载荷为其内部轴向力，即

$$F_{a2} = F_{d2}$$

(2)若 $F_A + F_{d2} < F_{d1}$ [见图 13-20(c)]，则轴有向右移动的趋势，故轴承 1 被"放松"，轴承 2 被"压紧"，同理可得

$$F_A + F_{d2} + F'_{d2} = F_{d1}$$

"压紧"轴承 2 所受轴向载荷为

$$F_{a2} = F_{d2} + F'_{d2} = F_{d1} - F_A$$

"放松"轴承 1 所受轴向载荷为

$$F_{a1} = F_{d1}$$

对上述结果进行分析，可将角接触球轴承和圆锥滚子轴承轴向载荷的计算方法归纳如下：

①首先根据轴承的受力、结构及安装方式，作轴系受力简图，计算两个轴承上的径向载荷 F_{r1}、F_{r2}，再确定内部轴向力 F_{d1}、F_{d2}的大小和方向。

②根据外部轴向力 F_A及内部轴向力 F_{d1}和 F_{d2}判明合力的指向，确定哪个轴承被"放松"，哪个轴承被"压紧"。

③被"放松"轴承的轴向载荷等于其本身的内部轴向力。

④被"压紧"轴承的轴向载荷等于除其本身内部轴向力以外其余轴向力的代数和。

应注意：如 F_{d1}、F_{d2}和 F_A三个力的合力为零，则两轴承的轴向载荷皆等于本身的内部轴向力。

例题 13-2 试求外圈单边挡圈滚子轴承 NF207 允许的最大径向载荷。已知工作转速 $n=200$ r/min、工作温度 $t<100$ ℃、寿命 $L_h = 10\ 000$ h，载荷平稳。

解：对向心轴承，径向基本额定动载荷

$$C_r=\frac{f_p P}{f_t}\left(\frac{60n}{10^6}L_{10h}\right)^{\frac{1}{\varepsilon}}$$

由机械设计手册查得,圆柱滚子轴承 NF207 的径向基本额定动载荷 $C_r=28\ 500$ N,由表 13-15查得$f_p=1$,由表 13-16 查得$f_t=1$,对滚子轴承取 $\varepsilon=10/3$。将以上有关数据代入上式,得

$$28\ 500=\frac{1\times P}{1}\left(\frac{60\times 200}{10^6}\times 10^4\right)^{\frac{3}{10}}\quad\Rightarrow P=\frac{28\ 500}{120^{0.3}}=6\ 778\ (\mathrm{N})$$

可得 $P=F_r=6\ 778$ (N)

故在本题规定的条件下,轴承 NF207 可承受的最大径向载荷为 6 778 N。

例题 13-3 一水泵轴选用深沟球轴承支承。已知轴颈 $d=35$ mm,转速 $n=2\ 860$ r/min,轴承所受径向载荷 $F_r=1\ 600$ N,轴向载荷 $F_a=800$ N,预期使用寿命 $L'_{10h}=5\ 000$ h,试选择轴承型号。

解:(1)确定径向系数 X、轴向系数 Y。因该向心轴承受径向载荷 F_r和轴向载荷 F_a的作用,必须求出当量动载荷 P。因轴承型号未定,F_a/C_{0r}、e 值均未知,无法直接按表 13-14 查得径向系数 X、轴向系数 Y,故用试算法。现分别试选(0)2、(0)3、(0)4 三个尺寸系列轴承同时试算、比较。

由机械设计手册中查得 6207、6307、6407 轴承的 C_r及 C_{0r}值如表 13-17 所示。

表 13-17 C_r 和 C_{or} 值

试选型号	C_r/kN	C_{0r}/kN
6207	25.5	15.2
6307	33.4	19.2
6407	56.8	29.5

①F_a/C_{0r}的计算结果如表 13-18 所示。

表 13-18 F_a/C_{0r}计算及结果

试选型号	F_a/C_{0r}	结果
6207	800/(15.2×1 000)	0.052
6307	800/(19.2×1 000)	0.042
6407	800/(29.5×1 000)	0.027

② 求 e。由表 13-14 用插值法求 e,如表 13-19 所示。

表 13-19 插值法求 e

试选型号	e线性插值	结果
6207	$e=0.22+\dfrac{(0.26-0.22)\times(0.052-0.028)}{0.056-0.028}$	0.254
6307	$e=0.22+\dfrac{(0.26-0.22)\times(0.042-0.028)}{0.042-0.028}$	0.24
6407	$e=0.19+\dfrac{(0.22-0.19)\times(0.027-0.014)}{0.028-0.014}$	0.218

③ 求 Y。由于试选的 3 个型号的轴承均是属于 $F_a/F_r>e$ 的情况，即 $F_a/F_r=800/1\ 600=0.5$，分别大于 0.254、0.24、0.218，故由表 13-14 查得 $X=0.56$；Y 值可根据 e 值用插值法求得，如表 13-20 所示。

表 13-20　求 Y 值

试选型号	Y 线性插值	结　果
6207	$Y = 1.71 + \frac{(1.99-1.71)\times(0.26-0.254)}{0.26-0.22}$	1.75
6307	$e = 1.71 + \frac{(1.99-1.71)\times(0.26-0.24)}{0.26-0.22}$	1.85
6407	$e = 1.99 + \frac{(2.3-1.99)\times(0.22-0.218)}{0.22-0.19}$	2.01

(2)求径向当量动载荷 P_r。根据载荷的性质由表 13-15 查得 $f_p=1.1$，由式(13-9)可求得 P_r 值，如表 13-21 所示。

表 13-21　求 P_r 值

试选型号	$P_r = f_P(XF_r + YF_a)$	结　果
6207	$P_r = 1.1\times(0.56\times1\ 600+1.75\times800)$　N	2 526
6 307	$P_r = 1.1\times(0.56\times1\ 600+1.85\times800)$　N	2 614
6407	$P_r = 1.1\times(0.56\times1\ 600+2.01\times800)$　N	2 754

(3)计算所需的径向基本额定动载荷值。由式(13-12)，取 $\varepsilon=3$，$f_t=1$(设工作温度小于 100 ℃)，计算及结果如表 13-22 所示。

表 13-22　径向基本额定动载荷值

试 选 型 号	$C' = P\sqrt[\varepsilon]{\frac{60nL'_{10h}}{10^6}}$	结　果
6207	$C' = 2\ 526\times\left(\frac{60\times2\ 860\times5\ 000}{10^6}\right)^{\frac{1}{3}}$　N	24 003
6307	$C' = 2\ 614\times\left(\frac{60\times2\ 860\times5\ 000}{10^6}\right)^{\frac{1}{3}}$　N	24 839
6407	$C' = 2754\times\left(\frac{60\times2\ 860\times5\ 000}{10^6}\right)^{\frac{1}{3}}$　N	26 169

3. 选择轴承型号

6207 轴承的径向基本额定动载荷 C_r 值大于计算所得径向基本额定动载荷 C' 值，且两值比较接近，适用。其他两类型轴承，虽然 C_r 值也大于 C' 值，但富裕度太大，不宜选用。

例题 13-4　一机械传动装置，采用一对角接触球轴承，并暂定轴承型号为 7307AC，如图 13-21所示。已知轴承载荷 $F_{r1}=1\ 200$ N，$F_{r2}=2\ 050$ N，$F_A=880$ N，转速 $n=5\ 000$ r/min，运转中受中等冲击，预期寿命 $L'_{10h}=2\ 000$ h，试问所选轴承型号是否恰当？

解：(1) 先计算轴承Ⅰ、Ⅱ的轴向力 F_{a1}、F_{a2}

由表 13-12 查得轴承的内部轴向力为

$$F_{d1} = 0.68F_{r1} = 0.68\times1\ 200 = 816(\text{N})$$

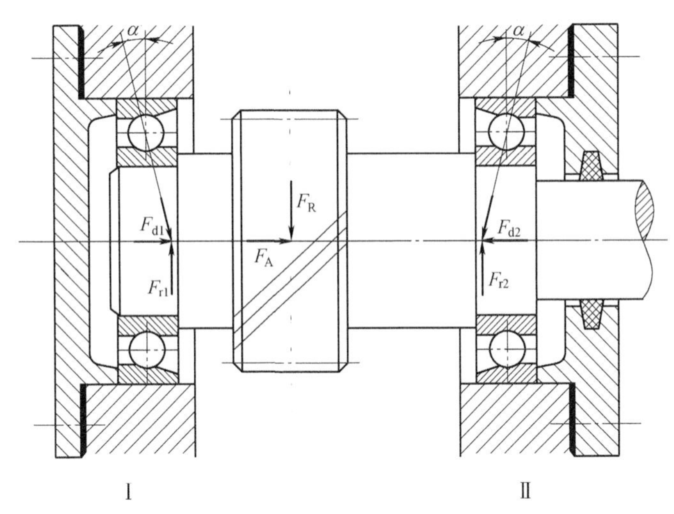

图 13-21 例题 13-3 图

方向向左

$$F_{d2} = 0.68F_{r2} = 0.68 \times 2\ 050 = 1\ 394(\mathrm{N})$$

方向向右

因为 $F_{d1} + F_A = 816 + 880 = 1\ 696(\mathrm{N}) > 1\ 394(\mathrm{N})$

所以轴承Ⅰ被“放松”，轴承Ⅱ被“压紧”。

$$F_{a1} = F_{d1} = 816(\mathrm{N})$$

$$F_{a2} = F_{d1} + F_A = 816 + 880 = 1\ 696(\mathrm{N})$$

(2)计算轴承Ⅰ、Ⅱ的当量动载荷。由表 13-14 查得 $e=0.68$。而 $\dfrac{F_{a1}}{F_{r1}} = \dfrac{816}{1\ 200} = 0.68$，$\dfrac{F_{a2}}{F_{r2}} = \dfrac{1\ 696}{2\ 050} = 0.83 > 0.68$。

查表 13-12 可得 $X_1=1$，$Y_1=0$；$X_2=0.41$，$Y_2=0.87$。

由于运转过程中受中等冲击，由表 13-14 取 $f_p=1.5$，故当量动载荷为

$$P_1 = f_P(X_1F_{r1} + Y_1F_{a1}) = 1.5 \times 1\ 200 = 1\ 800(\mathrm{N})$$

$$P_2 = f_P(X_2F_{r2} + Y_2F_{a2}) = 1.5 \times (0.41 \times 2\ 050 + 0.87 \times 1\ 696) = 3\ 474(\mathrm{N})$$

(3)计算所需的径向基本额定动载荷 C'_r。因轴的结构要求两端选择同样尺寸的轴承，而 $P_1<P_2$，故应以轴承Ⅱ的径向当量动载荷 P_2 为计算依据。工作温度正常，查表 13-16 得 $f_t=1$，取 $\varepsilon=3$。所以

$$C'_{r2} = P_2\left(\frac{60n}{10^6}L'_{10h}\right)^{\frac{1}{\varepsilon}} = 3\ 474 \times \left(\frac{60 \times 5\ 000}{10^6} \times 2\ 000\right)^{\frac{1}{3}} = 29\ 301(\mathrm{N})$$

(4)查手册得 7307AC 轴承的径向基本额定动载荷 $C_r=32\ 800$ N。因 $C'_{r2}<C_r$，故所选轴承适用。

13.4.5 同一支点成对安装同型号向心角接触轴承的计算

当轴系中的同一支点上成对安装同型号向心角接触球轴承或圆锥滚子轴承时，该支承整

体可以承受较大的径向、轴向联合载荷。如图 13-22 所示,轴系处于三支点静不定状态,可近似认为其压力中心位于这对轴承宽度的中点,内部轴向力相互抵消,并按双列轴承进行寿命计算。即计算当量动载荷时,径向载荷系数 X 和轴向载荷系数 Y 按表 13-14 中双列轴承选取。基本额定动载荷 C' 和基本额定静载荷 C_0' 可根据单个轴承的基本额定动载荷 C 和基本额定静载荷 C_0 按下式计算:

角接触球轴承: $C' = 1.625C$

$C_0' = 2C_0$

圆锥滚子轴承: $C' = 1.71C$

$C_0' = 2C_0$

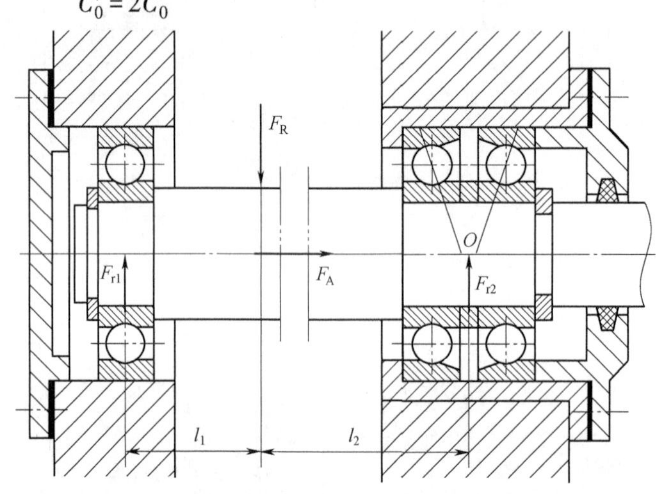

图 13-22 同一支点成对安装同型号角接触球轴承

13.4.6 不同可靠度时滚动轴承尺寸的选择

样本中所列的基本额定动载荷是可靠度为 90%时的数据。随着轴承应用领域的不同和使用要求的提高,不同可靠度的轴承寿命计算显得日益重要。而冶炼技术的改进,材料质量的提高,弹性流体动力润滑理论研究取得显著的成效,使实现这一要求成为可能。在一定载荷下工作的轴承,可靠度不同,寿命也不同。可靠度越低,寿命越长。为了把样本中的基本额定动载荷值用于可靠度要求不等于 90%的情况,在轴承材料、运转条件不变的情况下,引入寿命修正系数 α_1,不同可靠度的修正额定寿命为

$$L_n = \alpha_1 L_{10h} \tag{13-13}$$

式中 L_{10h}——可靠度为 90%时的寿命,即基本额定寿命,按式(13-11)计算。

α_1——可靠度不为 90%时的额定寿命修正系数,见表 13-23。

表 13-23 可靠度不为 90%时的额定寿命修正系数 α_1

可靠度 R/ %		40	50	60	70	80	90	95	96	97	98	99
额定寿命 L_n		L_{60}	L_{50}	L_{40}	L_{30}	L_{20}	L_{10}	L_5	L_4	L_3	L_2	L_1
α_1	球	7.01	5.45	4.14	2.00	1.96	1	0.62	0.53	0.44	0.33	0.21
	滚子	6.84	5.34	4.07	2.96	1.95						

将式(13-11)代入式(13-13),得

$$L_n = \frac{10^6\alpha_1}{60n}\left(\frac{C}{P}\right)^{\varepsilon} \tag{13-14}$$

式中 L_n——修正额定寿命,h。

当给定可靠度以及在该可靠度下的寿命 L_n(h)时,可以利用下式计算所需的基本额定动载荷 C

$$C = P\sqrt[\varepsilon]{\frac{60nL_n}{10^6\alpha_1}} \tag{13-15}$$

可靠度 R 为 100%的轴承寿命(即最小寿命),可近似取为 $L_{Rmin} \approx 0.05L_{10h}$。

13.4.7 滚动轴承的静强度计算

静载荷是指轴承套圈相对转速为零时作用在轴承上的载荷。对于转速极低、在工作载荷下基本上不旋转(如起重机吊钩上用的推力轴承)或缓慢摆动的轴承,为了限制轴承在静载荷作用下产生过大的接触应力和塑性变形,需进行静强度计算。

1. 基本额定静载荷

GB/T 4662—2003 规定,基本额定静载荷是指轴承受载最大的滚动体与滚道接触中心处引起的接触应力达到一定值(对于调心球轴承 4 600 MPa、其他球轴承为 4 200 MPa、滚子轴承为4 000 MPa、)时载荷,用 C_0表示。对于径向接触和轴向接触轴承,C_0分别是径向和中心轴向载荷;对于向心角接触轴承,C_0是载荷的径向分量。实践证明,在上述接触应力作用下所产生的塑性变形量,除了对那些要求转动灵活性高和振动低的轴承外,一般不会影响轴承的正常工作。

常用轴承的基本额定静载荷 C_0值通常可由设计手册或轴承样本查得。

2. 当量动载荷

当轴承上同时作用径向载荷 F_r和轴向载荷 F_a时,应将实际载荷折合成当量静载荷 P_0进行分析计算。在当量静载荷作用下,受载最大的滚动体与滚道接触中心处引起的接触应力与实际载荷作用时相同。即

$$P_0 = X_0F_r + Y_0F_a \tag{13-16}$$

式中 X_0和 Y_0——当量静载荷的径向载荷系数和轴向载荷系数,其值可查轴承手册。

若计算结果 $P_0<F_r$,则应取 $P_0 = F_r$。

3. 静强度计算

按基本额定静载荷选择轴承时,应满足下列条件

$$C_0 \geqslant S_0P_0 \tag{13-17}$$

式中 S_0——轴承静强度安全系数。

S_0的值取决于轴承的使用条件,当要求轴承转动很平稳时,则 S_0应取大于 1,以尽量避免轴承滚动表面的局部塑性变形量过大;当对轴承转动平稳要求不高,又无冲击载荷,或轴承仅作摆动时,则 S_0可取 1 或小于 1,以尽量使轴承在保证正常运行条件下发挥最大的承载能力。S_0的选择可参考表 13-24。

表 13-24　静强度安全系数 S_0

旋转条件	载荷条件	S_0	使用条件	S_0
连续转动的轴承	普通载荷	1~2	高精度旋转	1.5~2.5
	冲击载荷	2~3	有冲击和振动	1.2~2.5
不常旋转及作摆动的轴承	普通载荷	0.5	普通旋转精度	1.0~1.2
	冲击或不均与载荷	1~1.5	允许有变形量	0.3~1.0

13.4.8　滚动轴承的极限转速

滚动轴承转速过高时会使摩擦面间产生高温,影响润滑剂性能,破坏油膜,从而导致滚动体回火或元件胶合失效。

极限转速 n_{lim} 是指滚动轴承在一定工作条件下,达到所能承受最高热平衡温度时允许的最高转速,它与轴承类型、尺寸、载荷大小和方向、冷却与润滑方式、公差等级和游隙、保持架结构与材料等多种因素有关。轴承的工作转速应低于其极限转速。各种设计手册及轴承样本中都给出了各种型号轴承在脂润滑和油润滑条件下的极限转速值。这些数值适用于 $P \leqslant 0.1C$、润滑与冷却条件正常、与刚性轴承座和轴配合、向心轴承只受径向载荷或推力轴承只受轴向载荷的 0 级精度的轴承。

当滚动轴承的载荷 $P>0.1C$ 时,滚动体和滚道表面间的接触应力增大,当向心轴承同时承受径向、轴向联合载荷作用时,受载滚动体增多,增大轴承接触表面的摩擦。这些都会使轴承润滑条件恶化,温度升高。此时应对样本或手册提供的极限转速值进行修正。计算时,引入载荷系数 f_1(由图 13-23 查取)考虑载荷大小对极限转速的影响;引入载荷分布系数 f_2(由图 13-24 查取)图中,1、2、3、6、7、N 为轴承类型代号。考虑轴向载荷对极限载荷的影响。用这两个系数对样本中的极限转速 n_{lim} 进行修正,实际工作条件下轴承允许的最高转速 n_{max} 可按下式计算

$$n_{max} = f_1 f_2 n_{lim} \tag{13-18}$$

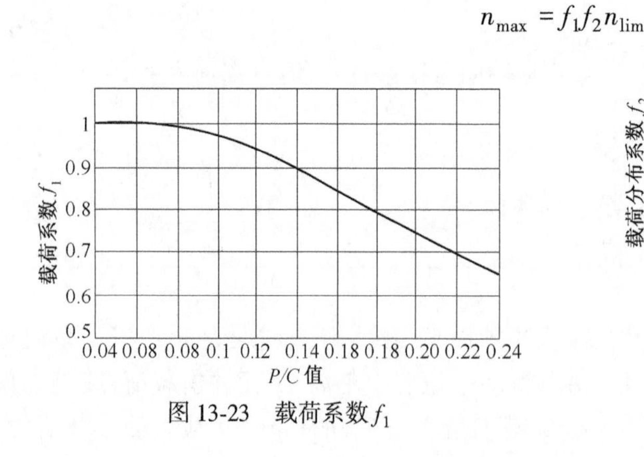

图 13-23　载荷系数 f_1

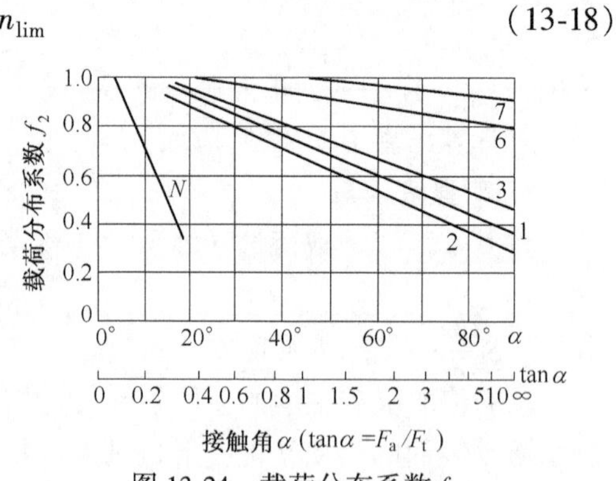

图 13-24　载荷分布系数 f_2

选择轴承时,其工作转速不允许超过最高转速 n_{max},如不能满足使用要求,需另选轴承或采取一些改进措施,如改善润滑方式(循环油润滑、喷油润滑、油气润滑等)、改进冷却系统、改用特殊材料和结构的保持架、适当增大游隙或提高公差等级等。

例题 13-5 某减速器的输入轴两端轴颈直径均为 $d=40$ mm,转速 $n=1\ 460$ r/min,轴承受载 $F_{r1}=1\ 000$ N,$F_{r2}=2\ 000$ N,$F_A=350$ N(方向指向轴承 1),如图 13-25 所示。运转过程中轻微冲击。要求轴承寿命 $L_{10h}=12\ 000$ h,试选取合适的轴承型号。

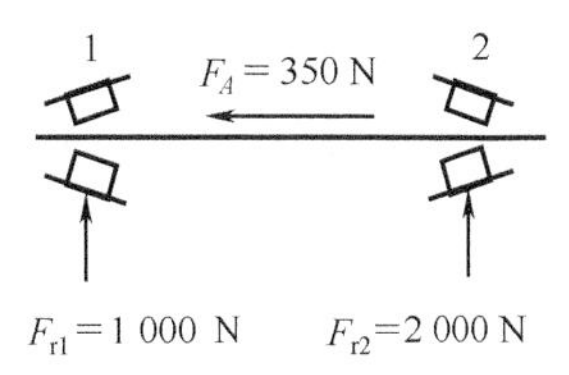

图 13-25　例题 13-4 图

解:(1)根据题意,可选择 6 类、7 类和 3 类轴承,初选 30204 轴承,查轴承样本或设计手册,如图所示,进行寿命计算以确定是否可用。

(2)查《机械设计课程设计手册》,30204 轴承:额定动载荷 $C_r=28\ 200$ N,额定静载荷 $C_{0r}=30\ 500$ N,极限转速 $n_{lim}=10\ 000$ r/min(油润滑),内径 $d=20$ mm,外径 $D=47$ mm,宽度 $B=14$ mm。计算系数 $e=0.35$,$Y=1.7$,$Y_0=1$。

(3)计算内部轴向力,由表 13-2 得,30000 型圆锥滚子轴承内部轴向力 $F_d=F/2Y$

左轴承内部轴向力 $F_{d1}=\dfrac{F_{r1}}{2Y}=\dfrac{1\ 000}{2\times1.7}=294$(N)(向右)

右轴承内部轴向力 $F_{d2}=\dfrac{F_{r2}}{2Y}=\dfrac{2\ 000}{2\times1.7}=588$(N)(向左)

(4)计算两轴承的轴向力。由上面的计算结果可知:

此轴所受向右的轴向力为 $F_{d1}=294$ N

此轴所受向左的轴向力为 $F_A+F_{d2}=350+588=938(\text{N})>F_{d1}=294(\text{N})$

因此,左边轴承被压紧。相当于图 13-20(b)的情况。

轴承 1 所受的轴向载荷 $F_{a1}=F_A+F_{d2}=350+588=938(\text{N})$

轴承 2 所受的轴向载荷 $F_{a2}=F_{d2}=588(\text{N})$

(5)计算轴承的当量动载荷。由式(13-9)可得:

轴承 1 的当量动载荷 $P_1=f_p(XF_{r1}+YF_{a1})=1.1\times(0.4\times1\ 000+1.7\times938)=2\ 194(\text{N})$

式中 X、Y 按表 13-14 计算。$\dfrac{F_{a1}}{F_{r1}}=\dfrac{938}{1\ 000}=0.938>e$　因此 $X=0.4$,$Y=1.7$。

轴承 2 的当量动载荷 $P_2=f_p(XF_{r2}+YF_{a2})=1.1\times(1\times2\ 000+0\times588)=2\ 200(\text{N})$

式中 X、Y 按表 13-14 计算。$\dfrac{F_{a2}}{F_{r2}}=\dfrac{588}{2\ 000}=0.294<e$　因此 $X=1$,$Y=0$。

$P_1<P_2$,按轴承 2 计算轴承寿命。

(6)计算轴承寿命　由式(13-11)可得

$$L_{h10}=\frac{16\ 667}{n}\left(\frac{C}{P_1}\right)^{\varepsilon}=\frac{16\ 667}{1\ 460}\left(\frac{28\ 200}{2\ 200}\right)^{\frac{10}{3}}=56\ 268(\text{h})>12\ 000(\text{h}),\text{合格。}$$

(7)静载荷计算,最高转速计算请读者自己进行。

13.5　滚动轴承的组合结构设计

合理设计轴承组合结构，是滚动轴承设计的主要任务之一，它对保证轴承正常工作起着十分重要的作用。滚动轴承组合设计主要包括：轴承的固定；轴系支点固定；轴系支承刚度及；轴承的配合、拆装、润滑和密封等，设计时需根据轴承的具体结构特点对这一系列问题作出合理的决定。

13.5.1　滚动轴承的轴向紧固

轴承的轴向固定通过轴承内圈和外圈的轴向固定实现。表 13-25 列出了常用的内圈轴向固定方式和特点；表 13-26 列出了常用的外圈轴向固定方式及特点。

表 13-25　常用轴承内圈轴向固定方式及其特点

序号	1	2	3	4	5
简图	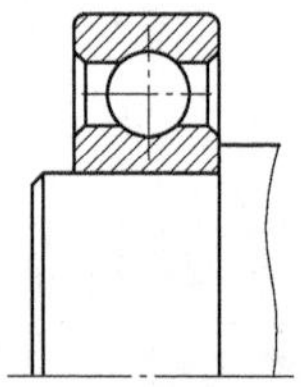	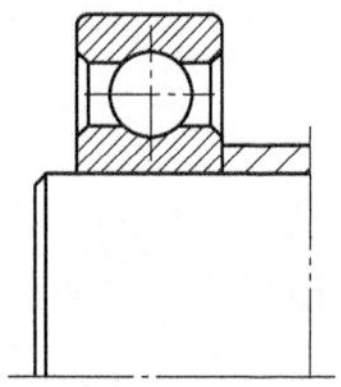	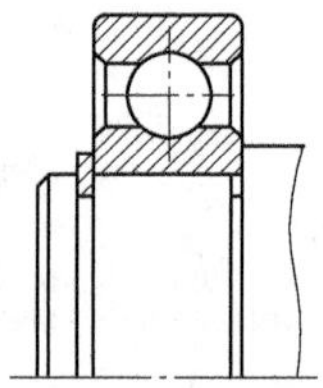	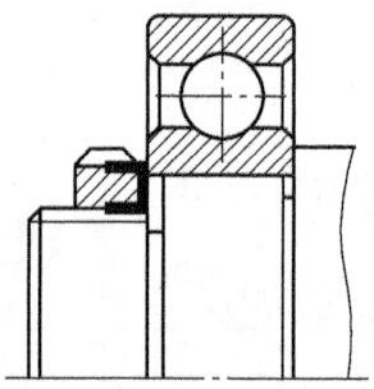	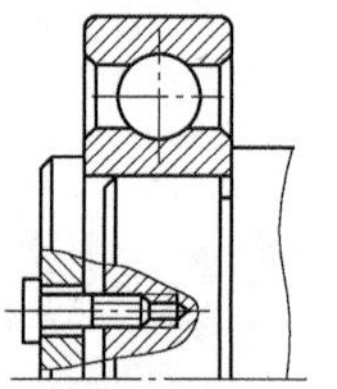
固定方式	内圈利用轴肩实现单向固定，另一个方向的固定可借助轴承端盖对外圈的轴向固定实现	内圈利用套筒实现单向固定，另一个方向的固定可借助轴承端盖对外圈的轴向固定实现	利用轴肩和轴用弹性挡圈实现双向固定	利用轴肩和圆螺母、止动垫圈实现双向固定	利用轴肩和轴端挡板实现双向固定
特点	结构简单，拆装方便，占空间位置小，能承受大的轴向力，对轴无削弱，但应注意过渡处的应力集中，该结构不可用作双向固定，多用于两端固定的支承结构形式	结构简单，拆装方便，占空间位置小，套筒固定可承受较大的轴向载荷，对轴无削弱。固定时套筒本身也要固定，设计时需注意。套筒与轴的配合较松，两者难以同心，不宜用于高速旋转之处	结构简单，拆装方便，占空间位置小，适用于轴向力不大，转速不太高的场合，多用于深沟球轴承的固定	结构简单，拆装方便，固定可靠，能承受较大的轴向力，对轴的强度有一定的削弱，适用于高速、重载的场合	挡板能承受中等的轴向力，允许较高转速，多用于轴颈大于 70 mm 的场合

表 13-26 常用轴承外圈的轴向固定方式及其特点

序号	1	2	3	4	5
简图					
固定方式	利用轴承端盖实现单向外圈单向固定,另一个方向借助与轴肩对内圈的固定(定位)实现	利用孔用弹性挡圈实现单向固定,另一个方向借助于轴肩实现固定	利用孔内凸肩和轴承盖(未画出)实现双向固定	利用调节螺钉和调节环实现单向固定,另一个方向靠轴肩固定	利用衬套挡肩固定,另一个方向可借助轴承端盖(未画出)固定
特点	结构简单,固定可靠,调整方便,适用于高速,轴向载荷较大的场合	结构简单,拆装方便,占空间位置小,适用于转速不高,轴向载荷不大的场合,多用于向心类轴承	结构简单,工作可靠,能承受较大的轴向力,孔加工困难,常采用右面“5”的结构	便于调节轴承间隙,多用于角接触轴承	应用衬套,可使座孔为通孔,有利于保证轴系轴承的同轴度,又可调节轴系轴向位置,装配工艺性好

序号	6	7
简图		
固定方式	利用轴用弹性挡圈嵌入轴承外圈的止动槽内实现固定	用螺纹环紧固
特点	用于带有止动槽的深沟球轴承	用于轴承转速高、轴向载荷大、不宜使用轴承端盖紧固的场合

13.5.2 滚动轴承轴系支点固定的结构形式

为了使轴、轴承和轴上零件相对机座有确定的工作位置,并能承受轴向载荷和补偿因工作温度变化引起的轴系自由伸缩,必须正确设计轴系支点的轴向固定结构。典型的结构形式有3类,前两类应用较多。

1. 两端单向固定支承

在这种轴承组合结构中,每一个支承点各用一个轴承,两个轴承分别承受一个方向的轴向力,用轴承端盖给予两端轴承的外圈以轴向限位。

轴向力不太大时,可采用一对游隙不可调的深沟球轴承,如图13-26所示。为防止轴因受热伸长,轴承安装时应在外圈与端盖之间预留出0.25~0.4 mm的轴向补偿间隙(间隙很小,结构图上不必画出),间隙量常用垫片或调节螺钉调整。

轴向力较大或承受双向轴向载荷时,则可选一对游隙可调的角接触球轴承或一对圆锥滚子轴承,安装时应在轴承内留出适当的轴向游隙。

这种支承结构由于轴向间隙的存在,不能作精确的轴向定位,结构简单,安装调整方便,允许轴的热伸长量较小,普通工作温度下的短轴(跨距 l<400 mm)支点常采用两端单向固定的方式。

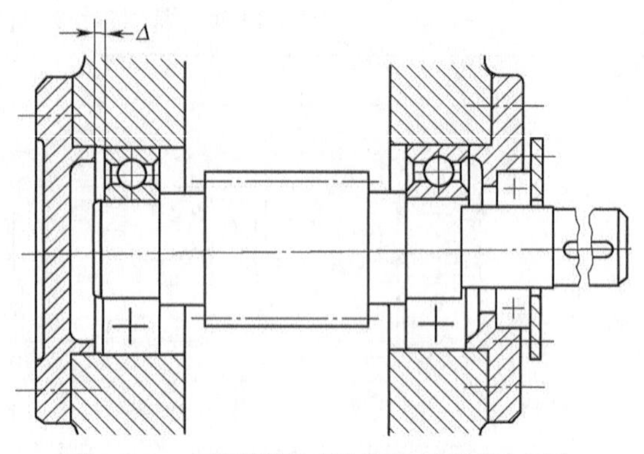

图 13-26 采用深沟球轴承的两端单向固定

2. 一端双向固定,一端游动支承

这种支承结构是将轴系中一个支承处的轴承内外圈两侧均予以双向轴向固定(称为**固定支承**),从而限制了轴系的双向移动。固定支承由单个轴承[见图 13-27(a)、(b)]或轴承组[见图 13-25(c)、(d)]承受双向轴向载荷。另一个支承处的轴承外圈两侧均不固定,保证轴能沿座孔作轴向游动(称为**游动支承**)(见图 13-27),从而避免轴因受热伸长时发生游隙减小。

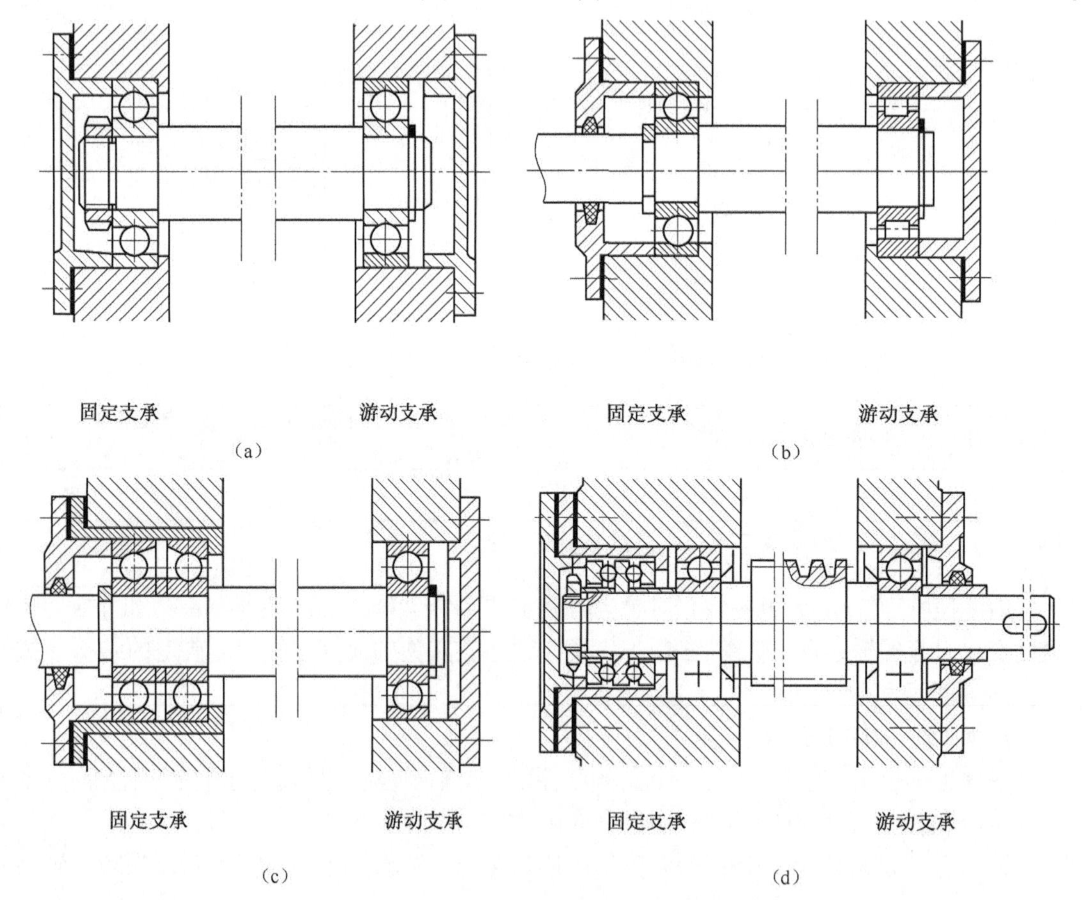

图 13-27 一端固定、一端游动的轴系

为了避免松脱,游动支承端轴承的内圈应双向轴向固定,须注意的是当采用N类轴承作为游动轴承时,外圈亦应作双向轴向固定[见图13-27(b)],游动将发生在滚子和外圈滚道之间。该支承结构形式的轴系轴向定位精度取决于固定支承所用轴承的轴向游隙值。因此,采用角接触轴承或圆锥滚子轴承时,由于游隙可调,故其轴向定位精度要比采用深沟球轴承轴承高。该支承结构形式较复杂,但轴的工作位置准确,运转精度较高,允许轴的热伸长量大,对各种工作条件的适应性强,广泛应用于各种机床主轴、工作温度较高的蜗杆轴和跨距较大的长轴。需注意,采用本结构时,轴系的轴向位置不能调节。

当轴向载荷较大时,固定支承可采用两个角接触球轴承(或圆锥滚子轴承)组合在一起的结构[图13-27(c)],也可采用向心轴承和推力轴承组合在一起的结构[见图13-27(d)]形式,分别承受径向载荷和轴向载荷。

为使轴上零件能得到准确的工作位置,从而满足机器工作要求,有时会要求轴系轴向位置可以调节。例如图13-28所示锥齿轮传动,要求保证两齿轮传动中大、小齿轮锥顶重合于一点,以获得正确啮合,可将小齿轮的轴系装在杯套中,通过增减杯套凸缘与机座接触面间的调整垫片的厚度来控制杯套的轴向位置,从而方便实现轴系轴向调位的目的。

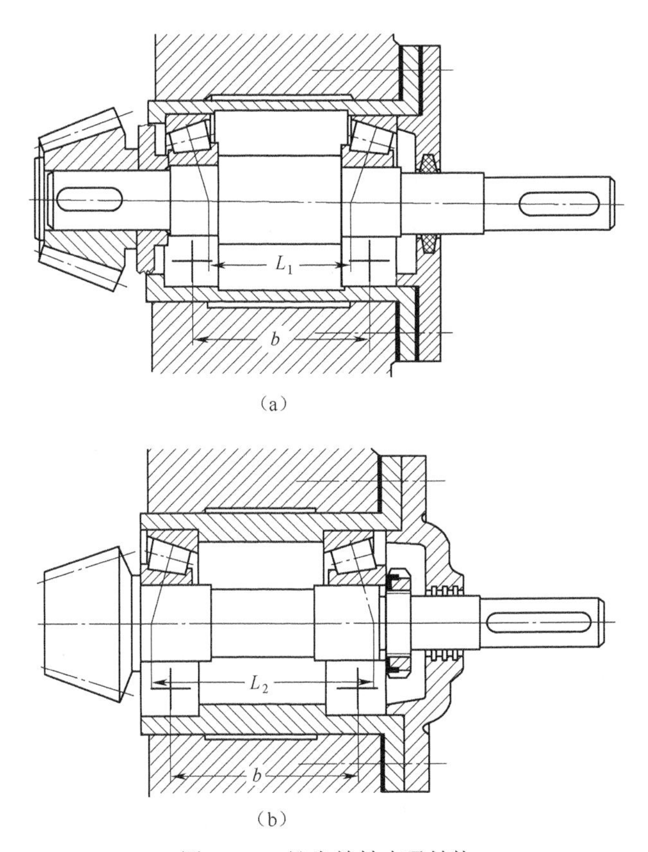

图13-28 锥齿轮轴支承结构

3. 两端游动支承

这种支承结构形式使用较少,只用于某些特殊情况。两个支承均不限制轴的移动,轴系的轴向位置靠其他零件限位,例如图 13-29 所示人字齿轮轴,其中大齿轮轴的轴向位置已由一对圆锥滚子轴承限定,小齿轮的轴向位置则由人字齿轮啮合时产生的左右两个方向的轴向力自动限定。这时小齿轮轴必须采用两端游动支承,大齿轮轴必须采用两端固定支承,这是由于人字齿轮的螺旋角加工不易做到左右完全对称,在啮合传动时会有轴向窜动,同时还有安装误差,都会造成轮齿受力不均出现轮齿卡死现象。

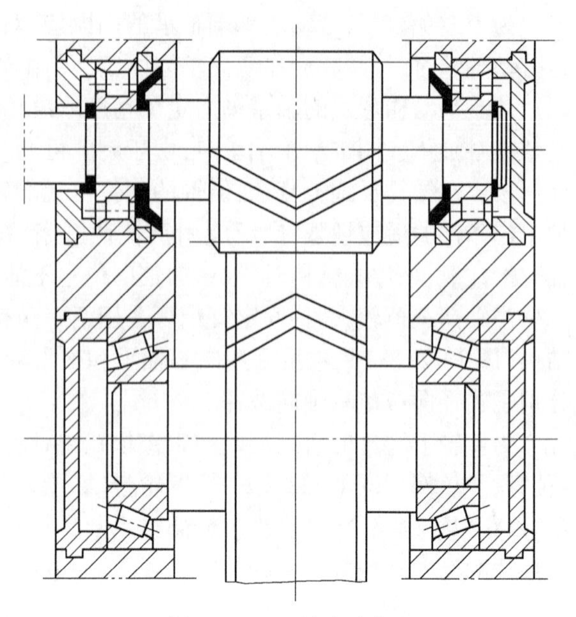

图 13-29　两端游动支承

13.5.3　轴承游隙

轴承游隙是滚动轴承的一个重要技术参数,轴承的载荷分布、振动、噪声、使用寿命和机械的运动精度都与其有直接关系。径向接触轴承的游隙由制造厂保证,可根据轴承类型、安装和工作条件选用合适的游隙等级。向心角接触轴承的游隙在安装时保证,设计时应考虑轴承游隙的调整。

如图 13-28 所示为锥齿轮轴支承结构,图 13-28(a)所示为两轴承正安装结构,图13-28(b)所示为两轴承反安装结构。圆锥滚子轴承或角接触球轴承正安装时,可采用轴承端盖与箱体间的垫片来调整轴承游隙(见表 13-26),或用端盖与杯套间的垫片来调整轴承游隙[见图 13-27(a)],这种方法比较方便。也可采用调整螺钉和压盖调整轴承游隙[见表 13-29]。圆锥滚子轴承反安装时,轴承游隙由轴承内圈的锁紧螺母进行调整[见图 13-28(b)],该方法操作不是很方便,并且必须在轴上加工出螺纹,会削弱轴的强度。

由于运转时轴的温度通常高于箱体的温度,轴的轴向和径向热膨胀大于箱体的热膨胀,在支承距离 b 相同的条件下,图 13-28(a)所示结构中减小了预调的间隙,可能导致轴承卡死,而图 13-28(b)允许轴向的热伸长量相对较大,可避免此类情况出现。

13.5.4　提高轴系支承刚度的措施

增加轴系刚度对提高轴的旋转精度、减少振动噪声和保证轴承寿命都是十分有利的。轴和机座以及轴承的类型、列数、布置、是否预紧等都对支承刚度产生影响。可采取以下几种措施来提高轴系刚度。

1. 机座的刚度和同一轴系内轴承的同轴度

轴及安装轴承的机座或轴承座必须具有足够的刚度,否则其变形会影响到轴承滚动体的正常工作而使轴承过早损坏。通常机座或轴承座孔壁均应有一定的厚度,并且可使用加强筋来增加其刚度(见图 13-30)。对于轻合金或非金属制成的机座,可在安装轴承处采用钢或铸铁制成的套杯(见图 13-28)

轴常用双支承结构,装于支承处的轴承与轴组成轴系的核心。同一轴系内轴承的同轴度取决于轴颈的同轴度和轴承座孔的同心度。前者由设计轴时予以解决,后者则在设计机座时加以考虑。保证同一轴系轴承座孔具有良好同心度的最佳方法是采用整体式机座,并使放置轴承的座孔孔径相等,以便能一次镗出。若是分装式轴承座,可将轴承座组合在一起一次性镗出座孔。如果轴系左、右支承采用外径尺寸不同的轴承时,机座上的两轴承座孔按尺寸较大的孔一次性镗出,再在外径较小的轴承与座孔之间加放杯套。

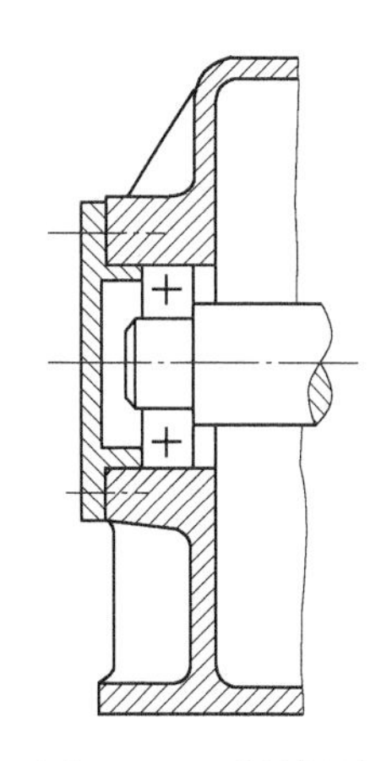

图 13-30 采用加强筋增强轴承座孔刚度

2. 选用合理的轴承类型

轴承是轴系组成中的一个重要零件,轴承刚度直接影响载荷作用下轴系的旋转精度。一般来说,滚子轴承的刚度高于球轴承的刚度。对刚度要求较大的轴系,宜选用双列球轴承(如双列深沟球轴承、双列角接触球轴承等)、滚子轴承(如圆柱滚子轴承、圆锥滚子轴承等)。载荷特大或有较大冲击时可在同一支点上采用双列(或多列)滚子轴承。

3. 合理安排轴承的组合方式

两个轴承组合方式不同,支承刚度也不一样。一对角接触轴承外圈窄边相对称为正安装(亦称面对面安装或 X 型),其外圈法线构成 X 形,如图 13-31(a)所示;两轴承外圈宽边相对称为反安装(亦称背对背安装或 O 型),其外圈法线构成 O 形,如图 13-31(b)所示。

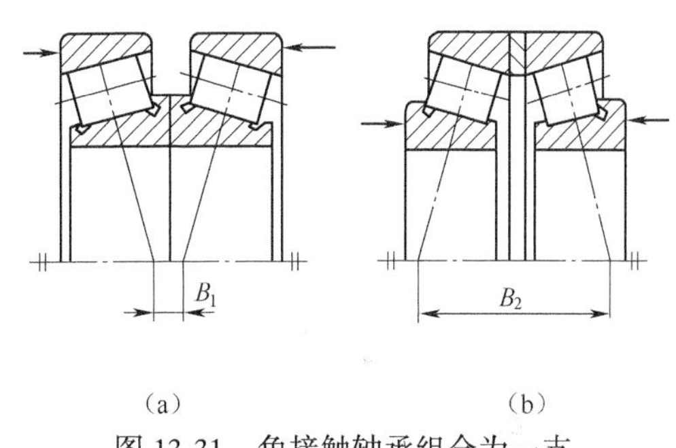

图 13-31 角接触轴承组合为一支点时的排列方案(B_2>B_1)

由图 13-31 可见,一对角接触轴承并列组合为一个支点时,反安装方案两轴承反力在轴上的作用点距离 B_2 较大,轴系支承刚度较高。这种方案常见于机床主轴的前支承。

对于分别处于两支点的一对角接触轴承,轴系支承刚度与载荷具体位置有关。载荷作用在两轴承之间时,正安装布置轴系支承刚性好;而当载荷作用在两轴承外侧时,反安装布置轴系支承刚性好,如表 13-27 所示。

表 13-27 角接触轴承不同安装形式对轴系支承刚度的影响

安装形式	工作零件(作用力)位置	
	悬伸端	两轴承间
正安装	A　l_1　l_{01}	B　l_1

续表

安装形式	工作零件(作用力)位置	
	悬伸端	两轴承间
反安装	A l_2 l_{02}	B l_2
比较	$l_2>l_1$,$l_{02}<l_{01}$,轴的最大弯矩 $M_{A2}<M_{A1}$,悬伸端 A 点挠度 $\delta_{A2}<\delta_{A1}$,反安装支承刚性好	$l_2>l_1$,轴的最大弯矩 $M_{B2}>M_{B1}$,悬伸端 A 点挠度 $\delta_{B2}>\delta_{B1}$,正安装支承刚性好

4. 轴承预紧

滚动轴承的预紧是指对于某些内部游隙可调的轴承,在装配时通过某种方法在轴承中产生并保持一定的轴向作用力,使滚动体和内、外圈之间产生一定预变形,轴承处于负游隙运动状态,以减小轴承受工作载荷后的实际变形量。预紧可增加轴系支承刚度,提高轴承旋转精度,减少轴承的振动和噪声,延长轴承寿命。例如机床主轴轴承刚度是非常重要的,安装时必须预紧。

角接触球轴承受外载荷作用时,滚动体的弹性变形 δ 与外载荷 F 的关系为 $\delta\propto F^{\frac{2}{3}}$,轴承刚度随着载荷的增大而增大。由图 13-32(a)可见,单个轴承受轴向工作载荷 F_A 作用时变形量为 δ;受预紧力 F_0 作用后,在相同的工作载荷 F_A 作用下轴承的变形增量为 δ',显然 $\delta'<\delta$,轴承工作刚度有所提高。一般向心角接触轴承都是成对安装预紧,由图 13-32(b)可见,当角接触球轴承受预紧力 F_0 作用时,产生相同的弹性变形,若再受轴向工作载荷 F_A 作用,将使轴承Ⅰ变形增加而轴承Ⅱ变形减少。根据静力平衡和变形协调条件,轴承Ⅰ变形的增量 δ'' 与轴承Ⅱ变形的减量 δ'' 应相等。从图上看出,此时轴承Ⅰ所承担的载荷 F_{A1} 只是工作载荷 F_A 的一部分,与单个轴承预紧后受载相比,变形增量有所降低,比较 $F_A/\delta''>F_A/\delta'$ 可知,通过对成对安装的角接触球轴承的预紧,显著提高了轴系支承刚度。

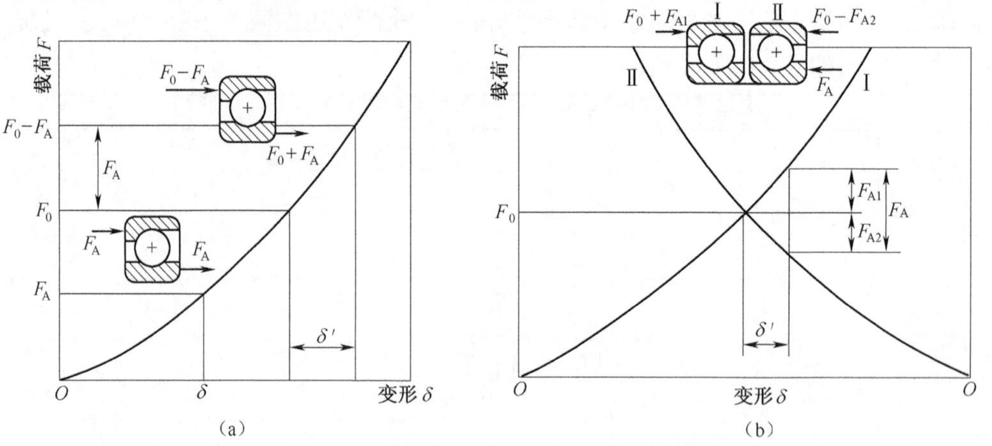

图 13-32 角接触球轴承的刚度曲线与预紧

圆锥滚子轴承弹性变形与外载荷接近线性关系，为 $\delta \propto F^{0.9}$。单个轴承预紧其刚度提高不明显，但成对安装使用后，预紧轴承受载的变形增量约为不预紧轴承的 1/2，其刚度可提高一倍左右。

预紧分为径向预紧和轴向预紧，通常多用轴向预紧。轴向预紧有定位预紧和定压预紧两种。两个相同型号的角接触轴承成对安装时常采用定位预紧，定位预紧是指使轴承的轴向位置在使用过程中保持不变的一种轴向预紧方式。一般通过加金属垫片[见图 13-33(a)]、磨窄套圈[见图 13-33(b)]或两轴承中间装入长度不等的套筒，调整两套筒的长度[见图 13-33(c)]来得到一定的预紧量，固定结构中必须要有可调环节(如圆螺母)。

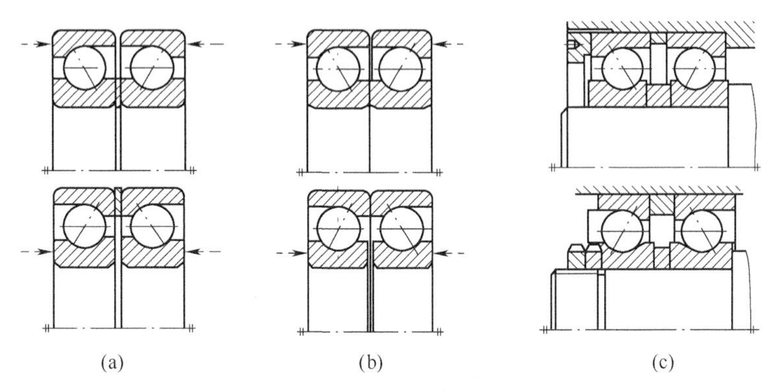

图 13-33　轴承的轴向定位预紧结构

在高速运转时常采用定压预紧方式，如图 13-34 所示。安装时用圆柱螺旋压缩或蝶形弹簧始终顶住不转动的外圈，通过调整弹簧的压紧量对轴承进行预紧。在运行中轴承的轴向预紧载荷不受温差引起轴的长度变化影响而保持不变。弹簧预紧能得到稳定的预紧载荷，但轴承刚度增加不明显，常用于高速运转的轴承。

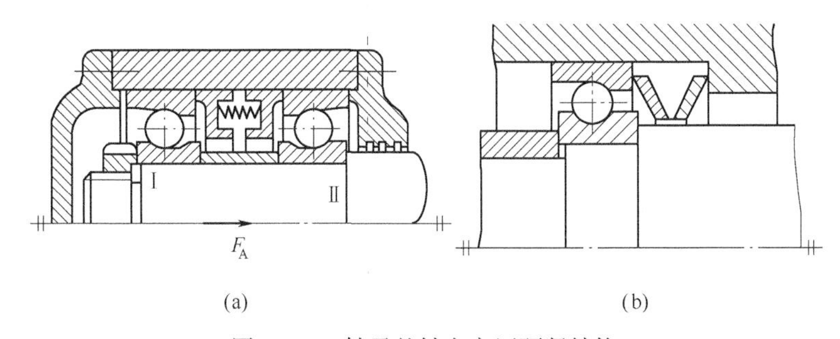

图 13-34　轴承的轴向定压预紧结构

实践证明，仅仅几微米的预紧就可显著地提高轴承的刚度和稳定性。但需注意预紧量要适当，过小达不到预紧的目的，过大会使轴承内部摩擦增加，导致轴承寿命降低。定压预紧所需的不同型号的成对安装角接触球轴承的预紧载荷值及相应的内圈或外圈的磨窄量在滚动轴承样本中可以查到。这种特制的成对安装角接触球轴承，可由生产厂选配组合成套提供。

13.5.5　滚动轴承的配合

滚动轴承的配合是指内圈与轴颈、外圈与轴承座孔的配合。轴承的周向固定和游隙大小均可通过配合实现。滚动轴承是标准件,为了便于互换及适应大批量生产,轴承内圈与轴颈的配合应采用基孔制,外圈与轴承座孔的配合应采用基轴制。滚动轴承标准规定了内径和外径的公差带均为单向制,采用上偏差为零、下偏差为负值的分布,所以,当轴承与具有相同偏差的轴或孔配合时,比标准的基孔制和基轴制配合都紧一些。

滚动轴承配合的松紧程度将直接影响轴承的工作状态。配合过紧,将使内圈膨胀或外圈收缩,套圈与滚动体之间的游隙会减小甚至消失,会使轴承运转不畅,同时也使得装拆困难;而配合太松,旋转时配合表面会因松动而引起擦伤和磨损。选择轴承配合时可从以下几个方面考虑:

(1)载荷的大小和方向及载荷性质。转速越高、载荷越大、振动越强烈时,选用的配合应越紧。当轴承安装于薄壁座孔或空心轴上时,也应采用较紧的配合。

(2)工作温度的高低及温度变化。轴承运转时,对于一般的工作机械,套圈的温度通常高于其相邻零件的温度。由于热膨胀,轴承内圈与轴之间可能发生松动,而外圈与轴承座孔之间可能更加胀紧,从而导致原来需要外圈有轴向游动性能的支承丧失游动性。所以,在选择配合时必须考虑轴承装置各部分的温差和其热传导的方向。

(3)当工作载荷的方向不变时,转动套圈承受旋转载荷,不动套圈承受局部载荷,故不动套圈的配合应比转动套圈的配合松一些,在摩擦力作用下通过不动套圈的缓慢转动,改变其受载位置,有利于提高轴承的寿命。

(4)游动套圈的配合应松一些,但不能使外圈在轴承座孔内转动。对开式的轴承座和轴承外圈的配合,亦可采用较松的配合。

(5)对于经常拆卸的轴承,尤其是重型机械上的轴承,应采用间隙配合或过盈量较小的过渡配合,以免造成拆装困难。

滚动轴承配合在标注时,不需要标注轴承内径及外径公差带代号,只需标注轴颈及轴承座孔直径公差带代号。表 13-28 为滚动轴承正常载荷时常用配合。

表 13-28　为滚动轴承正常载荷时常用配合

轴承类型		回转轴	机座孔
向心轴承	球(d=18~100 mm)	k5,k6	H7,G7
	滚子(d≤40 mm)		
推力轴承		j6,js6	H7

注:对于向心类轴承,$P\leqslant 0.07C$ 时为轻载;$0.07C<P\leqslant 0.15C$ 时为正常载荷;$P>0.15C$ 时为重载。P 为当量载荷,C 为基本额定动载荷。

13.5.6　滚动轴承的拆装

设计轴承组合时,应考虑轴承易于装拆,在装拆过程中不应损坏轴承和其他零件。轴承在轴上一般用轴肩或套筒定位,定位端面应与轴线保持良好的垂直度。轴肩圆角半径必须小于轴承的圆角半径,否则轴承不能安装到位。轴肩高度通常不大于内圈高度的 3/4,过高不便于轴承拆卸,过低轴承定位不好,轴肩高出量应按轴承手册中规定取值。

由于滚动轴承内圈与轴颈的配合一般较紧,安装前应在配合表面涂油,防止压入时产生咬伤。在安装或拆卸轴承时,通常以内圈为着力件,将压入或压出力均匀地施加在内圈上,如图 13-35 所示。

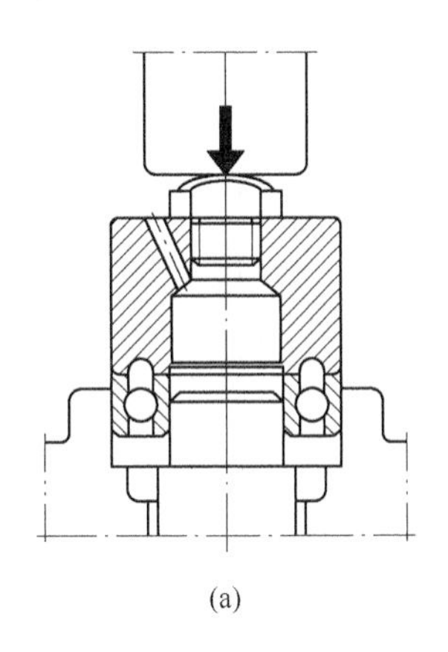
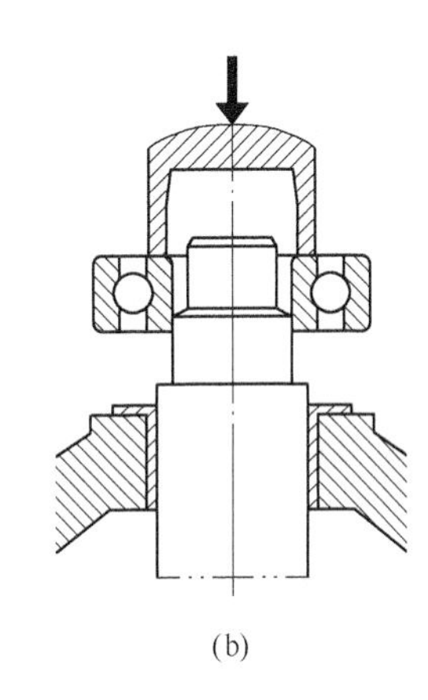

(a) (b)

图 13-35 轴承的装配

常见装配轴承的方法有以下几种：

1. 压力法

压力机套压。

2. 温差法

加热轴承安装法。将轴承置于热油(80~120 ℃)中预热后进行安装。此法多用于过盈量大的中、大型轴承。

3. 小尺寸轴承可用软锤敲击装配套筒的方法安装

一般来说，内、外圈可分离的轴承要比内、外圈不可分离的轴承容易装拆。更换或定期检修轴承时，拆卸轴承可用压力机[见图 13-36(a)]或拉拔专用工具[见图 13-36(b)]。如果为了满足其他方面的要求需要有较高的轴肩而影响轴承拆卸时，可在轴肩上预先加工出拆卸槽。外圈拆卸时也应留出拆卸高度[见图 13-37(a)]或在壳体上制出能放置拆卸螺钉的螺孔[见图 13-37(b)]。设计时应预留足够的空间位置，以便于拆装工具的放置。

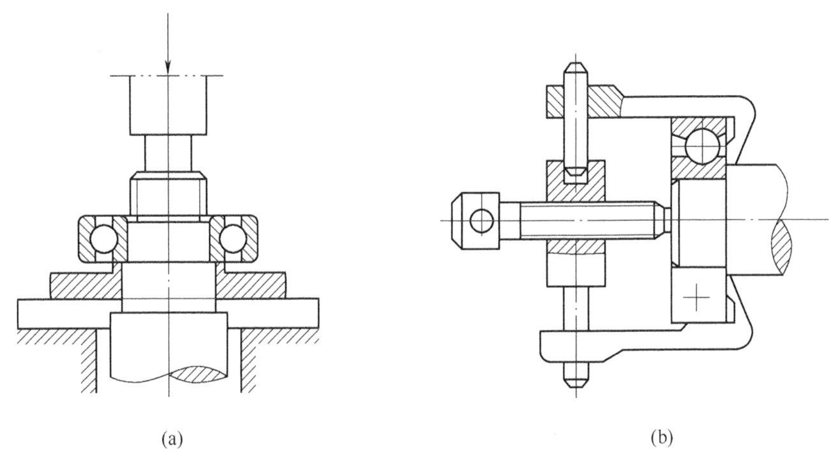

(a) (b)

图 13-36 轴承的拆卸

13.5.7 滚动轴承的润滑

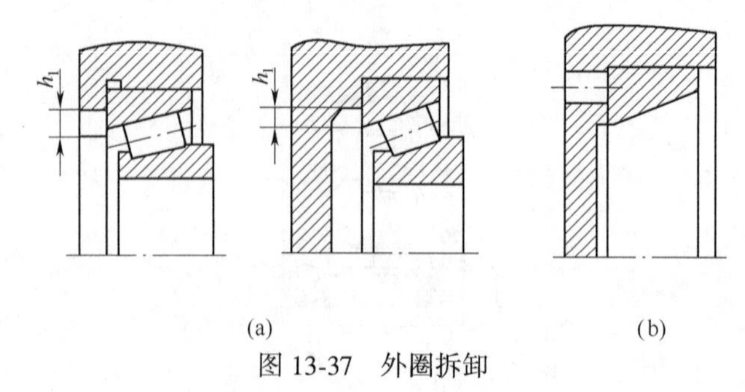

图 13-37 外圈拆卸

滚动轴承润滑是保证轴承正常运转的必要条件,润滑的主要目的是为了降低摩擦阻力,减轻磨损,防止锈蚀,同时也起到散热、减小接触应力、吸振等作用。

滚动轴承所用润滑剂大多采用润滑脂或润滑油,它们在一定条件下能在滚动体和滚道接触面之间形成润滑油膜。在一些特殊条件下,例如在高温、真空等环境中,还可选用固体润滑剂。考虑轴承润滑时,设计者的任务是在了解润滑剂的性能特点、供给方式的基础上,根据滚动轴承的工况和使用要求等,正确选用合适的润滑剂和润滑剂的供给方式。润滑方式的选择与轴承速度有关,具体可根据轴承内径与转速的乘积 dn 值选取其润滑方式,如表 13-29 所示。

表 13-29 各种润滑方式下轴承的 *dn* 值 单位:mm · r/min

轴承类型	脂润滑	油润滑			
		油浴、飞溅润滑	滴油润滑	循环润滑(喷油润滑)	油雾润滑
深沟球轴承 调心球轴承 圆柱滚子轴承 角接触球轴承	$\leqslant(2\sim3)\times10^5$	2.5×10^5	4×10^5	6×10^5	$>6\times10^5$
圆锥滚子轴承		1.6×10^5	2.3×10^5	3×10^5	—
推力球轴承		0.6×10^5	1.2×10^5	1.5×10^5	—
调心滚子轴承		1.2×10^5	—	2.5×10^5	—

1. 脂润滑

脂润滑的特点是润滑膜强度高,承载能力大,润滑脂不易流失,密封装置简单,便于维护,能防止灰尘、潮气及其他杂物侵入,成本较低。但由于其黏度大,转速较高时,功率损失大,冷却效果不及油润滑,且润滑脂在较高温度时变稀易流失。所以脂润滑适合用于低、中速、中温条件下工作的轴承。一次加脂可维持相当长的时间,不便经常添加润滑剂或不允许润滑剂流失导致产品污染的轴承,宜采用脂润滑。目前,脂润滑广泛用于中、小型电动机轴承,而且在工况恶劣、水分和异物易侵入的中、大型轴承中也已普遍采用。

采用脂润滑时,可用手工加脂(用脂枪或压注油杯),或在滚动轴承装配时充填润滑脂。充填润滑脂时应将轴承内部填满,例如一个支承内有多个轴承,轴承之间的间隙也应填满。此外,对水平轴,润滑脂装填量一般不超过轴承安装空间的 1/3~1/2;对立轴,上轴承盖装填1/2,下轴承盖装填 3/4,否则轴承容易过热;在肮脏环境中工作的中、低速轴承,应将轴承盖全部填满。对于现代化工厂,尤其是大型钢铁厂都逐步采用自动集中充填润滑脂的方式,即采用一个集中供脂的油泵,通过管道、分配阀和定时继电器给系统的各润滑点按不同的加脂量和加脂周期自动供脂。

2. 油润滑

油润滑摩擦阻力小，润滑可靠，散热效果好，并对轴承有清洗作用。但需要复杂的密封装置和供油设备。由于矿物（润滑）油的上限使用温度约为 150 ℃，合成（润滑）油的上限使用温度约为 200 ℃，因此油润滑常用于高速、高温的场合。当采用油浴润滑时，对水平轴，油面在静止时高度不应超过轴承最下方滚动体的中心，否则搅油能量损失较大，轴承和油液容易过热；对立轴，油面应达到最低位置的滚动体的中心。若用滴油润滑，应按需要的流量选择油绳的截面；若用油循环（喷油）润滑或油雾润滑，应确定需用油量，均可参考机械设计手册查得。一般闭式齿轮减速器中的轴承常用飞溅润滑，即利用齿轮的转动把润滑油甩到箱体四周的内壁上，然后通过箱体剖分面上的油沟把油引入轴承中。近年来，出现一种新的油润滑技术即油—气润滑。它以压缩空气为动力将润滑油油滴沿管路输送给轴承，不受润滑油黏度值的限制，从而克服了油雾润滑中所存在高黏度润滑油无法雾化、废油雾对环境造成污染、油雾量调节困难等缺点。

13.5.8 滚动轴承的密封

密封对轴承来说是必不可少的。密封即可防止外界异物侵入轴承，又可避免润滑剂的流失和减少环境污染。常用轴承密封装置有端盖密封、轴上密封和轴承内侧密封。

（1）端盖密封。使用垫片或止口即可密封。

（2）轴上密封。按工作原理分为接触式密封和非接触式密封两大类。接触式密封与轴直接接触，工作时轴旋转，密封件与轴之间有摩擦和磨损，通常用于转速不是太高的场合。非接触式密封是利用小的间隙（或加甩油环）进行密封，转动件与固定件不接触，允许轴的转速较高。具体结构特点及应用如表 13-30、表 13-31 所示。

表 13-30 轴承支承部位的接触式密封装置结构及特点

类型	毛毡圈密封	皮碗密封	密封环
结构简图	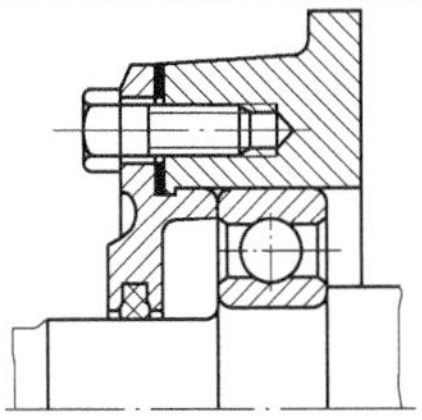 (a) 压紧力不可调 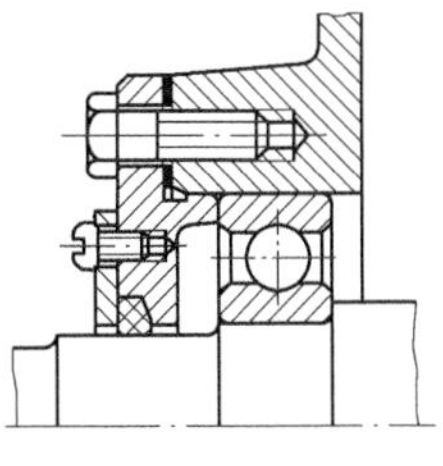 (b) 压紧力可调	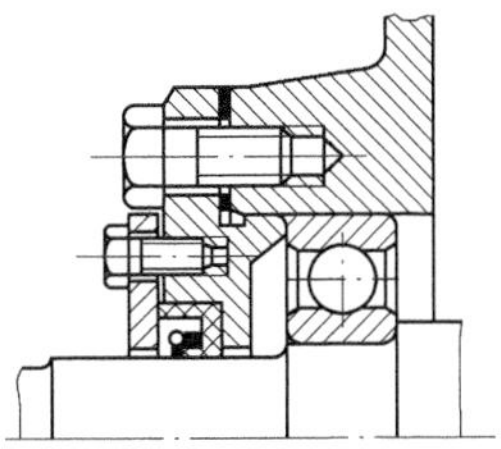 (a) 密封唇向外 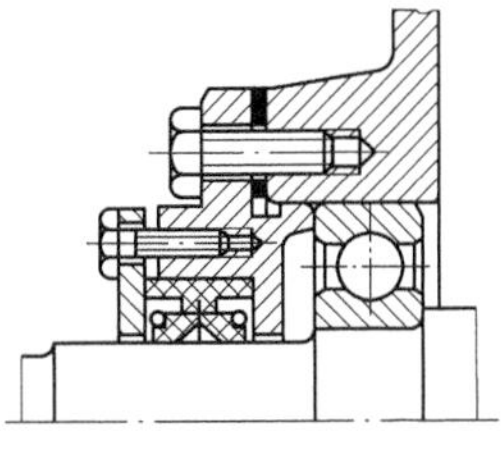 (b) 双唇式	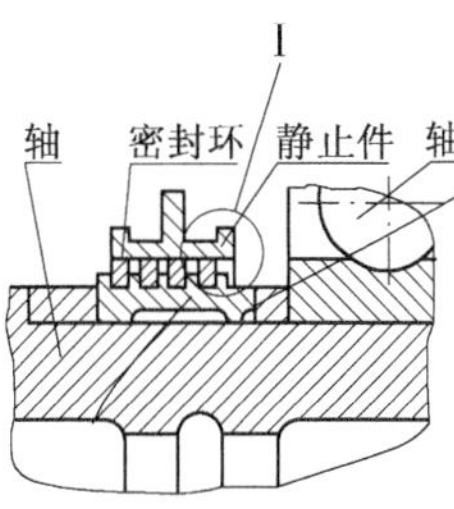 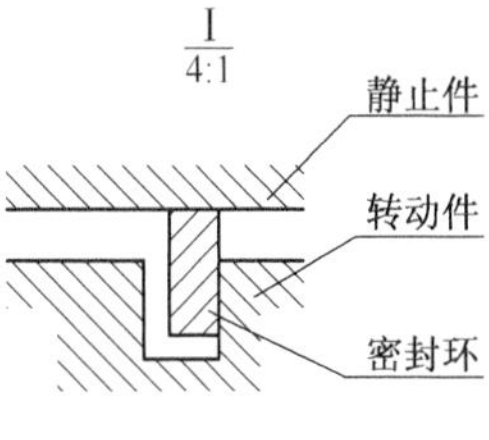 轴　密封环　静止件　轴承　套筒 I I 4:1 静止件　转动件　密封环

续表

类型	毛毡圈密封	皮碗密封	密封环
特点及应用	矩形断面的毛毡圈被放置在梯形槽内,使它对轴产生一定的压力而起到密封作用。毡圈与轴之间摩擦力较大,长期使用易将轴磨出沟槽。 主要用于脂润滑、工作环境较干净的轴承,毡圈安装前用油浸渍有良好密封效果。与密封件接触的轴表面硬度应在40 HRC以上,表面粗糙度 Ra 在 1.6 ~ 0.8 μm之间,轴的圆周速度小于 4 m/s ~ 8 m/s,工作温度低于 100 ℃	密封圈用耐油橡胶、皮革或塑料制成。安装时用螺旋弹簧把密封唇口箍紧在轴上,使用方便,密封可靠。密封唇向外主要防止外界异物侵入;密封唇向内主要防止润滑剂泄漏;双唇式可防止润滑剂泄漏和外界异物侵入。可用于脂润滑和油润滑。轴的圆周速度小于 5 m/s,工作温度为 -40 ℃ ~ 100 ℃	密封环是带有缺口的环状密封件,通过缺口被压拢后具有的弹性抵紧在静止件的内孔壁上,起到密封作用。各个接触表面均需硬化处理并磨光。轴的圆周速度小于 100 m/s

(3)轴承内侧的密封可使用挡油环(见图 13-38)。其作用是使轴承与箱体内部隔开,防止轴承内的油脂流入箱体内和箱内润滑油侵入轴承稀释油脂。

表 13-31 轴承支承部位的非接触式密封装置

类型	隙缝密封	沟槽密封	曲路密封	甩油密封
结构简图	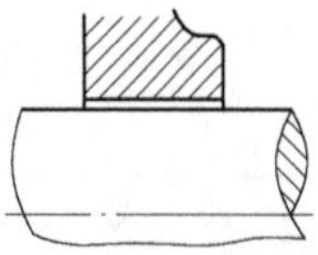	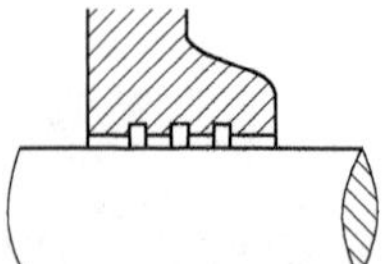 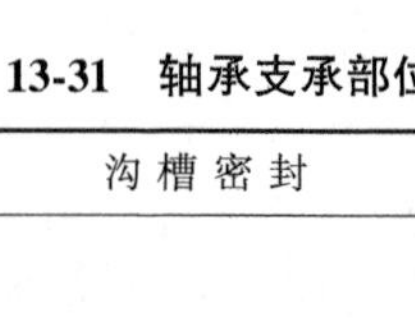 油流方向 内 外	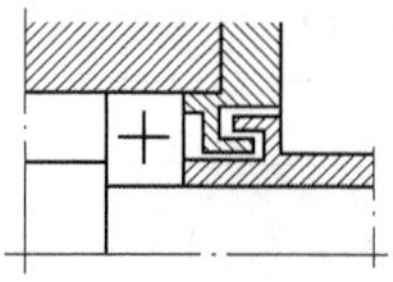 径向曲路密封 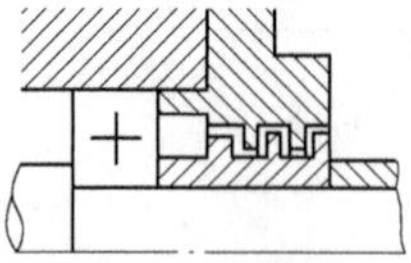 轴向曲路密封	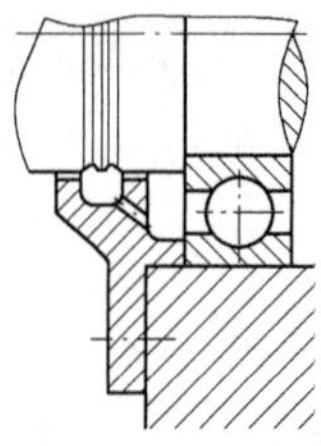 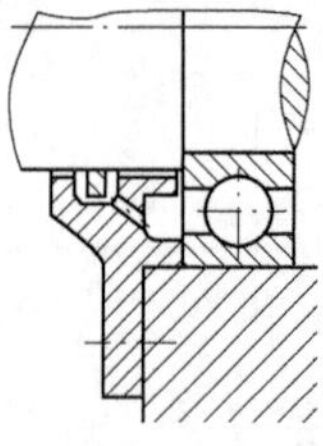 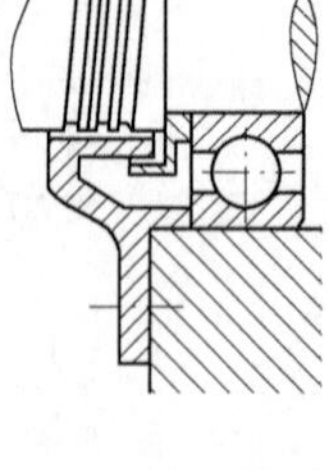

续表

类型	隙缝密封	沟槽密封	曲路密封	甩油密封
特点及应用	轴与端盖配合面之间，间隙越小，轴向宽度越长，密封效果越好。结构简单，适用于环境干燥、清洁的脂润滑轴承 轴颈 $d<50$ mm 时，缝隙取 0.25~0.4 mm；$d>50$ mm 时，缝隙取 0.25~0.6 mm	在端盖配合面上，开有三个以上的宽为 3~4 mm、深 4~5 mm的沟槽。在沟槽内填充润滑脂，以提高密封效果，适用于环境干燥、清洁的脂润滑轴承	由轴套和端盖的间隙构成，亦称为迷宫式密封。按曲路的方向不同分为径向曲路密封和轴向曲路密封。曲路折回次数越多，密封效果越好。通常曲路中的径向间隙取 0.1~0.2 mm，轴向间隙取 1.5~2 mm。可在曲路中充填润滑脂以加强密封效果。可用于较脏和较潮湿的工作环境，油润滑或脂润滑均可用，轴的圆周速度小于 30 m/s。轴向密封端盖需剖分	在轴上开出沟槽或在轴颈处装有甩油环，借助于离心力将沿轴表面欲流失的油沿径向甩开，经轴承盖集油腔回流至轴承。这种密封形式在停车后便失去密封效果，故常和其他形式的密封一起使用

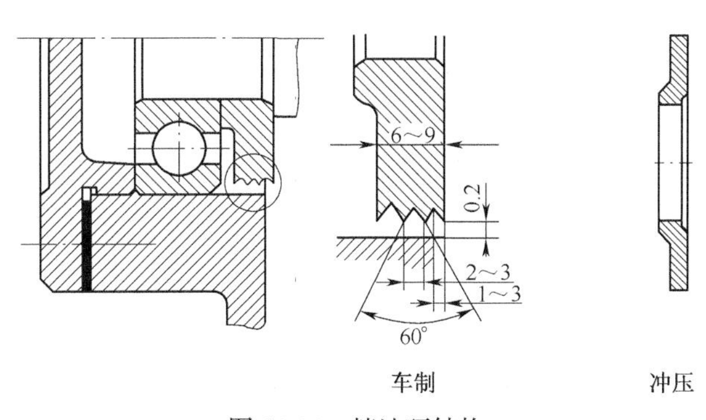

图 13-38 挡油环结构

在选择润滑与密封方式时，一定要注意润滑与密封方式的对应关系。脂润滑时，轴上密封采用毡圈密封，轴承内侧密封采用挡油环，箱体接合面处铸出回油沟（见图 13-39）。油润滑时，轴上密封采用皮碗式密封，轴承内侧密封采用挡油环，箱体接合面处铸出输油沟（见图 13-40）。

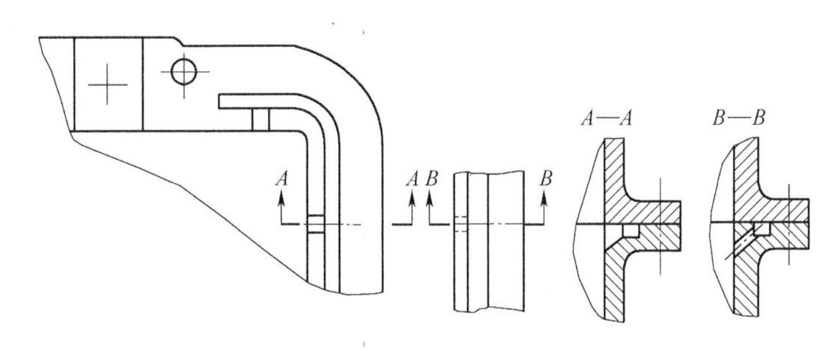

图 13-39 回油沟结构

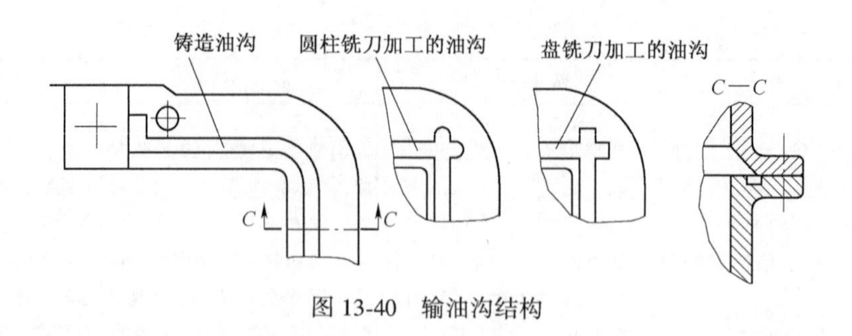

图 13-40 输油沟结构

思考、讨论题和习题

13-1 滚动轴承由哪些元件组成？各元件起什么作用？它们都常用什么材料？

13-2 按轴承所承受的外载荷不同，滚动轴承可以分为哪几种？

13-3 常用滚动轴承的类型有哪些？

13-4 根据如下滚动轴承的代号，指出它们的名称、精度、内径尺寸、直径系列及结构特点。代号：6210，7309C，30308，N209E。

13-5 选择滚动轴承类型时应考虑的主要因素有哪些？

13-6 分别指出受径向载荷的滚动轴承，当外圈不转或内圈不转时，不转的套圈上哪点受力最大？

13-7 作用在轴承上的径向力在滚动体之间是怎样分布的？

13-8 滚动轴承的失效形式主要有哪几种？

13-9 什么是轴承的寿命？

13-10 什么是轴承的基本额定寿命？什么是轴承的基本额定动载荷？什么是轴承的当量动载荷？

13-11 滚动轴承的当量动载荷与基本额定动载荷有什么区别？当当量动载荷超过基本额定动载荷时，该轴承是否可用？

13-12 角接触型轴承的附加轴向力是怎样产生的？它的大小和方向与哪些因素有关？

13-13 滚动轴承为什么要进行静载荷计算？

13-14 滚动轴承寿命计算式中，为什么球轴承的 ε 值低于滚子轴承的 ε 值？

13-15 已知某深沟球轴承的工作转速为 n_1，当量动载荷为 P_1 时，预期寿命为 8 000 h，求：

(1) 当转速 n_1 保持不变，当量动载荷增加到 $P_2=2P_1$ 时其寿命应为多少小时？

(2) 当当量动载荷 P_1 保持不变，若转速增加到 $n_2=2n_1$ 时，其寿命为多少小时？

(3) 当转速 n_1 保持不变，欲使预期寿命增加一倍时，当量动载荷有何变化？

13-16 什么是滚动轴承的预紧？常见的预紧方法有哪几种？是否任何情况下都要预紧？

13-17 滚动轴承为什么需要润滑？常用润滑方式有哪些？

13-18 当滚动轴承采用脂润滑时，装脂量一般为多少？

13-19 滚动轴承为何需要采用密封装置？常用密封装置有哪些？

13-20 轴上成对安装的角接触球轴承或圆锥滚子轴承，其轴上左右两个支承上轴承所承

受的总轴向力 F_a 是否就等于各自附加轴向力?

13-21 什么是正安装?什么是反安装?这两种安装方式各有何长处?

13-22 轴承装置设计中,常用的轴承配置方法有哪几种?

13-23 滚动轴承为什么采用外购的产品?什么情况下自己制造?

13-24 深沟球轴承的径向间隙,在装配前、装配后和承受径向载荷以后,间隙有什么变化?选择配合时应该如何考虑?

13-25 滚动轴承轴系的三类支点固定形式各有什么特点?如何选择?

13-26 请说明:圆柱滚子轴承N0000型为什么不能承受轴向载荷,而NF0000型可以承受单向的轴向载荷?推力球轴承51000型和52000型有什么不同?哪个座圈与轴一起转动?如何承受轴向力?

13-27 滚动轴承的噪声是如何发生的?如何减小其噪声?

13-28 有一深沟球轴承,型号为6217受径向载荷16 kN,转速540 r/min,温度低于100 ℃,载荷系数 $f_P=1.2$,求轴承寿命。

13-29 用一对深沟球轴承支承一轴(见图13-41),该轴受径向载荷 $F_1=9\ 000$ N,轴向载荷 $F_2=1\ 100$ N,轴的转速 $n=700$ r/min,$f_P=1.1$,$f_t=1.0$,要求轴承寿命15 000 h,试选择轴承型号。

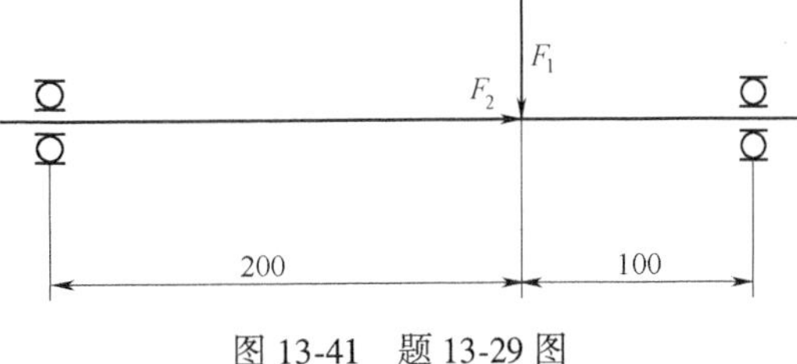

图13-41 题13-29图

13-30 圆锥滚子轴承,受力情况如表13-32、图13-42所示,求出每个轴承多当量动载荷各为多少?(取 $f_P=1.4$)

表13-32 相关参数

参 数	$F_a/F_r \leq e$		$F_a/F_r>e$	
e	X	Y	X	Y
0.4	1	0	0.4	1.5

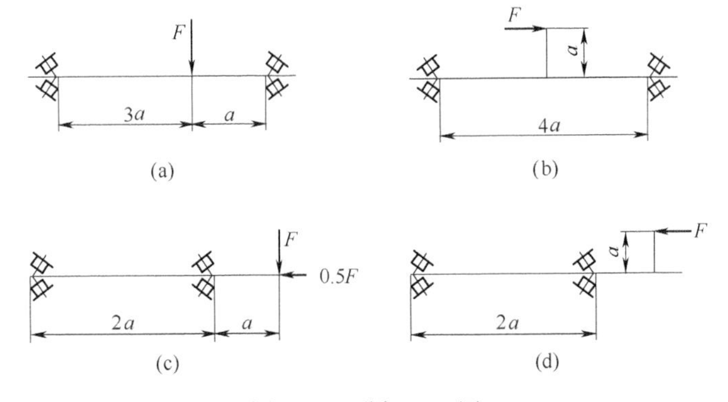

图13-42 题13-30图

13-31 查手册,找出下列滚动轴承的名称,22215/W33尺寸、额定动载荷、额定静载荷、极限转速,并进行比较,由此领会选择轴承型号的一些规律。

(1)6010,6210,6310,6410。

(2)6215,N215E,1215,7215C,32215,51215。

13-32　图13-43所示的滚动轴承画法各有什么错误？请画出正确的图。

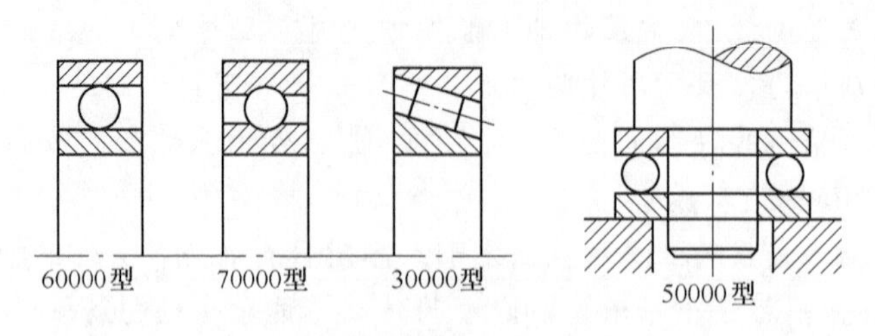

图13-43　题13-32图

13-33　蜗杆传动，模数 $m=8$ mm，蜗杆分度圆直径 $d_1=90$ mm，蜗杆头数 $z_1=2$，蜗轮齿数 $z_1=37$，蜗杆转速 $n_1=960$ r/min，蜗杆受圆周力 $F_t=920$ N，径向力 $F_r=1\ 050$ N和轴向力 $F_a=3\ 100$ N。蜗杆左端采用一对角接触球轴承7210，右端用6210轴承，$f_P=1.3$，如图13-44所示，求轴承寿命。

13-34　锥齿轮由一对30210轴承支承(见图13-45)，齿轮受圆周力 $F_t=1\ 380$ N，径向力 $F_r=500$ N和轴向力 $F_a=260$N，转速 $n_1=720$ r/min，$f_P=1.2$，试计算轴承寿命。

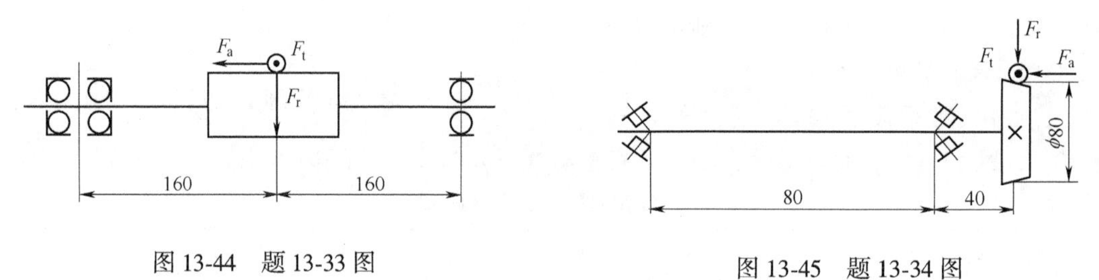

图13-44　题13-33图

图13-45　题13-34图

13-35　已知条件同例题13-4，轴承改为采用6208深沟球轴承，计算滚动轴承的寿命。并画出简图(注意轴承画法)，请把计算结果与例题比较。

13-36　已知条件同例题13-4，轴承改为采用7208AC角接触球轴承，计算滚动轴承的寿命。并画出简图(注意轴承画法)，请把计算结果与例题比较。

13-37　某轴用一对6313深沟球轴承支承，径向载荷 $F_{r_1}=5\ 500$ N，$F_{r_2}=6\ 400$ N，轴向载荷 $F_A=2\ 700$ N(沿轴向向左)，工作转速 $n=250$ r/min，运转时有较大冲击，常温下工作，预期寿命 $L_{10\,h}=5\ 000$ h，试分析轴承是否适用。

13-38　一农用水泵，决定选用深沟球轴承，轴颈直径 $d=35$ mm，转速 $n=2\ 900$ r/min，已知径向负荷 $F_r=1\ 810$ N，轴向负荷 $F_a=740$ N，预期寿命 $L_h'=6\ 000$ h，试选择轴承型号。

13-39　图13-46所示为二级圆柱齿轮减速器的低速轴，已知齿轮上的圆周力 $F_t=8\ 000$ N，径向力 $F_R=2\ 980$ N，轴向力 $F_A=1\ 700$ N，分度圆直径 $d=398.71$ mm，轴承型号为6308，载荷平稳。试求：

(1)1、2两轴承的当量动载荷 P_1，P_2。

(2)两轴承的寿命之比 L_{10h1}/L_{10h2}。

13-40　拟在蜗杆减速器中用一对滚动轴承来支承蜗杆，如图13-47所示。轴转速 $n=$

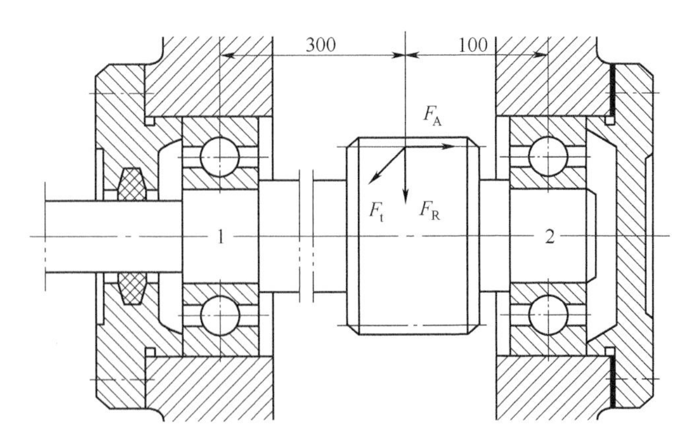

图 13-46 题 13-39 图

320 r/min,轴颈直径 d=40 mm,而支承径向反力分别为 F_{rI}=4 000 N,F_{rII}=2 000 N,轴向负荷 F_A=1 600 N,工作中有中等冲击,温度小于 100 ℃,预期使用寿命 L_h'=5 000 h,试确定该对轴承的类型及型号。

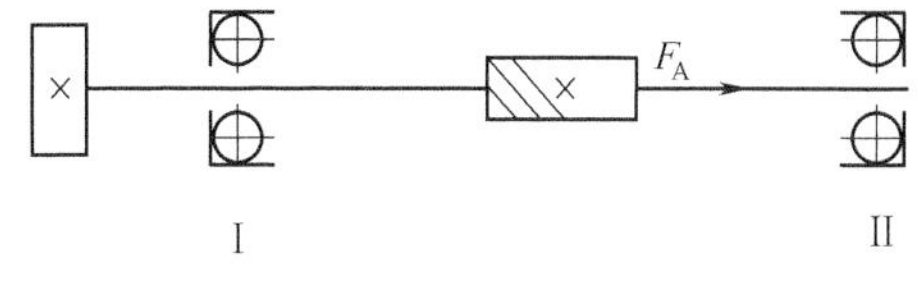

图 13-47 题 13-40 图

13-41 根据工作条件,决定在轴的两端选用 $\alpha=25°$ 的两个角接触球轴承,采用面对面安装,如图 13-48 所示,轴颈直径=35 mm,工作中有中等冲击,转速 n=1 800 r/min,已知两轴承的径向负荷分别为 F_{r1}=3 390 N,F_{r2}=1 040 N,轴向负荷 F_A=870 N,作用方向指向轴承 1,试确定其工作寿命。

13-42 一工作机械的传动装置中,根据工作条件拟在某传动轴上安装一对型号为 7307AC 的角接触球轴承,如图 13-48所示,已知两轴承的径向负荷分别为:F_{r1}=1 000 N,F_{r2}=2 060 N,外加轴向负荷 F_A=880 N,轴转速 n=5 000 r/min,运转中受中等冲击,预期寿命 L_h'=2 000 h,试问所选的轴承型号是否适用?

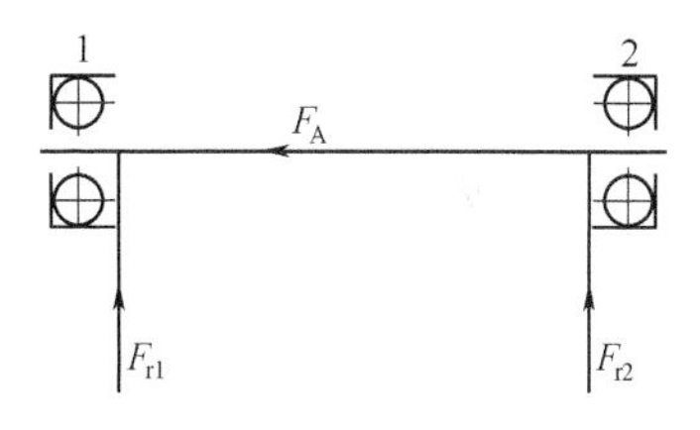

图 13-48 题 13-41 和 13-42 图

13-43 如图 13-49 所示,轴由一对 32 306 圆锥滚子轴承支承。已知转速 n=1 380 r/min,F_{r1}=5 200 N,F_{r2}=3 800 N,轴向外负荷 F_A的方向如图 13-49 所示。若载荷系数 f_p=1. 8,工作温度不高,要求寿命 L_h=6 000 h,试计算该轴允许的最大外加轴向负荷 F_{Amax}。

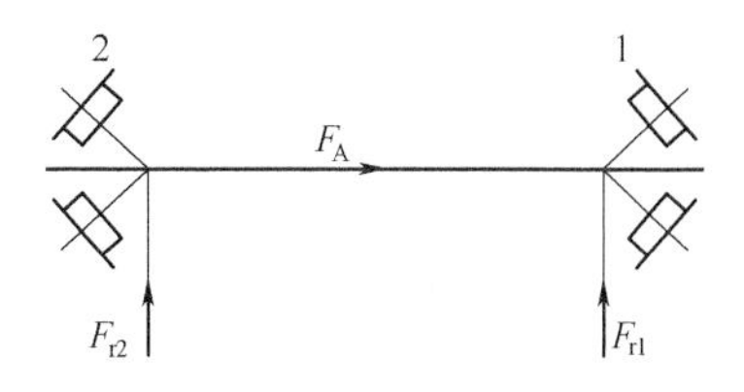

图 13-49 题 13-43 图

13-44 分析图 13-50 所示齿轮轴轴系结构中的错误,并改正,轴承采用脂润滑。

13-45 在滚动轴承组合设计中,需将轴承内圈轴向紧固。试用不同方法完成并画出图 13-51(a)、(b)、(c)中内圈轴向紧固结构。

13-46 指出锥齿轮减速器中锥齿轮轴系结构(见图 13-52)的错误。错误处依次以①②③…标出,要说明错误的理由。图 13-52 中所示锥齿轮为主动轮,动力由与之连接的联轴器输入,从动锥齿轮和箱体的其余部分没有画出。锥齿轮传动用箱体内的油润滑,滚动轴承用脂润滑。

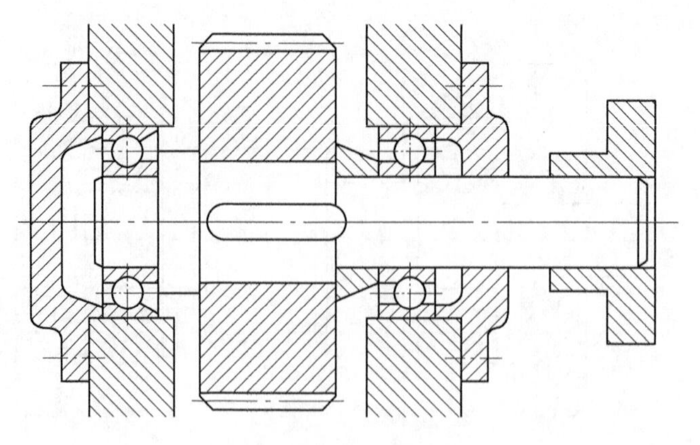

图 13-50　题 14-44 图

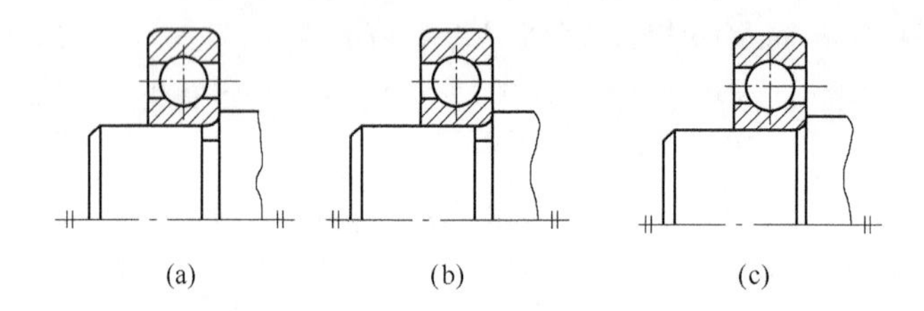

图 13-51　题 13-45 图

13-47　图 13-53 所示的一个 O 形圈密封装置,为了保证可靠的密封,轮廓直径 7 ±0. 25 mm的密封圈沿径向压缩轮廓直径的 10%,但是为了避免过载,压缩不得超过 20%,试计算槽的公称尺寸 D 及其公差,要求保证最小和最大压缩率在上述范围内。

13-48　图 13-54 所示为一小齿轮轴的结构,齿轮与轴是一个零件,标出下列滚动轴承轴系结构图中的错误,并画出正确的结构图。

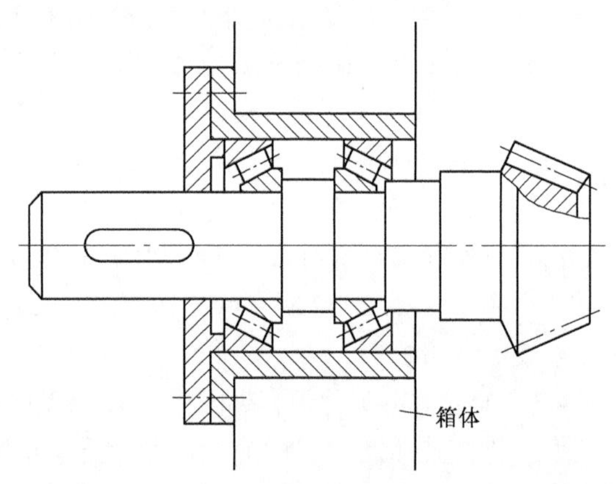

图 13-52　题 14-46 图

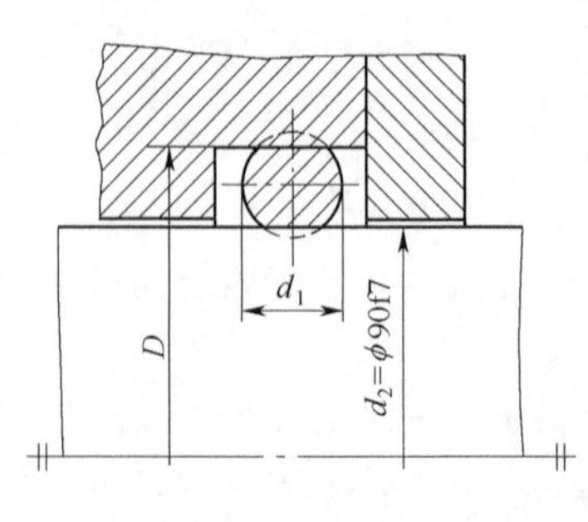

图 13-53　题 13-47 图

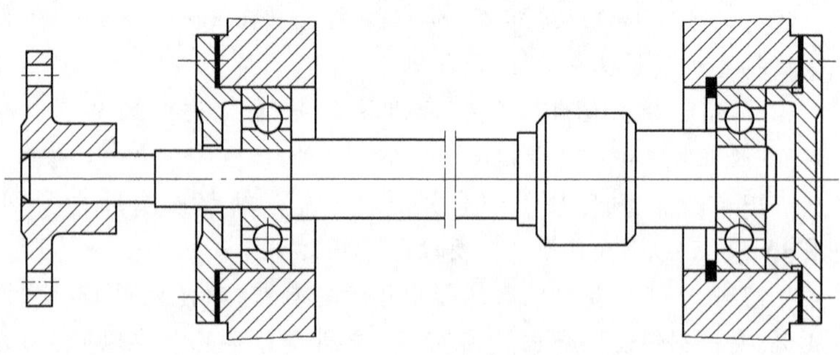

图 13-54　题 13-48 图

13-49 图13-55所示为滚动轴承轴系，有一个小齿轮和一个V带轮装在轴上，指出结构图中的错误，并画出正确的结构图。

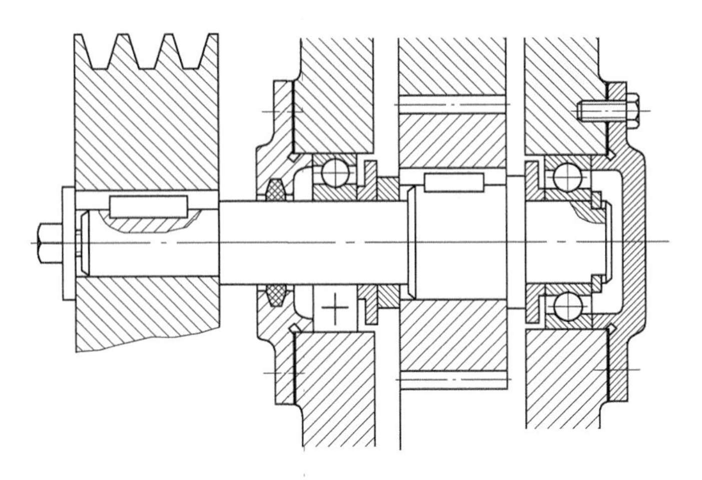

图13-55 题14-49图

13-50 图13-56所示为锥齿轮轴系，有一个小锥齿轮装在轴上，指出结构图中的错误。

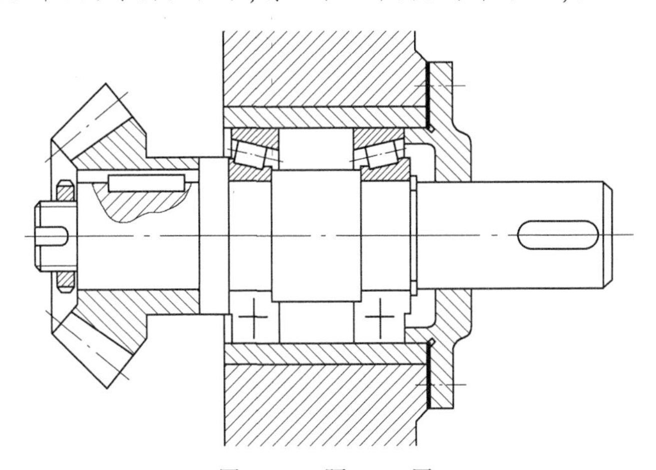

图13-56 题13-50图

13-51 图13-57所示为齿轮轴系，轴上有一个齿轮，左端有一个联轴器的凸缘，指出图中的错误。

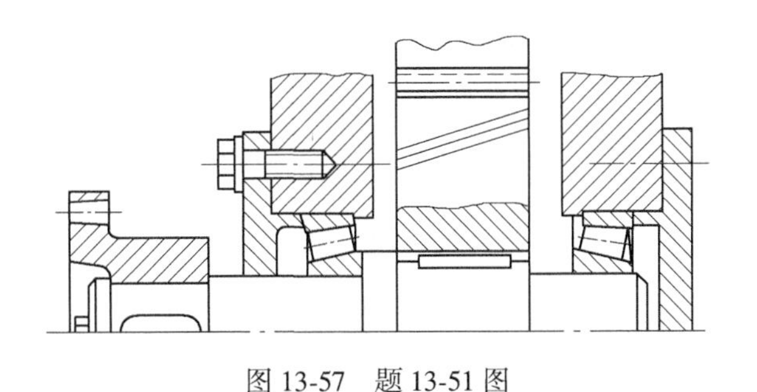

图13-57 题13-51图

第14章　联轴器和离合器

14.1 概　　述

【学习提示】

①学习这一章的基本要求是能够按照使用条件选择合用的联轴器或离合器，确定其类型和尺寸，进行必要的计算。

②表14-1和表14-6是掌握联轴器和离合器的基本指导性文件，应该以此为纲掌握和理解全章内容。

③对于主要的联轴器和离合器要求理解其结构-性能-使用条件之间的关系，在此基础上深刻理解各种联轴器、离合器的特点和使用范围作为选择的基础。

④学习分析比较各种类型联轴器、离合器的能力，作出恰当的决定。

⑤在学习本章时，应该结合完成习题作业，参考相关的手册，掌握使用手册的能力。许多零件如滚珠丝杠、滚珠导轨等，与本章相似，都是选择成套的标准件。本章的方法有典型性。

联轴器和离合器是用来连接两轴并传递转矩和运动的部件，所连接的两轴的轴线基本在一直线上，有时也用于连接轴和其他零件。联轴器连接的两轴，在机器运转时不能分离，必须停车通过拆卸的方法才能使两轴分离(见图14-1)。在机器运转过程中，可以随时使两轴结合或分离的称为离合器。联轴器、离合器已经标准化，机械设计首先考虑选择标准的联轴器和离合器。

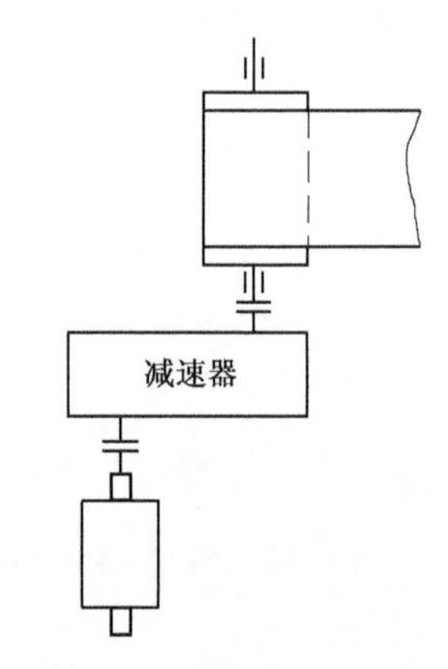

图14-1　联轴器的应用

14.1.1　联轴器的分类和选择

联轴器是根据两方面的使用要求来分类的。

1. 联轴器的挠性

用联轴器连接的两轴，由于制造安装误差、工作时温度变化和受力变形等因素的影响，使两轴有相对位移。使用刚性联轴器则会产生附加载荷，挠性联轴器则不产生或只产生很小的附加载荷。

根据两轴相对位移的特点，有图14-2所示的四种情况，按有关零件可能产生的位移，选择挠性联轴器的类型。

2. 联轴器的弹性

联轴器连接的两轴，一方如果有振动，则会经过联轴器传递给另一方(见图14-3)。如果在联轴器内部设有弹性元件则可以减轻这一现象。

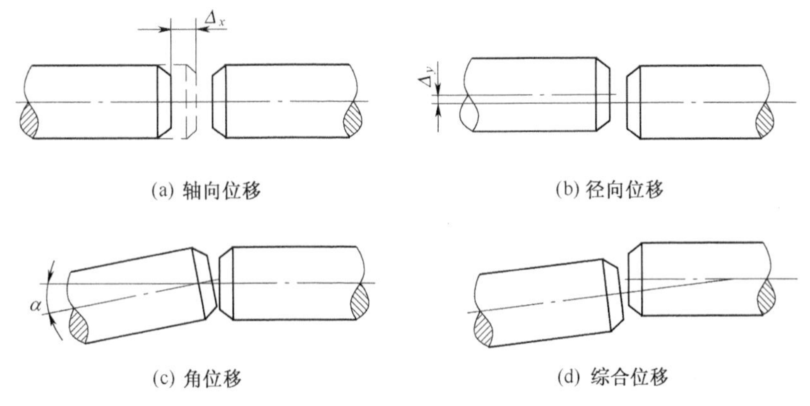

(a) 轴向位移　　(b) 径向位移

(c) 角位移　　(d) 综合位移

图 14-2　两轴轴线的相对位移

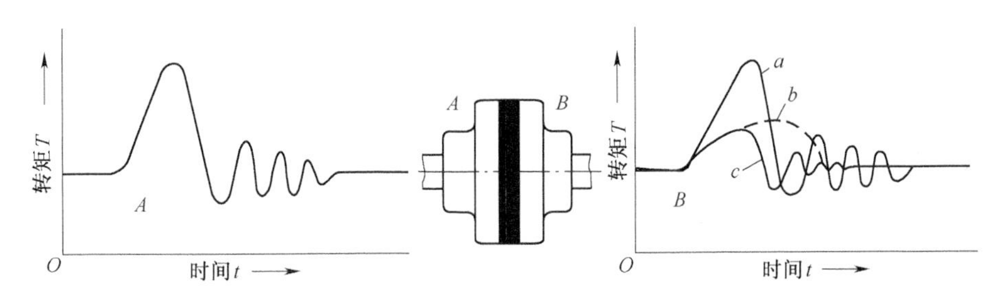

图 14-3　联轴器的弹性和阻尼作用示意图

A—原动机边；B—工作机边；a—刚性联轴器；b—耐中等冲击联轴器；c—耐冲击有阻尼作用的联轴器

3. 联轴器的分类

联轴器的类型很多，本书只介绍一些有代表性的，如图 14-4 所示。

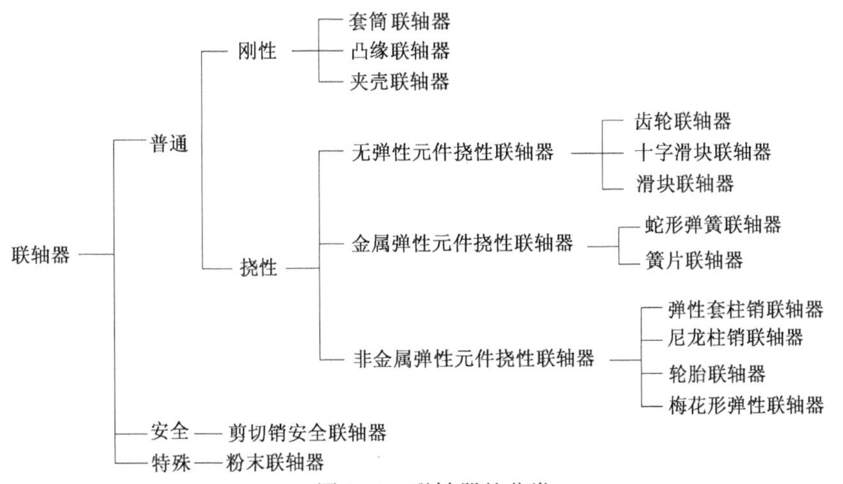

图 14-4　联轴器的分类

14.1.2　选用

1. 选择联轴器的类型

(1)刚性联轴器。特点是结构简单，价格便宜，对于两轴对中的要求很高，有对中误差时产生较大的附加载荷，没有缓冲减振能力，常用于轴对中好，转速不高，没有冲击的工作条件，使用较少。

(2)对于难以达到严格对中要求的两轴，宜采用挠性联轴器。

(3)对于传力较大，载荷变动较大，无缓冲要求，难以达到严格对中要求的两轴，采用无弹性元件的挠性联轴器。

(4)对于传力较大，载荷变动较大，有缓冲要求，难以达到严格对中要求的两轴，采用金属弹性元件的挠性联轴器。

(5)对于传力要求一般，有缓冲要求，难以达到严格对中要求的一般情况，采用非金属元件的挠性联轴器。

2. 选择联轴器的型号

(1)计算联轴器的承载能力。按照联轴器的国家标准，选择联轴器的型号和尺寸。要满足以下公式

$$T_C = TKK_W K_Z K_t = 9\ 550KK_W K_Z K_t P_W / n \leqslant [T_n] \tag{14-1}$$

式中 K——工作情况系数，如表 14-1 所示；

K_W——动力机系数，如表 14-2 所示；

K_Z——启动系数，如表 14-3 所示；

K_t——温度系数，如表 14-4 所示；

P_W——驱动功率，kW；

n——轴转速，r/min；

T_n——公称转矩(许用转矩)，见机械设计手册。

表 14-1 工作情况系数摘自(JB/T 7511—1994)

载荷性质	工作机类型	K
均匀载荷	鼓风机，风扇，泵(离心式)	1.0
	鼓风机，风扇(轴流式)，泵(回转式)	1.5
	压缩机(离心式，轴流式)	1.25~1.50
	液体搅拌设备，酿造、蒸馏设备，均匀加载运输机	1.0~1.25
	不均匀加载运输机，提升机	1.25~1.5
	给料机(板式、带式、圆盘式)	1.25
	纺织机械	1.25~1.5
	造纸设备	1.0~1.50
	传动装置	1.25~1.5
	食品机械	1.0~1.25
中等冲击载荷	通风机(冷却塔式、引风机)	2.0
	泵(单~多缸)	1.75~2.25
	往复式压缩机	2.00
	搅拌机(筒形、混凝土)	1.50~1.75
	运输机(板式、螺旋式、往复式)	1.50~2.50
	提升机(离心式、料斗式)	1.50~2.00
	机床(刨床、冲压机)	1.50~2.50
	橡胶机械	2.00~2.50
	起重机、卷扬机	1.5~2.0
重、特重冲击载荷	碎矿石机	2.75
	摆动运输机，往复式给料机	2.50
	可逆输送辊道	2.50
	初轧机，中厚板轧机，剪切机、冲压机	>2.75

注：表中 K 值的范围内的取值，根据同类机械中载荷性质的差异而定。

表 14-2　动力机系数 K_W

动力机			
电动机 汽轮机	内燃机		
	四缸及以上	双缸	单缸
1.0	1.2	1.4	1.6

表 14-3　启动系数 K_Z

≤120 z/h	>120～240 z/h	>240 z/h
1.0	1.1	由制造厂定

表 14-4　温度系数 K_t

环境温度/℃	天然橡胶(NR)	聚氨甲基酸乙醇弹性体(PUR)	丁腈橡胶(NBR)
-20～30	1.0	1.0	1.0
>30～40	1.1	1.2	1.0
>40～60	1.4	1.5	1.0
>60～80	1.8	不允许	1.2

(2)控制联轴器的转速。按联轴器的国家标准,规定了其许用转速[n],联轴器的转速不应超过其许用值。

(3)联轴器的孔直径符合轴的尺寸和形状(圆柱形、圆锥形等)。

(4)高速轴的联轴器要考虑平衡问题。

考虑以上问题以后,按国家标准选择联轴器的型号。

14.2　常用联轴器

14.2.1　刚性联轴器

刚性联轴器结构简单,成本低,对两轴的对中要求高,无缓和冲击的能力,常用于对中条件好的场合。

1. 凸缘式联轴器

由两个带凸缘的半联轴器分别与两轴连接在一起,再用螺栓把它们连接成为一体(见图 14-5)。其中为两种对中方法,图 14-5(a)是用凸肩和凹槽对中,靠扭紧普通螺栓产生的摩擦力,传递转矩,图 14-5(b)是用加强杆螺栓对中。

2. 套筒联轴器

套筒联轴器是用连接零件如销钉[见图 14-6(a)]或键[见图 14-6(b)]将两轴轴端的套筒与轴连接起来以传递转矩。这种联轴器径向尺寸小,用于要求结构紧凑,同心度高,工作平稳的场合。缺点是拆卸时轴要作轴向移动。

3. 夹壳联轴器

由纵向剖分的两半夹壳和连接它们的螺栓组成(见图 14-7)。这种联轴器安装和拆卸方

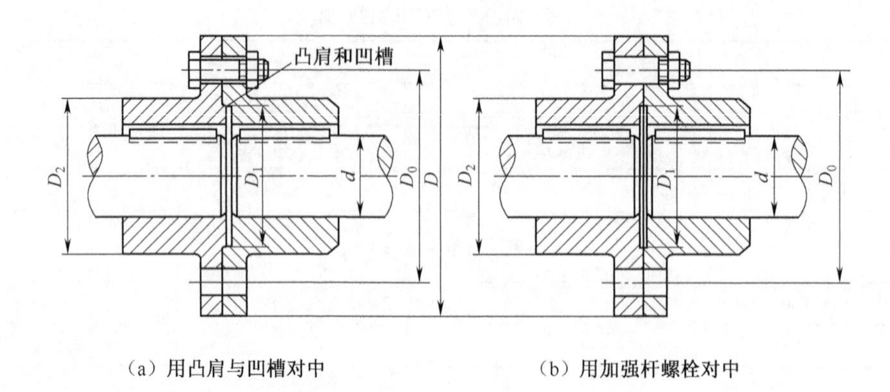

（a）用凸肩与凹槽对中　　（b）用加强杆螺栓对中

图 14-5　凸缘式联轴器

便，轴不需要做轴向移动，但是联轴器平衡困难，需要加防护套，适用于低速，载荷平稳的场合，通常外缘速度不大于 5 m/s。

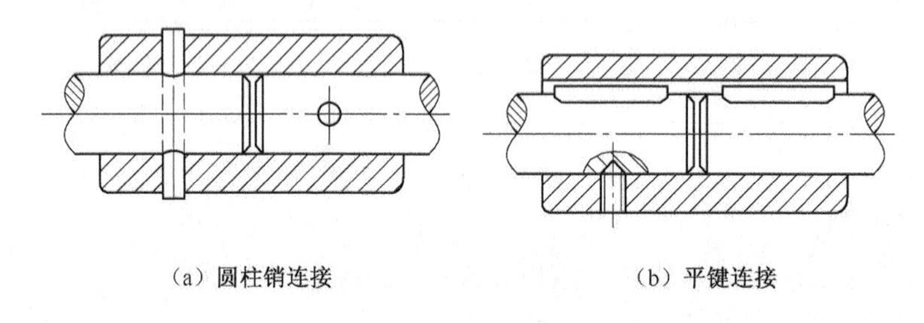

（a）圆柱销连接　　（b）平键连接

图 14-6　套筒联轴器

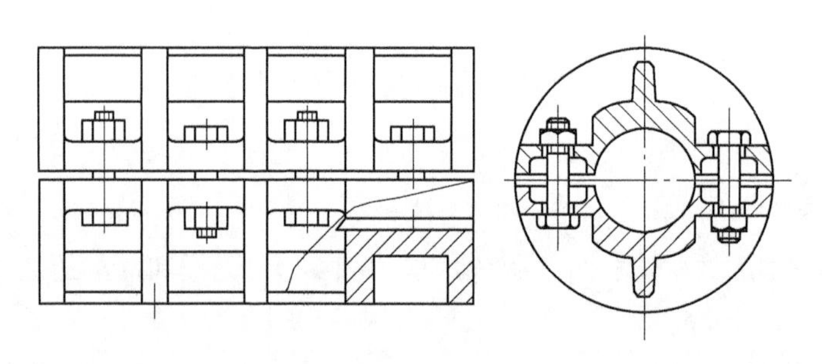

图 14-7　夹壳联轴器

14.2.2　挠性联轴器

1. 无弹性元件的挠性联轴器

(1)齿轮联轴器。齿轮联轴器由带有外齿的两个内齿套(齿顶为圆弧)和带有内齿轮的两个外齿套组成[见图 14-8(a)]。其中内外齿套间允许有以 O 为中心的相对转动[见图 14-8(b)、(c)]，允许综合位移，具有良好的补偿性。内外齿轮的齿数相等，轮齿齿廓为渐开线，压力角为 20°。在齿轮联轴器有相对位移时，其轮齿的齿面有相对滑动，因此会引起齿面磨损，对齿轮联轴器应该加润滑油，并且有密封装置。齿轮联轴器一般由锻钢或铸钢制造，能够传递很大的转矩，在重型机械中使用广泛。

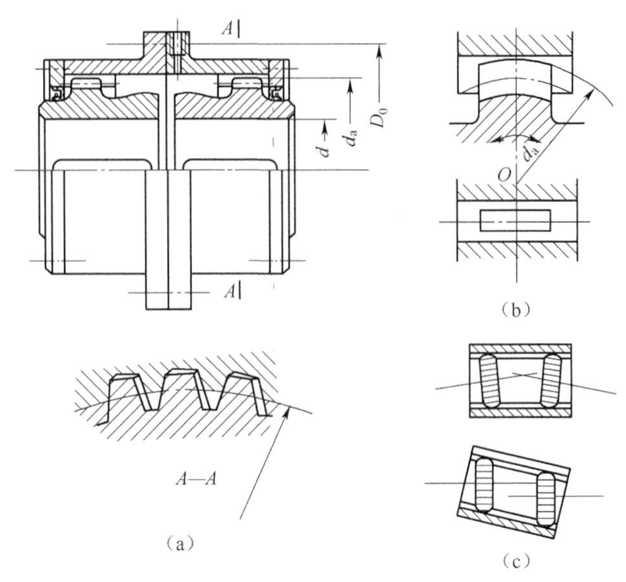

图 14-8　齿轮联轴器

(2)十字滑块联轴器。该联轴器有两个在端面上开有凹槽的凸缘形半联轴器 1、3，中间有一个，带有凸牙的中间圆盘 2，两面的凸牙成 90°夹角，凸牙可以在凹槽中滑动，这种联轴器主要允许径向位移(见图 14-9)。但是径向位移引起凸牙在凹槽内的滑动，而且产生离心力。所以径向移动有一定限制，转速不能很高，传递转矩比齿轮联轴器小，这种联轴器没有国家标准，使用较少。

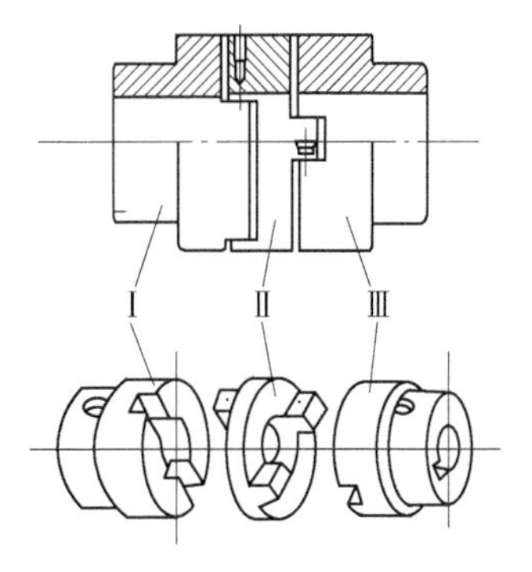

图 14-9　十字滑块联轴器

(3)万向联轴器。这种联轴器由两个叉形零件 1 和 3 用铰接分别和一个有十字形孔的零件 2 和 4、5 两轴相连接而成[见图 14-10(a)]。采用双万向联轴器可以满足主动轴与从动轴转速相同的要求，但是必须符合下列条件[见图 14-10(b)]：

①中间轴 8 与主动轴 6 之间的夹角，等于中间轴 8 与从动轴 7 之间的夹角。

②当中间轴 8 在左端的叉头位于轴 6 和轴 7 的平面内时，中间轴 8 在右端的叉头，应位于轴 7 和轴 8 所在的平面内。

其结构尺寸和工作能力，见机械设计手册。

2. 有弹性元件的挠性联轴器

(1)有金属弹性元件的挠性联轴器。

①蛇形弹簧联轴器。蛇形弹簧联轴器由两个有齿的半联轴器和一组蛇形板弹簧组成[见图 14-11(a)]，为了安装方便，蛇簧常分为 6~8 段。弹簧用剖分的外壳罩住，壳中可以储存润滑油。这种联轴器的工作特性决定于轮齿的侧面外形，把轮齿侧面作成圆弧形，随着载荷的增加，力的作用点逐渐内移，弹簧长度变短刚度增加，形成一个变刚度联轴器[见图 14-11(b)]，当齿的侧面为菱形时，弹簧长度不随着载荷增减而变化，就成为定刚度的弹性联轴器[见

图 14-11(c)]。蛇形弹簧联轴器有很好的补偿两轴位置误差的能力。

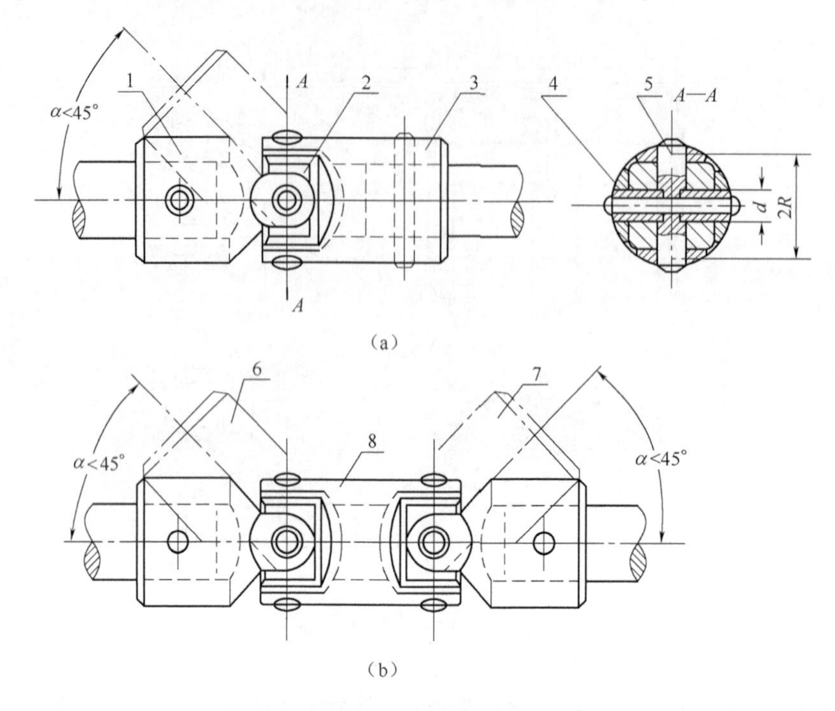

图 14-10 万向联轴器

(a)1—左半联轴器;2—十字形孔连接件;3—右半联轴器;4—轴套;5—轴

(b)6—主动轴;7—从动轴;8—中间轴

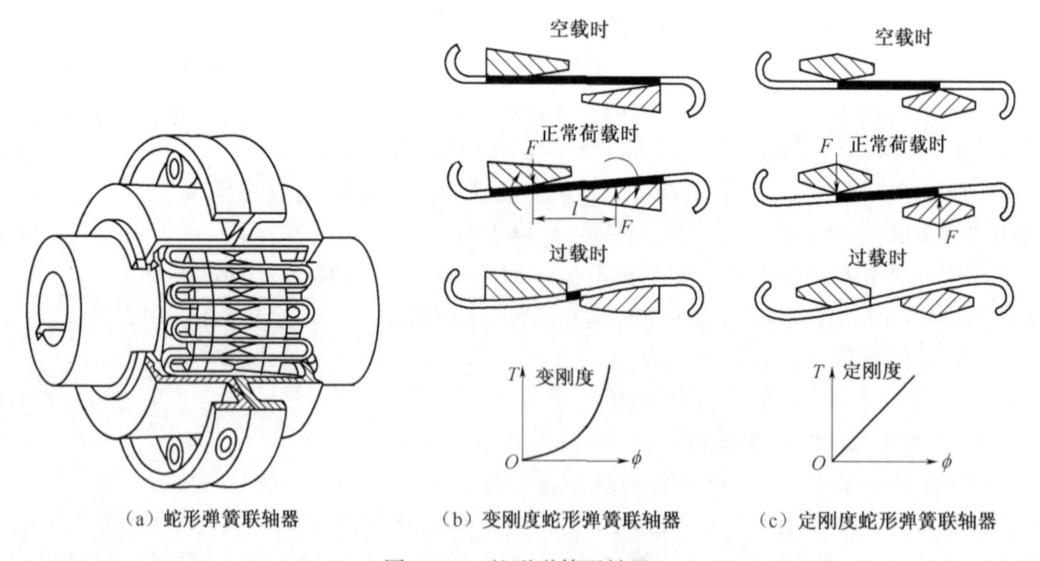

(a) 蛇形弹簧联轴器　(b) 变刚度蛇形弹簧联轴器　(c) 定刚度蛇形弹簧联轴器

图 14-11 蛇形弹簧联轴器

②径向弹簧片联轴器[见图 14-12(a)]。这种联轴器的弹簧片除有较大的弹性以外,多层的弹簧片之间有摩擦,可以有吸收振动和阻尼的作用[见图 14-12(b)]。

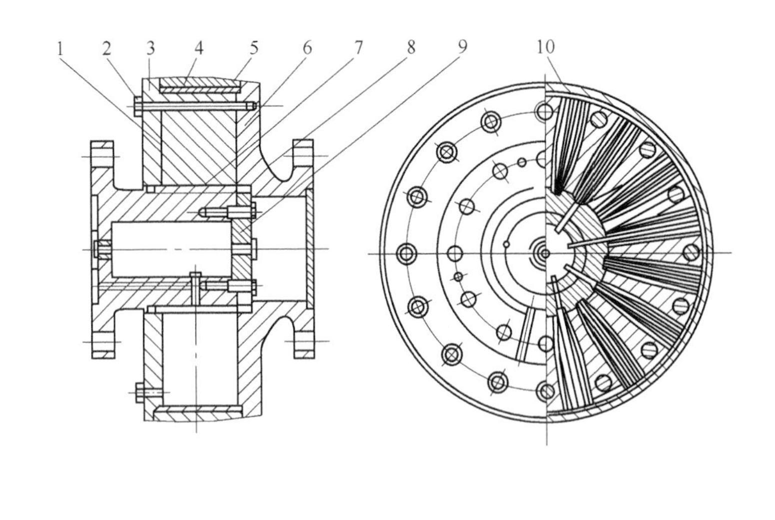

（a） 径向弹簧片联轴器结构图

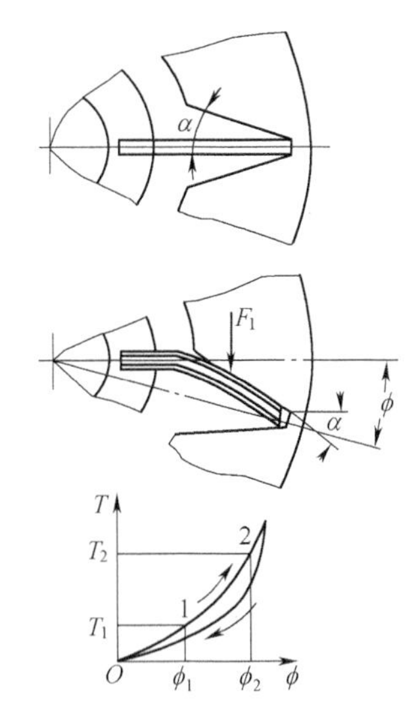

（b） 弹簧片的刚度和阻尼

图 14-12　径向弹簧片联轴器

1—中间块;2—六角头螺栓;3—侧板;4—中间圈;5—紧固圈;6—法兰;
7—花键轴;8—O 形橡胶密封圈;9—密封圈座;10—簧片组件

(2)有非金属弹性元件的挠性联轴器。这一类联轴器用非金属弹性元件的变形补偿被连接两轴的位移和冲击。其优点有可以储存比金属弹性元件更多的能量,有弹性滞后作用,因此能够起阻尼作用。使联轴器结构简单,价格较低,但是由于非金属元件强度较低,所以传递转矩较小,而且寿命较短。常用有非金属弹性元件的挠性联轴器都有国家标准规定了它的结构、尺寸、公称转矩和许用转速可以从机械设计手册查得,按式(14-1)进行计算选择。

①弹性套柱销联轴器。其基本结构形式与凸缘联轴器相似,只是用装有弹性套的柱销代替了连接螺栓,有较好的缓冲和减振作用(见图 14-13)。适用于启动频繁或在变载荷下工作的传动装置。

②弹性柱销联轴器。柱销用 MC 尼龙(聚酰胺 6)制造,有弹性,可以缓和冲击(见图 14-14)。尼龙耐磨性好,耐冲击,摩擦因数小,有自润滑作用,但是对温度敏感不宜于用在温度较高的场合。

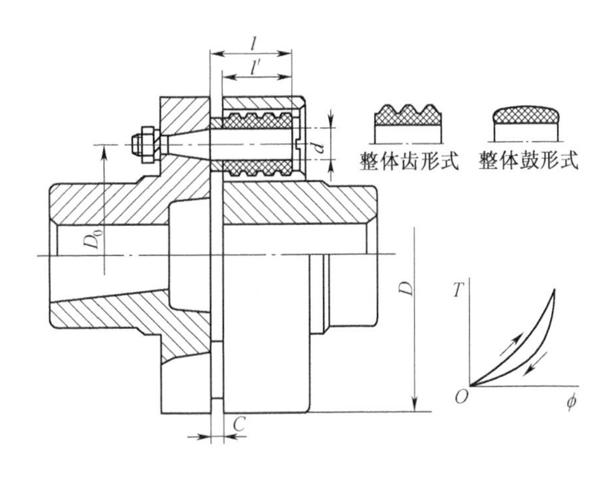

图 14-13　弹性套柱销联轴器

③轮胎式联轴器。轮胎式联轴器弹性大,扭转刚度小,缓冲性能好,允许两轴相对位移大(见图 14-15)。缺点是径向尺寸大,过载时会产生附加的轴向载荷。

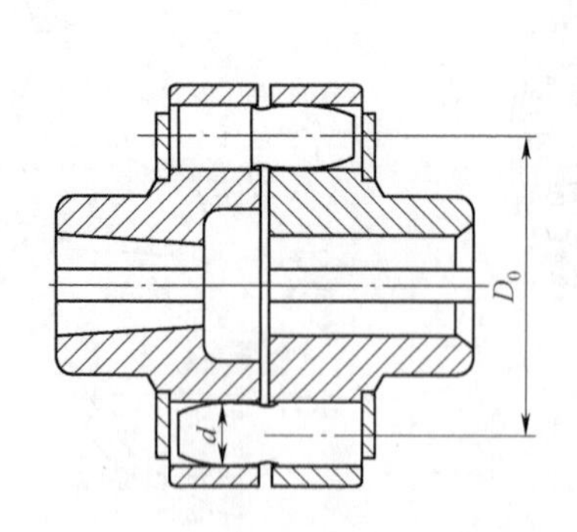

图 14-14　弹性柱销联轴器

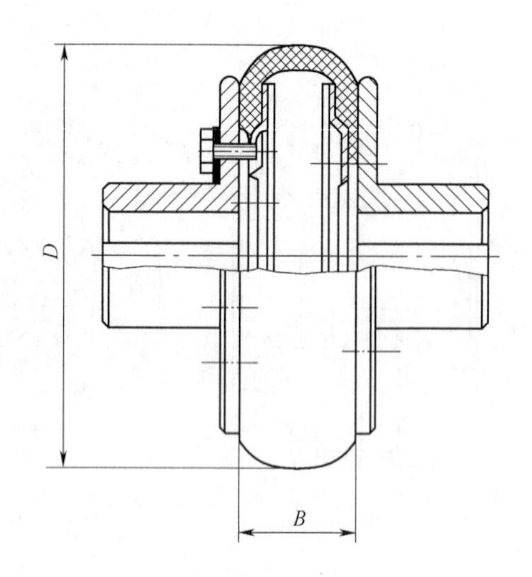

图 14-15　轮胎式联轴器

④梅花形弹性联轴器。弹性元件是一个有双数个形状如花瓣的弹性元件置于两个半联轴器的凸爪之间,实现转矩的传递(见图 14-16)。中间的弹性元件起缓冲减振的作用。这种联轴器结构简单,具有良好的补偿和减振能力,使用广泛。

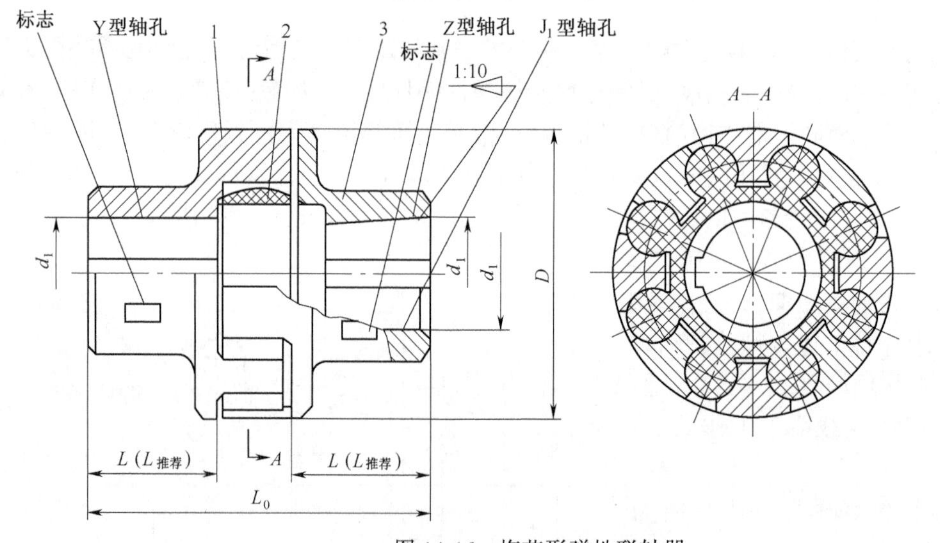

图 14-16　梅花形弹性联轴器

1、3—半联轴器;2—弹性元件

14.3　常用离合器

14.3.1　离合器的分类和选择

常用离合器分类如图 14-17 所示。按离合器的操纵方式分为操纵离合和自动离合两大类,除有必要在某些特殊情况下需要自动离合的场合以外,一般采用操纵式离合器。操纵式离合器分为嵌合式和摩擦式两大类。嵌合式离合器结构简单,连接可靠,但是一般需要在停车情况下,才能进行离合操作。摩擦式离合器可以在工作中进行离合操作,而且有过载保护作用,但是结构比较复杂,频繁离合的发热较大。

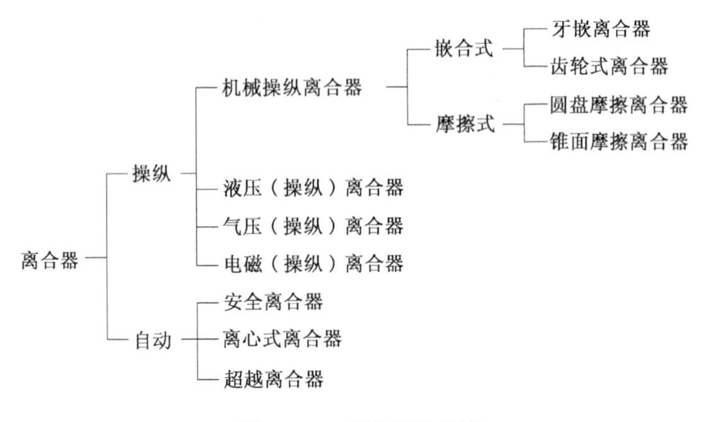

图 14-17　离合器的分类

14.3.2　离合器的结构和计算

1. 牙嵌式离合器

图 14-18 为牙嵌式离合器的典型结构图,它是由端面带牙的两半离合器 1、3 组成,它们分别与主动轴和从动轴连接。在此与从动轴连接的半离合器与轴用导键与轴连接,用拨叉 4 使其在轴上移动,达到离合器分合的要求。牙嵌式离合器的牙形有三角形、梯形和锯齿形(见图 14-19)。其中梯形齿强度高、能自动补偿磨损与间隙、传转矩大,所以应用最广。牙嵌离合器传递转矩的能力决定于牙的强度和耐磨性,其尺寸可以按机械设计手册选取,也可以按下列公式验算牙面的压强 p 和牙根弯曲应力 σ_b。

$$p = \frac{2KT}{zD_0A} \leqslant [p] \tag{14-2}$$

$$\sigma_b = \frac{KTh}{zD_0W} \leqslant [\sigma_b] \tag{14-3}$$

式中　A——每个牙的接触面积,mm;

D_0——牙所在圆环的平均直径,mm;

h——牙的高度,mm;

z——牙的数目;

W——牙根部的抗弯截面系数, $W = \frac{a^2b}{6}$ mm,(a、b 见图 14-18),许用应力如表 14-5 所示。

表 14-5　牙嵌式离合器许用压强[p]和许用弯曲应力 [σ_b]

结合方式	许用压强[p]/MPa	许用弯曲应力 [σ_b] /MPa
静止状态下结合	90~120	σ_b/1.5
运转时结合	35~45	σ_b/(3~4)

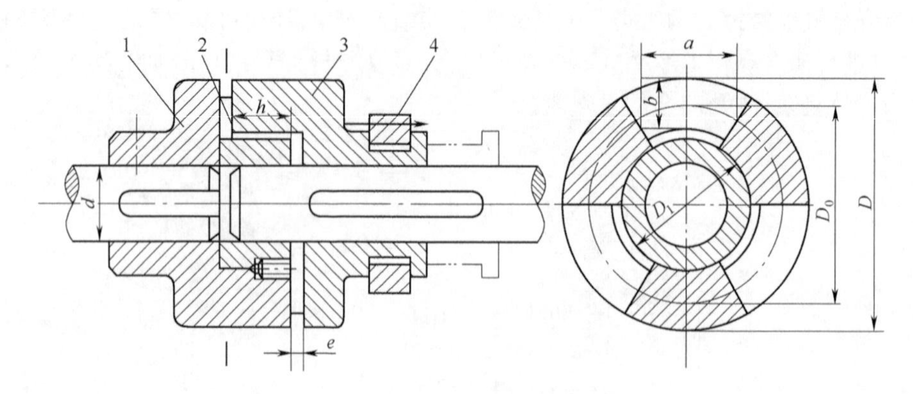

图 14-18 牙嵌式离合器

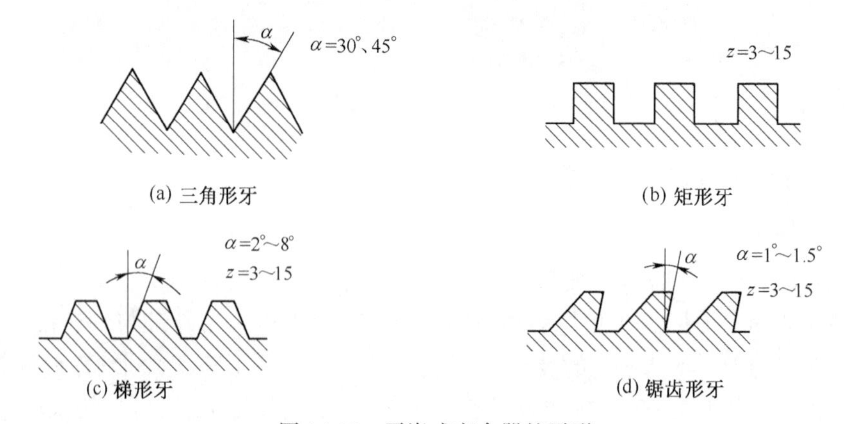

图 14-19 牙嵌式离合器的牙形

2. 摩擦式离合器

（1）单盘摩擦式离合器（见图14-20）。单盘摩擦式离合器的半离合器 2 由拨叉推动可以在从动轴上面滑动，由弹簧或其他装置压紧两半离合器，轴向压紧力为 F_Q 可以传递的最大转矩为

$$T_{max}=F_Q\mu_f R \qquad (14\text{-}4)$$

式中 F_Q——轴向压紧力；

μ_f——摩擦因数；

R——摩擦半径，$R=(D_1+D_2)/4$，

D_1、D_2——摩擦盘结合面的外径和内径。

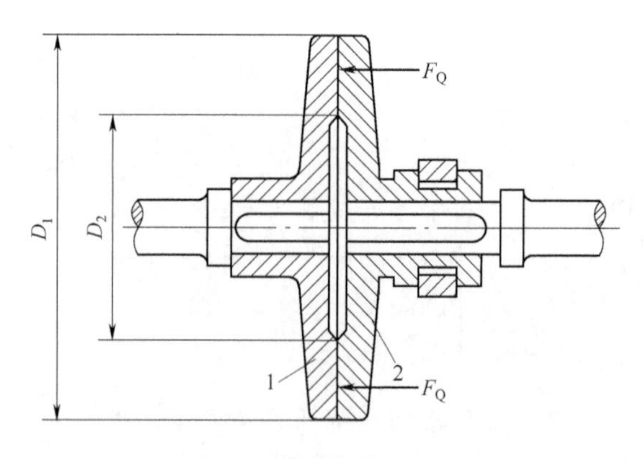

图 14-20 单盘摩擦式离合器

（2）多盘摩擦式离合器（见图 14-21）内、外圆盘分别带有凹槽和外齿（见图 14-22），图 14-21 中，主动轴 1 与与外鼓轮 2 相连接，其内齿槽与外摩擦盘的外齿连接。从动轴 3 与套筒 4 相连接，它的外齿与内摩擦盘的凹槽相连接。滑环 6 由操纵机构控制，图 14-21 所示位置为压块 5 压紧摩擦盘，这时各盘都受压紧力 F_Q 的作用。由于摩擦面多，故能传递较大的转矩，而离合

器的外径较小。这种离合器结构比较复杂。能传递的最大转矩 T 和结合面上面的压强 p 为

$$T_{max}=F_Q\mu_f Rz \geqslant KT \tag{14-5}$$

$$p=\frac{4F_Q}{\pi(D_1^2-D_2^2)}\leqslant[p]$$

式中　F_Q——轴向压紧力；

z——摩擦面数。

K——工作情况系数，如表 14-1 所示。

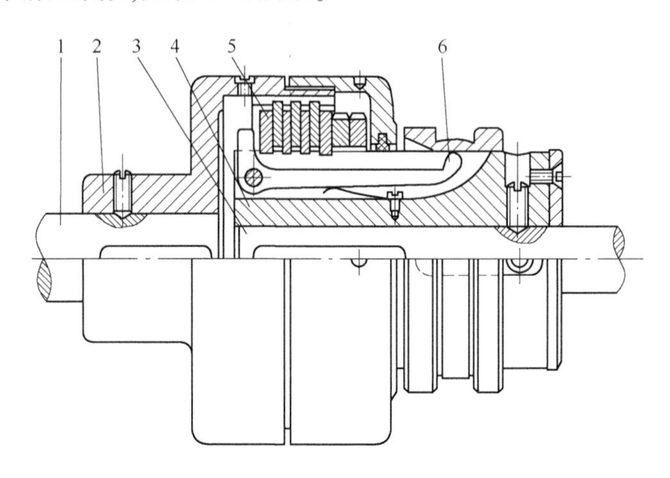

图 14-21　多盘摩擦式离合器

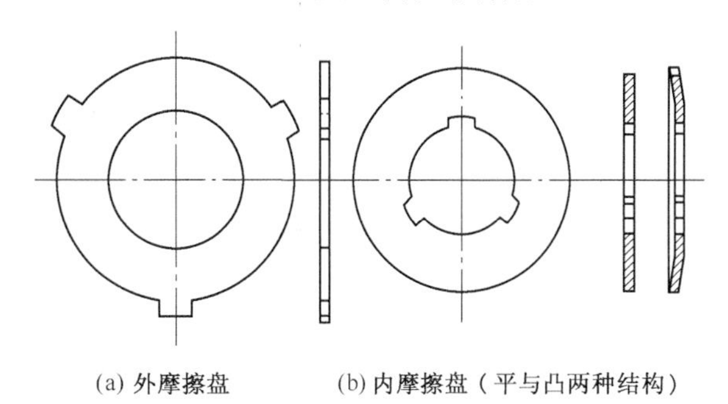

(a) 外摩擦盘　　(b) 内摩擦盘（平与凸两种结构）

图 14-22　摩擦盘结构

$[p]=[p]_0K_VK_ZK_n$，$[p]_0$是基本许用压强，由表 14-6 查得。K_V根据摩擦面的平均速度确定的系数，K_Z根据主动摩擦盘数目确定的系数，K_n根据每小时接合的次数确定的系数，如图 14-23所示。

表 14-6　摩擦因数 μ_f，基本许用压强 $[p]_0$

摩擦面材料及工作条件		摩擦因数 μ_f	基本许用压强 $[p]_0$/MPa
在油中工作	淬火钢—淬火钢	0.06	0.6~0.8
	淬火钢—青铜	0.08	0.4~0.5
	铸铁—铸铁或淬火钢	0.08	0.6~0.8
	钢—夹布胶木	0.12	0.4~0.6
	淬火钢—金属陶瓷	0.10	0.8

续表

摩擦面材料及工作条件		摩擦因数 μ_f	基本许用压强 $[p]_0$/MPa
不在油中工作	压制石棉—钢或铸铁	0.30	0.2~0.3
	淬火钢—金属陶瓷	0.40	0.3
	铸铁—铸铁或淬火钢	0.15	0.2~0.3

3. 自动离合器

自动离合器是按照预定要求,在一定条件下能够自动实现分离或结合的离合器。如达到一定转矩、一定转速或主动轴转速与从动轴转速达到一定差距时自动离合的离合器。

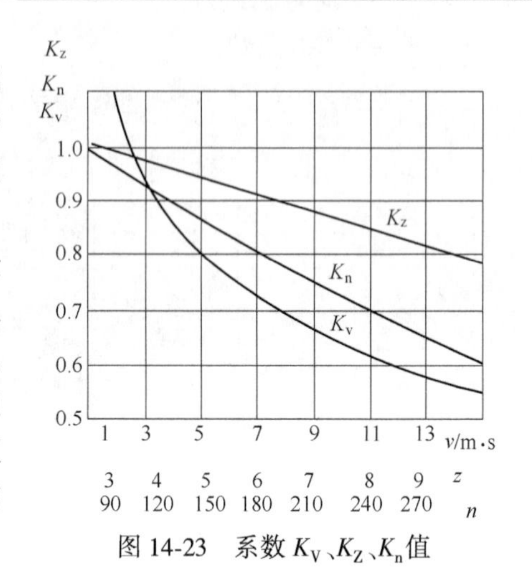

图 14-23　系数 K_V、K_Z、K_n 值

(1)安全离合器。图 14-24 所示为牙嵌式安全离合器,它由牙盘 2、3 与弹簧 4 组成,由链轮 1 输入转矩,牙盘 2 与链轮连接,牙盘 3 用平键与轴连接。牙盘的牙形采用梯形,利用弹簧压紧,牙盘 2 的转矩可以传递给牙盘 3。当传递的转矩超过某一设定值时,结合面间的轴向分力超过弹簧的压紧力,使结合面分离,不再传递转矩,达到保护机器的目的。

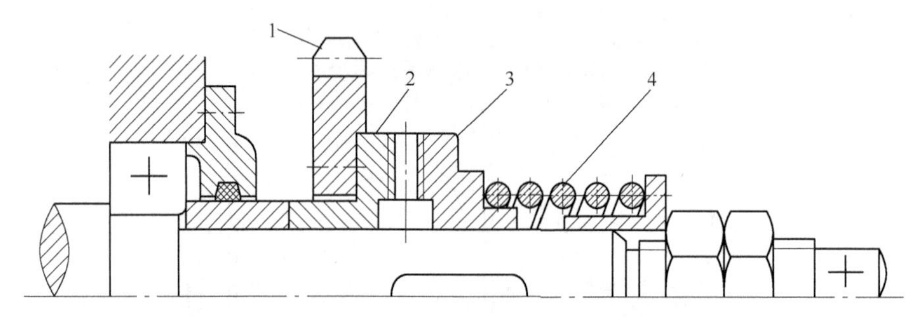

图 14-24　牙嵌安全离合器

1—链轮;2、3—牙盘;4—弹簧

(2)离心式离合器。图 14-25 所示出了两种离心式离合器的工作原理。图 14-25(a)所示主动轴低速转动时,重块的离心力不能产生足够的摩擦力使从动轴转动,只有主动轴转速达到一定值时,离合器才能自动达到使从动轴转动,称为开式离心式离合器。图 14-25(b)所示主动轴转速达到一定值时,离合器自动达分离,使从动轴停止转动,称为闭式离心式离合器。

图 14-26 所示为一种离心式离合器的结构。

(3)超越离合器。自行车的后轮中,有一个超越离合器,小链轮可以带动后车轮,但是小链轮不动时,车轮可以超越小链轮自由转动。图 14-27(a)所示为一种机械中常用的滚柱超越离合器。当星轮 4 作为主动轮,按顺时针方向回转时,滚柱 2 被摩擦力带动楔紧在槽内[见图 14-27(b)]因而可以带动外环 1 转动,此时离合器处于连接状态。当星轮反转、不动或外环与星轮都作顺时针方向转动,而外环转速超过星轮时,滚柱被带到槽的较宽部分,从动环 1 转动不受星轮影响,处于超越状态。

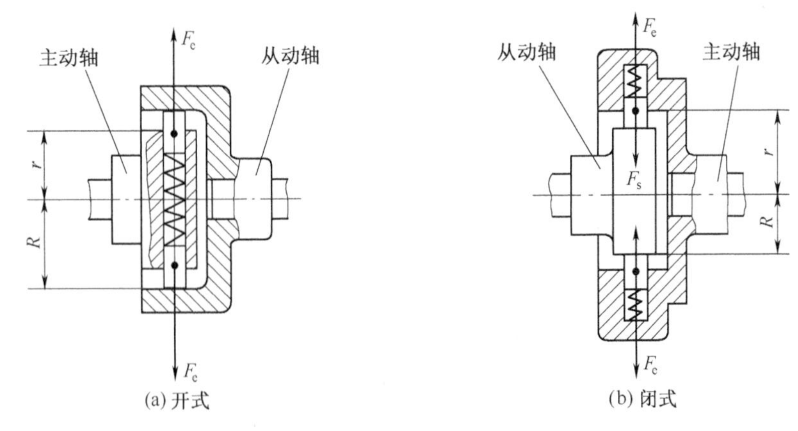

图 14-25　两种离心式离合器的工作原理

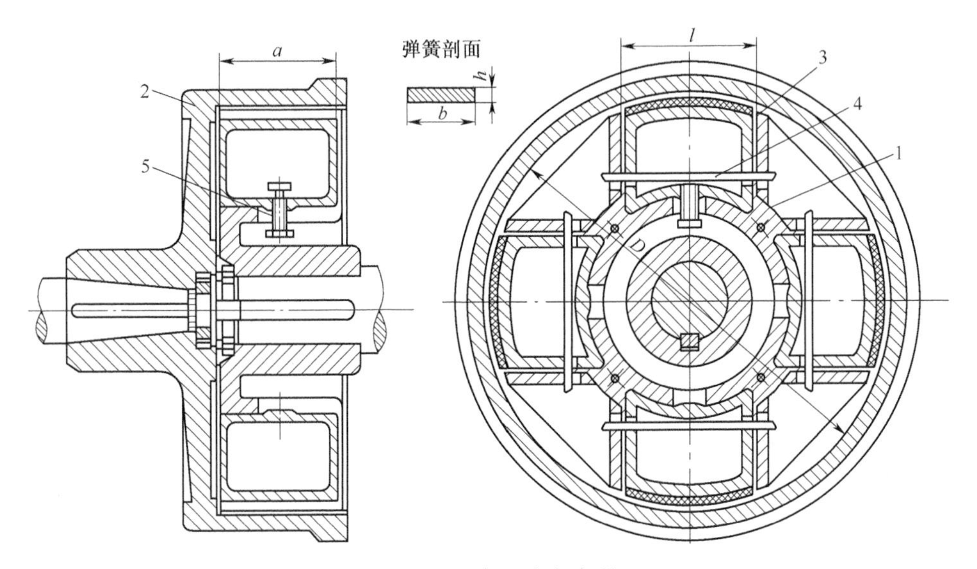

图 14-26　离心式离合器

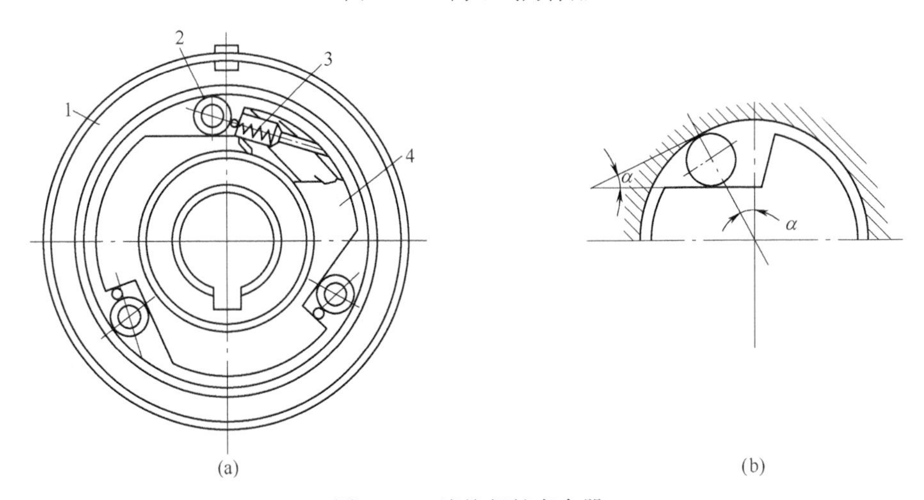

图 14-27　滚柱超越离合器

思考题、讨论题和习题

14-1　图 14-28 中所示两种齿轮联轴器有什么不同的性能?

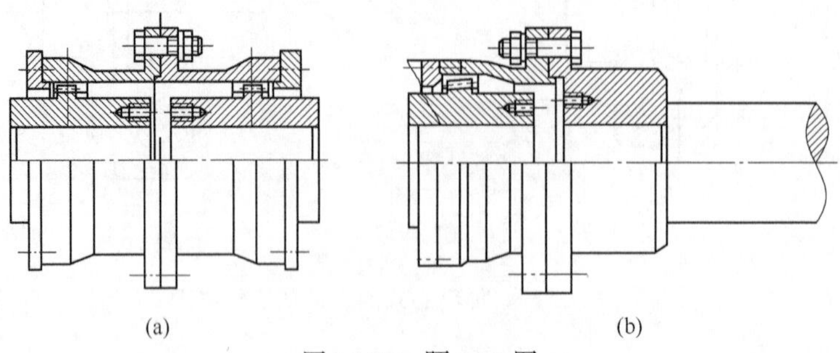

图 14-28　题 14-1 图

14-2　在上题的齿轮联轴器中,如果要用一个半联轴器作为制动器的制动轮,应该如何设计?

14-3　某单位提出要求:设计一个连接两个垂直轴的挠性联轴器,除传递中等转矩以外,同时传递轴向压力,其大小约为总圆周力的三分之一,设计此联轴器的结构。

14-4　挠性联轴器,允许被连接两轴有一定的位移,但是为什么安装时,还是尽量使两轴对中好一些,避免过大的位移?

14-5　图 14-29 所示为桥式起重机小车机构简图,电动机Ⅰ通过联轴器 A 经过减速器带动车轮在钢轨Ⅲ上面行驶,两个车轮轴用两个联轴器 C、D 与中间轴Ⅳ连接。要求两个车轮同步转动,否则小车前进时会发生偏斜。试选择 A、B、C、D 4 个联轴器的类型。

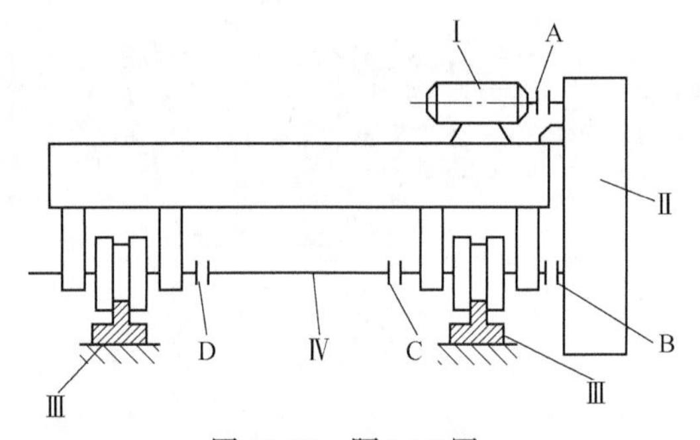

图 14-29　题 14-5 图

14-6　由 Y 系列防护型三相异步电动机 Y160M-4 带动离心式水泵,电动机功率 11 kW,转速 1 450 r/min,电动机轴直径 $d=48$ mm,水泵轴直径 42 mm。

14-7　图 14-1 中所示为一个带式运输机传动装置。电动机型号为 Y 系列封闭型三相异步电动机 Y250M-6,额定功率 $P=37$ kW,转速 $n_1=980$ r/min,电动机轴直径 $d_1=65$ mm,长度 $l=140$ mm。减速器传动比 $i=23.5$,减速器高速轴直径 $d_2=55$ mm,低速轴直径 $d_3=75$ mm。试选择减速器输入、输出端适用的联轴器。

14-8　某碎石机的轴,直径 $d_1=80$ mm,与齿轮减速器的轴(直径 $d_2=85$ mm)相连,传递转矩 $T=4$ kN·m,转速 240 r/min,请选择适用的联轴器,并核算其强度。

14-9　十字滑块联轴器,结构如图 14-9,当两轴的径向位移为 e(单位 mm)时,试证明:

(1) 主动轴等速回转时从动轴也等速回转。

(2) 中间圆盘中心的轨迹为直径为 e 一个圆,主动圆盘转一周时,中间圆盘的中心沿此圆转两周。

(3) 作用在圆盘中心的离心力 F_e 为

$$F_e = m\frac{e}{2}\left(2\frac{\pi n}{30}\right)^2 = 0.022mn^2e$$

式中　m——圆盘质量,kg;

n——轴的转速,r/min。

试导出此公式。

14-10　图14-30所示为牙嵌式离合器,d为轴直径,D_0为离合器的平均直径,F为平均直径处的圆周力,μ_f为离合器与轴间的摩擦因数,α为牙的倾角,ρ为牙间的摩擦角,试证明以下关系式:

(1)分离离合器时所需的轴向力为

$$F_Q = \mu_f F\frac{D_0}{d} - F\tan(\alpha-\rho)$$

(2)如所设计的是牙嵌离合器,$\mu_f=0.08$,$\rho=5°$,$\frac{D_0}{d}=2$,求此机构的自锁条件,并说明牙嵌离合器为什么要满足自锁条件。

(3)设$\mu_f=0.15$,$\rho=5°$,$\frac{D_0}{d}=2$,求此机构作为牙嵌离合器时,若传递最大转矩为T_{max},压紧弹簧力应该是多少。

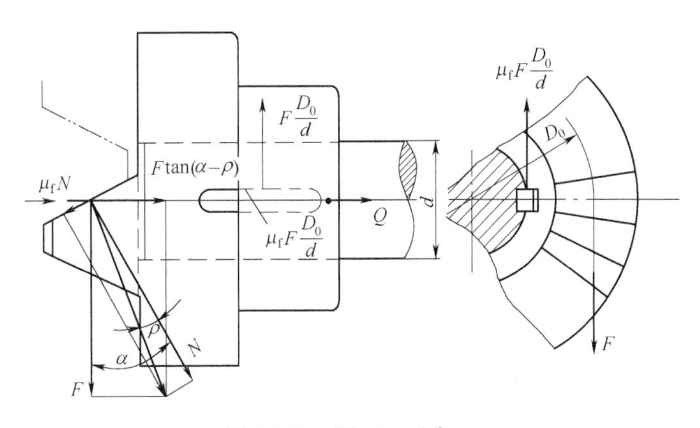

图14-30　题14-10图

14-11　图14-31所示为多盘式安全离合器,用弹簧将主、从动摩擦片压紧,过载时,离合器主、从动摩擦片之间发生相对滑动,从而限制了最大转矩。已知传递最大转矩150 N·m,轴上主动齿轮的齿数$z=56$,模数$m=4$,宽度$b=85$ mm,轴直径$d=50$ mm,允许过载20%,转速800 r/min。离合器在油中工作,每小时接合次数小于90次。设计此安全离合器并画出部件装配图。

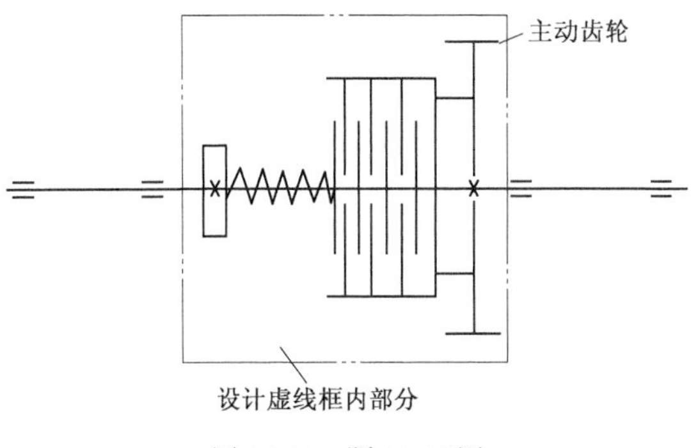

图14-31　题14-11图

第5篇　其他零部件设计

第15章　弹　　簧

【学习提示】

①弹簧是一种具有特殊功能的零件,巧妙地利用弹簧可以实现一些特殊的工作要求,对于弹簧的功用和类型应该注意学习,认真体会。

②圆柱螺旋拉压弹簧是本章重点,应注意其主要参数的计算公式(15-4)和(15-8),可以简单归纳为按强度要求确定弹簧丝直径和按刚度要求确定弹簧有效圈数。

③注意弹簧的结构设计,其要求是理解并会画弹簧工作图。

④对于其他弹簧有一般了解。

15.1　概　　述

弹簧是一种弹性元件,它在外载荷作用下可产生较大的弹性变形,在各类机械设备中被广泛使用。

15.1.1　弹簧的功用

(1)控制机械的运动。如内燃机中的阀门弹簧、离合器和制动器中的控制弹簧等。

(2)缓冲与减振。如各种车辆悬挂系统中的减振弹簧、弹性联轴器中的弹簧等。

(3)储存能量。如机械式钟表的发条、枪栓弹簧等。

(4)测量力的大小。如测力器和弹簧秤中的弹簧。

15.1.2　弹簧的类型

按照弹簧所受的载荷不同,可以分为拉伸弹簧、压缩弹簧、扭转弹簧和弯曲弹簧。按照弹簧的形状不同,可以分为螺旋弹簧、碟形弹簧、环形弹簧、板弹簧、涡卷弹簧等。按照弹簧所使用的材料不同,可以分为金属弹簧和非金属弹簧。表15-1列出了常见的弹簧类型。

螺旋弹簧是由弹簧丝卷制而成,制造方法简便,螺旋弹簧可制成压缩弹簧、拉伸弹簧和扭转弹簧,形状可以是圆柱形或圆锥形。圆柱螺旋弹簧的特性曲线(变形量与载荷之间的关系)为直线,刚度稳定,结构比较简单,在一般机械中应用最为广泛。圆锥螺旋弹簧具有非直线型特性曲线。

碟形弹簧缓冲和减振能力强,主要用在载荷较大和弹簧轴向尺寸受限制的地方。采用不同的组合方式(叠合、对合或复合组合)可以得到不同的特性曲线。

环形弹簧是由一组带锥面的内、外钢环组成的一种压缩弹簧,其阻尼很大,是最强力的缓冲弹簧,常用作车辆和其他重型设备的缓冲元件。

截锥涡卷弹簧比圆锥螺旋弹簧吸收的能量大,但制造困难。只用在空间受限制的地方,以代替圆锥螺旋弹簧。

平面涡卷弹簧(或称盘簧)是由金属丝卷绕成的多圈阿基米德螺旋线形弹簧,该类弹簧具有大变形角,储存的能量大,多用作仪器、钟表中的储能弹簧。

表 15-1 弹簧的基本形式

按载荷分 按形状分	拉 伸	压 缩	扭 转	弯 曲
螺旋形	圆柱螺旋拉伸弹簧	圆柱螺旋压缩弹簧 圆锥螺旋压缩弹簧	圆柱螺旋扭转弹簧	
其他形状		碟形弹簧 环形弹簧 截锥涡卷弹簧 橡胶弹簧 空气弹簧	平面涡卷弹簧	板弹簧

板弹簧是由多块长度不等的钢板叠合而成,工作时主要受弯曲作用,缓冲和减振性能好,主要用于汽车、拖拉机和铁路车辆的悬挂装置。

常用的非金属弹簧有橡胶弹簧和空气弹簧。由于材料内部的阻尼作用,橡胶弹簧在加载、卸载过程中摩擦能耗大,吸振能力强,外形不受限制,可承受多方向的载荷。空气弹簧是在密闭的橡胶柔性容器中充满压缩空气,利用空气的可压缩性实现弹簧功能,可按工作需要设计特性曲线和调节高度,多用于车辆悬挂装置。

15.2 弹簧的材料和制造方法

15.2.1 弹簧的常用材料

工作中弹簧通常受到较大的变形和交变应力,因此材料应具有较高的屈服强度、疲劳强度、冲击韧性和良好的热处理性能。

常用的弹簧材料有碳素弹簧钢丝、重要用途弹簧钢丝、油淬火-回火弹簧钢丝、合金弹簧钢丝、不锈弹簧钢丝、弹簧钢和青铜线材等(见表 15-2)。弹簧材料的抗拉强度和许用应力分别如表 15-3 和表 15-4 所示。

表 15-2 常用弹簧材料及其性能(摘自 GB/T 23935—2009)

名　称	牌号(代号)/组别	直径规格 d/mm	推荐使用温度/℃	弹性模量 E/MPa	切变模量 G/MPa	性　能
碳素弹簧钢丝(GB/T 4357—2009)	SL、SM、SH、DM、DH 组	SL: 1.00~10.00 SM: 0.30~13.00 SH: 0.30~13.00 DM: 0.08~13.00 DH: 0.05~13.00	-40~150	206×10^3	78.5×10^3	强度高、性能好。SL:静载低抗拉强度,SM:静载中等抗拉强度,SH:静载高抗拉强度,DM:动载中等抗拉强度,DH:动载高抗拉强度
重要用途碳素弹簧钢丝(YB/T 5311-2010)	E、F、G 组 65Mn,70, T9A,T8MnA	E: 0.08~6.00 F: 0.08~6.00 G: 1.00~6.00				强度高,韧性好,用于重要用途的弹簧
油淬火—回火弹簧钢丝(GB/T 18983—2003)	FD 组 FDC, FDCrV(A,B), FDSiMn, FDCrSi TD 组 TDC, TDCrV(A,B), TDSiMn, TDCrSi VD 组 VDC, VDCrV(A,B), VDSiMn, VDCrSi	FD: 0.50~17.00 TD: 0.50~17.00 VD: 0.50~10.00	参见 GB/T 23935—2009			FD:静态级钢丝,用于一般用途弹簧;TD:中疲劳级钢丝,用于离合器弹簧、悬架弹簧等;VD:高疲劳级钢丝,用于剧烈运动场合,如阀门弹簧等
合金弹簧钢丝(YB/T 5318—2010)	50CrVA					
	55CrSiA 60Si2MnA	0.50~14.00	-40~210 -40~250			强度高,较高的疲劳性,用于普通机械的弹簧
不锈弹簧钢丝(GB/T 24588—2009)	A 组 12Cr18Ni9 06Cr19Ni9 06Cr17Ni12Mo2 10Cr18Ni9Ti 12Cr18Mn9Ni5N	A: 0.20~10.00 B: 0.20~12.00 C: 0.20~10.00 D: 0.20~6.00	-200~290	185×10^3	70×10^3	耐腐蚀、耐高温、耐低温,用于腐蚀或高、低温工作条件下的弹簧
	B 组 12Cr18Ni9 06Cr18Ni9N 12Cr18Mn9Ni5N C 组 07Cr17Ni7Al			195×10^3	73×10^3	

续表

名称	牌号(代号)/组别	直径规格 d/mm	推荐使用温度/℃	弹性模量 E/MPa	切变模量 G/MPa	性能
弹簧钢(GB/T 1222—2007)	60Si2Mn 60Si2MnA	12.00~80.00	50CrV: -40~210 其他牌号: -40~250	206×10^3	78.5×10^3	较高的疲劳强度,广泛用于各种机械弹簧
	50CrV 60CrMnA 60CrMnBA					强度高,耐高温,用于承受较重负荷的弹簧
	55SiCrA 60Si2CrA 60Si2CrVA					高的疲劳性能,耐高温,用于较高工作温度下的弹簧
铜及铜合金线材(GB/T 21652—2008)	QSi3-1	0.10~8.50	-40~120	93.1×10^3	40.2×10^3	有较高的耐腐蚀性和防磁性能,用于机械或仪表中的弹性元件
	QSn5-0.2 QSn6.5-0.1 QSn6.5-0.4 QSn7-0.2		-250~120		39.2×10^3	
铍青铜线(YS/T 571—2009)	QBe2 QBe2-0.4 QBe1.9	0.03~6.00	-200~120	129.4×10^3	42.1×10^3	强度、硬度、疲劳强度和耐磨性均高,耐腐蚀,防磁,导电性好,撞击时无火花,用于电表游丝

表 15-3 弹簧钢丝抗拉强度 σ_b 单位:MPa

直径范围 /mm	碳素弹簧钢丝(GB/T 4357—2009)			重要用途碳素弹簧钢丝(YB/T 5311—2010)			不锈弹簧钢丝(GB/T 24588—2009)		
	SL 型	SM、SH 型	DM、DH 型	E 组	F 组	G 组	A 组	B 组	C 组(时效)
1.00	1 720~1 970	1 980~2 220	2 230~2 470	2 020~2 350	2 350~2 650	1 850~2 110	1 550~1 850	1 850~2 150	2 100~2 410
1.20	1 670~1 910	1 920~2 160	2 170~2 400	1 920~2 270	2 270~2 570	1 820~2 080	1 450~1 750	1 750~2 050	2 050~2 350
1.40	1 620~1 860	1 870~2 100	2 110~2 340	1 870~2 200	2 200~2 500	1 870~2 040	1 450~1 750	1 750~2 050	2 000~2 300
1.60	1 590~1 820	1 830~2 050	2 060~2 290	1 830~2 140	2 160~2 480	1 750~2 010	1 400~1 650	1 650~1 900	1 950~2 240
1.80	1 550~1 780	1 790~2 010	2 020~2 240	1 800~2 130	2 060~2 360	1 700~1 960	1 400~1 650	1 650~1 900	1 900~2 180
2.00	1 520~1 750	1 760~1 970	1 980~2 200	1 760~2 090	1 970~2 230	1 670~1 910	1 400~1 650	1 650~1 900	1 900~2 180
2.50	1 460~1 680	1 690~1 890	1 900~2 110	1 680~1 960	1 770~2 030	1 620~1 860	1 320~1 570	1 550~1 800	1 850~2 140
3.00	1 410~1 620	1 630~1 830	1 840~2 040	1 610~1 890	1 690~1 950	1 570~1 810	1 230~1 480	1 450~1 700	1 790~2 060

油淬火—回火弹簧钢丝(GB/T 18983—2003)

直径范围 /mm	FDC TDC	FDCrV-A TDCrV-A	FDCrV-B TDCrV-B	FDSiMn TDSiMn	FDCrSi TDCrSi	VDC	VDCrV-A	VDCrV-B	VDCrSi
0.50~0.80	1 800~2 100	1 800~2 100	1 900~2 200	1 850~2 100	2 000~2 250	1 700~2 000	1 750~1 950	1 910~2 060	2 030~2 230
>0.80~1.00	1 800~2 060	1 780~2 080	1 860~2 160	1 850~2 100	2 000~2 250	1 700~1 950	1 730~1 930	1 880~2 030	2 030~2 230
>1.00~1.30	1 800~2 010	1 750~2 010	1 850~2 100	1 850~2 100	2 000~2 250	1 700~1 900	1 700~1 900	1 860~2 010	2 030~2 230
>1.30~1.40	1 750~1 950	1 750~1 990	1 840~2 070	1 850~2 100	2000~2 250	1 700~1 850	1 680~1 860	1 840~1 990	2 030~2 230
>1.40~1.60	1 740~1 890	1 710~1 950	1 820~2 030	1 850~2 100	2 000~2 250	1 670~1 820	1 660~1 860	1 820~1 970	2 000~2180

续表

直径范围 /mm	FDC TDC	FDCrV-A TDCrV-A	FDCrV-B TDCrV-B	FDSiMn TDSiMn	FDCrSi TDCrSi	VDC	VDCrV-A	VDCrV-B	VDCrSi
>1. 60~2. 00	1 720~1 890	1 710~1 890	1 790~1 970	1 820~2000	2 000~2250	1 650~1 800	1 640~1 800	1 770~1 920	1 950~2110
>2. 00~2. 50	1 670~1 820	1 670~1 830	1 750~1 900	1 800~1 950	1 970~2140	1 630~1 780	1 620~1 770	1 720~1 860	1 900~2060
>2. 50~2. 70	1 640~1 790	1 660~1 820	1 720~1 870	1 780~1 930	1 950~2120	1 610~1 760	1 610~1 760	1 690~1 840	1 890~2040
>2. 70~3. 00	1 620~1 770	1 630~1 780	1 700~1 850	1 760~1 910	1 930~2100	1 590~1 740	1 600~1 750	1 660~1 810	1 880~2030
>3. 00~3. 20	1 600~1 750	1 610~1 760	1 680~1 830	1 740~1 890	1 910~2080	1 570~1 720	1 580~1 730	1 640~1 790	1 870~2020
>3. 20~3. 50	1 580~1 730	1 600~1 750	1 660~1 810	1 720~1 870	1 900~2060	1 550~1 700	1 560~1 710	1 620~1 770	1860~2010
>3. 50~4. 00	1 550~1 700	1 560~1 710	1 620~1 770	1 710~1 860	1 870~2030	1 530~1 680	1 540~1 690	1 570~1 720	1 840~1 990
>4. 00~4. 20	1 540~1 690	1 540~1 690	1 610~1 760	1 700~1 850	1 860~2020	—	—	—	—
>4. 20~4. 50	1 520~1 670	1 520~1 670	1 590~1 740	1 690~1 840	1 850~2000	1 510~1 660	1 520~1 670	1 540~1 690	1 810~1 960
>4. 50~4. 70	1 510~1 660	1 510~1 660	1 580~1 730	1 680~1 830	1 840~1 990	—	—	—	—
>4. 70~5. 00	1 500~1 650	1 500~1 650	1 560~1 710	1 670~1 820	1 830~1 980	1 490~1 640	1 500~1 650	1 520~1 670	1 780~1 930
>5. 00~5. 60	1 470~1 620	1 460~1 610	1 540~1 690	1 660~1 810	1 800~1 950	1 470~1 620	1 480~1 630	1 490~1 640	1 750~1 900
>5. 60~6. 00	1 460~1 610	1 440~1 590	1 520~1 670	1 650~1 800	1 780~1 930	1 450~1 600	1 470~1 620	1 470~1 620	1 730~1 890
>6. 00~6. 50	1 440~1 590	1 420~1 570	1 510~1 660	1 640~1 790	1 760~1 910	1 420~1 570	1 440~1 590	1 440~1 590	1 710~1 860
>6. 50~7. 00	1 430~1 580	1 400~1 550	1 500~1 650	1 630~1 780	1 740~1 890	1 400~1 550	1 420~1 570	1 420~1 570	1 690~1 840
>7. 00~8. 00	1 400~1 550	1 380~1 530	1 480~1 630	1 620~1 770	1 710~1 860	1 370~1 520	1 410~1 560	1 390~1 540	1 660~1 810
> 8. 00~9. 00	1 380~1 530	1 370~1 520	1 470~1 620	1 610~1 760	1 700~1 850	1 350~1 500	1 390~1 540	1 370~1 520	1 640~1 790
>9. 00~1 0. 0	1 360~1 510	1 350~1 500	1 450~1 600	1 600~1 750	1 660~1 810	1340~1 490	1 370~1 520	1 340~1 490	1 620~1 770

表 15-4　弹簧材料的许用应力/MPa(GB/T 23935—2009)

材　　料		冷卷弹簧				热卷弹簧
		油淬火—回火弹簧钢丝	碳素弹簧钢丝、重要用途碳素弹簧钢丝	不锈弹簧钢丝	铜及铜合金线材、铍青铜线	60Si2Mn、60Si2MnA、50CrV、60CrMnA、60CrMnBA、55SiCrA、60Si2CrA、60Si2CrVA
圆柱螺旋压缩弹簧许用切应力[τ]	Ⅲ类	$0.5\sigma_b$	$0.45\sigma_b$	$0.38\sigma_b$	$0.36\sigma_b$	710~890
	Ⅱ类	$(0.4\sim0.5)\sigma_b$	$(0.38\sim0.45)\sigma_b$	$(0.34\sim0.38)\sigma_b$	$(0.33\sim0.36)\sigma_b$	568~712
	Ⅰ类	$(0.35\sim0.4)\sigma_b$	$(0.33\sim0.38)\sigma_b$	$(0.3\sim0.34)\sigma_b$	$(0.3\sim0.33)\sigma_b$	426~534
圆柱螺旋拉伸弹簧许用切应力[τ]	Ⅲ类	$0.4\sigma_b$	$0.36\sigma_b$	$0.3\sigma_b$	$0.28\sigma_b$	475~596
	Ⅱ类	$(0.32\sim0.4)\sigma_b$	$(0.3\sim0.36)\sigma_b$	$(0.27\sim0.3)\sigma_b$	$(0.26\sim0.28)\sigma_b$	405~507
	Ⅰ类	$(0.28\sim0.32)\sigma_b$	$(0.26\sim0.3)\sigma_b$	$(0.24\sim0.27)\sigma_b$	$(0.24\sim0.26)\sigma_b$	356~447
圆柱螺旋扭转弹簧许用弯曲应力[σ]	Ⅲ类	$0.72\sigma_b$	$0.7\sigma_b$	$0.68\sigma_b$	$0.68\sigma_b$	994~1 232
	Ⅱ类	$(0.6\sim0.68)\sigma_b$	$(0.58\sim0.66)\sigma_b$	$(0.55\sim0.65)\sigma_b$	$(0.55\sim0.65)\sigma_b$	795~986
	Ⅰ类	$(0.5\sim0.6)\sigma_b$	$(0.49\sim0.58)\sigma_b$	$(0.45\sim0.55)\sigma_b$	$(0.45\sim0.55)\sigma_b$	636~788

注:①σ_b为弹簧材料抗拉强度的下限值,如表 15-3 所示。

②对比较重要的弹簧,许用应力应适当降低;经强化处理、喷丸处理能提高疲劳强度。

③根据所受负荷和循环次数,弹簧的负荷类型分为 3 类。Ⅰ类(无限疲劳寿命)——冷卷弹簧负荷循环次数 $N\geqslant10^7$ 次、热卷弹簧负荷循环次数 $N\geqslant2\times10^6$ 次的动负荷;Ⅱ类(有限疲劳寿命)——冷卷弹簧负荷循环次数 $N\geqslant10^4\sim10^6$ 次、热卷弹簧负荷循环次数 $N\geqslant10^4\sim10^5$ 次的动负荷;Ⅲ类(静负荷)——恒定不变的负荷或 $N<10^4$ 次的动负荷。

15.2.2　弹簧的制造方法

螺旋弹簧的制造过程包括:卷制、挂钩制作(拉伸或扭转弹簧)或端面圈磨削(压缩弹簧)、热处理、表面处理和工艺试验及检验等。

弹簧的卷制分冷卷和热卷两种。弹簧丝直径小于8 mm时常采用冷卷法,用冷拉的、经预热处理的弹簧钢丝在常温下卷制而成,卷成后一般不再进行淬火处理,只经低温回火以消除内应力。弹簧丝直径较大的弹簧需在加热状态下卷制,卷成后还要进行淬火及中温回火。弹簧在卷制及热处理后,要进行表面检验、尺寸检验及工艺试验,以确保弹簧符合技术要求。

对于重要的压缩弹簧,为保证弹簧两端面与轴线的垂直度,要将弹簧两端面在专门的磨床上磨平。对于拉伸弹簧和扭转弹簧,为了便于安装和加载,两端应制有挂钩或杆臂。

为了提高弹簧的承载能力,可对弹簧进行喷丸处理或强压处理。强压处理是使弹簧在超过极限应力状态下受载6~ 48 h,在弹簧丝表层高应力区产生与工作应力相反的残余预应力,从而降低弹簧在工作状态下的最大应力。为了保持有益的残余预应力,强压处理后不允许再进行热处理。工作在长期振动、高温或腐蚀性介质环境下的弹簧,不宜进行强压处理。

15.3　圆柱螺旋压缩弹簧和拉伸弹簧的设计计算

15.3.1　圆柱螺旋弹簧的结构

1. 圆柱螺旋压缩弹簧

圆柱螺旋压缩弹簧如图15-1(a)所示,其中d为弹簧丝直径,D为弹簧中径,D_1为小径,D_2为大径,t为节距,H_0为自由高度。压缩弹簧的两端通常各有0.75~1.25圈并紧,称为**支承圈**或**死圈**。死圈只起支承作用,工作时不参与变形,其端面应垂直于弹簧轴线。根据GB/T 1239.2—2009,冷卷圆柱螺旋压缩弹簧有三种端部结构形式(见图15-2):两端圈并紧磨平的YⅠ型、两端圈并紧不磨的YⅡ型和两端圈不并紧的YⅢ型。

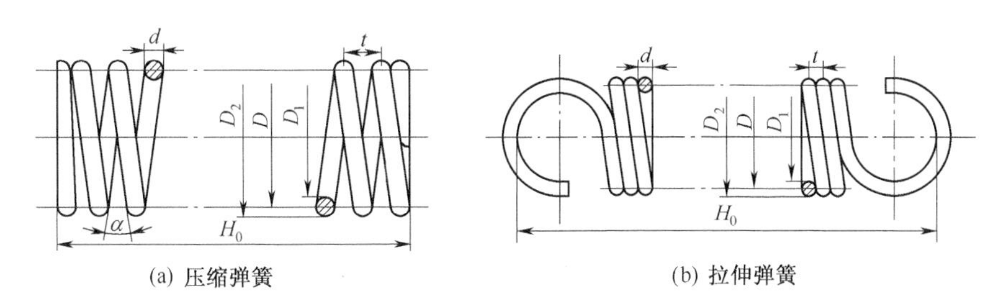

图15-1　圆柱螺旋弹簧

2. 圆柱螺旋拉伸弹簧

圆柱螺旋拉伸弹簧在空载时,各圈相互并拢[见图15-1(b)]。通过不同绕制过程,可以把拉伸弹簧制成无预应力弹簧或有预应力弹簧。为了便于拉伸弹簧的安装和加载,通常在弹簧的端部做有挂钩。根据GB/T 1239.1—2009,冷卷螺旋拉伸弹簧共有八种挂钩形式。当弹簧与挂钩做成一体时[见图 15-3(a)、(b)、(c)],制造方便,但在挂钩过渡处有很大的应力集中,只能适用于中小载荷及不重要场合。当采用挂钩与弹簧丝分开的结构时[见图 15-3(d)],挂钩可转到任何方向,便于安装,同时承载能力有所提高,用于载荷较大场合。

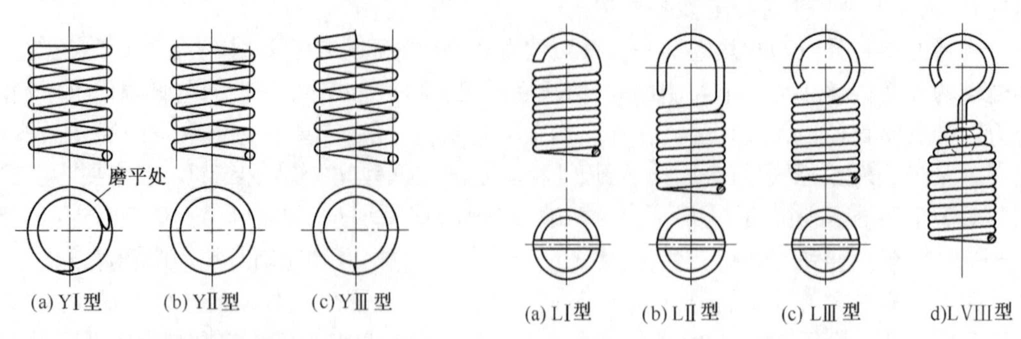

图 15-2 圆柱螺旋压缩弹簧端部结构

图 15-3 圆柱螺旋拉伸弹簧常见挂钩形式

15.3.2 圆柱螺旋弹簧的几何尺寸

普通圆柱螺旋弹簧的几何尺寸包括弹簧丝直径 d、弹簧中径 D、弹簧外径 D_2、弹簧内径 D_1、节距 t、自由高度 H_0、螺旋角 α 等,其关系如图 15-1 和表 15-5 所示。普通圆柱螺旋弹簧的尺寸系列如图 15-6 所示。

表 15-5 圆柱螺旋压缩和拉伸弹簧的几何尺寸计算公式

<table>
<tr><th>参数名称</th><th>压缩弹簧</th><th>拉伸弹簧</th></tr>
<tr><td>弹簧丝直径 d</td><td colspan="2">参见表 15-6</td></tr>
<tr><td>弹簧中径 D</td><td colspan="2">$D=Cd$</td></tr>
<tr><td>弹簧外径 D_2</td><td colspan="2">$D_2=D+d=D_1+2d$</td></tr>
<tr><td>弹簧内径 D_1</td><td colspan="2">$D_1=D-d=D_2-2d$</td></tr>
<tr><td>旋绕比 C</td><td colspan="2">$C=D/d$</td></tr>
<tr><td>有效圈数 n</td><td colspan="2">用于计算弹簧总变形量的簧圈数量</td></tr>
<tr><td>总圈数 n_1</td><td>$n_1=n+n_z$(n_z:支承圈数)</td><td>$n_1=n$</td></tr>
<tr><td>节距 t</td><td>推荐 $0.28D \leqslant t < 0.5D$</td><td>$t=d$</td></tr>
<tr><td>螺旋角 α</td><td colspan="2">$\alpha = \arctan(t/\pi D)$</td></tr>
<tr><td>自由高度 H_0</td><td>两端圈并紧磨平:
$H_0 = nt + (n_z - 0.5)d$
两端圈并紧不磨:
$H_0 = nt + (n_z - 1)d$</td><td>$H_0 = nd + H_h$
(H_h:挂钩轴向长度)</td></tr>
<tr><td>展开长度 L</td><td>$L = \dfrac{\pi D n_1}{\cos \alpha}$</td><td>$L = \dfrac{\pi D n_1}{\cos \alpha} + L_h$
(L_h:挂钩展开长度)</td></tr>
<tr><td>弹簧质量 m</td><td colspan="2">$m = \dfrac{\pi}{4} d^2 L \cdot \rho$</td></tr>
</table>

表 15-6 普通圆柱螺旋弹簧尺寸系列(GB/T 1358—2009)

弹簧丝直径 d/mm	第一系列	0.10	0.12	0.14	0.16	0.20	0.25	0.30	0.35	0.40	0.45	0.50	0.60
		0.70	0.80	0.90	1.00	1.20	1.60	2.00	2.50	3.00	3.50	4.00	4.50
		5.00	6.00	8.00	10.0	12.0	15.0	16.0	20.0	25.0	30.0	35.0	40.0
		45.0	50.0	60.0					注:优先选用第一系列				
	第二系列	0.05	0.06	0.07	0.08	0.09	0.18	0.22	0.28	0.32	0.55	0.65	1.40
		1.80	2.20	2.80	3.20	5.50	6.50	7.00	9.00	11.0	14.0	18.0	22.0
		28.0	32.0	38.0	42.0	55.0							
弹簧中径 D/mm		0.3	0.4	0.5	0.6	0.7	0.8	0.9	1	1.2	1.4	1.6	1.8
		2	2.2	2.5	2.8	3	3.2	35	3.8	4	4.2	4.5	4.8
		5	5.5	6	6.5	7	7.5	8	8.5	9	10	12	14
		16	18	20	22	25	28	30	32	38	42	45	48
		50	52	55	58	60	65	70	75	80	85	90	95
		100	105	110	115	120	125	130	135	140	145	150	160
		170	180	190	200	210	220	230	240	250	260	270	280
		290	300	320	340	360	380	400	450	500	550	600	
有效圈数 n/圈	压缩弹簧	2	2.25	2.5	2.75	3	3.25	3.5	3.75	4	4.25	4.5	4.75
		5	5.5	6	6.5	7	7.5	8	8.5	9	9.5	10	10.5
		11.5	12.5	13.5	14.5	15	16	18	20	22	25	28	30
	拉伸弹簧	2	3	4	5	6	7	8	9	10	11	12	13
		14	15	16	17	18	19	20	22	25	28	30	35
		40	45	50	55	60	65	70	80	90	100		
		注:由于两钩环相对位置不同,其尾数还可为 0.25、0.5、0.75。											
自由高度 H_0/mm	压缩弹簧	2	3	4	5	6	7	8	9	10	11	12	13
		14	15	16	17	18	19	20	22	24	26	28	30
		32	35	38	40	42	45	48	50	52	55	58	60
		65	70	75	80	85	90	95	100	105	110	115	120
		130	140	150	160	170	180	190	200	220	240	260	280
		300	320	340	360	380	400	420	450	480	500	520	550
		580	600	620	650	680	700	720	750	780	800	850	900
		950	1 000										

15.3.3 弹簧特性曲线

图 15-4(a)所示为一圆柱螺旋压缩弹簧,在未受到任何载荷时,弹簧的高度为其自由高度 H_0。在轴向载荷 F 作用下,弹簧产生相应的弹性变形量 f。表示弹簧变形量 f 与载荷 F 之间的关系曲线称为弹簧的特性曲线。

弹簧在安装时,通常会施加一个较小的载荷 F_{min},使它可靠地稳定在安装位置上。F_{min} 称为弹簧的**最小载荷(安装载荷)**,在 F_{min} 作用下,弹簧的高度被压缩到 H_1,最小变形量为 f_{min}(见图 15-4)。当弹簧受到最大工作载荷 F_{max} 时,弹簧最大变形量为 f_{max},其高度变为 H_2。最大变形量 f_{max} 与最小变形量 f_{min} 之差称为弹簧的工作行程 h,$h = f_{max} - f_{min} = H_1 - H_2$。弹簧丝内的应力达到材料屈服极限时对应的载荷为极限载荷 F_{lim},其变形量为 f_{lim}。弹簧应该在弹性极限范围内工作,通常 $F_{max} \leqslant 0.8F_{lim}$。

对于等节距的圆柱螺旋弹簧,载荷与变形量之间为线性关系,即:$F_{min}/f_{min} = F_{max}/f_{max} = \cdots =$ 常数,而其他类型弹簧的特性曲线则可能是非直线型。

圆柱螺旋拉伸弹簧分无初拉力和有初拉力两种，如图 15-4(b)所示。无初拉力拉伸弹簧的特性曲线与压缩弹簧完全相同。为使各圈相互压紧，在卷制弹簧的同时让弹簧丝绕自身轴线扭转，这样制成的弹簧各圈之间有一定的压紧力，即初拉力。有初拉力拉伸弹簧在自由状态下就受到初拉力 F_0 作用，只有当施加的拉力超过 F_0 时，弹簧才会产生变形。因此在相同的载荷下，有初拉力拉伸弹簧比无初拉力拉伸弹簧产生的变形更小。若给初拉力 F_0 一个对应的假想变形 x，则其特性曲线与无初拉力拉伸弹簧是相同的。

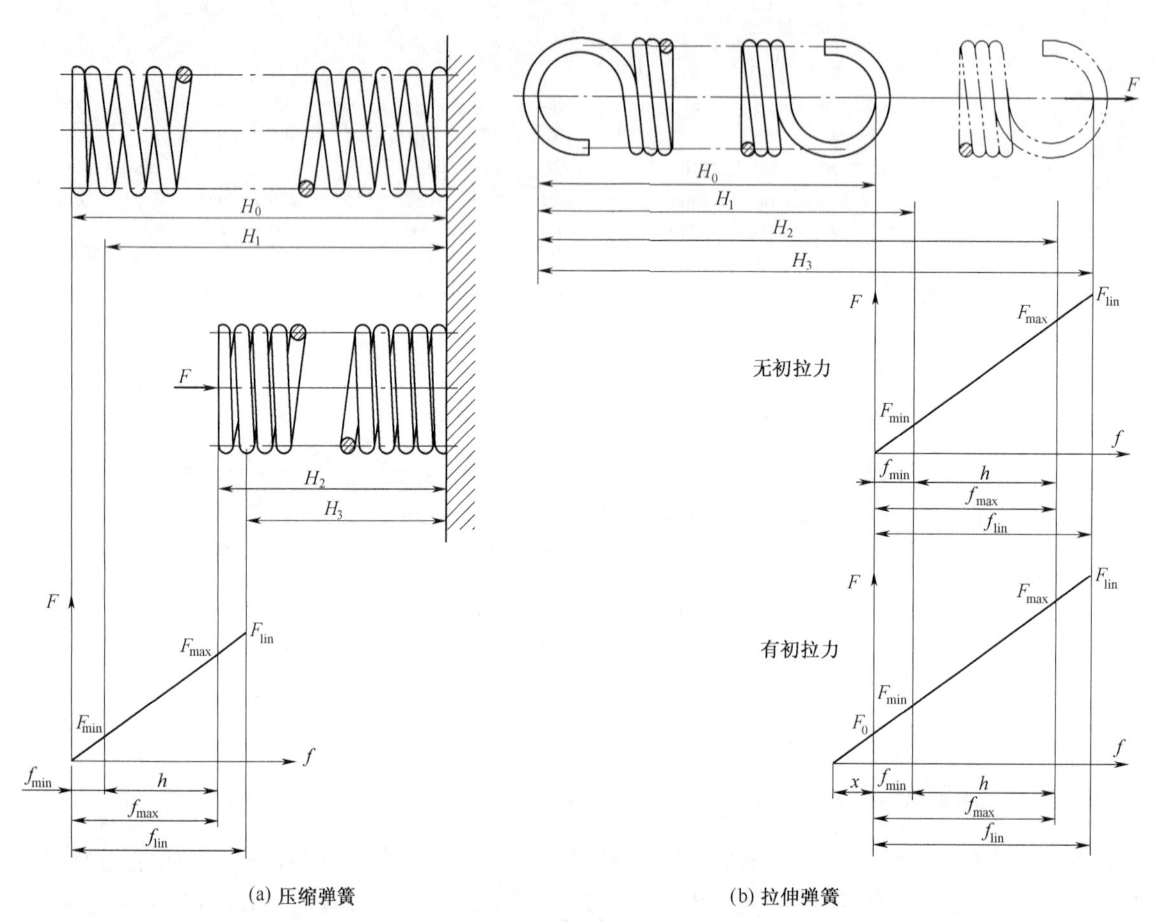

(a) 压缩弹簧　　(b) 拉伸弹簧

图 15-4　圆柱螺旋压缩弹簧和拉伸弹簧的特性曲线

15.3.4　设计计算

1. 强度计算

压缩弹簧和拉伸弹簧受载时，弹簧丝的受力情况基本相同，这里只对压缩弹簧进行分析。图 15-5(a)所示压缩弹簧受到轴向压力 F 时，在弹簧丝的法向截面上作用有切向力 $F_Q = F\cos\alpha$、轴向力 $F_N = F\sin\alpha$、转矩 $T = F\cos\alpha \cdot D/2$ 及弯矩 $M = F\sin\alpha \cdot D/2$。由于弹簧的螺旋角 α 通常较小，故轴向力 F_N 和弯矩 M 可以忽略不计，并取切向力 $F_Q = F$ 和转矩 $T = F \cdot D/2$[见图 15-5(b)]。切向力 F_Q 产生的切应力 τ_F 比转矩 T 产生的切应力 τ_T 小很多，在计算时弹簧丝的工作应力简化为只考虑转矩 T 产生的切应力 τ_T。

$$\tau_T=\frac{T}{W_T}=\frac{F\cdot D/2}{\pi d^3/16}=\frac{8FD}{\pi d^3}=\frac{8FC}{\pi d^2} \tag{15-1}$$

其中 $C=D/d$，称为旋绕比。当其他条件相同时，旋绕比小的弹簧刚度好，但曲率较大，内、外侧的应力差也较悬殊，故设计弹簧时一般规定 $C\geqslant 4$。不同弹簧丝直径对应的旋绕比推荐值如表 15-7 所示。

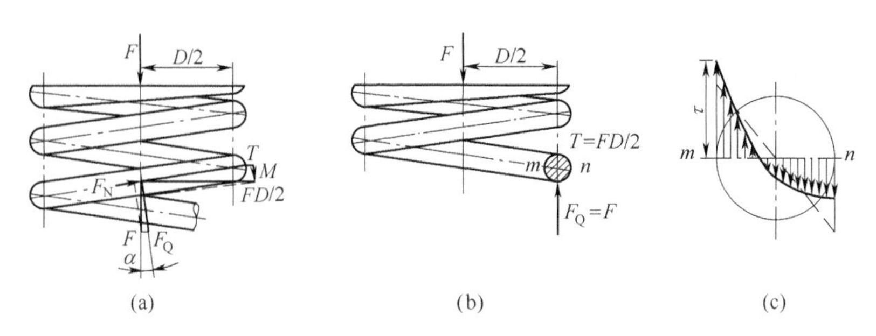

图 15-5　压缩螺旋弹簧的受力和应力分析

表 15-7　圆柱螺旋弹簧旋绕比推荐值

d/mm	0.2~0.5	>0.5~1.1	>1.1~2.5	>2.5~7.0	>7.0~16	>16
C	7~14	5~12	5~10	4~9	4~8	4~16

由于弹簧丝曲率的影响，同时考虑弹簧丝所受到的弯矩、切向力和法向力对应力的影响，弹簧丝法向截面的实际应力分布如图 15-5(c) 中的粗实线所示。引入曲度系数 K 对计算应力进行修正，则弹簧丝内侧的最大应力及强度条件为

$$\tau=K\cdot\tau_T=K\frac{8FC}{\pi d^2}\leqslant[\tau] \tag{15-2}$$

圆截面弹簧丝的曲度系数 K 可按下式计算

$$K=\frac{4C-1}{4C-4}+\frac{0.615}{C} \tag{15-3}$$

根据式(15-2)，弹簧丝直径为

$$d\geqslant\sqrt{\frac{8KFC}{\pi[\tau]}} \tag{15-4}$$

式中　$[\tau]$——弹簧丝材料的许用切应力，MPa，如表 15-4 所示。由于旋绕比 C 和许用切应力 $[\tau]$ 都和弹簧丝直径 d 有关，所以需要试算才能确定出直径 d。

2. 刚度计算

根据材料力学中对圆柱螺旋弹簧应力和变形的分析，可知圆柱螺旋弹簧的弹性变形量公式为

$$f=\frac{8FD^3n}{Gd^4} \tag{15-5}$$

式中　n——弹簧的有效圈数；

G——弹簧材料的切变模量,MPa,如表 15-2 所示。

将最大工作载荷代入式(15-5),可得弹簧的最大变形量

$$f_{\max} = \frac{8F_{\max}D^3n}{Gd^4} \tag{15-6}$$

对于有初拉力的拉伸弹簧,工作时需首先克服初拉力 F_0,弹簧才能开始变形,故有

$$f_{\max} = \frac{8(F_{\max} - F_0)D^3n}{Gd^4} \tag{15-7}$$

根据式(15-6)和式(15-7)弹簧的有效工作圈数为

$$n = \frac{f_{\max}Gd^4}{8F_{\max}D^3} \tag{15-8}$$

$$n = \frac{f_{\max}Gd^4}{8(F_{\max} - F_0)D^3}\text{(有初拉力)} \tag{15-9}$$

初拉力 F_0与弹簧丝尺寸、材料和加工方法有关。密卷后的拉伸弹簧若不进行淬火、回火处理,可以具有初拉力,而卷制后经过热处理的弹簧则没有初拉力。F_0可按下式计算

$$F_0 = \frac{\pi d^3\tau_0}{8KD}$$

式中 τ_0——初切应力,MPa,对钢制弹簧,可根据旋绕比 C 在图 15-6 中阴影部分查取 τ_0值。

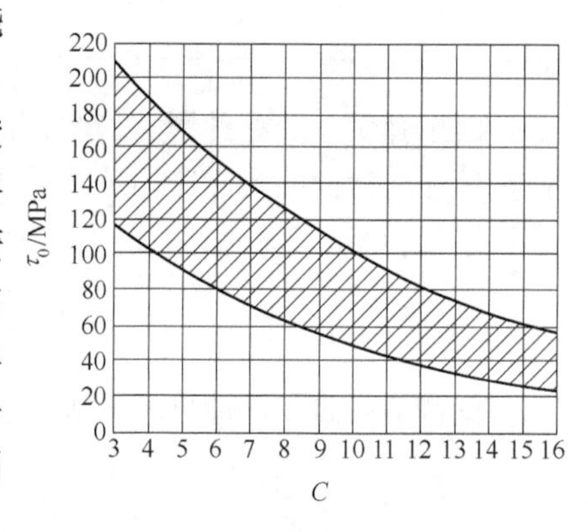

图 15-6 弹簧初应力选择

弹簧产生单位长度变形量所需的载荷称为**弹簧刚度** F'(即 $F' = \mathrm{d}F/\mathrm{d}\lambda$),它表示弹簧特性曲线上某点的斜率。刚度是表征弹簧性能的重要参数,刚度越大,则弹簧越硬,弹力越大。由图 15-4 知,圆柱螺旋弹簧的变形与载荷之间为线性关系,弹簧刚度为常数,称为定刚度弹簧。显然,测力弹簧应选定刚度的,而在受动载荷或冲击载荷的场合中,最好选随载荷增加弹簧刚度增大的变刚度弹簧。圆柱螺旋弹簧的刚度为

$$F' = \frac{F}{f} = \frac{Gd^4}{8D^3n} = \frac{Gd}{8C^3n} \tag{15-10}$$

根据式(15-10),影响弹簧刚度的参数有 G、d、C、n,其中旋绕比 C 对弹簧刚度影响最大,设计弹簧时应根据表 15-7 合理选择 C 值。

3. 稳定性验算

对于压缩弹簧,如果高度过大,则受力后容易失稳[见图 15-8(a)]。为保证弹簧使用过程中的稳定性,弹簧的高径比 $b=H_0/D$ 应满足下列条件:

两端固定:$b\leqslant 5.3$;一端固定,一端回转:$b\leqslant 3.7$;两端回转:$b\leqslant 2.6$。

当高径比不满足上述要求时,则需进行稳定性验算,即最大工作载荷 $F_{\max}$应小于临界载荷 F_c

$$F_{\max} < F_c = C_BF'H_0 \tag{15-11}$$

式中 C_B——不稳定系数,由图 15-7 查取。

如果 $F_{max}>F_c$,则应重新选取参数,增大 F_c 值,以保证弹簧的稳定性。如果受条件限制不能改变参数,可设置导杆[见图 15-8(b)]或导套[见图 15-8(c)]。

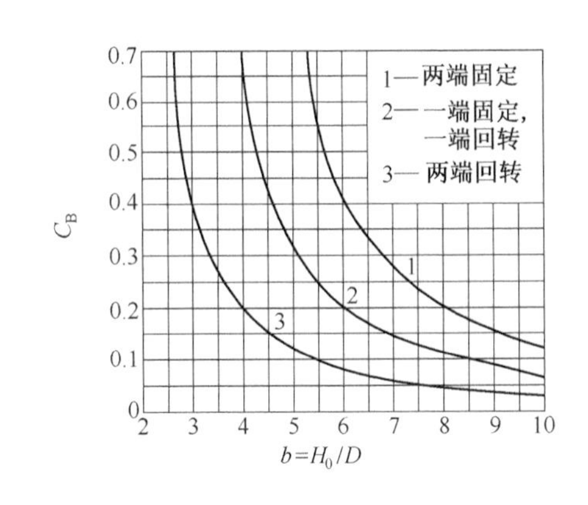

图 15-7 不稳定系数 C_B

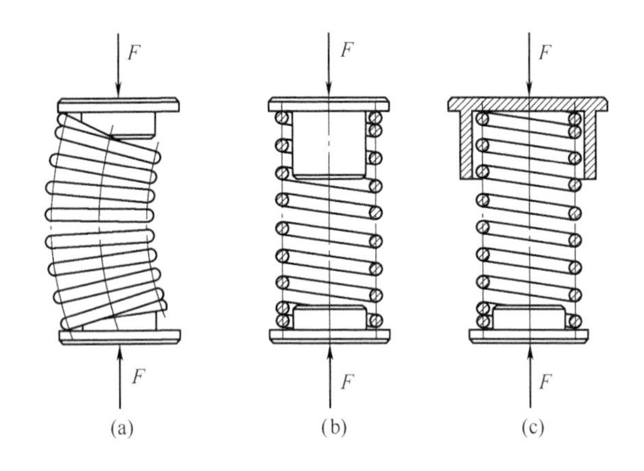

图 15-8 压缩弹簧的失稳及措施

4. 共振验算

受变载荷并高频变化的弹簧(如内燃机汽缸阀门弹簧等),应进行共振验算,使弹簧的自振频率避开工作频率。弹簧的自振频率与强迫振动频率之比应大于 10,即 $f_e/f_r>10$。

圆柱螺旋弹簧的基本自振频率 f_e 为

$$f_e = \frac{1}{2}\sqrt{\frac{F'}{m}} \tag{15-12}$$

式中 m——弹簧质量,kg;

F'——弹簧刚度,N/mm。

两端固定的钢制圆柱螺旋弹簧,其一次固有自振频率为

$$f_e = \frac{3.56d}{nD^2}\sqrt{\frac{G}{\rho}} \tag{15-13}$$

式中 ρ——材料密度,kg/mm^3。

5. 疲劳强度校核

受交变载荷作用的重要弹簧,应进行疲劳强度校核。当载荷在 $F_{min}\sim F_{max}$ 之间变化时,弹簧的最大应力和最小应力分别为

$$\tau_{max} = \frac{8KF_{max}D}{\pi d^3},\ \tau_{min} = \frac{8KF_{min}D}{\pi d^3} \tag{15-14}$$

疲劳强度的安全系数为

$$S_c = \frac{\tau_0 + 0.75\tau_{min}}{\tau_{max}} \geqslant S_{min} \tag{15-15}$$

式中 τ_0——弹簧材料脉动循环剪切疲劳极限,根据载荷循环次数在表 15-8 中查取;

S_{min}——弹簧疲劳强度的最小安全系数，$S_{min}=1.1\sim1.3$。

表 15-8 弹簧材料脉动循环剪切疲劳极限

载荷作用次数 N	10^4	10^5	10^6	10^7
τ_0/MPa	$0.45\sigma_b$	$0.35\sigma_b$	$0.32\sigma_b$	$0.30\sigma_b$

综上所述，圆柱螺旋弹簧设计的步骤总结如下：

(1)选择弹簧材料。

(2)选择旋绕比。

(3)试算弹簧丝直径 弹簧材料的极限应力与弹簧丝直径有关，所以需要首先假设弹簧丝直径，确定材料极限应力和许用应力，然后再计算。如果试算结果与假设直径相差较大，需要修正假设，重新试算，直至二者一致。

(4)确定弹簧圈数。

(5)计算弹簧几何参数，并检验是否符合安装条件。

(6)校核压缩弹簧的稳定性。

(7)共振验算。

(8)校核弹簧疲劳强度。

(9)弹簧结构设计，选择弹簧端部结构或挂钩类型。

(10)绘制弹簧工作图。

例题 15-1 设计一圆柱螺旋压缩弹簧，要求弹簧中径小于 35 mm，工作载荷在 $F_1=200$ N 和 $F_2=500$ N 之间变化，对应弹簧高度在 $H_1=43$ mm 和 $H_2=31$ mm 之间，载荷变化频率为 25 Hz，循环次数>10^7。

解：(1)选择弹簧材料。根据弹簧工作条件选用高疲劳级油淬火—回火弹簧钢丝 VDCrSi，由表 15-2 查得弹簧切变模量为 $G=78.5\times10^3$ MPa。由工作条件知弹簧受 I 类工作载荷，查表 15-4 取许用切应力 $[\tau]=0.38\sigma_b$。

(2)初选旋绕比 $C=7$。

(3)材料的极限应力与弹簧丝直径有关，首先假设弹簧丝直径 $d=4$ mm，由表 15-3 知 $\sigma_b=1840$ MPa，则 $[\tau]=0.38\sigma_b=699$ MPa。

(4)计算弹簧丝直径

弹簧的曲度系数 $$K=\frac{4C-1}{4C-4}+\frac{0.615}{C}=\frac{4\times7-1}{4\times7-4}+\frac{0.615}{7}=1.21$$

弹簧丝直径 $$d\geqslant\sqrt{\frac{8KFC}{\pi[\tau]}}=\sqrt{\frac{8\times1.21\times500\times7}{\pi\times699}}=3.93(\text{mm})$$

查表 12-6，取 $d=4$ mm，结果与假设相符。

弹簧中径 $D=C\times d=7\times4=28(\text{mm})<35(\text{mm})$，满足题目要求。

(5)弹簧刚度和有效圈数。

弹簧刚度 $$F'=\frac{F}{f}=\frac{F_2-F_1}{H_1-H_2}=\frac{500-200}{43-31}=\frac{300}{12}=25(\text{N/mm})$$

有效圈数　$n=\dfrac{f_{\max}Gd^4}{8F_{\max}D^3}=\dfrac{Gd^4}{8F'D^3}=\dfrac{78.5\times10^3\times4^4}{8\times25\times28^3}=4.58$，查表15-6，取 $n=4.5$ 圈。

取支座圈数 $n_z=2$，则弹簧总圈数为 $n_1=n+n_z=4.5+2=6.5$ 圈。

（6）计算弹簧几何参数。

弹簧外径 $D_2=D+d=28+4=32(\mathrm{mm})$；弹簧内径 $D_2=D-d=28-4=24(\mathrm{mm})$。

载荷为200 N时的变形量，$f_1=\dfrac{F_1}{F'}=\dfrac{200}{25}=8(\mathrm{mm})$，弹簧自由高度 $H_0=H_1+f_1=43+8=51(\mathrm{mm})$；

弹簧展开长度 $L=\pi Dn_1=\pi\times28\times6.5=572(\mathrm{mm})$。

（7）稳定性校核。弹簧高径比 $b=H_0/D=51/28=1.82$，满足稳定性要求。

（8）共振验算。

弹簧自振频率　$f_e=\dfrac{3.56d}{nD^2}\sqrt{\dfrac{G}{\rho}}=\dfrac{3.56\times4}{4.5\times28^2}\sqrt{\dfrac{78.5\times10^3}{7.85\times10^{-6}}}=404(\mathrm{Hz})$

强迫振动频率　$f_r=25\ \mathrm{Hz}$

因此　$\dfrac{f_e}{f_r}=\dfrac{404}{25}=16.2>10$，满足要求。

（9）疲劳强度校核。

$$\tau_{\min}=\frac{8KF_1D}{\pi d^3}=\frac{8\times1.21\times200\times28}{\pi\times4^3}=270(\mathrm{MPa})$$

$$\tau_{\max}=\frac{8KF_2D}{\pi d^3}=\frac{8\times1.21\times500\times28}{\pi\times4^3}=675(\mathrm{MPa})$$

安全系数 $S_c=\dfrac{\tau_0+0.75\tau_{\min}}{\tau_{\max}}=\dfrac{0.30\times1\ 840+0.75\times270}{675}=1.12\geqslant S_{\min}$，疲劳强度满足要求。

（10）绘制弹簧工作图（略）。

15.4　圆柱螺旋扭转弹簧的设计计算

15.4.1　圆柱螺旋扭转弹簧的结构

在机器中，扭转弹簧常用作压紧弹簧、储能弹簧和传力弹簧，应用广泛，如门窗铰链弹簧、电动机的电刷弹簧等。它的两端带有杆臂或挂钩，以便固定或加载。根据GB/T 1239.3—2009，扭转弹簧共有NI～NVI 6种结构（见图15-9）。在自由状态下，扭转弹簧的各圈之间应留有少量间隙，以免扭转变形时，相邻圈之间相互接触并产生摩擦磨损。

扭转弹簧的工作应力应在材料的弹性极限范围内，其特性曲线与压缩弹簧相同，即扭矩 T 与转角 φ 成线性关系。

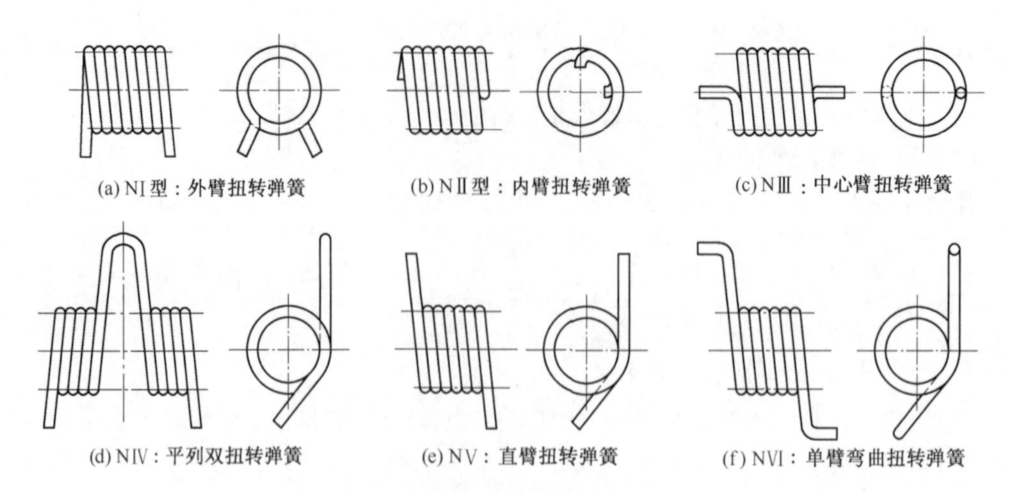

图 15-9　圆柱螺旋扭转弹簧的结构

15.4.2　圆柱螺旋扭转弹簧的强度和刚度计算

图 15-10(a)和图 15-10(b)所示弹簧分别受到扭矩 $T=FR$ 和 $T=F_1R_1=F_2R_2$ 的作用,弹簧丝所受的弯矩 M 近似等于扭矩 T,弹簧材料受到的最大弯曲应力为

$$\sigma = K_b \frac{M}{W} \approx K_b \frac{32T}{\pi d^3} \tag{15-16}$$

式中　W——弹簧丝抗弯截面系数,mm^3;

K_b——扭转弹簧的曲度系数,当弹簧顺旋向扭转时 $K_b=1$,当弹簧逆旋向扭转时

$$K_b = \frac{4C^2 - C - 1}{4C(C-1)} \tag{15-17}$$

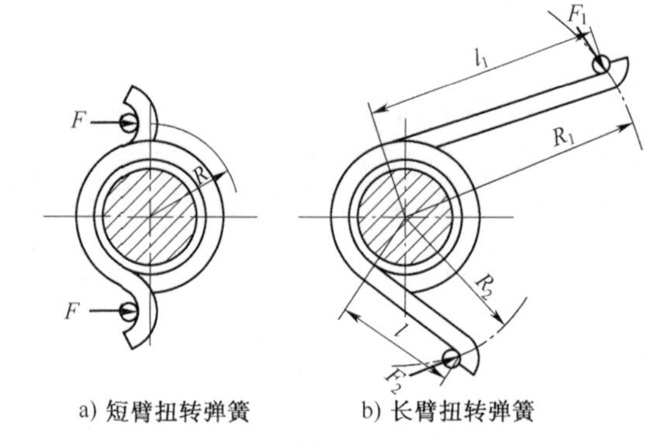

图 15-10　圆柱螺旋扭转弹簧受力分析

由式(15-16)得弹簧丝直径的设计式

$$d \geqslant \sqrt[3]{\frac{32K_bT}{\pi[\sigma]}} \tag{15-18}$$

式中　$[\sigma]$——弹簧丝材料许用弯曲应力,MPa,如表 15-4 所示。

扭转弹簧承载时的变形以其角位移来表示。当图 15-10(a)所示的短臂扭转弹簧受扭矩 T 作用时,扭臂变形可忽略不计,其扭转变形角为

$$\varphi^\circ = \frac{3\,667DTn}{Ed^4} \tag{15-19}$$

当图 15-10b 所示的长臂扭转弹簧受扭矩 T 作用时,其扭转变形角为

$$\varphi^\circ = \frac{3\,667T}{\pi Ed^4}\left[\pi Dn + \frac{1}{3}(l_1 + l_2)\right] \tag{15-20}$$

弹簧的有效圈数分别为

$$n = \frac{Ed^4\varphi^\circ}{3\ 667DT} \tag{15-21}$$

$$n = \frac{\pi Ed^4\varphi^\circ - \frac{1}{3}(l_1 + l_2)}{3\ 667\pi DT} \tag{15-22}$$

两种情况下弹簧的扭转刚度分别为

$$T' = \frac{T}{\varphi^\circ} = \frac{Ed^4}{3\ 667Dn} \tag{15-23}$$

$$T' = \frac{T}{\varphi^\circ} = \frac{\pi Ed^4}{3\ 667\left[\pi Dn + \frac{1}{3}(l_1 + l_2)\right]} \tag{15-24}$$

15.4.3 圆柱螺旋扭转弹簧的设计计算

圆柱螺旋扭转弹簧的设计与压缩、拉伸弹簧类似。首先选定弹簧材料,并选择旋绕比 C,计算曲度系数 K_b,假设弹簧丝直径 d,确定材料许用应力 $[\sigma]$。根据强度条件式(15-18)计算所需弹簧丝直径,如果计算结果与假设值不符,则修正假设,重新计算,直至二者一致。根据安装条件确定弹簧结构,由弹簧丝直径计算其他几何参数,根据式(15-21)或式(15-22)计算弹簧的有效圈数。由式(15-25)和式(15-26)分别计算弹簧的自由高度 H_0 和弹簧丝长度 L

$$H_0 = (nt + d) + \text{扭臂在弹簧轴线的长度} \tag{15-25}$$

$$L \approx \pi Dn + \text{扭臂部分长度} \tag{15-26}$$

式中　t——弹簧节距。

例题 15-2　设计一结构形式为 NVI 的右旋单臂扭转弹簧,工作时顺旋向扭转。安装扭矩 $T_1 = 45\ \text{N}\cdot\text{mm}$,工作扭矩 $T_2 = 120\ \text{N}\cdot\text{mm}$,工作扭转变形角 $\varphi^\circ = \varphi^\circ{}_2 - \varphi^\circ{}_1 = 50^\circ$,内径 $D_1 > 6\ \text{mm}$,两个扭臂长均为 12 mm,需要考虑长扭臂对扭转变形角的影响,此结构要求尺寸紧凑,疲劳寿命 $N > 10^7$ 次。

解:(1)选择材料。按疲劳寿命要求,选用 F 组重要用途碳素弹簧钢丝。假设弹簧丝直径 $d = 0.8 \sim 1.0\ \text{mm}$,由表 15-2 查得材料的弹性模量 $E = 206\times10^3\ \text{MPa}$。查表 15-3 得材料抗拉强度 $\sigma_b = 2\ 350 \sim 2\ 650\ \text{MPa}$,根据表 15-4 许用弯曲应力 $[\sigma] = (0.49 \sim 0.58)\sigma_b$,取 $[\sigma] = 0.54\sigma_b = 0.54\times2\ 350 = 1\ 269\ \text{MPa}$($\sigma_b$ 取下限值 2 350 MPa)。

(2)弹簧丝直径。弹簧顺旋向扭转,曲度系数为 $K_b = 1$。由式(15-18)计算弹簧丝直径

$$d \geqslant \sqrt[3]{\frac{32K_bT}{\pi[\sigma]}} = \sqrt[3]{\frac{32\times1\times120}{\pi\times1269}}\ \text{mm} = 0.99(\text{mm})$$

结果与假设相符,取弹簧丝直径 $d = 1\ \text{mm}$。

(3)弹簧直径。取弹簧中径 $D = 8\ \text{mm}$,则弹簧内径 $D_1 = D - d = 7\ \text{mm}$,弹簧外径 $D_2 = D + d = 9\ \text{mm}$。

旋绕比 $C = D/d = 8$。

(4)弹簧刚度和扭转变形角。

弹簧刚度为

$$T' = \frac{T_2 - T_1}{\varphi_2^\circ - \varphi_1^\circ} = \frac{120 - 40}{50^\circ} = 1.6[\mathrm{N \cdot mm/(^\circ)}]$$

扭转变形角为

$$\varphi^\circ{}_1 = \frac{T_1}{T'} = \frac{40}{1.6} = 25^\circ\ ,\ \varphi_2^\circ = \frac{T_2}{T'} = \frac{120}{1.6} = 75^\circ$$

(5)弹簧有效圈数。根据式(15-24),可计算弹簧有效圈数

$$T' = \frac{\pi E d^4}{3\,667[\pi D n + (l_1 + l_2)/3]} = \frac{\pi \times 206 \times 10^3 \times 1^4}{3\,667[\pi \times 8 \times n + (12 + 12)/3]} = 1.6[\mathrm{N \cdot mm/(^\circ)}]$$

得 n=4.07 圈,取 n=4.15 圈。

(6)弹簧自由高度。

$H_0 = nt + d +$ 扭臂在弹簧轴线的长度 $= 4.15 \times 1 + 1 + (6 \times 2 - 2) = 15.2$(mm)

(7)弹簧丝展开长度。

$L \approx \pi D n +$ 扭臂部分长度 $\approx \pi \times 8 \times 4.15 + 2 \times (12 + 6) = 140.3$(mm)

(8)绘制工作图(见图 15-11)。

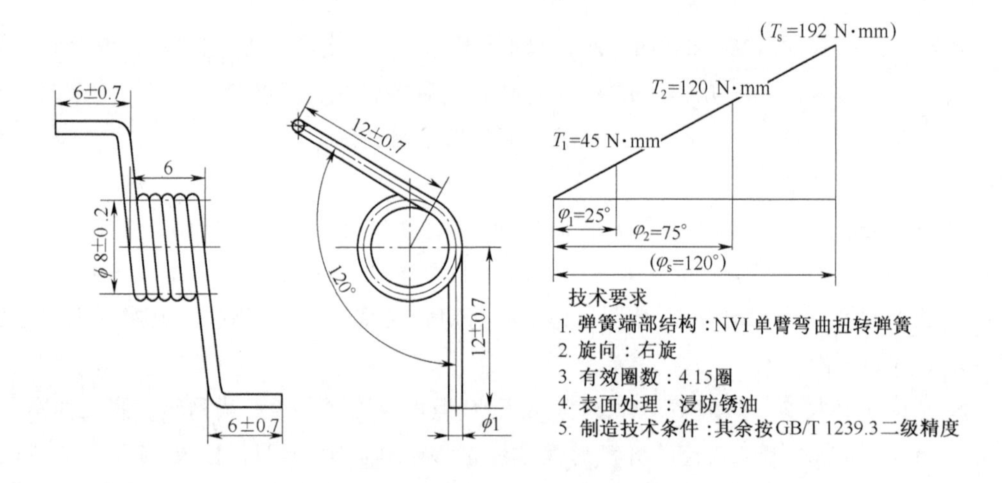

图 15-11　圆柱螺旋扭转弹簧工作图

15.5　其他弹簧简介

15.5.1　碟形弹簧

碟形弹簧外形为截圆锥形,如图 15-12 所示,根据厚度分为无支承面碟簧和有支承面碟簧两种结构。碟形弹簧在重型机械、车辆和一般机械中得到广泛应用。碟形弹簧按工艺方法分为三类,每个类别的形式、工艺方法和碟簧厚度如表 15-9 所示。

当碟形弹簧受到沿周边均匀分布的轴向载荷 F 时,升角 θ 将变小,相应使弹簧产生轴向变形量 f。碟形弹簧的特性曲线很复杂,比值 h_0/t 对弹簧工作性能影响很大。根据 D/t 和 h_0/t 的比值不同,碟形弹簧分为 A、B、C 三个系列,在相同外径尺寸下,A 系列承载能力和刚度较大。A 系列部分碟簧尺寸和参数如表 15-10 所示。碟形弹簧的常用材料为 60Si2MnA、55CrVA 等,其综合力学性能较好,强度高,冲击韧性好,高温性能稳定。

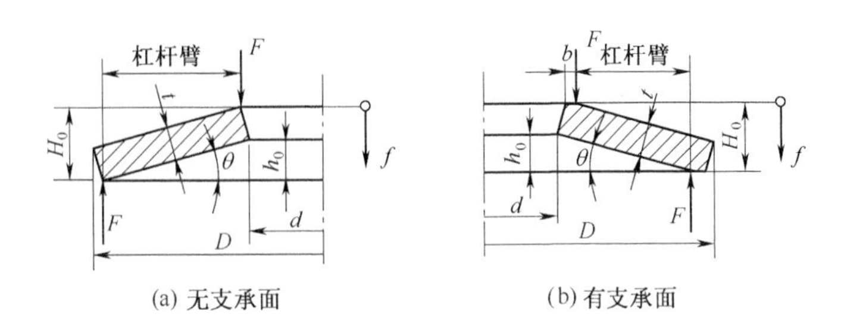

图 15-12　碟形弹簧

表 15-9　碟形弹簧类型

类　别	形　式	工 艺 方 法	碟簧厚度 t/mm
1	无支承面	冷冲成形,边缘倒圆角	<1.25
2	无支承面	Ⅰ 切削内外圆或平面,边缘倒圆角,冷成形或热成形 Ⅱ 精冲,边缘倒圆角,冷成形或热成形	1.25~6
3	有支承面	冷成形或热成形,加工所有表面,边缘倒圆角	>6~16

表 15-10　A 系列($D/t\approx18$; $h_0/t\approx0.4$; $E=206$GPa; $\mu=0.3$)碟形弹簧尺寸和参数

(GB/T 1972—2005)

类　别	外径 D/mm	内径 d/mm	厚度 t/mm	内锥高度 h_0/mm	自由高度 H_0/mm	$f\approx0.75h_0$		
						载荷 F/N	变形量 f/mm	受载后高度 H_0-f/mm
1	8	4.2	0.4	0.20	0.60	210	0.15	0.45
	10	5.5	0.5	0.25	0.75	329	0.19	0.56
	12.5	6.2	0.7	0.30	1.00	673	0.23	0.77
	14	7.2	0.8	0.30	1.10	813	0.23	0.87
	16	8.2	0.9	0.35	1.25	1 000	0.26	0.99
	18	9.2	1.0	0.40	1.40	1250	0.30	1.10
	20	10.2	1.1	0.45	1.55	1530	0.34	1.21
2	22.5	11.2	1.25	0.50	1.75	1950	0.38	1.37
	25	12.2	1.5	0.55	2.05	—	0.41	1.64
	28	14.2	1.5	0.65	2.15	2850	0.49	1.66
	31.5	16.3	1.75	0.70	2.45	3900	0.53	1.92
	35.5	18.3	2.0	0.80	2.80	5190	0.60	2.20
	40	20.4	2.25	0.90	3.15	6540	0.68	2.47
	45	22.4	2.5	1.00	3.50	7720	0.75	2.75
	50	25.4	3.0	1.10	4.10	12000	0.83	3.27

碟形弹簧的特点

(1)在载荷作用方向尺寸小,刚度大,适合于轴向空间要求紧凑的场合。

(2)改变比值 h_0/t 可以得到不同形状的弹簧特性曲线,如图 15-13 所示。F 为弹簧所受载荷,f 为弹簧变形量,F_c 为弹簧变形量 f 等于内锥高度 h_0 时的载荷。

(3)按不同的使用要求可以将碟形弹簧组合使用,获得所需要的特性(见图 15-14)。若不计摩擦力,采用叠合组合时总载荷能力与碟簧数目成正比,而变形量与一个碟簧相同;采用对合组合时总变形量与碟簧数目成正比,而承载能力与一个碟簧相同;采用复合组合时则变形量和承载能力同时增大。

(4)由于支承面及叠合表面之间的摩擦力作用,碟形弹簧具有较好的缓冲和吸振能力。

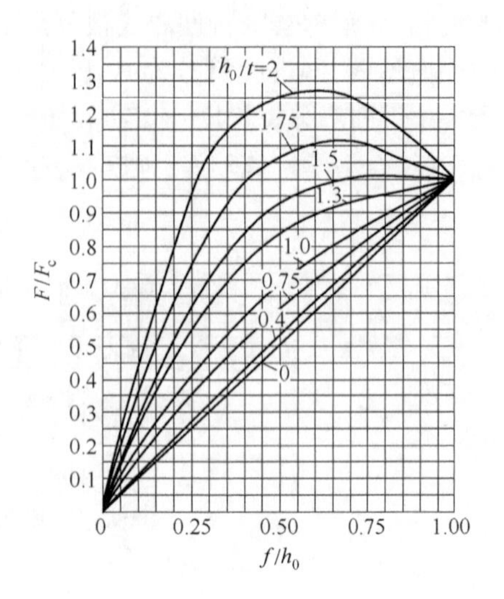

图 15-13 碟形弹簧特性曲线

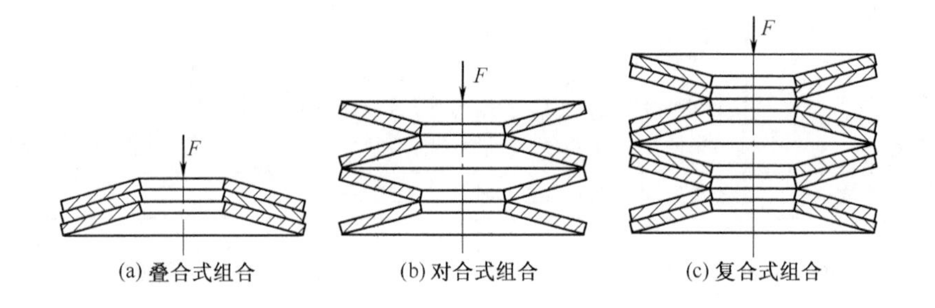

图 15-14 碟形弹簧的组合方式

15.5.2 平面涡卷弹簧

平面涡卷弹簧是将等截面的细长材料在一平面上卷成涡旋状弹簧。弹簧一端固定,另一端施加扭矩,材料受弯矩作用,产生弯曲弹性变形,因而弹簧在自身平面内产生扭转,其变形角的大小与扭矩成正比。涡卷弹簧的卷绕圈数可以很多,变形角大,具有在较小体积内储存较多能量的特点,常用作仪器、钟表中的储能弹簧。

平面涡卷弹簧根据相邻各圈接触与否,分为非接触型和接触型两种(见图 15-15)。

15.5.3 空气弹簧

空气弹簧是以空气做弹性介质,即在一个密闭的容器内装入压缩空气,利用气体的可压缩性实现弹簧的作用(见图 15-16)。空气弹簧可分为囊式和膜式两种,这种弹簧随着载荷的增加,容器内压缩空气压力升高,其刚度也随之增加;载荷减少,刚度也随空气压力降低而下降,因而这种弹簧具有理想的变刚度特性。空气弹簧主要用于轿车和铁道车辆的悬挂系统。

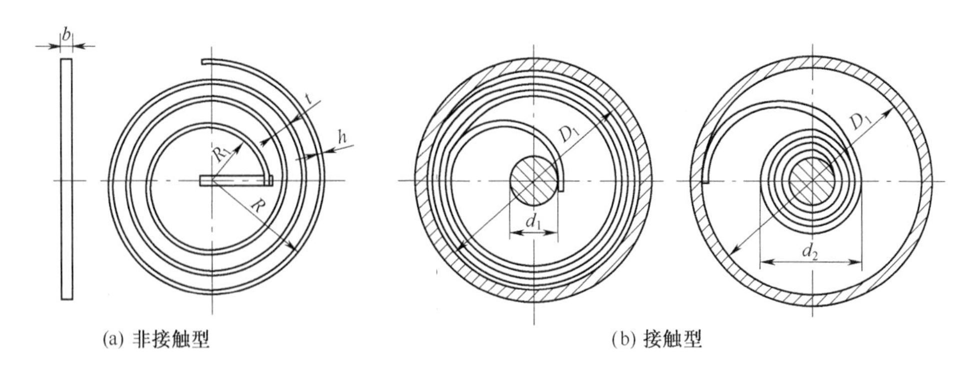

图 15-15　平面涡卷弹簧

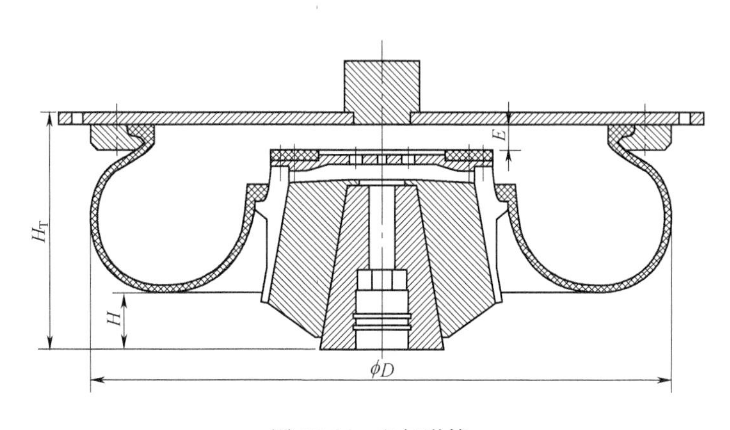

图 15-16　空气弹簧

思考题、讨论题和习题

15-1　弹簧的功能有哪些？试各举一例。

15-2　弹簧有哪些基本类型？它们各有什么特点？用在什么场合？

15-3　常用的弹簧材料有哪些？Ⅰ、Ⅱ、Ⅲ类许用应力的工作条件是什么？

15-4　影响弹簧强度和刚度的主要因素有哪些？可采取什么措施来改善弹簧的强度和刚度？

15-5　弹簧的稳定性与哪些因素有关？弹簧的稳定性不满足要求时，可以采取哪些措施来改善？

15-6　如何利用弹簧在太空失重条件下，测试宇航员的体重？

15-7　试设计一个承受静载荷的圆柱螺旋拉伸弹簧，其最大工作载荷为 $F=2\ 500$ N，对应的变形量 $f=60$ mm。

15-8　已知一气门弹簧，$D=35$ mm，$H_0=65$ mm，$d=5$ mm，$n=6$ 圈，材料为 VDCrSi。安装后高度 $H_1=54$ mm。气门开到最大时，弹簧被压缩的工作行程为 $h=10$ mm。试求弹簧所受的最小工作载荷 F_1 和最大工作载荷 F_2，并验算其疲劳强度和静强度。（弹簧为无限疲劳寿命）

15-9　有两个材料和尺寸完全相同的圆柱螺旋拉伸弹簧，其中一个有预应力，另一个无预应力。对有预应力弹簧测量如下：第一次测定 $F_1=20$ N，$H_1=100$ mm，第二次测定$F_2=30$ N，$H_2=120$ mm。若弹簧在自由状态下的高度为 $H_0=80$ mm，试计算：

(1) 有预应力弹簧的初拉力是多少？

(2) 无预应力弹簧在拉力 $F_2=30$ N 的作用下，弹簧的高度是多少？

15-10　试设计一圆柱螺旋扭转弹簧，其安装的初始变形角为 $\varphi_1=8°$。弹簧的最大工作扭矩为 $T_{max}=15\ 000$ N · mm（顺旋向扭转），对应的扭转角为 $\varphi_2=20°$，载荷循环次数约为 10^5 次。

15-11　拟采用升降机–碟形弹簧–称重传感器作为一试验台的加载系统，弹簧安装空间如图 15-17 所示，即要求弹簧外径 $D<38$ mm，弹簧组合在自由状态下总高度小于 70 mm。试验台要求最大加载为 10 000 N，弹簧在此载荷下的变形量须不小于 5 mm。试根据表 15-10 选用碟形弹簧尺寸并进行组合设计。

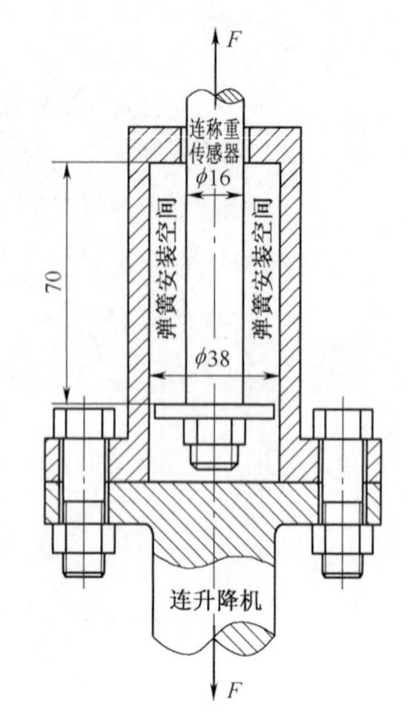

图 15-17　题 15-11 图

15-12　例题 15-1 中，当载荷达到最大值时，相邻弹簧丝之间的距离是多少？若继续加大载荷直到各弹簧丝完全压并，弹簧是否会损坏？如何可以使弹簧丝压并时弹簧不会损坏？

15-13　绘制例题 15-1 弹簧零件的工作图。

附　录　A

附表 A-1　轴的常用材料及其主要力学性能

材料牌号	热处理	毛坯直径 ϕ/mm	硬度/HBS	抗拉强度 σ_B/MPa	屈服强度 σ_S/MPa	弯曲疲劳极限 σ_{-1}/MPa	剪切疲劳极限 τ_{-1}/MPa	备　注
Q235-A	热轧或锻后空冷	≤100		400~420	225	170	105	用于不重要及受载荷不大的轴
		>100~250		375~390	215			
45	正火回火	≤100	170~217	590	295	255	140	应用最广泛
		>100~300	162~217	570	285	245	135	
	调质	≤200	217~255	640	355	275	155	
40Cr	调质	≤100	241~286	785	510	355	205	用于载荷较大而无很大冲击的重要轴
		>100~300		685	490	335	185	
40CrNi	调质	≤100	270~300	900	735	430	260	用于很重要的轴
		>100~300	240~270	785	570	370	210	
38SiMnMo	调质	≤100	229~286	735	590	365	210	用于重要的轴,性能近于40CrNi
		>100~300	217~269	685	540	345	195	
38CrMoAlA	调质	≤60	293~321	930	785	440	280	用于要求高耐磨性、高强度且热处理(渗氮)变形很小的轴
		>60~100	277~302	835	685	410	270	
		>100~160	241~277	785	590	375	220	
20Cr	渗碳淬火回火	≤60	渗碳 56~62 HRC	640	390	305	160	用于要求强度及韧性均较高的轴
3Cr13	调质	≤100	≥241	835	635	395	230	用于腐蚀条件下的轴
1Cr18Ni9Ti	淬火	≤100	≤192	530	195	190	115	用于高、低温及腐蚀条件下的轴
		>100~200		490		180	110	
QT600-3			190~270	600	370	215	185	用于制造复杂外形的轴
QT800-2			245~335	800	480	290	250	

注:①表中所列疲劳极限 σ_{-1} 值是按下列关系式计算的,供设计时参考。碳钢:$\sigma_{-1}\approx 0.43\sigma_B$;合金钢:$\sigma_{-1}\approx 0.2(\sigma_B+\sigma_S)+100$;不锈钢:$\sigma_{-1}\approx 0.27(\sigma_B+\sigma_S)$;$\tau_{-1}\approx 0.156(\sigma_B+\sigma_S)$;球墨铸铁:$\sigma_{-1}\approx 0.36\sigma_B$;$\tau_{-1}\approx 0.31\sigma_B$。

②1Cr18Ni9Ti(GB/T 1221—2007)可选用,但不推荐。

附表 A-2 螺纹、键槽、花键、横孔及配合边缘处的有效应力集中系数 k_σ 和 k_τ 值

螺纹　　键槽　　花键　　横孔 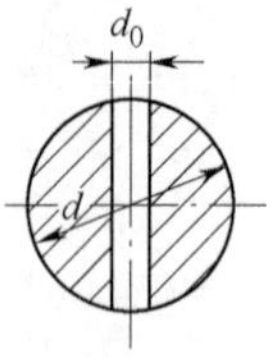 d_0 d

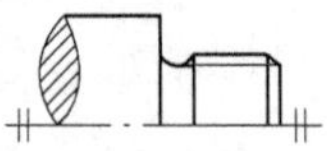

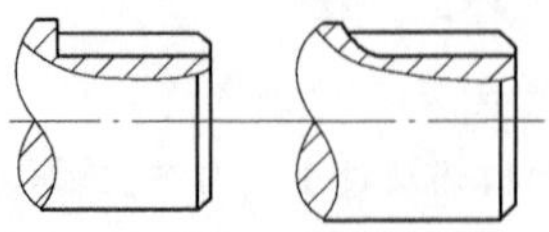

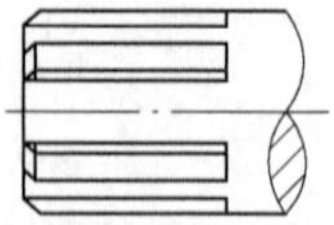

A 型　　B 型

σ_B MPa	螺纹 ($k_r=1$) k_σ	键槽 k_a		键槽 k_r	花键 k_σ (齿轮轴 $k_\sigma=1$)	花键 k_r		横孔 k_σ		横孔 k_r	配合 H7/r6		H7/k6		H7/h6	
		A 型	B 型	A、B 型		矩形	渐开线（齿轮轴）	$\frac{d_0}{d}=0.05\sim0.15$	$\frac{d_0}{d}=0.15\sim0.25$	$\frac{d_0}{d}=0.05\sim0.25$	k_σ	k_r	k_σ	k_r	k_σ	k_r
400	1.45	1.51	1.30	1.20	1.35	2.10	1.40	1.90	1.70	1.70	2.05	1.55	1.55	1.25	1.33	1.14
500	1.78	1.64	1.38	1.37	1.45	2.25	1.43	1.95	1.75	1.75	2.30	1.69	1.72	1.36	1.49	1.23
600	1.96	1.76	1.46	1.54	1.55	2.35	1.46	2.00	1.80	1.80	2.52	1.82	1.89	1.46	1.64	1.31
700	2.20	1.89	1.54	1.71	1.60	2.45	1.49	2.05	1.85	1.80	2.73	1.96	2.05	1.56	1.77	1.40
800	2.32	2.01	1.62	1.88	1.65	2.55	1.52	2.10	1.90	1.85	2.96	2.09	2.22	1.65	1.92	1.49
900	2.47	2.14	1.69	2.05	1.70	2.65	1.55	2.15	1.95	1.90	3.18	2.22	2.39	1.76	2.08	1.57
1 000	2.61	2.26	1.77	2.22	1.72	2.70	1.58	2.20	2.00	1.90	3.41	2.36	2.56	1.86	2.22	1.66
1 200	2.90	2.50	1.92	2.39	1.75	2.80	1.60	2.30	2.10	2.00	3.87	2.62	2.90	2.05	2.5	1.83

注：①滚动轴承与轴的配合按 H7/r6 配合选择系数。

②蜗杆螺旋根部有效应力集中系数可取 $k_\sigma=2.3\sim2.5$，$k_r=1.7\sim1.9$（$\sigma_B\leqslant700$ MPa 时取小值，$\sigma_B\geqslant1\ 000$ MPa 时取大值）。

附表 A-3 环槽处的有效应力集中系数 k_σ 和 k_τ 值

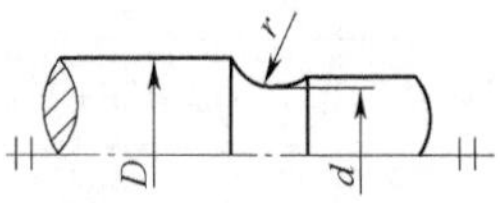

r　D　d

系数	$\frac{D-d}{r}$	$\frac{r}{d}$	σ_B/MPa 400	500	600	700	800	900	1 000
k_σ	1	0.01	1.88	1.93	1.98	2.04	2.09	2.15	2.20
		0.02	1.79	1.84	1.89	1.95	2.00	2.06	2.11
		0.03	1.72	1.77	1.82	1.87	1.92	1.97	2.02
		0.05	1.61	1.66	1.71	1.77	1.82	1.88	1.93
		0.10	1.44	1.48	1.52	1.55	1.59	1.62	1.66
	2	0.01	2.09	2.15	2.21	2.27	2.34	2.39	2.45
		0.02	1.99	2.05	2.11	2.17	2.23	2.28	2.35
		0.03	1.91	1.97	2.03	2.08	2.14	2.19	2.25
		0.05	1.79	1.85	1.91	1.97	2.03	2.09	2.15
	4	0.01	2.29	2.36	2.43	2.50	2.56	2.63	2.70
		0.02	2.18	2.25	2.32	2.38	2.45	2.51	2.58
		0.03	2.10	2.16	2.22	2.28	2.35	2.41	2.47
	6	0.01	2.38	2.47	2.56	2.64	2.73	2.81	2.90
		0.02	2.28	2.35	2.42	2.49	2.56	2.63	2.70
k_τ	任何比值	0.01	1.60	1.70	1.80	1.90	2.00	2.10	2.20
		0.02	1.51	1.60	1.69	1.77	1.86	1.94	2.03
		0.03	1.44	1.52	1.60	1.67	1.75	1.82	1.90
		0.05	1.34	1.40	1.46	1.52	1.57	1.63	1.69
		0.10	1.17	1.20	1.23	1.26	1.28	1.31	1.34

附表 A-4　圆角处的有效应力集中系数 k_σ 和 k_τ 值

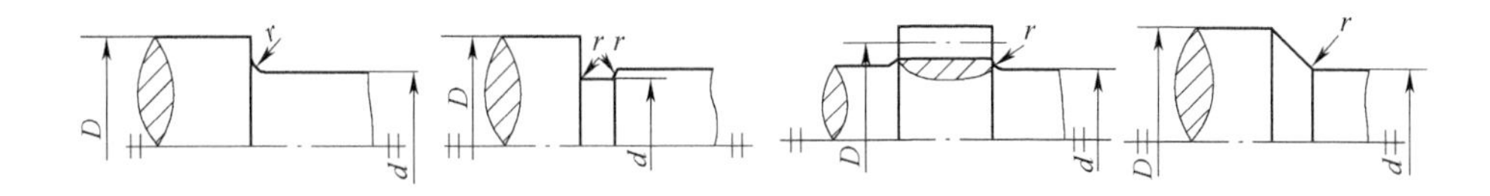

$\frac{D-d}{r}$	$\frac{r}{d}$	k_σ								k_τ							
		σ_B/MPa								σ_B/MPa							
		400	500	600	700	800	900	1 000	1 200	400	500	600	700	800	900	1 000	1 200
2	0. 01	1. 34	1.36	1.38	1.40	1.41	1.43	1.45	1.49	1.26	1.28	1.29	1.29	1.30	1.30	1.31	1.32
	0. 02	1.41	1.44	1.47	1.49	1.52	1.54	1.57	1.62	1.33	1.35	1.36	1.37	1.37	1.38	1.39	1.42
	0. 03	1.59	1.63	1.67	1.71	1.76	1.80	1.84	1.92	1.39	1.40	1.42	1.44	1.45	1.47	1.48	1.52
	0. 05	1.54	1.59	1.64	1.69	1.73	1.78	1.83	1.93	1.42	1.43	1.44	1.46	1.47	1.50	1.51	1.54
	0. 10	1.38	1.44	1.50	1.55	1.61	1.66	1.72	1.83	1.37	1.38	1.39	1.42	1.43	1.45	1.46	1.50
4	0.01	1.51	1.54	1.57	1.59	1.62	1.64	1.67	1.72	1.37	1.39	1.40	1.42	1.43	1.44	1.46	1.47
	0.02	1.76	1.81	1.86	1.91	1.96	2.01	2.06	2.16	1.53	1.55	1.58	1.59	1.61	1.62	1.65	1.68
	0.03	1.76	1.82	1.88	1.94	1.99	2.05	2.11	2.23	1.52	1.54	1.57	1.59	1.61	1.64	1.66	1.71
	0.05	1.70	1.76	1.82	1.88	1.95	2.01	2.07	2.19	1.50	1.53	1.57	1.59	1.62	1.65	1.68	1.74
6	0.01	1.86	1.90	1.94	1.99	2.03	2.08	2.12	2.21	1.54	1.57	1.59	1.61	1.64	1.66	1.68	1.73
	0.02	1.90	1.96	2.02	2.08	2.13	2.19	2.25	2.37	1.59	1.62	1.66	1.69	1.72	1.75	1.79	1.86
	0.03	1.89	1.96	2.03	2.10	2.16	2.23	2.30	2.44	1.61	1.65	1.68	1.72	1.74	1.77	1.81	1.88
10	0.01	2.07	2.12	2.17	2.23	2.28	2.34	2.39	2.50	2.12	2.18	2.24	2.30	2.37	2.42	2.48	2.60
	0.02	2.09	2.16	2.23	2.30	2.38	2.45	2.52	2.66	2.03	2.08	2.12	2.17	2.22	2.26	2.31	2.40

注：当 r/d 值超过表中给出的最大值时，按最大值查表 k_σ、k_τ。

附表 A-5　尺寸系数 ε_σ 和 ε_τ 值

直径 d mm		>20~30	>30~40	>40~50	>50~60	>60~70	>70~80	>80~100	>100~120	>120~150	>150~500
ε_σ	碳　钢	0. 91	0. 88	0. 84	0. 81	0. 78	0. 75	0. 73	0. 70	0. 68	0. 60
	合金钢	0. 83	0. 77	0. 73	0. 70	0. 68	0. 66	0. 64	0. 62	0. 60	0. 54
ε_τ	各种钢	0. 89	0. 81	0. 78	0. 76	0. 74	0. 73	0. 72	0. 70	0. 68	0. 60

附表 A-6　加工表面的表面状态系数 β 值

加工方法	轴表面粗糙度/μm	σ_B/MPa		
		400	800	1 200
磨　　削	$R_a=0.4\sim0.2$	1	1	1
车　　削	$R_a=3.2\sim0.8$	0. 95	0. 90	0. 80
粗　　车	$R_a=25\sim6.3$	0. 85	0. 80	0. 65
未加工面		0. 75	0. 65	0. 45

附表 A-7 强化表面的表面状态系数β值

表面强化方法	心部材料的强度 σ_B/MPa	表面状态系数β		
		光 轴	有应力集中的轴	
			$k_\sigma \leqslant 1.5$	$k_\sigma \geqslant 1.8 \sim 2$
高频淬火①	600~800	1.5~1.7	1.6~1.7	2.4~2.8
	800~1 100	1.3~1.5	—	—
渗氮②	900~1 200	1.1~1.25	1.5~1.7	1.7~2.1
渗碳淬火	400~600	1.8~2.0	3	—
	700~800	1.4~1.5	—	—
	1 000~1 200	1.2~1.3	2	—
喷丸处理③	600~1 500	1.1~1.25	1.5~1.6	1.7~2.1
滚子辗压④	600~1 500	1.1~1.3	1.3~1.5	1.6~2.0

①数据是在实验室中用$d=10\sim20$ mm的试件求得，淬透深度$(0.05\sim0.20)d$；对于大尺寸的试件，表面状态系数宜取低些。

②氮化层深度为$0.01d$时，宜取低限值；深度为$(0.03\sim0.04)d$时，宜取高限值。

③数据是用$d=8\sim40$ mm的试件求得；喷射速度较小时宜取低值，较大时宜取高值。

④数据是用$d=17\sim130$ mm的试件求得。

附表 A-8 抗弯截面系数 W 和抗扭截面系数 W_T 的计算公式

截 面 图	截 面 系 数	截 面 图	截 面 系 数
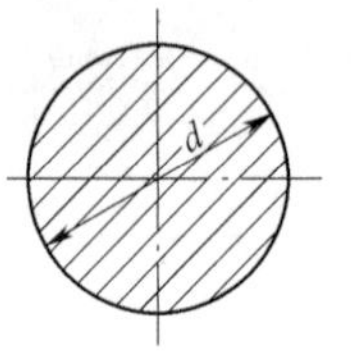 d	$W=\frac{\pi}{32}d^3\approx0.1d^3$ $W_T=\frac{\pi}{16}d^3\approx0.2d^3$	b, d, D	矩形花键 $W=\frac{\pi d^4+bz(D-d)(D+d)^2}{32D}$ $W_T=\frac{\pi d^4+bz(D-d)(D+d)^2}{16D}$ z——花键齿数
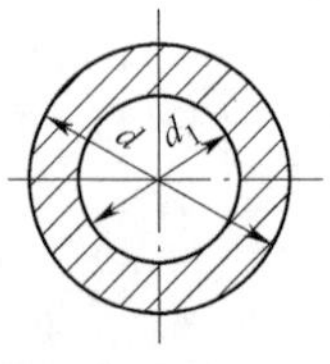 d, d_1	$W=\frac{\pi}{32}d^3(1-r^4)$ $W_T=\frac{\pi}{16}d^3(1-r^4)$ $r=\frac{d_1}{d}$	d_0, d	$W=\frac{\pi}{32}d^3\left(1-1.54\frac{d_0}{d}\right)$ $W_T=\frac{\pi}{16}d^3\left(1-\frac{d_0}{d}\right)$
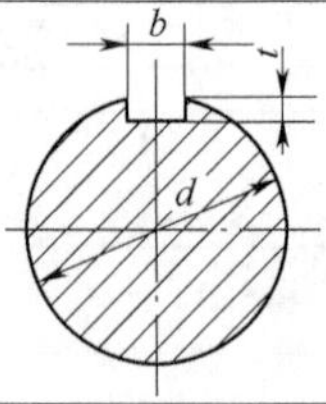 b, t, d	$W=\frac{\pi}{32}d^3-\frac{bt(d-t)^2}{2d}$ $W_T=\frac{\pi}{16}d^3-\frac{bt(d-t)^2}{2d}$		
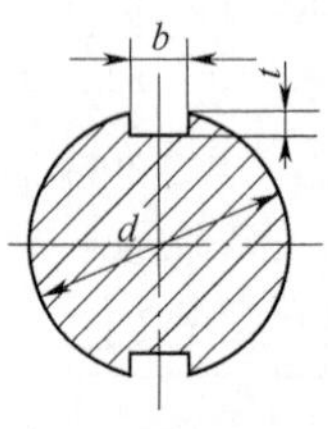 b, t, d	$W=\frac{\pi}{32}d^3-\frac{bt(d-t)^2}{d}$ $W_T=\frac{\pi}{16}d^3-\frac{bt(d-t)^2}{d}$	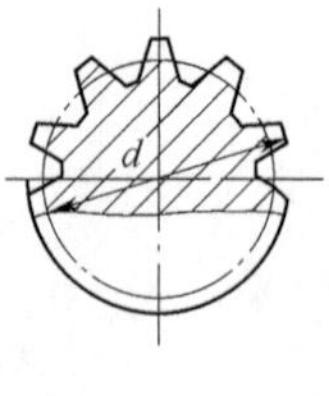 d	渐开线花键轴 $W\approx\frac{\pi}{32}d^3$ $W_T\approx\frac{\pi}{16}d^3$

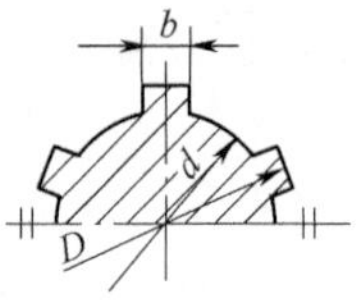

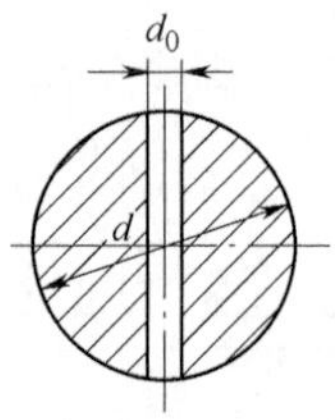

参 考 文 献

[1] 濮良贵．机械设计[M].9版．北京:高等教育出版社,2013.
[2] 邱宣怀．机械设计[M].4版．北京:高等教育出版社,1997.
[3] 张策．机械原理与机械设计[M]．上下册．第2版．北京:机械工业出版社,2011
[4] 刘莹,吴宗泽．机械设计教程[M].2版．北京:机械工业出版社,2008
[5] 吴泽宗,高志．机械设计[M]．2版．北京:高等教育出版社,2009.
[6] 吴泽宗,肖丽英．机械设计学习指南[M]．北京:机械工业出版社,2005.
[7] 吴宗泽,罗圣国．机械设计课程设计手册[M].4版．北京:高等教育出版社,2012.
[8] 吴宗泽．机械设计实用手册[M].3版．北京:化学工业出版社,2010
[9] 吴宗泽．机械结构设计准则与实例[M]．北京:机械工业出版社,2006
[10] 吴宗泽．机械设计禁忌1000例[M]．北京;机械工业出版社,2011
[11] [美]希格利．J. E.．全永昕等译．机械工程设计[M].4版．上、下册．北京:高等教育出版社,1988.
[12] [德]尼曼．G. 余梦生等译．机械零件[M]．第1、2、3卷．2版．北京:机械工业出版社．1985. 1989,1991.
[13] [德]弗罗尼斯．S. 王汝霖等译．设计学:传动零件[M]．北京:高等教育出版社,1988.
[14] [俄]扎布隆斯基．K. 等著．余梦生等译．机械零件[M]北京:高等教育出版社,1992.
[15] [美]伯尔．A. H.．王一麟等译．机械分析与机械设计[M]．北京:机械工业出版社,1988.
[16] [德]Beitz. W. 张维等译．Dubbel机械工程手册[M]．北京;清华大学出版社．柏林:施普林格出版社,1991.
[17] 吴宗泽,卢颂峰,冼建生．简明机械零件设计手册[M]．北京:中国电力出版社,2011.
[18] 吴宗泽．机械设计师手册．上、下册[M].2版．北京:机械工业出版社,2009.
[19] 余梦生,吴宗泽．机械零部件设计手册:选型、设计、指南[M]．北京:机械工业出版社,1996.
[20] 闻邦春．机械设计手册[M].5版．第1、2、3、6卷．北京:机械工业出版社,2010.
[21] 成大先．机械设计图册[M].1、2、3、4、5、6卷．北京:化学工业出版社,2000.
[22] 朱孝录．机械传动设计手册[M]．北京:电子工业出版社,2007.
[23] 朱孝录．齿轮传动设计手册[M]．北京:化学工业出版社,2005.
[24] 吴宗泽．高等机械设计[M]．北京:清华大学出版社,1991.
[25] 吴宗泽, 黄纯颖．机械设计习题集[M].3版．北京:高等教育出版社,2002.
[26] 申永胜．机械原理教程[M].2版．北京:清华大学出版社,2005.
[27] Joseph E. Shigley et al. Mechanical Engineering Design (Seventh Edition)刘向锋,高志．改编版．北京:高等教育出版社,2007.
[28] M. F. Spotts, T. E. Shoup Design of Machine Elements. 7th Edition. new Tersey. Prentice Hall, Inc, 1998.
[29] Robert L Mott. Machine Elements in Mechanical Design. 4rd edition, 2004.
[30] Karl－Heinz Decker. Machinenelemente. Funktion Gestaltung und Berechnung. 17 aktualisierte Auflage. Carl Hanser Verlag München, 2009,
[31] Roloff/Matek. Machinenelemente. NormungBerechnung Gestaltung. Vieweg & Sohn Verlage, 2003.
中译本[德]D. 穆斯．孔建益译．机械设计[M].16版．北京:机械工业出版社,2012.
[32] 朱胜,姚巨坤．再制造设计理论及应用[M]．北京:机械工业出版社,2009.
[33] 陶寄明．机械连接设计示例与分析[M]．北京:机械工业出版社,2010.
[34] 罗善明．带传动理论与新型带传动[M]．北京:国防工业出版社,2006.

[35] 邓四二,贾群义. 滚动轴承设计原理[M]. 北京:中国标准出版社,2008.
[36] 汪德涛,林亨耀. 设备润滑手册[M]. 北京:机械工业出版社,2009.
[37] 文斌. 联轴器设计选用手册[M]. 北京:机械工业出版社,2009.
[38] 张英会等. 弹簧手册[M]. 2 版. 北京:机械工业出版社,2010.
[39] [美]大卫 G 乌尔曼. 黄靖远,刘莹等译. 机械设计过程[M]. 北京:机械工业出版社,2006.
[40] 手册编写组. 机械工业材料选用手册[M]. 北京:机械工业出版社,2009.
[41] 刘泽九,贺士荃. 滚动轴承的额定负荷与寿命[M]. 北京:机械工业出版社,1982.
[42] 惠卫军,翁宇庆,董瀚. 高强度紧固件用钢[M]. 北京:冶金业出版社,2009.
[43] 吴宗泽,于亚杰. 机械设计与节能减排[M]. 北京:机械工业出版社,2012.
[44] 郭抚顺. 紧固件非调质钢应用及标准[J]. 汽车工艺与材料,2010(5):40~46.
[45] 吴宗泽. 机械设计作业题集[M]. 北京:高等教育出版社,1987.

机械工程基础创新系列教材

丛书主编:吴鹿鸣　王大康

1.《机械设计》　主编:吴宗泽(清华大学)、吴鹿鸣(西南交通大学)

2.《机械设计基础》　主编:李威(北京科技大学)、俞必强(北京科技大学)

3.《机械设计基础》　主编:王大康(北京工业大学)

4.《机械设计课程设计》　主编:王大康(北京工业大学)

5.《机械原理》　主编:赵韩(合肥工业大学)

6.《工程图学基础》　主编:何玉林(重庆大学)、田怀文(西南交通大学)

7.《工程图学习题集》　主编:何玉林(重庆大学)、田怀文(西南交通大学)

8.《机械制图》　主编:何玉林(重庆大学)、田怀文(西南交通大学)

9.《机械制图习题集》　主编:何玉林(重庆大学)、田怀文(西南交通大学)

10.《机械制造工艺基础》　主编:闫开印(西南交通大学)

11.《理论力学》　主编:沈火明(西南交通大学)、高淑英(西南交通大学)

12.《材料力学》　主编:范钦珊(清华大学)

13.《工程力学》　主编:杨庆生(北京工业大学)

14.《传感与测试技术》　主编:焦敬品(北京工业大学)